研究生教学丛书

非线性最优化理论与方法

(第四版)

王宜举　修乃华　编著

科学出版社

北　京

内 容 简 介

本书系统介绍了非线性最优化问题的经典理论和传统优化算法，如约束优化问题的最优性条件、鞍点理论和对偶理论，梯度下降算法、可行方向法、罚函数方法等，同时也介绍了一些新近发展起来的优化理论与算法，如次梯度理论、共轭函数、信赖域方法、临近点方法、交替极小化方法、交替方向法等.

本书在编写过程中既注重基础理论的严谨性和方法的实用性，又保持内容的新颖性. 该书内容丰富，系统性强，可作为运筹学专业的研究生和数学专业高年级本科生教材或参考书，也可作为相关科研人员的参考书.

图书在版编目(CIP)数据

非线性最优化理论与方法/王宜举，修乃华编著. —4版. —北京：科学出版社，2024.1

(研究生教学丛书)

ISBN 978-7-03-076564-2

Ⅰ. ①非… Ⅱ. ①王… ②修… Ⅲ. ①非线性-最优化算法-研究生-教材 Ⅳ. ①O224

中国国家版本馆CIP数据核字(2023)第189405号

责任编辑：李 欣 李月婷／责任校对：彭珍珍
责任印制：赵 博／封面设计：陈 敬

科学出版社出版
北京东黄城根北街16号
邮政编码：100717
http://www.sciencep.com
三河市骏杰印刷有限公司印刷
科学出版社发行 各地新华书店经销
*
2012年1月第 一 版 开本：720×1000 1/16
2016年1月第 二 版 印张：17 1/4
2019年1月第 三 版 字数：348 000
2024年1月第 四 版 2025年1月第二十五次印刷

定价：68.00元

(如有印装质量问题，我社负责调换)

第四版前言

随着现代科技的发展和工程技术的需要, 非光滑优化和一阶优化方法应用越来越广泛. 为顺应时代发展, 引领青年学者快速掌握新型优化技术, 我们对本书进行了修订. 新版本增添了次梯度、临近点算子、共轭函数等凸分析方面的基础知识, 同时吸收了一些新近发展起来的优化算法, 如临近点算法、交替极小化方法、交替方向法等, 同时删去了一些比较繁琐的传统优化算法, 如拟牛顿算法和序列二次规划算法等.

感谢山东省“十四五”优势特色学科——数学学科经费资助.

本书配有教学课件和习题解答, 欢迎来函索取.

wyijumail@163.com 或 nhxiu@bjtu.edu.cn

王宜举　修乃华

2023 年 12 月

第三版前言

本书 2012 年在科学出版社首次出版, 2016 年出版第二版. 此次再版主要基于最优化理论与方法的最新发展和教学课时安排, 对书中内容进行了较大幅度的调整. 主要体现在: 将最优化理论分析中用到的基础知识全部调整到第 1 章, 删去了拟牛顿算法中较为繁琐的超线性收敛性分析. 调整后, 本书难度得到简化, 内容更加流畅.

感谢山东省数学“一流”学科资助. 再次恳请广大同行和读者不吝赐教, 继续给予指导和指正.

王宜举　修乃华

2019 年 1 月

第二版前言

本书 2012 年在科学出版社首次出版. 经过几年的教学实践, 我们发现了书中的一些问题和不当之处, 同时也积累了一定的教学经验. 在此基础上, 我们通过吸收国内外同行和广大读者的意见和建议, 对本书进行了全面修订. 在修订过程中, 保留了原书的结构和风貌. 为提高教材质量, 我们在选材和叙述上尽量联系理工科专业的实际, 力图将概念和问题交代得通俗易懂. 与第一版相比, 新版本结构更严谨, 逻辑更清晰, 更通俗易懂, 便于自学.

感谢国家自然科学基金重点项目 (11431002) 和山东省高校优秀科研创新团队计划经费资助. 新版中存在的问题, 恳请广大同行和读者不吝赐教, 继续给予指导和指正.

王宜举　修乃华

2016 年 1 月

第一版前言

“二次世界大战”期间, 运筹学伴随军事上的需要而产生. 战后, 运筹学开始转向民用工业的运用, 并不断取得进展. 20 世纪 60 年代, 最优化方法发展成为运筹学的一门新兴学科. 而后, 近代科学技术的发展, 特别是计算机技术的飞速发展促进了最优化方法的迅速发展. 很快, 这门新兴的基础学科便渗透到各个技术领域, 形成了最优化方法与技术这门应用学科, 并发展出新的更细的研究分支.

作为运筹学的一个重要研究分支, 非线性最优化问题的研究在近三十年得到快速发展, 新的理论和方法不断出现. 为及时吸收新近发展成熟并在实际中得到广泛应用的成果以应用于教学科研中, 我们参阅国内外关于最优化理论与方法的许多专著和研究文献, 并结合自己的教学实践编写了这本书.

非线性优化问题的研究内容十分丰富. 限于篇幅, 本书主要对这类问题的传统理论与经典梯度算法及其新的研究进展做了比较详尽的论述, 使读者能够掌握非线性最优化问题的基础理论和经典数值方法, 并且清楚这些方法的设计思想和性能, 从而为设计更有效的数值方法提供理论支持和帮助.

法国数学家拉格朗日说过, 一个数学家, 只有当他走出去, 对在大街上遇到的第一个人清楚地解释自己的工作时, 他才算完全理解了自己的工作. 实际上, 他定义的这种境界也是每一个数学工作者特别是数学教育工作者追求的目标. 因此, 我们在编写本书时力求把对先修课程的要求放到最低, 要求读者只需具备多元微积分和线性代数的基础知识. 同时, 为增强可读性, 我们尽可能多地介绍一些方法和技术的引入背景、思想及其发展历程, 并对有关结论给出了比较详细的证明过程.

在本书十余年的编写和修订过程中, 我们得到了曲阜师范大学王长钰教授、中国农业大学邓乃扬教授、大连理工大学夏尊铨教授和张立卫教授、香港理工大学祁力群教授、澳大利亚科廷大学张国礼和汪崧教授、南京师范大学孙文瑜教授、南京航空航天大学倪勤教授、重庆师范大学的杨新民教授和重庆大学李声杰教授的悉心指导和鼓励, 国内的很多同行也提出了许多宝贵的指导性建议, 在此一并向他们表示诚挚的谢意!

恳请读者不吝赐教, 来信请发至:

wyijumail@163.com 或 nhxiu@bjtu.edu.cn

王宜举　修乃华

2012 年 1 月

目　　录

符 号 表

$\mathbb{R}^n$	n 维欧氏空间
$\langle \boldsymbol{x}, \boldsymbol{y} \rangle$	向量 $\boldsymbol{x}, \boldsymbol{y} \in \mathbb{R}^n$ 的内积
$\|\boldsymbol{x}\|$	向量 $\boldsymbol{x}$ 的 2-范数
$\boldsymbol{e}$	分量全为 1 的向量
$\boldsymbol{e}_i$	第 i 个单位向量
$(x_1; x_2; \cdots; x_n)$	向量 $(x_1, x_2, \cdots, x_n)^{\mathrm{T}}$
$\mathbb{S}^{n\times n}$	n 阶对称阵集合
$\boldsymbol{I}$	单位矩阵
$\boldsymbol{A}^{\mathrm{T}}$	矩阵 $\boldsymbol{A}$ 的转置
$\mathrm{tr}(\boldsymbol{A})$	矩阵 $\boldsymbol{A}$ 的迹
$\mathrm{rank}(\boldsymbol{A})$	矩阵 $\boldsymbol{A}$ 的秩
$\det(\boldsymbol{A})$	矩阵 $\boldsymbol{A}$ 的行列式
$\|\boldsymbol{A}\|_{\mathrm{F}}$	矩阵 $\boldsymbol{A}$ 的 Frobenius 范数
$\boldsymbol{A}^{+}$	矩阵 $\boldsymbol{A}$ 的广义逆 (伪逆)
$\kappa(\boldsymbol{A})$	矩阵 $\boldsymbol{A}$ 的条件数
$\mathcal{R}(\boldsymbol{A})$	矩阵 $\boldsymbol{A}$ 的值空间
$\mathcal{N}(\boldsymbol{A})$	矩阵 $\boldsymbol{A}$ 的核空间
$[\boldsymbol{a}_i, i \in \mathcal{E}]$	向量组 $\boldsymbol{a}_1, \boldsymbol{a}_2, \cdots, \boldsymbol{a}_{\|\mathcal{E}\|}$
$[\boldsymbol{a}_i]_{i\in\mathcal{E}}$	以 $\boldsymbol{a}_i, i \in \mathcal{E}$ 为列构成的矩阵
$\mathrm{span}[\boldsymbol{a}_1, \boldsymbol{a}_2, \cdots, \boldsymbol{a}_s]$	向量 $\boldsymbol{a}_1, \boldsymbol{a}_2, \cdots, \boldsymbol{a}_s$ 生成的线性子空间
$\mathrm{diag}(d_1, d_2, \cdots, d_n)$	以 $d_1, d_2, \cdots, d_n$ 为对角元的对角阵
$\nabla f(\boldsymbol{x})$	函数 $f: \mathbb{R}^n \to \mathbb{R}$ 的梯度
$\nabla^2 f(\boldsymbol{x}), \nabla_{\boldsymbol{x}\boldsymbol{x}} f(\boldsymbol{x})$	函数 $f: \mathbb{R}^n \to \mathbb{R}$ 的 Hesse 阵
$D\boldsymbol{F}(\boldsymbol{x}), D_{\boldsymbol{x}}\boldsymbol{F}(\boldsymbol{x})$	向量值函数 $\boldsymbol{F}: \mathbb{R}^n \to \mathbb{R}^m$ 的 Jacobi 矩阵
$\|\mathcal{E}\|$	指标集 $\mathcal{E}$ 中元素的个数
$\mathrm{bd}(\mathcal{S})$	集合 $\mathcal{S}$ 的边界集
$\mathrm{Aff}(\mathcal{S})$	集合 $\mathcal{S}$ 的仿射包
$\mathrm{int}(\mathcal{S})$	集合 $\mathcal{S}$ 的内点集
$\mathrm{cl}(\mathcal{S})$	集合 $\mathcal{S}$ 的闭包
$\mathrm{ri}(\mathcal{S})$	集合 $\mathcal{S}$ 的相对内点集
$N(\boldsymbol{x}, \delta)$	$\boldsymbol{x}$ 点的 δ 邻域
$\mathcal{K}^{\perp}$	子空间 $\mathcal{K}$ 的正交补空间

$\mathcal{K}^\circ$	锥 $\mathcal{K}$ 的极锥
$\emptyset$	空集
$\mathcal{L}(\boldsymbol{x}_0)$	水平集 $\{\boldsymbol{x} \in \mathbb{R}^n \mid f(\boldsymbol{x}) \leqslant f(\boldsymbol{x}_0)\}$

第 1 章　引　　论

本章主要给出非线性最优化问题的有关概念和基础知识, 并介绍一些常见的求解方法及评价体系.

1.1　最优化问题

现实生活中, 经常会遇到这样一类问题, 要求在众多方案中选择一个最优方案. 例如, 在工程设计中, 如何选择参数使设计方案既满足要求, 又能降低成本; 资源分配时, 怎样分配现有资源才能使分配方案既满足要求又能获得好的经济效益; 生产产品时, 如何搭配原材料的比例才能既降低成本又能提高产品的质量; 金融投资时, 如何进行投资组合才能在可接受的风险范围内获取最大的收益. 这类基于现有资源使效益极大化或为实现某目标使成本最低化的问题称为最优化问题.

上述问题可表述为如下最优化问题

$$\min\ f(\boldsymbol{x})$$
$$\text{s.t.}\ \boldsymbol{x}\in\Omega$$

或

$$\min\{f(\boldsymbol{x})\mid \boldsymbol{x}\in\Omega\},\tag{1.1.1}$$

其中, $f:\mathbb{R}^n\to\mathbb{R}$ 为目标函数, 又称费用函数 (如果是极大化目标函数, 则称目标函数为效益函数); $\Omega\subseteq\mathbb{R}^n$ 为可行域, 又称决策集, 它是在极小化目标函数过程中对决策变量 $\boldsymbol{x}$ 取值范围的界定; s.t. 是英文 "subject to" 的缩写. 对极大化目标函数的情形, 可通过在目标函数前添加负号等价地转化为极小化问题. 为此, 本书只考虑极小化目标函数的情形.

可行域有多种表述形式, 一般用等式和不等式定义, 即

$$\Omega=\{\boldsymbol{x}\in\mathbb{R}^n\,|\,c_i(\boldsymbol{x})=0,\ i\in\mathcal{E};\quad c_i(\boldsymbol{x})\geqslant 0,\ i\in\mathcal{I}\}.$$

对 $i\in\mathcal{E}$, $c_i(\boldsymbol{x})=0$ 称为等式约束, $\mathcal{E}$ 称为等式约束指标集; 对 $i\in\mathcal{I}$, $c_i(\boldsymbol{x})\geqslant 0$ 称为不等式约束, $\mathcal{I}$ 称为不等式约束指标集.

最优化问题形形色色, 最优化模型多种多样, 人们从不同角度对其进行分类.

(1) 根据有无约束划分 对优化问题 (1.1.1), 若 $\Omega = \mathbb{R}^n$, 即决策变量 $\boldsymbol{x}$ 为自由变量, 则称其为无约束优化问题, 其优化模型为

$$\min_{\boldsymbol{x}\in\mathbb{R}^n} f(\boldsymbol{x}). \tag{1.1.2}$$

若 $\Omega \subsetneqq \mathbb{R}^n$, 则称其为约束优化问题.

约束优化问题和无约束优化问题在某些情形可以相互转化. 如对 n 阶实对称阵 $\boldsymbol{A}$, 下述两最优化问题等价:

$$\min_{\boldsymbol{x}\in\mathbb{R}^n} \frac{\boldsymbol{x}^{\mathrm{T}}\boldsymbol{A}\boldsymbol{x}}{\boldsymbol{x}^{\mathrm{T}}\boldsymbol{x}}, \qquad \min_{\boldsymbol{x}\in\mathbb{R}^n}\{\boldsymbol{x}^{\mathrm{T}}\boldsymbol{A}\boldsymbol{x} \mid \boldsymbol{x}^{\mathrm{T}}\boldsymbol{x}=1\}.$$

同时, 无约束优化问题 (1.1.2) 也可转化为约束优化问题

$$\min_{\boldsymbol{x}\in\mathbb{R}^n, t\in\mathbb{R}}\{t \mid t - f(\boldsymbol{x}) \geqslant 0\}.$$

约束优化问题和无约束优化问题在理论分析和算法设计方面有很大不同. 由于约束优化问题的求解算法在极小化目标函数时需要顾及约束条件, 所以它一般比无约束优化问题难解.

(2) 根据函数线性度划分 对优化问题 (1.1.1), 若目标函数及约束函数都是线性的, 则称其为线性规划问题. 其标准形式为

$$\begin{aligned} \min \quad & \boldsymbol{c}^{\mathrm{T}}\boldsymbol{x} \\ \text{s.t.} \quad & \boldsymbol{A}\boldsymbol{x} = \boldsymbol{b}, \\ & \boldsymbol{x} \geqslant \boldsymbol{0}. \end{aligned}$$

若目标函数与约束函数中至少有一个是非线性的, 则称其为非线性优化问题.

特别地, 对优化问题 (1.1.1), 若目标函数是二次的, 约束函数是线性的, 则称其为二次规划问题. 其标准形式为

$$\begin{aligned} \min \quad & \frac{1}{2}\boldsymbol{x}^{\mathrm{T}}\boldsymbol{G}\boldsymbol{x} + \boldsymbol{g}^{\mathrm{T}}\boldsymbol{x} \\ \text{s.t.} \quad & \boldsymbol{A}_1\boldsymbol{x} = \boldsymbol{b}_1, \\ & \boldsymbol{A}_2\boldsymbol{x} \geqslant \boldsymbol{b}_2. \end{aligned}$$

线性规划和二次规划是最简单的两类优化问题, 目前已有比较完善的理论和有效的算法.

(3) 根据目标函数和可行域的凸性划分 对优化问题 (1.1.1), 若目标函数为凸函数且可行域为闭凸集, 则称其为凸规划问题, 否则称其非凸优化问题. 凸规划问题的最大特点是其稳定点和局部最小值点都是全局最优值点, 因而易于求解. 而非凸优化问题结构复杂, 一般很难求得其全局最优解.

(4) *根据函数解析性质划分* 对优化问题 (1.1.1), 若目标函数及约束函数都连续可微, 则称其为光滑优化问题; 若这些函数中至少有一个是不可微的, 则称其为非光滑优化问题.

对光滑优化问题, 可利用函数的梯度信息估计其临近点的函数值信息从而建立问题的梯度类算法. 对非光滑优化问题, 要建立类似的求解方法, 则需要借助次梯度或光滑化等技术.

(5) *根据可行点个数划分* 对优化问题 (1.1.1), 若可行域包含某个封闭的区域使得可行域中的点可以连续变化, 则称其连续优化问题; 若可行域中含有有限或可数个点, 即该优化问题在由有限或可数个点组成的可行域中寻求最优解, 则称其离散优化问题. 在很多情况下, 离散优化问题可行域中的点是通过某些点的排列组合产生的, 因此, 又称组合优化问题.

对离散优化问题, 根据变量的取值, 又分离出整数规划问题, 即变量只能取整数的规划问题. 在整数规划问题中, 若变量只能取 0 和 1, 则称其为 0-1 规划问题. 若优化问题的部分变量为整型变量, 而其余变量为连续变量, 则称这样的优化问题为混合整数规划问题. 类似地, 有 0-1 混合整数规划问题.

对连续优化问题, 特别是光滑的连续优化问题, 可以利用目标函数与约束函数的梯度信息建立求解方法, 而离散优化问题则不然, 因为两邻近点的函数值可能差别很大. 也就是说, 梯度信息对其临近点没有太大的参考价值. 对整数规划问题, 若通过松弛技术将离散变量连续化, 即将离散优化问题的整数变量放松为实数变量, 其他约束条件不变, 那么求解后者得到的最优解无论通过什么方式取整都不能保证它是原问题的最优解. 这就是说, 离散优化问题一般只能用离散优化问题的方法解决. 尽管如此, 这两类优化问题还是密切相关的, 因为有些离散优化问题, 如 0-1 规划, 可以通过约束条件 $x(x-1)=0$ 将其化为连续优化问题; 其次, 连续优化问题的一些方法和技术, 如对偶, 可移植到离散优化问题的理论分析和算法设计中.

(6) *根据模型参数确定性划分* 对优化问题 (1.1.1), 若其所有参数都是确定的, 则称其为确定型规划问题; 若优化问题 (1.1.1) 的某些参数具有某种不确定性, 则称其为不确定规划问题. 对不确定规划问题, 又根据参数的随机性和集合隶属度分离出随机规划和模糊规划.

最优化问题还有其他一些分类. 从 1947 年线性规划的产生至今, 人们对最优化问题的研究先后经历了从线性到非线性、从连续到离散、从确定到动态, 再到随机和模糊的发展过程. 本书主要讨论连续的确定型非线性最优化问题, 简称非线性最优化问题.

下面给出非线性最优化问题解的定义.

(1) 对优化问题 (1.1.1), 可行域 Ω 中的点称为可行解或可行点.

(2) 设 $\boldsymbol{x}^* \in \Omega$. 若对任意的 $\boldsymbol{x} \in \Omega$, 都有 $f(\boldsymbol{x}^*) \leqslant f(\boldsymbol{x})$, 则称 $\boldsymbol{x}^*$ 为优化问题 (1.1.1) 的全局最优解, 又称全局最优值点或全局最小值点, 对应的目标函数值称为全局最优值或全局最小值, 记为

$$\boldsymbol{x}^* = \arg\min_{\boldsymbol{x}\in\Omega} f(\boldsymbol{x}),$$

其中, arg min 取自英文 "the argument of the minimum". 若 $\boldsymbol{x}^*$ 还满足对任意的 $\boldsymbol{x} \in \Omega$, $\boldsymbol{x} \neq \boldsymbol{x}^*$ 都有 $f(\boldsymbol{x}^*) < f(\boldsymbol{x})$, 则称 $\boldsymbol{x}^*$ 为优化问题 (1.1.1) 的严格全局最优解.

需要指出的是, 有些优化问题的目标函数在可行域上有下界, 但没有最优解. 也就是说, 有些最优化问题有最优值但无法达到. 如二元函数

$$f(\boldsymbol{x}) = x_1^2 + (1 - x_1 x_2)^2$$

在 $\mathbb{R}^2$ 上的最优值为零, 但只有在

$$x_1 = \frac{1}{x_2}, \quad x_2 \to \infty$$

时才能达到. 基于此, 我们称目标函数在可行域上的下确界为该优化问题的最优值. 由此, 优化问题 (1.1.1) 有时写成

$$\inf\{f(\boldsymbol{x}) \mid \boldsymbol{x} \in \Omega\}.$$

(3) 对优化问题 (1.1.1), 若存在点 $\boldsymbol{x}^* \in \Omega$ 的邻域 $N(\boldsymbol{x}^*, \delta)$, 使得

$$f(\boldsymbol{x}^*) \leqslant f(\boldsymbol{x}), \quad \forall\, \boldsymbol{x} \in N(\boldsymbol{x}^*, \delta) \cap \Omega,$$

则称 $\boldsymbol{x}^*$ 为优化问题 (1.1.1) 的局部最优解, 又称局部最优值点或局部最小值点.

进一步, 若 $\boldsymbol{x}^*$ 满足

$$f(\boldsymbol{x}^*) < f(\boldsymbol{x}), \quad \forall\, \boldsymbol{x} \neq \boldsymbol{x}^*, \boldsymbol{x} \in N(\boldsymbol{x}^*, \delta) \cap \Omega,$$

则称 $\boldsymbol{x}^*$ 是优化问题 (1.1.1) 的严格局部最优解或严格局部最小值点.

非线性最优化问题的研究核心是最优解的存在性及求解算法和收敛性分析. 对一般的非线性最优化问题, 求解和验证其全局最优解是一件非常困难甚至是不可能的事情. 因此, 人们寄希望于求得问题的局部最优解. 即便如此, 由于计算误差等因素, 几乎所有的数值算法只能给出近似解.

1.2 方法概述

如同一元二次方程的求根公式, 对最优化问题, 一个直接的想法是借助微分学、变分法等数学工具通过分析运算和逻辑推理给出最优解的解析式, 这就是最

优化问题的解析法. 该方法得到的解称为解析解. 解析解精确、简洁、直观, 适于问题的理论分析. 但它仅适用于特殊形式的最优化问题, 而且有时不实用. 如对凸二次规划问题

$$\min_{\boldsymbol{x}\in\mathbb{R}^n} \frac{1}{2}\boldsymbol{x}^{\mathrm{T}}\boldsymbol{A}\boldsymbol{x} - \boldsymbol{b}^{\mathrm{T}}\boldsymbol{x},$$

其中, 矩阵 $\boldsymbol{A}$ 对称正定, 其最优解为 $\boldsymbol{x} = \boldsymbol{A}^{-1}\boldsymbol{b}$. 该解析解在实际应用时不但计算量大而且稳定性差. 所以在实际中, 人们选择高斯消元法或三角分解法求解.

最优化问题的第二类求解方法是图解法和实验法. 顾名思义, 图解法就是根据目标函数的图像求得最优化问题的最优解. 实验法是依据一定的规则对变量取不同的值, 依次通过实验观察目标函数值的变化情况, 从而找出问题的最优解. 这类 "手工作坊" 式的方法操作简单、通俗易懂, 但效率较低, 且适用于变量个数很少的情况. 尽管如此, 我国运筹学的奠基人华罗庚在上世纪六十年代提出的 "优选法" 在我国的工农业生产中发挥了巨大作用.

最优化问题的第三类求解方法是形式转化法. 该方法主要通过对最优化问题结构性质的挖掘或利用最优化问题的最优性条件将其转化成有别于原问题的另一类数学问题, 然后对后者套用现有的方法求解. 不过, 形式转化法只是提供了解决问题的一种途径, 它并非完全有效, 因为转化一般是需要条件的, 而且转化后的问题也并不总存在有效算法.

最优化问题的第四类求解方法是智能算法. 它是人们受自然界规律的启迪, 根据其原理来模拟某些自然现象而建立的一种随机搜索算法, 属于启发式算法. 智能算法在计算过程中主要利用目标函数的函数值信息, 其有效性可以借助马尔可夫链的遍历理论和随机过程的知识给它以数学上的描述, 并在概率意义下得到问题的全局最优解. 它适用于规模较小的连续优化问题. 目前应用比较广泛的有遗传算法、模拟退火算法、蚁群算法和神经网络方法.

最优化问题的第五类求解方法是数值迭代法. 该方法主要利用最优化问题的函数值或梯度信息由一个迭代点产生一个更好的迭代点. 重复该过程, 直到不能改进为止. 该方法得到的解称为数值解. 一般情况下, 它是近似解. 根据迭代过程中函数信息的利用程度, 数值迭代法分为模式搜索方法和梯度方法. 模式搜索方法主要根据函数值的变化规律探测目标函数的下降方向并沿该方向寻求更好的迭代点. 该方法简单、直观, 且无需计算函数的梯度, 适用于变量较少、约束简单、目标函数结构复杂且梯度不易计算的情形. 常见的模式搜索方法主要有坐标轮换法、Hooke-Jeeves 法、Powell 共轭方向法和单纯形调优法.

与模式搜索方法不同, 梯度方法在迭代过程中不但需要函数值信息, 还需要梯度信息. 因此, 与模式搜索方法相比, 梯度方法对目标函数和约束函数的解析性质要求较高, 它一般有快的收敛速度和好的理论性质.

梯度方法一般通过两种策略产生新的迭代点: 线搜索方法和信赖域方法. 线搜索方法是最常见也是研究最多的一类方法. 在算法的每一迭代步, 首先基于目标函数的梯度信息产生一个搜索方向, 然后沿该方向寻求一个使目标函数值有某种下降的新的迭代点. 新旧迭代点之间的距离称为步长. 这种过程执行一次之后并不能得到优化问题的最优解, 需要重复执行, 直到不能改进为止. 对无约束优化问题, 线搜索方法的基本框架如下.

算法 1.2.1

步 1. 取初始点 $\boldsymbol{x}_0 \in \mathbb{R}^n$ 及有关参数, 令 $k = 0$.

步 2. 验证停机准则.

步 3. 计算 $\boldsymbol{x}_k$ 点的搜索方向 $\boldsymbol{d}_k \in \mathbb{R}^n$.

步 4. 计算步长 $\alpha_k > 0$ 使满足 $f(\boldsymbol{x}_k + \alpha_k \boldsymbol{d}_k) < f(\boldsymbol{x}_k)$.

步 5. 产生下一迭代点, 即令 $\boldsymbol{x}_{k+1} = \boldsymbol{x}_k + \alpha_k \boldsymbol{d}_k$, $k = k + 1$, 转步 2.

下面对上述算法的有关事项做一说明.

初始点 初始点的选取不但会影响算法的效率, 而且对最终的数值结果也有重大影响. 显然, 初始点距离最优值点越近数值效果越好. 习惯上, 人们取零点、分量全为 1 的点或随机点为初始点. 一个理想的初始点取法是通过问题结构性质的挖掘取靠近最优值点的点做为初始点.

算法参数 算法参数的取值会严重影响算法的数值效果. 借助理论分析可得参数合理的取值范围, 而通过大量的数值实验可得其经验值. 如果参数能根据算法的迭代进度和迭代状况自动调整, 即具有自适应性质, 无疑会有好的数值效果.

终止条件 一般情况下, 无论设置多么苛刻的条件, 梯度方法都很难在有限步内得到问题的最优解. 理论上, 在迭代点充分靠近最优值点时终止算法. 但由于最优值点是未知的, 故在实际操作中, 一般选择在迭代点停滞不前或迭代效果不明显时终止计算. 据此, 常见的停机准则主要有最优性条件准则、点距准则和函数下降量准则. 具体地, 当优化问题在迭代点近似满足某最优性条件, 或算法产生的点列进展非常缓慢 (相邻两迭代点之间的距离很小), 或目标函数值下降非常缓慢 (相邻两迭代点的目标函数值相差很小) 时算法终止. 不过, 理论分析时, 只能以满足某最优性条件为算法的终止规则.

搜索方向 搜索方向的选取要保证从当前迭代点沿该方向移动时目标函数值有所下降. 也就是说, 搜索方向是下降方向.

定义 1.2.1 设 $\boldsymbol{x}, \boldsymbol{d} \in \mathbb{R}^n$. 对函数 $f : \mathbb{R}^n \to \mathbb{R}$, 若存在 $\delta > 0$, 使对任意的 $\alpha \in (0, \delta]$, 都有

$$f(\boldsymbol{x} + \alpha \boldsymbol{d}) < f(\boldsymbol{x}),$$

则称 $\boldsymbol{d}$ 为函数 f 在 $\boldsymbol{x}$ 点的下降方向.

对连续可微函数 $f:\mathbb{R}^n\to\mathbb{R}$, 可以借助梯度判断一个方向是否为下降方向. 具体地, 设 $\boldsymbol{x}\in\mathbb{R}^n$, 若 $\boldsymbol{d}\in\mathbb{R}^n$ 满足 $\boldsymbol{d}^{\mathrm{T}}\nabla f(\boldsymbol{x})<0$, 则对充分小的 $\alpha>0$,

$$f(\boldsymbol{x}+\alpha\boldsymbol{d})=f(\boldsymbol{x})+\alpha\nabla f(\boldsymbol{x})^{\mathrm{T}}\boldsymbol{d}+o(\alpha)<f(\boldsymbol{x}).$$

因此, $\boldsymbol{d}$ 是目标函数 $f(\boldsymbol{x})$ 在 $\boldsymbol{x}$ 点的下降方向. 显然, $\boldsymbol{d}=-\nabla f(\boldsymbol{x})$ 是目标函数在该点附近函数值下降最快的方向, 因此称为最速下降方向.

迭代步长 搜索方向确定后, 需要寻求迭代步长 α_k, 使得

$$f(\boldsymbol{x}_k+\alpha_k\boldsymbol{d}_k)<f(\boldsymbol{x}_k).$$

这可通过进退试探等线搜索过程获得.

线搜索方法的核心是搜索方向的选取和迭代步长的计算. 但对算法的影响力而言, 搜索方向要大于迭代步长. 也就是说, 对线搜索过程, 方向比速度重要.

与线搜索方法不同, 信赖域方法首先利用目标函数 $f(\boldsymbol{x})$ 在 $\boldsymbol{x}_k$ 点的信息构造二次模型 $m_k(\boldsymbol{d})$ 使其在 $\|\boldsymbol{d}\|$ 较小时与 $f(\boldsymbol{x}_k+\boldsymbol{d})$ 有好的近似, 然后根据该二次模型的最小值点产生原优化问题的新的迭代点, 并视二次模型与目标函数的近似度调整信赖域半径的大小.

具体地, 先在当前迭代点 $\boldsymbol{x}_k$ 附近构造 $f(\boldsymbol{x}_k+\boldsymbol{d})$ 关于 $\boldsymbol{d}\in\mathbb{R}^n$ 的一个二阶近似

$$m_k(\boldsymbol{d})=f(\boldsymbol{x}_k)+\boldsymbol{d}^{\mathrm{T}}\nabla f(\boldsymbol{x}_k)+\frac{1}{2}\boldsymbol{d}^{\mathrm{T}}\boldsymbol{B}_k\boldsymbol{d},$$

其中, $\boldsymbol{B}_k$ 为 $\nabla^2 f(\boldsymbol{x}_k)$ 或其近似, 然后求该二次函数在某信赖域内的最小值点 $\boldsymbol{d}_k$, 即求解子问题

$$\min\ \{m_k(\boldsymbol{d})\mid\boldsymbol{d}\in\mathbb{R}^n,\ \|\boldsymbol{d}\|\leqslant\Delta_k\},$$

其中, $\Delta_k>0$ 为信赖域半径. 如果试探点 $\hat{\boldsymbol{x}}_{k+1}=\boldsymbol{x}_k+\boldsymbol{d}_k$ 能使目标函数值有“充分”的下降, 就取新的迭代点 $\boldsymbol{x}_{k+1}=\hat{\boldsymbol{x}}_{k+1}$. 如果近似效果特别好, 就在下一步扩大信赖域半径; 否则, 就压缩信赖域半径, 重新求解信赖域子问题.

信赖域方法最早由 Powell(1970) 提出, 而后得到广泛研究. 在此基础上, Davidon(1980) 提出了信赖域方法的锥模型. 信赖域方法不如线搜索那样成熟, 应用也没有线搜索那样广泛. 但由于其强的收敛性和可靠性, 信赖域方法的研究越来越受到重视. 从本质上讲, 它和线搜索方法的区别在于线搜索方法是借助搜索方向将一个多元函数的极值问题转化为一元函数的极值问题, 而信赖域方法是在一值得“信赖”的区域内将复杂的目标函数用一个简单的二次函数近似.

梯度方法过多地依赖函数的梯度信息, 而这些信息只能反映函数值的局部变化情况. 所以, 对非凸优化问题, 梯度型方法一般只能得到局部最优解. 而该最优解的优劣完全依赖于初始点的选取. 若要求得好的最优解, 则需用多个初始点分别进行计算, 然后在求得的多个最优解中取其最优者当作全局最优解. 除此之外,

也可用隧道 (Levy 等, 1985) 和填充 (Ge, 1990) 等技术由局部最优解向全局最优解逐步靠近. 但相对于局部优化数值算法, 全局优化算法还不成熟, 因为人们至今还没有找到一个令人满意的全局最优解的有效算法和检验准则. 正因如此, 在以后的叙述中, 除非特别说明, 本书对全局最优解和局部最优解不再严格区分, 而统称最优解、最优值点或最小值点.

1.3 算法评价

对最优化问题, 一个数值方法要被认可, 既要有理论保障, 又要有满意的数值效果. 具体地, 一个好的数值方法应在如下指标有好的特性.

(1) *全局收敛与局部收敛* 对梯度型数值方法, 很难保证在有限步内得到问题的最优解. 因此, 人们希望算法产生的迭代点列越来越靠近最优解. 这就引出了算法收敛性的概念.

如果从任意的初始点出发, 算法产生的迭代点列都收敛到优化问题的最优值点, 则称该算法具有全局收敛性. 若迭代点列只有在初始点和最优值点具有某种程度的靠近时才能收敛到优化问题的最优值点, 则称该算法具有局部收敛性. 若迭代点列的某一聚点为优化问题的最优值点, 则称该算法弱收敛.

需要强调的是, 无论是全局收敛还是局部收敛, 这都属于理论分析, 因为在进行数值计算时, 算法须在有限步内终止, 而我们也只能在计算机运行机时许可的范围内得到满足一定精度要求的近似解.

(2) *收敛速度* 大量数值实验表明, 一个算法的计算效率在很大程度上依赖于迭代点在最优值点附近靠近最优值点的速度. 也就是说, 一个数值方法高效的基本标志就是一旦迭代点进入目标函数的一个 “狭长的凹谷”, 那么以后产生的迭代点应迅速移向该 “凹谷” 的最低点. 这可借助收敛速度进行分析.

对于一个收敛算法, 其收敛速度主要考察迭代点列 $\{\boldsymbol{x}_k\}$ 与最优值点 $\boldsymbol{x}^*$ 之间的距离 $\{\|\boldsymbol{x}_k-\boldsymbol{x}^*\|\}$ 趋于零的速度. 显然, 数列 $\{\|\boldsymbol{x}_k-\boldsymbol{x}^*\|\}$ 趋于零的速度越快, 算法的效率就越高. 对此, 可通过纵向比较和横向比较两种方式进行度量, 这就产生了 Q-收敛和 R-收敛两种定义.

Q-收敛是通过前后两迭代点靠近最优值点的程度进行比较定义的: 设迭代点列 $\{\boldsymbol{x}_k\}$ 收敛到 $\boldsymbol{x}^*$, 且存在 $q \geqslant 0$ 满足

$$\limsup_{k\to\infty}\frac{\|\boldsymbol{x}_{k+1}-\boldsymbol{x}^*\|}{\|\boldsymbol{x}_k-\boldsymbol{x}^*\|}\leqslant q.$$

若 $0<q<1$, 则称 $\{\boldsymbol{x}_k\}$ Q-线性收敛到 $\boldsymbol{x}^*$. 若 $q=0$, 则称 $\{\boldsymbol{x}_k\}$ Q-超线性收敛到 $\boldsymbol{x}^*$.

容易证明: 如果点列 $\{\boldsymbol{x}_k\}$ Q-超线性收敛到 $\boldsymbol{x}^*$, 则

$$\lim_{k\to\infty}\frac{\|\boldsymbol{x}_{k+1}-\boldsymbol{x}_k\|}{\|\boldsymbol{x}_k-\boldsymbol{x}^*\|}=1.$$

设点列 $\{\boldsymbol{x}_k\}$ 收敛到 $\boldsymbol{x}^*$. 若存在 $0\leqslant p<\infty$ 和 $r\geqslant 1$ 使

$$\limsup_{k\to\infty}\frac{\|\boldsymbol{x}_{k+1}-\boldsymbol{x}^*\|}{\|\boldsymbol{x}_k-\boldsymbol{x}^*\|^r}\leqslant p,$$

则称点列 $\{\boldsymbol{x}_k\}$ Q-r 阶收敛到 $\boldsymbol{x}^*$, 有时简单地称点列 $\{\boldsymbol{x}_k\}$ r-阶收敛到 $\boldsymbol{x}^*$. 其中最常见的是 2-阶收敛.

与 Q-收敛不同, R-收敛是借助一个趋于零的等比数列来度量 $\{\|\boldsymbol{x}_k-\boldsymbol{x}^*\|\}$ 趋于零的快慢程度. 设点列 $\{\boldsymbol{x}_k\}$ 收敛到最优值点 $\boldsymbol{x}^*$. 若存在 $\kappa>0$, $q\in(0,1)$ 使

$$\|\boldsymbol{x}_k-\boldsymbol{x}^*\|\leqslant\kappa q^k,$$

则称 $\{\boldsymbol{x}_k\}$ R-线性收敛到 $\boldsymbol{x}^*$.

对上述点列, 若存在 $\kappa>0$ 和收敛于零的正数列 $\{q_k\}$ 使

$$\|\boldsymbol{x}_k-\boldsymbol{x}^*\|\leqslant\kappa\prod_{i=0}^{k}q_i,$$

则称点列 $\{\boldsymbol{x}_k\}$ R-超线性收敛到 $\boldsymbol{x}^*$.

这里, Q 和 R 分别取自英文 “Quotient” 和 “Root”. 在这些收敛速度中, 超线性收敛比线性收敛速度快. 若点列 $\{\boldsymbol{x}_k\}$Q-(超) 线性收敛, 则它必 R-(超) 线性收敛.

收敛速度用来表征迭代点列靠近问题最优解的快慢程度. 一般地, 超线性收敛算法是比较快的. 但由于计算误差和算法程序带来的影响及假设条件得不到满足的因素, 收敛速度的理论结果并不能保证算法具有相应的数值效果.

另外, 二次终止性也是判断算法优劣的一个重要指标. 它是指对任意的严格凸二次函数, 从任意的初始点出发, 算法经过有限步迭代后均可到达最优值点.

由于严格凸二次函数是非线性函数中形式最简单、条件最强的函数, 所以一个好的算法理应在有限步内得到最优解. 其次, 对一般的目标函数, 它在最优值点附近可以用一个严格凸二次函数来近似. 因此, 可以猜想, 对严格凸二次函数数值效果好的算法, 对一般的非线性函数应有好的数值效果.

一般地，一个算法收敛速度的快慢严重依赖于迭代过程中对目标函数的梯度信息利用的程度. 如果一个算法是通过目标函数的线性近似得到的, 则收敛速度一般是线性的; 而若该近似是二阶的, 则收敛速度往往也是二阶的.

(3) 稳定性 算法的稳定性是指算法的可靠性. 在数值计算过程中, 初始数据

的舍入误差会通过运算过程进行遗传和传播. 如果初始数据的误差对最终结果的影响较小, 即在计算过程中舍入误差增长缓慢, 则称该算法是稳定的. 若输出结果的误差随初始数据的舍入误差呈恶性增长, 则称该算法是不稳定的.

一般地, 数值稳定性是对算法而言, 但有时也与问题本身有关. 对一些病态问题, 如果输入数据有微小扰动, 则算法的输出解会产生大的扰动. 这方面最简单的例子是线性方程组的求解. 如果系数矩阵的条件数过大, 那么在计算过程中, 数据存储的舍入误差可能会引起计算结果大的偏差. 这种情况是由于问题本身的性质决定的, 用任何算法直接计算都会产生不稳定性. 对此, 人们常用调比技术对问题进行某种预处理或借助正则化技术来增强算法的稳定性.

(4) *计算复杂性和存储消耗* 一个算法在理论上有快的收敛速度是保证其高效的一个因素, 而算法中每一迭代步的计算量和存储量也是影响算法效率的重要因素. 因为即便一个算法有快的收敛速度, 但若其每一迭代步的计算量或存储量偏大, 也会导致算法的迭代进程变慢, 从而影响算法的整体效率.

上述四个指标主要侧重算法的理论分析. 它一方面在数值计算时, 对算法的有效性提供理论保障, 使我们清楚算法对良态问题所具有的诱人性质和对病态问题可能出现的最坏结果, 从而找到算法适用的问题类, 另一方面使我们明白为什么“这样”取初始点,“那样”选取参数, 同时它还帮助我们发现算法中的缺陷, 进而改进之. 只是人们在借助数学分析等工具对算法进行理论分析时, 一般要对问题或其解点做些假设, 而这些假设往往难于验证.

(5) *数值效果* 对优化问题的数值方法进行数值实验是非常重要也是非常必要的. 首先, 算法本身就是为问题求解设计的. 因此, 一个算法最终能否被接受和认可关键在于其数值效果, 而不是其诱人的理论性质. 其次, 数值实验虽不能给算法的理论分析提供什么保证, 但有时会很可靠地显露出某些可能的理论结果. 只是在进行数值分析的时候, 需要考虑到参数和初始点的选取对数值效果的影响, 同时还要考虑到算法程序中某些微小的变动对数值效果的影响.

诚然, 一个好的数值算法不但要有好的理论性质, 同时还要有诱人的数值效果. 遗憾的是, 如同线性规划问题的椭球算法, 非线性最优化问题的有些算法的理论性质和数值效果也不一致. 这其中的原因很复杂, 既有计算过程中数据舍入误差和参数取值的影响, 也有理论分析过程中所需条件在实际问题中得不到满足的因素. 同时, 对同一算法, 其性能指标与具体的问题有关系, 对此很难找到统一的量化指标.

从上世纪 50 年代至今, 人们提出了求解非线性最优化问题的各式各样的数值方法, 但目前尚未找到一个理论性质和数值效果都令人满意的通用算法. 一般情况下, 人们只能宣称某个方法对某类问题比较有效. 这也是非线性最优化问题的数值算法研究中多种方法并存的主要原因. 据此, 人们对最优化问题算法的研究焦点主要有两个: 一是以问题为导向, 即针对特定的优化问题, 设计专门的算法; 二是对一个既定算法, 通过理论分析给出其适用的问题类, 使其成为一个"指示性"算法.

习　题

1. 证明:

$$\min_{\boldsymbol{x}\in\mathbb{R}^n} f(\boldsymbol{x}) \Longleftrightarrow \min_{\boldsymbol{x}\in\mathbb{R}^n, t\in\mathbb{R}} \{t \mid t - f(\boldsymbol{x}) \geqslant 0\}.$$

2. 设点列 $\{\boldsymbol{x}_k\}$ Q-超线性收敛到 $\boldsymbol{x}^*$. 证明

$$\lim_{k\to\infty} \frac{\|\boldsymbol{x}_{k+1} - \boldsymbol{x}_k\|}{\|\boldsymbol{x}_k - \boldsymbol{x}^*\|} = 1.$$

3. 用图解法给出下述优化问题的最优解.

$$\min\{x_1 + x_2 \mid x_1^2 + x_2^2 \leqslant 2\}.$$

4. 设 $\boldsymbol{a} \in \mathbb{R}^n$, $\|\boldsymbol{a}\| > 1, \kappa > 0$. 用解析法求解优化问题

$$\begin{aligned} \min \quad & \|\boldsymbol{x}\| \\ \text{s.t.} \quad & \|\boldsymbol{x}\| - \boldsymbol{a}^{\mathrm{T}}\boldsymbol{x} + \kappa \leqslant 0. \end{aligned}$$

5. 设 $\boldsymbol{a} \in \mathbb{R}^n, \rho > 0$, 矩阵 $\Sigma_0 \succ \boldsymbol{0}$, 即矩阵 Σ_0 对称正定. 用解析法求解优化问题

$$\begin{aligned} \max_{\Sigma\succ\boldsymbol{0}} \quad & \boldsymbol{a}^{\mathrm{T}}\Sigma\boldsymbol{a} \\ \text{s.t.} \quad & \|\Sigma - \Sigma_0\|_{\mathrm{F}}^2 \leqslant \rho. \end{aligned}$$

第 2 章 基础知识

在最优化问题的理论分析中，常用到一些凸分析的知识，如凸集分离定理、次梯度、临近点算子、共轭函数和矩阵的广义逆等. 本章主要给出它们的定义和有关性质.

2.1 凸集与凸函数

先给出凸集的定义和有关性质.

定义 2.1.1 设集合 $\mathcal{S} \subset \mathbb{R}^n$. 若对任意的 $\boldsymbol{x}_1, \boldsymbol{x}_2 \in \mathcal{S}$ 和 $\lambda \in (0,1)$, 都有 $\lambda \boldsymbol{x}_1 + (1-\lambda)\boldsymbol{x}_2 \in \mathcal{S}$, 则称 $\mathcal{S}$ 为凸集.

根据定义，对凸集中的任意两点，它们的连线都在该集合中. 不但如此，凸集中任意多个点所围成的区域也属于该集合.

定义 2.1.2 设点列 $\boldsymbol{x}_1, \boldsymbol{x}_2, \cdots, \boldsymbol{x}_m \in \mathbb{R}^n$, 数组 $\lambda_1, \lambda_2, \cdots, \lambda_m \in (0,1)$ 满足 $\lambda_1 + \lambda_2 + \cdots + \lambda_m = 1$. 则称 $\lambda_1 \boldsymbol{x}_1 + \lambda_2 \boldsymbol{x}_2 + \cdots + \lambda_m \boldsymbol{x}_m$ 为点列 $\boldsymbol{x}_1, \boldsymbol{x}_2, \cdots, \boldsymbol{x}_m$ 的一个凸组合. 点列 $\boldsymbol{x}_1, \boldsymbol{x}_2, \cdots, \boldsymbol{x}_m$ 的所有凸组合构成的集合称为由其生成的凸包, 记为 $\mathrm{conv}(\boldsymbol{x}_1, \boldsymbol{x}_2, \cdots, \boldsymbol{x}_m)$.

由有限个点生成的凸包称为多面胞. 它是一个有界的凸多面体 (见定义 2.1.7).

设 $\mathcal{S}$ 为凸集, 若 $\boldsymbol{x} \in \mathcal{S}$ 不能表示成 $\mathcal{S}$ 中任意其他两点的凸组合, 也就是说, 对任意的 $\boldsymbol{x}_1, \boldsymbol{x}_2 \in \mathcal{S}$ 和 $\lambda \in (0,1)$, 都有

$$\boldsymbol{x} = \lambda \boldsymbol{x}_1 + (1-\lambda)\boldsymbol{x}_2 \Longrightarrow \boldsymbol{x} = \boldsymbol{x}_1 = \boldsymbol{x}_2,$$

则称 $\boldsymbol{x}$ 为凸集 $\mathcal{S}$ 的顶点.

除去凸组合中系数的非负限制, 便得到仿射组合的定义并由此得到仿射集的概念.

定义 2.1.3 设点列 $\boldsymbol{x}_1, \boldsymbol{x}_2, \cdots, \boldsymbol{x}_m \in \mathbb{R}^n$, 数组 $\lambda_1, \lambda_2, \cdots, \lambda_m$ 满足 $\lambda_1 + \lambda_2 + \cdots + \lambda_m = 1$. 则称 $\lambda_1 \boldsymbol{x}_1 + \lambda_2 \boldsymbol{x}_2 + \cdots + \lambda_m \boldsymbol{x}_m$ 为点列 $\boldsymbol{x}_1, \boldsymbol{x}_2, \cdots, \boldsymbol{x}_m$ 的一个仿射组合.

定义 2.1.4 集合 $\mathcal{S} \subset \mathbb{R}^n$ 中所有有限个点的仿射组合构成的集合称为 $\mathcal{S}$ 的仿射包, 记为 $\mathrm{Aff}(\mathcal{S})$. 若 $\mathcal{S} = \mathrm{Aff}(\mathcal{S})$, 则称 $\mathcal{S}$ 为仿射集.

根据定义, 仿射集中任意多个点所张成的区域都属于该集合. 因此, 仿射集是凸集. 由 $\lambda_1+\lambda_2+\cdots+\lambda_m=1$ 知, 仿射组合 $\lambda_1\boldsymbol{x}_1+\lambda_2\boldsymbol{x}_2+\cdots+\lambda_m\boldsymbol{x}_m$ 可写成

$$\boldsymbol{x}_1+\lambda_2(\boldsymbol{x}_2-\boldsymbol{x}_1)+\cdots+\lambda_m(\boldsymbol{x}_m-\boldsymbol{x}_1),\quad \lambda_2,\cdots,\lambda_m\in\mathbb{R}.$$

所以, 对仿射集 $\mathcal{S}$ 中的任一点 $\boldsymbol{x}$, 集合 $\mathcal{S}-\{\boldsymbol{x}\}$ 为 $\mathbb{R}^n$ 的一个子空间. 也就是说, 仿射集是子空间的一个平移. 因此, 子空间和仿射集在结构上是一致的. 故仿射集又称仿射子空间, 其维数定义为对应子空间的维数.

根据线性代数的知识, 齐次线性方程组 $\boldsymbol{A}\boldsymbol{x}=\boldsymbol{0}$ 的解集 $\mathcal{N}(\boldsymbol{A})$ 是一线性子空间, 非齐次线性方程组 $\boldsymbol{A}\boldsymbol{x}=\boldsymbol{b}$ 的解集 $\boldsymbol{x}_0+\mathcal{N}(\boldsymbol{A})$ 是一仿射空间, 其中, $\boldsymbol{x}_0$ 为 $\boldsymbol{A}\boldsymbol{x}=\boldsymbol{b}$ 的一个特解.

在欧氏空间中, 集合的内点是借助 δ-邻域定义的. 借助仿射包可将集合的内点进行推广.

定义 2.1.5 设集合 $\mathcal{S}\subset\mathbb{R}^n$. 对 $\boldsymbol{x}\in\mathcal{S}$, 若存在 $\delta>0$, 使得 $N(\boldsymbol{x},\delta)\cap\mathrm{Aff}(\mathcal{S})\subset\mathcal{S}$, 即相对于仿射子空间 $\mathrm{Aff}(\mathcal{S})$, $\boldsymbol{x}$ 是集合 $\mathcal{S}$ 的内点, 则称 $\boldsymbol{x}$ 为集合 $\mathcal{S}$ 的相对内点. 集合 $\mathcal{S}$ 的所有相对内点所组成的集合记为 $\mathrm{ri}(\mathcal{S})$.

凸集的相对内点是从由其本身生成的较小空间考察一个集合的结构. 如区间段 $[0,1]$ 在 $\mathbb{R}^2$ 中没有内点, 但在 $[0,1]$ 张成的 $\mathbb{R}^1$ 空间中有内点 $(0,1)$. 显然, 若凸集 $\mathcal{S}$ 含有通常意义下的内点, 则其相对内点和内点是一致的.

下面看两类特殊的凸集.

定义 2.1.6 对集合 $\mathcal{K}\subset\mathbb{R}^n$, 若对任意的 $\boldsymbol{x}\in\mathcal{K}$ 和 $\lambda\geqslant 0$, 都有 $\lambda\boldsymbol{x}\in\mathcal{K}$, 则称 $\mathcal{K}\subset\mathbb{R}^n$ 为锥. 若锥 $\mathcal{K}$ 满足

$$\boldsymbol{x}\in\mathcal{K},\quad -\boldsymbol{x}\in\mathcal{K}\Rightarrow\boldsymbol{x}=\boldsymbol{0},$$

则称其为尖锥. 若锥 $\mathcal{K}$ 为凸集, 则称其为凸锥. 进一步, 若存在有限个元素, 使得锥 $\mathcal{K}$ 中的任一元素都可以表示这有限个元素的非负组合, 即存在 $\boldsymbol{b}_1,\cdots,\boldsymbol{b}_m\in\mathbb{R}^n$, 使得

$$\mathcal{K}=\Big\{\sum_{i=1}^{m}\lambda_i\boldsymbol{b}_i\mid\lambda_i\geqslant 0,\ i=1,2,\cdots,m\Big\},$$

则称该锥为有限生成锥, $\boldsymbol{b}_1,\cdots,\boldsymbol{b}_m$ 称为有限生成元.

易知, 有限生成锥是闭凸锥.

设 $\mathcal{K}$ 是闭凸锥, 则对任意的 $\boldsymbol{x},\boldsymbol{y}\in\mathcal{K}$ 和任意的 $\lambda\geqslant 0$, $\mu\geqslant 0$,

$$\lambda\boldsymbol{x}+\mu\boldsymbol{y}\in\mathcal{K}.$$

对此, 称 $\lambda\boldsymbol{x}+\mu\boldsymbol{y}$ 为 $\boldsymbol{x},\boldsymbol{y}$ 的锥组合, 记为 $\text{cone}\{\boldsymbol{x},\boldsymbol{y}\}$. 锥 $\mathcal{K}$ 的极锥定义为

$$\mathcal{K}^\circ=\{\boldsymbol{y}\in\mathbb{R}^n\mid\langle\boldsymbol{x},\boldsymbol{y}\rangle\leqslant 0,\ \forall\ \boldsymbol{x}\in\mathcal{K}\}.$$

对矩阵 $\boldsymbol{A}\in\mathbb{R}^{m\times n}$, 其核空间 $\mathcal{N}=\{\boldsymbol{x}\in\mathbb{R}^n\mid\boldsymbol{A}\boldsymbol{x}=\boldsymbol{0}\}$ 是一种特殊的锥. 容易验证, 它的极锥为 $\mathcal{R}(\boldsymbol{A}^{\mathrm{T}})$. 即子空间的极锥为其正交补空间.

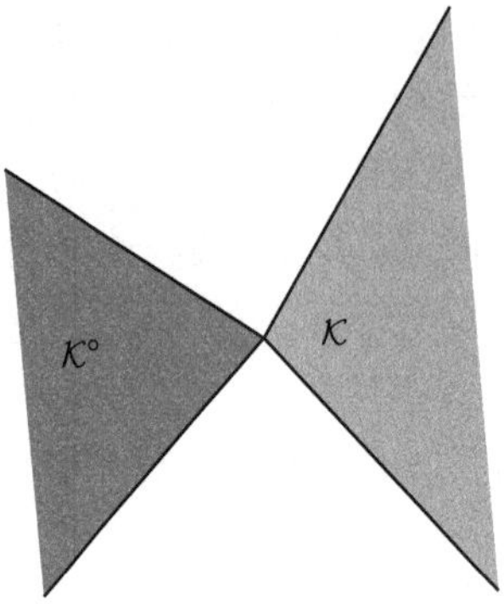

图 2.1.1 锥与极锥

定义 2.1.7 设 $\boldsymbol{A}\in\mathbb{R}^{m\times n},\boldsymbol{b}\in\mathbb{R}^m$, 称集合 $\mathcal{S}=\{\boldsymbol{x}\in\mathbb{R}^n\mid\boldsymbol{A}\boldsymbol{x}\geqslant\boldsymbol{b}\}$ 为多面体. 特别地, 集合 $\mathcal{K}=\{\boldsymbol{x}\in\mathbb{R}^n\mid\boldsymbol{A}\boldsymbol{x}\geqslant\boldsymbol{0}\}$ 称为多面锥.

可以证明, 多面锥和有限生成锥等价, 且多面锥 $\mathcal{K}=\{\boldsymbol{x}\mid\boldsymbol{A}\boldsymbol{x}\geqslant\boldsymbol{0}\}$ 的极锥为

$$\mathcal{K}^\circ=\{-\boldsymbol{A}^{\mathrm{T}}\boldsymbol{y}\mid\boldsymbol{y}\in\mathbb{R}^m_+\}.$$

由于多面体是凸集, 故也称其凸多面体. 有界的凸多面体称为多面胞, 也就是有限个点生成的凸包. 对于凸多面体 $\mathcal{S}$, 若存在 $\boldsymbol{d}\in\mathbb{R}^n$, 使对任意的 $\boldsymbol{x}\in\mathcal{S}$ 和 $\alpha\geqslant 0$, 都有 $\boldsymbol{x}+\alpha\boldsymbol{d}\in\mathcal{S}$, 则称 $\boldsymbol{d}$ 为集合 $\mathcal{S}$ 的回收方向. 集合 $\mathcal{S}$ 的所有回收方向所构成的锥称为 $\mathcal{S}$ 的回收锥. 基于此, 可得凸多面体的 Minkowski 分解定理.

定理 2.1.1 若多面体 $\mathcal{S}=\{\boldsymbol{x}\in\mathbb{R}^n\mid\boldsymbol{A}\boldsymbol{x}\geqslant\boldsymbol{b}\}$ 无界, 则存在多面胞 $\mathcal{P}$ 和方向锥 $\mathcal{K}$, 使 $\mathcal{S}=\mathcal{P}+\mathcal{K}$.

证明 根据多面锥和有限生成锥的等价性, 多面锥

$$\mathcal{K}_1=\left\{\begin{pmatrix}\boldsymbol{x}\\ \lambda\end{pmatrix}\in\mathbb{R}^{n+1}\ \middle|\ \boldsymbol{A}\boldsymbol{x}-\lambda\boldsymbol{b}\geqslant\boldsymbol{0}\right\}$$

可表示成

$$\begin{pmatrix}\boldsymbol{x}_1\\ \lambda_1\end{pmatrix},\quad\begin{pmatrix}\boldsymbol{x}_2\\ \lambda_2\end{pmatrix},\quad\cdots,\quad\begin{pmatrix}\boldsymbol{x}_m\\ \lambda_m\end{pmatrix}$$

的有限生成锥. 根据锥的性质, 可设 $\lambda_i=0,1$. 不失一般性, 设 $\lambda_i=1,\ i=1,2,\cdots,m_1$; $\lambda_i=0,\ i=m_1+1,m_1+2,\cdots,m$, 并记 $\mathcal{P}$ 为点列 $\boldsymbol{x}_1,\boldsymbol{x}_2,\cdots,\boldsymbol{x}_{m_1}$ 生成的多面胞, $\mathcal{K}$ 为点列 $\boldsymbol{x}_{m_1+1},\boldsymbol{x}_{m_1+2},\cdots,\boldsymbol{x}_m$ 生成的多面锥.

对任意的 $\boldsymbol{x}\in\mathcal{S}$, 显然有 $\begin{pmatrix}\boldsymbol{x}\\ 1\end{pmatrix}\in\mathcal{K}_1$, 即

$$\begin{pmatrix}\boldsymbol{x}\\ 1\end{pmatrix}\in\text{cone}\left\{\begin{pmatrix}\boldsymbol{x}_1\\ \lambda_1\end{pmatrix},\begin{pmatrix}\boldsymbol{x}_2\\ \lambda_2\end{pmatrix},\cdots,\begin{pmatrix}\boldsymbol{x}_m\\ \lambda_m\end{pmatrix}\right\}.$$

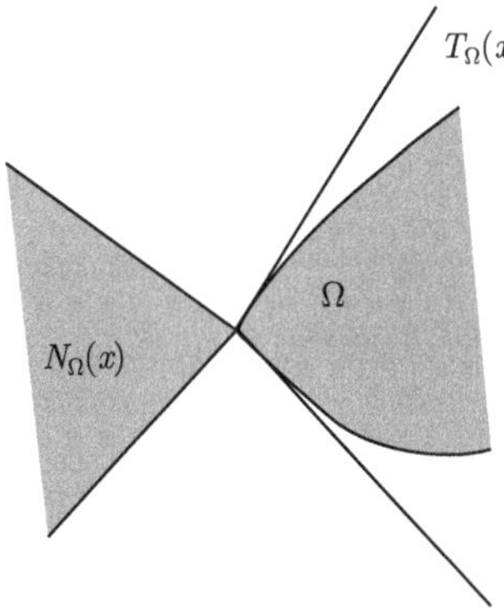

图 2.1.2 切锥与法锥

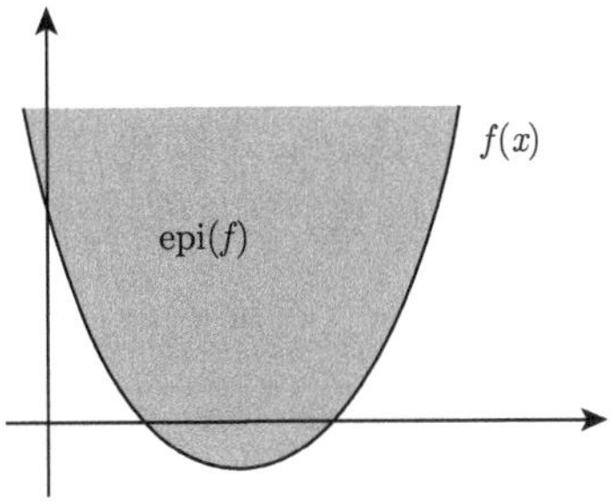

图 2.1.3 凸函数的上图

从而存在非负数组 $\mu_1, \mu_2, \cdots, \mu_m$ 满足

$$\boldsymbol{x} = \sum_{i=1}^{m_1} \mu_i \boldsymbol{x}_i + \sum_{i=m_1+1}^{m} \mu_i \boldsymbol{x}_i, \quad \sum_{i=1}^{m} \mu_i \lambda_i = \sum_{i=1}^{m_1} \mu_i = 1.$$

根据 $\mathcal{P}$ 和 $\mathcal{K}$ 的定义知 $\boldsymbol{x} \in \mathcal{P} + \mathcal{K}$. 证毕

下面给出切锥的定义.

定义 2.1.8 设 Ω 为 $\mathbb{R}^n$ 中的非空闭凸集. 对任意的 $\boldsymbol{x} \in \Omega$, 称

$$\mathcal{T}_\Omega(\boldsymbol{x}) = \left\{\boldsymbol{d} \in \mathbb{R}^n \mid \text{存在 } \boldsymbol{d}_k \to \boldsymbol{d}, t_k \downarrow 0, \text{使得 } \boldsymbol{x} + t_k \boldsymbol{d}_k \in \Omega\right\}$$

为闭凸集 Ω 在 $\boldsymbol{x}$ 点的切锥.

该锥的另一种等价表示是

$$\mathcal{T}_\Omega(\boldsymbol{x}) = \Big\{\boldsymbol{d} \in \mathbb{R}^n \mid \text{存在点列 } \{\boldsymbol{x}_k\} \subset \Omega, \lim_{k\to\infty} \boldsymbol{x}_k = \boldsymbol{x} \in \Omega, \text{和数列 } t_k \downarrow 0, \text{使得 } \boldsymbol{d} = \lim_{k\to\infty} \frac{\boldsymbol{x}^k - \boldsymbol{x}}{t_k}\Big\}.$$

闭凸集 Ω 上任一点的切锥是该点所有可行方向所组成集合的闭, 它是闭凸锥. 切锥 $\mathcal{T}_\Omega(\boldsymbol{x})$ 的极锥 $\mathcal{T}_\Omega^\circ(\boldsymbol{x})$ 称为集合 Ω 在 $\boldsymbol{x}$ 点的法锥或正则锥, 记为 $\mathcal{N}_\Omega(\boldsymbol{x})$(见图 2.1.2).

下面介绍凸函数的概念和有关性质.

定义 2.1.9 若函数 $f: \mathbb{R}^n \to \mathbb{R}$ 满足

$$f(\lambda \boldsymbol{x} + (1-\lambda)\boldsymbol{y}) \leqslant \lambda f(\boldsymbol{x}) + (1-\lambda) f(\boldsymbol{y}), \quad \forall\, \boldsymbol{x}, \boldsymbol{y} \in \mathbb{R}^n,\ \lambda \in (0,1),$$

则称其为凸函数.

凸函数有如下等价条件:

(1) $f\Big(\sum\limits_{i=1}^{m}\lambda_i \boldsymbol{x}_i\Big) \leqslant \sum\limits_{i=1}^{m}\lambda_i f(\boldsymbol{x}_i),\ \forall\ \boldsymbol{x}_i \in \mathbb{R}^n,\ \lambda_i \geqslant 0,\ i=1,2,\cdots,m,$ $\sum\limits_{i=1}^{m}\lambda_i = 1.$
该不等式称为 Jensen 不等式.

(2) 函数 $f:\mathbb{R}^n \to \mathbb{R}$ 的上图 $\mathrm{epi}(f)$(见图 2.1.3) 为凸集, 其中,

$$\mathrm{epi}(f) = \{(\boldsymbol{x},\alpha) \in \mathbb{R}^n \times \mathbb{R} \mid \alpha \geqslant f(\boldsymbol{x})\}.$$

进一步, 若 $f(\boldsymbol{x})$ 连续可微, 凸函数还有如下等价条件:

$$f(\boldsymbol{y}) - f(\boldsymbol{x}) \geqslant \nabla f(\boldsymbol{x})^{\mathrm{T}}(\boldsymbol{y}-\boldsymbol{x}), \quad \forall\ \boldsymbol{x},\boldsymbol{y} \in \mathbb{R}^n;$$

$$(\nabla f(\boldsymbol{y}) - \nabla f(\boldsymbol{x}))^{\mathrm{T}}(\boldsymbol{y}-\boldsymbol{x}) \geqslant 0, \quad \forall\ \boldsymbol{x},\boldsymbol{y} \in \mathbb{R}^n.$$

若 $f(\boldsymbol{x})$ 二阶连续可微, 凸函数还等价于

$$\boldsymbol{h}^{\mathrm{T}}\nabla^2 f(\boldsymbol{x})\boldsymbol{h} \geqslant 0, \quad \forall\ \boldsymbol{x},\boldsymbol{h} \in \mathbb{R}^n.$$

这是最常用的凸函数验证准则.

若上述不等式取严格不等号, 则称函数 $f(\boldsymbol{x})$ 严格凸. 将上述条件进一步加强可得一致凸函数的定义.

定义 2.1.10　对函数 $f:\mathbb{R}^n \to \mathbb{R}$, 若存在 $\eta > 0$, 使对任意的 $\boldsymbol{x},\boldsymbol{y} \in \mathbb{R}^n$ 和 $\lambda \in (0,1)$, 成立

$$f(\lambda\boldsymbol{x} + (1-\lambda)\boldsymbol{y}) \leqslant \lambda f(\boldsymbol{x}) + (1-\lambda)f(\boldsymbol{y}) - \lambda(1-\lambda)\eta\|\boldsymbol{x}-\boldsymbol{y}\|^2,$$

则称其为一致凸函数, 又称强凸函数.

若 $f(\boldsymbol{x})$ 连续可微, 则它为一致凸函数等价于存在 $\eta > 0$ 使得

$$f(\boldsymbol{y}) - f(\boldsymbol{x}) \geqslant \nabla f(\boldsymbol{x})^{\mathrm{T}}(\boldsymbol{y}-\boldsymbol{x}) + \frac{1}{2}\eta\|\boldsymbol{y}-\boldsymbol{x}\|^2, \quad \forall\ \boldsymbol{x},\boldsymbol{y} \in \mathbb{R}^n;$$

$$(\boldsymbol{y}-\boldsymbol{x})^{\mathrm{T}}(\nabla f(\boldsymbol{y}) - \nabla f(\boldsymbol{x})) \geqslant \eta\|\boldsymbol{y}-\boldsymbol{x}\|^2, \quad \forall\ \boldsymbol{x},\boldsymbol{y} \in \mathbb{R}^n. \tag{2.1.1}$$

若函数 f 二阶连续可微, 则它为一致凸函数等价于, 存在 $\eta > 0$ 使得

$$\boldsymbol{h}^{\mathrm{T}}\nabla^2 f(\boldsymbol{x})\boldsymbol{h} \geqslant \eta\|\boldsymbol{h}\|^2, \quad \forall\ \boldsymbol{x},\boldsymbol{h} \in \mathbb{R}^n.$$

$f(\boldsymbol{x}) = \|\boldsymbol{x}\|^2$ 是最简单的一致凸函数. 特别地, 函数 $f(\boldsymbol{x})$ 一致凸当且仅当存在 $\eta > 0$ 使得 $f(\boldsymbol{x}) - \eta\|\boldsymbol{x}\|^2$ 为凸函数. 对二次函数, 严格凸和一致凸等价.

为讨论需要, 下面给出正常函数的定义.

若函数 $f:\mathbb{R}^n \to \mathbb{R}$ 满足

$$\begin{cases} f(\boldsymbol{x}) > -\infty, & \forall\ \boldsymbol{x} \in \mathbb{R}^n, \\ f(\bar{\boldsymbol{x}}) < \infty, & \exists\ \bar{\boldsymbol{x}} \in \mathbb{R}^n, \end{cases}$$

则称其为正常函数.

非正常函数是一种极端情况. 为简单起见, 以后讨论的函数均指正常函数.

定理 2.1.2 凸函数在其定义域内部局部 Lipschitz 连续.

证明 首先证明凸函数 $f(\boldsymbol{x})$ 在其定义域内点 $\boldsymbol{x}$ 的邻域上有上界.

对任意的 $\delta>0$, 超立方体

$$\Gamma=\{\boldsymbol{y}\in\mathbb{R}^n\mid\|\boldsymbol{y}-\boldsymbol{x}\|_\infty\leqslant\delta\}$$

的顶点分别记为 $\boldsymbol{x}^i, 1=1,2,\cdots,2^n$. 再记

$$M=\max\{f(\boldsymbol{x}^i)\mid i=1,2,\cdots,2^n\}.$$

显然, 对任意的 $\boldsymbol{y}\in\Gamma$, 存在 $\lambda_i>0, i=1,2,\cdots,2^n, \sum\limits_{i=1}^{2^n}\lambda_i=1$, 使得 $\boldsymbol{y}=\sum\limits_{i=1}^{2^n}\lambda_i\boldsymbol{x}_i$. 由凸函数的定义,

$$f(\boldsymbol{y})=f(\sum_{i=1}^m\lambda_i\boldsymbol{x}^i)\leqslant\sum_{i=1}^m\lambda_if(\boldsymbol{x}^i)\leqslant M.$$

由于 $N(\boldsymbol{x},\delta)\subset\Gamma$, 所以

$$f(\boldsymbol{y})\leqslant M,\quad\forall\,\boldsymbol{y}\in N(\boldsymbol{x},\delta).$$

再证凸函数 f 在 $\boldsymbol{x}$ 点的邻域 $N(\boldsymbol{x},\delta)$ 内有下界. 任取 $\boldsymbol{y}\in N(\boldsymbol{x},\delta)$. 令 $\boldsymbol{y}'=2\boldsymbol{x}-\boldsymbol{y}$. 容易验证, $\boldsymbol{x}=\dfrac{1}{2}(\boldsymbol{y}+\boldsymbol{y}'), \boldsymbol{y}'\in N(\boldsymbol{x},\delta)$. 则由凸函数的性质得

$$f(\boldsymbol{x})=f\Big(\frac{\boldsymbol{y}+\boldsymbol{y}'}{2}\Big)\leqslant\frac{1}{2}f(\boldsymbol{y})+\frac{1}{2}f(\boldsymbol{y}').$$

从而

$$f(\boldsymbol{y})\geqslant 2f(\boldsymbol{x})-f(\boldsymbol{y}')\geqslant 2f(\boldsymbol{x})-M.$$

这说明 f 在 $\boldsymbol{x}$ 点的 δ 邻域上有下界.

综上所述, 存在 $\bar{M}>0$ 使得

$$|f(\boldsymbol{y})|\leqslant\bar{M},\quad\forall\,\boldsymbol{y}\in N(\boldsymbol{x},2\delta).$$

最后证明函数 $f(\boldsymbol{x})$ 在 $N(\boldsymbol{x},\delta)$ 上 Lipschitz 连续. 为此, 任取 $\boldsymbol{x}_1\neq\boldsymbol{x}_2\in N(\boldsymbol{x},\delta)$. 令 $\alpha=\|\boldsymbol{x}_1-\boldsymbol{x}_2\|$, 并取 $\boldsymbol{x}_3=\boldsymbol{x}_2+\dfrac{\delta}{\alpha}(\boldsymbol{x}_2-\boldsymbol{x}_1)$, 即 $\boldsymbol{x}_2=\dfrac{\delta}{\alpha+\delta}\boldsymbol{x}_1+\dfrac{\alpha}{\alpha+\delta}\boldsymbol{x}_3$. 则

$$\begin{aligned}\|\boldsymbol{x}_3-\boldsymbol{x}\|&\leqslant\|\boldsymbol{x}-\boldsymbol{x}_2\|+\frac{\delta}{\alpha}\|\boldsymbol{x}_2-\boldsymbol{x}_1\|\\&\leqslant\delta+\frac{\delta}{\alpha}\alpha=2\delta.\end{aligned}$$

这说明 $\boldsymbol{x}_3 \in N(\boldsymbol{x}, 2\delta)$. 再由 $\boldsymbol{x}_2 = \dfrac{\delta}{\alpha+\delta}\boldsymbol{x}_1 + \dfrac{\alpha}{\alpha+\delta}\boldsymbol{x}_3$ 得

$$f(\boldsymbol{x}_2) \leqslant \frac{\delta}{\alpha+\delta}f(\boldsymbol{x}_1) + \frac{\alpha}{\alpha+\delta}f(\boldsymbol{x}_3).$$

从而,

$$\begin{aligned}f(\boldsymbol{x}_2) - f(\boldsymbol{x}_1) &\leqslant \frac{\alpha}{\alpha+\delta}|f(\boldsymbol{x}_3) - f(\boldsymbol{x}_1)| \\ &\leqslant \frac{\alpha}{\delta}|f(\boldsymbol{x}_3) - f(\boldsymbol{x}_1)| \\ &\leqslant \frac{\alpha}{\delta}(|f(\boldsymbol{x}_3)| + |f(\boldsymbol{x}_1)|).\end{aligned}$$

由于 $\boldsymbol{x}_1, \boldsymbol{x}_3 \in N(\boldsymbol{x}, 2\delta)$, 所以 $\max\{|f(\boldsymbol{x}_3)|, |f(\boldsymbol{x}_1)|\} \leqslant \bar{M}$. 这样,

$$f(\boldsymbol{x}_2) - f(\boldsymbol{x}_1) \leqslant \frac{2\bar{M}}{\delta}\|\boldsymbol{x}_2 - \boldsymbol{x}_1\|.$$

将 $\boldsymbol{x}_1$ 与 $\boldsymbol{x}_2$ 进行交换得

$$f(\boldsymbol{x}_1) - f(\boldsymbol{x}_2) \leqslant \frac{2\bar{M}}{\delta}\|\boldsymbol{x}_2 - \boldsymbol{x}_1\|.$$

由此, 函数 $f(\boldsymbol{x})$ 在邻域 $N(\boldsymbol{x}, \delta)$ 内 Lipschitz 连续. 证毕

定理 2.1.3 设 $f:\mathbb{R}^n \to \mathbb{R}$ 为凸函数. 则对任意的 $\boldsymbol{x}, \boldsymbol{d} \in \mathbb{R}^n$, $\dfrac{f(\boldsymbol{x}+t\boldsymbol{d})-f(\boldsymbol{x})}{t}$ 关于 $t>0$ 单调不减.

证明 任取 $t_2 > t_1 > 0$. 令 $\lambda = \dfrac{t_1}{t_2}$. 则 $\lambda \in (0,1)$. 从而对任意的 $\boldsymbol{x}, \boldsymbol{d} \in \mathbb{R}^n$, 由 $f(\boldsymbol{x})$ 的凸性得

$$\begin{aligned}f(\boldsymbol{x} + t_1\boldsymbol{d}) &= f\left(\boldsymbol{x} + \lambda t_2\boldsymbol{d}\right) \\ &= f\left((1-\lambda)\boldsymbol{x} + \lambda(\boldsymbol{x} + t_2\boldsymbol{d})\right) \\ &\leqslant (1-\lambda)f(\boldsymbol{x}) + \lambda f(\boldsymbol{x} + t_2\boldsymbol{d}).\end{aligned}$$

整理得

$$\frac{f(\boldsymbol{x}+t_1\boldsymbol{d}) - f(\boldsymbol{x})}{t_1} \leqslant \frac{f(\boldsymbol{x}+t_2\boldsymbol{d}) - f(\boldsymbol{x})}{t_2}.$$

证毕

由该结论, 沿任一方向, 凸函数的值若增长则逐渐加快, 若减小则逐渐变慢.

2.2 集值映射

集值映射就是以集合为函数值的映射. 对这种映射, 我们关注的是当自变量趋于某值时, 对应的集合序列是否趋于极限点对应的集合值. 如对参数优化

$$\min_{\boldsymbol{x}\in\mathbb{R}^n} f(\boldsymbol{x},t)$$

我们很想知道在参数 $t\to t_0$ 时, 对应的最优解集是否为相应的最优解集的极限. 这就是集值映射的连续性. 首先给出有关定义.

定义 2.2.1 对 $\mathbb{R}^n$ 中的集合序列 $\{S_k\}$ 和 $\boldsymbol{y}\in\mathbb{R}^n$, 若存在 $\boldsymbol{y}_k\in S_k$, $k=1,2,\cdots$, 使得 $\lim\limits_{k\to\infty}\boldsymbol{y}_k=\boldsymbol{y}$, 则称 $\boldsymbol{y}$ 为集合序列 $\{S_k\}$ 的一个极限点. 若存在集合序列 $\{S_k\}$ 的无穷子列 $\{S_{k_j}\}$ 和 $\boldsymbol{y}_{k_j}\in S_{k_j}$, 使得 $\lim\limits_{j\to\infty}\boldsymbol{y}_{k_j}=\boldsymbol{y}$, 则称 $\boldsymbol{y}$ 为集合序列 $\{S_k\}$ 的一个聚点.

定义 2.2.2 集合序列 $\{S_k\}$ 的所有极限点称为该集合序列的内极限点, 记为 $\varliminf\limits_{k\to\infty}S_k$. 集合序列 $\{S_k\}$ 的所有聚点称为该集合序列的外极限点, 记为 $\varlimsup\limits_{k\to\infty}S_k$.

根据定义, $\mathbb{R}^2$ 上的集合序列

$$S_k=\begin{cases}\left\{\dfrac{1}{k}\right\}\times[0,1], & k\text{ 为奇数},\\ \left\{\dfrac{1}{k}\right\}\times[-1,0], & k\text{ 为偶数}\end{cases}$$

的上、下极限分别为

$$\varliminf_{k\to\infty}S_k=\{(0;0)\},\quad \varlimsup_{k\to\infty}S_k=\{0\}\times[-1,1].$$

容易验证, 集合序列 $\{S_k\}$ 的上、下极限均为闭集, 且 $\varliminf\limits_{k\to\infty}S_k\subset\varlimsup\limits_{k\to\infty}S_k$. 如果 $\varliminf\limits_{k\to\infty}S_k=\varlimsup\limits_{k\to\infty}S_k=S$, 则称该集合序列收敛到集合 S, 记为 $\lim\limits_{k\to\infty}S_k=S$. 特别地, 单调递减集合序列的极限总是存在的, 且有 $\lim\limits_{k\to\infty}S_k=\bigcap\limits_{k\geqslant1}S_k$.

下面讨论集值映射的连续性.

定义 2.2.3 设 F 为从 $\mathbb{R}^n$ 到 $\mathbb{R}^m$ 的集值映射. 若对任意收敛到 $\boldsymbol{x}\in\mathbb{R}^n$ 的点列 $\{\boldsymbol{x}_k\}$ 都有 $\varlimsup\limits_{k\to\infty}F(\boldsymbol{x}_k)\subset F(\boldsymbol{x})$, 则称集值映射 $F(\boldsymbol{x})$ 在 $\boldsymbol{x}$ 点上半连续, 又称该映射是闭的. 若对任意收敛到 $\boldsymbol{x}$ 的点列 $\{\boldsymbol{x}_k\}$, 都有 $\varliminf\limits_{k\to\infty}F(\boldsymbol{x}_k)\supset F(\boldsymbol{x})$, 则称集值映射 $F(\boldsymbol{x})$ 在 $\boldsymbol{x}$ 点下半连续. 若 $\varlimsup\limits_{k\to\infty}F(\boldsymbol{x}_k)=\varliminf\limits_{k\to\infty}F(\boldsymbol{x}_k)=F(\boldsymbol{x})$, 则称该集值

映射在 $\boldsymbol{x}$ 点连续.

显然, 若集值映射 F 在 $\boldsymbol{x}$ 点上半连续, 则 $F(\boldsymbol{x})$ 为闭集, 且对集合 $F(\boldsymbol{x})$ 的任一邻域 U, 都存在 $\boldsymbol{x}$ 点的邻域 $N(\boldsymbol{x},\delta)$, 使得

$$F(\boldsymbol{x})\subset U,\quad \forall\, \boldsymbol{x}\in N(\boldsymbol{x},\delta).$$

上半连续是在最优化问题理论分析的重要工具. 下面给出其性质刻画.

定理 2.2.1 从 $\mathbb{R}^n$ 到 $\mathbb{R}^m$ 的集值映射 F 在 $\boldsymbol{x}$ 点上半连续当且仅当 $F(\boldsymbol{x})$ 是闭的且对 $\mathbb{R}^m$ 中任意满足 $F(\boldsymbol{x})\cap S=\emptyset$ 的有界闭集 S, 存在 $\delta>0$, 使得对任意的 $\boldsymbol{y}\in B(\boldsymbol{x},\delta)$, $F(\boldsymbol{y})\cap S=\emptyset$.

证明 充分性: 反设结论不成立, 则存在收敛到 $\boldsymbol{x}$ 的无穷点列 $\{\boldsymbol{x}_k\}$ 使得存在 $\boldsymbol{y}_k\in F(\boldsymbol{x}_k)$, $\boldsymbol{y}_k\to\boldsymbol{y}\notin F(\boldsymbol{x})$. 由于 $F(\boldsymbol{x})$ 是闭集, 故存在 $\delta>0$ 使得

$$F(\boldsymbol{x})\cap B(\boldsymbol{y},\delta)=\emptyset.$$

由于 $\boldsymbol{y}_k\in F(\boldsymbol{x}_k)$, $\boldsymbol{y}_k\to\boldsymbol{y}$, 故存在 $K>0$ 使对任意的 $k\geqslant K$, $F(\boldsymbol{x}_k)\cap B(\boldsymbol{y},\delta)\neq\emptyset$. 这与题设矛盾, 充分性得证.

必要性: 反设结论不成立. 则存在满足 $F(\boldsymbol{x})\cap S=\emptyset$ 的有界闭集 S 及收敛于 $\boldsymbol{x}$ 的点列 $\{\boldsymbol{x}_k\}$ 使得 $F(\boldsymbol{x}_k)\cap S\neq\emptyset$. 取 $\boldsymbol{y}_k\in F(\boldsymbol{x}_k)\cap S$, 则序列 $\{\boldsymbol{y}_k\}$ 有收敛子列, 不妨为其本身, 极限为 $\boldsymbol{y}$. 显然, $\boldsymbol{y}\in S$. 则由 $F(\boldsymbol{x})\cap S=\emptyset$ 知 $\boldsymbol{y}\notin F(\boldsymbol{x})$. 这与题设 $\overline{\lim\limits_{k\to\infty}} F(\boldsymbol{x}_k)\subset F(\boldsymbol{x})$ 矛盾. 命题结论得证. 证毕

2.3 线性系统的相容性

本节主要基于凸集分离定理建立线性系统的相容性, 即线性系统解的存在性, 这是约束优化问题最优性理论的基础工具.

引理 2.3.1(凸集分离定理) 设 $\mathcal{S}\subset\mathbb{R}^n$ 是非空闭凸集, $\boldsymbol{y}\notin\mathcal{S}$. 则存在非零向量 $\boldsymbol{p}$ 和常数 α, 使 $\boldsymbol{p}^{\mathrm{T}}\boldsymbol{y}>\alpha$ 和 $\boldsymbol{p}^{\mathrm{T}}\boldsymbol{x}\leqslant\alpha$, $\forall\boldsymbol{x}\in\mathcal{S}$.

证明 首先证明: 对 $\boldsymbol{y}\notin\mathcal{S}$, 存在唯一的点 $\hat{\boldsymbol{y}}\in\mathcal{S}$ 满足

$$\|\hat{\boldsymbol{y}}-\boldsymbol{y}\|\leqslant\|\boldsymbol{x}-\boldsymbol{y}\|,\quad \forall\,\boldsymbol{x}\in\mathcal{S}. \tag{2.3.1}$$

满足上述条件的 $\hat{\boldsymbol{y}}$ 称为 $\boldsymbol{y}$ 到集合 $\mathcal{S}$ 上的投影, 记为 $P_{\mathcal{S}}(\boldsymbol{y})$.

事实上, 任取 $\bar{\boldsymbol{x}}\in\mathcal{S}$, 则球 $B(\boldsymbol{y},\|\boldsymbol{y}-\bar{\boldsymbol{x}}\|)$ 与 $\mathcal{S}$ 的交包含 $\boldsymbol{y}$ 到集合 $\mathcal{S}$ 上的投影. 由维尔斯特拉斯定理, 存在 $\hat{\boldsymbol{y}}\in\mathcal{S}$ 满足 (2.3.1). 下证唯一性. 否则, 在 $\mathcal{S}$ 中存在 $\bar{\boldsymbol{y}}\neq\hat{\boldsymbol{y}}$, 同样满足 (2.3.1). 这样, 点 $\boldsymbol{y},\bar{\boldsymbol{y}},\hat{\boldsymbol{y}}$ 构成一个以 $\boldsymbol{y}$ 为顶点的等腰三角形. 由 $\mathcal{S}$ 为凸集知, 线段 $\bar{\boldsymbol{y}}\hat{\boldsymbol{y}}$ 的中点 $\tilde{\boldsymbol{y}}=\dfrac{1}{2}(\bar{\boldsymbol{y}}+\hat{\boldsymbol{y}})\in\mathcal{S}$, 而由三角几何的知识知 $\|\boldsymbol{y}-\tilde{\boldsymbol{y}}\|<\|\boldsymbol{y}-\hat{\boldsymbol{y}}\|$. 这与 $\hat{\boldsymbol{y}}$ 满足 (2.3.1) 矛盾. (2.3.1) 得证.

再证 $\boldsymbol{y}$ 到集合 $\mathcal{S}$ 上的投影 $\hat{\boldsymbol{y}}$ 满足

$$\langle \boldsymbol{x}-\hat{\boldsymbol{y}}, \hat{\boldsymbol{y}}-\boldsymbol{y}\rangle \geqslant 0, \quad \forall\, \boldsymbol{x} \in \mathcal{S}. \quad (2.3.2)$$

事实上, 由 $\mathcal{S}$ 的凸性, 对任意的 $\boldsymbol{x} \in S$ 和 $t \in (0,1)$, $\hat{\boldsymbol{y}}+t(\boldsymbol{x}-\hat{\boldsymbol{y}}) \in \mathcal{S}$. 所以,

$$\|\hat{\boldsymbol{y}}-\boldsymbol{y}\|^2 \leqslant \|\hat{\boldsymbol{y}}+t(\boldsymbol{x}-\hat{\boldsymbol{y}})-\boldsymbol{y}\|^2.$$

整理得

$$0 \leqslant 2\langle \boldsymbol{x}-\hat{\boldsymbol{y}}, \hat{\boldsymbol{y}}-\boldsymbol{y}\rangle + t\|\boldsymbol{x}-\hat{\boldsymbol{y}}\|^2.$$

令 $t \downarrow 0$ 得 (2.3.2).

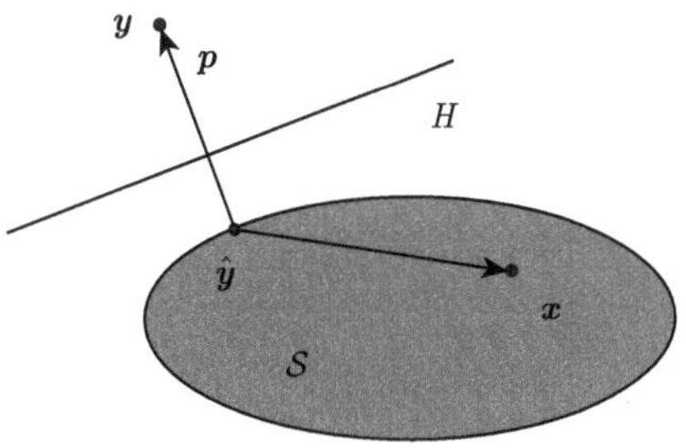

图 2.3.1 凸集分离定理

下证命题结论. 在 (2.3.2) 中, 令

$$\boldsymbol{p}=\boldsymbol{y}-\hat{\boldsymbol{y}}, \quad \alpha=(\boldsymbol{y}-\hat{\boldsymbol{y}})^{\mathrm{T}}\hat{\boldsymbol{y}}=\boldsymbol{p}^{\mathrm{T}}\hat{\boldsymbol{y}}.$$

则对任意的 $\boldsymbol{x} \in \mathcal{S}$, $\boldsymbol{p}^{\mathrm{T}}\boldsymbol{x} \leqslant \alpha$, 且

$$\begin{aligned}\boldsymbol{p}^{\mathrm{T}}\boldsymbol{y}-\alpha &=(\boldsymbol{y}-\hat{\boldsymbol{y}})^{\mathrm{T}}\boldsymbol{y}-(\boldsymbol{y}-\hat{\boldsymbol{y}})^{\mathrm{T}}\hat{\boldsymbol{y}} \\ &=\|\boldsymbol{y}-\hat{\boldsymbol{y}}\|^2>0.\end{aligned}$$

命题结论得证. 证毕

由上述引理, 超平面 $H=\{\boldsymbol{x} \in \mathbb{R}^n \mid \boldsymbol{p}^{\mathrm{T}}\boldsymbol{x}=\alpha\}$ 分离 $\boldsymbol{y}$ 和 $\mathcal{S}$, 即

$$\boldsymbol{y} \in H_{+}=\{\boldsymbol{x} \in \mathbb{R}^n \mid \boldsymbol{p}^{\mathrm{T}}\boldsymbol{x} \geqslant \alpha\}, \quad \mathcal{S} \in H_{-}=\{\boldsymbol{x} \in \mathbb{R}^n \mid \boldsymbol{p}^{\mathrm{T}}\boldsymbol{x} \leqslant \alpha\}.$$

见图 2.3.1. 进一步, 如果超平面 $H=\{\boldsymbol{x} \in \mathbb{R}^n \mid \boldsymbol{p}^{\mathrm{T}}\boldsymbol{x}=\alpha\}$ 满足

$$\boldsymbol{y} \in H_{++} \triangleq \{\boldsymbol{x} \in \mathbb{R}^n \mid \boldsymbol{p}^{\mathrm{T}}\boldsymbol{x}>\alpha\}, \quad \mathcal{S} \in H_{--} \triangleq \{\boldsymbol{x} \in \mathbb{R}^n \mid \boldsymbol{p}^{\mathrm{T}}\boldsymbol{x}<\alpha\},$$

则称这种分离为严格分离. 如果 $\boldsymbol{y}$ 为闭凸集 $\mathcal{S}$ 的一个边界点, 则超平面 H 退化为闭凸集在该点的一个切平面. 此时, 称其为集合 $\mathcal{S}$ 在 $\boldsymbol{x}$ 点的支撑超平面.

下面讨论互不相交的两个闭凸集的分离.

推论 2.3.1 设 $\mathcal{S}_1, \mathcal{S}_2$ 为 $\mathbb{R}^n$ 中的非空闭凸集. 若 $\mathcal{S}_1 \cap \mathcal{S}_2=\emptyset$, 则存在超平面分离 $\mathcal{S}_1$ 和 $\mathcal{S}_2$.

证明 令 $\mathcal{S}=\mathcal{S}_1-\mathcal{S}_2$. 由 $\mathcal{S}_1, \mathcal{S}_2$ 的闭凸性知, $\mathcal{S}$ 为闭凸集. 则由 $\mathcal{S}_1 \cap \mathcal{S}_2=\emptyset$ 知, $\mathbf{0} \notin \mathcal{S}_1-\mathcal{S}_2$. 从而由凸集分离定理, 存在超平面 $H=\{\boldsymbol{x} \in \mathbb{R}^n \mid \boldsymbol{p}^{\mathrm{T}}\boldsymbol{x}=0\}$ 使得

$$\mathbf{0} \in H_{-}=\{\boldsymbol{x} \in \mathbb{R}^n \mid \boldsymbol{p}^{\mathrm{T}}\boldsymbol{x} \leqslant 0\}, \quad \mathcal{S}_1-\mathcal{S}_2 \subset H_{+}=\{\boldsymbol{x} \in \mathbb{R}^n \mid \boldsymbol{p}^{\mathrm{T}}\boldsymbol{x} \geqslant 0\}.$$

所以

$$\boldsymbol{p}^{\mathrm{T}}(\boldsymbol{x}-\boldsymbol{y}) \geqslant 0, \quad \forall\, \boldsymbol{x} \in \mathcal{S}_1,\ \boldsymbol{y} \in \mathcal{S}_2.$$

即

$$\boldsymbol{p}^{\mathrm{T}}\boldsymbol{x} \geqslant \boldsymbol{p}^{\mathrm{T}}\boldsymbol{y}, \quad \forall\, \boldsymbol{x} \in \mathcal{S}_1,\ \boldsymbol{y} \in \mathcal{S}_2.$$

则由 $\boldsymbol{p} \neq \boldsymbol{0}$ 和 $\mathcal{S}_1 \cap \mathcal{S}_2 = \emptyset$ 知, 任意满足 $\inf\limits_{\boldsymbol{x}\in\mathcal{S}_1} \boldsymbol{p}^{\mathrm{T}}\boldsymbol{x} > \alpha > \sup\limits_{\boldsymbol{y}\in\mathcal{S}_2} \boldsymbol{p}^{\mathrm{T}}\boldsymbol{y}$ 的 α 均满足

$$\boldsymbol{p}^{\mathrm{T}}\boldsymbol{x} > \alpha > \boldsymbol{p}^{\mathrm{T}}\boldsymbol{y}, \quad \forall\, \boldsymbol{x} \in \mathcal{S}_1, \boldsymbol{y} \in \mathcal{S}_2.$$

这说明超平面 $H = \{\boldsymbol{x} \in \mathbb{R}^n \mid \boldsymbol{p}^{\mathrm{T}}\boldsymbol{x} = \alpha\}$ 严格分离 $\mathcal{S}_1$, $\mathcal{S}_2$.　　证毕

由引理 2.3.1 可得下面的 Farkas 引理 (1902).

引理 2.3.2　设点列 $\boldsymbol{a}_1, \cdots, \boldsymbol{a}_m, \boldsymbol{b} \in \mathbb{R}^n$. 则 $\boldsymbol{b}$ 为点列 $\boldsymbol{a}_1, \boldsymbol{a}_2, \cdots, \boldsymbol{a}_m$ 的非负线性组合的充要条件是对任意满足 $\boldsymbol{a}_i^{\mathrm{T}}\boldsymbol{x} \geqslant 0$ 的 $\boldsymbol{x} \in \mathbb{R}^n$, 都有 $\boldsymbol{b}^{\mathrm{T}}\boldsymbol{x} \geqslant 0$.

证明　记 $\boldsymbol{A} = (\boldsymbol{a}_1, \boldsymbol{a}_2, \cdots, \boldsymbol{a}_m)$. 若 $\boldsymbol{b}$ 可以表示成点列 $\boldsymbol{a}_1, \boldsymbol{a}_2, \cdots, \boldsymbol{a}_m$ 的非负线性组合, 则存在 $\boldsymbol{y} \geqslant \boldsymbol{0}$ 使得 $\boldsymbol{A}\boldsymbol{y} = \boldsymbol{b}$ 成立. 显然, 对任意满足 $\boldsymbol{A}^{\mathrm{T}}\boldsymbol{x} \geqslant \boldsymbol{0}$ 的向量 $\boldsymbol{x}$, 均有 $\boldsymbol{b}^{\mathrm{T}}\boldsymbol{x} \geqslant 0$. 必要性得证.

对充分性, 下证其逆否命题: 若 $\boldsymbol{b}$ 不能表示成点列 $\boldsymbol{a}_1, \boldsymbol{a}_2, \cdots, \boldsymbol{a}_m$ 的非负线性组合, 也就是若系统

$$\boldsymbol{A}\boldsymbol{y} = \boldsymbol{b}, \quad \boldsymbol{y} \geqslant \boldsymbol{0}$$

无解, 则下述不等式系统有解

$$\boldsymbol{A}^{\mathrm{T}}\boldsymbol{x} \geqslant \boldsymbol{0}, \quad \boldsymbol{b}^{\mathrm{T}}\boldsymbol{x} < 0.$$

事实上, 由于 $\mathcal{K} \triangleq \{\boldsymbol{x} \in \mathbb{R}^n \,|\, \boldsymbol{x} = \boldsymbol{A}\boldsymbol{y},\ \boldsymbol{y} \geqslant \boldsymbol{0}\}$ 为一闭凸锥, 若 $\boldsymbol{b} \notin \mathcal{K}$, 则由引理 2.3.1, 存在非零向量 $\boldsymbol{p}$ 和常数 α 使得

$$\boldsymbol{p}^{\mathrm{T}}\boldsymbol{b} > \alpha, \quad \boldsymbol{p}^{\mathrm{T}}\boldsymbol{x} \leqslant \alpha, \quad \forall\, \boldsymbol{x} \in \mathcal{K}.$$

显然, $\mathcal{K}$ 为锥并包含零向量. 故 $\alpha \geqslant 0$ 且对任意的 $\boldsymbol{x} \in \mathcal{K}$, $\boldsymbol{p}^{\mathrm{T}}\boldsymbol{x} \leqslant 0$. 同时, $\boldsymbol{p}^{\mathrm{T}}\boldsymbol{b} > 0$. 另一方面, 对任意向量 $\boldsymbol{y} \geqslant \boldsymbol{0}$, 均有 $\boldsymbol{A}\boldsymbol{y} \in \mathcal{K}$. 从而 $\boldsymbol{p}^{\mathrm{T}}\boldsymbol{A}\boldsymbol{y} \leqslant 0$. 取 $\boldsymbol{y} \geqslant \boldsymbol{0}$ 并使其任一分量充分大得 $\boldsymbol{A}^{\mathrm{T}}\boldsymbol{p} \leqslant \boldsymbol{0}$. 所以,

$$\boldsymbol{A}^{\mathrm{T}}(-\boldsymbol{p}) \geqslant \boldsymbol{0}, \qquad \boldsymbol{b}^{\mathrm{T}}(-\boldsymbol{p}) < 0.$$

命题得证.　　证毕

结论 Farkas 引理实质上是指两线性系统仅有其中之一成立, 因此又称“择一”引理. 它有如下等价表述形式.

引理 2.3.2′(Farkas 引理)　设 $\boldsymbol{A} \in \mathbb{R}^{n\times m}$, $\boldsymbol{b} \in \mathbb{R}^n$, 则下述两系统恰有一个有解.

(1) $\boldsymbol{A}^{\mathrm{T}}\boldsymbol{x} \geqslant \boldsymbol{0}$, $\boldsymbol{b}^{\mathrm{T}}\boldsymbol{x} < 0$;

(2) $\boldsymbol{A}\boldsymbol{y} = \boldsymbol{b}$, $\boldsymbol{y} \geqslant \boldsymbol{0}$.

将上述结论中的 $\boldsymbol{A}^{\mathrm{T}}\boldsymbol{x} \geqslant \boldsymbol{0}$ 拆成等式和不等式, 得到如下结论.

推论 2.3.2 对 $\mathbb{R}^n$ 中的点列 $\boldsymbol{a}_i$, $i \in \mathcal{E} \cup \mathcal{I}$ 与 $\boldsymbol{b}$, 集合

$$\mathcal{S}_1 \triangleq \{\boldsymbol{x} \in \mathbb{R}^n \mid \boldsymbol{a}_i^{\mathrm{T}}\boldsymbol{x} = 0,\ i \in \mathcal{E};\ \boldsymbol{a}_i^{\mathrm{T}}\boldsymbol{x} \geqslant 0,\ i \in \mathcal{I};\ \boldsymbol{b}^{\mathrm{T}}\boldsymbol{x} < 0\} = \emptyset$$

的充要条件是存在满足 $\lambda_i \geqslant 0$, $i \in \mathcal{I}$ 的乘子 $\boldsymbol{\lambda} \in \mathbb{R}^{|\mathcal{E}\cup\mathcal{I}|}$ 使得

$$\boldsymbol{b} = \sum_{i \in \mathcal{E}\cup\mathcal{I}} \lambda_i \boldsymbol{a}_i.$$

证明 集合 $\mathcal{S}_1$ 可以写成

$$\mathcal{S}_1 = \{\boldsymbol{x} \in \mathbb{R}^n \,|\, \boldsymbol{a}_i^{\mathrm{T}}\boldsymbol{x} \geqslant 0,\ -\boldsymbol{a}_i^{\mathrm{T}}\boldsymbol{x} \geqslant 0,\ i \in \mathcal{E};\ \boldsymbol{a}_i^{\mathrm{T}}\boldsymbol{x} \geqslant 0,\ i \in \mathcal{I};\ \boldsymbol{b}^{\mathrm{T}}\boldsymbol{x} < 0\}.$$

显然, $\mathcal{S}_1 = \emptyset$ 等价于对任意满足 $\boldsymbol{a}_i^{\mathrm{T}}\boldsymbol{x} = 0$, $i \in \mathcal{E}$ 和 $\boldsymbol{a}_i^{\mathrm{T}}\boldsymbol{x} \geqslant 0$, $i \in \mathcal{I}$ 的向量 $\boldsymbol{x}$, 均有 $\boldsymbol{b}^{\mathrm{T}}\boldsymbol{x} \geqslant 0$. 由 Farkas 引理, 这等价于 $\boldsymbol{b}$ 可以表示为点列 $\boldsymbol{a}_i, -\boldsymbol{a}_i$, $i \in \mathcal{E}$ 和 $\boldsymbol{a}_i, i \in \mathcal{I}$ 的非负线性组合, 即存在非负数组 $\boldsymbol{\lambda}^1 \in \mathbb{R}^{|\mathcal{E}|}, \boldsymbol{\lambda}^2 \in \mathbb{R}^{|\mathcal{E}|}, \boldsymbol{\lambda}^3 \in \mathbb{R}^{|\mathcal{I}|}$, 使得

$$\begin{aligned}\boldsymbol{b} &= \sum_{i \in \mathcal{E}} \lambda_i^1 \boldsymbol{a}_i + \sum_{i \in \mathcal{E}} \lambda_i^2(-\boldsymbol{a}_i) + \sum_{i \in \mathcal{I}} \lambda_i^3 \boldsymbol{a}_i \\ &= \sum_{i \in \mathcal{E}} (\lambda_i^1 - \lambda_i^2)\boldsymbol{a}_i + \sum_{i \in \mathcal{I}} \lambda_i^3 \boldsymbol{a}_i.\end{aligned}$$

对 $i \in \mathcal{E}$, 令 $\lambda_i = \lambda_i^1 - \lambda_i^2$, 对 $i \in \mathcal{I}$, 令 $\lambda_i = \lambda_i^3 \geqslant 0$ 得

$$\boldsymbol{b} = \sum_{i \in \mathcal{E}} \lambda_i \boldsymbol{a}_i + \sum_{i \in \mathcal{I}} \lambda_i \boldsymbol{a}_i.$$

证毕

上述结论可以写成:

推论 2.3.2′ 设 $\boldsymbol{A}_1 \in \mathbb{R}^{n\times s}$, $\boldsymbol{A}_2 \in \mathbb{R}^{n\times t}$, $\boldsymbol{b} \in \mathbb{R}^n$. 则下述两系统恰有一个有解.

(1) $\boldsymbol{A}_1^{\mathrm{T}}\boldsymbol{x} = \boldsymbol{0}$, $\boldsymbol{A}_2^{\mathrm{T}}\boldsymbol{x} \geqslant \boldsymbol{0}$, $\boldsymbol{b}^{\mathrm{T}}\boldsymbol{x} < 0$;

(2) $\boldsymbol{A}_1\boldsymbol{u} + \boldsymbol{A}_2\boldsymbol{v} = \boldsymbol{b}, \boldsymbol{v} \geqslant \boldsymbol{0}$.

将上述结论中的不等式 $\boldsymbol{A}_2^{\mathrm{T}}\boldsymbol{x} \geqslant \boldsymbol{0}$ 换成严格不等式, 则有如下结论.

推论 2.3.3 设点列 $\boldsymbol{a}_i \in \mathbb{R}^n$, $i \in \mathcal{E} \cup \mathcal{I}$ 和 $\boldsymbol{b} \in \mathbb{R}^n$ 满足

$$\{\boldsymbol{x} \in \mathbb{R}^n \mid \boldsymbol{a}_i^{\mathrm{T}}\boldsymbol{x} = 0,\ i \in \mathcal{E};\ \ \boldsymbol{a}_i^{\mathrm{T}}\boldsymbol{x} > 0,\ i \in \mathcal{I}\} \neq \emptyset.$$

则集合

$$\mathcal{S}_2 \triangleq \{\boldsymbol{x} \in \mathbb{R}^n \mid \boldsymbol{a}_i^{\mathrm{T}}\boldsymbol{x} = 0,\ i \in \mathcal{E};\ \boldsymbol{a}_i^{\mathrm{T}}\boldsymbol{x} > 0,\ i \in \mathcal{I};\ \boldsymbol{b}^{\mathrm{T}}\boldsymbol{x} < 0\} = \emptyset$$

的充分必要条件是, 存在满足 $\lambda_i \geqslant 0, i \in \mathcal{I}$ 的数组 $\boldsymbol{\lambda} \in \mathbb{R}^{|\mathcal{E}\cup\mathcal{I}|}$ 使得

$$\boldsymbol{b} = \sum_{i \in \mathcal{E}\cup\mathcal{I}} \lambda_i \boldsymbol{a}_i.$$

证明　由推论 2.3.2, 只需在题设条件下证明 $\mathcal{S}_2=\emptyset \Rightarrow \mathcal{S}_1=\emptyset$ 即可, 其中, $\mathcal{S}_1$ 的定义见推论 2.3.2.

由题设, 存在 $\hat{\boldsymbol{x}}\in\mathbb{R}^n$ 满足 $\boldsymbol{a}_i^{\mathrm{T}}\hat{\boldsymbol{x}}=0,\ i\in\mathcal{E}$ 和 $\boldsymbol{a}_i^{\mathrm{T}}\hat{\boldsymbol{x}}>0,\ i\in\mathcal{I}$. 则对任取满足 $\boldsymbol{a}_i^{\mathrm{T}}\boldsymbol{x}=0,\ i\in\mathcal{E}$ 和 $\boldsymbol{a}_i^{\mathrm{T}}\boldsymbol{x}\geqslant 0,\ i\in\mathcal{I}$ 的 $\boldsymbol{x}\in\mathbb{R}^n$ 和充分小的 $t>0$,

$$\boldsymbol{a}_i^{\mathrm{T}}(\boldsymbol{x}+t\hat{\boldsymbol{x}})=0,\ i\in\mathcal{E};\quad \boldsymbol{a}_i^{\mathrm{T}}(\boldsymbol{x}+t\hat{\boldsymbol{x}})>0,\ i\in\mathcal{I}.$$

又 $\mathcal{S}_2=\emptyset$, 所以 $\boldsymbol{b}^{\mathrm{T}}(\boldsymbol{x}+t\hat{\boldsymbol{x}})\geqslant 0$. 令 $t\downarrow 0$ 得, $\boldsymbol{b}^{\mathrm{T}}\boldsymbol{x}\geqslant 0$. 所以 $\mathcal{S}_1=\emptyset$.　证毕

上述结论同样可写成:

推论 2.3.3′　设 $\boldsymbol{A}_1\in\mathbb{R}^{n\times s}$, $\boldsymbol{A}_2\in\mathbb{R}^{n\times t}$, $\boldsymbol{b}\in\mathbb{R}^n$. 若集合 $\{\boldsymbol{x}\in\mathbb{R}^n \mid \boldsymbol{A}_1^{\mathrm{T}}\boldsymbol{x}=\mathbf{0},\ \boldsymbol{A}_2^{\mathrm{T}}\boldsymbol{x}>\mathbf{0}\}$ 非空, 则下述两系统恰有一个有解.

(1) $\boldsymbol{A}_1^{\mathrm{T}}\boldsymbol{x}=\mathbf{0},\ \boldsymbol{A}_2^{\mathrm{T}}\boldsymbol{x}>\mathbf{0},\ \boldsymbol{b}^{\mathrm{T}}\boldsymbol{x}<0$;

(2) $\boldsymbol{A}_1\boldsymbol{u}+\boldsymbol{A}_2\boldsymbol{v}=\boldsymbol{b}, \boldsymbol{v}\geqslant\mathbf{0}$.

将引理 2.3.2′ 中的 $\boldsymbol{A}^{\mathrm{T}}\boldsymbol{x}\geqslant\mathbf{0}$ 拆成等式、不等式和严格不等式, 得到

推论 2.3.4　设点列 $\boldsymbol{a}_i\in\mathbb{R}^n,\ i\in\mathcal{E}\cup\mathcal{I}_1\cup\mathcal{I}_2$ 和向量 $\boldsymbol{b}\in\mathbb{R}^n$ 满足

$$\{\boldsymbol{x}\in\mathbb{R}^n \mid \boldsymbol{a}_i^{\mathrm{T}}\boldsymbol{x}=0,\ i\in\mathcal{E};\ \ \boldsymbol{a}_i^{\mathrm{T}}\boldsymbol{x}\geqslant 0,\ i\in\mathcal{I}_1;\ \boldsymbol{a}_i^{\mathrm{T}}\boldsymbol{x}>0,\ i\in\mathcal{I}_2\}$$

非空. 则集合

$$\{\boldsymbol{x}\in\mathbb{R}^n \mid \boldsymbol{a}_i^{\mathrm{T}}\boldsymbol{x}=0,\ i\in\mathcal{E};\ \boldsymbol{a}_i^{\mathrm{T}}\boldsymbol{x}\geqslant 0, i\in\mathcal{I}_1;\ \boldsymbol{a}_i^{\mathrm{T}}\boldsymbol{x}>0,\ i\in\mathcal{I}_2;\ \boldsymbol{b}^{\mathrm{T}}\boldsymbol{x}<0\}=\emptyset$$

的充分必要条件是存在满足 $\lambda_i\geqslant 0, i\in\mathcal{I}_1\cup\mathcal{I}_2$ 的数组 $\boldsymbol{\lambda}$ 使得

$$\boldsymbol{b}=\sum_{i\in\mathcal{E}\cup\mathcal{I}_1\cup\mathcal{I}_2}\lambda_i\boldsymbol{a}_i.$$

上述结论可写成:

推论 2.3.4′　设 $\boldsymbol{A}_1\in\mathbb{R}^{n\times s}$, $\boldsymbol{A}_2\in\mathbb{R}^{n\times t}$, $\boldsymbol{A}_3\in\mathbb{R}^{n\times l}$, $\boldsymbol{b}\in\mathbb{R}^n$. 若集合 $\{\boldsymbol{x}\in\mathbb{R}^n \mid \boldsymbol{A}_1^{\mathrm{T}}\boldsymbol{x}=\mathbf{0},\ \boldsymbol{A}_2^{\mathrm{T}}\boldsymbol{x}\geqslant 0,\ \boldsymbol{A}_3^{\mathrm{T}}\boldsymbol{x}>\mathbf{0}\}$ 非空, 则下述两系统恰有一个有解.

(1) $\boldsymbol{A}_1^{\mathrm{T}}\boldsymbol{x}=\mathbf{0},\ \boldsymbol{A}_2^{\mathrm{T}}\boldsymbol{x}\geqslant\mathbf{0},\ \boldsymbol{A}_3^{\mathrm{T}}\boldsymbol{x}>\mathbf{0},\ \boldsymbol{b}^{\mathrm{T}}\boldsymbol{x}<0$;

(2) $\boldsymbol{A}_1\boldsymbol{u}+\boldsymbol{A}_2\boldsymbol{v}+\boldsymbol{A}_3\boldsymbol{w}=\boldsymbol{b},\ \boldsymbol{v}\geqslant\mathbf{0}, \boldsymbol{w}\geqslant\mathbf{0}$.

在推论 2.3.3′ 中, 令 $\boldsymbol{A}_1=\mathbf{O},\ \boldsymbol{A}_2=-\boldsymbol{A}, \boldsymbol{b}=\mathbf{0}$, 则有如下结论.

推论 2.3.5(Gordan 定理)　设 $\boldsymbol{A}\in\mathbb{R}^{n\times m}$, 则下述两系统恰有一个有解.

(1) $\boldsymbol{A}^{\mathrm{T}}\boldsymbol{x}<\mathbf{0}$;

(2) $\boldsymbol{A}\boldsymbol{y}=\mathbf{0},\ \boldsymbol{y}\gneqq\mathbf{0}$.

证明　系统 (1) 有解等价于下述系统关于 $(\boldsymbol{x},\boldsymbol{z})$ 有解

$$\boldsymbol{A}^{\mathrm{T}}\boldsymbol{x}+\boldsymbol{z}\leqslant\mathbf{0},\quad \boldsymbol{z}>\mathbf{0}.$$

也就是对任意的 $\boldsymbol{\nu} \gneqq \mathbf{0}$, 如下系统有解

$$(\boldsymbol{A}^{\mathrm{T}} \quad \boldsymbol{I})\begin{pmatrix} \boldsymbol{x} \\ \boldsymbol{z} \end{pmatrix} \leqslant \mathbf{0}, \quad \begin{pmatrix}\mathbf{0}^{\mathrm{T}} & \boldsymbol{\nu}^{\mathrm{T}}\end{pmatrix}\begin{pmatrix} \boldsymbol{x} \\ \boldsymbol{z} \end{pmatrix} > 0.$$

显然, 它等价于系统

$$(\boldsymbol{A}^{\mathrm{T}} \quad \boldsymbol{I})\begin{pmatrix} \boldsymbol{x} \\ \boldsymbol{z} \end{pmatrix} \geqslant \mathbf{0}, \quad \begin{pmatrix}\mathbf{0}^{\mathrm{T}} & \boldsymbol{\nu}^{\mathrm{T}}\end{pmatrix}\begin{pmatrix} \boldsymbol{x} \\ \boldsymbol{z} \end{pmatrix} < 0$$

关于 $(\boldsymbol{x}, \boldsymbol{z})$ 有解. 由 Farkas 引理, 上述系统有解的充分必要条件是下述系统无解

$$\begin{pmatrix} \boldsymbol{A} \\ \boldsymbol{I} \end{pmatrix} \boldsymbol{y} = \begin{pmatrix} \mathbf{0} \\ \boldsymbol{\nu} \end{pmatrix}, \quad \boldsymbol{y} \geqslant \mathbf{0}.$$

展开上式, 并由 $\boldsymbol{\nu} \gneqq \mathbf{0}$ 得命题结论. 证毕

2.4 次 梯 度

对凸函数 $f: \mathbb{R}^n \to \mathbb{R}$, 如果它连续可微, 则有如下结论成立

$$f(\boldsymbol{y}) - f(\boldsymbol{x}) \geqslant \nabla f(\boldsymbol{x})^{\mathrm{T}}(\boldsymbol{y} - \boldsymbol{x}), \quad \forall\, \boldsymbol{x}, \boldsymbol{y} \in \mathbb{R}^n.$$

那么, 如果一个凸函数不可微, 如何刻画呢? 根据上式, 人们引出了如下定义.

定义 2.4.1 对函数 $f: \mathbb{R}^n \to \mathbb{R}$ 和 $\boldsymbol{x} \in \mathbb{R}^n$, 若存在 $\boldsymbol{\xi} \in \mathbb{R}^n$ 使得

$$f(\boldsymbol{y}) \geqslant f(\boldsymbol{x}) + \langle \boldsymbol{\xi}, \boldsymbol{y} - \boldsymbol{x} \rangle, \quad \forall\, \boldsymbol{y} \in \mathbb{R}^n, \tag{2.4.1}$$

则称 $\boldsymbol{\xi}$ 为函数 $f(\boldsymbol{x})$ 在 $\boldsymbol{x}$ 点的次梯度.

函数 $f(\boldsymbol{x})$ 的次梯度可能存在, 可能不存在, 也可能存在但不唯一. 也就是说, 次梯度是一集值映射. 函数 $f(\boldsymbol{x})$ 在 $\boldsymbol{x}$ 点的所有次梯度所组成的集合称为函数 $f(\boldsymbol{x})$ 在 $\boldsymbol{x}$ 点的次微分, 记为 $\partial f(\boldsymbol{x})$, 即

$$\partial f(\boldsymbol{x}) = \{\boldsymbol{\xi} \in \mathbb{R}^n \mid f(\boldsymbol{y}) \geqslant f(\boldsymbol{x}) + \langle \boldsymbol{\xi}, \boldsymbol{y} - \boldsymbol{x} \rangle,\ \forall\, \boldsymbol{y} \in \mathbb{R}^n\}.$$

如果 $\partial f(\boldsymbol{x}) \neq \emptyset$, 则称函数 $f(\boldsymbol{x})$ 在 $\boldsymbol{x}$ 点次可微.

(2.4.1) 式的几何意义是, 存在 $\boldsymbol{\xi} \in \mathbb{R}^n$ 使得

$$h(\boldsymbol{y}) \triangleq f(\boldsymbol{x}) + \langle \boldsymbol{\xi}, \boldsymbol{y} - \boldsymbol{x} \rangle$$

为函数 $f(\boldsymbol{x})$ 在 $\boldsymbol{x}$ 点的支撑超平面. 也就是说, 在 $\boldsymbol{x}$ 点, 对任意的 $\boldsymbol{y} \in \mathbb{R}^n$, 都有

$$f(\boldsymbol{y}) \geqslant h(\boldsymbol{y}) = f(\boldsymbol{x}) + \langle \boldsymbol{\xi}, \boldsymbol{y} - \boldsymbol{x} \rangle,$$

且 $f(\boldsymbol{x}) = h(\boldsymbol{x})$. 见图 2.4.1.

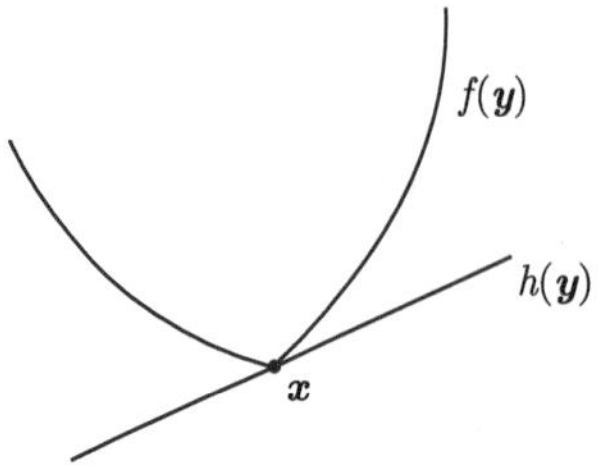

图 2.4.1 支撑超平面

后面将证明, 凸函数在其定义域内部次可微, 且在可行域内部次可微的函数均为凸函数. 由此, 次梯度是非光滑凸函数的一个刻画工具.

借助方向导数

$$f'(\boldsymbol{x};\boldsymbol{d})=\lim_{t\to 0}\frac{f(\boldsymbol{x}+t\boldsymbol{d})-f(\boldsymbol{x})}{t},$$

凸函数的次梯度有如下性质.

定理 2.4.1 设 $f:\mathbb{R}^n\to\mathbb{R}$ 为凸函数. 则 $\boldsymbol{\xi}\in\partial f(\boldsymbol{x})$ 的充分必要条件是

$$f'(\boldsymbol{x};\boldsymbol{d})\geqslant\boldsymbol{\xi}^{\mathrm{T}}\boldsymbol{d},\quad\forall\,\boldsymbol{d}\in\mathbb{R}^n. \tag{2.4.2}$$

证明 设 $\boldsymbol{\xi}\in\partial f(\boldsymbol{x})$. 则由次梯度不等式,

$$\frac{f(\boldsymbol{x}+t\boldsymbol{d})-f(\boldsymbol{x})}{t}\geqslant\langle\boldsymbol{\xi},\boldsymbol{d}\rangle,\quad\forall\,\boldsymbol{d}\in\mathbb{R}^n,t>0.$$

令 $t\to 0+$, 即得结论 (2.4.2).

反过来, 设 (2.4.2) 成立. 则由定理 2.1.3, 对任意的 $\boldsymbol{d}\in\mathbb{R}^n$ 和 $t>0$,

$$\frac{f(\boldsymbol{x}+t\boldsymbol{d})-f(\boldsymbol{x})}{t}\geqslant f'(\boldsymbol{x};\boldsymbol{d})\geqslant\boldsymbol{\xi}^{\mathrm{T}}\boldsymbol{d}.$$

即

$$f(\boldsymbol{x}+t\boldsymbol{d})-f(\boldsymbol{x})\geqslant\langle\boldsymbol{\xi},t\boldsymbol{d}\rangle.$$

由 $\boldsymbol{d}\in\mathbb{R}^n,t>0$ 的任意性知 $\boldsymbol{\xi}\in\partial f(\boldsymbol{x})$. 证毕

次梯度是凸函数梯度的推广. 特别地, 如果一个凸函数连续可微, 则其梯度就是次梯度.

定理 2.4.2 若凸函数 $f:\mathbb{R}^n\to\mathbb{R}$ 在 $\boldsymbol{x}$ 点可微, 则 $\partial f(\boldsymbol{x})=\{\nabla f(\boldsymbol{x})\}$.

证明 由题设, 对任意的 $\boldsymbol{y}\in\mathbb{R}^n$, $\|\boldsymbol{y}-\boldsymbol{x}\|$ 充分小, 成立

$$f(\boldsymbol{y})=f(\boldsymbol{x})+\nabla f(\boldsymbol{x})^{\mathrm{T}}(\boldsymbol{y}-\boldsymbol{x})+o(\|\boldsymbol{y}-\boldsymbol{x}\|).$$

另一方面, 对上述 $\boldsymbol{y}$,

$$f(\boldsymbol{y})\geqslant f(\boldsymbol{x})+\boldsymbol{\xi}^{\mathrm{T}}(\boldsymbol{y}-\boldsymbol{x}),\quad\forall\,\boldsymbol{\xi}\in\partial f(\boldsymbol{x}).$$

两式相减得

$$(\nabla f(\boldsymbol{x})-\boldsymbol{\xi})^{\mathrm{T}}(\boldsymbol{y}-\boldsymbol{x})+o(\|\boldsymbol{y}-\boldsymbol{x}\|)\geqslant 0.$$

令 $\boldsymbol{y}=\boldsymbol{x}-t(\nabla f(\boldsymbol{x})-\boldsymbol{\xi})$, 其中 $t>0$ 充分小, 得

$$-t\|\nabla f(\boldsymbol{x})-\boldsymbol{\xi}\|^2+o(t\|\nabla f(\boldsymbol{x})-\boldsymbol{\xi}\|)\geqslant 0.$$

令 $t\to 0+$ 得, $\boldsymbol{\xi}=\nabla f(\boldsymbol{x})$. 这说明 $\partial f(\boldsymbol{x})=\{\nabla f(\boldsymbol{x})\}$. 证毕

下面讨论次梯度的性质.

定理 2.4.3 对凸函数 $f:\mathbb{R}^n\to\mathbb{R}$ 和其定义域的任一内点 $\boldsymbol{x}$, $\partial f(\boldsymbol{x})$ 为非空有界的闭凸集.

证明 对凸函数 $f(\boldsymbol{x})$, 其上图 $\mathrm{epi}(f)$ 为凸集, $(\boldsymbol{x},f(\boldsymbol{x}))$ 为其边界点. 故存在该点的支撑超平面, 即存在非零向量 $(\boldsymbol{p},\alpha)$ 使得

$$\langle \boldsymbol{p},\boldsymbol{y}\rangle+\alpha t\geqslant\langle \boldsymbol{p},\boldsymbol{x}\rangle+\alpha f(\boldsymbol{x}),\quad \forall\,(\boldsymbol{y},t)\in\mathrm{epi}(f). \tag{2.4.3}$$

下证 $\alpha>0$. 首先, 由于 $(\boldsymbol{x},f(\boldsymbol{x})+1)\in\mathrm{epi}(f)$, 将 $\boldsymbol{y}=\boldsymbol{x}$ 和 $t=f(\boldsymbol{x})+1$ 代入上式得 $\alpha\geqslant 0$. 其次, 由于 $\boldsymbol{x}$ 为凸函数定义域的内点, 由凸函数的局部 Lipschitz 连续性 (定理 2.1.2) 得, 存在 $\boldsymbol{x}$ 点的邻域 $N(\boldsymbol{x},\delta)$ 和常数 $L_{\boldsymbol{x}}>0$, 使得

$$|f(\boldsymbol{x})-f(\boldsymbol{y})|\leqslant L_{\boldsymbol{x}}\|\boldsymbol{x}-\boldsymbol{y}\|,\quad \forall\,\boldsymbol{y}\in N(\boldsymbol{x},\delta). \tag{2.4.4}$$

显然, 对任意的 $\boldsymbol{y}\in N(\boldsymbol{x},\delta)$, $\big(\boldsymbol{y},f(\boldsymbol{y})\big)\in\mathrm{epi}(f)$. 则由 (2.4.3) 得

$$\langle \boldsymbol{p},\boldsymbol{y}-\boldsymbol{x}\rangle\geqslant\alpha\big(f(\boldsymbol{x})-f(\boldsymbol{y})\big),\quad \forall\,\boldsymbol{y}\in N(\boldsymbol{x},\delta).$$

从而由 (2.4.4) 得

$$\langle \boldsymbol{p},\boldsymbol{x}-\boldsymbol{y}\rangle\leqslant\alpha L_{\boldsymbol{x}}\|\boldsymbol{x}-\boldsymbol{y}\|,\quad \forall\,\boldsymbol{y}\in N(\boldsymbol{x},\delta).$$

令 $\bar{\boldsymbol{p}}=\boldsymbol{p}/\|\boldsymbol{p}\|$, 并将 $\boldsymbol{y}=\boldsymbol{x}+\delta\bar{\boldsymbol{p}}$ 代入上式得

$$\delta\|\boldsymbol{p}\|\leqslant\alpha L_{\boldsymbol{x}}\delta.$$

这说明 $\alpha>0$.

令 $\boldsymbol{\xi}=-\boldsymbol{p}/\alpha$. 将 $t=f(\boldsymbol{y})$ 代入 (2.4.3) 再将两边除以 α 得

$$f(\boldsymbol{y})\geqslant f(\boldsymbol{x})+\langle\boldsymbol{\xi},\boldsymbol{y}-\boldsymbol{x}\rangle. \tag{2.4.5}$$

由 $\boldsymbol{y}\in N(\boldsymbol{x},\delta)$ 的任意性得, $\boldsymbol{\xi}\in\partial f(\boldsymbol{x})$. 这说明 $\partial f(\boldsymbol{x})$ 非空.

下证 $\partial f(\boldsymbol{x})$ 有界. 令 $\bar{\boldsymbol{\xi}}=\boldsymbol{\xi}/\|\boldsymbol{\xi}\|$, 将 $\boldsymbol{y}=\boldsymbol{x}+\delta\bar{\boldsymbol{\xi}}$ 代入 (2.4.5) 式并利用函数的局部 Lipschitz 连续性得

$$\delta\|\boldsymbol{\xi}\|\leqslant f(\boldsymbol{y})-f(\boldsymbol{x})\leqslant L_{\boldsymbol{x}}\|\boldsymbol{x}-\boldsymbol{y}\|=L_{\boldsymbol{x}}\delta.$$

由此得凸函数的次梯度有界.

由凸集和次微分的定义知, 凸函数在 $\boldsymbol{x}$ 点的次微分 $\partial f(\boldsymbol{x})$ 为闭凸集. 命题结论得证. 证毕

该结论说明, 凸函数在其可行域内部次可微. 但凸函数在可行域的边界点可能没有次微分, 如凸函数

$$f(x)=\begin{cases}-\sqrt{x}, & x\geqslant 0,\\ \infty, & 其他\end{cases}$$

在零点没有次微分.

函数的次梯度由连续可微的凸函数的梯度扩展得来. 下面的结论说明, 如果函数 $f(\boldsymbol{x})$ 在其凸的定义域内次可微, 则它为凸函数.

定理 2.4.4 若函数 $f:\mathbb{R}^n\to\mathbb{R}$ 次可微, 则它为凸函数.

证明 任取 $\boldsymbol{x},\boldsymbol{y}\in\mathbb{R}^n$ 和 $\lambda\in(0,1)$, 令 $\boldsymbol{z}_\lambda=(1-\lambda)\boldsymbol{x}+\lambda\boldsymbol{y}$. 由题设, 存在 $\boldsymbol{\xi}\in\partial f(\boldsymbol{z}_\lambda)$ 满足

$$f(\boldsymbol{y})\geqslant f(\boldsymbol{z}_\lambda)+\langle\boldsymbol{\xi},\boldsymbol{y}-\boldsymbol{z}_\lambda\rangle=f(\boldsymbol{z}_\lambda)+(1-\lambda)\langle\boldsymbol{\xi},\boldsymbol{y}-\boldsymbol{x}\rangle,$$

$$f(\boldsymbol{x})\geqslant f(\boldsymbol{z}_\lambda)+\langle\boldsymbol{\xi},\boldsymbol{x}-\boldsymbol{z}_\lambda\rangle=f(\boldsymbol{z}_\lambda)-\lambda\langle\boldsymbol{\xi},\boldsymbol{y}-\boldsymbol{x}\rangle.$$

第一式乘以 λ, 第二式乘以 $(1-\lambda)$ 并相加得

$$(1-\lambda)f(\boldsymbol{x})+\lambda f(\boldsymbol{y})\geqslant f(\boldsymbol{z}_\lambda)=f((1-\lambda)\boldsymbol{x}+\lambda\boldsymbol{y}).$$

由 $\boldsymbol{x},\boldsymbol{y}$ 的任意性知 f 为凸函数. 证毕

由上述结论, 对连续可微的凸函数, 可用梯度公式

$$f(\boldsymbol{y})-f(\boldsymbol{x})\geqslant\nabla f(\boldsymbol{x})^{\mathrm{T}}(\boldsymbol{y}-\boldsymbol{x}),\quad\forall\,\boldsymbol{x},\boldsymbol{y}\in\mathbb{R}^n$$

刻画, 而对非光滑凸函数, 可用次梯度公式

$$f(\boldsymbol{y})\geqslant f(\boldsymbol{x})+\langle\boldsymbol{\xi},\boldsymbol{y}-\boldsymbol{x}\rangle,\quad\forall\,\boldsymbol{x},\boldsymbol{y}\in\mathbb{R}^n,\ \boldsymbol{\xi}\in\partial f(\boldsymbol{x})$$

刻画.

下面的结论告诉我们, 凸函数的次梯度上半连续.

定理 2.4.5 设 $f:\mathbb{R}^n\to\mathbb{R}$ 为凸函数, 点列 $\{\boldsymbol{x}_k\}$ 收敛到 $\boldsymbol{x}$. 对 $\boldsymbol{\xi}_k\in\partial f(\boldsymbol{x}_k)$, 若 $\boldsymbol{\xi}_k\to\boldsymbol{\xi}$, 则 $\boldsymbol{\xi}\in\partial f(\boldsymbol{x})$.

证明 对 $\boldsymbol{\xi}_k\in\partial f(\boldsymbol{x}_k)$, 由次梯度的定义

$$f(\boldsymbol{y})-f(\boldsymbol{x}_k)\geqslant\boldsymbol{\xi}_k^{\mathrm{T}}(\boldsymbol{y}-\boldsymbol{x}_k),\quad\forall\,\boldsymbol{y}\in\mathbb{R}^n.$$

利用凸函数的连续性, 对上式两边关于 k 取极限得

$$f(\boldsymbol{y})-f(\boldsymbol{x})\geqslant\boldsymbol{\xi}^{\mathrm{T}}(\boldsymbol{y}-\boldsymbol{x}),\quad\forall\,\boldsymbol{y}\in\mathbb{R}^n.$$

由 $\boldsymbol{y}\in\mathbb{R}^n$ 的任意性知 $\boldsymbol{\xi}\in\partial f(\boldsymbol{x})$. 命题结论得证. 证毕

次梯度可用来刻画凸优化问题的最优值点.

定理 2.4.6 $\boldsymbol{x}^*\in\mathbb{R}^n$ 为凸函数 $f:\mathbb{R}^n\to\mathbb{R}$ 的最小值点当且仅当 $\boldsymbol{0}\in\partial f(\boldsymbol{x}^*)$.

证明 由次微分的定义, $\boldsymbol{0}\in\partial f(\boldsymbol{x}^*)$ 当且仅当

$$f(\boldsymbol{x})\geqslant f(\boldsymbol{x}^*)+\langle\boldsymbol{0},\boldsymbol{x}-\boldsymbol{x}^*\rangle,\quad\forall\,\boldsymbol{x}\in\mathbb{R}^n,$$

此即

$$f(\boldsymbol{x}) \geqslant f(\boldsymbol{x}^*), \quad \forall\, \boldsymbol{x} \in \mathbb{R}^n.$$ 证毕

最后考察绝对值函数 $|x|$ 在零点的次梯度. 显然, 该函数为凸函数, 但仅在零点不可微. 容易验证, 它在该点的次梯度为 $[-1,1]$, 即对任意的 $\xi \in [-1,1]$, 都有

$$|x| - 0 \geqslant \xi x, \quad \forall\, x \in \mathbb{R}.$$

显然, 该函数在零点的次梯度为其在该点的左右导数组成的凸包. 这不是个案, 因为对几乎处处可微的凸函数, 它在连续但不可微点的次梯度为以该点为极限点的可微点列的梯度极限的凸包, 即

$$\partial f(\boldsymbol{x}) = \mathrm{co}\left\{ \lim_{k\to\infty} \nabla f(\boldsymbol{x}_k) \;\middle|\; \lim_{k\to\infty} \boldsymbol{x}_k = \boldsymbol{x}, \text{凸函数 } f \text{ 在 } \boldsymbol{x}_k \text{ 点可微} \right\}.$$

基于此, 人们对几乎处处可微的局部 Lipschitz 连续函数引入了广义次梯度, 又称 Clarke 次梯度, 即

$$\partial f(\boldsymbol{x}) = \mathrm{co}\left\{ \lim_{k\to\infty} \nabla f(\boldsymbol{x}_k) \;\middle|\; \lim_{k\to\infty} \boldsymbol{x}_k = \boldsymbol{x}, \text{函数 } f \text{ 在 } \boldsymbol{x}_k \text{ 点可微} \right\}.$$

借助广义方向导数

$$f^\circ(\boldsymbol{x};\boldsymbol{d}) = \lim_{\substack{\boldsymbol{y}\to\boldsymbol{x}\\ t\to 0+}} \sup \frac{f(\boldsymbol{y}+t\boldsymbol{d}) - f(\boldsymbol{y})}{t},$$

广义次梯度等价于

$$\partial f(\boldsymbol{x}) = \left\{ \boldsymbol{\xi} \in \mathbb{R}^n \;\middle|\; f^\circ(\boldsymbol{x};\boldsymbol{d}) \geqslant \boldsymbol{\xi}^{\mathrm{T}}\boldsymbol{d}, \forall\, \boldsymbol{d} \in \mathbb{R}^n \right\}.$$

它对应于定理 2.4.1 中的 (2.4.2) 式.

广义次梯度可用来刻画局部 Lipschitz 函数的最优值点.

定理 2.4.7 若 $\boldsymbol{x}^* \in \mathbb{R}^n$ 为局部 Lipschitz 函数的最小值点, 则 $\boldsymbol{0} \in \partial f(\boldsymbol{x}^*)$.

证明 若 $\boldsymbol{x}^*$ 为函数 $f(\boldsymbol{x})$ 的最小值点, 则对任意的 $\boldsymbol{d} \in \mathbb{R}^n$,

$$\begin{aligned} f^\circ(\boldsymbol{x}^*;\boldsymbol{d}) &= \lim_{\substack{\boldsymbol{y}\to\boldsymbol{x}^*\\ t\to 0+}} \sup \frac{f(\boldsymbol{y}+t\boldsymbol{d}) - f(\boldsymbol{y})}{t} \\ &\geqslant \lim_{t\to 0+} \sup \frac{f(\boldsymbol{x}^*+t\boldsymbol{d}) - f(\boldsymbol{x}^*)}{t} \geqslant 0. \end{aligned}$$

由广义次梯度的定义, $\boldsymbol{0} \in \partial f(\boldsymbol{x}^*) = \left\{ \boldsymbol{\xi} \in \mathbb{R}^n \;\middle|\; f^\circ(\boldsymbol{x}^*;\boldsymbol{d}) \geqslant \boldsymbol{\xi}^{\mathrm{T}}\boldsymbol{d}, \forall\, \boldsymbol{d} \in \mathbb{R}^n \right\}$. 证毕

可以证明, 如果局部 Lipschitz 函数 f 在 $\boldsymbol{x}$ 点连续可微, 则它在该点的广义次梯度归结为梯度 $\nabla f(\boldsymbol{x})$. 如果 f 为凸函数, 则广义次梯度归结为次梯度. 凸函数的次梯度和局部 Lipschitz 连续函数的广义次梯度是非光滑分析的重要工具.

2.5 临近点算子

定义 2.5.1 函数 $f:\mathbb{R}^n\to\mathbb{R}$ 在 $\boldsymbol{x}\in\mathbb{R}^n$ 点的临近点算子定义为

$$\mathrm{prox}_f(\boldsymbol{x})=\arg\min_{\boldsymbol{y}\in\mathbb{R}^n}\left\{f(\boldsymbol{y})+\frac{1}{2}\|\boldsymbol{y}-\boldsymbol{x}\|^2\right\}.$$

为了需要, 有时考虑如下临近点算子

$$\begin{aligned}\mathrm{prox}_{\frac{1}{L}f}(\boldsymbol{x})&=\arg\min_{\boldsymbol{y}\in\mathbb{R}^n}\left\{f(\boldsymbol{y})+\frac{L}{2}\|\boldsymbol{y}-\boldsymbol{x}\|^2\right\}\\&=\arg\min_{\boldsymbol{y}\in\mathbb{R}^n}\left\{\frac{1}{L}f(\boldsymbol{y})+\frac{1}{2}\|\boldsymbol{y}-\boldsymbol{x}\|^2\right\},\end{aligned}$$

其中, $L>0$ 为常数.

临近点算子可能是单值映射, 可能是多值映射, 也可能是空集映射.

考虑如下函数的临近点算子.

$$f_1(x)=0,$$

$$f_2(x)=\begin{cases}0, & x\neq 0,\\-\lambda, & x=0,\end{cases}$$

$$f_3(x)=\begin{cases}0, & x\neq 0,\\\lambda, & x=0,\end{cases}$$

这里, $\lambda>0$ 为常数.

根据定义,

$$\begin{aligned}\mathrm{prox}_{f_1}(x)&=\arg\min_{y\in\mathbb{R}}\left\{f_1(y)+\frac{1}{2}(y-x)^2\right\}\\&=\arg\min_{y\in\mathbb{R}}\left\{\frac{1}{2}(y-x)^2\right\}=x,\end{aligned}$$

$$\begin{aligned}\mathrm{prox}_{f_2}(x)&=\arg\min_{y\in\mathbb{R}}\left\{f_2(y)+\frac{1}{2}(y-x)^2\right\}\\&=\arg\min\left\{\min_{y=0}\left\{-\lambda+\frac{x^2}{2}\right\},\min_{y\neq 0}\left\{\frac{1}{2}(y-x)^2\right\}\right\}\end{aligned}$$

$$= \arg\min \left\{ -\lambda + \frac{x^2}{2}, 0 \right\}$$

$$= \begin{cases} 0, & |x| < \sqrt{2\lambda}, \\ x, & |x| > \sqrt{2\lambda}, \\ \{0, x\}, & |x| = \sqrt{2\lambda}. \end{cases}$$

类似可得

$$\operatorname{prox}_{f_3}(x) = \begin{cases} x, & x \neq 0, \\ \emptyset, & x = 0. \end{cases}$$

下面的结论说明, 对下半连续的凸函数, 即满足

$$\liminf_{\boldsymbol{y} \to \boldsymbol{x}} f(\boldsymbol{y}) \geqslant f(\boldsymbol{x})$$

的凸函数, 临近点算子为单值映射.

定理 2.5.1 若函数 $f : \mathbb{R}^n \to \mathbb{R}$ 为下半连续的凸函数, 则 $\operatorname{prox}_f(\cdot)$ 为单值映射.

证明 由题设, 对任意的 $\boldsymbol{x} \in \mathbb{R}^n$, $\psi(\boldsymbol{y}) = f(\boldsymbol{y}) + \frac{1}{2}\|\boldsymbol{y} - \boldsymbol{x}\|^2$ 为一致凸函数. 从而在 $\mathbb{R}^n$ 上有唯一最小值点. 证毕

下面的结论揭示了临近点算子与次梯度之间的关系.

引理 2.5.1 设函数 $f : \mathbb{R}^n \to \mathbb{R}$ 为下半连续的凸函数. 则对任意的 $\boldsymbol{x}, \boldsymbol{y} \in \mathbb{R}^n$, 下述结论等价:

(1) $\boldsymbol{y} = \operatorname{prox}_f(\boldsymbol{x})$;

(2) $\boldsymbol{x} - \boldsymbol{y} \in \partial f(\boldsymbol{y})$;

(3) $\langle \boldsymbol{x} - \boldsymbol{y}, \boldsymbol{z} - \boldsymbol{y} \rangle \leqslant f(\boldsymbol{z}) - f(\boldsymbol{y})$, $\forall\, \boldsymbol{z} \in \mathbb{R}^n$.

证明 由临近点算子的定义, 对任意的 $\boldsymbol{x}, \boldsymbol{y} \in \mathbb{R}^n$,

$$\boldsymbol{y} = \operatorname{prox}_f(\boldsymbol{x}) \Longleftrightarrow \boldsymbol{y} = \arg\min_{\boldsymbol{z} \in \mathbb{R}^n} \{ f(\boldsymbol{z}) + \frac{1}{2}\|\boldsymbol{z} - \boldsymbol{x}\|^2 \}.$$

由定理 2.4.6, 后者等价于 $\mathbf{0} \in \partial f(\boldsymbol{y}) + \boldsymbol{y} - \boldsymbol{x}$. 此即 $\boldsymbol{x} - \boldsymbol{y} \in \partial f(\boldsymbol{y})$. (1) 和 (2) 等价.

由次梯度的定义, (2) 等价于

$$f(\boldsymbol{z}) \geqslant f(\boldsymbol{y}) + \langle \boldsymbol{x} - \boldsymbol{y}, \boldsymbol{z} - \boldsymbol{y} \rangle, \quad \forall\, \boldsymbol{z} \in \mathbb{R}^n.$$

由此, (2) 与 (3) 等价. 命题结论得证. 证毕

临近点算子可用来刻画函数的最小值点.

推论 2.5.1　点 $\boldsymbol{x}$ 为下半连续的凸函数 $f(\boldsymbol{x})$ 的最小值点当且仅当 $\boldsymbol{x} = \mathrm{prox}_f(\boldsymbol{x})$.

证明　由定理 2.4.6, $\boldsymbol{x}$ 为凸函数 $f(\boldsymbol{x})$ 的最小值点当且仅当 $\mathbf{0} \in \partial f(\boldsymbol{x})$, 也就是 $\boldsymbol{x} - \boldsymbol{x} \in \partial f(\boldsymbol{x})$. 由引理 2.5.1, 这等价于 $\boldsymbol{x} = \mathrm{prox}_f(\boldsymbol{x})$.　　证毕

定理 2.5.2　设函数 $f : \mathbb{R}^n \to \mathbb{R}$ 为下半连续的凸函数. 则对任意的 $\boldsymbol{x}, \boldsymbol{y} \in \mathbb{R}^n$,

(1) $\langle \boldsymbol{x} - \boldsymbol{y}, \mathrm{prox}_f(\boldsymbol{x}) - \mathrm{prox}_f(\boldsymbol{y})\rangle \geqslant \|\mathrm{prox}_f(\boldsymbol{x}) - \mathrm{prox}_f(\boldsymbol{y})\|^2$;

(2) $\|\mathrm{prox}_f(\boldsymbol{x}) - \mathrm{prox}_f(\boldsymbol{y})\| \leqslant \|\boldsymbol{x} - \boldsymbol{y}\|$.

证明　记 $\boldsymbol{u} = \mathrm{prox}_f(\boldsymbol{x}), \boldsymbol{v} = \mathrm{prox}_f(\boldsymbol{y})$. 则由引理 2.5.1,

$$\boldsymbol{x} - \boldsymbol{u} \in \partial f(\boldsymbol{u}), \quad \boldsymbol{y} - \boldsymbol{v} \in \partial f(\boldsymbol{v}).$$

而由次梯度不等式,

$$f(\boldsymbol{v}) \geqslant f(\boldsymbol{u}) + \langle \boldsymbol{x} - \boldsymbol{u}, \boldsymbol{v} - \boldsymbol{u}\rangle,$$

$$f(\boldsymbol{u}) \geqslant f(\boldsymbol{v}) + \langle \boldsymbol{y} - \boldsymbol{v}, \boldsymbol{u} - \boldsymbol{v}\rangle.$$

两式相加得

$$\langle \boldsymbol{y} - \boldsymbol{x} + \boldsymbol{u} - \boldsymbol{v}, \boldsymbol{u} - \boldsymbol{v}\rangle \leqslant 0.$$

此即

$$\langle \boldsymbol{x} - \boldsymbol{y}, \boldsymbol{u} - \boldsymbol{v}\rangle \geqslant \|\boldsymbol{u} - \boldsymbol{v}\|^2.$$

也就是

$$\langle \boldsymbol{x} - \boldsymbol{y}, \mathrm{prox}_f(\boldsymbol{x}) - \mathrm{prox}_f(\boldsymbol{y})\rangle \geqslant \|\mathrm{prox}_f(\boldsymbol{x}) - \mathrm{prox}_f(\boldsymbol{y})\|^2.$$

结论 (1) 得证. 对该结论应用 Cauchy-Schwarz 不等式得结论 (2).　　证毕

为揭示上述性质的几何意义, 下面讨论非空闭凸集 $\Omega \subset \mathbb{R}^n$ 的示函数 $\delta_\Omega(\boldsymbol{x})$ 的临近点算子,

$$\delta_\Omega(\boldsymbol{x}) = \begin{cases} 0, & \boldsymbol{x} \in \Omega, \\ \infty, & \boldsymbol{x} \notin \Omega. \end{cases}$$

根据定义, 对任意的 $\boldsymbol{x} \in \mathbb{R}^n$,

$$\begin{aligned} \mathrm{prox}_\delta(\boldsymbol{x}) &= \arg\min_{\boldsymbol{y} \in \mathbb{R}^n} \left\{ \delta_\Omega(\boldsymbol{y}) + \frac{1}{2}\|\boldsymbol{y} - \boldsymbol{x}\|^2 \right\} \\ &= \arg\min_{\boldsymbol{y} \in \Omega} \frac{1}{2}\|\boldsymbol{y} - \boldsymbol{x}\|^2 \\ &= P_\Omega(\boldsymbol{x}). \end{aligned}$$

这说明, 闭凸集的示函数对应的临近点算子就是 $\mathbb{R}^n$ 到该闭凸集上的投影. 由定理 2.5.2 和后续章节的性质 12.3.1, 近似点算子和投影算子具有十分相似的性质, 如单调性和非扩张性等.

最后讨论临近点算子在优化算法中的应用.

对连续可微函数 $f:\mathbb{R}^n\to\mathbb{R}$ 和 $\boldsymbol{x}\in\mathbb{R}^n$, 记

$$\boldsymbol{x}^+\triangleq \operatorname{prox}_f(\boldsymbol{x})=\arg\min_{\boldsymbol{y}\in\mathbb{R}^n}\Big\{f(\boldsymbol{y})+\frac{1}{2}\|\boldsymbol{y}-\boldsymbol{x}\|^2\Big\}.$$

则 $f(\boldsymbol{x}^+)\leqslant f(\boldsymbol{x})$, 且当 $\boldsymbol{x}^+\neq\boldsymbol{x}$ 时, 严格不等号成立.

对无约束优化问题

$$\min_{\boldsymbol{x}\in\mathbb{R}^n} f(\boldsymbol{x})$$

最速下降算法的迭代格式为 (参见 §5.1)

$$\boldsymbol{x}_{k+1}=\boldsymbol{x}_k-\alpha_k\nabla f(\boldsymbol{x}_k).$$

即在当前点 $\boldsymbol{x}_k$ 点沿该点的负梯度方向行进 α_k 路程得新点 $\boldsymbol{x}_{k+1}$.

下从反向角度考虑上述优化问题的求解算法, 即从 $\boldsymbol{x}_{k+1}$ 点出发沿该点的梯度方向前进 c_k 路程到达当前点 $\boldsymbol{x}_k$. 其迭代格式为

$$\boldsymbol{x}_k=\boldsymbol{x}_{k+1}+c_k\nabla f(\boldsymbol{x}_{k+1}).$$

这是一个关于 $\boldsymbol{x}_{k+1}$ 的隐性表达式, 无法执行. 但借助临近点算子, 它可写成

$$\boldsymbol{x}_{k+1}=\arg\min_{\boldsymbol{x}\in\mathbb{R}^n}\Big\{f(\boldsymbol{x})+\frac{1}{2c_k}\|\boldsymbol{x}-\boldsymbol{x}_k\|^2\Big\}.$$

这就是无约束优化问题的临近点算法 (参见 §8.2).

2.6 共轭函数

定义 2.6.1 对函数 $f:\mathbb{R}^n\to\mathbb{R}$, 称函数

$$f^*(\boldsymbol{y})=\max_{\boldsymbol{x}\in\mathbb{R}^n}\{\langle\boldsymbol{y},\boldsymbol{x}\rangle-f(\boldsymbol{x})\},\quad \forall\ \boldsymbol{y}\in\mathbb{R}^n$$

为函数 f 的共轭函数.

容易证明, 任意函数的共轭函数为凸函数. 即有如下结论.

定理 2.6.1 函数 $f:\mathbb{R}^n\to\mathbb{R}$ 的共轭函数 f^* 为凸函数.

对集合 $\Omega \subseteq \mathbb{R}^n$, 其示函数为

$$f(\boldsymbol{x}) = \delta_\Omega(\boldsymbol{x}) = \begin{cases} 0, & \boldsymbol{x} \in \Omega, \\ \infty, & \boldsymbol{x} \notin \Omega. \end{cases}$$

该函数的共轭函数为

$$f^*(\boldsymbol{y}) = \max_{\boldsymbol{x}\in\mathbb{R}^n}\{\langle \boldsymbol{y}, \boldsymbol{x}\rangle - \delta_\Omega(\boldsymbol{x})\} = \max_{\boldsymbol{x}\in\Omega}\langle \boldsymbol{y}, \boldsymbol{x}\rangle, \quad \boldsymbol{y} \in \mathbb{R}^n.$$

该函数称为集合 Ω 的支撑函数, 记为 $\sigma_\Omega(\boldsymbol{y})$, 即 $\delta_\Omega^* = \sigma_\Omega$.

根据共轭函数的定义, 如果 $\boldsymbol{y} \neq \boldsymbol{0}$ 且当 $\|\boldsymbol{x}\| \to \infty$ 时, $f(\boldsymbol{x}) \nrightarrow \infty$, 则会出现共轭函数恒取无穷大的情况. 这样的共轭函数没有意义. 下面的结论告诉我们, 凸函数不会出现这种情况.

定理 2.6.2　凸函数的共轭函数是正常函数.

证明　设 $f: \mathbb{R}^n \to \mathbb{R}$ 为正常的凸函数. 则存在 $\boldsymbol{x} \in \mathbb{R}^n$ 使得 $f(\boldsymbol{x}) < \infty$. 由共轭函数的定义, 对任意的 $\boldsymbol{y} \in \mathbb{R}^n$,

$$f^*(\boldsymbol{y}) \geqslant \langle \boldsymbol{y}, \boldsymbol{x}\rangle - f(\boldsymbol{x}).$$

所以, $f^*(\boldsymbol{y}) > -\infty$.

下证存在 $\boldsymbol{y} \in \mathbb{R}^n$ 使得 $f^*(\boldsymbol{y}) < \infty$. 根据定理 2.4.3, 存在 $\boldsymbol{x} \in \mathbb{R}^n$ 使得 $\partial f(\boldsymbol{x}) \neq \emptyset$. 取 $\boldsymbol{y} \in \partial f(\boldsymbol{x})$. 则由次梯度的定义,

$$f(\boldsymbol{z}) \geqslant f(\boldsymbol{x}) + \langle \boldsymbol{y}, \boldsymbol{z} - \boldsymbol{x}\rangle, \quad \forall\, \boldsymbol{z} \in \mathbb{R}^n,$$

即

$$\langle \boldsymbol{y}, \boldsymbol{z}\rangle - f(\boldsymbol{z}) \leqslant \langle \boldsymbol{y}, \boldsymbol{x}\rangle - f(\boldsymbol{x}), \quad \forall\, \boldsymbol{z} \in \mathbb{R}^n.$$

将左端关于 $\boldsymbol{z} \in \mathbb{R}^n$ 取最大得

$$f^*(\boldsymbol{y}) = \max_{\boldsymbol{z}\in\mathbb{R}^n}\{\langle \boldsymbol{y}, \boldsymbol{z}\rangle - f(\boldsymbol{z})\} \leqslant \langle \boldsymbol{y}, \boldsymbol{x}\rangle - f(\boldsymbol{x}) < \infty.$$

这说明共轭函数为正常函数.　　证毕

定理 2.6.3　对函数 $f: \mathbb{R}^n \to \mathbb{R}$, 成立

$$f(\boldsymbol{x}) + f^*(\boldsymbol{y}) \geqslant \langle \boldsymbol{x}, \boldsymbol{y}\rangle, \quad \forall\, \boldsymbol{x}, \boldsymbol{y} \in \mathbb{R}^n.$$

证明　由共轭函数的定义, 对任意的 $\boldsymbol{x}, \boldsymbol{y} \in \mathbb{R}^n$

$$f^*(\boldsymbol{y}) \geqslant \langle \boldsymbol{y}, \boldsymbol{x}\rangle - f(\boldsymbol{x}).$$

由于 f 为正常函数, 所以存在 $\boldsymbol{x} \in \mathbb{R}^n$ 使得 $f(\boldsymbol{x}) < \infty$, 从而 $f^*(\boldsymbol{y}) > -\infty$. 整理得命题结论.　　证毕

上述结论中的不等式

$$f(\boldsymbol{x})+f^*(\boldsymbol{y})\geqslant\langle\boldsymbol{x},\boldsymbol{y}\rangle,\quad \forall\ \boldsymbol{x},\boldsymbol{y}\in\mathbb{R}^n$$

称为 Fenchel 不等式. 这是共轭函数最常用也是最基本的不等式. 对此, 我们会问: 在什么条件下等号成立? 为此, 我们给出如下定义.

对函数 $f:\mathbb{R}^n\to\mathbb{R}$, 定义

$$f^{**}(\boldsymbol{x})=\max_{\boldsymbol{y}\in\mathbb{R}^n}\{\langle\boldsymbol{x},\boldsymbol{y}\rangle-f^*(\boldsymbol{y})\},\quad \boldsymbol{x}\in\mathbb{R}^n$$

为函数 $f(\boldsymbol{x})$ 的共轭函数的共轭函数. 下面讨论它与原函数之间的关系.

引理 2.6.1 对函数 $f:\mathbb{R}^n\to\mathbb{R}$, $f\geqslant f^{**}$.

证明 由共轭函数的定义,

$$f^*(\boldsymbol{y})\geqslant\langle\boldsymbol{y},\boldsymbol{x}\rangle-f(\boldsymbol{x}),\quad \forall\ \boldsymbol{x},\boldsymbol{y}\in\mathbb{R}^n.$$

即

$$f(\boldsymbol{x})\geqslant\langle\boldsymbol{y},\boldsymbol{x}\rangle-f^*(\boldsymbol{y}).$$

由 $\boldsymbol{x},\boldsymbol{y}$ 的任意性得

$$f(\boldsymbol{x})\geqslant\max_{\boldsymbol{y}\in\mathbb{R}^n}\{\langle\boldsymbol{y},\boldsymbol{x}\rangle-f^*(\boldsymbol{y})\}=f^{**}(\boldsymbol{x}).$$

证毕

根据上述分析, 共轭函数是原函数的一个对偶函数, 而且是凸函数. 对共轭函数再次共轭可得原函数的一个凸包函数. 这为极小化原函数提供了便利. 进一步, 若原函数为凸函数, 则共轭函数的共轭函数为其本身. 这说明, 共轭函数的共轭是原函数的一个最佳凸包.

引理 2.6.2 设 $f:\mathbb{R}^n\to\mathbb{R}$ 为下半连续的凸函数. 则 $f^{**}=f$.

证明 由引理 2.6.1, 只需证明 $f^{**}\geqslant f$ 成立即可. 反设结论不成立, 则存在 $\boldsymbol{x}\in\mathbb{R}^n$ 使得 $f^{**}(\boldsymbol{x})<f(\boldsymbol{x})$, 即 $(\boldsymbol{x},f^{**}(\boldsymbol{x}))\notin \operatorname{epi}(f)$. 由于 f 为下半连续的凸函数, 所以其上图 $\operatorname{epi}(f)$ 为非空闭凸集. 由凸集严格分离定理, 存在 $\boldsymbol{p}\in\mathbb{R}^n$ 和常数 α,β_1,β_2 使得

$$\langle\boldsymbol{p},\boldsymbol{z}\rangle+\alpha t\geqslant\beta_1>\beta_2\geqslant\langle\boldsymbol{p},\boldsymbol{x}\rangle+\alpha f^{**}(\boldsymbol{x}),\quad \forall\ (\boldsymbol{z},t)\in\operatorname{epi}(f).$$

即

$$\langle\boldsymbol{p},\boldsymbol{z}-\boldsymbol{x}\rangle+\alpha(t-f^{**}(\boldsymbol{x}))\geqslant\beta_1-\beta_2>0,\ \ \forall\ (\boldsymbol{z},t)\in\operatorname{epi}(f).\tag{2.6.1}$$

由 $\operatorname{epi}(f)$ 的定义知, $\alpha\geqslant 0$.

若 $\alpha>0$, 则对上式两边同除以 $-\alpha$, 并令 $t=f(\boldsymbol{z})$, $\boldsymbol{y}=-\boldsymbol{p}/\alpha$ 得

$$\langle\boldsymbol{y},\boldsymbol{z}\rangle-f(\boldsymbol{z})-\langle\boldsymbol{y},\boldsymbol{x}\rangle+f^{**}(\boldsymbol{x})\leqslant\frac{\beta_1-\beta_2}{-\alpha}<0,\quad \forall\ \boldsymbol{z}\in\mathbb{R}^n.$$

将上式左端关于 $\boldsymbol{z} \in \mathbb{R}^n$ 取最大值得

$$f^*(\boldsymbol{y}) - \langle \boldsymbol{y}, \boldsymbol{x} \rangle + f^{**}(\boldsymbol{x}) \leqslant \frac{\beta_1 - \beta_2}{-\alpha} < 0.$$

这与 Fenchel 不等式矛盾. 这说明, $\alpha = 0$. 从而 (2.6.1) 化为

$$\langle \boldsymbol{p}, \boldsymbol{z} - \boldsymbol{x} \rangle \geqslant \beta_1 - \beta_2 > 0, \quad \forall\, (\boldsymbol{z}, t) \in \operatorname{epi}(f). \tag{2.6.2}$$

由于 f 为凸函数, 故 f^* 为正常函数. 从而存在 $\bar{\boldsymbol{y}} \in \mathbb{R}^n$ 使得 $f^*(\bar{\boldsymbol{y}}) < \infty$. 取 $\varepsilon > 0$, 并令 $\hat{\boldsymbol{p}} = -\boldsymbol{p} + \varepsilon \bar{\boldsymbol{y}}$. 则对任意的 $\boldsymbol{z} \in \mathbb{R}^n$, 由 (2.6.2) 和共轭函数的定义得

$$\begin{aligned}
&\langle \hat{\boldsymbol{p}}, \boldsymbol{z} - \boldsymbol{x} \rangle - \varepsilon(f(\boldsymbol{z}) - f^{**}(\boldsymbol{x})) \\
=& \langle -\boldsymbol{p}, \boldsymbol{z} - \boldsymbol{x} \rangle + \varepsilon\Big(\langle \bar{\boldsymbol{y}}, \boldsymbol{z} \rangle - f(\boldsymbol{z}) + f^{**}(\boldsymbol{x}) - \langle \bar{\boldsymbol{y}}, \boldsymbol{x} \rangle\Big) \\
\leqslant& (\beta_2 - \beta_1) + \varepsilon\Big(f^*(\bar{\boldsymbol{y}}) - \langle \bar{\boldsymbol{y}}, \boldsymbol{x} \rangle + f^{**}(\boldsymbol{x})\Big).
\end{aligned}$$

由于 $(\beta_2 - \beta_1) < 0$, 故可取 $\varepsilon > 0$ 充分小使上式右端项为负. 对上式两端同除以 ε, 并令 $\hat{\boldsymbol{y}} = \frac{1}{\varepsilon}\hat{\boldsymbol{p}}$ 得

$$\begin{aligned}
&\langle \hat{\boldsymbol{y}}, \boldsymbol{z} \rangle - f(\boldsymbol{z}) - \langle \hat{\boldsymbol{y}}, \boldsymbol{x} \rangle + f^{**}(\boldsymbol{x}) \\
\leqslant& \frac{\beta_2 - \beta_1}{\varepsilon} + \Big(f^*(\hat{\boldsymbol{y}}) - \langle \hat{\boldsymbol{y}}, \boldsymbol{x} \rangle + f^{**}(\boldsymbol{x})\Big) < 0.
\end{aligned}$$

将上式左端关于 $\boldsymbol{z} \in \mathbb{R}^n$ 取最大值得

$$f^*(\hat{\boldsymbol{y}}) - \langle \hat{\boldsymbol{y}}, \boldsymbol{x} \rangle + f^{**}(\boldsymbol{x}) < 0.$$

这与 Fenchel 不等式矛盾. 假设不成立, 命题结论得证. 证毕

需要说明的是, 尽管共轭函数有十分诱人的性质, 但必须有解析表达式, 否则有关讨论仅限于理论分析.

对连续可微的凸函数 $f: \mathbb{R}^n \to \mathbb{R}$, 由共轭函数的定义, 当 $\nabla f(\boldsymbol{x}) = \boldsymbol{y}$ 时, 共轭函数定义中的差值达到最大. 显然, 此时有 $\langle \boldsymbol{x}, \boldsymbol{y} \rangle = f(\boldsymbol{x}) + f^*(\boldsymbol{y})$. 对于一般凸函数, 有如下结论. 这是 Fenchel 不等式等号成立的充要条件.

定理 2.6.4 设 $f: \mathbb{R}^n \to \mathbb{R}$ 为凸函数. 则对任意的 $\boldsymbol{x}, \boldsymbol{y} \in \mathbb{R}^n$, 下述结论等价:

(1) $\langle \boldsymbol{x}, \boldsymbol{y} \rangle = f(\boldsymbol{x}) + f^*(\boldsymbol{y})$;

(2) $\boldsymbol{y} \in \partial f(\boldsymbol{x})$.

如果函数 f 为下半连续的凸函数, 它们又等价于

(3) $\boldsymbol{x} \in \partial f^*(\boldsymbol{y})$.

证明 显然, $\boldsymbol{y} \in \partial f(\boldsymbol{x})$ 等价于

$$f(\boldsymbol{z}) \geqslant f(\boldsymbol{x}) + \langle \boldsymbol{y}, \boldsymbol{z} - \boldsymbol{x} \rangle, \quad \forall\, \boldsymbol{z} \in \mathbb{R}^n.$$

也就是

$$\langle \boldsymbol{y}, \boldsymbol{x} \rangle - f(\boldsymbol{x}) \geqslant \langle \boldsymbol{y}, \boldsymbol{z} \rangle - f(\boldsymbol{z}), \quad \forall\, \boldsymbol{z} \in \mathbb{R}^n.$$

将上式右端关于 $\boldsymbol{z} \in \mathbb{R}^n$ 取最大得

$$\langle \boldsymbol{y}, \boldsymbol{x} \rangle - f(\boldsymbol{x}) \geqslant f^*(\boldsymbol{y}).$$

从而由 Fenchel 不等式得

$$\langle \boldsymbol{x}, \boldsymbol{y} \rangle = f(\boldsymbol{x}) + f^*(\boldsymbol{y}).$$

(1) 与 (2) 的等价性得证.

设 f 为下半连续的凸函数. 则由引理 2.6.2, $f^{**} = f$. 这意味着 (1) 等价于

$$\langle \boldsymbol{x}, \boldsymbol{y} \rangle = f^*(\boldsymbol{y}) + f^{**}(\boldsymbol{x}).$$

从而由

$$f^{**}(\boldsymbol{x}) = \max_{\boldsymbol{z} \in \mathbb{R}^n} \Big(\langle \boldsymbol{z}, \boldsymbol{x} \rangle - f^*(\boldsymbol{z}) \Big)$$

得

$$\langle \boldsymbol{x}, \boldsymbol{y} \rangle \geqslant f^*(\boldsymbol{y}) + \langle \boldsymbol{z}, \boldsymbol{x} \rangle - f^*(\boldsymbol{z}), \quad \forall\, \boldsymbol{z} \in \mathbb{R}^n.$$

即

$$f^*(\boldsymbol{z}) \geqslant f^*(\boldsymbol{y}) + \langle \boldsymbol{x}, \boldsymbol{z} - \boldsymbol{y} \rangle, \quad \forall\, \boldsymbol{z} \in \mathbb{R}^n.$$

这说明 $\boldsymbol{x} \in \partial f^*(\boldsymbol{y})$. 命题结论得证. 证毕

由共轭函数的定义, 上述结论中的 (1) 可以写成

$$\boldsymbol{x} \in \arg\max_{\boldsymbol{z} \in \mathbb{R}^n} \{ \langle \boldsymbol{y}, \boldsymbol{z} \rangle - f(\boldsymbol{z}) \}.$$

若函数 f 下半连续, 又可写成

$$\boldsymbol{y} \in \arg\max_{\boldsymbol{z} \in \mathbb{R}^n} \{ \langle \boldsymbol{x}, \boldsymbol{z} \rangle - f^*(\boldsymbol{z}) \}.$$

从而有如下结论.

推论 2.6.1 设函数 $f : \mathbb{R}^n \to \mathbb{R}$ 为下半连续的凸函数. 则对任意的 $\boldsymbol{x}, \boldsymbol{y} \in \mathbb{R}^n$,

$$\partial f(\boldsymbol{x}) = \arg\max_{\boldsymbol{z} \in \mathbb{R}^n} \{ \langle \boldsymbol{x}, \boldsymbol{z} \rangle - f^*(\boldsymbol{z}) \}, \quad \partial f^*(\boldsymbol{y}) = \arg\max_{\boldsymbol{z} \in \mathbb{R}^n} \{ \langle \boldsymbol{y}, \boldsymbol{z} \rangle - f(\boldsymbol{z}) \}.$$

特别地, 对任意下半连续的凸函数 f,

$$\partial f(\boldsymbol{0}) = \arg\min_{\boldsymbol{y} \in \mathbb{R}^n} f^*(\boldsymbol{y}), \quad \partial f^*(\boldsymbol{0}) = \arg\min_{\boldsymbol{x} \in \mathbb{R}^n} f(\boldsymbol{x}).$$

该结论称为共轭次梯度定理. 最后讨论共轭函数与临近点算子间的关系.

定理 2.6.5 设函数 $f:\mathbb{R}^n\to\mathbb{R}$ 为下半连续的凸函数. 则对任意的 $\boldsymbol{x}\in\mathbb{R}^n$,

$$\text{prox}_f(\boldsymbol{x})+\text{prox}_{f^*}(\boldsymbol{x})=\boldsymbol{x}.$$

证明 对 $\boldsymbol{x}\in\mathbb{R}^n$, 记 $\boldsymbol{y}=\text{prox}_f(\boldsymbol{x})$. 则由引理 2.5.1 中的 (2), $\boldsymbol{x}-\boldsymbol{y}\in\partial f(\boldsymbol{y})$. 利用定理 2.6.4 中的 (3), 它等价于 $\boldsymbol{y}\in\partial f^*(\boldsymbol{x}-\boldsymbol{y})$. 再由引理 2.5.1 的 (1), $\boldsymbol{x}-\boldsymbol{y}=\text{prox}_{f^*}(\boldsymbol{x})$. 所以,

$$\text{prox}_f(\boldsymbol{x})+\text{prox}_{f^*}(\boldsymbol{x})=\boldsymbol{y}+(\boldsymbol{x}-\boldsymbol{y})=\boldsymbol{x}.$$

证毕

2.7 矩阵的广义逆

对矩阵 $\boldsymbol{A}\in\mathbb{R}^{m\times n}$, 若存在矩阵 $\boldsymbol{G}\in\mathbb{R}^{n\times m}$ 满足

$$\boldsymbol{AGA}=\boldsymbol{A},\quad \boldsymbol{GAG}=\boldsymbol{G},\quad (\boldsymbol{AG})^{\mathrm{T}}=\boldsymbol{AG},\quad (\boldsymbol{GA})^{\mathrm{T}}=\boldsymbol{GA},$$

则称其为矩阵 $\boldsymbol{A}$ 的广义逆 (Moore, 1920; Penrose, 1955). 矩阵的广义逆又称伪逆, 记为 $\boldsymbol{A}^+$.

矩阵的广义逆是矩阵逆的推广. 如果 $\boldsymbol{A}$ 非奇异, 则 $\boldsymbol{A}^{-1}=\boldsymbol{A}^+$. 进一步, 若矩阵 $\boldsymbol{A}$ 行满秩, 则 $\boldsymbol{A}^+=\boldsymbol{A}^{\mathrm{T}}(\boldsymbol{AA}^{\mathrm{T}})^{-1}$; 若 $\boldsymbol{A}$ 列满秩, 则 $\boldsymbol{A}^+=(\boldsymbol{A}^{\mathrm{T}}\boldsymbol{A})^{-1}\boldsymbol{A}^{\mathrm{T}}$. 特别地, 若矩阵 $\boldsymbol{A}$ 行 (或列) 单位正交, 即 $\boldsymbol{AA}^{\mathrm{T}}=\boldsymbol{I}_m$(或 $\boldsymbol{A}^{\mathrm{T}}\boldsymbol{A}=\boldsymbol{I}_n$), 则 $\boldsymbol{A}^+=\boldsymbol{A}^{\mathrm{T}}$.

下面的结论给出了矩阵广义逆的存在性和唯一性.

定理 2.7.1 对任意矩阵 $\boldsymbol{A}\in\mathbb{R}^{m\times n}$, 广义逆 A^+ 存在且唯一.

证明 设 $m\times n$ 阶矩阵 $\boldsymbol{A}$ 的秩为 r, 则它有奇异值分解 $\boldsymbol{A}=\boldsymbol{U\Sigma V}^{\mathrm{T}}$, 其中, 矩阵 $\boldsymbol{U}\in\mathbb{R}^{m\times r}$ 和 $\boldsymbol{V}\in\mathbb{R}^{n\times r}$ 均列满秩, $\boldsymbol{\Sigma}=\text{diag}(\sigma_1,\sigma_2,\cdots,\sigma_r)$. 容易验证, $\boldsymbol{G}=\boldsymbol{V\Sigma}^{-1}\boldsymbol{U}^{\mathrm{T}}$ 为矩阵 $\boldsymbol{A}$ 的广义逆.

下证唯一性. 设 $\boldsymbol{G}_1,\boldsymbol{G}_2$ 为矩阵 $\boldsymbol{A}$ 的广义逆. 则由定义,

$$\begin{aligned}\boldsymbol{G}_1&=\boldsymbol{G}_1\boldsymbol{AG}_1=\boldsymbol{G}_1\boldsymbol{AG}_2\boldsymbol{AG}_1=\boldsymbol{G}_1(\boldsymbol{AG}_2)^{\mathrm{T}}(\boldsymbol{AG}_1)^{\mathrm{T}}\\&=\boldsymbol{G}_1(\boldsymbol{AG}_1\boldsymbol{AG}_2)^{\mathrm{T}}=\boldsymbol{G}_1(\boldsymbol{AG}_2)^{\mathrm{T}}=\boldsymbol{G}_1\boldsymbol{AG}_2\\&=\boldsymbol{G}_1\boldsymbol{AG}_2\boldsymbol{AG}_2=(\boldsymbol{G}_1\boldsymbol{AG})^{\mathrm{T}}(\boldsymbol{G}_2\boldsymbol{AG})^{\mathrm{T}}\boldsymbol{G}_2\\&=\boldsymbol{A}^{\mathrm{T}}\boldsymbol{G}_1^{\mathrm{T}}\boldsymbol{A}^{\mathrm{T}}\boldsymbol{G}_2^{\mathrm{T}}\boldsymbol{G}_2=\boldsymbol{A}^{\mathrm{T}}\boldsymbol{G}_2^{\mathrm{T}}\boldsymbol{G}_2=(\boldsymbol{G}_2\boldsymbol{A})^{\mathrm{T}}\boldsymbol{G}_2\\&=\boldsymbol{G}_2\boldsymbol{AG}_2=\boldsymbol{G}_2.\end{aligned}$$

唯一性得证. 证毕

容易证明, 矩阵的广义逆具有如下性质.

定理 2.7.2 矩阵 $\boldsymbol{A} \in \mathbb{R}^{m\times n}$ 的广义逆满足

(1) $(\boldsymbol{A}^{+})^{+} = \boldsymbol{A}$;

(2) $(\boldsymbol{A}^{\mathrm{T}})^{+} = (\boldsymbol{A}^{+})^{\mathrm{T}}$;

(3) $(\boldsymbol{A}\boldsymbol{A}^{\mathrm{T}})^{+} = (\boldsymbol{A}^{\mathrm{T}})^{+}\boldsymbol{A}^{+}; (\boldsymbol{A}^{\mathrm{T}}\boldsymbol{A})^{+} = \boldsymbol{A}^{+}(\boldsymbol{A}^{\mathrm{T}})^{+}$;

(4) $\boldsymbol{I} - \boldsymbol{A}^{+}\boldsymbol{A}, \boldsymbol{I} - \boldsymbol{A}\boldsymbol{A}^{+}$, $\boldsymbol{A}^{+}\boldsymbol{A}, \boldsymbol{A}\boldsymbol{A}^{+}$ 是对称幂等矩阵;

(5) $\boldsymbol{A}^{+} = (\boldsymbol{A}^{\mathrm{T}}\boldsymbol{A})^{+}\boldsymbol{A}^{\mathrm{T}} = \boldsymbol{A}^{\mathrm{T}}(\boldsymbol{A}\boldsymbol{A}^{\mathrm{T}})^{+}$;

(6) $\mathcal{R}(\boldsymbol{A}\boldsymbol{A}^{+}) = \mathcal{R}(\boldsymbol{A})$;

(7) $\mathcal{R}(\boldsymbol{A}^{+}\boldsymbol{A}) = \mathcal{R}(\boldsymbol{A}^{+}) = \mathcal{R}(\boldsymbol{A}^{\mathrm{T}})$;

(8) $\mathcal{N}(\boldsymbol{A}^{+}\boldsymbol{A}) = \mathcal{N}(\boldsymbol{A})$;

(9) $\mathcal{N}(\boldsymbol{A}\boldsymbol{A}^{+}) = \mathcal{N}(\boldsymbol{A}^{+}) = \mathcal{N}(\boldsymbol{A}^{\mathrm{T}})$;

(10) $\operatorname{rank}(\boldsymbol{A}) = \operatorname{rank}(\boldsymbol{A}^{+}) = \operatorname{rank}(\boldsymbol{A}^{+}\boldsymbol{A}) = \operatorname{rank}(\boldsymbol{A}\boldsymbol{A}^{+})$;

(11) $\operatorname{rank}(\boldsymbol{A}) = m - \operatorname{rank}(\boldsymbol{I}_m - \boldsymbol{A}\boldsymbol{A}^{+}) = n - \operatorname{rank}(\boldsymbol{I}_n - \boldsymbol{A}^{+}\boldsymbol{A})$.

利用矩阵的广义逆可建立线性方程组 $\boldsymbol{A}\boldsymbol{x} = \boldsymbol{b}$ 的通解和最小范数解.

定理 2.7.3 设 $\boldsymbol{A} \in \mathbb{R}^{m\times n}$, $\boldsymbol{b} \in \mathbb{R}^{m}$. 则线性方程组 $\boldsymbol{A}\boldsymbol{x} = \boldsymbol{b}$ 相容的充分必要条件是 $\boldsymbol{A}\boldsymbol{A}^{+}\boldsymbol{b} = \boldsymbol{b}$. 此时, 方程组的通解为 $\boldsymbol{A}^{+}\boldsymbol{b} + (\boldsymbol{I} - \boldsymbol{A}^{+}\boldsymbol{A})\boldsymbol{y}$, 其中, $\boldsymbol{y} \in \mathbb{R}^{n}$ 为自由变量, 而 $\boldsymbol{A}^{+}\boldsymbol{b}$ 是方程组 $\boldsymbol{A}\boldsymbol{x} = \boldsymbol{b}$ 的最小 2-范数解.

证明 设 $\boldsymbol{x}_0$ 为方程组 $\boldsymbol{A}\boldsymbol{x} = \boldsymbol{b}$ 的一个特解, 则 $\boldsymbol{A}\boldsymbol{x}_0 = \boldsymbol{b}$. 利用广义逆的定义知, $\boldsymbol{A}\boldsymbol{A}^{+}\boldsymbol{A}\boldsymbol{x}_0 = \boldsymbol{b}$. 所以 $\boldsymbol{A}\boldsymbol{A}^{+}\boldsymbol{b} = \boldsymbol{b}$. 反过来, 若 $\boldsymbol{A}\boldsymbol{A}^{+}\boldsymbol{b} = \boldsymbol{b}$, 显然 $\boldsymbol{A}\boldsymbol{x} = \boldsymbol{b}$ 相容. 命题的第一个结论得证.

下求线性方程组的通解.

首先, 容易验证, 对任意的 $\boldsymbol{y} \in \mathbb{R}^{m}$, $\boldsymbol{A}^{+}\boldsymbol{b} + (\boldsymbol{I} - \boldsymbol{A}^{+}\boldsymbol{A})\boldsymbol{y}$ 均为线性方程组的解. 其次, 对线性方程组 $\boldsymbol{A}\boldsymbol{x} = \boldsymbol{b}$ 的任一特解 $\boldsymbol{x}_0$, 都有

$$\begin{aligned}\boldsymbol{x}_0 &= \boldsymbol{A}^{+}\boldsymbol{b} + \boldsymbol{x}_0 - \boldsymbol{A}^{+}\boldsymbol{b}\\ &= \boldsymbol{A}^{+}\boldsymbol{b} + \boldsymbol{x}_0 - \boldsymbol{A}^{+}\boldsymbol{A}\boldsymbol{x}_0\\ &= \boldsymbol{A}^{+}\boldsymbol{b} + (\boldsymbol{I} - \boldsymbol{A}^{+}\boldsymbol{A})\boldsymbol{x}_0.\end{aligned}$$

故方程组的通解为 $\boldsymbol{A}^{+}\boldsymbol{b} + (\boldsymbol{I} - \boldsymbol{A}^{+}\boldsymbol{A})\boldsymbol{y}$, $\boldsymbol{y} \in \mathbb{R}^{n}$.

最后, 对任意的 $\boldsymbol{y} \in \mathbb{R}^{n}$, 利用广义逆的性质得

$$\begin{aligned}\|\boldsymbol{A}^{+}\boldsymbol{b} + (\boldsymbol{I} - \boldsymbol{A}^{+}\boldsymbol{A})\boldsymbol{y}\|^2 &= \|\boldsymbol{A}^{+}\boldsymbol{b}\|^2 + 2\boldsymbol{b}^{\mathrm{T}}(\boldsymbol{A}^{+})^{\mathrm{T}}(\boldsymbol{I} - \boldsymbol{A}^{+}\boldsymbol{A})\boldsymbol{y} + \|(\boldsymbol{I} - \boldsymbol{A}^{+}\boldsymbol{A})\boldsymbol{y}\|^2\\ &= \|\boldsymbol{A}^{+}\boldsymbol{b}\|^2 + \|(\boldsymbol{I} - \boldsymbol{A}^{+}\boldsymbol{A})\boldsymbol{y}\|^2 \geqslant \|\boldsymbol{A}^{+}\boldsymbol{b}\|^2.\end{aligned}$$

这说明, $\boldsymbol{A}^{+}\boldsymbol{b}$ 为线性方程组 $\boldsymbol{A}\boldsymbol{x} = \boldsymbol{b}$ 的最小 2-范数解. 命题结论得证. 证毕

逆矩阵的一些性质, 广义逆不具备. 如一般情况下, 不成立

$$(\boldsymbol{AB})^{+}=\boldsymbol{B}^{+}\boldsymbol{A}^{+},\quad (\boldsymbol{A}^{k})^{+}=(\boldsymbol{A}^{+})^{k},\quad \boldsymbol{AA}^{+}=\boldsymbol{A}^{+}\boldsymbol{A}=\boldsymbol{I}.$$

习　　题

1. (1) 设 $x,y\geqslant 0$, $\alpha\in(0,1)$. 证明 $x^{\alpha}y^{1-\alpha}\leqslant \alpha x+(1-\alpha)y$.

(2) 设 $x_i>0, i=1,2,\cdots,n$. 证明

$$\sum_{i=1}^{n}x_i\sum_{i=1}^{n}\frac{1}{x_i}\geqslant n^2,$$

且等号成立的充分必要条件是所有的 x_i 都相等.

2. 试用 Cauchy-Schwarz 不等式证明

$$\|\boldsymbol{x}\|_1\leqslant\sqrt{n}\|\boldsymbol{x}\|_2,\quad \forall\, \boldsymbol{x}\in\mathbb{R}^n.$$

3. 证明 $f:\mathbb{R}^n\to\mathbb{R}$ 为凸函数当且仅当其上图 $\mathrm{epi}f=\{(\boldsymbol{x},y)\mid \boldsymbol{x}\in\mathbb{R}^n, y\geqslant f(\boldsymbol{x})\}$ 为凸集.

4. 讨论由 $\boldsymbol{a}_1,\boldsymbol{a}_2,\cdots,\boldsymbol{a}_m\in\mathbb{R}^n$ 所生成的凸包、仿射包、子空间之间的关系.

5. 设 $\boldsymbol{A}\in\mathbb{R}^{m\times n}, \boldsymbol{b}\in\mathbb{R}^n$. 证明下述两线性系统恰好一个有解.

(1) $\boldsymbol{Ax}\geqslant\boldsymbol{0},\ \boldsymbol{b}^{\mathrm{T}}\boldsymbol{x}>0,\ \boldsymbol{x}\geqslant\boldsymbol{0}$;

(2) $\boldsymbol{A}^{\mathrm{T}}\boldsymbol{y}\geqslant\boldsymbol{b},\ \boldsymbol{y}\leqslant\boldsymbol{0}$.

6. 设 $\mathcal{S}$ 为 $\mathbb{R}^n$ 的闭凸集. 若存在 $\boldsymbol{x}_0\in\mathcal{S}$ 和 $\boldsymbol{d}\in\mathbb{R}^n$, 使对任意的 $\alpha\geqslant 0$, 均有 $\boldsymbol{x}_0+\alpha\boldsymbol{d}\in\mathcal{S}$, 则对任意的 $\boldsymbol{x}\in\mathcal{S}$ 和 $\beta\geqslant 0$, 均有 $\boldsymbol{x}+\beta\boldsymbol{d}\in\mathcal{S}$.

7. 设函数 $f,g:\mathbb{R}^n\to\mathbb{R}$ 为二次齐次函数. 则下述集合为凸集,

$$\mathcal{M}=\{(f(\boldsymbol{x}),g(\boldsymbol{x}))\mid \boldsymbol{x}\in\mathbb{R}^n\}.$$

8. (**S-引理**) 对二次函数 $f,g:\mathbb{R}^n\to\mathbb{R}$, 设存在 $\bar{\boldsymbol{x}}\in\mathbb{R}^n$ 使得 $g(\bar{\boldsymbol{x}})<0$. 试借助上题结论和凸集分离定理证明下述两结论等价.

(1) 不存在 $\boldsymbol{x}\in\mathbb{R}^n$ 同时满足 $f(\boldsymbol{x})<0,\ g(\boldsymbol{x})\leqslant 0$;

(2) 存在 $\mu\geqslant 0$, 使对任意的 $\boldsymbol{x}\in\mathbb{R}^n$, 均有 $f(\boldsymbol{x})+\mu g(\boldsymbol{x})\geqslant 0$ 成立.

9. 计算点 $\boldsymbol{x}\in\mathbb{R}^n$ 到闭凸集 $S\subset\mathbb{R}^n$ 的距离函数

$$d_S(x)=\min_{\boldsymbol{y}\in S}\|\boldsymbol{y}-\boldsymbol{x}\|$$

的次梯度.

10. 计算闭凸集 $S\subset\mathbb{R}^n$ 的示函数 $\delta_S(\boldsymbol{x})$ 的次梯度, 其中

$$\delta_S(\boldsymbol{x})=\begin{cases}0, & 若\ \boldsymbol{x}\in S,\\ \infty, & 若\ \boldsymbol{x}\notin S.\end{cases}$$

第 3 章　无约束优化最优性条件

最优性条件是最优解的特征刻画. 它常用于算法的终止准则, 同时也是最优化问题理论分析的重要工具. 本章主要介绍无约束优化问题的最优性条件.

考虑无约束优化问题

$$\min_{\boldsymbol{x}\in\mathbb{R}^n} \quad f(\boldsymbol{x}), \tag{3.1.1}$$

其中, $f:\mathbb{R}^n\to\mathbb{R}$ 连续可微.

根据定义, 要验证一个点是否为无约束优化问题的最优值点, 要将该点的函数值和附近所有点的函数值逐一比较, 其工作量不言而喻. 但如果利用目标函数的解析性质, 就得到一个简易的判断方法, 这就是无约束优化问题的最优性条件.

定理 3.1.1(一阶必要条件)　若 $\boldsymbol{x}^*$ 是优化问题 (3.1.1) 的最优解, 则 $\nabla f(\boldsymbol{x}^*) = \boldsymbol{0}$.

证明　用反证法. 若 $\nabla f(\boldsymbol{x}^*)\neq\boldsymbol{0}$, 取 $\boldsymbol{d}=-\nabla f(\boldsymbol{x}^*)$. 则对充分小的 $\alpha>0$, 由 Taylor 展式得

$$\begin{aligned} f(\boldsymbol{x}^*+\alpha\boldsymbol{d}) &= f(\boldsymbol{x}^*)+\alpha\nabla f(\boldsymbol{x}^*)^{\mathrm{T}}\boldsymbol{d}+o(\alpha)\\ &= f(\boldsymbol{x}^*)-\alpha\|\nabla f(\boldsymbol{x}^*)\|^2+o(\alpha)\\ &< f(\boldsymbol{x}^*). \end{aligned}$$

这与 $\boldsymbol{x}^*$ 是优化问题的最优值点矛盾. 命题结论得证.　　证毕

目标函数梯度为零的点称为无约束优化问题的稳定点. 稳定点可能是目标函数的最大值点也可能是最小值点, 甚至二者都不是. 最后一种情况对应的点称为函数的鞍点, 即从该点出发的一个方向上是函数的最大值点, 而在另一个方向上是最小值点, 如函数 $f(x)=x^3$ 的稳定点, 见图 3.1.1.

定理 3.1.1 表明, 对无约束优化问题, 目标函数在最优值点的任意方向上的导数都为零, 即目标函数在最优值点的切平面是水平的. 不过, 无约束优化问题的最大值点和鞍点也满足上述最优性条件. 因此, 要确认一个稳定点是否为最优值点, 需考虑该点的二阶最优性条件.

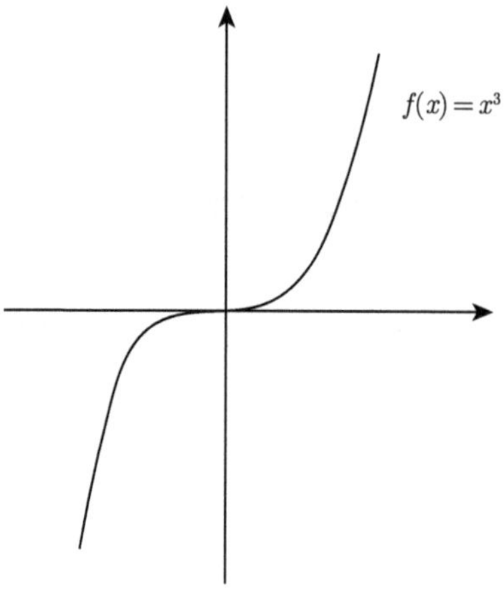

图 3.1.1

定理 3.1.2(二阶必要条件)　设 $\boldsymbol{x}^* \in \mathbb{R}^n$ 是优化问题 (3.1.1) 的最优解, 且 $f(\boldsymbol{x})$ 在该点附近二阶连续可微. 则 $\nabla f(\boldsymbol{x}^*) = \boldsymbol{0}$, $\nabla^2 f(\boldsymbol{x}^*)$ 半正定.

证明　由定理 3.1.1 知 $\nabla f(\boldsymbol{x}^*) = \boldsymbol{0}$. 若 $\nabla^2 f(\boldsymbol{x}^*)$ 非半正定, 则存在单位向量 $\boldsymbol{d} \in \mathbb{R}^n$, 使 $\boldsymbol{d}^{\mathrm{T}}\nabla^2 f(\boldsymbol{x}^*)\boldsymbol{d} < 0$. 对 $\alpha > 0$ 充分小, 利用 Taylor 展式,

$$\begin{aligned} f(\boldsymbol{x}^* + \alpha\boldsymbol{d}) &= f(\boldsymbol{x}^*) + \alpha\nabla f(\boldsymbol{x}^*)^{\mathrm{T}}\boldsymbol{d} \\ &\quad + \frac{1}{2}\alpha^2\boldsymbol{d}^{\mathrm{T}}\nabla^2 f(\boldsymbol{x}^*)\boldsymbol{d} + o(\alpha^2) \\ &< f(\boldsymbol{x}^*). \end{aligned}$$

这与 $\boldsymbol{x}^*$ 是函数 $f(\boldsymbol{x})$ 的最小值点矛盾. 结论得证.　证毕

上述结论给出的最优性条件不是充分的. 如函数 $f(x) = x^3$ 在零点同时满足一阶和二阶最优性必要条件, 但它并不是该函数的最优值点.

定理 3.1.3(二阶充分条件)　设 $\boldsymbol{x}^* \in \mathbb{R}^n$ 满足 $\nabla f(\boldsymbol{x}^*) = \boldsymbol{0}$ 且 $\nabla^2 f(\boldsymbol{x}^*)$ 正定, 则 $\boldsymbol{x}^*$ 是优化问题 (3.1.1) 的严格最优解.

证明　对任意充分靠近 $\boldsymbol{x}^*$ 的 $\boldsymbol{x} \in \mathbb{R}^n$, 存在单位向量 $\boldsymbol{d} \in \mathbb{R}^n$ 及充分小的 $\alpha > 0$ 使 $\boldsymbol{x} = \boldsymbol{x}^* + \alpha\boldsymbol{d}$. 由 Taylor 展式及 $\nabla^2 f(\boldsymbol{x}^*)$ 的正定性得

$$\begin{aligned} f(\boldsymbol{x}) &= f(\boldsymbol{x}^*) + \frac{1}{2}\alpha^2\boldsymbol{d}^{\mathrm{T}}\nabla^2 f(\boldsymbol{x}^*)\boldsymbol{d} + o(\alpha^2) \\ &> f(\boldsymbol{x}^*). \end{aligned}$$

从而, $\boldsymbol{x}^*$ 是 (3.1.1) 的严格最优解.　证毕

上述结论给出的二阶充分性条件也不是必要的. 如零点是函数 $f(x) = x^4$ 的严格最优解, 但上述二阶充分性条件在该点并不成立. 由此推断, 无约束优化问题不存在充分必要的最优性条件. 但对于凸函数, 稳定点和最优值点等价.

定理 3.1.4　对无约束优化问题 (3.1.1), 设函数 f 为连续可微的凸函数. 则 $\boldsymbol{x}^*$ 为全局最优解的充分必要条件是 $\nabla f(\boldsymbol{x}^*) = \boldsymbol{0}$.

证明　若 $\boldsymbol{x}^*$ 是优化问题 (3.1.1) 的全局最优解, 显然有 $\nabla f(\boldsymbol{x}^*) = \boldsymbol{0}$. 反过来, 若 $\boldsymbol{x}^*$ 是稳定点, 利用凸函数的性质, 对任意的 $\boldsymbol{x} \in \mathbb{R}^n$,

$$f(\boldsymbol{x}) - f(\boldsymbol{x}^*) \geqslant \langle \nabla f(\boldsymbol{x}^*), \boldsymbol{x} - \boldsymbol{x}^* \rangle = 0.$$

故 $\boldsymbol{x}^*$ 是 (3.1.1) 的全局最优解. 证毕

上述结论表明, 凸优化问题 (3.1.1) 的任一稳定点都是全局最优值点.

习　题

1. 设 $\boldsymbol{b} \in \mathbb{R}^n$, 矩阵 $\boldsymbol{Q} \in \mathbb{R}^{n\times n}$ 对称正定. 试求下述优化问题的最优解和最优值

$$\max\{\boldsymbol{b}^{\mathrm{T}}\boldsymbol{x} \mid \boldsymbol{x}^{\mathrm{T}}\boldsymbol{Q}\boldsymbol{x} \leqslant 1\}.$$

并利用该结果证明

$$(\boldsymbol{x}^{\mathrm{T}}\boldsymbol{y})^2 \leqslant (\boldsymbol{x}^{\mathrm{T}}\boldsymbol{Q}\boldsymbol{x})(\boldsymbol{y}^{\mathrm{T}}\boldsymbol{Q}^{-1}\boldsymbol{y}), \quad \forall \boldsymbol{x}, \boldsymbol{y} \in \mathbb{R}^n.$$

2. 试在 $\mathbb{R}^3$ 中确定一通过点 $(3;4;5)$ 的平面, 使其与非负象限中的三个坐标面构成的四面体的体积最小.

3. 设 $\boldsymbol{A} \in \mathbb{R}^{m\times n}$, $\boldsymbol{b} \in \mathbb{R}^m$. 试给出无约束优化问题

$$\min_{\boldsymbol{x}\in\mathbb{R}^n} \|\boldsymbol{A}\boldsymbol{x} - \boldsymbol{b}\|^2$$

的一阶最优性条件, 并验证该条件是否是充分条件. 它的最优解唯一吗?

4. 设 $\boldsymbol{a}_1, \boldsymbol{a}_2, \cdots, \boldsymbol{a}_m \in \mathbb{R}^n$. 求下述问题的最优解

$$\min_{\boldsymbol{x}\in\mathbb{R}^n} \sum_{i=1}^m \|\boldsymbol{a}_i - \boldsymbol{x}\|^2.$$

5. 设 $\boldsymbol{a} \in \mathbb{R}^n, \lambda > 0$. 试利用目标函数的可分离性质给出如下优化问题的最优解

(1) $\min\limits_{\boldsymbol{x}\in\mathbb{R}^n} \dfrac{1}{2}\|\boldsymbol{x} - \boldsymbol{a}\|^2 + \lambda\|\boldsymbol{x}\|_1$;

(2) $\min\limits_{\boldsymbol{x}\in\mathbb{R}^n} \lambda\|\boldsymbol{x}\|_1 - \boldsymbol{a}^{\mathrm{T}}\boldsymbol{x}$.

第 4 章　线搜索方法与信赖域方法

线搜索方法是无约束优化问题的一种基本方法. 它形同“盲人爬山”, 每一迭代步沿下降方向寻求更好的迭代点. 它具有简单、易行等特点. 本章主要介绍线搜索方法的几种常见步长规则及收敛性质.

4.1　精确线搜索方法

对无约束优化问题

$$\min_{\boldsymbol{x}\in\mathbb{R}^n} \quad f(\boldsymbol{x}), \tag{4.1.1}$$

其中, $f:\mathbb{R}^n\to\mathbb{R}$ 连续可微, 记

$$\boldsymbol{g}_k=\nabla f(\boldsymbol{x}_k),\quad \boldsymbol{g}(\boldsymbol{x})=\nabla f(\boldsymbol{x}),\quad \boldsymbol{G}_k=\nabla^2 f(\boldsymbol{x}_k),\quad \boldsymbol{G}(\boldsymbol{x})=\nabla^2 f(\boldsymbol{x}).$$

为寻求上述优化问题的最优解, 一个自然的想法是在当前点 $\boldsymbol{x}_k$ 点沿下降方向 $\boldsymbol{d}_k$ 寻求一个新点使目标函数有最大程度的下降, 也就是求步长 α_k 使满足

$$\alpha_k=\arg\min_{\alpha\geqslant 0} f(\boldsymbol{x}_k+\alpha\boldsymbol{d}_k).$$

这样的 α_k 称为精确步长, 又称最优步长. 根据最优性条件, 该步长满足如下正交性条件:

$$\boldsymbol{d}_k^{\mathrm{T}}\nabla f(\boldsymbol{x}_k+\alpha_k\boldsymbol{d}_k)=0.$$

该步长规则称为最优步长规则. 该步长规则下的算法模型如下

算法 4.1.1

步 1. 取初始点 $\boldsymbol{x}_0\in\mathbb{R}^n$ 和参数 $\varepsilon\geqslant 0$. 令 $k=0$.

步 2. 若 $\|\boldsymbol{g}_k\|\leqslant\varepsilon$, 算法终止; 否则, 进入下一步.

步 3. 计算下降方向 $\boldsymbol{d}_k$, 使 $\boldsymbol{d}_k^{\mathrm{T}}\boldsymbol{g}_k<0$.

步 4. 计算步长 $\alpha_k=\arg\min\{f(\boldsymbol{x}_k+\alpha\boldsymbol{d}_k)\mid\alpha\geqslant 0\}$.

步 5. 令 $\boldsymbol{x}_{k+1}=\boldsymbol{x}_k+\alpha_k\boldsymbol{d}_k$, $k=k+1$, 转步 2.

尽管最优步长的计算是一单元函数的极值问题, 其全局最优解却很难求. 通常只能求得局部最优步长, 而且还是近似的. 常用的求解方法有黄金分割法、多项式插值法等.

对终止规则, 若取 $\varepsilon=0$, 则算法会产生无穷迭代点列. 因此, 在数值计算时应当避免. 但在算法的收敛性分析中, 却是允许和必要的, 因为算法的理论分析需要问题的精确解. 为此, 在以下的讨论中, 取 $\varepsilon=0$.

定理 4.1.1 设目标函数 $f:\mathbb{R}^n\to\mathbb{R}$ 二阶连续可微有下界, $\boldsymbol{d}_k$ 与 $-\boldsymbol{g}_k$ 的夹角满足 $\theta_k\leqslant\pi/2-\theta$, 其中, $0<\theta\leqslant\pi/2$. 若算法 4.1.1 产生的迭代点满足

$$\|\nabla^2 f(\boldsymbol{x}_k+\alpha\boldsymbol{d}_k)\|\leqslant M,\quad \forall\,\alpha>0,$$

其中, $M>0$ 为常数, 则 $\lim\limits_{k\to\infty}\boldsymbol{g}_k=\boldsymbol{0}$, 即算法产生迭代点列的任一聚点为优化问题 (4.1.1) 的稳定点.

证明 由题设,

$$\begin{aligned}-\boldsymbol{d}_k^{\mathrm{T}}\boldsymbol{g}_k &= \|\boldsymbol{d}_k\|\|\boldsymbol{g}_k\|\cos\theta_k\\ &\geqslant \|\boldsymbol{d}_k\|\|\boldsymbol{g}_k\|\cos\left(\frac{\pi}{2}-\theta\right)\\ &= \|\boldsymbol{d}_k\|\|\boldsymbol{g}_k\|\sin\theta.\end{aligned}\tag{4.1.2}$$

则对任意的 $\alpha>0$ 和 $k\geqslant 0$, 利用假设条件, 存在 $\boldsymbol{\xi}_k\in(\boldsymbol{x}_k,\boldsymbol{x}_k+\alpha\boldsymbol{d}_k)$ 使得

$$\begin{aligned}f(\boldsymbol{x}_k+\alpha\boldsymbol{d}_k)-f(\boldsymbol{x}_k) &=\alpha\boldsymbol{d}_k^{\mathrm{T}}\boldsymbol{g}_k+\frac{1}{2}\alpha^2\boldsymbol{d}_k^{\mathrm{T}}\boldsymbol{G}(\boldsymbol{\xi}_k)\boldsymbol{d}_k\\ &\leqslant \alpha\boldsymbol{d}_k^{\mathrm{T}}\boldsymbol{g}_k+\frac{1}{2}\alpha^2 M\|\boldsymbol{d}_k\|^2\\ &=\frac{1}{2}M\|\boldsymbol{d}_k\|^2\left(\alpha+\frac{\boldsymbol{d}_k^{\mathrm{T}}\boldsymbol{g}_k}{M\|\boldsymbol{d}_k\|^2}\right)^2-\frac{1}{2}\frac{(\boldsymbol{d}_k^{\mathrm{T}}\boldsymbol{g}_k)^2}{M\|\boldsymbol{d}_k\|^2}\\ &=\frac{1}{2}M\|\boldsymbol{d}_k\|^2\left(\alpha+\frac{\boldsymbol{d}_k^{\mathrm{T}}\boldsymbol{g}_k}{M\|\boldsymbol{d}_k\|^2}\right)^2-\frac{1}{2M}\|\boldsymbol{g}_k\|^2\sin^2\theta.\end{aligned}$$

显然, 当 $\alpha=\hat{\alpha}_k\triangleq-\dfrac{\boldsymbol{d}_k^{\mathrm{T}}\boldsymbol{g}_k}{M\|\boldsymbol{d}_k\|^2}$ 时, 最后一式取最小值. 利用步长规则得

$$\begin{aligned}f(\boldsymbol{x}_k+\alpha_{k+1}\boldsymbol{d}_k)-f(\boldsymbol{x}_k) &\leqslant f(\boldsymbol{x}_k+\hat{\alpha}_k\boldsymbol{d}_k)-f(\boldsymbol{x}_k)\\ &\leqslant -\frac{1}{2M}\|\boldsymbol{g}_k\|^2\sin^2\theta.\end{aligned}$$

由于数列 $\{f(\boldsymbol{x}_k)\}$ 单调下降有下界, 故它有极限. 将上式两边对 k 求和得

$$\sum_{k=1}^{\infty}\|\boldsymbol{g}_k\|^2\sin^2\theta<\infty.$$

从而

$$\lim_{k\to\infty} \boldsymbol{g}_k = \boldsymbol{0}.$$

证毕

由 (4.1.2) 式, $\boldsymbol{d}_k$ 与 $-\boldsymbol{g}_k$ 的夹角满足 $\theta_k \leqslant \pi/2-\theta$ 可以保证搜索方向 $\boldsymbol{d}_k$ 的严格下降性.

上述证明过程给出了目标函数在每一迭代步的下降量估计. 进一步, 若目标函数 $f(\boldsymbol{x})$ 为一致凸函数, 即满足 (2.1.1), 则目标函数在每一步的下降量满足:

$$\begin{aligned} f(\boldsymbol{x}_k)-f(\boldsymbol{x}_k+\alpha_k\boldsymbol{d}_k) &= -\int_0^{\alpha_k} \boldsymbol{d}_k^{\mathrm{T}}\nabla f(\boldsymbol{x}_k+\tau\boldsymbol{d}_k)\mathrm{d}\tau \\ &= \int_0^{\alpha_k} \boldsymbol{d}_k^{\mathrm{T}}\Big(\nabla f(\boldsymbol{x}_k+\alpha_k\boldsymbol{d}_k)-\nabla f(\boldsymbol{x}_k+\tau\boldsymbol{d}_k)\Big)\mathrm{d}\tau \\ &\geqslant \int_0^{\alpha_k} \rho\|\boldsymbol{d}_k\|^2(\alpha_k-\tau)\mathrm{d}\tau = \frac{1}{2}\rho\|\alpha_k\boldsymbol{d}_k\|^2. \end{aligned}$$

对算法 4.1.1, 若目标函数的梯度函数一致连续, 则有如下结论.

定理 4.1.2 设目标函数 f 在 $\mathbb{R}^n$ 上连续可微有下界, 梯度函数 ∇f 在包含水平集 $\mathcal{L}(\boldsymbol{x}_0)$ 的某邻域内一致连续. 对算法 4.1.1, 设搜索方向 $\boldsymbol{d}_k$ 与 $-\boldsymbol{g}_k$ 的夹角 θ_k 满足 $\theta_k \leqslant \pi/2-\theta$, 其中, $0<\theta\leqslant\pi/2$. 若算法不有限步终止, 则 $\lim\limits_{k\to\infty}\boldsymbol{g}_k=\boldsymbol{0}$.

证明 反设命题结论不成立, 则存在 $\varepsilon_0>0$ 及自然数列 $\mathcal{N}$ 的一无穷子列 $\mathcal{N}_1$, 使对任意的 $k\in\mathcal{N}_1$, 有 $\|\boldsymbol{g}_k\|>\varepsilon_0$. 从而, 由 (4.1.2) 得

$$\frac{-\boldsymbol{d}_k^{\mathrm{T}}\boldsymbol{g}_k}{\|\boldsymbol{d}_k\|} \geqslant \|\boldsymbol{g}_k\|\sin\theta \geqslant \varepsilon_0\sin\theta, \quad \forall\, k\in\mathcal{N}_1. \tag{4.1.3}$$

对任意的 $\alpha>0$ 和 $k\in\mathcal{N}_1$, 由微分中值定理, 存在 $\boldsymbol{\xi}_k\in(\boldsymbol{x}_k,\boldsymbol{x}_k+\alpha\boldsymbol{d}_k)$, 使得

$$\begin{aligned} f(\boldsymbol{x}_k+\alpha\boldsymbol{d}_k)-f(\boldsymbol{x}_k) &= \alpha\boldsymbol{d}_k^{\mathrm{T}}\nabla f(\boldsymbol{\xi}_k) \\ &= \alpha\boldsymbol{d}_k^{\mathrm{T}}\boldsymbol{g}_k+\alpha\boldsymbol{d}_k^{\mathrm{T}}(\nabla f(\boldsymbol{\xi}_k)-\boldsymbol{g}_k) \\ &\leqslant \alpha\boldsymbol{d}_k^{\mathrm{T}}\boldsymbol{g}_k+\alpha\|\boldsymbol{d}_k\|\|\nabla f(\boldsymbol{\xi}_k)-\boldsymbol{g}_k\| \\ &= \alpha\|\boldsymbol{d}_k\|\Big(\frac{\boldsymbol{d}_k^{\mathrm{T}}\boldsymbol{g}_k}{\|\boldsymbol{d}_k\|}+\|\nabla f(\boldsymbol{\xi}_k)-\boldsymbol{g}_k\|\Big). \end{aligned} \tag{4.1.4}$$

不妨设 $\nabla f(\boldsymbol{x})$ 在包含水平集 $\mathcal{L}(\boldsymbol{x}_0)$ 的 $\hat{\delta}$ 邻域上一致连续. 则对任意的 $\varepsilon>0$, 存在 $0<\delta(\varepsilon)\leqslant\hat{\delta}$, 使当 $0<\alpha\|\boldsymbol{d}_k\|\leqslant\delta(\varepsilon)$ 时,

$$\|\nabla f(\boldsymbol{\xi}_k)-\boldsymbol{g}_k\|\leqslant\varepsilon. \tag{4.1.5}$$

令 $\varepsilon = \frac{1}{2}\varepsilon_0 \sin\theta$. 则对任意的 $k \in \mathcal{N}_1$ 和 $\alpha = \frac{\delta(\varepsilon)}{\|\boldsymbol{d}_k\|}$, 由 (4.1.3)–(4.1.5) 及步长规则得

$$\begin{aligned}
f_{k+1} - f(\boldsymbol{x}_k) &\leqslant f(\boldsymbol{x}_k + \alpha \boldsymbol{d}_k) - f(\boldsymbol{x}_k) \\
&\leqslant \alpha \|\boldsymbol{d}_k\| \big(- \varepsilon_0 \sin\theta + \frac{1}{2}\varepsilon_0 \sin\theta \big) \\
&= -\frac{1}{2}\delta(\varepsilon)\varepsilon_0 \sin\theta.
\end{aligned}$$

从而,

$$\begin{aligned}
\lim_{k\to\infty} f(\boldsymbol{x}_k) &= \sum_{k=0}^{\infty}(f_{k+1} - f(\boldsymbol{x}_k)) + f_0 \\
&\leqslant \sum_{k\in\mathcal{N}_1} (f_{k+1} - f(\boldsymbol{x}_k)) + f_0 \\
&\leqslant \sum_{k\in\mathcal{N}_1} \big(-\frac{1}{2}\delta(\varepsilon)\varepsilon_0 \sin\theta \big) + f_0 \\
&= -\infty.
\end{aligned}$$

这与目标函数 f 在 $\mathbb{R}^n$ 上有下界矛盾. 结论得证. 证毕

上述结论是在目标函数的梯度或搜索方向满足一定条件的假设下建立的. 若无此假设, 则有如下结论.

定理 4.1.3 设目标函数 f 在 $\mathbb{R}^n$ 上连续可微, 算法 4.1.1 产生无穷迭代点列 $\{\boldsymbol{x}_k\}$. 若存在收敛子列 $\{\boldsymbol{x}_k\}_{k\in\mathcal{N}_0}$, 设极限为 $\boldsymbol{x}^*$, 使得 $\lim\limits_{\substack{k\in\mathcal{N}_0\\ k\to\infty}} \boldsymbol{d}_k = \boldsymbol{d}^*$, 则 $\boldsymbol{g}(\boldsymbol{x}^*)^{\mathrm{T}}\boldsymbol{d}^* = 0$. 进一步, 若目标函数 $f(\boldsymbol{x})$ 二阶连续可微, 则 $(\boldsymbol{d}^*)^{\mathrm{T}}\nabla^2 f(\boldsymbol{x}^*)\boldsymbol{d}^* \geqslant 0$.

证明 只考虑 $\boldsymbol{d}^* \neq \boldsymbol{0}$ 的情况.

对第一个结论, 若不成立, 则存在 $\varepsilon_0 > 0$ 使 $\nabla f(\boldsymbol{x}^*)^{\mathrm{T}}\boldsymbol{d}^* < -\varepsilon_0 < 0$. 由于函数 $f(\boldsymbol{x})$ 连续可微, 故存在 $\boldsymbol{x}^*$ 点的邻域 $N(\boldsymbol{x}^*, \delta)$ 及 $\boldsymbol{d}^*$ 的邻域 $N(\boldsymbol{d}^*, \delta)$, 使对任意的 $\boldsymbol{x} \in N(\boldsymbol{x}^*, \delta)$ 及 $\boldsymbol{d} \in N(\boldsymbol{d}^*, \delta)$ 有

$$\nabla f(\boldsymbol{x})^{\mathrm{T}}\boldsymbol{d} \leqslant -\frac{\varepsilon_0}{2} < 0. \tag{4.1.6}$$

由 $\lim\limits_{\substack{k\in\mathcal{N}_0\\ k\to\infty}} \boldsymbol{x}_k = \boldsymbol{x}^*$ 知, 对充分大的 $k \in \mathcal{N}_0$, $\boldsymbol{x}_k \in N(\boldsymbol{x}^*, \delta/2)$. 而由 $\lim\limits_{\substack{k\in\mathcal{N}_0\\ k\to\infty}} \boldsymbol{d}_k = \boldsymbol{d}^*$ 知, 存在 $M > 0$, 使对充分大的 $k \in \mathcal{N}_0$, 成立 $\boldsymbol{d}_k \in N(\boldsymbol{d}^*, \delta)$ 和 $\|\boldsymbol{d}_k\| < M$.

取 $\bar{\alpha}_k = \dfrac{\delta}{2M}$, 则存在 k_0, 当 $k \in \mathcal{N}_0, k \geqslant k_0$ 时, $\boldsymbol{x}_k + \bar{\alpha}_k \boldsymbol{d}_k \in N(\boldsymbol{x}^*, \delta)$. 从而由 (4.1.6) 知, 对任意的 $k \in \mathcal{N}_0, k \geqslant k_0$, 存在 $\theta_k \in (0,1)$ 使得

$$\begin{aligned} f(\boldsymbol{x}_{k+1}) - f(\boldsymbol{x}_k) &\leqslant f(\boldsymbol{x}_k + \bar{\alpha}_k \boldsymbol{d}_k) - f(\boldsymbol{x}_k) \\ &= \bar{\alpha}_k \boldsymbol{d}_k^{\mathrm{T}} \nabla f(\boldsymbol{x}_k + \theta_k \bar{\alpha}_k \boldsymbol{d}_k) \\ &\leqslant \bar{\alpha}_k \left(-\frac{\varepsilon_0}{2}\right). \end{aligned}$$

由于数列 $\{f(\boldsymbol{x}_k)\}$ 单调不增, 将上式关于 k 求和得

$$\begin{aligned} \sum_{k=0}^{\infty} (f(\boldsymbol{x}_{k+1}) - f(\boldsymbol{x}_k)) &\leqslant \sum_{k \in \mathcal{N}_0} (f(\boldsymbol{x}_{k+1}) - f(\boldsymbol{x}_k)) \\ &\leqslant \sum_{k=0}^{\infty} \bar{\alpha}_k \left(-\frac{\varepsilon_0}{2}\right) \\ &= \sum_{k=0}^{\infty} \frac{\delta}{2M} \left(-\frac{\varepsilon_0}{2}\right) = -\infty. \end{aligned}$$

由于数列 $\{f(\boldsymbol{x}_k)\}$ 单调下降有极限 $f(\boldsymbol{x}^*)$, 从而由上式得

$$\begin{aligned} f(\boldsymbol{x}^*) - f(\boldsymbol{x}_0) &= \lim_{k \to \infty} f(\boldsymbol{x}_k) - f(\boldsymbol{x}_0) \\ &= \sum_{k=0}^{\infty} \Big(f(\boldsymbol{x}_{k+1}) - f(\boldsymbol{x}_k) \Big) \leqslant -\infty. \end{aligned}$$

这与 $f(\boldsymbol{x}^*) > -\infty$ 矛盾. 第一个结论得证.

对第二个结论, 用反证法证明. 反设存在 $\varepsilon_0 > 0$ 使

$$(\boldsymbol{d}^*)^{\mathrm{T}} \nabla^2 f(\boldsymbol{x}^*) \boldsymbol{d}^* < -\varepsilon_0 < 0.$$

则存在邻域 $N(\boldsymbol{x}^*, \delta)$ 和 $N(\boldsymbol{d}^*, \delta)$, 使

$$\boldsymbol{d}^{\mathrm{T}} \nabla^2 f(\boldsymbol{x}) \boldsymbol{d} < -\varepsilon_0/2, \quad \forall\, \boldsymbol{x} \in N(\boldsymbol{x}^*, \delta), \boldsymbol{d} \in N(\boldsymbol{d}^*, \delta).$$

取 $\bar{\alpha} = \dfrac{\delta}{2M}$. 则对充分大的 $k \in \mathcal{N}_0$, 有 $\boldsymbol{d}_k \in N(\boldsymbol{d}^*, \delta)$ 且 $\boldsymbol{x}_k + \bar{\alpha} \boldsymbol{d}_k \in N(\boldsymbol{x}^*, \delta)$. 从而对充分大的 $k \in \mathcal{N}_0$, 存在 $\boldsymbol{\zeta}_k \in (\boldsymbol{x}_k, \boldsymbol{x}_k + \bar{\alpha} \boldsymbol{d}_k)$ 使得

$$
\begin{aligned}
f(\boldsymbol{x}_{k+1})-f(\boldsymbol{x}_k) &\leqslant f(\boldsymbol{x}_k+\bar{\alpha}\boldsymbol{d}_k)-f(\boldsymbol{x}_k)\\
&=\bar{\alpha}\boldsymbol{d}_k^{\mathrm{T}}\boldsymbol{g}_k+\frac{1}{2}\bar{\alpha}^2\boldsymbol{d}_k^{\mathrm{T}}\boldsymbol{G}(\boldsymbol{\zeta}_k)\boldsymbol{d}_k\\
&\leqslant \frac{1}{2}\bar{\alpha}^2\boldsymbol{d}_k^{\mathrm{T}}\boldsymbol{G}(\boldsymbol{\zeta}_k)\boldsymbol{d}_k\\
&\leqslant \frac{\bar{\alpha}^2}{2}\left(-\frac{\varepsilon_0}{2}\right).
\end{aligned}
$$

与第一个结论最后的证明类似的讨论得矛盾, 证得第二个结论. 证毕

为讨论算法 4.1.1 的收敛速度, 我们给出如下引理.

引理 4.1.1 设函数 $\varphi(\alpha)$ 在 $[0,b]$ 上二阶连续可微, $\varphi'(0)<0$, α^* 为函数 $\varphi(\alpha)$ 在 $(0,b)$ 上的最小值点. 若存在 $M>0$ 使对任意的 $\alpha\in[0,b]$, 都有 $\varphi''(\alpha)\leqslant M$, 则 $\alpha^*\geqslant\dfrac{-\varphi'(0)}{M}$.

证明 由题设, 存在 $\xi\in(0,\alpha^*)$ 使

$$
\begin{aligned}
\varphi'(0)&=\varphi'(\alpha^*)+(0-\alpha^*)\varphi''(\xi)\\
&=-\alpha^*\varphi''(\xi),
\end{aligned}
$$

即 $\alpha^*\varphi''(\xi)=-\varphi'(0)$. 由 $\varphi''(\xi)\leqslant M$ 得, $\alpha^*\geqslant\dfrac{-\varphi'(0)}{M}$. 证毕

该结论给出了最优步长的一个下界.

为讨论需要, 下面给出连续可微的数值函数和向量值函数的中值定理. 众所周知, 对连续可微函数 $f:\mathbb{R}^n\to\mathbb{R}$ 和任意的 $\boldsymbol{x},\boldsymbol{y}\in\mathbb{R}^n$, 存在 $\boldsymbol{\xi}\in(\boldsymbol{x},\boldsymbol{y})$ 使

$$
f(\boldsymbol{y})-f(\boldsymbol{x})=(\boldsymbol{y}-\boldsymbol{x})^{\mathrm{T}}\nabla f(\boldsymbol{\xi}).
$$

它可写成

$$
f(\boldsymbol{y})-f(\boldsymbol{x})=\int_0^1(\boldsymbol{y}-\boldsymbol{x})^{\mathrm{T}}\nabla f(\boldsymbol{x}+\tau(\boldsymbol{y}-\boldsymbol{x}))\mathrm{d}\tau.
$$

对连续可微的向量值函数 $\boldsymbol{F}:\mathbb{R}^n\to\mathbb{R}^m$, 与之对应的结论是

$$
\boldsymbol{F}(\boldsymbol{y})-\boldsymbol{F}(\boldsymbol{x})=\int_0^1 D\boldsymbol{F}(\boldsymbol{x}+\tau(\boldsymbol{y}-\boldsymbol{x}))(\boldsymbol{y}-\boldsymbol{x})\mathrm{d}\tau. \tag{4.1.7}
$$

下面的结论给出了一致凸函数的函数值和梯度在最小值点附近的变化情况.

引理 4.1.2 设 $\boldsymbol{x}^*\in\mathbb{R}^n$ 为函数 $f(\boldsymbol{x})$ 的最小值点. 若存在 $\delta>0$ 和 $M>m>0$, 使 $f(\boldsymbol{x})$ 在邻域 $N(\boldsymbol{x}^*,\delta)$ 内二阶连续可微, 且

$$
m\|\boldsymbol{y}\|^2\leqslant\boldsymbol{y}^{\mathrm{T}}\nabla^2 f(\boldsymbol{x})\boldsymbol{y}\leqslant M\|\boldsymbol{y}\|^2,\quad \forall\,\boldsymbol{x}\in N(\boldsymbol{x}^*,\delta),\ \boldsymbol{y}\in\mathbb{R}^n, \tag{4.1.8}
$$

则对任意的 $\boldsymbol{x} \in N(\boldsymbol{x}^*, \delta)$, 成立

(1) $\dfrac{1}{2}m\|\boldsymbol{x}-\boldsymbol{x}^*\|^2 \leqslant f(\boldsymbol{x})-f(\boldsymbol{x}^*) \leqslant \dfrac{1}{2}M\|\boldsymbol{x}-\boldsymbol{x}^*\|^2$,

(2) $\|\nabla f(\boldsymbol{x})\| \geqslant m\|\boldsymbol{x}-\boldsymbol{x}^*\|$.

证明　由 $\nabla f(\boldsymbol{x}^*)=\mathbf{0}$, 对任意的 $\boldsymbol{x} \in N(\boldsymbol{x}^*, \delta)$, 存在 $\boldsymbol{\xi} \in (\boldsymbol{x}, \boldsymbol{x}^*)$ 使

$$f(\boldsymbol{x})-f(\boldsymbol{x}^*)=\frac{1}{2}(\boldsymbol{x}-\boldsymbol{x}^*)^{\mathrm{T}}\nabla^2 f(\boldsymbol{\xi})(\boldsymbol{x}-\boldsymbol{x}^*).$$

利用 (4.1.8), 证得 (1).

由

$$\begin{aligned}\nabla f(\boldsymbol{x}) &= \nabla f(\boldsymbol{x})-\nabla f(\boldsymbol{x}^*)\\ &= \int_0^1 \nabla^2 f\big(\boldsymbol{x}^*+\tau(\boldsymbol{x}-\boldsymbol{x}^*)\big)(\boldsymbol{x}-\boldsymbol{x}^*)\mathrm{d}\tau,\end{aligned}$$

并结合 (4.1.8) 得

$$\begin{aligned}\|\boldsymbol{x}-\boldsymbol{x}^*\|\|\nabla f(\boldsymbol{x})\| &\geqslant (\boldsymbol{x}-\boldsymbol{x}^*)^{\mathrm{T}}\nabla f(\boldsymbol{x})\\ &= \int_0^1 (\boldsymbol{x}-\boldsymbol{x}^*)^{\mathrm{T}}\nabla^2 f\big(\boldsymbol{x}^*+\tau(\boldsymbol{x}-\boldsymbol{x}^*)\big)(\boldsymbol{x}-\boldsymbol{x}^*)\mathrm{d}\tau\\ &\geqslant m\|\boldsymbol{x}-\boldsymbol{x}^*\|^2.\end{aligned}$$

于是

$$\|\nabla f(\boldsymbol{x})\| \geqslant m\|\boldsymbol{x}-\boldsymbol{x}^*\|.$$

证毕

下面的结论说明, 若优化问题 (4.1.1) 的目标函数在最优值点附近一致凸, 则最优步长规则下的下降算法线性收敛.

定理 4.1.4　设搜索方向 $\boldsymbol{d}_k$ 满足 $\cos(\boldsymbol{d}_k, -\boldsymbol{g}_k) \geqslant \mu > 0$. 若算法 4.1.1 产生的点列 $\{\boldsymbol{x}_k\}$ 收敛到 $f(\boldsymbol{x})$ 的最小值点 $\boldsymbol{x}^*$, $f(\boldsymbol{x})$ 在 $\boldsymbol{x}^*$ 点附近二阶连续可微, 且存在 $\delta>0$ 及 $M>m>0$, 使得当 $\boldsymbol{x} \in N(\boldsymbol{x}^*, \delta)$ 时, (4.1.8) 成立, 则 $\{\boldsymbol{x}_k\}$ R-线性收敛到 $\boldsymbol{x}^*$.

证明　由于 $\lim\limits_{k\to\infty}\boldsymbol{x}_k=\boldsymbol{x}^*$, 故对 $\delta>0$, 存在 $k_0>0$, 当 $k \geqslant k_0$ 时,

$$\boldsymbol{x}_k \in N(\boldsymbol{x}^*, \delta/4), \quad \boldsymbol{x}_k+\alpha_k\boldsymbol{d}_k \in N(\boldsymbol{x}^*, \delta/4).$$

取 $\varepsilon_k = \dfrac{\delta}{4\|\boldsymbol{d}_k\|}$. 则当 $k \geqslant k_0$ 时, 对任意的 $\alpha \in [0, \alpha_k + \varepsilon_k]$,

$$\begin{aligned}\|\boldsymbol{x}_k + \alpha\boldsymbol{d}_k - \boldsymbol{x}^*\| &\leqslant \|\boldsymbol{x}_k - \boldsymbol{x}^*\| + \|\alpha_k\boldsymbol{d}_k\| + \|\varepsilon_k\boldsymbol{d}_k\| \\ &\leqslant \delta/4 + \|\boldsymbol{x}_k + \alpha_k\boldsymbol{d}_k - \boldsymbol{x}^*\| + \|\boldsymbol{x}_k - \boldsymbol{x}^*\| + \delta/4 \\ &\leqslant \delta.\end{aligned}$$

故 $\boldsymbol{x}_k + \alpha\boldsymbol{d}_k \in N(\boldsymbol{x}^*, \delta)$, 且 α_k 是 $\varphi_k(\alpha) = f(\boldsymbol{x}_k + \alpha\boldsymbol{d}_k)$ 在 $(0, \alpha_k + \varepsilon_k)$ 上的最小值点. 而由题设及 (4.1.8) 得, $\varphi_k''(\alpha) \leqslant M\|\boldsymbol{d}_k\|^2$. 从而由引理 4.1.1, 当 $k \geqslant k_0$ 时,

$$\alpha_k \geqslant \hat{\alpha}_k \triangleq -\frac{\varphi'{}_k(0)}{M\|\boldsymbol{d}_k\|^2} = -\frac{\boldsymbol{d}_k^{\mathrm{T}}\boldsymbol{g}_k}{M\|\boldsymbol{d}_k\|^2}.$$

则由步长规则得

$$\begin{aligned}f(\boldsymbol{x}_{k+1}) - f(\boldsymbol{x}_k) &\leqslant f(\boldsymbol{x}_k + \hat{\alpha}_k\boldsymbol{d}_k) - f(\boldsymbol{x}_k) \\ &= \hat{\alpha}_k\boldsymbol{g}_k^{\mathrm{T}}\boldsymbol{d}_k + \frac{1}{2}\hat{\alpha}_k^2\boldsymbol{d}_k^{\mathrm{T}}\nabla^2 f(\boldsymbol{x}_k + \theta\hat{\alpha}_k\boldsymbol{d}_k)\boldsymbol{d}_k \qquad (\theta \in (0,1)) \\ &\leqslant \hat{\alpha}_k\boldsymbol{g}_k^{\mathrm{T}}\boldsymbol{d}_k + \frac{1}{2}\hat{\alpha}_k^2 M\|\boldsymbol{d}_k\|^2 \\ &= -\frac{(\boldsymbol{g}_k^{\mathrm{T}}\boldsymbol{d}_k)^2}{M\|\boldsymbol{d}_k\|^2} + \frac{(\boldsymbol{g}_k^{\mathrm{T}}\boldsymbol{d}_k)^2}{2M\|\boldsymbol{d}_k\|^2} \\ &= -\frac{\|\boldsymbol{g}_k\|^2}{2M}\cos^2(\boldsymbol{d}_k, -\boldsymbol{g}_k) \\ &\leqslant -\frac{\mu^2}{2M}\|\boldsymbol{g}_k\|^2.\end{aligned}$$

另一方面, 由引理 4.1.2, 当 $k \geqslant k_0$ 时,

$$\begin{aligned}f(\boldsymbol{x}_{k+1}) - f(\boldsymbol{x}_k) &\leqslant \frac{-m^2\mu^2}{2M}\|\boldsymbol{x}_k - \boldsymbol{x}^*\|^2 \\ &\leqslant \frac{-m^2\mu^2}{M^2}\big(f(\boldsymbol{x}_k) - f(\boldsymbol{x}^*)\big).\end{aligned}$$

所以

$$f(\boldsymbol{x}_{k+1}) - f(\boldsymbol{x}^*) \leqslant \Big(1 - \frac{m^2\mu^2}{M^2}\Big)\big(f(\boldsymbol{x}_k) - f(\boldsymbol{x}^*)\big).$$

令 $\theta=\left(1-\frac{m^2\mu^2}{M^2}\right)^{\frac{1}{2}}$. 则 $\theta\in(0,1)$, 且

$$\begin{aligned}f(\boldsymbol{x}_k)-f(\boldsymbol{x}^*)&\leqslant\theta^2\big(f_{k-1}-f(\boldsymbol{x}^*)\big)\\&\leqslant\cdots\\&\leqslant\theta^{2(k-k_0)}\big(f_{k_0}-f(\boldsymbol{x}^*)\big).\end{aligned}$$

再利用引理 4.1.2,

$$\frac{1}{2}m\|\boldsymbol{x}_k-\boldsymbol{x}^*\|^2\leqslant\theta^{2(k-k_0)}\big(f_{k_0}-f(\boldsymbol{x}^*)\big).$$

从而,

$$\|\boldsymbol{x}_k-\boldsymbol{x}^*\|\leqslant\theta^{k-k_0}\sqrt{\frac{2}{m}(f_{k_0}-f(\boldsymbol{x}^*))}.$$

命题结论得证. 证毕

最优步长规则的初衷是使目标函数在每一迭代步的下降量达到最大. 但是, 尽管最优步长的计算是一单元函数的极值问题, 其计算量却不容忽视, 因为要在有限步内得到严格意义下的最优步长几乎是不可能的, 除非目标函数具有特殊的结构. 从另一角度讲, 我们寻求的是目标函数的全局最优值点. 因此, 把主要精力集中于某个方向上的线搜索似乎没有必要. 这样, 人们放弃最优步长规则而采用下一节介绍的非精确线搜索步长规则.

总体来讲, 最优步长规则是一种理想化的搜索策略, 它主要用于算法的理论分析, 而不是数值计算. 一般地, 如果一个算法在最优步长规则下理论性质较差, 那么在非精确步长规则下效果会更差.

4.2 非精确线搜索方法

非精确线搜索步长规则是沿搜索方向产生一个使目标函数有满意下降量的迭代点. 这样可将更多的精力集中到线搜索算法的宏观层面, 而不拘泥于迭代过程的微观层面. 常用的非精确线搜索步长规则有以下两种.

(1) *Armijo 步长规则* 既然在步长充分小时, 目标函数值沿下降方向是下降的, 于是 Armijo(1966) 就用进退试探策略来获取步长: 先试探一个较大的步长, 若目标函数值有一个满意的下降量, 就取其为迭代步长, 否则就按某比例将其进行压缩直到满足要求为止. 具体地, 取 $\beta>0$, $\sigma,\gamma\in(0,1)$. 令步长 $\alpha_k=\beta\gamma^{m_k}$, 其

中, m_k 为 $0,1,2,\cdots$ 中满足下式的最小非负整数 m:

$$f(\boldsymbol{x}_k+\beta\gamma^m\boldsymbol{d}_k)\leqslant f(\boldsymbol{x}_k)+\sigma\beta\gamma^m\boldsymbol{g}_k^{\mathrm{T}}\boldsymbol{d}_k. \tag{4.2.1}$$

对上述步长规则, 若 $\alpha_k<\beta$, 则下述两式同时成立.

$$f(\boldsymbol{x}_k+\beta\gamma^{m_k}\boldsymbol{d}_k)\leqslant f(\boldsymbol{x}_k)+\sigma\beta\gamma^{m_k}\boldsymbol{g}_k^{\mathrm{T}}\boldsymbol{d}_k,$$

$$f(\boldsymbol{x}_k+\beta\gamma^{m_k-1}\boldsymbol{d}_k)>f(\boldsymbol{x}_k)+\sigma\beta\gamma^{m_k-1}\boldsymbol{g}_k^{\mathrm{T}}\boldsymbol{d}_k.$$

根据目标函数 $f(\boldsymbol{x}_k+\alpha\boldsymbol{d}_k)$ 在 $\boldsymbol{x}_k$ 点的一阶 Taylor 展式知, 满足这种步长规则的 α_k 一定存在. 为寻求较大步长, Calamai 和 Moré(1987) 建议在 $\alpha=\beta$ 满足 (4.2.1) 式时, 将其逐步扩大 $1/\gamma$ 倍, 直至不能满足 (4.2.1) 式. 这种取法在目标函数充分下降的前提下使步长尽可能得大. 与上述方法不同, Grippo 等 (1986) 将该步长规则进行松弛以获取较大步长. 具体地, 取步长 $\alpha_k=\beta\gamma^{m_k}$ 和正整数 M, 其中, m_k 是满足下式的最小非负整数 m:

$$f(\boldsymbol{x}_k+\beta\gamma^m\boldsymbol{d}_k)\leqslant\max_{0\leqslant j\leqslant m(k)}\left\{f_{k-j}\right\}+\sigma\beta\gamma^m\boldsymbol{g}_k^{\mathrm{T}}\boldsymbol{d}_k,$$

这里, 函数 $m(k)$ 满足

$$m(0)=0,\quad 0\leqslant m(k)\leqslant\min\{m(k-1)+1,M\}.$$

该步长规则不能保证目标函数值的单调下降性, 也就是说, 它是一种非单调步长规则, 但总趋势是下降的.

(2) Wolfe 步长规则　设 $0<\sigma_1<\sigma_2<1$. Wolfe(1968) 步长规则要求步长 α_k 同时满足

$$f(\boldsymbol{x}_k+\alpha\boldsymbol{d}_k)\leqslant f(\boldsymbol{x}_k)+\sigma_1\alpha\boldsymbol{g}_k^{\mathrm{T}}\boldsymbol{d}_k, \tag{4.2.2}$$

$$\nabla f(\boldsymbol{x}_k+\alpha\boldsymbol{d}_k)^{\mathrm{T}}\boldsymbol{d}_k\geqslant\sigma_2\boldsymbol{g}_k^{\mathrm{T}}\boldsymbol{d}_k. \tag{4.2.3}$$

(4.2.3) 式也就是

$$\boldsymbol{g}_{k+1}^{\mathrm{T}}\boldsymbol{d}_k\geqslant\sigma_2\boldsymbol{g}_k^{\mathrm{T}}\boldsymbol{d}_k.$$

引入该式主要是希望函数 $\varphi_k(\alpha)=f(\boldsymbol{x}_k+\alpha\boldsymbol{d}_k)$ 在 α_k 点的陡度比在 $\alpha=0$ 点有所减缓, 从而使下一迭代点远离当前迭代点. 考虑到 $\boldsymbol{g}_{k+1}^{\mathrm{T}}\boldsymbol{d}_k>0$ 时, 该式恒成立, 人们将该式换成

$$|\nabla f(\boldsymbol{x}_k+\alpha\boldsymbol{d}_k)^{\mathrm{T}}\boldsymbol{d}_k|\leqslant\sigma_2|\boldsymbol{g}_k^{\mathrm{T}}\boldsymbol{d}_k|,$$

从而得到强 Wolfe 步长规则. 它和 Wolfe 步长规则的区别在于前者让函数 $\varphi_k(\alpha)$ 在 α_k 点的陡度在正负方向上都变小, 从而撇去那些远离 $\varphi_k(\alpha)$ 的稳定点的区域 (见图 4.2.1). 在某种意义下, 令 $\sigma_2=0$, 强 Wolfe 步长规则就是最优步长规则.

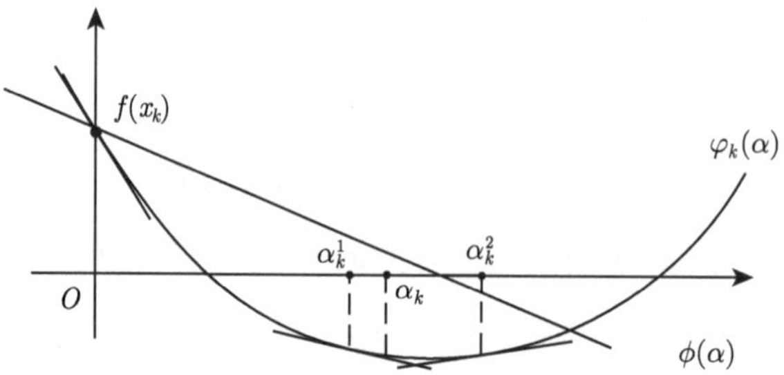

图 4.2.1 Wolfe 步长

定理 4.2.1 若 $\varphi_k(\alpha)=f(\boldsymbol{x}_k+\alpha\boldsymbol{d}_k)$ 关于 $\alpha>0$ 有下界, 则满足 (强)Wolfe 步长规则的 α_k 存在.

证明 由于 $\varphi_k(\alpha)=f(\boldsymbol{x}_k+\alpha\boldsymbol{d}_k)$ 关于 $\alpha>0$ 有下界和 $0<\sigma_1<1$, 故射线 $\phi(\alpha)=f(\boldsymbol{x}_k)+\sigma_1\alpha\boldsymbol{g}_k^{\mathrm{T}}\boldsymbol{d}_k$ 与曲线 $\varphi_k(\alpha)$ 在 α 的正半轴上有交点. 记最小的交点为 α_k', 则

$$f(\boldsymbol{x}_k+\alpha_k'\boldsymbol{d}_k)=f(\boldsymbol{x}_k)+\sigma_1\alpha_k'\boldsymbol{g}_k^{\mathrm{T}}\boldsymbol{d}_k. \tag{4.2.4}$$

显然, 对任意的 $\alpha\in(0,\alpha_k')$, (4.2.2) 成立. 对 (4.2.4) 利用中值定理, 存在 $\alpha_k''\in(0,\alpha_k')$, 使

$$f(\boldsymbol{x}_k+\alpha_k'\boldsymbol{d}_k)-f(\boldsymbol{x}_k)=\alpha_k'\nabla f(\boldsymbol{x}_k+\alpha_k''\boldsymbol{d}_k)^{\mathrm{T}}\boldsymbol{d}_k.$$

结合 (4.2.4), 并利用 $0<\sigma_1<\sigma_2<1$ 及 $\boldsymbol{g}_k^{\mathrm{T}}\boldsymbol{d}_k<0$ 得

$$\nabla f(\boldsymbol{x}_k+\alpha_k''\boldsymbol{d}_k)^{\mathrm{T}}\boldsymbol{d}_k=\sigma_1\boldsymbol{g}_k^{\mathrm{T}}\boldsymbol{d}_k>\sigma_2\boldsymbol{g}_k^{\mathrm{T}}\boldsymbol{d}_k. \tag{4.2.5}$$

因此, α_k'' 满足 Wolfe 步长规则. 由于 (4.2.5) 式的两边都是负项, 所以 α'' 满足强 Wolfe 步长规则.

根据 $f(\boldsymbol{x})$ 的连续可微性, 推知存在包含 α_k'' 的区间使该区间内的任意值均满足 (强)Wolfe 步长规则. 证毕

图 4.2.1 中, 区间 $[\alpha_k^1,\alpha_k^2]$ 内的值均满足 Wolfe 步长规则. 上述两步长规则的第一式要求目标函数有满意的下降量, 第二式控制步长不能太小. 在实际计算时, Armijo 步长可由进退试探法求得, Wolfe 步长规则需借助多项式插值等方法求得.

下面分别讨论 Armijo 和 Wolfe 步长规则下的下降算法的收敛性.

定理 4.2.2 设目标函数 $f:\mathbb{R}^n\to\mathbb{R}$ 连续可微. 若下降方向 $\{\boldsymbol{d}_k\}$ 和 Armijo 线搜索下降算法产生的迭代点列 $\{\boldsymbol{x}_k\}$ 有界, 则 $\lim\limits_{k\to\infty}\boldsymbol{d}_k^{\mathrm{T}}\nabla f(\boldsymbol{x}_k)=0$.

证明 反设命题结论不成立, 则存在 $\varepsilon_0>0$ 和迭代点列 $\{\boldsymbol{x}_k\}$ 的收敛子列 $\{\boldsymbol{x}_k\}_{\mathcal{K}}$ (设极限点为 $\boldsymbol{x}^*$) 满足

$$\lim_{\substack{k\in K\\k\to\infty}} \boldsymbol{d}_k^{\mathrm{T}}\nabla f(\boldsymbol{x}_k) < -\varepsilon_0. \tag{4.2.6}$$

对迭代点列 $\{\boldsymbol{x}_k\}$, 根据步长规则和命题假设, 函数值列 $\{f(\boldsymbol{x}_k)\}$ 单调递减收敛于 $f(\boldsymbol{x}^*)$, 故有

$$\lim_{k\to\infty}\big(f(\boldsymbol{x}_k)-f(\boldsymbol{x}_{k+1})\big)=0.$$

由步长规则,

$$\lim_{k\to\infty}\alpha_k\nabla f(\boldsymbol{x}_k)^{\mathrm{T}}\boldsymbol{d}_k=0.$$

从而由 (4.2.6) 得

$$\lim_{\substack{k\in\mathcal{K}\\k\to\infty}}\alpha_k=0. \tag{4.2.7}$$

再由 Armijo 步长规则, 存在 $K>0$ 使得当 $k\in\mathcal{K}, k\geqslant K$ 时,

$$f(\boldsymbol{x}_k+(\alpha_k/\gamma)\boldsymbol{d}_k)-f(\boldsymbol{x}_k)>\sigma(\alpha_k/\gamma)\nabla f(\boldsymbol{x}_k)^{\mathrm{T}}\boldsymbol{d}_k.$$

令 $\bar{\alpha}_k\triangleq\alpha_k/\gamma$. 则存在 $\hat{\alpha}_k\in[0,\bar{\alpha}_k]$ 使得

$$\nabla f(\boldsymbol{x}_k+\hat{\alpha}_k\boldsymbol{d}_k)^{\mathrm{T}}\boldsymbol{d}_k>\sigma\nabla f(\boldsymbol{x}_k)^{\mathrm{T}}\boldsymbol{d}_k,\qquad\forall\, k\in\mathcal{K},\ k\geqslant K.$$

由 $\{\boldsymbol{x}_k\}_{\mathcal{K}}$ 的收敛性, $\{\boldsymbol{d}_k\}_{\mathcal{K}}$ 的有界性和 $\nabla f(\boldsymbol{x})$ 的连续性及 (4.2.7), 对上式关于 $k\in\mathcal{K}$ 取极限得

$$\lim_{\substack{k\in K\\k\to\infty}}\nabla f(\boldsymbol{x}_k)^{\mathrm{T}}\boldsymbol{d}_k\geqslant\lim_{\substack{k\in K\\k\to\infty}}\sigma\nabla f(\boldsymbol{x}_k)^{\mathrm{T}}\boldsymbol{d}_k.$$

即

$$(1-\sigma)\lim_{\substack{k\in K\\k\to\infty}}\nabla f(\boldsymbol{x}_k)^{\mathrm{T}}\boldsymbol{d}_k\geqslant 0.$$

由于 $\sigma\in(0,1)$, 这与 (4.2.6) 矛盾, 命题结论得证. 证毕

基于上述结论, 若取 $\boldsymbol{d}_k=-\boldsymbol{g}_k$, 则 Armijo 步长规则下的下降算法产生的迭代点列收敛到优化问题的稳定点.

定理 4.2.3 设函数 $f:\mathbb{R}^n\to\mathbb{R}$ 连续可微有下界且 $\nabla f(\boldsymbol{x})$ 在水平集 $\mathcal{L}(\boldsymbol{x}_0)$ 上 Lipschitz 连续. 则 Wolfe 步长规则下的下降算法产生的点列 $\{\boldsymbol{x}_k\}$ 满足

$$\sum_{k=1}^{\infty}\|\boldsymbol{g}_k\|^2\cos^2(\boldsymbol{d}_k,-\boldsymbol{g}_k)<\infty.$$

证明　由 (4.2.3) 及 Lipschitz 条件 (设常数为 L) 得

$$(\sigma_2-1)\boldsymbol{g}_k^{\mathrm{T}}\boldsymbol{d}_k \leqslant (\boldsymbol{g}_{k+1}-\boldsymbol{g}_k)^{\mathrm{T}}\boldsymbol{d}_k \leqslant \alpha_k L\|\boldsymbol{d}_k\|^2.$$

所以

$$\alpha_k \geqslant \frac{\sigma_2-1}{L}\frac{\boldsymbol{g}_k^{\mathrm{T}}\boldsymbol{d}_k}{\|\boldsymbol{d}_k\|^2}.$$

从而由 $\boldsymbol{g}_k^{\mathrm{T}}\boldsymbol{d}_k \leqslant 0$ 和 (4.2.2) 得

$$\begin{aligned} f(\boldsymbol{x}_{k+1}) &\leqslant f(\boldsymbol{x}_k)+\sigma_1\frac{\sigma_2-1}{L}\frac{(\boldsymbol{g}_k^{\mathrm{T}}\boldsymbol{d}_k)^2}{\|\boldsymbol{d}_k\|^2} \\ &= f(\boldsymbol{x}_k)+\sigma_1\frac{\sigma_2-1}{L}\|\boldsymbol{g}_k\|^2\cos^2(\boldsymbol{d}_k,-\boldsymbol{g}_k). \end{aligned}$$

将上式两边对 k 求级数并利用 $\{f(\boldsymbol{x}_k)\}$ 的单调有界性得

$$\sum_{k=1}^{\infty}\|\boldsymbol{g}_k\|^2\cos^2(\boldsymbol{d}_k,-\boldsymbol{g}_k)<\infty.$$

证毕

定理 4.2.4　设函数 $f:\mathbb{R}^n\to\mathbb{R}$ 连续可微有下界, $\nabla f(\boldsymbol{x})$ 在水平集 $\mathcal{L}(\boldsymbol{x}_0)$ 上一致连续. 记 $\boldsymbol{s}_k=\alpha_k\boldsymbol{d}_k$. 则 Wolfe 步长规则下降算法产生的迭代点列 $\{\boldsymbol{x}_k\}$ 满足

$$\lim_{k\to\infty}\frac{\boldsymbol{g}_k^{\mathrm{T}}\boldsymbol{s}_k}{\|\boldsymbol{s}_k\|}=0.$$

证明　用反证法. 假设结论不成立, 则存在自然数列 $\mathcal{N}$ 的一无穷子列 $\mathcal{N}_0$ 及 $\varepsilon_0>0$, 使对任意的 $k\in\mathcal{N}_0$,

$$\frac{\boldsymbol{g}_k^{\mathrm{T}}\boldsymbol{s}_k}{\|\boldsymbol{s}_k\|}<-\varepsilon_0. \tag{4.2.8}$$

由 (4.2.2), 对任意的 $k\in\mathcal{N}_0$,

$$f(\boldsymbol{x}_{k+1})-f(\boldsymbol{x}_k)\leqslant\sigma_1\boldsymbol{g}_k^{\mathrm{T}}\boldsymbol{s}_k\leqslant-\sigma_1\varepsilon_0\|\boldsymbol{s}_k\|.$$

从而利用函数值列 $\{f(\boldsymbol{x}_k)\}$ 单调下降有下界得

$$\lim_{\substack{k\in\mathcal{N}_0\\k\to\infty}}\|\boldsymbol{s}_k\|=0.$$

再结合梯度函数的一致连续性得

$$\lim_{\substack{k\in\mathcal{N}_0\\k\to\infty}}\|\boldsymbol{g}_{k+1}-\boldsymbol{g}_k\|=0. \tag{4.2.9}$$

另一方面，由 (4.2.3),

$$\|\boldsymbol{g}_{k+1}-\boldsymbol{g}_k\|\|\boldsymbol{s}_k\| \geqslant (\boldsymbol{g}_{k+1}-\boldsymbol{g}_k)^{\mathrm{T}}\boldsymbol{s}_k \geqslant (\sigma_2-1)\boldsymbol{g}_k^{\mathrm{T}}\boldsymbol{s}_k.$$

结合 (4.2.8), 对任意的 $k\in\mathcal{N}_0$,

$$\|\boldsymbol{g}_{k+1}-\boldsymbol{g}_k\| \geqslant (1-\sigma_2)\varepsilon_0.$$

得到与 (4.2.9) 矛盾的结论. 故结论成立. 证毕

4.3 信赖域方法

与线搜索方法不同, 信赖域方法首先在当前点附近建立目标函数的一个二次近似模型, 然后利用目标函数在当前点附近与该二次模型的充分近似, 基于该二次模型在当前点邻域内的最优值点产生新的迭代点. 这里的邻域就是信赖域. 在迭代过程中, 依据二次模型与目标函数的近似度来调节信赖域半径的大小: 若新的迭代点不能使目标函数有充分的下降, 说明二次模型与目标函数的近似度不够高, 需要缩小信赖域半径; 否则, 就扩大信赖域半径.

信赖域半径对算法的效率至关重要. 如果信赖域半径较小, 则二次模型与目标函数有较好的近似, 但可能失去使新的迭代点与目标函数的最优值点更靠近的机会. 如果信赖域半径太大, 二次模型与目标函数的近似效果较差, 从而使二次模型的最小值点远离目标函数的最小值点, 以至于新的迭代点对目标函数值改进较小或没有改进.

为引入信赖域方法, 先构造目标函数 $f(\boldsymbol{x}_k+\boldsymbol{d})$ 在 $\boldsymbol{x}_k$ 点的一个二阶近似,

$$m_k(\boldsymbol{d})=f(\boldsymbol{x}_k)+\boldsymbol{g}_k^{\mathrm{T}}\boldsymbol{d}+\frac{1}{2}\boldsymbol{d}^{\mathrm{T}}\boldsymbol{B}_k\boldsymbol{d}.$$

其中, $\boldsymbol{B}_k$ 为 $\nabla^2 f(\boldsymbol{x}_k)$ 或其近似. 显然, $m_k(\boldsymbol{0})=f(\boldsymbol{x}_k)$. 构造信赖域子问题

$$\min\{m_k(\boldsymbol{d}) \mid \boldsymbol{d}\in\mathbb{R}^n,\ \|\boldsymbol{d}\|\leqslant\Delta_k\}, \tag{4.3.1}$$

其中, $\Delta_k>0$ 为信赖域半径.

设子问题 (4.3.1) 的最优解为 $\boldsymbol{d}_k$, 则

$$f(\boldsymbol{x}_k+\boldsymbol{d}_k)-m_k(\boldsymbol{d}_k)=O(\|\boldsymbol{d}_k\|^2).$$

进一步, 若 $\boldsymbol{B}_k=\nabla^2 f(\boldsymbol{x}_k)$, 则

$$f(\boldsymbol{x}_k+\boldsymbol{d}_k)-m_k(\boldsymbol{d}_k)=o(\|\boldsymbol{d}_k\|^2).$$

下面根据 $m_k(\boldsymbol{d}_k)$ 与 $f(\boldsymbol{x}_k+\boldsymbol{d}_k)$ 的近似度来调整信赖域半径. 为此, 定义目

标函数由 $\boldsymbol{x}_k$ 点移动到 $(\boldsymbol{x}_k+\boldsymbol{d}_k)$ 点的预下降量和实下降量及两者之间的比值

$$\mathrm{Pred}_k = m_k(\mathbf{0}) - m_k(\boldsymbol{d}_k),$$

$$\mathrm{Ared}_k = f(\boldsymbol{x}_k) - f(\boldsymbol{x}_k+\boldsymbol{d}_k),$$

$$r_k = \frac{\mathrm{Ared}_k}{\mathrm{Pred}_k}.$$

一般地, $\mathrm{Pred}_k > 0$. 若 $r_k < 0$, 则 $\mathrm{Ared}_k < 0$, $\boldsymbol{x}_k+\boldsymbol{d}_k$ 对目标函数值没有改进, 故不能作为新的迭代点, 需要缩小信赖域半径, 重新计算 $\boldsymbol{d}_k$; 若 $r_k > 0$ 且靠近 1, 说明二次模型与目标函数在信赖域内有好的近似, 再次迭代时可以扩大信赖域半径; 对其他情况, 对信赖域半径不做调整. 基于此, 可建立无约束优化问题的信赖域算法.

算法 4.3.1

步 1. 取最大信赖域半径 $\hat{\Delta} > 0$, 初始点 $\boldsymbol{x}_0 \in \mathbb{R}^n$, 参数 $\Delta_0 \in (0, \hat{\Delta}]$, $\eta \in \left[0, \frac{1}{4}\right)$, $\varepsilon \geqslant 0$. 令 $k = 0$.

步 2. 若 $\|\boldsymbol{g}_k\| \leqslant \varepsilon$, 算法终止; 否则, 进入下一步.

步 3. 求解 (4.3.1) 得 $\boldsymbol{d}_k$, 相应地计算 r_k. 若 $r_k < \frac{1}{4}$, 令 $\Delta_{k+1} = \frac{1}{4}\Delta_k$; 若 $r_k > \frac{3}{4}$ 且 $\|\boldsymbol{d}_k\| = \Delta_k$, 则令 $\Delta_{k+1} = \min\{2\Delta_k, \hat{\Delta}\}$; 否则, 令 $\Delta_{k+1} = \Delta_k$.

步 4. 若 $r_k > \eta$, 令 $\boldsymbol{x}_{k+1} = \boldsymbol{x}_k + \boldsymbol{d}_k$; 否则, $\boldsymbol{x}_{k+1} = \boldsymbol{x}_k$. 令 $k = k+1$, 转步 2.

显然, 算法 4.3.1 的效率依赖于信赖域子问题 (4.3.1) 的求解. 虽然该子问题结构相对简单, 但其精确解并不易求. 为此, 先考虑信赖域子问题 (4.3.1) 在最速下降方向 $\boldsymbol{d}_k^s = -\boldsymbol{g}_k$ 上的最小值点. 记

$$\tau_k = \arg\min\{m_k(\tau\boldsymbol{d}_k^s) \mid \tau \geqslant 0, \quad \|\tau\boldsymbol{d}_k^s\| \leqslant \Delta_k\}, \tag{4.3.2}$$

并令 $\boldsymbol{d}_k^c = \tau_k\boldsymbol{d}_k^s$. 称 $\boldsymbol{d}_k^c$ 为子问题 (4.3.1) 的 Cauchy 点. 下面看该点的计算.

若 $\boldsymbol{g}_k^{\mathrm{T}}\boldsymbol{B}_k\boldsymbol{g}_k \leqslant 0$, 则函数

$$\begin{aligned} h(\tau) &= m_k(\tau\boldsymbol{d}_k^s) \\ &= f(\boldsymbol{x}_k) - \tau\|\boldsymbol{g}_k\|^2 - \frac{1}{2}\tau^2|\boldsymbol{g}_k^{\mathrm{T}}\boldsymbol{B}_k\boldsymbol{g}_k| \end{aligned}$$

在集合 $\{\tau \geqslant 0 \mid \tau\|\boldsymbol{d}_k^s\| \leqslant \Delta_k\}$ 上的最小值点为 $\tau = \dfrac{\Delta_k}{\|\boldsymbol{g}_k\|}$, 此时 $\boldsymbol{d}_k^c = -\dfrac{\Delta_k}{\|\boldsymbol{g}_k\|}\boldsymbol{g}_k$.

若 $\boldsymbol{g}_k^{\mathrm{T}}\boldsymbol{B}_k\boldsymbol{g}_k > 0$, 则函数

$$\begin{aligned} h(\tau) &= m_k(\tau \boldsymbol{d}_k^s) \\ &= f(\boldsymbol{x}_k) - \tau\|\boldsymbol{g}_k\|^2 + \frac{1}{2}\tau^2 \boldsymbol{g}_k^{\mathrm{T}}\boldsymbol{B}_k\boldsymbol{g}_k \end{aligned}$$

关于 τ 为凸函数, 且当 $\tau = \dfrac{\|\boldsymbol{g}_k\|^2}{\boldsymbol{g}_k^{\mathrm{T}}\boldsymbol{B}_k\boldsymbol{g}_k}$ 时达到最小. 结合信赖域得

$$\tau_k = \min\left\{\frac{\|\boldsymbol{g}_k\|^2}{\boldsymbol{g}_k^{\mathrm{T}}\boldsymbol{B}_k\boldsymbol{g}_k}, \frac{\Delta_k}{\|\boldsymbol{g}_k\|}\right\}.$$

综合上述情况得 (4.3.2) 的最优解

$$\tau_k = \begin{cases} \dfrac{\Delta_k}{\|\boldsymbol{g}_k\|}, & \boldsymbol{g}_k^{\mathrm{T}}\boldsymbol{B}_k\boldsymbol{g}_k \leqslant 0, \\ \min\left\{\dfrac{\|\boldsymbol{g}_k\|^2}{\boldsymbol{g}_k^{\mathrm{T}}\boldsymbol{B}_k\boldsymbol{g}_k}, \dfrac{\Delta_k}{\|\boldsymbol{g}_k\|}\right\}, & \text{其他情况.} \end{cases}$$

相应地,

$$\boldsymbol{d}_k^{\mathrm{c}} = \begin{cases} -\dfrac{\Delta_k}{\|\boldsymbol{g}_k\|}\boldsymbol{g}_k, & \boldsymbol{g}_k^{\mathrm{T}}\boldsymbol{B}_k\boldsymbol{g}_k \leqslant 0, \\ -\min\left\{\dfrac{\|\boldsymbol{g}_k\|^2}{\boldsymbol{g}_k^{\mathrm{T}}\boldsymbol{B}_k\boldsymbol{g}_k}, \dfrac{\Delta_k}{\|\boldsymbol{g}_k\|}\right\}\boldsymbol{g}_k, & \text{其他情况.} \end{cases} \tag{4.3.3}$$

Cauchy 点不是信赖域子问题的精确解, 但可使二次模型 $m_k(\boldsymbol{d})$ 有某种程度的下降, 并可建立信赖域方法的收敛性, 只是由于信赖域子问题的求解限制在负梯度方向上, 因而效率较低. 下面给出信赖域子问题 (4.3.1) 的另外三种求解方法.

(1) *折线方法* 设矩阵 $\boldsymbol{B}_k$ 对称正定. 根据无约束优化问题的一阶最优性条件, $\boldsymbol{d}_k^{\mathrm{B}} \triangleq -\boldsymbol{B}_k^{-1}\boldsymbol{g}_k$ 是 $m_k(\boldsymbol{d})$ 在 $\mathbb{R}^n$ 上的全局最优解. 所以当 $\|\boldsymbol{B}_k^{-1}\boldsymbol{g}_k\| \leqslant \Delta_k$ 时, 可取 $\boldsymbol{d}_k = \boldsymbol{d}_k^{\mathrm{B}}$. 但该条件不一定满足. 由 Taylor 展式, 在 $\Delta_k > 0$ 很小时线性函数 $f(\boldsymbol{x}_k) + \boldsymbol{g}_k^{\mathrm{T}}\boldsymbol{d}$ 与函数 $f(\boldsymbol{x}_k + \boldsymbol{d})$ 在信赖域内有好的近似, 所以此时该线性函数在信赖域中的最小值点 $-\dfrac{\Delta_k}{\|\boldsymbol{g}_k\|}\boldsymbol{g}_k$ 可视为信赖域子问题的最优解, 而当信赖域半径 Δ_k 逐渐增大时, $\boldsymbol{d}_k^{\mathrm{B}}$ 为信赖域子问题的最优解.

分析发现, 对信赖域子问题 (4.3.1), 当 Δ_k 由小逐渐增大时, $\boldsymbol{d}_k$ 的端点形成由 $\boldsymbol{d}_k^{\mathrm{c}}$ 到 $\boldsymbol{d}_k^{\mathrm{B}}$ 的一条曲线. 为此, 我们在由 $\boldsymbol{d}_k^{\mathrm{c}}$ 和 $\boldsymbol{d}_k^{\mathrm{B}}$ 构成的折线上求解子问题 (4.3.1), 这便构成了信赖域子问题的折线方法, 又称 dog-leg 方法 (Powell, 1970.

见图 4.3.1). 具体地, 令 $\boldsymbol{d}_k^u = -\dfrac{\|\boldsymbol{g}_k\|^2}{\boldsymbol{g}_k^{\mathrm{T}}\boldsymbol{B}_k\boldsymbol{g}_k}\boldsymbol{g}_k$, 并取

$$\boldsymbol{d}_k(\tau) = \begin{cases} \tau \boldsymbol{d}_k^u, & \tau \in [0,1], \\ \boldsymbol{d}_k^u + (\tau - 1)(\boldsymbol{d}_k^{\mathrm{B}} - \boldsymbol{d}_k^u), & \tau \in [1,2]. \end{cases}$$

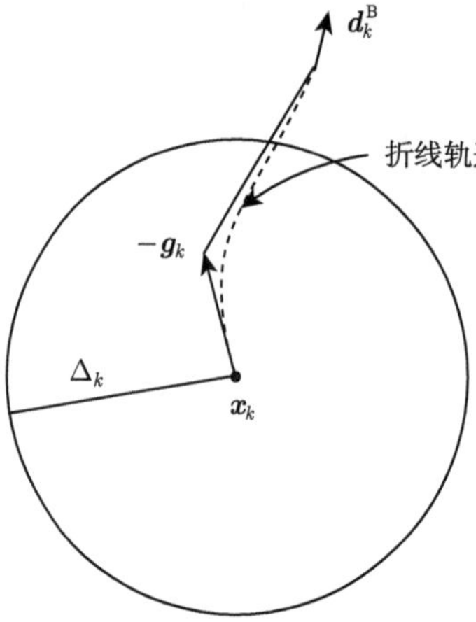

图 4.3.1 信赖域子问题的折线轨迹

显然, 当 $\tau = 1, 2$ 时, $\boldsymbol{d}_k(\tau)$ 分别为 $m_k(\boldsymbol{d})$ 在最速下降方向上的最小值点和在 $\mathbb{R}^n$ 上的全局最优值点. 折线方法就是沿折线 $\boldsymbol{d}_k(\tau)$ 求 (4.3.1) 的最优解.

下面给出参数 τ 的变化对折线 $\boldsymbol{d}_k(\tau)$ 和二次模型函数的影响.

引理 4.3.1 设 $\boldsymbol{B}_k$ 对称正定, 则下述结论成立.

(1) $\|\boldsymbol{d}_k(\tau)\|$ 关于 $\tau > 0$ 单调递增,

(2) $m_k(\boldsymbol{d}_k(\tau))$ 关于 $\tau > 0$ 单调递减.

证明 由于 $\boldsymbol{B}_k$ 对称正定, 易知当 $\tau \in [0,1]$ 时, 这两个结论同时成立. 所以只需讨论 $\tau \in [1,2]$ 的情形. 对 (1), 定义函数

$$h_1(\tau) = \frac{1}{2}\|\boldsymbol{d}_k(\tau)\|^2 = \frac{1}{2}\|\boldsymbol{d}_k^u + (\tau - 1)(\boldsymbol{d}_k^{\mathrm{B}} - \boldsymbol{d}_k^u)\|^2.$$

则

$$\begin{aligned} h_1'(\tau) &= [\boldsymbol{d}_k^u]^{\mathrm{T}}(\boldsymbol{d}_k^{\mathrm{B}} - \boldsymbol{d}_k^u) + (\tau - 1)\|\boldsymbol{d}_k^{\mathrm{B}} - \boldsymbol{d}_k^u\|^2 \\ &\geqslant [\boldsymbol{d}_k^u]^{\mathrm{T}}(\boldsymbol{d}_k^{\mathrm{B}} - \boldsymbol{d}_k^u) \\ &= \frac{\|\boldsymbol{g}_k\|^2}{\boldsymbol{g}_k^{\mathrm{T}}\boldsymbol{B}_k\boldsymbol{g}_k}\boldsymbol{g}_k^{\mathrm{T}}\left(\boldsymbol{B}_k^{-1}\boldsymbol{g}_k - \frac{\|\boldsymbol{g}_k\|^2}{\boldsymbol{g}_k^{\mathrm{T}}\boldsymbol{B}_k\boldsymbol{g}_k}\boldsymbol{g}_k\right) \\ &= \frac{\|\boldsymbol{g}_k\|^2\boldsymbol{g}_k^{\mathrm{T}}\boldsymbol{B}_k^{-1}\boldsymbol{g}_k}{\boldsymbol{g}_k^{\mathrm{T}}\boldsymbol{B}_k\boldsymbol{g}_k}\left(1 - \frac{\|\boldsymbol{g}_k\|^4}{(\boldsymbol{g}_k^{\mathrm{T}}\boldsymbol{B}_k^{-1}\boldsymbol{g}_k)(\boldsymbol{g}_k^{\mathrm{T}}\boldsymbol{B}_k\boldsymbol{g}_k)}\right) \\ &\geqslant 0, \end{aligned}$$

其中, 最后一式利用了矩阵 $\boldsymbol{B}_k$ 可以分解成 $\boldsymbol{B}_k^{\frac{1}{2}}(\boldsymbol{B}_k^{\frac{1}{2}})^{\mathrm{T}}$ 和 Cauchy-Schwarz 不等

式:

$$\begin{aligned}\|\boldsymbol{g}_k\|^4 &= \left((\boldsymbol{B}_k^{\frac{1}{2}}\boldsymbol{g}_k)^{\mathrm{T}}(\boldsymbol{B}_k^{-\frac{1}{2}}\boldsymbol{g}_k)\right)^2\\ &\leqslant \|\boldsymbol{B}_k^{\frac{1}{2}}\boldsymbol{g}_k\|^2\|\boldsymbol{B}_k^{-\frac{1}{2}}\boldsymbol{g}_k\|^2\\ &= (\boldsymbol{g}_k^{\mathrm{T}}\boldsymbol{B}_k\boldsymbol{g}_k)(\boldsymbol{g}_k^{\mathrm{T}}\boldsymbol{B}_k^{-1}\boldsymbol{g}_k).\end{aligned}$$

为证 (2), 定义 $h_2(\tau) = m_k(\boldsymbol{d}_k(\tau))$, 则

$$\begin{aligned}h_2(\tau) &= f(\boldsymbol{x}_k) + \boldsymbol{g}_k^{\mathrm{T}}\boldsymbol{d}_k(\tau) + \frac{1}{2}\boldsymbol{d}_k(\tau)^{\mathrm{T}}\boldsymbol{B}_k\boldsymbol{d}_k(\tau)\\ &= f(\boldsymbol{x}_k) + \boldsymbol{g}_k^{\mathrm{T}}\left(\boldsymbol{d}_k^u + (\tau-1)(\boldsymbol{d}_k^{\mathrm{B}} - \boldsymbol{d}_k^u)\right)\\ &\quad + \frac{1}{2}\left(\boldsymbol{d}_k^u + (\tau-1)(\boldsymbol{d}_k^{\mathrm{B}} - \boldsymbol{d}_k^u)\right)^{\mathrm{T}}\boldsymbol{B}_k\left(\boldsymbol{d}_k^u + (\tau-1)(\boldsymbol{d}_k^{\mathrm{B}} - \boldsymbol{d}_k^u)\right)\\ &= m_k(\boldsymbol{d}_k^u) + (\tau-1)\boldsymbol{g}_k^{\mathrm{T}}(\boldsymbol{d}_k^{\mathrm{B}} - \boldsymbol{d}_k^u) + (\tau-1)(\boldsymbol{d}_k^{\mathrm{B}} - \boldsymbol{d}_k^u)^{\mathrm{T}}\boldsymbol{B}_k\boldsymbol{d}_k^u\\ &\quad + \frac{1}{2}(\tau-1)^2(\boldsymbol{d}_k^{\mathrm{B}} - \boldsymbol{d}_k^u)^{\mathrm{T}}\boldsymbol{B}_k(\boldsymbol{d}_k^{\mathrm{B}} - \boldsymbol{d}_k^u).\end{aligned}$$

进一步,

$$\begin{aligned}h_2'(\tau) &= \boldsymbol{g}_k^{\mathrm{T}}(\boldsymbol{d}_k^{\mathrm{B}} - \boldsymbol{d}_k^u) + (\boldsymbol{d}_k^{\mathrm{B}} - \boldsymbol{d}_k^u)^{\mathrm{T}}\boldsymbol{B}_k\boldsymbol{d}_k^u + (\tau-1)(\boldsymbol{d}_k^{\mathrm{B}} - \boldsymbol{d}_k^u)^{\mathrm{T}}\boldsymbol{B}_k(\boldsymbol{d}_k^{\mathrm{B}} - \boldsymbol{d}_k^u)\\ &\leqslant \boldsymbol{g}_k^{\mathrm{T}}(\boldsymbol{d}_k^{\mathrm{B}} - \boldsymbol{d}_k^u) + (\boldsymbol{d}_k^{\mathrm{B}} - \boldsymbol{d}_k^u)^{\mathrm{T}}\boldsymbol{B}_k\boldsymbol{d}_k^u + (\boldsymbol{d}_k^{\mathrm{B}} - \boldsymbol{d}_k^u)^{\mathrm{T}}\boldsymbol{B}_k(\boldsymbol{d}_k^{\mathrm{B}} - \boldsymbol{d}_k^u)\\ &= (\boldsymbol{d}_k^{\mathrm{B}} - \boldsymbol{d}_k^u)^{\mathrm{T}}(\boldsymbol{g}_k + \boldsymbol{B}_k\boldsymbol{d}_k^{\mathrm{B}}) = 0.\end{aligned}$$

据此得函数的单调性. 证毕

(2) 二维子空间方法

根据上面的分析, 信赖域子问题的最优解可能在负梯度方向上达到, 可能在拟牛顿方向 $-\boldsymbol{B}_k^{-1}\boldsymbol{g}_k$ 上达到, 也可能在它们的线性组合上达到. 基于此, 如果将信赖域子问题的解限制到子空间 $\mathrm{span}[\boldsymbol{g}_k, \boldsymbol{B}_k^{-1}\boldsymbol{g}_k]$ 上, 便得到信赖域子问题的二维子空间方法, 即求 $\boldsymbol{d}_k$ 满足

$$\boldsymbol{d}_k = \arg\min\{m_k(\boldsymbol{d}) \mid \|\boldsymbol{d}\| \leqslant \Delta_k,\ \boldsymbol{d} \in \mathrm{span}[\boldsymbol{g}_k, \boldsymbol{B}_k^{-1}\boldsymbol{g}_k]\}. \tag{4.3.4}$$

这是具有简单约束的低维优化问题. 由于 $\boldsymbol{d}_k^c$ 是 (4.3.4) 的可行解, 所以由该方法得到的信赖域子问题的最优解优于 $\boldsymbol{d}_k^c$. 与折线方法相比, 它可以克服 $\boldsymbol{B}_k$ 非奇异但不正定的情况.

(3) 精确解方法

前面介绍的两种方法只能给出信赖域子问题的近似解而非精确解. 如果能给出信赖域子问题的精确解, 无疑能极大提高算法的效率. 遗憾的是, 该子问题的精确解很难求, 这里给出精确解的一个刻画, 为精确求解提供参考.

定理 4.3.1 $\boldsymbol{d}_k \in \mathbb{R}^n$ 是信赖域子问题 (4.3.1) 的最优解的充要条件是存在 $\mu_k \geqslant 0$ 满足

$$\begin{cases} \|\boldsymbol{d}_k\| \leqslant \Delta_k, \\ (\boldsymbol{B}_k + \mu_k \boldsymbol{I})\boldsymbol{d}_k = -\boldsymbol{g}_k, \\ \mu_k(\Delta_k - \|\boldsymbol{d}_k\|) = 0, \\ (\boldsymbol{B}_k + \mu_k \boldsymbol{I})\text{半正定}. \end{cases} \tag{4.3.5}$$

证明 充分性 由定理 3.1.4, $\boldsymbol{d}_k$ 是凸二次函数

$$\begin{aligned} \hat{m}_k(\boldsymbol{d}) &\triangleq f(\boldsymbol{x}_k) + \boldsymbol{g}_k^{\mathrm{T}}\boldsymbol{d} + \frac{1}{2}\boldsymbol{d}^{\mathrm{T}}(\boldsymbol{B}_k + \mu_k \boldsymbol{I})\boldsymbol{d} \\ &= m_k(\boldsymbol{d}) + \frac{\mu_k}{2}\boldsymbol{d}^{\mathrm{T}}\boldsymbol{d} \end{aligned}$$

在 $\mathbb{R}^n$ 上的最小值点. 所以对任意满足 $\|\boldsymbol{d}\| \leqslant \Delta_k$ 的 $\boldsymbol{d}$ 成立

$$\hat{m}_k(\boldsymbol{d}) \geqslant \hat{m}_k(\boldsymbol{d}_k).$$

也就是

$$m_k(\boldsymbol{d}) \geqslant m_k(\boldsymbol{d}_k) + \frac{\mu_k}{2}(\|\boldsymbol{d}_k\|^2 - \|\boldsymbol{d}\|^2).$$

由 $\mu_k(\Delta_k - \|\boldsymbol{d}_k\|) = 0$ 知, $\mu_k(\Delta_k^2 - \|\boldsymbol{d}_k\|^2) = 0$. 结合上式得

$$m_k(\boldsymbol{d}) \geqslant m_k(\boldsymbol{d}_k) + \frac{\mu_k}{2}(\Delta_k^2 - \|\boldsymbol{d}\|^2).$$

这说明, 对任意满足 $\|\boldsymbol{d}\| \leqslant \Delta_k$ 的 $\boldsymbol{d}$, 成立 $m_k(\boldsymbol{d}) \geqslant m_k(\boldsymbol{d}_k)$. 从而 $\boldsymbol{d}_k$ 是子问题 (4.3.1) 的最优解.

必要性 设 $\boldsymbol{d}_k$ 是 (4.3.1) 的最优解. 如果 $\|\boldsymbol{d}_k\| < \Delta_k$, 则 $\boldsymbol{d}_k$ 是二次函数 $m_k(\boldsymbol{d})$ 的最小值点. 由定理 3.1.1 和 3.1.2,

$$\nabla m_k(\boldsymbol{d}_k) = \boldsymbol{B}_k\boldsymbol{d}_k + \boldsymbol{g}_k = \boldsymbol{0},$$

$\nabla^2 m(\boldsymbol{d}_k) = \boldsymbol{B}_k$ 半正定. 此时, 取 $\mu_k = 0$ 即得 (4.3.5).

若 $\|\boldsymbol{d}_k\| = \Delta_k$, 则 (4.3.5) 中第三式成立. $\boldsymbol{d}_k$ 是下述约束优化问题

$$\min\{m_k(\boldsymbol{d}) \mid \|\boldsymbol{d}\|^2 \leqslant \Delta_k^2\} \tag{4.3.6}$$

的最优解. 则由后续章节的定理 10.2.2, 存在 $\mu_k \geqslant 0$ 使得

$$\boldsymbol{B}_k\boldsymbol{d}_k + \boldsymbol{g}_k + \mu_k\boldsymbol{d}_k = \boldsymbol{0}.$$

即

$$(\boldsymbol{B}_k + \mu_k \boldsymbol{I})\boldsymbol{d}_k = -\boldsymbol{g}_k,$$

得 (4.3.5) 的第二式.

由于 $\boldsymbol{d}_k$ 是 (4.3.6) 的最优解, 所以对任意满足 $\|\boldsymbol{d}\| = \Delta_k$ 的 $\boldsymbol{d}$, 成立

$$m_k(\boldsymbol{d}) \geqslant m_k(\boldsymbol{d}_k),$$

$$m_k(\boldsymbol{d}_k) + \frac{\mu_k}{2}\|\boldsymbol{d}_k\|^2 \leqslant m_k(\boldsymbol{d}) + \frac{\mu_k}{2}\|\boldsymbol{d}\|^2. \tag{4.3.7}$$

利用 (4.3.5) 的第二式,

$$m_k(\boldsymbol{d}_k) + \frac{\mu_k}{2}\|\boldsymbol{d}_k\|^2 = f(\boldsymbol{x}_k) - \frac{1}{2}\boldsymbol{d}_k^{\mathrm{T}}(\boldsymbol{B}_k + \mu_k \boldsymbol{I})\boldsymbol{d}_k,$$

$$m_k(\boldsymbol{d}) + \frac{\mu_k}{2}\|\boldsymbol{d}\|^2 = f(\boldsymbol{x}_k) - \boldsymbol{d}_k^{\mathrm{T}}(\boldsymbol{B}_k + \mu_k \boldsymbol{I})\boldsymbol{d} + \frac{1}{2}\boldsymbol{d}^{\mathrm{T}}(\boldsymbol{B}_k + \mu_k \boldsymbol{I})\boldsymbol{d}.$$

代入 (4.3.7) 并整理得

$$\frac{1}{2}(\boldsymbol{d} - \boldsymbol{d}_k)^{\mathrm{T}}(\boldsymbol{B}_k + \mu_k \boldsymbol{I})(\boldsymbol{d} - \boldsymbol{d}_k) \geqslant 0.$$

由 $\|\boldsymbol{d}_k\| = \|\boldsymbol{d}\| = \Delta_k$ 及 $\boldsymbol{d}$ 的任意性知, $(\boldsymbol{B}_k + \mu_k \boldsymbol{I})$ 半正定. 证毕

本节最后讨论信赖域方法的收敛性. 首先分析子问题 (4.3.1) 的 Cauchy 点 $\boldsymbol{d}_k^{\mathrm{c}}$ 带来的二次模型 $m_k(\boldsymbol{d})$ 的下降量.

引理 4.3.2 信赖域子问题 (4.3.1) 的 Cauchy 点 $\boldsymbol{d}_k^{\mathrm{c}}$ 满足

$$m_k(\boldsymbol{d}_k^{\mathrm{c}}) - m_k(\boldsymbol{0}) \leqslant -\frac{1}{2}\|\boldsymbol{g}_k\| \min\{\Delta_k, \frac{\|\boldsymbol{g}_k\|}{\|\boldsymbol{B}_k\|}\}. \tag{4.3.8}$$

证明 根据 $\boldsymbol{g}_k^{\mathrm{T}}\boldsymbol{B}_k\boldsymbol{g}_k$ 的符号分情况讨论.

若 $\boldsymbol{g}_k^{\mathrm{T}}\boldsymbol{B}_k\boldsymbol{g}_k \leqslant 0$, 则由 (4.3.3), $\boldsymbol{d}_k^{\mathrm{c}} = -\dfrac{\Delta_k}{\|\boldsymbol{g}_k\|}\boldsymbol{g}_k$. 所以,

$$\begin{aligned}
m_k(\boldsymbol{d}_k^{\mathrm{c}}) - m_k(\boldsymbol{0}) &= m_k\left(-\frac{\Delta_k}{\|\boldsymbol{g}_k\|}\boldsymbol{g}_k\right) - f(\boldsymbol{x}_k) \\
&= -\frac{\Delta_k}{\|\boldsymbol{g}_k\|}\|\boldsymbol{g}_k\|^2 + \frac{1}{2}\frac{\Delta_k^2}{\|\boldsymbol{g}_k\|^2}\boldsymbol{g}_k^{\mathrm{T}}\boldsymbol{B}_k\boldsymbol{g}_k \\
&\leqslant -\Delta_k\|\boldsymbol{g}_k\| \\
&\leqslant -\frac{1}{2}\|\boldsymbol{g}_k\| \min\left\{\Delta_k, \frac{\|\boldsymbol{g}_k\|}{\|\boldsymbol{B}_k\|}\right\}.
\end{aligned}$$

若 $\boldsymbol{g}_k^{\mathrm{T}}\boldsymbol{B}_k\boldsymbol{g}_k > 0$ 且 $\dfrac{\|\boldsymbol{g}_k\|^3}{\Delta_k \boldsymbol{g}_k^{\mathrm{T}}\boldsymbol{B}_k\boldsymbol{g}_k} \leqslant 1$, 则由 (4.3.3),

$$\boldsymbol{d}_k^{\mathrm{c}} = -\frac{\|\boldsymbol{g}_k\|^2}{\boldsymbol{g}_k^{\mathrm{T}}\boldsymbol{B}_k\boldsymbol{g}_k}\boldsymbol{g}_k.$$

此时,

$$\begin{aligned} m_k(\boldsymbol{d}_k^{\mathrm{c}}) - m_k(\boldsymbol{0}) &= -\frac{1}{2}\frac{\|\boldsymbol{g}_k\|^4}{\boldsymbol{g}_k^{\mathrm{T}}\boldsymbol{B}_k\boldsymbol{g}_k} \leqslant -\frac{1}{2}\frac{\|\boldsymbol{g}_k\|^2}{\|\boldsymbol{B}_k\|} \\ &\leqslant -\frac{1}{2}\|\boldsymbol{g}_k\|\min\left\{\Delta_k, \frac{\|\boldsymbol{g}_k\|}{\|\boldsymbol{B}_k\|}\right\}. \end{aligned}$$

若 $\boldsymbol{g}_k^{\mathrm{T}}\boldsymbol{B}_k\boldsymbol{g}_k > 0$ 且 $\dfrac{\|\boldsymbol{g}_k\|^3}{\Delta_k \boldsymbol{g}_k^{\mathrm{T}}\boldsymbol{B}_k\boldsymbol{g}_k} > 1$, 则

$$\boldsymbol{d}_k^{\mathrm{c}} = -\frac{\Delta_k}{\|\boldsymbol{g}_k\|}\boldsymbol{g}_k, \qquad \|\boldsymbol{g}_k\|^3 > \Delta_k \boldsymbol{g}_k^{\mathrm{T}}\boldsymbol{B}_k\boldsymbol{g}_k.$$

从而

$$\begin{aligned} m_k(\boldsymbol{d}_k^{\mathrm{c}}) - m_k(\boldsymbol{0}) &= m_k\left(-\frac{\Delta_k}{\|\boldsymbol{g}_k\|}\boldsymbol{g}_k\right) - f(\boldsymbol{x}_k) \\ &= -\frac{\Delta_k}{\|\boldsymbol{g}_k\|}\|\boldsymbol{g}_k\|^2 + \frac{1}{2}\frac{\Delta_k^2}{\|\boldsymbol{g}_k\|^2}\boldsymbol{g}_k^{\mathrm{T}}\boldsymbol{B}_k\boldsymbol{g}_k \\ &\leqslant -\frac{1}{2}\Delta_k\|\boldsymbol{g}_k\| \\ &\leqslant -\frac{1}{2}\|\boldsymbol{g}_k\|\min\left\{\Delta_k, \frac{\|\boldsymbol{g}_k\|}{\|\boldsymbol{B}_k\|}\right\}. \end{aligned}$$

证毕

容易验证, 上一节给出的 (4.3.1) 的三种求解方法得到的 $\boldsymbol{d}_k$ 均满足 (4.3.8). 下面的结论表明, 子问题 (4.3.1) 的 Cauchy 解可保证信赖域算法的收敛性.

定理 4.3.2　设函数 $f:\mathbb{R}^n \to \mathbb{R}$ 在水平集 $\mathcal{L}(\boldsymbol{x}_0)$ 上连续可微有下界, 并在算法 4.3.1 中, $\eta = 0$. 若存在 $\beta > 0$, 使对任意的 k, $\|\boldsymbol{B}_k\| \leqslant \beta$, 且 (4.3.1) 的近似解 $\boldsymbol{d}_k$ 满足 (4.3.8) 中关于 $\boldsymbol{d}_k^{\mathrm{c}}$ 的结论, 则算法产生的点列满足 $\liminf\limits_{k\to\infty}\|\boldsymbol{g}_k\| = 0$.

证明　首先, 由 r_k 的定义,

$$|r_k - 1| = \left|\frac{f(\boldsymbol{x}_k + \boldsymbol{d}_k) - m_k(\boldsymbol{d}_k)}{m_k(\boldsymbol{0}) - m_k(\boldsymbol{d}_k)}\right|. \tag{4.3.9}$$

其次, 由 Taylor 展式

$$f(\boldsymbol{x}_k + \boldsymbol{d}_k) = f(\boldsymbol{x}_k) + \boldsymbol{g}_k^{\mathrm{T}}\boldsymbol{d}_k + o(\|\boldsymbol{d}_k\|),$$

当 $\Delta_k > 0$ 充分小时,

$$\begin{aligned} |m_k(\boldsymbol{d}_k) - f(\boldsymbol{x}_k + \boldsymbol{d}_k)| &= \left|\frac{1}{2}\boldsymbol{d}_k^{\mathrm{T}}\boldsymbol{B}_k\boldsymbol{d}_k + o(\|\boldsymbol{d}_k\|)\right| \\ &\leqslant \frac{\beta}{2}\|\boldsymbol{d}_k\|^2 + o(\|\boldsymbol{d}_k\|). \end{aligned} \tag{4.3.10}$$

假若命题结论不成立, 则存在 $\varepsilon_0 > 0$ 和 k_0 使对任意的 $k \geqslant k_0$, $\|\boldsymbol{g}_k\| \geqslant \varepsilon_0$. 由 (4.3.8), 对任意的 $k \geqslant k_0$,

$$\begin{aligned} m_k(\boldsymbol{0}) - m_k(\boldsymbol{d}_k) &\geqslant \frac{1}{2}\|\boldsymbol{g}_k\| \min\left\{\Delta_k, \frac{\|\boldsymbol{g}_k\|}{\|\boldsymbol{B}_k\|}\right\} \\ &\geqslant \frac{1}{2}\varepsilon_0 \min\left\{\Delta_k, \frac{\varepsilon_0}{\beta}\right\}. \end{aligned} \tag{4.3.11}$$

利用 (4.3.10)–(4.3.11), 则由 (4.3.9) 得

$$|r_k - 1| \leqslant \frac{\beta\Delta_k^2 + o(\Delta_k)}{\varepsilon_0 \min\{\Delta_k, \varepsilon_0/\beta\}}.$$

这说明存在 $\tilde{\Delta} > 0$ 充分小, 使对任意满足 $\Delta_k \leqslant \tilde{\Delta}$ 的 k, 有 $|r_k - 1| \leqslant \frac{1}{4}$, 即 $r_k > \frac{3}{4}$. 根据算法 4.3.1, $\Delta_{k+1} \geqslant \Delta_k$. 所以, 对任意的 $k \geqslant k_0$,

$$\Delta_k \geqslant \frac{1}{4}\tilde{\Delta}. \tag{4.3.12}$$

下证对充分大的 k, $r_k < \frac{1}{4}$. 否则, 存在自然数列 $\mathcal{N}$ 的一无穷子列 $\mathcal{N}_0$, 使对任意的 $k \in \mathcal{N}_0$, $r_k \geqslant \frac{1}{4}$. 则由 (4.3.11) 和 (4.3.12), 对任意的 $k \in \mathcal{N}_0, k \geqslant k_0$,

$$\begin{aligned} f(\boldsymbol{x}_k) - f(\boldsymbol{x}_{k+1}) &\geqslant \frac{1}{4}\big(m_k(\boldsymbol{0}) - m_k(\boldsymbol{d}_k)\big) \\ &\geqslant \frac{1}{8}\varepsilon_0 \min\left\{\Delta_k, \frac{\varepsilon_0}{\beta}\right\} \\ &\geqslant \frac{1}{8}\varepsilon_0 \min\left\{\frac{1}{4}\tilde{\Delta}, \frac{\varepsilon_0}{\beta}\right\}. \end{aligned}$$

令 $k \to \infty$, 得 $f(\boldsymbol{x}_k) \to -\infty$. 这与目标函数在水平集上有下界矛盾. 从而对充分大的 k, $r_k < \frac{1}{4}$.

根据算法, 此时 Δ_k 将以 $\frac{1}{4}$ 的比例压缩, 故有 $\lim\limits_{k\to\infty} \Delta_k = 0$. 这与 (4.3.12) 矛盾. 所以前面的假设不成立, 结论得证. 证毕

若目标函数满足较强的条件, 则有下面的结论.

定理 4.3.3 设函数 $f:\mathbb{R}^n\to\mathbb{R}$ 的梯度函数 Lipschitz 连续, 且 $f(\boldsymbol{x})$ 在水平集 $\mathcal{L}(\boldsymbol{x}_0)$ 上有下界. 对算法 4.3.1, 设 $\eta\in\left(0,\dfrac{1}{4}\right)$, 且存在 $\beta>0$ 使对任意的 k, $\|\boldsymbol{B}_k\|\leqslant\beta$. 若信赖域子问题 (4.3.1) 的近似解 $\boldsymbol{d}_k$ 满足 (4.3.8) 并且算法不有限步终止, 则算法产生的点列满足 $\lim\limits_{k\to\infty}\boldsymbol{g}_k=\boldsymbol{0}$.

证明 由题设, 对任意的 k, $\boldsymbol{g}_k\neq\boldsymbol{0}$. 任取 $k_0>0$, 记

$$\varepsilon_0=\frac{1}{2}\|\boldsymbol{g}_{k_0}\|>0,\quad \delta=\frac{\|\boldsymbol{g}_{k_0}\|}{2L}=\frac{\varepsilon_0}{L},$$

其中, L 为梯度函数 $\nabla f(\boldsymbol{x})$ 的 Lipschitz 常数. 则对任意的 $x\in N(\boldsymbol{x}_{k_0},\delta)$,

$$\|\boldsymbol{g}(\boldsymbol{x})\|\geqslant\|\boldsymbol{g}_{k_0}\|-\|\boldsymbol{g}(\boldsymbol{x})-\boldsymbol{g}_{k_0}\|\geqslant\varepsilon_0.$$

如果点列 $\{\boldsymbol{x}_k\}_{k\geqslant k_0}\subset N(\boldsymbol{x}_{k_0},\delta)$, 则对 $k\geqslant k_0$, 成立 $\|\boldsymbol{g}_k\|\geqslant\varepsilon_0$. 由定理 4.3.2, 这种情况不会发生. 所以, 点列 $\{\boldsymbol{x}_k\}_{k\geqslant k_0}$ 最终会离开 $N(\boldsymbol{x}_{k_0},\delta)$.

设 $\boldsymbol{x}_{k_1}$ 是满足 $k\geqslant k_0$ 的第一个离开 $N(\boldsymbol{x}_{k_0},\delta)$ 的迭代点. 那么对任意的 $k_0\leqslant k\leqslant k_1-1$,

$$\begin{aligned}f_{k_0}-f_{k_1}&=\sum_{k=k_0}^{k_1-1}(f(\boldsymbol{x}_k)-f(\boldsymbol{x}_{k+1}))\\&\geqslant\sum_{\substack{k=k_0\\ \boldsymbol{x}_k\neq\boldsymbol{x}_{k+1}}}^{k_1-1}\eta(m_k(\boldsymbol{0})-m_k(\boldsymbol{d}_k))\\&\geqslant\sum_{\substack{k=k_0\\ \boldsymbol{x}_k\neq\boldsymbol{x}_{k+1}}}^{k_1-1}\frac{1}{2}\eta\varepsilon_0\min\Big\{\Delta_k,\frac{\varepsilon_0}{\beta}\Big\}.\end{aligned}$$

其中, 最后一式利用了引理 4.3.2.

如果对任意的 $k_0\leqslant k\leqslant k_1-1$, $\Delta_k\leqslant\dfrac{\varepsilon_0}{\beta}$, 则

$$\begin{aligned}f_{k_0}-f_{k_1}&\geqslant\frac{1}{2}\eta\varepsilon_0\sum_{\substack{k=k_0\\ \boldsymbol{x}_k\neq\boldsymbol{x}_{k+1}}}^{k_1-1}\Delta_k\\&\geqslant\frac{1}{2}\eta\varepsilon_0\delta=\frac{1}{2}\eta\varepsilon_0^2/L,\end{aligned}\tag{4.3.13}$$

其中, 第二个不等式利用了结论 $\boldsymbol{x}_{k_1}$ 是满足 $k\geqslant k_0$ 的第一个离开 $N(\boldsymbol{x}_{k_0},\delta)$ 的迭

代点. 否则, 存在 $k_0 \leqslant k \leqslant k_1 - 1$, 使得 $\Delta_k > \varepsilon_0/\beta$. 从而

$$f_{k_0} - f_{k_1} \geqslant \frac{1}{2\beta}\eta\varepsilon_0^2. \tag{4.3.14}$$

由于数列 $\{f(\boldsymbol{x}_k)\}$ 单调下降有下界, 故有极限, 记为 f^*. 则由 (4.3.13) 和 (4.3.14) 得

$$\begin{aligned} f_{k_0} - f^* &\geqslant f_{k_0} - f_{k_1} \\ &\geqslant \frac{1}{2}\eta\varepsilon_0^2 \min\left\{\frac{1}{\beta}, \frac{1}{L}\right\} \\ &= \frac{1}{8}\eta \min\left\{\frac{1}{\beta}, \frac{1}{L}\right\}\|\boldsymbol{g}_{k_0}\|^2. \end{aligned}$$

这样,

$$\|\boldsymbol{g}_{k_0}\|^2 \leqslant \left(\frac{1}{8}\eta \min\left\{\frac{1}{\beta}, \frac{1}{L}\right\}\right)^{-1}(f_{k_0} - f^*).$$

令 $k_0 \to \infty$ 得

$$\lim_{k\to\infty} \boldsymbol{g}_k = \boldsymbol{0}.$$

证毕

上述结论表明, 信赖域方法有良好的理论性质. 尽管如此, 它在每一迭代步需要求解一带球约束的二次规划问题, 计算量较大.

习　题

1. 设函数 $f : \mathbb{R}^n \to \mathbb{R}$ 连续可微, $\boldsymbol{d} \in \mathbb{R}^n$ 为该函数在点 $\boldsymbol{x} \in \mathbb{R}^n$ 的下降方向. 试建立函数 $\phi(\alpha) = f(\boldsymbol{x} + \alpha\boldsymbol{d})$ 关于 $\alpha \geqslant 0$ 的最小值点的必要条件, 并讨论在什么条件下该条件是充分的.

2. 计算严格凸二次函数 $f(\boldsymbol{x}) = \dfrac{1}{2}\boldsymbol{x}^{\mathrm{T}}\boldsymbol{A}\boldsymbol{x} + \boldsymbol{b}^{\mathrm{T}}\boldsymbol{x}$ 在 $\boldsymbol{x}_k$ 点沿下降方向 $\boldsymbol{d}_k$ 的最优步长. 若取 $\boldsymbol{d}_k = -\boldsymbol{g}_k$, 试计算该函数在该迭代步的下降量.

第 5 章　最速下降法与牛顿方法

最速下降法与牛顿方法是无约束优化问题的两种基本方法. 最速下降法是根据目标函数的线性近似得到的. 虽然它被称作最速下降法求解, 但它的收敛速度并不快. 牛顿方法是根据目标函数的二次近似得到的, 具有快的收敛速度, 但计算量较大, 且只有在初始点靠近最优值点时才能保证收敛性.

5.1　最速下降法

对无约束优化问题

$$\min_{\boldsymbol{x}\in\mathbb{R}^n} \quad f(\boldsymbol{x}),$$

其中, 目标函数 $f:\mathbb{R}^n\to\mathbb{R}$ 连续可微, 其负梯度方向称为最速下降方向. 对该方向进行线搜索, 就得到最速下降算法 (Cauchy, 1847).

算法 5.1.1

步 1. 取初始点 $\boldsymbol{x}_0\in\mathbb{R}^n$ 和参数 $\varepsilon\geqslant 0$, 令 $k=0$.

步 2. 若 $\|\boldsymbol{g}_k\|\leqslant\varepsilon$, 算法停止; 否则, 进入下一步.

步 3. 取 $\boldsymbol{d}_k=-\boldsymbol{g}_k$. 对其进行线搜索产生步长 α_k.

步 4. 令 $\boldsymbol{x}_{k+1}=\boldsymbol{x}_k+\alpha_k\boldsymbol{d}_k$, $k=k+1$. 返回步 2.

最优步长规则下的最速下降算法有如下性质.

性质 5.1.1　设函数 $f:\mathbb{R}^n\to\mathbb{R}$ 连续可微. 则最优步长规则下的最速下降算法在相邻两迭代点的搜索方向相互垂直, 即

$$\langle\boldsymbol{d}_k,\boldsymbol{d}_{k+1}\rangle=0.$$

证明　记 $\varphi(\alpha)=f(\boldsymbol{x}_k+\alpha\boldsymbol{d}_k)$. 根据步长规则,

$$\begin{aligned}0=\varphi'(\alpha_k)&=\langle\nabla f(\boldsymbol{x}_k+\alpha_k\boldsymbol{d}_k),\boldsymbol{d}_k\rangle\\&=\langle\nabla f(\boldsymbol{x}_{k+1}),\boldsymbol{d}_k\rangle\\&=-\langle\boldsymbol{d}_{k+1},\boldsymbol{d}_k\rangle.\end{aligned}$$

结论得证.　　证毕

在下面的收敛性分析中, 取 $\varepsilon = 0$. 由最优步长规则下的下降算法的收敛性质可得最速下降算法的收敛性质.

定理 5.1.1 若目标函数 $f(\boldsymbol{x})$ 连续可微, 则最优步长规则下的最速下降算法产生的点列 $\{\boldsymbol{x}_k\}$ 的任一聚点 $\boldsymbol{x}^*$ 满足 $\nabla f(\boldsymbol{x}^*) = \boldsymbol{0}$.

证明 由于 $f(\boldsymbol{x})$ 连续可微, $\boldsymbol{d}_k = -\boldsymbol{g}_k$, 所以对 $\{\boldsymbol{x}_k\}$ 的任一收敛子列 $\{\boldsymbol{x}_k\}_{\mathcal{N}_0}$, 设极限点为 $\boldsymbol{x}^*$, 成立

$$\lim_{\substack{k \in \mathcal{N}_0 \\ k \to \infty}} \boldsymbol{d}_k = -\boldsymbol{g}(\boldsymbol{x}^*).$$

由定理 4.1.3 得 $\nabla f(\boldsymbol{x}^*) = \boldsymbol{0}$. 证毕

下面的结论说明, 对严格凸二次函数, 最速下降法的收敛速度依赖于目标函数在最优值点的 Hesse 阵的条件数.

定理 5.1.2 对严格凸二次函数 $f(\boldsymbol{x}) = \dfrac{1}{2}\boldsymbol{x}^{\mathrm{T}}\boldsymbol{G}\boldsymbol{x}$, 最优步长规则下的最速下降算法线性收敛. 具体地, 最速下降算法产生的迭代点列 $\{\boldsymbol{x}_k\}$ 满足

$$\frac{f(\boldsymbol{x}_{k+1}) - f(\boldsymbol{x}^*)}{f_k - f(\boldsymbol{x}^*)} \leqslant \left(\frac{\lambda_1 - \lambda_n}{\lambda_1 + \lambda_n}\right)^2, \qquad \frac{\|\boldsymbol{x}_{k+1} - \boldsymbol{x}^*\|}{\|\boldsymbol{x}_k - \boldsymbol{x}^*\|} \leqslant \frac{\lambda_1 - \lambda_n}{\lambda_1 + \lambda_n}\sqrt{\frac{\lambda_1}{\lambda_n}}.$$

其中, $\lambda_1 \geqslant \lambda_2 \geqslant \cdots \geqslant \lambda_n > 0$ 为对称正定矩阵 $\boldsymbol{G}$ 的 n 个特征根, 而 $\boldsymbol{x}^* = \boldsymbol{0}$ 为 $f(\boldsymbol{x})$ 的最小值点.

证明 若 $\lambda_1 = \lambda_n$, 将其统记为 λ, 则存在正交阵 $\boldsymbol{Q}$ 使得 $\boldsymbol{Q}^{\mathrm{T}}\boldsymbol{G}\boldsymbol{Q} = \lambda\boldsymbol{I}$. 令 $\boldsymbol{y} = \boldsymbol{Q}^{\mathrm{T}}\boldsymbol{x}$ 得

$$f(\boldsymbol{x}) = \frac{1}{2}\boldsymbol{x}^{\mathrm{T}}\boldsymbol{G}\boldsymbol{x} = \frac{\lambda}{2}\boldsymbol{y}^{\mathrm{T}}\boldsymbol{y}, \quad \nabla f(\boldsymbol{x}) = \boldsymbol{G}\boldsymbol{x} = \boldsymbol{Q}\boldsymbol{y}.$$

从而

$$\boldsymbol{x}_1 = \boldsymbol{x}_0 - \alpha_0 \nabla f(\boldsymbol{x}_0) = \boldsymbol{Q}\boldsymbol{y}_0 - \alpha_0 \boldsymbol{Q}\boldsymbol{y}_0.$$

取步长 $\alpha_0 = 1$, 得 $\boldsymbol{x}_1 = \boldsymbol{x}^*$. 算法一步终止, 命题结论得证.

下面考虑 $\lambda_1 > \lambda_n$ 的情况. 此时由 $\nabla f(\boldsymbol{x}) = \boldsymbol{G}\boldsymbol{x}$ 知

$$\boldsymbol{x}_{k+1} = \boldsymbol{x}_k - \alpha_k \boldsymbol{g}_k = (\boldsymbol{I} - \alpha_k \boldsymbol{G})\boldsymbol{x}_k.$$

再由步长规则, 对任意的 $\alpha \geqslant 0$,

$$f[(\boldsymbol{I} - \alpha_k \boldsymbol{G})\boldsymbol{x}_k] \leqslant f[(\boldsymbol{I} - \alpha \boldsymbol{G})\boldsymbol{x}_k]. \tag{5.1.1}$$

为建立命题, 下引入函数 $\phi(t) = \lambda - \mu t$, 其中, λ, μ 满足

$$\begin{cases} \phi(\lambda_1) = 1, \\ \phi(\lambda_n) = -1. \end{cases}$$

解之得

$$\begin{cases} \lambda = -\dfrac{\lambda_1+\lambda_n}{\lambda_1-\lambda_n}, \\ \mu = \dfrac{-2}{\lambda_1-\lambda_n}. \end{cases}$$

所以

$$\phi(t) = \frac{2t-(\lambda_1+\lambda_n)}{\lambda_1-\lambda_n}.$$

这说明 $\phi(t)$ 关于 t 单调递增, 且对任意的 $1 \leqslant i \leqslant n$,

$$|\phi(\lambda_i)| \leqslant 1. \tag{5.1.2}$$

记对称正定矩阵 $\boldsymbol{G}$ 的特征根 λ_i 对应的单位特征向量为 $\boldsymbol{u}_i$, $i=1,2,\cdots,n$. 由线性代数的知识, 可设向量组 $\boldsymbol{u}_1,\boldsymbol{u}_2,\cdots,\boldsymbol{u}_n$ 为 $\mathbb{R}^n$ 的一组标准正交基, 从而存在数组 a_i^k, $i=1,2,\cdots,n$ 使

$$\boldsymbol{x}_k = \sum_{i=1}^{n} a_i^k \boldsymbol{u}_i.$$

由于 $\boldsymbol{I}-\dfrac{\mu}{\lambda}\boldsymbol{G}$ 可以写成 $\dfrac{\phi(\boldsymbol{G})}{\phi(0)}$, 从而由 (5.1.1) 和 (5.1.2) 得

$$\begin{aligned} f(\boldsymbol{x}_{k+1}) &\leqslant f\Big(\frac{\phi(\boldsymbol{G})}{\phi(0)}\boldsymbol{x}_k\Big) = \frac{1}{2}\Big(\frac{\phi(\boldsymbol{G})}{\phi(0)}\boldsymbol{x}_k\Big)^{\mathrm{T}}\boldsymbol{G}\Big(\frac{\phi(\boldsymbol{G})}{\phi(0)}\boldsymbol{x}_k\Big) \\ &= \frac{1}{2}\sum_{i,j=1}^{n}\frac{a_i^k a_j^k}{\phi(0)^2}\big(\phi(\boldsymbol{G})\boldsymbol{u}_i\big)^{\mathrm{T}}\boldsymbol{G}\big(\phi(\boldsymbol{G})\boldsymbol{u}_j\big) \\ &= \frac{1}{2}\sum_{i,j=1}^{n}\frac{a_i^k a_j^k}{\phi(0)^2}\Big(\frac{2\boldsymbol{G}-(\lambda_1+\lambda_n)\boldsymbol{I}}{\lambda_1-\lambda_n}\boldsymbol{u}_i\Big)^{\mathrm{T}}\boldsymbol{G}\Big(\frac{2\boldsymbol{G}-(\lambda_1+\lambda_n)\boldsymbol{I}}{\lambda_1-\lambda_n}\boldsymbol{u}_j\Big) \\ &= \frac{1}{2}\sum_{i,j=1}^{n}\frac{a_i^k a_j^k}{\phi(0)^2}\Big(\frac{2\lambda_i-(\lambda_1+\lambda_n)}{\lambda_1-\lambda_n}\boldsymbol{u}_i\Big)^{\mathrm{T}}\boldsymbol{G}\Big(\frac{2\lambda_j-\big(\lambda_1+\lambda_n\big)}{\lambda_1-\lambda_n}\boldsymbol{u}_j\Big) \\ &= \frac{1}{2}\sum_{i,j=1}^{n}\frac{a_i^k a_j^k}{\phi(0)^2}\phi(\lambda_i)\phi(\lambda_j)\boldsymbol{u}_i^{\mathrm{T}}\boldsymbol{G}\boldsymbol{u}_j \\ &= \frac{1}{2}\sum_{i=1}^{n}\frac{(a_i^k)^2}{\phi(0)^2}\big(\phi(\lambda_i)\big)^2\lambda_i \\ &\leqslant \frac{1}{(\phi(0))^2}\Big(\frac{1}{2}\sum_{i=1}^{n}(a_i^k)^2\lambda_i\Big) \end{aligned}$$

$$= \left(\frac{\lambda_1-\lambda_n}{\lambda_1+\lambda_n}\right)^2 f(\boldsymbol{x}_k).$$

利用 $f(\boldsymbol{x}^*)=0$ 得

$$\frac{f(\boldsymbol{x}_{k+1})-f(\boldsymbol{x}^*)}{f(\boldsymbol{x}_k)-f(\boldsymbol{x}^*)} \leqslant \left(\frac{\lambda_1-\lambda_n}{\lambda_1+\lambda_n}\right)^2.$$

由于

$$\lambda_1\|\boldsymbol{y}\|^2 \geqslant \boldsymbol{y}^{\mathrm{T}}\boldsymbol{G}\boldsymbol{y} \geqslant \lambda_n\|\boldsymbol{y}\|^2, \quad \forall\, \boldsymbol{y}\in\mathbb{R}^n,$$

从而由引理 4.1.2 得

$$\frac{\lambda_1}{2}\|\boldsymbol{x}-\boldsymbol{x}^*\|^2 \geqslant f(\boldsymbol{x})-f(\boldsymbol{x}^*) \geqslant \frac{\lambda_n}{2}\|\boldsymbol{x}-\boldsymbol{x}^*\|^2.$$

这样有

$$\frac{\lambda_n\|\boldsymbol{x}_{k+1}-\boldsymbol{x}^*\|^2}{\lambda_1\|\boldsymbol{x}_k-\boldsymbol{x}^*\|^2} \leqslant \frac{f(\boldsymbol{x}_{k+1})-f(\boldsymbol{x}^*)}{f(\boldsymbol{x}_k)-f(\boldsymbol{x}^*)} \leqslant \left(\frac{\lambda_1-\lambda_n}{\lambda_1+\lambda_n}\right)^2.$$

整理即得命题结论. 证毕

下面的例子说明, 最优步长规则下的最速下降算法至多线性收敛.

例 5.1.1 求凸二次函数 $f(x_1,x_2)=\dfrac{1}{3}x_1^2+\dfrac{1}{2}x_2^2$ 的最小值点.

显然, 该函数的最小值点为 $\boldsymbol{x}^*=(0;0)$. 取初始点 $\boldsymbol{x}_0=(3;2)$, 则最优步长规则下的最速下降算法产生迭代点列

$$\boldsymbol{x}_k=\left(\frac{3}{5^k};(-1)^k\frac{2}{5^k}\right).$$

显然,

$$\|\boldsymbol{x}_k-\boldsymbol{x}^*\|=\sqrt{13}\left(\frac{1}{5}\right)^k.$$

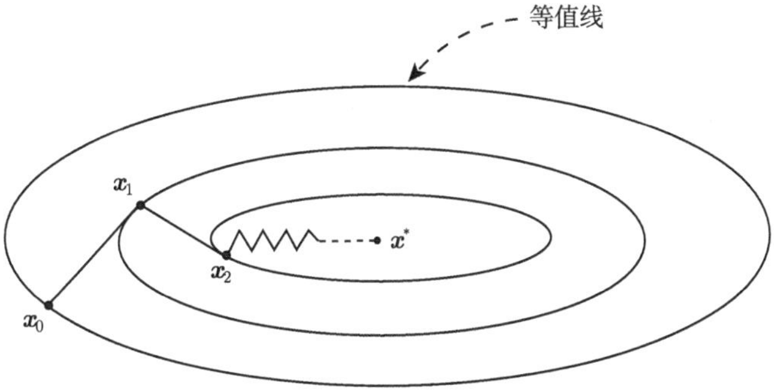

图 5.1.1 最速下降算法的迭代过程

由此, 对该凸二次函数, 最优步长规则下的最速下降算法产生的点列 R-线性收敛到最优值点. 该算法的收敛速度已无提升空间.

取负梯度方向作为搜索方向是线搜索方法的一个很自然的选择. 它具有迭代过程简单, 计算量和存储量小等优点. 但由于最速下降方向是利用目标函数的线性逼近得到的, 也就是说, 最速下降方向 $\boldsymbol{d}_k$ 是通过求解下述优化问题得到的

$$\min\{f(\boldsymbol{x}_k)+\boldsymbol{d}^{\mathrm{T}}\nabla f(\boldsymbol{x}_k)\mid \|\boldsymbol{d}\|\leqslant 1\}.$$

因此, 这里的 "最速下降" 也仅仅是目标函数的局部性质. 由于最优步长规则下的最速下降算法在相邻两次迭代过程中的前进方向是相互垂直的, 因而整个行程呈锯齿形 (图 5.1.1). 所以对许多问题, 最速下降算法并非使目标函数值下降得很快. 该算法开始时步长较大, 但越靠近最优值点, 靠近速度越慢. 对此做如下分析. 在最优值点附近, 目标函数可以用二次函数近似, 其图像是一个陡而窄的峡谷, 等值线为一椭球, 而长轴和短轴分别位于凸目标函数在最优值点的 Hesse 阵的最小特征值和最大特征值对应的特征向量方向上. 目标函数的条件数越大, 深谷越窄. 这时, 若初始点不在长短轴上, 迭代点列就会在下落的过程中在深谷中来回反弹, 呈现锯齿现象, 而迭代点列以难以容忍的慢速靠近最优值点. 所以从局部来看, 最速下降方向确实是目标函数值下降最快的方向, 而从全局来看, 最速下降算法是很慢的. 尽管如此, 最速下降算法可以较快地靠近最优值点所在的邻域. 所以该算法适用于算法的开局, 而不适用于算法的收局.

5.2 牛顿方法

最速下降算法收敛速度慢. 究其原因, 人们发现其搜索方向是利用目标函数的线性近似产生的. 为此, 人们考虑目标函数的二阶近似, 并用其最小值点来产生新的迭代点, 这就得到牛顿算法.

设函数 $f:\mathbb{R}^n\to\mathbb{R}$ 二阶连续可微. 则 $f(\boldsymbol{x}_k+\boldsymbol{d})$ 在 $\boldsymbol{x}_k$ 点的二阶近似为

$$m_k(\boldsymbol{d})\triangleq f(\boldsymbol{x}_k)+\boldsymbol{d}^{\mathrm{T}}\boldsymbol{g}_k+\frac{1}{2}\boldsymbol{d}^{\mathrm{T}}\boldsymbol{G}_k\boldsymbol{d}.$$

若 $\boldsymbol{G}_k$ 正定, 则 $m_k(\boldsymbol{d})$ 是凸函数. 利用一阶最优性条件

$$\boldsymbol{G}_k\boldsymbol{d}=-\boldsymbol{g}_k, \tag{5.2.1}$$

可得二次函数 $m_k(\boldsymbol{d})$ 的最小值点 $\boldsymbol{d}_k^N=-\boldsymbol{G}_k^{-1}\boldsymbol{g}_k$.

根据目标函数在当前点附近与二次函数的近似性, 可将 $\boldsymbol{x}_k-\boldsymbol{G}_k^{-1}\boldsymbol{g}_k$ 作为新的迭代点, 即令 $\boldsymbol{x}_{k+1}=\boldsymbol{x}_k-\boldsymbol{G}_k^{-1}\boldsymbol{g}_k$. 这就是牛顿算法, 其中, $\boldsymbol{d}_k^N=-\boldsymbol{G}_k^{-1}\boldsymbol{g}_k$ 称为牛顿方向. 由于牛顿算法恒取单位步长, 所以 $\boldsymbol{d}_k^N=-\boldsymbol{G}_k^{-1}\boldsymbol{g}_k$ 称为牛顿步. 方程 (5.2.1) 称为牛顿方程.

利用凸优化问题的最优性条件 (定理 3.1.4), 对凸二次函数, 无论从什么初始点出发, 牛顿算法一步就能得到其全局最优值点. 对于一般的非二次函数, 由于牛顿算法不但利用了目标函数的梯度信息, 而且还利用了其二阶信息, 考虑了梯度变化的趋势, 所以当迭代点靠近最优点时, 该算法可以很快到达最优值点.

定理 5.2.1 设 $f:\mathbb{R}^n\to\mathbb{R}$ 二阶连续可微, $\boldsymbol{x}^*$ 为其最小值点, 并且 $\boldsymbol{G}(\boldsymbol{x}^*)$ 非奇异. 那么, 牛顿算法产生的点列 $\{\boldsymbol{x}_k\}$ 满足

(1) 若初始点 $\boldsymbol{x}_0$ 充分靠近 $\boldsymbol{x}^*$, 则 $\lim\limits_{k\to\infty}\boldsymbol{x}_k=\boldsymbol{x}^*$;

(2) 若还有 Hesse 阵 $\boldsymbol{G}(\boldsymbol{x})$ 在 $\boldsymbol{x}^*$ 附近 Lipschitz 连续 (常数为 L), 则 $\{\boldsymbol{x}_k\}$ 二阶收敛到 $\boldsymbol{x}^*$.

证明 对 (1), 由于 $\boldsymbol{G}(\boldsymbol{x}^*)$ 非奇异, 当 $\boldsymbol{x}_k$ 充分靠近 $\boldsymbol{x}^*$ 时, $\boldsymbol{G}_k^{-1}$ 存在. 由 Taylor 展式, 并利用 $\boldsymbol{g}(\boldsymbol{x}^*)=\boldsymbol{0}$ 得

$$\boldsymbol{0}=\boldsymbol{g}(\boldsymbol{x}^*)=\boldsymbol{g}_k+\boldsymbol{G}_k(\boldsymbol{x}^*-\boldsymbol{x}_k)+o(\|\boldsymbol{x}_k-\boldsymbol{x}^*\|).$$

左乘 $\boldsymbol{G}_k^{-1}$ 得

$$\boldsymbol{x}_k-\boldsymbol{x}^*-\boldsymbol{G}_k^{-1}\boldsymbol{g}_k=o(\|\boldsymbol{x}_k-\boldsymbol{x}^*\|),$$

即

$$\boldsymbol{x}_{k+1}-\boldsymbol{x}^*=o(\|\boldsymbol{x}_k-\boldsymbol{x}^*\|).$$

从而在初始点 $\boldsymbol{x}_0$ 充分靠近 $\boldsymbol{x}^*$ 时, 点列 $\{\boldsymbol{x}_k\}$ 超线性收敛到 $\boldsymbol{x}^*$.

下证 (2). 当 $\boldsymbol{x}_k$ 充分靠近 $\boldsymbol{x}^*$ 时, 利用 $\boldsymbol{G}(\boldsymbol{x}^*)$ 的非奇异性和 $\boldsymbol{G}(\boldsymbol{x})$ 的连续性知存在 $M>0$, 使对任意的 $k\geqslant 0$,

$$\|\boldsymbol{G}_k^{-1}\|\leqslant M.$$

由牛顿算法迭代公式, $\boldsymbol{G}(\boldsymbol{x})$ 的 Lipschitz 连续性及 (2.1.7) 得

$$\begin{aligned}\|\boldsymbol{x}_{k+1}-\boldsymbol{x}^*\|&=\|\boldsymbol{x}_k-\boldsymbol{x}^*-\boldsymbol{G}_k^{-1}\boldsymbol{g}_k\|\\&=\|\boldsymbol{G}_k^{-1}\big[\boldsymbol{G}_k(\boldsymbol{x}_k-\boldsymbol{x}^*)-\boldsymbol{g}_k+\boldsymbol{g}(\boldsymbol{x}^*)\big]\|\\&\leqslant M\Big\|\int_0^1[\boldsymbol{G}_k-\boldsymbol{G}(\boldsymbol{x}^*+\tau(\boldsymbol{x}_k-\boldsymbol{x}^*))](\boldsymbol{x}_k-\boldsymbol{x}^*)\mathrm{d}\tau\Big\|\\&\leqslant LM\|\boldsymbol{x}_k-\boldsymbol{x}^*\|^2\int_0^1(1-\tau)\mathrm{d}\tau\\&=\frac{1}{2}LM\|\boldsymbol{x}_k-\boldsymbol{x}^*\|^2.\end{aligned}$$

所以迭代点列二阶收敛. 证毕

上述结论表明, 牛顿算法具有好的收敛性质. 但若初始点远离问题的最优值点, 即使目标函数是凸函数, 也可能不收敛.

例 5.2.1　考虑单元函数

$$f(x)=\sqrt{1+x^2}.$$

显然, $x^*=0$ 为该函数的全局最小值点. 下用牛顿算法求该问题的最小值点. 容易计算,

$$f'(x)=\frac{x}{\sqrt{1+x^2}},\quad f''(x)=\frac{1}{(1+x^2)^{3/2}}.$$

所以牛顿算法的迭代过程为

$$x_{k+1}=x_k-\frac{f'(x_k)}{f''(x_k)}=x_k-x_k(1+x_k^2)=-x_k^3.$$

显然, 当 $|x|<1$ 时, 迭代点列快速收敛到最优值点, 而当 $|x|\geqslant 1$ 时, 算法不收敛.

牛顿算法借助目标函数在当前点的二阶 Taylor 展式的最小值点逐步逼近目标函数的最小值点, 因而具有快的收敛速度, 这在数值实验中表现为迭代点越靠近最优值点, 收敛速度越快, 因而适用于算法的收局. 不过, 牛顿算法最终得到的是目标函数的稳定点. 因而算法产生点列的聚点可能是目标函数的最小值点也可能是最大值点.

虽然牛顿算法有快的收敛速度, 但仍有很多缺陷, 需要在算法设计时进行修补和调整. 首先, 正如例 5.2.1 指出的, 牛顿算法的有效性严重依赖于初始点的选取, 即要求初始点充分靠近问题的最优值点. 为保证算法的全局收敛性, 若引入以 1 作试探步长的线搜索, 则得到阻尼牛顿算法. 其次, 牛顿算法在迭代过程中会出现目标函数 Hesse 阵奇异的情况, 从而导致算法不能继续执行, 也会出现牛顿算法可执行但牛顿方向非下降的情形. 若此时调用负梯度方向, 则得到“杂交”牛顿算法. 最后, 为减少牛顿方程 (5.2.1) 的计算量, 若取其近似解作为搜索方向, 则得到非精确牛顿算法, 又称截断牛顿算法.

牛顿算法虽然有快的收敛速度, 并在不能执行时有很多补救措施, 但它还有一个致命的缺陷: 在迭代过程中需要计算目标函数的 Hesse 阵. 这使算法的计算量和存储量都很大, 从而使算法运行起来负担过重. 为降低牛顿算法的计算量, 同时保持牛顿算法快速收敛的特性, 人们基于梯度函数的差分构造目标函数 Hesse 阵的一个近似, 然后基于拟牛顿方程产生搜索方向, 继而通过线搜索完成迭代过程. 这就得到无约束优化问题的拟牛顿算法. 该方法不需要计算目标函数的 Hesse 阵, 却在某种意义下具有使用 Hesse 阵的功效, 因而是无约束优化问题的一种有效方法. 另一方面, 人们基于最速下降算法计算量小的特性, 思考如何基于目标函数的梯度信息建立起比最速下降算法快得多的数值方法, 这就产生了下一章介绍的共

轭梯度法.

习　题

1. 证明对严格凸二次函数, 牛顿算法一次迭代即得到该函数的全局最优值点.

2. 设 $f:\mathbb{R}^n\to\mathbb{R}$ 为连续可微函数, $\boldsymbol{B}_k$ 为 n 阶对称正定矩阵. 考虑由下述公式产生搜索方向

$$\boldsymbol{B}_k\boldsymbol{d}_k=-\boldsymbol{g}_k$$

的下降算法. 分析 $\boldsymbol{B}_k$ 的不同取法对算法收敛速度的影响.

第 6 章　共轭梯度法

共轭梯度法始于求解大规模线性方程组问题. 因此, 又称线性共轭梯度法. 后被应用于非线性最优化问题. 该方法基于前一迭代点的搜索方向对当前迭代点的负梯度方向进行修正来产生新的搜索方向. 它在迭代过程中只需计算目标函数的梯度, 不需要矩阵存储, 因而计算量较小. 对严格凸二次函数, 该算法产生的新搜索方向与之前的所有搜索方向都共轭, 因而具有比最速下降算法好得多的数值效果.

6.1　线性共轭方向法

考虑线性方程组问题

$$\boldsymbol{A}\boldsymbol{x} = \boldsymbol{b},$$

其中, 矩阵 $\boldsymbol{A} \in \mathbb{R}^{n\times n}$ 对称正定, $\boldsymbol{b} \in \mathbb{R}^n$. 对该问题, 常见的数值方法有 Gauss 消元法和系数矩阵的三角分解法. 但当问题的规模较大时, 这些算法不再有效. 为此, Hestenes 和 Stiefel (1952) 将它化为如下二次规划问题

$$\min_{\boldsymbol{x}\in\mathbb{R}^n} f(\boldsymbol{x}) = \frac{1}{2}\boldsymbol{x}^{\mathrm{T}}\boldsymbol{A}\boldsymbol{x} - \boldsymbol{b}^{\mathrm{T}}\boldsymbol{x},$$

然后沿关于系数矩阵 $\boldsymbol{A}$ 的共轭方向进行线搜索, 建立了线性共轭方向法. 下面给出共轭方向的定义.

定义 6.1.1　设矩阵 $\boldsymbol{A}$ 对称正定. 若非零向量 $\boldsymbol{d}_1, \boldsymbol{d}_2 \in \mathbb{R}^n$ 满足 $\boldsymbol{d}_1^{\mathrm{T}}\boldsymbol{A}\boldsymbol{d}_2 = 0$, 则称 $\boldsymbol{d}_1$, $\boldsymbol{d}_2$ 关于 $\boldsymbol{A}$ 共轭, 并称 $\boldsymbol{d}_1, \boldsymbol{d}_2$ 为关于 $\boldsymbol{A}$ 的共轭方向.

类似可定义多个向量的共轭. 共轭向量是正交向量的推广. 对于共轭方向, 容易证明下面的结论成立.

性质 6.1.1　设矩阵 $\boldsymbol{A}$ 对称正定. 若向量组 $\boldsymbol{d}_1, \boldsymbol{d}_2, \cdots, \boldsymbol{d}_n$ 关于矩阵 $\boldsymbol{A}$ 共轭, 则它们线性无关.

沿共轭方向进行线搜索便得到线性共轭方向法.

算法 6.1.1

步 1. 取初始点 $\boldsymbol{x}_0$ 和搜索方向 $\boldsymbol{d}_0$ 满足 $\langle \boldsymbol{d}_0, \boldsymbol{g}_0\rangle < 0$, 终止参数 $\varepsilon \geqslant 0$. 令 $k = 0$.

步 2. 如果 $\|\boldsymbol{g}_k\| \leqslant \varepsilon$, 算法终止; 否则进入下一步.

步 3. 计算步长 $\alpha_k = \arg\min\limits_{\alpha \geqslant 0}\{f(\boldsymbol{x}_k + \alpha \boldsymbol{d}_k)\}$.

步 4. 令 $\boldsymbol{x}_{k+1} = \boldsymbol{x}_k + \alpha_k \boldsymbol{d}_k$.

步 5. 求 $\boldsymbol{d}_{k+1}$, 使其与 $\boldsymbol{d}_0, \boldsymbol{d}_1, \cdots, \boldsymbol{d}_k$ 关于 $\boldsymbol{A}$ 共轭. 令 $k = k+1$, 返回步 2.

下面的结论告诉我们, 对凸二次函数, 无论初始点如何选取, 算法 6.1.1 至多 n 次迭代后都终止于目标函数的最优值点.

定理 6.1.1 对严格凸二次函数 $f(\boldsymbol{x}) = \dfrac{1}{2}\boldsymbol{x}^{\mathrm{T}}\boldsymbol{A}\boldsymbol{x} - \boldsymbol{b}^{\mathrm{T}}\boldsymbol{x}$ 和算法 6.1.1, 设搜索方向 $\boldsymbol{d}_0, \boldsymbol{d}_1, \cdots, \boldsymbol{d}_{n-1}$ 关于矩阵 $\boldsymbol{A}$ 共轭, 则对任意的 $0 \leqslant k \leqslant n-1$, $\boldsymbol{x}_{k+1}$ 是 $f(\boldsymbol{x})$ 在仿射子空间 $\boldsymbol{x}_0+\mathrm{span}[\boldsymbol{d}_0, \boldsymbol{d}_1, \cdots, \boldsymbol{d}_k]$ 上的最小值点, 从而算法 6.1.1 至多 n 步迭代后终止.

证明 由于向量组 $\boldsymbol{d}_0, \boldsymbol{d}_1, \cdots, \boldsymbol{d}_{n-1}$ 线性无关, 故它们构成 $\mathbb{R}^n$ 的一组基. 所以, 如能证明 $\boldsymbol{x}_{k+1}$ 是 $f(\boldsymbol{x})$ 在仿射子空间 $\boldsymbol{x}_0+\mathrm{span}[\boldsymbol{d}_0, \boldsymbol{d}_1, \cdots, \boldsymbol{d}_k]$ 上的最小值点, 则得命题结论.

为此, 只需证

$$\boldsymbol{g}_{k+1}^{\mathrm{T}}\boldsymbol{d}_i = 0, \quad i = 0, 1, \cdots, k. \tag{6.1.1}$$

因为, 如果该结论成立, 由

$$\boldsymbol{x}_{k+1} = \boldsymbol{x}_0 + \alpha_0 \boldsymbol{d}_0 + \alpha_1 \boldsymbol{d}_1 + \cdots + \alpha_k \boldsymbol{d}_k,$$

对任意的 $\boldsymbol{x} = \boldsymbol{x}_0 + \sum\limits_{i=0}^{k} \beta_i \boldsymbol{d}_i$, 利用二阶 Taylor 展式和 $\boldsymbol{A}$ 的正定性得

$$\begin{aligned}
f(\boldsymbol{x}) - f(\boldsymbol{x}_{k+1}) &= \boldsymbol{g}_{k+1}^{\mathrm{T}}(\boldsymbol{x} - \boldsymbol{x}_{k+1}) + \frac{1}{2}(\boldsymbol{x} - \boldsymbol{x}_{k+1})^{\mathrm{T}}\boldsymbol{A}(\boldsymbol{x} - \boldsymbol{x}_{k+1}) \\
&= \boldsymbol{g}_{k+1}^{\mathrm{T}}\Big(\sum_{i=0}^{k}(\beta_i - \alpha_i)\boldsymbol{d}_i\Big) + \frac{1}{2}(\boldsymbol{x} - \boldsymbol{x}_{k+1})^{\mathrm{T}}\boldsymbol{A}(\boldsymbol{x} - \boldsymbol{x}_{k+1}) \\
&= \frac{1}{2}(\boldsymbol{x} - \boldsymbol{x}_{k+1})^{\mathrm{T}}\boldsymbol{A}(\boldsymbol{x} - \boldsymbol{x}_{k+1}) \geqslant 0.
\end{aligned}$$

$\boldsymbol{x}_{k+1}$ 是 $f(\boldsymbol{x})$ 在仿射子空间 $\boldsymbol{x}_0+\mathrm{span}[\boldsymbol{d}_0, \boldsymbol{d}_1, \cdots, \boldsymbol{d}_k]$ 上的最小值点.

下证 (6.1.1). 事实上, 由于

$$\boldsymbol{g}_{k+1} - \boldsymbol{g}_k = \boldsymbol{A}(\boldsymbol{x}_{k+1} - \boldsymbol{x}_k) = \alpha_k \boldsymbol{A}\boldsymbol{d}_k, \tag{6.1.2}$$

当 $i < k$ 时, 利用 $\boldsymbol{d}_0, \boldsymbol{d}_1, \cdots, \boldsymbol{d}_k$ 关于矩阵 $\boldsymbol{A}$ 共轭及精确线搜索的性质得,

$$\boldsymbol{g}_{k+1}^{\mathrm{T}}\boldsymbol{d}_i = \boldsymbol{g}_{i+1}^{\mathrm{T}}\boldsymbol{d}_i + \sum_{j=i+1}^{k}(\boldsymbol{g}_{j+1} - \boldsymbol{g}_j)^{\mathrm{T}}\boldsymbol{d}_i = \sum_{j=i+1}^{k}\alpha_j \boldsymbol{d}_j^{\mathrm{T}}\boldsymbol{A}\boldsymbol{d}_i = 0.$$

又 $\boldsymbol{g}_{k+1}^{\mathrm{T}}\boldsymbol{d}_k=0$, 故 (6.1.1) 成立. 证毕

对线性共轭方向法, 若矩阵 $\boldsymbol{A}$ 为正的对角阵, 则该方法相当于依次沿 $\mathbb{R}^n$ 的 n 个坐标轴方向进行精确线搜索.

由于线性共轭方向法在有限步迭代后可得到凸二次函数的最优值点, 所以对共轭梯度法, 首先要构造 n 个关于目标函数 Hesse 阵共轭的方向, 然后对其依次进行线搜索. 但这样做计算量太大. 实际计算时, 人们选择随迭代过程一步步构造共轭方向.

6.2 线性共轭梯度法

在线性共轭方向法中, 取 $\boldsymbol{d}_0=-\boldsymbol{g}_0$ 便得到线性共轭梯度法. 为使搜索方向关于系数矩阵 $\boldsymbol{A}$ 共轭, 下面借助线性代数中向量组正交化的 Gram-Schmidt 方法对梯度向量组 $\boldsymbol{g}_0,\boldsymbol{g}_1,\cdots,\boldsymbol{g}_k$ 逐步共轭, 以建立共轭方向的迭代公式.

对严格凸二次函数 $f(\boldsymbol{x})=\dfrac{1}{2}\boldsymbol{x}^{\mathrm{T}}\boldsymbol{A}\boldsymbol{x}-\boldsymbol{b}^{\mathrm{T}}\boldsymbol{x}$, 令

$$\boldsymbol{d}_0=-\boldsymbol{g}_0,\quad \boldsymbol{x}_1=\boldsymbol{x}_0+\alpha_0\boldsymbol{d}_0,$$

其中, α_0 为最优步长. 由最优步长规则的性质,

$$\boldsymbol{g}_1^{\mathrm{T}}\boldsymbol{d}_0=0.$$

令

$$\boldsymbol{d}_1=-\boldsymbol{g}_1+\beta_0\boldsymbol{d}_0, \tag{6.2.1}$$

其中, β_0 满足

$$\boldsymbol{d}_1^{\mathrm{T}}\boldsymbol{A}\boldsymbol{d}_0=0.$$

对 (6.2.1) 两边左乘 $\boldsymbol{d}_0^{\mathrm{T}}\boldsymbol{A}$ 并利用 (6.1.2) 得

$$\beta_0=\frac{\boldsymbol{g}_1^{\mathrm{T}}\boldsymbol{A}\boldsymbol{d}_0}{\boldsymbol{d}_0^{\mathrm{T}}\boldsymbol{A}\boldsymbol{d}_0}=\frac{\boldsymbol{g}_1^{\mathrm{T}}(\boldsymbol{g}_1-\boldsymbol{g}_0)}{\boldsymbol{d}_0^{\mathrm{T}}(\boldsymbol{g}_1-\boldsymbol{g}_0)}=\frac{\boldsymbol{g}_1^{\mathrm{T}}\boldsymbol{g}_1}{\boldsymbol{g}_0^{\mathrm{T}}\boldsymbol{g}_0}.$$

由此得 $\boldsymbol{d}_1$ 的表达式.

再令

$$\boldsymbol{d}_2=-\boldsymbol{g}_2+\beta_0\boldsymbol{d}_0+\beta_1\boldsymbol{d}_1,$$

并求 β_0 和 β_1 使 $\boldsymbol{d}_0,\boldsymbol{d}_1,\boldsymbol{d}_2$ 关于矩阵 $\boldsymbol{A}$ 共轭. 由共轭方向法的基本性质 (6.1.1) 知

$$\boldsymbol{g}_2^{\mathrm{T}}\boldsymbol{d}_i=0,\quad i=0,1.$$

由 (6.2.1) 中 $\boldsymbol{d}_1$ 的表达式和 $\boldsymbol{d}_0=-\boldsymbol{g}_0$ 得

$$\boldsymbol{g}_2^{\mathrm{T}}\boldsymbol{g}_0=0,\quad \boldsymbol{g}_2^{\mathrm{T}}\boldsymbol{g}_1=0.$$

从而利用共轭条件及 (6.1.2) 得

$$\beta_0 = \frac{\boldsymbol{g}_2^{\mathrm{T}} \boldsymbol{A} \boldsymbol{d}_0}{\boldsymbol{d}_0^{\mathrm{T}} \boldsymbol{A} \boldsymbol{d}_0} = 0, \quad \beta_1 = \frac{\boldsymbol{g}_2^{\mathrm{T}} \boldsymbol{A} \boldsymbol{d}_1}{\boldsymbol{d}_1^{\mathrm{T}} \boldsymbol{A} \boldsymbol{d}_1} = \frac{\boldsymbol{g}_2^{\mathrm{T}} (\boldsymbol{g}_2 - \boldsymbol{g}_1)}{\boldsymbol{d}_1^{\mathrm{T}} (\boldsymbol{g}_2 - \boldsymbol{g}_1)} = \frac{\boldsymbol{g}_2^{\mathrm{T}} \boldsymbol{g}_2}{\boldsymbol{g}_1^{\mathrm{T}} \boldsymbol{g}_1}.$$

由此得 $\boldsymbol{d}_2$ 的表达式.

对第 k 次迭代, 令

$$\boldsymbol{d}_k = -\boldsymbol{g}_k + \sum_{i=0}^{k-1} \beta_i \boldsymbol{d}_i, \tag{6.2.2}$$

并求 β_i 使向量组 $\boldsymbol{d}_1, \boldsymbol{d}_2, \cdots, \boldsymbol{d}_k$ 关于矩阵 $\boldsymbol{A}$ 共轭.

对 $i = 0, 1, \cdots, k-1$, 由 (6.1.1) 和 $\boldsymbol{d}_i$ 的结构知

$$\boldsymbol{g}_k^{\mathrm{T}} \boldsymbol{d}_i = 0, \quad \boldsymbol{g}_k^{\mathrm{T}} \boldsymbol{g}_i = 0. \tag{6.2.3}$$

对 (6.2.2) 左乘 $\boldsymbol{d}_i^{\mathrm{T}} \boldsymbol{A}$ 得

$$\beta_i = \frac{\boldsymbol{g}_k^{\mathrm{T}} \boldsymbol{A} \boldsymbol{d}_i}{\boldsymbol{d}_i^{\mathrm{T}} \boldsymbol{A} \boldsymbol{d}_i} = \frac{\boldsymbol{g}_k^{\mathrm{T}} (\boldsymbol{g}_{i+1} - \boldsymbol{g}_i)}{\boldsymbol{d}_i^{\mathrm{T}} (\boldsymbol{g}_{i+1} - \boldsymbol{g}_i)}, \quad i = 0, 1, \cdots, k-1.$$

由 (6.2.3) 得 $\beta_i = 0, i = 0, 1, \cdots, k-2$ 和

$$\beta_{k-1} = \frac{\boldsymbol{g}_k^{\mathrm{T}} (\boldsymbol{g}_k - \boldsymbol{g}_{k-1})}{\boldsymbol{d}_{k-1}^{\mathrm{T}} (\boldsymbol{g}_k - \boldsymbol{g}_{k-1})} = \frac{\boldsymbol{g}_k^{\mathrm{T}} \boldsymbol{g}_k}{\boldsymbol{g}_{k-1}^{\mathrm{T}} \boldsymbol{g}_{k-1}}. \tag{6.2.4}$$

由此得 $\boldsymbol{d}_k$ 的表达式, 并由此得线性共轭梯度法的迭代公式

$$\boldsymbol{x}_{k+1} = \boldsymbol{x}_k + \alpha_k \boldsymbol{d}_k, \quad \boldsymbol{d}_k = -\boldsymbol{g}_k + \beta_{k-1} \boldsymbol{d}_{k-1}. \tag{6.2.5}$$

其中, $\boldsymbol{d}_{-1} = \boldsymbol{0}$, β_{k-1} 由 (6.2.4) 确定. 利用凸二次函数的最优性条件, 最优步长

$$\alpha_k = \arg\min_{\alpha \geqslant 0} f(\boldsymbol{x}_k + \alpha \boldsymbol{d}_k) = -\frac{\boldsymbol{g}_k^{\mathrm{T}} \boldsymbol{d}_k}{\boldsymbol{d}_k^{\mathrm{T}} \boldsymbol{A} \boldsymbol{d}_k} = \frac{\boldsymbol{g}_k^{\mathrm{T}} \boldsymbol{g}_k}{\boldsymbol{d}_k^{\mathrm{T}} \boldsymbol{A} \boldsymbol{d}_k}. \tag{6.2.6}$$

基于此, 可得如下线性共轭梯度法.

算法 6.2.1

初始步: 取 $\boldsymbol{d}_{-1} = \boldsymbol{0}$, $\boldsymbol{x}_0 \in \mathbb{R}^n$, $\varepsilon \geqslant 0$. 令 $\boldsymbol{g}_0 = \boldsymbol{A}\boldsymbol{x}_0 - \boldsymbol{b}$, $\boldsymbol{d}_0 = -\boldsymbol{g}_0$, $k = 0$.

迭代步: 若 $\|\boldsymbol{g}_k\| \leqslant \varepsilon$, 算法终止; 否则, 计算

$$\boldsymbol{d}_k = -\boldsymbol{g}_k + \beta_{k-1} \boldsymbol{d}_{k-1}, \quad \text{其中 } \beta_{k-1} = \frac{\boldsymbol{g}_k^{\mathrm{T}} \boldsymbol{g}_k}{\boldsymbol{g}_{k-1}^{\mathrm{T}} \boldsymbol{g}_{k-1}},$$

并令 $\boldsymbol{x}_{k+1} = \boldsymbol{x}_k + \alpha_k \boldsymbol{d}_k$, 其中, α_k 为迭代步长.

下述结论表明, 对严格凸二次函数, 由 (6.2.4)(6.2.5) 确定的搜索方向 $\boldsymbol{d}_k$ 在最优步长规则下关于矩阵 $\boldsymbol{A}$ 共轭, 从而线性共轭梯度法具有二次终止性.

定理 6.2.1 对二次函数 $f(\boldsymbol{x})=\frac{1}{2}\boldsymbol{x}^{\mathrm{T}}\boldsymbol{A}\boldsymbol{x}-\boldsymbol{b}^{\mathrm{T}}\boldsymbol{x}$, 其中, $\boldsymbol{A}$ 对称正定, 最优步长规则下的共轭梯度法经 $m\leqslant n$ 步迭代后终止, 且对所有的 $0\leqslant k\leqslant m-1$,

$$\boldsymbol{d}_k^{\mathrm{T}}\boldsymbol{A}\boldsymbol{d}_j=0,\quad \boldsymbol{g}_k^{\mathrm{T}}\boldsymbol{g}_j=\boldsymbol{g}_k^{\mathrm{T}}\boldsymbol{d}_j=0,\quad j\leqslant k-1, \tag{6.2.7}$$

$$\boldsymbol{d}_k^{\mathrm{T}}\boldsymbol{g}_k=-\boldsymbol{g}_k^{\mathrm{T}}\boldsymbol{g}_k. \tag{6.2.8}$$

证明 首先证明 (6.2.8). 对此, 对任意的 $k\geqslant 0$, 由 (6.2.5) 及精确线搜索的性质,

$$\boldsymbol{d}_k^{\mathrm{T}}\boldsymbol{g}_k=-\boldsymbol{g}_k^{\mathrm{T}}\boldsymbol{g}_k+\beta_{k-1}\boldsymbol{d}_{k-1}^{\mathrm{T}}\boldsymbol{g}_k=-\boldsymbol{g}_k^{\mathrm{T}}\boldsymbol{g}_k.$$

(6.2.8) 得证.

其次, 由共轭梯度法的迭代公式, 对任意的 $j\leqslant k-1$,

$$\boldsymbol{d}_j=-\boldsymbol{g}_j-\beta_{j-1}\boldsymbol{g}_{j-1}-\beta_{j-1}\beta_{j-2}\boldsymbol{g}_{j-2}-\cdots-\prod_{i=0}^{j-1}\beta_i\boldsymbol{g}_0.$$

故若对任意的 $j\leqslant k-1$, $\boldsymbol{g}_k^{\mathrm{T}}\boldsymbol{g}_j=0$ 成立, 则 $\boldsymbol{g}_k^{\mathrm{T}}\boldsymbol{d}_j=0$. 为此, 欲使 (6.2.7) 成立, 只需证明

$$\boldsymbol{d}_j^{\mathrm{T}}\boldsymbol{A}\boldsymbol{d}_k=0,\quad \boldsymbol{g}_k^{\mathrm{T}}\boldsymbol{g}_j=0,\quad j\leqslant k-1. \tag{6.2.9}$$

进一步, 为建立算法的二次 n 步终止性, 由定理 6.1.1, 只需证明 $\boldsymbol{d}_0,\boldsymbol{d}_1,\cdots,\boldsymbol{d}_{n-1}$ 关于矩阵 $\boldsymbol{A}$ 共轭即可, 也就是 (6.2.9) 成立. 下面用归纳法证明该式.

当 $k=1$ 时, 利用最优步长的性质和 $\boldsymbol{d}_0=-\boldsymbol{g}_0$ 得 $\boldsymbol{g}_1^{\mathrm{T}}\boldsymbol{g}_0=0$.

利用迭代公式 (6.2.4) 和 (6.2.5) 及 $\boldsymbol{d}_0=-\boldsymbol{g}_0$,

$$\boldsymbol{d}_1=-\boldsymbol{g}_1-\frac{\|\boldsymbol{g}_1\|^2}{\|\boldsymbol{g}_0\|^2}\boldsymbol{g}_0,\quad \boldsymbol{g}_1-\boldsymbol{g}_0=\alpha_0\boldsymbol{A}\boldsymbol{d}_0$$

和 $\boldsymbol{g}_1^{\mathrm{T}}\boldsymbol{g}_0=0$ 得

$$\begin{aligned}\boldsymbol{d}_1^{\mathrm{T}}\boldsymbol{A}\boldsymbol{d}_0&=-\boldsymbol{g}_1^{\mathrm{T}}\boldsymbol{A}\boldsymbol{d}_0-\frac{\|\boldsymbol{g}_1\|^2}{\|\boldsymbol{g}_0\|^2}\boldsymbol{g}_0^{\mathrm{T}}\boldsymbol{A}\boldsymbol{d}_0\\&=-\frac{1}{\alpha_0}\boldsymbol{g}_1^{\mathrm{T}}(\boldsymbol{g}_1-\boldsymbol{g}_0)-\frac{1}{\alpha_0}\frac{\|\boldsymbol{g}_1\|^2}{\|\boldsymbol{g}_0\|^2}\boldsymbol{g}_0^{\mathrm{T}}(\boldsymbol{g}_1-\boldsymbol{g}_0)\\&=-\frac{1}{\alpha_0}\|\boldsymbol{g}_1\|^2+\frac{1}{\alpha_0}\|\boldsymbol{g}_1\|^2=0.\end{aligned}$$

所以, (6.2.9) 在 $k=1$ 时成立.

设 (6.2.9) 对 $k<m$ 成立, 下证对 $k+1$ 也成立.

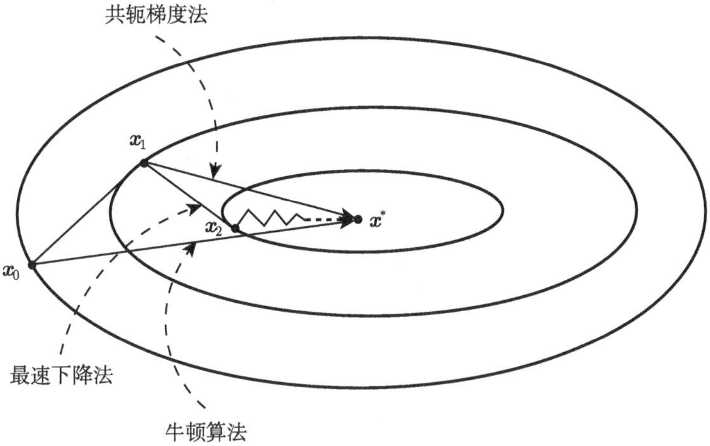

图 6.2.1 几种下降算法的迭代过程

对二次函数 $f(\boldsymbol{x})=\dfrac{1}{2}\boldsymbol{x}^{\mathrm{T}}\boldsymbol{A}\boldsymbol{x}-\boldsymbol{b}^{\mathrm{T}}\boldsymbol{x}$, 显然有

$$\boldsymbol{g}_{k+1}=\boldsymbol{g}_k+\boldsymbol{A}(\boldsymbol{x}_{k+1}-\boldsymbol{x}_k)=\boldsymbol{g}_k+\alpha_k\boldsymbol{A}\boldsymbol{d}_k. \tag{6.2.10}$$

由 (6.2.5) 和 (6.2.10), 对 $j<k$, 利用归纳假设得

$$\begin{aligned}\boldsymbol{g}_{k+1}^{\mathrm{T}}\boldsymbol{g}_j&=\boldsymbol{g}_k^{\mathrm{T}}\boldsymbol{g}_j+\alpha_k\boldsymbol{d}_k^{\mathrm{T}}\boldsymbol{A}\boldsymbol{g}_j\\&=\boldsymbol{g}_k^{\mathrm{T}}\boldsymbol{g}_j-\alpha_k\boldsymbol{d}_k^{\mathrm{T}}\boldsymbol{A}(\boldsymbol{d}_j-\beta_{j-1}\boldsymbol{d}_{j-1})=0.\end{aligned}$$

当 $j=k$ 时, 与上式同样的推导过程并利用归纳假设及 (6.2.6) 得

$$\boldsymbol{g}_{k+1}^{\mathrm{T}}\boldsymbol{g}_k=\boldsymbol{g}_k^{\mathrm{T}}\boldsymbol{g}_k-\frac{\boldsymbol{g}_k^{\mathrm{T}}\boldsymbol{g}_k}{\boldsymbol{d}_k^{\mathrm{T}}\boldsymbol{A}\boldsymbol{d}_k}\boldsymbol{d}_k^{\mathrm{T}}\boldsymbol{A}\boldsymbol{d}_k=0.$$

(6.2.9) 的第二式得证.

另一方面, 由 (6.2.5) 和 (6.2.10) 得,

$$\begin{aligned}\boldsymbol{d}_{k+1}^{\mathrm{T}}\boldsymbol{A}\boldsymbol{d}_j&=-\boldsymbol{g}_{k+1}^{\mathrm{T}}\boldsymbol{A}\boldsymbol{d}_j+\beta_k\boldsymbol{d}_k^{\mathrm{T}}\boldsymbol{A}\boldsymbol{d}_j\\&=\boldsymbol{g}_{k+1}^{\mathrm{T}}(\boldsymbol{g}_j-\boldsymbol{g}_{j+1})/\alpha_j+\beta_k\boldsymbol{d}_k^{\mathrm{T}}\boldsymbol{A}\boldsymbol{d}_j.\end{aligned}$$

若 $j=k$, 由已证明的结论及 (6.2.4) 和 (6.2.10), 上式可写成

$$\boldsymbol{d}_{k+1}^{\mathrm{T}}\boldsymbol{A}\boldsymbol{d}_k=-\frac{\boldsymbol{g}_{k+1}^{\mathrm{T}}\boldsymbol{g}_{k+1}}{\boldsymbol{g}_k^{\mathrm{T}}\boldsymbol{g}_k}\boldsymbol{d}_k^{\mathrm{T}}\boldsymbol{A}\boldsymbol{d}_k+\frac{\boldsymbol{g}_{k+1}^{\mathrm{T}}\boldsymbol{g}_{k+1}}{\boldsymbol{g}_k^{\mathrm{T}}\boldsymbol{g}_k}\boldsymbol{d}_k^{\mathrm{T}}\boldsymbol{A}\boldsymbol{d}_k=0.$$

若 $j<k$, 由 (6.2.9) 的第二式和归纳假设知 $\boldsymbol{d}_{k+1}^{\mathrm{T}}\boldsymbol{A}\boldsymbol{d}_j=0$. (6.2.9) 的第一式得证.

证毕

定理 6.2.1 表明, 对严格凸二次函数, 仅利用 $\boldsymbol{d}_{k-1}$, 而无需利用前 $k-1$ 个搜

索方向 $\boldsymbol{d}_0, \boldsymbol{d}_1, \cdots, \boldsymbol{d}_{k-2}$ 就能得到与前 k 个搜索方向 $\boldsymbol{d}_0, \boldsymbol{d}_1, \cdots, \boldsymbol{d}_{k-1}$ 共轭的搜索方向 $\boldsymbol{d}_k$.

在上述结论中, (6.2.7) 表示搜索方向的共轭性和梯度的直交性, (6.2.8) 表示下降条件. 它们构成线性共轭梯度法的基本性质. 不过, 这些性质是基于目标函数是凸二次函数和初始方向 $\boldsymbol{d}_0$ 为负梯度方向, 否则结论不一定成立.

由共轭梯度法的迭代公式, 容易发现其迭代过程仅比最速下降法稍微复杂一点, 但却具有二次终止性. 由于该方法源于线性方程组的求解, 而且 $\boldsymbol{d}_0$ 取负梯度方向, 因此称其线性共轭梯度法.

对严格凸二次函数, 牛顿算法具有一步终止性, 共轭梯度法具有 n 步终止性. 图 6.2.1 给出了最优步长规则下的最速下降法, 牛顿方法和共轭梯度法极小化凸二次函数时迭代点的行迹.

6.3　非线性共轭梯度法

线性共轭梯度法在求凸二次函数的最小值点时有良好的性质. 基于此, Fletcher 和 Reeves(1964) 将其应用于非线性优化问题, 创立了非线性共轭梯度法.

根据前一节的讨论, 对于线性共轭梯度法的搜索方向 $\boldsymbol{d}_k = -\boldsymbol{g}_k + \beta_{k-1}\boldsymbol{d}_{k-1}$, 参数 β_{k-1} 有多种等价表述形式. 但当目标函数为非线性函数时, 这些表达式就不等价了, 从而得到不同的算法. 习惯上, 人们根据提出者的名字来命名这些计算公式, 如 Fletcher-Reeves 公式 (1964, FR 公式), Polak-Ribière 公式 (1969, PR 公式). 下面是常见的几种.

$$\beta_{k-1} = \frac{\boldsymbol{g}_k^{\mathrm{T}}(\boldsymbol{g}_k - \boldsymbol{g}_{k-1})}{\boldsymbol{d}_{k-1}^{\mathrm{T}}(\boldsymbol{g}_k - \boldsymbol{g}_{k-1})} \quad \text{(Crowder-Wolfe 公式)},$$

$$\beta_{k-1} = \frac{\boldsymbol{g}_k^{\mathrm{T}}\boldsymbol{g}_k}{\boldsymbol{g}_{k-1}^{\mathrm{T}}\boldsymbol{g}_{k-1}} \quad \text{(Fletcher-Reeves 公式)},$$

$$\beta_{k-1} = \frac{\boldsymbol{g}_k^{\mathrm{T}}(\boldsymbol{g}_k - \boldsymbol{g}_{k-1})}{\boldsymbol{g}_{k-1}^{\mathrm{T}}\boldsymbol{g}_{k-1}} \quad \text{(Polak-Ribière 公式)},$$

$$\beta_{k-1} = -\frac{\boldsymbol{g}_k^{\mathrm{T}}\boldsymbol{g}_k}{\boldsymbol{d}_{k-1}^{\mathrm{T}}\boldsymbol{g}_{k-1}} \quad \text{(Dixon 公式)},$$

$$\beta_{k-1} = \frac{\boldsymbol{g}_k^{\mathrm{T}}\boldsymbol{g}_k}{\boldsymbol{d}_{k-1}^{\mathrm{T}}(\boldsymbol{g}_k - \boldsymbol{g}_{k-1})} \quad \text{(Dai-Yuan 公式)}.$$

对上述任意一种共轭梯度法, 若采用最优步长规则, 则搜索方向为下降方向:

$$\boldsymbol{g}_k^{\mathrm{T}}\boldsymbol{d}_k = -\boldsymbol{g}_k^{\mathrm{T}}\boldsymbol{g}_k + \beta_{k-1}\boldsymbol{g}_k^{\mathrm{T}}\boldsymbol{d}_{k-1} = -\boldsymbol{g}_k^{\mathrm{T}}\boldsymbol{g}_k < 0.$$

对于非精确线搜索步长规则, 下降性质不一定成立. 若 $\boldsymbol{d}_k$ 不是下降方向, 共轭梯度法不能执行. 若调用负梯度方向, 会降低算法的效率.

对于 FR 方法, 若采用强 Wolfe 步长规则 $\left(0<\sigma_1<\sigma_2<\dfrac{1}{2}\right)$, 则 $\boldsymbol{d}_k$ 是下降方向 (见引理 6.4.1). 对于 PR 方法, 强 Wolfe 步长规则不能保证 $\boldsymbol{d}_k$ 的下降性. 若取 $\beta_k=\max\{0,\beta_k^{\mathrm{PR}}\}$, 则得到 PR+ 方法. 该方法在强 Wolfe 步长规则下可保证 $\boldsymbol{d}_k$ 的下降性.

对 Dixon 方法, 若采用下面的非精确线搜索条件

$$|\boldsymbol{g}_{k+1}^{\mathrm{T}}\boldsymbol{d}_k| \geqslant -\sigma \boldsymbol{g}_k^{\mathrm{T}}\boldsymbol{d}_k, \quad \sigma\in(0,1),$$

则搜索方向满足下降条件. 所以, 该公式又称共轭下降公式.

FR 方法和 PR 方法是共轭梯度法中最常见也是探讨最多的两种方法. 从数值效果上分析, PR 方法优于 FR 方法, 但其理论性质却不及 FR 方法.

线性共轭梯度法具有二次终止性. 但对于非线性共轭梯度法, 即使采用最优步长规则, 搜索方向的共轭性质也不一定成立, 从而难以在有限步内得到目标函数的最优值点. 尽管如此, 我们仍有理由相信非线性共轭梯度法优于最速下降算法, 而且其收敛速度应高于线性收敛. 遗憾的是, Crowder 和 Wolfe(1972) 证明了非线性共轭梯度法线性收敛. Powell(1976) 构造的例子也印证了这一事实.

考虑定义在 $\mathbb{R}^3$ 上的非线性函数

$$f(\boldsymbol{x})=\begin{cases}\dfrac{1}{2}\boldsymbol{x}^{\mathrm{T}}\boldsymbol{A}\boldsymbol{x}, & \text{若 } \boldsymbol{x}^{\mathrm{T}}\boldsymbol{A}\boldsymbol{x}\leqslant 4,\\[2mm] \dfrac{1}{2}\boldsymbol{x}^{\mathrm{T}}\boldsymbol{A}\boldsymbol{x}+(\boldsymbol{b}^{\mathrm{T}}\boldsymbol{x})(\boldsymbol{x}^{\mathrm{T}}\boldsymbol{A}\boldsymbol{x}-4)^2, & \text{其他情况}.\end{cases}$$

其中,

$$\boldsymbol{b}=\left(\frac{\sqrt{6}}{12};\frac{4}{9}\sqrt{\frac{6}{5}};\frac{-41\sqrt{5}}{90}\right),\quad \boldsymbol{A}=\mathrm{diag}\left(\frac{1}{10},1,1\right).$$

容易验证, $\boldsymbol{x}^*=\boldsymbol{0}$ 为该问题的全局最优值点. 取初始点 $\boldsymbol{x}_0=\left(\dfrac{5\sqrt{6}}{2};0;\dfrac{\sqrt{5}}{2}\right)$, $\boldsymbol{d}_0=-\nabla f(\boldsymbol{x}_0)$. 对最优步长规则下的 PR 方法, 第一次迭代后产生的所有迭代点和搜索过程都在椭球 $\{x\in\mathbb{R}^3 \mid \boldsymbol{x}^{\mathrm{T}}\boldsymbol{A}\boldsymbol{x}\leqslant 4\}$ 内, 并且满足

$$\|\boldsymbol{x}_k-\boldsymbol{x}^*\|=\sqrt{\frac{105}{6}}\left(\frac{3}{5}\right)^{k-2}.$$

这意味着迭代点列线性收敛到 $\boldsymbol{x}^*$.

不难发现, 出现上述情况的原因是在迭代点初次进入区域 $\{x\in\mathbb{R}^3 \mid \boldsymbol{x}^{\mathrm{T}}\boldsymbol{A}\boldsymbol{x}\leqslant 4\}$ 后, 尽管目标函数是凸二次函数, 但由于初始搜索方向不是负梯度方向, 从而由线性共轭梯度法产生的搜索方向关于矩阵 $\boldsymbol{A}$ 不共轭, 算法自然不有限步终止. 下面考虑有关补救措施.

对一般的非线性函数, 在迭代点 $\boldsymbol{x}_k$ 进入其最优值点的某小邻域后, 目标函数在该邻域内可以用其在最优值点的二阶展式近似. 对于共轭梯度法, 由于 Hesse 阵 $\nabla^2 f(\boldsymbol{x}_k)$ 在迭代过程中不断变化, 无法起到线性共轭梯度法中矩阵 $\boldsymbol{A}$ 所起的作用, 所以收敛速度会受到影响. 其次, 对此二次近似函数, 即使不在意 Hesse 阵的变化, 初始搜索方向应为负梯度方向才能保证算法具有线性共轭梯度法的收敛性质, 而这在实际计算时无法保证. 对此, 一个可行的补救措施是每迭代若干次后, 就调用一次负梯度方向, 这样便产生了再开始共轭梯度法. 由于对严格凸二次函数, 共轭梯度法经过 n 次迭代后可到达最小值点, 所以 n 步迭代后重新开始较为合理. Cohen(1972) 证明了这种 n 步重新开始的共轭梯度法的收敛速度是 n 步 2 阶的, 即

$$\|\boldsymbol{x}_{k+n} - \boldsymbol{x}^*\| = O(\|\boldsymbol{x}_k - \boldsymbol{x}^*\|^2).$$

后来, Ritter(1980) 证明了再开始共轭梯度法的 n 步 2 阶超线性收敛性. 这似乎表明带重新开始技术的共轭梯度法在收敛速度方面有了质的飞跃. 但 Fletcher(1987) 给出的算例表明这种改进效果不大. 尽管如此, 共轭梯度法不会出现锯齿现象.

6.4　共轭梯度法的收敛性

为建立强 Wolfe 步长规则下的 FR 共轭梯度法

$$\boldsymbol{d}_k = -\boldsymbol{g}_k + \beta_{k-1}\boldsymbol{d}_{k-1},\ \beta_{k-1} = \frac{\boldsymbol{g}_k^{\mathrm{T}}\boldsymbol{g}_k}{\boldsymbol{g}_{k-1}^{\mathrm{T}}\boldsymbol{g}_{k-1}}$$

的全局收敛性, 首先讨论搜索方向的下降性质.

引理 6.4.1　强 Wolfe 步长规则 $\left(0 < \sigma_1 < \sigma_2 < \dfrac{1}{2}\right)$ 下的 FR 共轭梯度法产生的迭代点列满足 $\boldsymbol{g}_k^{\mathrm{T}}\boldsymbol{d}_k < 0$.

证明　首先用归纳法证明不等式

$$-\sum_{i=0}^{k}\sigma_2^i \leqslant \frac{\boldsymbol{g}_k^{\mathrm{T}}\boldsymbol{d}_k}{\|\boldsymbol{g}_k\|^2} \leqslant -2 + \sum_{i=0}^{k}\sigma_2^i, \quad \forall\ k = 0, 1, \cdots. \tag{6.4.1}$$

因为若该式成立, 由

$$\sum_{i=0}^{k}\sigma_2^i < \sum_{i=0}^{\infty}\sigma_2^i = \frac{1}{1-\sigma_2} < 2$$

知 (6.4.1) 右端为负, 从而 $\boldsymbol{g}_k^{\mathrm{T}}\boldsymbol{d}_k < 0$.

显然, $k = 0$ 时, $\boldsymbol{d}_0 = -\boldsymbol{g}_0$, (6.4.1) 成立. 假设 (6.4.1) 对某个 $k \geqslant 0$ 成立, 则由 $\boldsymbol{d}_k$ 的计算公式 (6.2.5) 及 FR 公式知

$$\frac{\boldsymbol{g}_{k+1}^{\mathrm{T}}\boldsymbol{d}_{k+1}}{\|\boldsymbol{g}_{k+1}\|^2} = -1 + \frac{\boldsymbol{g}_{k+1}^{\mathrm{T}}\boldsymbol{d}_k}{\|\boldsymbol{g}_k\|^2}.$$

再由步长规则及 $\boldsymbol{g}_k^{\mathrm{T}}\boldsymbol{d}_k < 0$ 得

$$-1 + \sigma_2\frac{\boldsymbol{g}_k^{\mathrm{T}}\boldsymbol{d}_k}{\|\boldsymbol{g}_k\|^2} \leqslant \frac{\boldsymbol{g}_{k+1}^{\mathrm{T}}\boldsymbol{d}_{k+1}}{\|\boldsymbol{g}_{k+1}\|^2} \leqslant -1 - \sigma_2\frac{\boldsymbol{g}_k^{\mathrm{T}}\boldsymbol{d}_k}{\|\boldsymbol{g}_k\|^2}.$$

从而由归纳假设的左端一式得

$$\begin{aligned} -\sum_{i=0}^{k+1}\sigma_2^i &= -1 - \sigma_2\sum_{i=0}^{k}\sigma_2^i \leqslant \frac{\boldsymbol{g}_{k+1}^{\mathrm{T}}\boldsymbol{d}_{k+1}}{\|\boldsymbol{g}_{k+1}\|^2} \\ &\leqslant -1 + \sigma_2\sum_{i=0}^{k}\sigma_2^i = -2 + \sum_{i=0}^{k+1}\sigma_2^i. \end{aligned}$$

证毕

由 (6.4.1) 容易看出,

$$-\frac{1}{1-\sigma_2} \leqslant \frac{\boldsymbol{g}_k^{\mathrm{T}}\boldsymbol{d}_k}{\|\boldsymbol{g}_k\|^2} \leqslant \frac{2\sigma_2 - 1}{1-\sigma_2}, \quad k = 0, 1, 2, \cdots. \tag{6.4.2}$$

下面根据该式对 FR 方法和 PR 方法进行分析.

记 θ_k 为搜索方向与负梯度方向的夹角, 则

$$\cos\theta_k = \frac{-\boldsymbol{g}_k^{\mathrm{T}}\boldsymbol{d}_k}{\|\boldsymbol{g}_k\|\,\|\boldsymbol{d}_k\|}.$$

将 (6.4.2) 两边同时乘以 $\dfrac{\|\boldsymbol{g}_k\|}{\|\boldsymbol{d}_k\|}$ 得, 存在常数 $L_1, L_2 > 0$ 使对任意的 k,

$$L_1\frac{\|\boldsymbol{g}_k\|}{\|\boldsymbol{d}_k\|} \leqslant \cos\theta_k \leqslant L_2\frac{\|\boldsymbol{g}_k\|}{\|\boldsymbol{d}_k\|}.$$

据此, $\cos\theta_k \approx 0$ 的充分必要条件是

$$\|\boldsymbol{g}_k\| \ll \|\boldsymbol{d}_k\|. \tag{6.4.3}$$

由此，若强 Wolfe 步长规则下的 FR 方法在第 k 步产生一个下降性质差的搜索方向 $\boldsymbol{d}_k$ 和由此产生一个较短的步长, 则下一迭代步中搜索方向的下降性质也差, 步长同样较短, 从而使算法的迭代进程变缓. 事实上, 如果 $\boldsymbol{d}_k$ 是一个下降性质差的搜索方向, 即 $\boldsymbol{d}_k$ 与 $-\boldsymbol{g}_k$ 接近正交, 则 $\boldsymbol{x}_k$ 与 $\boldsymbol{x}_{k+1}$ 非常靠近, 从而 $\boldsymbol{g}_k \approx \boldsymbol{g}_{k+1}$. 由 (6.4.3) 和 FR 公式依次得到, $\beta_k \approx 1$, $\boldsymbol{d}_{k+1} \approx \boldsymbol{d}_k$. 这说明 $\boldsymbol{d}_{k+1}$ 也是一个下降性质差的搜索方向, 进而 $\boldsymbol{x}_{k+2}$ 和 $\boldsymbol{x}_{k+1}$ 非常靠近. 这样, 算法在迭代过程中会出现停滞不前的现象. 但对于 PR 方法, 如果出现上述情况, 结果就不一样了: 设在第 k 步, $\boldsymbol{d}_k$ 与 $-\boldsymbol{g}_k$ 接近正交, 则 $\boldsymbol{x}_k$ 与 $\boldsymbol{x}_{k+1}$ 非常靠近, 从而 $\boldsymbol{g}_k \approx \boldsymbol{g}_{k+1}$, 故 $\beta_k^{\mathrm{PR}} \approx 0$. 因此, $\boldsymbol{d}_{k+1} \approx -\boldsymbol{g}_{k+1}$. 这说明 PR 方法在迭代过程中使用了一个下降性质差的搜

索方向后, 下一迭代步具有自动重新开始的趋势, 有利于克服进展缓慢的缺点, 其数值效果也很好. 尽管如此, 其理论性质却不及 FR 方法.

定理 6.4.1 设目标函数 $f:\mathbb{R}^n\to\mathbb{R}$ 连续可微, 水平集 $\mathcal{L}(\boldsymbol{x}_0)$ 有界, 梯度函数 $\boldsymbol{g}(\boldsymbol{x})$ 在水平集上 Lipschitz 连续. 则强 Wolfe 步长规则下的 FR 共轭梯度法产生的点列 $\{\boldsymbol{x}_k\}$ 满足

$$\liminf_{k\to\infty}\|\boldsymbol{g}_k\|=0.$$

证明 由强 Wolfe 步长规则及 (6.4.1),

$$|\boldsymbol{g}_k^{\mathrm{T}}\boldsymbol{d}_{k-1}|\leqslant-\sigma_2\boldsymbol{g}_{k-1}^{\mathrm{T}}\boldsymbol{d}_{k-1}\leqslant\frac{\sigma_2}{1-\sigma_2}\|\boldsymbol{g}_{k-1}\|^2.$$

从而由共轭梯度法的计算公式及 FR 公式得

$$\begin{aligned}\|\boldsymbol{d}_k\|^2&=\|\boldsymbol{g}_k\|^2-2\beta_{k-1}\boldsymbol{g}_k^{\mathrm{T}}\boldsymbol{d}_{k-1}+\beta_{k-1}^2\|\boldsymbol{d}_{k-1}\|^2\\&\leqslant\|\boldsymbol{g}_k\|^2+\frac{2\sigma_2}{1-\sigma_2}\|\boldsymbol{g}_k\|^2+\beta_{k-1}^2\|\boldsymbol{d}_{k-1}\|^2\\&=\frac{1+\sigma_2}{1-\sigma_2}\|\boldsymbol{g}_k\|^2+\beta_{k-1}^2\|\boldsymbol{d}_{k-1}\|^2.\end{aligned}$$

依次递推得到

$$\|\boldsymbol{d}_k\|^2\leqslant\frac{1+\sigma_2}{1-\sigma_2}\|\boldsymbol{g}_k\|^4\sum_{i=1}^k\frac{1}{\|\boldsymbol{g}_i\|^2}+\frac{\|\boldsymbol{g}_k\|^4}{\|\boldsymbol{g}_0\|^2}.\tag{6.4.4}$$

假若命题结论不成立, 则存在常数 $\epsilon_0>0$, 使对任意的 k,

$$\|\boldsymbol{g}_k\|\geqslant\epsilon_0.\tag{6.4.5}$$

由于目标函数的梯度函数 $g(\boldsymbol{x})$ 在水平集上范数有界, 由 (6.4.4), 存在常数 $\tau_1>0$ 使对任意的 k,

$$\|\boldsymbol{d}_k\|^2\leqslant\tau_1(k+1).\tag{6.4.6}$$

对搜索方向 $\boldsymbol{d}_k$ 与负梯度方向 $(-\boldsymbol{g}_k)$ 的夹角 θ_k, 由 (6.4.1),

$$\cos\theta_k=-\frac{\boldsymbol{g}_k^{\mathrm{T}}\boldsymbol{d}_k}{\|\boldsymbol{g}_k\|\,\|\boldsymbol{d}_k\|}\geqslant\Big(2-\sum_{j=0}^k\sigma_2^j\Big)\frac{\|\boldsymbol{g}_k\|}{\|\boldsymbol{d}_k\|}\geqslant\frac{1-2\sigma_2}{1-\sigma_2}\frac{\|\boldsymbol{g}_k\|}{\|\boldsymbol{d}_k\|}.\tag{6.4.7}$$

利用 $\sigma_2<\dfrac{1}{2}$ 并结合 (6.4.5)–(6.4.7) 知, 存在常数 $\tau_2>0$ 满足

$$\sum_{k=0}^\infty\cos^2\theta_k\geqslant\left(\frac{1-2\sigma_2}{1-\sigma_2}\right)^2\sum_{k=0}^\infty\frac{\|\boldsymbol{g}_k\|^2}{\|\boldsymbol{d}_k\|^2}\geqslant\tau_2\sum_{k=0}^\infty\frac{1}{k+1}.$$

从而级数 $\sum\limits_{k=0}^{\infty} \cos^2\theta_k$ 发散.

另一方面, 由于梯度函数 $\boldsymbol{g}(\boldsymbol{x})$ 在水平集上 Lipschitz 连续 (设常数为 L), 所以

$$\begin{aligned}\sigma_2 \boldsymbol{g}_k^{\mathrm{T}} \boldsymbol{d}_k \leqslant \boldsymbol{g}_{k+1}^{\mathrm{T}} \boldsymbol{d}_k &= \boldsymbol{g}_k^{\mathrm{T}} \boldsymbol{d}_k + (\boldsymbol{g}_{k+1} - \boldsymbol{g}_k)^{\mathrm{T}} \boldsymbol{d}_k \\ &\leqslant \boldsymbol{g}_k^{\mathrm{T}} \boldsymbol{d}_k + \alpha_k L \|\boldsymbol{d}_k\|^2.\end{aligned}$$

从而

$$\alpha_k \geqslant -\frac{1-\sigma_2}{L\|\boldsymbol{d}_k\|^2} \boldsymbol{g}_k^{\mathrm{T}} \boldsymbol{d}_k.$$

结合 Wolfe 步长规则的 (4.2.3) 式得,

$$\begin{aligned}f(\boldsymbol{x}_{k+1}) &\leqslant f(\boldsymbol{x}_k) - \sigma_1 \frac{1-\sigma_2}{L} \left(\frac{\boldsymbol{g}_k^{\mathrm{T}} \boldsymbol{d}_k}{\|\boldsymbol{d}_k\|}\right)^2 \\ &= f(\boldsymbol{x}_k) - \sigma_1 \frac{1-\sigma_2}{L} \|\boldsymbol{g}_k\|^2 \cos^2\theta_k.\end{aligned}$$

由于数列 $\{f(\boldsymbol{x}_k)\}$ 单调下降有下界, 故级数 $\sum\limits_{k=0}^{\infty} \|\boldsymbol{g}_k\|^2 \cos^2\theta_k$ 收敛. 而由 $\|\boldsymbol{g}_k\| \geqslant \epsilon_0$ 得级数 $\sum\limits_{k=0}^{\infty} \cos^2\theta_k$ 收敛. 这与级数 $\sum\limits_{k=0}^{\infty} \cos^2\theta_k$ 发散的结论矛盾, 假设不成立, 命题得证. 证毕

对 PR 方法, 很难证明定理 6.4.1 中的结论成立. 虽然 PR 方法的数值效果比 FR 方法好, 但 Powell(1984) 给出的反例说明, 即使目标函数二次连续可微, 水平集有界, 并采用精确线搜索, PR 方法会产生一个任一聚点都不是稳定点的迭代点列. 尽管如此, 对一致凸函数, 最优步长下的 PR 方法全局收敛.

定理 6.4.2 设目标函数 $f: \mathbb{R}^n \to \mathbb{R}$ 二阶连续可微, 水平集 $\mathcal{L}(\boldsymbol{x}_0)$ 有界. 又设存在常数 $\mu > 0$, 使对任意的 $\boldsymbol{x} \in \mathcal{L}(\boldsymbol{x}_0)$,

$$\boldsymbol{y}^{\mathrm{T}} \boldsymbol{G}(\boldsymbol{x}) \boldsymbol{y} \geqslant \mu \|\boldsymbol{y}\|^2, \quad \forall \boldsymbol{y} \in \mathbb{R}^n.$$

则最优步长规则下的 PR 共轭梯度法产生的点列收敛到 $f(\boldsymbol{x})$ 的唯一最小值点.

证明 由定理 4.1.2, 只需证明存在常数 $\rho > 0$ 满足

$$-\boldsymbol{g}_k^{\mathrm{T}} \boldsymbol{d}_k \geqslant \rho \|\boldsymbol{g}_k\| \, \|\boldsymbol{d}_k\|. \tag{6.4.8}$$

由最优步长规则, $\boldsymbol{g}_k^{\mathrm{T}} \boldsymbol{d}_{k-1} = 0$. 再由共轭梯度法的方向迭代公式,

$$\boldsymbol{g}_k^{\mathrm{T}} \boldsymbol{d}_k = -\|\boldsymbol{g}_k\|^2.$$

这样, (6.4.8) 等价于

$$\frac{\|\boldsymbol{g}_k\|}{\|\boldsymbol{d}_k\|} \geqslant \rho.$$

由 (4.1.7),

$$\begin{aligned}\boldsymbol{g}_k - \boldsymbol{g}_{k-1} &= \alpha_{k-1}\int_0^1 \boldsymbol{G}(\boldsymbol{x}_{k-1} + \tau\alpha_{k-1}\boldsymbol{d}_{k-1})\boldsymbol{d}_{k-1}\mathrm{d}\tau \\ &\triangleq \alpha_{k-1}\hat{\boldsymbol{G}}_{k-1}\boldsymbol{d}_{k-1}.\end{aligned}$$

两边左乘 $\boldsymbol{d}_{k-1}^{\mathrm{T}}$ 得

$$\alpha_{k-1} = \frac{-\boldsymbol{d}_{k-1}^{\mathrm{T}}\boldsymbol{g}_{k-1}}{\boldsymbol{d}_{k-1}^{\mathrm{T}}\hat{\boldsymbol{G}}_{k-1}\boldsymbol{d}_{k-1}} = \frac{\|\boldsymbol{g}_{k-1}\|^2}{\boldsymbol{d}_{k-1}^{\mathrm{T}}\hat{\boldsymbol{G}}_{k-1}\boldsymbol{d}_{k-1}}.$$

再利用 PR 共轭梯度法迭代公式得

$$\begin{aligned}\beta_{k-1} &= \frac{\boldsymbol{g}_k^{\mathrm{T}}(\boldsymbol{g}_k - \boldsymbol{g}_{k-1})}{\boldsymbol{g}_{k-1}^{\mathrm{T}}\boldsymbol{g}_{k-1}} = \alpha_{k-1}\frac{\boldsymbol{g}_k^{\mathrm{T}}\hat{\boldsymbol{G}}_{k-1}\boldsymbol{d}_{k-1}}{\|\boldsymbol{g}_{k-1}\|^2} \\ &= \frac{\boldsymbol{g}_k^{\mathrm{T}}\hat{\boldsymbol{G}}_{k-1}\boldsymbol{d}_{k-1}}{\boldsymbol{d}_{k-1}^{\mathrm{T}}\hat{\boldsymbol{G}}_{k-1}\boldsymbol{d}_{k-1}}.\end{aligned} \tag{6.4.9}$$

由于水平集有界, 故存在 $M > 0$ 满足

$$\|\boldsymbol{G}(\boldsymbol{x})\boldsymbol{y}\| \leqslant M\|\boldsymbol{y}\|, \quad \forall\, \boldsymbol{x} \in \mathcal{L}(\boldsymbol{x}_0),\ \boldsymbol{y} \in \mathbb{R}^n.$$

从而由 (6.4.9) 和题设得

$$|\beta_{k-1}| \leqslant \frac{\|\boldsymbol{g}_k\|\,\|\hat{\boldsymbol{G}}_{k-1}\boldsymbol{d}_{k-1}\|}{\mu\|\boldsymbol{d}_{k-1}\|^2} \leqslant \frac{M\|\boldsymbol{g}_k\|}{\mu\|\boldsymbol{d}_{k-1}\|}.$$

这样,

$$\begin{aligned}\|\boldsymbol{d}_k\| &\leqslant \|\boldsymbol{g}_k\| + |\beta_{k-1}|\,\|\boldsymbol{d}_{k-1}\| \\ &\leqslant \|\boldsymbol{g}_k\| + \frac{M}{\mu}\|\boldsymbol{g}_k\|.\end{aligned}$$

从而

$$\frac{\|\boldsymbol{g}_k\|}{\|\boldsymbol{d}_k\|} \geqslant \left(1 + \frac{M}{\mu}\right)^{-1}.$$

证毕

习　题

1. 设矩阵 $\boldsymbol{A}\in\mathbb{R}^{n\times n}$ 对称正定, 向量组 $\boldsymbol{d}_1,\boldsymbol{d}_2,\cdots,\boldsymbol{d}_n$ 关于矩阵 $\boldsymbol{A}$ 共轭. 试证明:

(1) 对任意的 $\boldsymbol{x}\in\mathbb{R}^n$, $\boldsymbol{x}=\sum\limits_{i=1}^{n}\dfrac{\boldsymbol{d}_i^{\mathrm{T}}\boldsymbol{A}\boldsymbol{x}}{\boldsymbol{d}_i^{\mathrm{T}}\boldsymbol{A}\boldsymbol{d}_i}\boldsymbol{d}_i$;

(2) $\boldsymbol{A}^{-1}=\sum\limits_{i=1}^{n}\dfrac{\boldsymbol{d}_i\boldsymbol{d}_i^{\mathrm{T}}}{\boldsymbol{d}_i^{\mathrm{T}}\boldsymbol{A}\boldsymbol{d}_i}$.

2. 在共轭梯度法的迭代格式中, 若参数 β 由 D-Y 公式确定, 则无论采用何种步长规则产生下一迭代点都有

$$\beta_k=\frac{\boldsymbol{d}_{k+1}^{\mathrm{T}}\boldsymbol{g}_{k+1}}{\boldsymbol{d}_k^{\mathrm{T}}\boldsymbol{g}_k}.$$

3. 对强 Wolfe 步长规则下的共轭梯度法 $(0<\sigma_1<\sigma_2<\dfrac{1}{2})$, 若 $|\beta_k|\leqslant\beta_k^{\mathrm{FR}}$, 则

$$-\frac{1}{1-\sigma_2}\leqslant\frac{\boldsymbol{g}_k^{\mathrm{T}}\boldsymbol{d}_k}{\|\boldsymbol{g}_k\|^2}\leqslant\frac{2\sigma_2-1}{1-\sigma_2}.$$

第 7 章　最小二乘问题

最小二乘问题是一类特殊的无约束优化问题, 也可视作方程组问题. 但方程个数远多于变量个数, 因此它是一个矛盾方程组. 对该问题, 人们在牛顿算法的基础上建立了多种有效算法.

7.1　线性最小二乘

最小二乘问题产生于数据拟合问题. 它是一种基于观测数据与模型数据之间差的平方和最小来估计模型参数的方法. 该问题最早由德国数学家高斯在十八世纪末进行行星运行轨道预测时提出, 后得到广泛应用和快速发展.

设在某系统中, 输入预测数据 t 与输出数据 y 之间可用如下函数拟合

$$y = \phi(\boldsymbol{x}, t),$$

其中, $\boldsymbol{x} \in \mathbb{R}^n$ 为待定参数. 对观测数据 $(t_1, y_1), (t_2, y_2), \cdots, (t_m, y_m)$, 其中, $m \gg n$, 最小二乘问题就是基于模型输出值和实际观测值的误差平方和

$$\sum_{i=1}^{m} (y_i - \phi(\boldsymbol{x}, t_i))^2$$

最小来求估计参数 $\boldsymbol{x}$.

引入函数 $r_i(\boldsymbol{x}) = y_i - \phi(\boldsymbol{x}, t_i)$, $i = 1, 2, \cdots, m$, 并记

$$\boldsymbol{r}(\boldsymbol{x}) = (r_1(\boldsymbol{x}); r_2(\boldsymbol{x}); \cdots; r_m(\boldsymbol{x})).$$

则最小二乘问题可表述成

$$\min_{\boldsymbol{x} \in \mathbb{R}^n} \boldsymbol{r}(\boldsymbol{x})^{\mathrm{T}} \boldsymbol{r}(\boldsymbol{x}).$$

习惯上, 写成

$$\min_{\boldsymbol{x} \in \mathbb{R}^n} \frac{1}{2} \boldsymbol{r}(\boldsymbol{x})^{\mathrm{T}} \boldsymbol{r}(\boldsymbol{x}).$$

如果最小二乘问题中的模型函数估计准确, 那么最小二乘问题的最优值是很靠近零的. 因此, $\boldsymbol{r}(\boldsymbol{x})$ 称作残量函数. 若 $\boldsymbol{r}(\boldsymbol{x})$ 关于 $\boldsymbol{x}$ 是线性的, 则称该问题为线性最小二乘问题, 否则称其非线性最小二乘问题.

对线性最小二乘问题, 残量函数可写成

$$\boldsymbol{r}(\boldsymbol{x})=\boldsymbol{A}\boldsymbol{x}-\boldsymbol{b},$$

其中, $\boldsymbol{A}\in\mathbb{R}^{m\times n},\boldsymbol{b}\in\mathbb{R}^m$. 从而线性最小二乘问题可写成

$$\min_{\boldsymbol{x}\in\mathbb{R}^n}\frac{1}{2}\|\boldsymbol{A}\boldsymbol{x}-\boldsymbol{b}\|^2. \tag{7.1.1}$$

对此, 有如下结论.

定理 7.1.1 对任意的 $\boldsymbol{A}\in\mathbb{R}^{m\times n}$ 和 $\boldsymbol{b}\in\mathbb{R}^m$, 线性最小二乘问题 (7.1.1) 存在全局最优解, 而它有唯一最优解的充分必要条件是矩阵 $\boldsymbol{A}$ 列满秩.

证明 容易验证, 线性最小二乘问题 (7.1.1) 的目标函数关于 $\boldsymbol{x}$ 为二次凸函数. 由定理 3.1.4, 其最优解满足

$$\boldsymbol{A}^{\mathrm{T}}\boldsymbol{A}\boldsymbol{x}=\boldsymbol{A}^{\mathrm{T}}\boldsymbol{b}. \tag{7.1.2}$$

而由

$$\boldsymbol{A}^{\mathrm{T}}\boldsymbol{b}\in\mathcal{R}(\boldsymbol{A}^{\mathrm{T}})=\mathcal{R}(\boldsymbol{A}^{\mathrm{T}}\boldsymbol{A})$$

知, 满足 (7.1.2) 的 $\boldsymbol{x}$ 存在, 从而 (7.1.1) 有最优解.

若矩阵 $\boldsymbol{A}$ 列满秩, 则 $\boldsymbol{A}^{\mathrm{T}}\boldsymbol{A}$ 非奇异, (7.1.2) 有唯一解, 从而 (7.1.1) 有唯一解. 显然, 逆命题也是成立的. 证毕

根据上述结论, 线性最小二乘问题 (7.1.1) 与线性方程组 (7.1.2) 等价. 对线性方程组 (7.1.2), 先对系数矩阵 $\boldsymbol{A}^{\mathrm{T}}\boldsymbol{A}$ 做 QR 分解: $\boldsymbol{A}^{\mathrm{T}}\boldsymbol{A}=\boldsymbol{Q}R$, 其中, $\boldsymbol{Q}$ 为正交阵, $\boldsymbol{R}$ 为上三角阵, 然后求解方程

$$\boldsymbol{R}\boldsymbol{x}=\boldsymbol{Q}^{\mathrm{T}}\boldsymbol{A}^{\mathrm{T}}\boldsymbol{b},$$

即得线性最小二乘解.

显然, 若矩阵 $\boldsymbol{A}$ 列不满秩, 则线性方程组 (7.1.2) 有多个解. 此时, 借助矩阵的广义逆可得线性最小二乘问题的最小范数解: $\boldsymbol{x}^*=\boldsymbol{A}^+\boldsymbol{b}$.

自然, 并不是所有的数据都可以用线性函数拟合. 这就引出了非线性最小二乘问题.

7.2 非线性最小二乘

非线性最小二乘问题的优化模型是

$$\min_{\boldsymbol{x}\in\mathbb{R}^n} f(\boldsymbol{x})=\frac{1}{2}\boldsymbol{r}(\boldsymbol{x})^{\mathrm{T}}\boldsymbol{r}(\boldsymbol{x})=\frac{1}{2}\sum_{i=1}^m r_i^2(\boldsymbol{x}), \tag{7.2.1}$$

其中, $r_i:\mathbb{R}^n\to\mathbb{R}$ 连续可微, $i=1,2,\cdots,m$.

显然，该问题的目标函数是多个函数的平方和. 作为一种特殊的无约束优化问题，完全可以套用前面章节介绍的无约束优化方法求解. 但限于目标函数的特殊结构，人们在牛顿算法的基础上，建立了这类问题的有效算法.

7.2.1 Gauss-Newton 方法

对最小二乘问题 (7.2.1)，容易计算目标函数的梯度和 Hesse 阵:

$$\nabla f(\boldsymbol{x}) = \boldsymbol{g}(\boldsymbol{x}) = \nabla\Big(\frac{1}{2}\boldsymbol{r}(\boldsymbol{x})^{\mathrm{T}}\boldsymbol{r}(\boldsymbol{x})\Big) = \boldsymbol{J}(\boldsymbol{x})^{\mathrm{T}}\boldsymbol{r}(\boldsymbol{x}) = \sum_{i=1}^{m} r_i(\boldsymbol{x})\nabla r_i(\boldsymbol{x}),$$

$$\begin{aligned}\nabla^2 f(\boldsymbol{x}) = \boldsymbol{G}(\boldsymbol{x}) &= \sum_{i=1}^{m}\nabla r_i(\boldsymbol{x})\nabla^{\mathrm{T}} r_i(\boldsymbol{x}) + \sum_{i=1}^{m} r_i(\boldsymbol{x})\nabla^2 r_i(\boldsymbol{x}) \\ &= \boldsymbol{J}(\boldsymbol{x})^{\mathrm{T}}\boldsymbol{J}(\boldsymbol{x}) + \sum_{i=1}^{m} r_i(\boldsymbol{x})\nabla^2 r_i(\boldsymbol{x}) \\ &\triangleq \boldsymbol{J}(\boldsymbol{x})^{\mathrm{T}}\boldsymbol{J}(\boldsymbol{x}) + \boldsymbol{S}(\boldsymbol{x}),\end{aligned}$$

其中，$\boldsymbol{J}(\boldsymbol{x}) = D_{\boldsymbol{x}}\boldsymbol{r}(\boldsymbol{x})$，$\boldsymbol{S}(\boldsymbol{x}) = \sum\limits_{i=1}^{m} r_i(\boldsymbol{x})\nabla^2 r_i(\boldsymbol{x})$.

利用无约束优化问题的牛顿算法，可得到最小二乘问题的如下迭代算法:

$$\boldsymbol{x}_{k+1} = \boldsymbol{x}_k - \left(\boldsymbol{J}_k^{\mathrm{T}}\boldsymbol{J}_k + \boldsymbol{S}_k\right)^{-1}\boldsymbol{J}_k^{\mathrm{T}}\boldsymbol{r}(\boldsymbol{x}_k).$$

在标准假设下，容易建立算法的收敛性质. 只是 $\boldsymbol{S}(\boldsymbol{x})$ 项中的 Hesse 阵 $\nabla^2 r_i(\boldsymbol{x})$ 计算量较大. 对于数据拟合问题，由于残量函数 $\boldsymbol{r}(\boldsymbol{x})$ 在最优值点的值很小或接近于零，忽略这一项，便得到非线性最小二乘问题的 Gauss-Newton 算法:

$$\boldsymbol{x}_{k+1} = \boldsymbol{x}_k + \boldsymbol{d}_k^{\mathrm{GN}},$$

其中，$\boldsymbol{d}_k^{\mathrm{GN}} = -\left(\boldsymbol{J}_k^{\mathrm{T}}\boldsymbol{J}_k\right)^{-1}\boldsymbol{J}_k^{\mathrm{T}}\boldsymbol{r}(\boldsymbol{x}_k)$.

若矩阵 $\boldsymbol{J}_k$ 列满秩，则 $\boldsymbol{d}_k^{\mathrm{GN}}$ 是下降方向. 引入线搜索过程，便得到最小二乘问题的 Gauss-Newton 算法. 适当条件下可建立算法的全局收敛性.

定理 7.2.1 设最小二乘问题 (7.2.1) 的水平集 $\mathcal{L}(\boldsymbol{x}_0)$ 有界，$\boldsymbol{r}(\boldsymbol{x})$ 及 $\boldsymbol{J}(\boldsymbol{x})$ 在水平集 $\mathcal{L}(\boldsymbol{x}_0)$ 上 Lipschitz 连续，且 $\boldsymbol{J}(\boldsymbol{x})$ 在水平集 $\mathcal{L}(\boldsymbol{x}_0)$ 上满足正则性条件，即存在 $\gamma > 0$，使对任意的 $\boldsymbol{x} \in \mathcal{L}(\boldsymbol{x}_0)$，

$$\|\boldsymbol{J}(\boldsymbol{x})\boldsymbol{y}\| \geqslant \gamma\|\boldsymbol{y}\|, \quad \forall\, \boldsymbol{y} \in \mathbb{R}^n. \tag{7.2.2}$$

则 Wolfe 步长规则下的 Gauss-Newton 算法产生的点列 $\{\boldsymbol{x}_k\}$ 满足

$$\lim_{k\to\infty} \boldsymbol{J}(\boldsymbol{x}_k)^{\mathrm{T}}\boldsymbol{r}(\boldsymbol{x}_k) = \mathbf{0}.$$

从而算法产生迭代点列 $\{\boldsymbol{x}_k\}$ 的任一聚点为 (7.2.1) 的稳定点.

证明 由题设, 对任意的 $\boldsymbol{x} \in \mathcal{L}(\boldsymbol{x}_0)$, $\boldsymbol{J}(\boldsymbol{x})$ 列满秩, 从而 $\boldsymbol{J}(\boldsymbol{x})^{\mathrm{T}}\boldsymbol{J}(\boldsymbol{x})$ 正定, $\boldsymbol{d}^{\mathrm{GN}}(\boldsymbol{x})$ 为 $\boldsymbol{x}$ 点的下降方向. 下面借助定理 4.2.3 建立算法的收敛性.

由水平集 $\mathcal{L}(\boldsymbol{x}_0)$ 的有界性, $\boldsymbol{r}(\boldsymbol{x})$ 及 $\boldsymbol{J}(\boldsymbol{x})$ 在水平集 $\mathcal{L}(\boldsymbol{x}_0)$ 上的 Lipschitz 连续性, 存在 $M, L > 0$, 使对任意的 $\boldsymbol{x}, \boldsymbol{y} \in \mathcal{L}(\boldsymbol{x}_0)$ 和 $i = 1, 2, \cdots, n$, 成立

$$|r_i(\boldsymbol{x})| \leqslant M, \quad \|\nabla r_i(\boldsymbol{x})\| \leqslant M,$$

$$|r_i(\boldsymbol{x}) - r_i(\boldsymbol{y})| \leqslant L\|\boldsymbol{x} - \boldsymbol{y}\|, \quad \|\nabla r_i(\boldsymbol{x}) - \nabla r_i(\boldsymbol{y})\| \leqslant L\|\boldsymbol{x} - \boldsymbol{y}\|.$$

故存在 $\beta > 0$ 使对任意的 $\boldsymbol{x} \in \mathcal{L}(\boldsymbol{x}_0)$, $\|\boldsymbol{J}(\boldsymbol{x})\| \leqslant \beta$. 由此, $\nabla f(\boldsymbol{x})$ 在 $\mathcal{L}(\boldsymbol{x}_0)$ 上 Lipschitz 连续.

记 θ_k 为 $\boldsymbol{d}_k^{\mathrm{GN}}$ 与目标函数负梯度方向的夹角. 由正则性条件得

$$\begin{aligned}\cos\theta_k &= -\frac{\boldsymbol{r}_k^{\mathrm{T}}\boldsymbol{J}_k\boldsymbol{d}_k^{\mathrm{GN}}}{\|\boldsymbol{d}_k^{\mathrm{GN}}\|\|\boldsymbol{J}_k^{\mathrm{T}}\boldsymbol{r}_k\|} = \frac{\|\boldsymbol{J}_k\boldsymbol{d}_k^{\mathrm{GN}}\|^2}{\|\boldsymbol{d}_k^{\mathrm{GN}}\|\|\boldsymbol{J}_k^{\mathrm{T}}\boldsymbol{J}_k\boldsymbol{d}_k^{\mathrm{GN}}\|} \\ &\geqslant \frac{\gamma^2\|\boldsymbol{d}_k^{\mathrm{GN}}\|^2}{\beta^2\|\boldsymbol{d}_k^{\mathrm{GN}}\|^2} = \frac{\gamma^2}{\beta^2} > 0.\end{aligned}$$

由定理 4.2.3 得命题结论. 证毕

若 Gauss-Newton 算法采用单位步长, 则有如下的收敛速度估计.

定理 7.2.2 设单位步长规则下的 Gauss-Newton 算法产生的点列 $\{\boldsymbol{x}_k\}$ 收敛到最小二乘问题 (7.2.1) 的最小值点 $\boldsymbol{x}^*$, 且 $\boldsymbol{J}(\boldsymbol{x}^*)^{\mathrm{T}}\boldsymbol{J}(\boldsymbol{x}^*)$ 正定. 若 $\boldsymbol{J}(\boldsymbol{x})^{\mathrm{T}}\boldsymbol{J}(\boldsymbol{x})$, $\boldsymbol{S}(\boldsymbol{x})$, $\left(\boldsymbol{J}(\boldsymbol{x})^{\mathrm{T}}\ \boldsymbol{J}(\boldsymbol{x})\right)^{-1}$ 在 $\boldsymbol{x}^*$ 点的邻域内 Lipschitz 连续, 则对充分大的 k 有

$$\|\boldsymbol{x}_{k+1} - \boldsymbol{x}^*\| \leqslant \|\left(\boldsymbol{J}(\boldsymbol{x}^*)^{\mathrm{T}}\boldsymbol{J}(\boldsymbol{x}^*)\right)^{-1}\|\|\boldsymbol{S}(\boldsymbol{x}^*)\|\|\boldsymbol{x}_k - \boldsymbol{x}^*\| + O(\|\boldsymbol{x}_k - \boldsymbol{x}^*\|^2).$$

证明 由题设, 存在 $\delta > 0$ 及正数 α, β, γ 使对任意的 $\boldsymbol{x}, \boldsymbol{y} \in N(\boldsymbol{x}^*, \delta)$,

$$\begin{cases} \|\boldsymbol{J}(\boldsymbol{x})^{\mathrm{T}}\boldsymbol{J}(\boldsymbol{x}) - \boldsymbol{J}(\boldsymbol{y})^{\mathrm{T}}\boldsymbol{J}(\boldsymbol{y})\| \leqslant \alpha\|\boldsymbol{x} - \boldsymbol{y}\|, \\ \|\boldsymbol{S}(\boldsymbol{x}) - \boldsymbol{S}(\boldsymbol{y})\| \leqslant \beta\|\boldsymbol{x} - \boldsymbol{y}\|, \\ \|\left(\boldsymbol{J}(\boldsymbol{x})^{\mathrm{T}}\boldsymbol{J}(\boldsymbol{x})\right)^{-1} - \left(\boldsymbol{J}(\boldsymbol{y})^{\mathrm{T}}\boldsymbol{J}(\boldsymbol{y})\right)^{-1}\| \leqslant \gamma\|\boldsymbol{x} - \boldsymbol{y}\|. \end{cases} \tag{7.2.3}$$

令 $\boldsymbol{h}_k = \boldsymbol{x}_k - \boldsymbol{x}^*$, $\boldsymbol{s}_k = \boldsymbol{x}_{k+1} - \boldsymbol{x}_k$. 由于 $f(\boldsymbol{x})$ 二阶连续可微, 点列 $\{\boldsymbol{x}_k\}$ 收敛到 $\boldsymbol{x}^*$, 故对充分大的 k 有

$$\begin{aligned}\boldsymbol{0} = \boldsymbol{g}(\boldsymbol{x}^*) &= \boldsymbol{g}(\boldsymbol{x}_k) - \boldsymbol{G}(\boldsymbol{x}_k)\boldsymbol{h}_k + O(\|\boldsymbol{h}_k\|^2) \\ &= \boldsymbol{J}_k^{\mathrm{T}}\boldsymbol{r}_k - (\boldsymbol{J}_k^{\mathrm{T}}\boldsymbol{J}_k + \boldsymbol{S}_k)\boldsymbol{h}_k + O(\|\boldsymbol{h}_k\|^2).\end{aligned}$$

将首尾两边同时左乘 $(\boldsymbol{J}_k^{\mathrm{T}}\boldsymbol{J}_k)^{-1}$ 并整理得

$$-\boldsymbol{s}_k - \boldsymbol{h}_k - (\boldsymbol{J}_k^{\mathrm{T}}\boldsymbol{J}_k)^{-1}\boldsymbol{S}_k\boldsymbol{h}_k + (\boldsymbol{J}_k^{\mathrm{T}}\boldsymbol{J}_k)^{-1}O(\|\boldsymbol{h}_k\|^2) = \boldsymbol{0},$$

即

$$x_{k+1}-x^*=-(J_k^{\mathrm{T}}J_k)^{-1}S_kh_k+(J_k^{\mathrm{T}}J_k)^{-1}O(\|h_k\|^2).$$

两边取 2-范数得

$$\begin{aligned}\|x_{k+1}-x^*\|\leqslant&\|(J_k^{\mathrm{T}}J_k)^{-1}S_k\|\|x_k-x^*\|\\&+\|(J_k^{\mathrm{T}}J_k)^{-1}\|O(\|x_k-x^*\|^2).\end{aligned}\tag{7.2.4}$$

下面将上述估计式中的 $(J_k^{\mathrm{T}}J_k)^{-1}$ 和 S_k 用 x^* 点的对应项替换.

由于 $(J(x)^{\mathrm{T}}J(x))^{-1}$ 在 x^* 处连续, 故当 k 充分大时,

$$\|(J_k^{\mathrm{T}}J_k)^{-1}\|\leqslant 2\|(J(x^*)^{\mathrm{T}}J(x^*))^{-1}\|.\tag{7.2.5}$$

这样, (7.2.4) 可以写成

$$\|x_{k+1}-x^*\|\leqslant\|(J_k^{\mathrm{T}}J_k)^{-1}S_k\|\|x_k-x^*\|+O(\|x_k-x^*\|^2).\tag{7.2.6}$$

而由 (7.2.3),(7.2.5) 得

$$\begin{aligned}&\|(J_k^{\mathrm{T}}J_k)^{-1}S_k-(J(x^*)^{\mathrm{T}}J(x^*))^{-1}S(x^*)\|\\\leqslant&\|(J_k^{\mathrm{T}}J_k)^{-1}\|\|S_k-S(x^*)\|+\|(J_k^{\mathrm{T}}J_k)^{-1}-(J(x^*)^{\mathrm{T}}J(x^*))^{-1}\|\|S(x^*)\|\\\leqslant&2\beta\|(J(x^*)^{\mathrm{T}}J(x^*))^{-1}\|\|x_k-x^*\|+\gamma\|S(x^*)\|\|x_k-x^*\|\\=&O(\|x_k-x^*\|).\end{aligned}$$

从而由 (7.2.6) 得

$$\|x_{k+1}-x^*\|\leqslant\|(J(x^*)^{\mathrm{T}}J(x^*))^{-1}\|\|S(x^*)\|\|x_k-x^*\|+O(\|x_k-x^*\|^2).$$ 证毕

上述结论表明, 若残量函数 $r(x)$ 的线性度较高或最优值较小, 则 $S(x^*)\approx \mathbf{O}$, 从而 Gauss-Newton 算法有快的收敛速度. 否则, 由于 $\nabla^2 f(x)$ 略去了不容忽视的项 $S(x)$, 因而难于期待 Gauss-Newton 算法有好的数值效果.

7.2.2 Levenberg-Marquardt 方法

Gauss-Newton 算法是非线性最小二乘问题的一种有效方法, 但在迭代过程中要求矩阵 $J(x)$ 列满秩. 为克服这个困难, Levenberg(1944) 在目标函数中添加正则项, 建立了一种新方法, 但未受重视. 后来, Marquardt(1963) 再次提出, 并进行了理论探讨, 得到 Levenberg-Marquardt 方法 (简记为 LM 方法). 再后来, Fletcher(1971) 对其实现策略进行了改进, 得到 Levenberg-Marquardt-Fletcher 方法. Moré (1978) 又将 LM 方法与信赖域方法相结合, 建立了带信赖域的 LM 方法.

容易验证, 最小二乘问题在 x 点的 Gauss-Newton 方向

$$d^{\mathrm{GN}}=-(J(x)^{\mathrm{T}}J(x))^{-1}J(x)^{\mathrm{T}}r(x)$$

是下述二次规划问题的最优解

$$\min_{\boldsymbol{d}\in\mathbb{R}^n} \frac{1}{2}\|\boldsymbol{r}(\boldsymbol{x})+\boldsymbol{J}(\boldsymbol{x})\boldsymbol{d}\|^2.$$

也就是说, Gauss-Newton 方向是通过极小化向量值函数 $\boldsymbol{r}(\boldsymbol{x}+\boldsymbol{d})$ 在 $\boldsymbol{x}$ 点的线性近似得到的. 为保证好的近似效果, 在目标函数中添加正则项 $\mu\|\boldsymbol{d}\|^2$ 以阻止 $\|\boldsymbol{d}\|$ 过大, 便得到如下优化模型:

$$\min_{\boldsymbol{d}\in\mathbb{R}^n} \|\boldsymbol{r}(\boldsymbol{x})+\boldsymbol{J}(\boldsymbol{x})\boldsymbol{d}\|^2+\mu\|\boldsymbol{d}\|^2,$$

其中, $\mu>0$. 由最优性条件, 其最优解 $\boldsymbol{d}^{\mathrm{LM}}$ 满足

$$(\boldsymbol{J}(\boldsymbol{x})^{\mathrm{T}}\boldsymbol{J}(\boldsymbol{x})+\mu\boldsymbol{I})\boldsymbol{d}^{\mathrm{LM}}+\boldsymbol{J}(\boldsymbol{x})^{\mathrm{T}}\boldsymbol{r}(\boldsymbol{x})=\mathbf{0},$$

即

$$\boldsymbol{d}^{\mathrm{LM}}=-(\boldsymbol{J}(\boldsymbol{x})^{\mathrm{T}}\boldsymbol{J}(\boldsymbol{x})+\mu\boldsymbol{I})^{-1}\boldsymbol{J}(\boldsymbol{x})^{\mathrm{T}}\boldsymbol{r}(\boldsymbol{x}). \tag{7.2.7}$$

沿 $\boldsymbol{d}^{\mathrm{LM}}$ 进行线搜索, 便得到 Levenberg-Marquardt 方法.

由于 $\boldsymbol{d}^{\mathrm{LM}}$ 的值与 μ 有关, 故记为 $\boldsymbol{d}(\mu)$. 根据线性代数的知识, 矩阵 $(\boldsymbol{J}(\boldsymbol{x})^{\mathrm{T}}\boldsymbol{J}(\boldsymbol{x})+\mu\boldsymbol{I})^{-1}$ 对梯度向量 $\boldsymbol{J}(\boldsymbol{x})^{\mathrm{T}}\boldsymbol{r}(\boldsymbol{x})$ 作用后会改变其长度和方向. 对此, 有如下结论.

性质 7.2.1 $\|\boldsymbol{d}(\mu)\|$ 关于 $\mu>0$ 单调不增, 且当 $\mu\to\infty$ 时, $\|\boldsymbol{d}(\mu)\|\to 0$.

证明 首先, 由复合函数的求导法则,

$$\frac{\partial\|\boldsymbol{d}(\mu)\|^2}{\partial\mu}=2\boldsymbol{d}(\mu)^{\mathrm{T}}\frac{\partial\boldsymbol{d}(\mu)}{\partial\mu}. \tag{7.2.8}$$

其次, 由 (7.2.7) 知

$$(\boldsymbol{J}(\boldsymbol{x})^{\mathrm{T}}\boldsymbol{J}(\boldsymbol{x})+\mu\boldsymbol{I})\boldsymbol{d}(\mu)=-\boldsymbol{J}(\boldsymbol{x})^{\mathrm{T}}\boldsymbol{r}(\boldsymbol{x}).$$

两边关于 μ 求导得

$$\boldsymbol{d}(\mu)+(\boldsymbol{J}(\boldsymbol{x})^{\mathrm{T}}\boldsymbol{J}(\boldsymbol{x})+\mu\boldsymbol{I})\frac{\partial\boldsymbol{d}(\mu)}{\partial\mu}=\mathbf{0}.$$

所以

$$\frac{\partial\boldsymbol{d}(\mu)}{\partial\mu}=-(\boldsymbol{J}(\boldsymbol{x})^{\mathrm{T}}\boldsymbol{J}(\boldsymbol{x})+\mu\boldsymbol{I})^{-1}\boldsymbol{d}(\mu). \tag{7.2.9}$$

代入 (7.2.8) 得

$$\frac{\partial\|\boldsymbol{d}(\mu)\|^2}{\partial\mu}=-2\boldsymbol{d}(\mu)^{\mathrm{T}}(\boldsymbol{J}(\boldsymbol{x})^{\mathrm{T}}\boldsymbol{J}(\boldsymbol{x})+\mu\boldsymbol{I})^{-1}\boldsymbol{d}(\mu).$$

进一步,

$$\frac{\partial\|\boldsymbol{d}(\mu)\|}{\partial\mu}=-\frac{1}{\|\boldsymbol{d}(\mu)\|}\boldsymbol{d}(\mu)^{\mathrm{T}}(\boldsymbol{J}(\boldsymbol{x})^{\mathrm{T}}\boldsymbol{J}(\boldsymbol{x})+\mu\boldsymbol{I})^{-1}\boldsymbol{d}(\mu)<0. \tag{7.2.10}$$

从而 $\|\boldsymbol{d}(\mu)\|$ 关于 μ 单调不增. 由 (7.2.7) 式得命题的第二个结论.　　证毕

由上述结论, 当矩阵 $\boldsymbol{J}(\boldsymbol{x})^{\mathrm{T}}\boldsymbol{J}(\boldsymbol{x})$ 接近奇异时, Gauss-Newton 方向的模 $\|\boldsymbol{d}^{\mathrm{GN}}\|$ 相当大, 而引入参数 μ 就避免了这种情形.

性质 7.2.2　$\boldsymbol{d}(\mu)$ 与 $-\boldsymbol{g}(\boldsymbol{x})$ 的夹角关于 $\mu>0$ 单调不增, 其中,

$$\boldsymbol{g}(\boldsymbol{x})=\nabla\left(\frac{1}{2}\boldsymbol{r}(\boldsymbol{x})^{\mathrm{T}}\boldsymbol{r}(\boldsymbol{x})\right)=\boldsymbol{J}(\boldsymbol{x})^{\mathrm{T}}\boldsymbol{r}(\boldsymbol{x}).$$

证明　利用向量夹角余弦的定义,

$$\begin{aligned}\frac{\partial\cos\theta}{\partial\mu}&=\frac{\partial}{\partial u}\left(\frac{-\boldsymbol{g}(\boldsymbol{x})^{\mathrm{T}}\boldsymbol{d}(\mu)}{\|\boldsymbol{d}(\mu)\|\|\boldsymbol{g}(\boldsymbol{x})\|}\right)\\&=\frac{-\boldsymbol{g}(\boldsymbol{x})^{\mathrm{T}}\frac{\partial\boldsymbol{d}(\mu)}{\partial\mu}\|\boldsymbol{d}(\mu)\|\|\boldsymbol{g}(\boldsymbol{x})\|+\boldsymbol{g}(\boldsymbol{x})^{\mathrm{T}}\boldsymbol{d}(\mu)\|\boldsymbol{g}(\boldsymbol{x})\|\frac{\partial\|\boldsymbol{d}(\mu)\|}{\partial\mu}}{\|\boldsymbol{d}(\mu)\|^2\|\boldsymbol{g}(\boldsymbol{x})\|^2}.\end{aligned} \tag{7.2.11}$$

为证明命题结论, 只需考虑上式中分子的符号.

利用 (7.2.7),(7.2.9) 和 (7.2.10), 将上式中的分子展开得

$$\begin{aligned}&\|\boldsymbol{d}(\mu)\|\|\boldsymbol{g}(\boldsymbol{x})\|\boldsymbol{g}(\boldsymbol{x})^{\mathrm{T}}\left(\boldsymbol{J}(\boldsymbol{x})^{\mathrm{T}}\boldsymbol{J}(\boldsymbol{x})+\mu\boldsymbol{I}\right)^{-1}\boldsymbol{d}(\mu)\\&-\boldsymbol{g}(\boldsymbol{x})^{\mathrm{T}}\boldsymbol{d}(\mu)\|\boldsymbol{g}(\boldsymbol{x})\|\boldsymbol{d}(\mu)^{\mathrm{T}}\left(\boldsymbol{J}(\boldsymbol{x})^{\mathrm{T}}\boldsymbol{J}(\boldsymbol{x})+\mu\boldsymbol{I}\right)^{-1}\boldsymbol{d}(\mu)/\|\boldsymbol{d}(\mu)\|\\=&-\|\boldsymbol{g}(\boldsymbol{x})\|\|\boldsymbol{d}(\mu)\|\boldsymbol{g}(\boldsymbol{x})^{\mathrm{T}}\left(\boldsymbol{J}(\boldsymbol{x})^{\mathrm{T}}\boldsymbol{J}(\boldsymbol{x})+\mu\boldsymbol{I}\right)^{-2}\boldsymbol{g}(\boldsymbol{x})\\&+\|\boldsymbol{g}(\boldsymbol{x})\|\boldsymbol{g}(\boldsymbol{x})^{\mathrm{T}}\left(\boldsymbol{J}(\boldsymbol{x})^{\mathrm{T}}\boldsymbol{J}(\boldsymbol{x})+\mu\boldsymbol{I}\right)^{-1}\boldsymbol{g}(\boldsymbol{x})\boldsymbol{g}(\boldsymbol{x})^{\mathrm{T}}\left(\boldsymbol{J}(\boldsymbol{x})^{\mathrm{T}}\boldsymbol{J}(\boldsymbol{x})+\mu\boldsymbol{I}\right)^{-3}\boldsymbol{g}(\boldsymbol{x})\\&/\|\boldsymbol{d}(\mu)\|\\=&\frac{\|\boldsymbol{g}(\boldsymbol{x})\|}{\|\boldsymbol{d}(\mu)\|}\Big(-\boldsymbol{g}(\boldsymbol{x})^{\mathrm{T}}\left(\boldsymbol{J}(\boldsymbol{x})^{\mathrm{T}}\boldsymbol{J}(\boldsymbol{x})+\mu\boldsymbol{I}\right)^{-2}\boldsymbol{g}(\boldsymbol{x})\boldsymbol{g}(\boldsymbol{x})^{\mathrm{T}}\left(\boldsymbol{J}(\boldsymbol{x})^{\mathrm{T}}\boldsymbol{J}(\boldsymbol{x})+\mu\boldsymbol{I}\right)^{-2}\boldsymbol{g}(\boldsymbol{x})\\&+\boldsymbol{g}(\boldsymbol{x})^{\mathrm{T}}\left(\boldsymbol{J}(\boldsymbol{x})^{\mathrm{T}}\boldsymbol{J}(\boldsymbol{x})+\mu\boldsymbol{I}\right)^{-1}\boldsymbol{g}(\boldsymbol{x})\boldsymbol{g}(\boldsymbol{x})^{\mathrm{T}}\left(\boldsymbol{J}(\boldsymbol{x})^{\mathrm{T}}\boldsymbol{J}(\boldsymbol{x})+\mu\boldsymbol{I}\right)^{-3}\boldsymbol{g}(\boldsymbol{x})\Big).\end{aligned}$$

由于 $\boldsymbol{J}(\boldsymbol{x})^{\mathrm{T}}\boldsymbol{J}(\boldsymbol{x})$ 半正定, 故存在正交阵 $\boldsymbol{Q}$ 使

$$Q^{\mathrm{T}}J(x)^{\mathrm{T}}J(x)Q = \mathrm{diag}(\lambda_1, \cdots, \lambda_n),$$

其中, $\lambda_1 \geqslant \cdots \geqslant \lambda_n \geqslant 0$.

记 $v_i = (Q^{\mathrm{T}}g(x))_i$, 则

$$g(x)^{\mathrm{T}}(J(x)^{\mathrm{T}}J(x) + \mu I)^{-1}g(x) = \sum_{i=1}^{n} \frac{1}{\lambda_i + \mu} v_i^2,$$

$$g(x)^{\mathrm{T}}(J(x)^{\mathrm{T}}J(x) + \mu I)^{-2}g(x) = \sum_{i=1}^{n} \frac{1}{(\lambda_i + \mu)^2} v_i^2,$$

$$g(x)^{\mathrm{T}}(J(x)^{\mathrm{T}}J(x) + \mu I)^{-3}g(x) = \sum_{i=1}^{n} \frac{1}{(\lambda_i + \mu)^3} v_i^2.$$

这样, (7.2.11) 式的分子

$$\begin{aligned}
&\frac{\|g(x)\|}{\|d(\mu)\|}\left(-\Big(\sum_{i=1}^{n} \frac{v_i^2}{(\lambda_i+\mu)^2}\Big)^2 + \Big(\sum_{i=1}^{n} \frac{v_i^2}{\lambda_i+\mu}\Big)\Big(\sum_{i=1}^{n} \frac{v_i^2}{(\lambda_i+\mu)^3}\Big)\right) \\
=& \frac{\|g(x)\|}{\|d(\mu)\|} \sum_{i=1}^{n}\sum_{j=1}^{n} \left(\frac{-v_i^2 v_j^2}{(\lambda_i+\mu)^2(\lambda_j+\mu)^2} + \frac{v_i^2 v_j^2}{(\lambda_i+\mu)(\lambda_j+\mu)^3} \right) \\
=& \frac{\|g(x)\|}{2\|d(\mu)\|} \sum_{i=1}^{n}\sum_{j=1}^{n} \frac{v_i^2 v_j^2}{(\lambda_i+\mu)^3(\lambda_j+\mu)^3} \Big(-2(\lambda_i+\mu)(\lambda_j+\mu) \\
&+ (\lambda_i+\mu)^2 + (\lambda_j+\mu)^2 \Big) \geqslant 0.
\end{aligned}$$

从而 $d(\mu)$ 与 $-g(x)$ 的夹角 θ 关于 $\mu > 0$ 单调不增. 证毕

该结论说明, 当 $\mu > 0$ 逐渐增大时, 搜索方向 $d(\mu)$ 逐渐偏向最速下降方向. 从而有如下结论.

性质 7.2.3 设 $x \in \mathbb{R}^n$ 为非线性最小二乘问题 (7.2.1) 的非稳定点. 则对任意的 $\rho \in (0,1)$, 存在 $\bar{\mu} > 0$, 使对任意的 $\mu \geqslant \bar{\mu}$,

$$\left\langle \frac{-g(x)}{\|g(x)\|}, \frac{d(\mu)}{\|d(\mu)\|} \right\rangle \geqslant \rho.$$

证明 显然, 对任意发散到 ∞ 的正数列 $\{\mu_k\}$, 数列 $\left\{\dfrac{d(\mu_k)}{\|d(\mu_k)\|}\right\}$ 有界. 故有收敛子列, 不妨设为其本身, 即方向列 $\left\{\dfrac{d(\mu_k)}{\|d(\mu_k)\|}\right\}$ 收敛.

由 $\boldsymbol{d}(\mu_k)$ 的定义,

$$
\begin{aligned}
-\frac{\boldsymbol{g}(\boldsymbol{x})}{\|\boldsymbol{g}(\boldsymbol{x})\|} &= \frac{(\boldsymbol{J}(\boldsymbol{x})^{\mathrm{T}}\boldsymbol{J}(\boldsymbol{x})+\mu_k\boldsymbol{I})\boldsymbol{d}(\mu_k)}{\|(\boldsymbol{J}(\boldsymbol{x})^{\mathrm{T}}\boldsymbol{J}(\boldsymbol{x})+\mu_k\boldsymbol{I})\boldsymbol{d}(\mu_k)\|} \\
&= \frac{\boldsymbol{J}(\boldsymbol{x})^{\mathrm{T}}\boldsymbol{J}(\boldsymbol{x})\dfrac{\boldsymbol{d}(\mu_k)}{\mu_k\|\boldsymbol{d}(\mu_k)\|}+\dfrac{\boldsymbol{d}(\mu_k)}{\|\boldsymbol{d}(\mu_k)\|}}{\left\|\boldsymbol{J}(\boldsymbol{x})^{\mathrm{T}}\boldsymbol{J}(\boldsymbol{x})\dfrac{\boldsymbol{d}(\mu_k)}{\mu_k\|\boldsymbol{d}(\mu_k)\|}+\dfrac{\boldsymbol{d}(\mu_k)}{\|\boldsymbol{d}(\mu_k)\|}\right\|}.
\end{aligned}
$$

令 $k\to\infty$. 则由 $\boldsymbol{J}(\boldsymbol{x})$ 的有界性、方向列 $\left\{\dfrac{\boldsymbol{d}(\mu_k)}{\|\boldsymbol{d}(\mu_k)\|}\right\}$ 的收敛性和 $\mu_k\to\infty$ 得,

$$\lim_{k\to\infty}\left\langle\frac{-\boldsymbol{g}(\boldsymbol{x})}{\|\boldsymbol{g}(\boldsymbol{x})\|},\frac{\boldsymbol{d}(\mu_k)}{\|\boldsymbol{d}(\mu_k)\|}\right\rangle=1.$$

由极限的保号性知命题结论成立.　　证毕

下面的结论说明, 参数 μ 的引入可使搜索方向的计算趋于稳定, 从而使 LM 方法的数值效果优于 Gauss-Newton 方法.

性质 7.2.4　$(\boldsymbol{J}(\boldsymbol{x})^{\mathrm{T}}\boldsymbol{J}(\boldsymbol{x})+\mu\boldsymbol{I})$ 的条件数关于 μ 单调不增.

证明　由于 $\boldsymbol{J}(\boldsymbol{x})^{\mathrm{T}}\boldsymbol{J}(\boldsymbol{x})$ 对称半正定, 故存在正交阵 $\boldsymbol{Q}$ 使

$$\boldsymbol{Q}^{\mathrm{T}}\boldsymbol{J}(\boldsymbol{x})^{\mathrm{T}}\boldsymbol{J}(\boldsymbol{x})\boldsymbol{Q}=\mathrm{diag}(\lambda_1,\cdots,\lambda_n),$$

其中, $\lambda_1\geqslant\cdots\geqslant\lambda_n\geqslant0$. 根据定义, 矩阵 $(\boldsymbol{J}(\boldsymbol{x})^{\mathrm{T}}\boldsymbol{J}(\boldsymbol{x})+\mu\boldsymbol{I})$ 的条件数为 $\dfrac{\lambda_1+\mu}{\lambda_n+\mu}$. 由

$$\frac{\partial}{\partial\mu}\Big(\frac{\lambda_1+\mu}{\lambda_n+\mu}\Big)=\frac{\lambda_n-\lambda_1}{(\lambda_n+\mu)^2}\leqslant0$$

知 $(\boldsymbol{J}(\boldsymbol{x})^{\mathrm{T}}\boldsymbol{J}(\boldsymbol{x})+\mu\boldsymbol{I})$ 的条件数关于 μ 单调不增.　　证毕

显然, 对任意的 $\mu>0$, $\boldsymbol{d}(\mu)$ 是下降方向. 但如果采用单位步长, 目标函数值未必下降. 而根据性质 7.2.1-7.2.3, 如果将参数 μ 适当增大可实现这一要求, 从而如下结论.

定理 7.2.3　设 $\boldsymbol{x}\in\mathbb{R}^n$ 为非线性最小二乘问题 (7.2.1) 的非稳定点. 则对任意的 $\sigma\in(0,1)$, 存在 $\bar{\mu}>0$, 使对任意的 $\mu\geqslant\bar{\mu}$,

$$f(\boldsymbol{x}+\boldsymbol{d}(\mu))\leqslant f(\boldsymbol{x})+\sigma\langle\boldsymbol{g}(\boldsymbol{x}),\boldsymbol{d}(\mu)\rangle.$$

证明　首先, 由性质 7.2.3, 对非稳定点 $\boldsymbol{x}$ 和 $\rho_1\in(0,1)$, 存在 $\bar{\mu}_1>0$, 使对

任意的 $\mu \geqslant \bar{\mu}_1$,

$$\left\langle \frac{-\boldsymbol{g}(\boldsymbol{x})}{\|\boldsymbol{g}(\boldsymbol{x})\|}, \frac{\boldsymbol{d}(\mu)}{\|\boldsymbol{d}(\mu)\|} \right\rangle \geqslant \rho_1. \tag{7.2.12}$$

其次, 由 Cauchy-Schwarz 不等式, 对任意的 $\mu > 0$, 恒有

$$\begin{aligned} \frac{\|\boldsymbol{d}(\mu)\|}{\|\boldsymbol{g}(\boldsymbol{x})\|} = \frac{\|\boldsymbol{d}(\mu)\|^2}{\|\boldsymbol{g}(\boldsymbol{x})\|\|\boldsymbol{d}(\mu)\|} &\leqslant \frac{\|\boldsymbol{d}(\mu)\|^2}{|\langle \boldsymbol{g}(\boldsymbol{x}), \boldsymbol{d}(\mu)\rangle|} \\ &= \frac{\|\boldsymbol{d}(\mu)\|^2}{\boldsymbol{d}(\mu)^{\mathrm{T}}(\boldsymbol{J}^{\mathrm{T}}\boldsymbol{J} + \mu\boldsymbol{I})\boldsymbol{d}(\mu)} \\ &\leqslant \frac{\|\boldsymbol{d}(\mu)\|^2}{\mu\|\boldsymbol{d}(\mu)\|^2} = \frac{1}{\mu}. \end{aligned}$$

也就是

$$\|\boldsymbol{d}(\mu)\| \leqslant \frac{1}{\mu}\|\boldsymbol{g}(\boldsymbol{x})\|. \tag{7.2.13}$$

从而对任意的 $\delta > 0$, 存在 $\bar{\mu}_2 \geqslant \bar{\mu}_1$, 使对任意的 $\mu \geqslant \bar{\mu}_2$, $\|\boldsymbol{d}(\mu)\| \leqslant \delta$.

令 $M = \max\{\|\boldsymbol{G}(\boldsymbol{y})\| \mid \boldsymbol{y} \in N(\boldsymbol{x}, \delta)\}$, 其中, $\boldsymbol{G}(\boldsymbol{y})$ 为目标函数在 $\boldsymbol{y}$ 点的 Hesse 阵. 则由 (7.2.13), 存在 $\bar{\mu}_3 \geqslant \bar{\mu}_2$, 使对任意的 $\mu \geqslant \bar{\mu}_3$,

$$\|\boldsymbol{d}(\mu)\| \leqslant \min\left\{\frac{2(1-\sigma)\rho_1}{M}\|\boldsymbol{g}(\boldsymbol{x})\|, \delta\right\}.$$

结合 (7.2.12), 对任意的 $\mu \geqslant \bar{\mu}_3$,

$$\left\langle \frac{-\boldsymbol{g}(\boldsymbol{x})}{\|\boldsymbol{g}(\boldsymbol{x})\|}, \frac{\boldsymbol{d}(\mu)}{\|\boldsymbol{d}(\mu)\|} \right\rangle \geqslant \frac{M\|\boldsymbol{d}(\mu)\|}{2(1-\sigma)\|\boldsymbol{g}(\boldsymbol{x})\|}.$$

也就是

$$\frac{M\|\boldsymbol{d}(\mu)\|^2}{2} \leqslant (\sigma - 1)\langle \boldsymbol{g}(\boldsymbol{x}), \boldsymbol{d}(\mu)\rangle.$$

由 Taylor 展式, 对任意的 $\mu \geqslant \bar{\mu}_3$, 存在 $\tau \in (0,1)$ 使得

$$\begin{aligned} f(\boldsymbol{x} + \boldsymbol{d}(\mu)) &= f(\boldsymbol{x}) + \boldsymbol{d}(\mu)^{\mathrm{T}}\boldsymbol{g}(\boldsymbol{x}) + \frac{1}{2}\boldsymbol{d}(\mu)^{\mathrm{T}}\boldsymbol{G}(\boldsymbol{x} + \tau\boldsymbol{d}(\mu))\boldsymbol{d}(\mu) \\ &\leqslant f(\boldsymbol{x}) + \boldsymbol{d}(\mu)^{\mathrm{T}}\boldsymbol{g}(\boldsymbol{x}) + \frac{M}{2}\|\boldsymbol{d}(\mu)\|^2 \\ &\leqslant f(\boldsymbol{x}) + \boldsymbol{d}(\mu)^{\mathrm{T}}\boldsymbol{g}(\boldsymbol{x}) + (\sigma - 1)\langle \boldsymbol{g}(\boldsymbol{x}), \boldsymbol{d}(\mu)\rangle \\ &= f(\boldsymbol{x}) + \sigma\langle \boldsymbol{g}(\boldsymbol{x}), \boldsymbol{d}(\mu)\rangle. \end{aligned}$$

取 $\bar{\mu} = \bar{\mu}_3$ 即得命题结论. 证毕

基于以上讨论, 对任意非稳定点 $\boldsymbol{x}$, 存在 $\mu > 0$, 使得

$$f(\boldsymbol{x}+\boldsymbol{d}(\mu)) \leqslant f(\boldsymbol{x}) + \sigma\langle \boldsymbol{g}(\boldsymbol{x}), \boldsymbol{d}(\mu)\rangle.$$

但在每一迭代步, 需对参数 μ 多次试探才能得到满足上述条件的 μ 值. 为此, Fletcher 借用信赖域技术获取参数 μ, 建立了非线性最小二乘问题的 LMF 方法.

考虑到对任意的 $\mu > 0$, $\boldsymbol{d}_k(\mu)$ 是目标函数在 $\boldsymbol{x}_k$ 点的下降方向, 一个自然的想法是对其进行线搜索产生新的迭代点, 这就得到带线搜索的 LM 方法. 对于该算法, 如果采用 Armijo 步长规则, 则有如下收敛性质.

定理 7.2.4 设 Armijo 步长规则下的 LM 方法产生无穷迭代点列 $\{\boldsymbol{x}_k\}$. 若 $\{\boldsymbol{x}_k, \mu_k\}$ 的聚点 $(\boldsymbol{x}^*, \mu^*)$ 满足 $((\boldsymbol{J}^*)^{\mathrm{T}}\boldsymbol{J}^* + \mu^*\boldsymbol{I})$ 正定, 则 $\nabla f(\boldsymbol{x}^*) = \boldsymbol{0}$.

证明 不妨设 Armijo 步长规则中的参数分别取 $\beta = 1, \sigma, \gamma \in (0,1)$.

设收敛于 $\boldsymbol{x}^*$ 的子列 $\{\boldsymbol{x}_{k_j}\}$ 满足

$$\boldsymbol{J}_{k_j}^{\mathrm{T}}\boldsymbol{J}_{k_j} \to (\boldsymbol{J}^*)^{\mathrm{T}}\boldsymbol{J}^*, \quad \mu_{k_j} \to \mu^*.$$

若 $\nabla f(\boldsymbol{x}^*) \neq 0$, 则

$$\boldsymbol{d}_{k_j} \to \boldsymbol{d}^* = -\big((\boldsymbol{J}^*)^{\mathrm{T}}\boldsymbol{J}^* + \mu^*\boldsymbol{I}\big)^{-1}(\boldsymbol{J}^*)^{\mathrm{T}}\boldsymbol{r}^*,$$

且 $\boldsymbol{d}^*$ 是 $\boldsymbol{x}^*$ 点的下降方向. 所以对 $\gamma \in (0,1)$, 存在非负整数 m^* 使得

$$f(\boldsymbol{x}^* + \gamma^{m^*}\boldsymbol{d}^*) < f(\boldsymbol{x}^*) + \sigma\gamma^{m^*}\nabla f(\boldsymbol{x}^*)^{\mathrm{T}}\boldsymbol{d}^*.$$

由于 $\boldsymbol{x}_{k_j} \to \boldsymbol{x}^*$ 及 $\boldsymbol{d}_{k_j} \to \boldsymbol{d}^*$, 所以当 j 充分大时,

$$f(\boldsymbol{x}_{k_j} + \gamma^{m^*}\boldsymbol{d}_{k_j}) \leqslant f(\boldsymbol{x}_{k_j}) + \sigma\gamma^{m^*}\nabla f_{k_j}^{\mathrm{T}}\boldsymbol{d}_{k_j}.$$

由 Armijo 步长规则, $m^* \geqslant m_{k_j}$. 所以

$$\begin{aligned}
f(\boldsymbol{x}_{k_j+1}) &= f(\boldsymbol{x}_{k_j} + \gamma^{m_{k_j}}\boldsymbol{d}_{k_j}) \\
&\leqslant f(\boldsymbol{x}_{k_j}) + \sigma\gamma^{m_{k_j}}\nabla f_{k_j}^{\mathrm{T}}\boldsymbol{d}_{k_j} \\
&\leqslant f(\boldsymbol{x}_{k_j}) + \sigma\gamma^{m^*}\nabla f_{k_j}^{\mathrm{T}}\boldsymbol{d}_{k_j}.
\end{aligned}$$

即对充分大的 j,

$$f(\boldsymbol{x}_{k_j+1}) \leqslant f(\boldsymbol{x}_{k_j}) + \sigma\gamma^{m^*}\nabla f_{k_j}^{\mathrm{T}}\boldsymbol{d}_{k_j}.$$

由于数列 $\{f(\boldsymbol{x}_k)\}$ 单调下降并收敛到 $f(\boldsymbol{x}^*)$, 对上式两边关于 k 求极限得

$$f(\boldsymbol{x}^*) \leqslant f(\boldsymbol{x}^*) + \sigma\gamma^{m^*}\nabla f(\boldsymbol{x}^*)^{\mathrm{T}}\boldsymbol{d}^*.$$

这与 $(\nabla f(\boldsymbol{x}^*))^{\mathrm{T}}\boldsymbol{d}^* < 0$ 矛盾, 所以 $\nabla f(\boldsymbol{x}^*) = \boldsymbol{0}$. 证毕

定理 7.2.5 对最小二乘问题 (7.2.1), 设 $\boldsymbol{r}(\boldsymbol{x})$ 二阶连续可微, 并设 Armijo 步长规则下的 LM 方法产生的点列 $\{\boldsymbol{x}_k\}$ 收敛到 (7.2.1) 的最优值点 $\boldsymbol{x}^*$ 且 $\mu_k \to 0$.

若 $[(\boldsymbol{J}^*)^{\mathrm{T}}\boldsymbol{J}^*]$ 非奇异, 矩阵 $\left(\frac{1}{2}-\sigma\right)\boldsymbol{J}^{*\mathrm{T}}\boldsymbol{J}^*-\frac{1}{2}\boldsymbol{S}^*$ 正定, 则当 k 充分大时, $\alpha_k=1$, 且

$$\limsup_{k\to\infty}\frac{\|\boldsymbol{x}_{k+1}-\boldsymbol{x}^*\|}{\|\boldsymbol{x}_k-\boldsymbol{x}^*\|}\leqslant\left\|\left((\boldsymbol{J}^*)^{\mathrm{T}}\boldsymbol{J}^*\right)^{-1}\right\|\|\boldsymbol{S}(\boldsymbol{x}^*)\|.$$

证明 要证 $\alpha_k=1$, 只需证对充分大的 k,

$$f(\boldsymbol{x}_k+\boldsymbol{d}_k)-f(\boldsymbol{x}_k)\leqslant\sigma\boldsymbol{g}_k^{\mathrm{T}}\boldsymbol{d}_k.$$

事实上, 对任意的 $k>0$, 由中值定理知存在 $\zeta_k\in(0,1)$, 使得

$$f(\boldsymbol{x}_k+\boldsymbol{d}_k)-f(\boldsymbol{x}_k)=\boldsymbol{g}_k^{\mathrm{T}}\boldsymbol{d}_k+\frac{1}{2}\boldsymbol{d}_k^{\mathrm{T}}\boldsymbol{G}(\boldsymbol{x}_k+\zeta_k\boldsymbol{d}_k)\boldsymbol{d}_k.$$

为此, 只需证明, 对充分大的 k, 成立

$$-(1-\sigma)\boldsymbol{g}_k^{\mathrm{T}}\boldsymbol{d}_k-\frac{1}{2}\boldsymbol{d}_k^{\mathrm{T}}\boldsymbol{G}(\boldsymbol{x}_k+\zeta_k\boldsymbol{d}_k)\boldsymbol{d}_k\geqslant 0.$$

事实上, 由 (7.2.7),

$$\begin{aligned}
&-(1-\sigma)\boldsymbol{g}_k^{\mathrm{T}}\boldsymbol{d}_k-\frac{1}{2}\boldsymbol{d}_k^{\mathrm{T}}\boldsymbol{G}(\boldsymbol{x}_k+\zeta_k\boldsymbol{d}_k)\boldsymbol{d}_k\\
=&(1-\sigma)\boldsymbol{d}_k^{\mathrm{T}}\left(\boldsymbol{J}_k^{\mathrm{T}}\boldsymbol{J}_k+\mu_k\boldsymbol{I}\right)\boldsymbol{d}_k-\frac{1}{2}\boldsymbol{d}_k^{\mathrm{T}}\boldsymbol{G}(\boldsymbol{x}_k+\zeta_k\boldsymbol{d}_k)\boldsymbol{d}_k\\
=&(1-\sigma)\boldsymbol{d}_k^{\mathrm{T}}\boldsymbol{J}_k^{\mathrm{T}}\boldsymbol{J}_k\boldsymbol{d}_k+(1-\sigma)\mu_k\|\boldsymbol{d}_k\|^2-\frac{1}{2}\boldsymbol{d}_k^{\mathrm{T}}\left(\boldsymbol{J}_k^{\mathrm{T}}\boldsymbol{J}_k+\boldsymbol{S}_k\right)\boldsymbol{d}_k\\
&+\frac{1}{2}\boldsymbol{d}_k^{\mathrm{T}}\left(\boldsymbol{G}(\boldsymbol{x}_k)-\boldsymbol{G}(\boldsymbol{x}_k+\zeta_k\boldsymbol{d}_k)\right)\boldsymbol{d}_k\\
=&\left(\frac{1}{2}-\sigma\right)\boldsymbol{d}_k^{\mathrm{T}}\boldsymbol{J}_k^{\mathrm{T}}\boldsymbol{J}_k\boldsymbol{d}_k+(1-\sigma)\mu_k\|\boldsymbol{d}_k\|^2-\frac{1}{2}\boldsymbol{d}_k^{\mathrm{T}}\boldsymbol{S}_k\boldsymbol{d}_k\\
&+\frac{1}{2}\boldsymbol{d}_k^{\mathrm{T}}\left(\boldsymbol{G}(\boldsymbol{x}_k)-\boldsymbol{G}(\boldsymbol{x}_k+\zeta_k\boldsymbol{d}_k)\right)\boldsymbol{d}_k\\
=&\boldsymbol{d}_k^{\mathrm{T}}\left(\left(\frac{1}{2}-\sigma\right)\boldsymbol{J}_k^{\mathrm{T}}\boldsymbol{J}_k-\frac{1}{2}\boldsymbol{S}_k\right)\boldsymbol{d}_k\\
&+\boldsymbol{d}_k^{\mathrm{T}}\left((1-\sigma)\mu_k\boldsymbol{I}+\frac{1}{2}\left(\boldsymbol{G}(\boldsymbol{x}_k)-\boldsymbol{G}(\boldsymbol{x}_k+\zeta_k\boldsymbol{d}_k)\right)\right)\boldsymbol{d}_k.
\end{aligned}$$

当 k 充分大时, 最后一式中的第一项非负. 由于 $\mu_k>0$, 利用 $\boldsymbol{x}_k\to\boldsymbol{x}^*$ 和

$\boldsymbol{G}(\boldsymbol{x})$ 的连续性知, 当 k 充分大时, 第二项非负. 故在 k 充分大时, $\alpha_k = 1$. 从而,

$$\begin{aligned}
\boldsymbol{x}_{k+1} - \boldsymbol{x}^* &= \boldsymbol{x}_k - \boldsymbol{x}^* - \left(\boldsymbol{J}_k^{\mathrm{T}}\boldsymbol{J}_k + \mu_k \boldsymbol{I}\right)^{-1}\boldsymbol{g}_k \\
&= -\left(\boldsymbol{J}_k^{\mathrm{T}}\boldsymbol{J}_k + \mu_k \boldsymbol{I}\right)^{-1}\left(\boldsymbol{g}_k - \boldsymbol{G}_k(\boldsymbol{x}_k - \boldsymbol{x}^*)\right) \\
&\quad + \left(\boldsymbol{J}_k^{\mathrm{T}}\boldsymbol{J}_k + \mu_k \boldsymbol{I}\right)^{-1}\Big(\left(\boldsymbol{J}_k^{\mathrm{T}}\boldsymbol{J}_k + \mu_k \boldsymbol{I}\right)(\boldsymbol{x}_k - \boldsymbol{x}^*) - \boldsymbol{G}_k(\boldsymbol{x}_k - \boldsymbol{x}^*)\Big) \\
&= -\left(\boldsymbol{J}_k^{\mathrm{T}}\boldsymbol{J}_k + \mu_k \boldsymbol{I}\right)^{-1}\Big(\boldsymbol{g}_k - \boldsymbol{g}(\boldsymbol{x}^*) - \boldsymbol{G}_k(\boldsymbol{x}_k - \boldsymbol{x}^*)\Big) \\
&\quad + \left(\boldsymbol{J}_k^{\mathrm{T}}\boldsymbol{J}_k + \mu_k \boldsymbol{I}\right)^{-1}\left(\mu_k \boldsymbol{I} - \boldsymbol{S}_k\right)(\boldsymbol{x}_k - \boldsymbol{x}^*) \\
&= -\left(\boldsymbol{J}_k^{\mathrm{T}}\boldsymbol{J}_k + \mu_k \boldsymbol{I}\right)^{-1}\int_0^1 \Big(\boldsymbol{G}\left(\boldsymbol{x}^* + \tau(\boldsymbol{x}_k - \boldsymbol{x}^*)\right) - \boldsymbol{G}_k\Big)(\boldsymbol{x}_k - \boldsymbol{x}^*)\mathrm{d}\tau \\
&\quad + \left(\boldsymbol{J}_k^{\mathrm{T}}\boldsymbol{J}_k + \mu_k \boldsymbol{I}\right)^{-1}\left(\mu_k \boldsymbol{I} - \boldsymbol{S}_k\right)(\boldsymbol{x}_k - \boldsymbol{x}^*).
\end{aligned}$$

由 $\mu_k \to 0$, $\boldsymbol{x}_k \to \boldsymbol{x}^*$ 和 $\boldsymbol{G}(\boldsymbol{x})$ 的连续性,

$$\limsup_{k\to\infty} \frac{\|\boldsymbol{x}_{k+1} - \boldsymbol{x}^*\|}{\|\boldsymbol{x}_k - \boldsymbol{x}^*\|} \leqslant \left\|\left((\boldsymbol{J}^*)^{\mathrm{T}}\boldsymbol{J}^*\right)^{-1}\right\| \|\boldsymbol{S}(\boldsymbol{x}^*)\|.$$

证毕

数值结果表明, 参数 μ 的取值对 LM 方法的效率影响较大: 若 μ 取值过大, 根据性质 7.2.2, 搜索方向会偏向负梯度方向, 从而使算法的效率降低; 若 μ 取值过小, 根据性质 7.2.4, 子问题 (7.2.7) 的条件数可能较大, 从而造成算法的不稳定. 目前尚未找到有效的 μ 值取法. 不过, 如果非线性最小二乘问题的最优值近似为零, 则 $\mu_k = \|\boldsymbol{r}(\boldsymbol{x}_k)\|^2$ 是一个具有自适应性质的选项.

习　　题

1. 设 $\boldsymbol{A} \in \mathbb{R}^{m_1\times n}, \boldsymbol{B} \in \mathbb{R}^{m_2\times n}, \boldsymbol{b} \in \mathbb{R}^{m_1}$. 试证明线性最小二乘问题

$$\min_{\boldsymbol{x}\in\mathbb{R}^n} \left\|\begin{pmatrix} \boldsymbol{A} \\ \boldsymbol{B} \end{pmatrix}\boldsymbol{x} - \begin{pmatrix} \boldsymbol{b} \\ \boldsymbol{0} \end{pmatrix}\right\|^2$$

的最优解满足方程

$$\begin{pmatrix} \boldsymbol{I} & \boldsymbol{A} \\ \boldsymbol{A}^{\mathrm{T}} & -\boldsymbol{B}^{\mathrm{T}}\boldsymbol{B} \end{pmatrix}\begin{pmatrix} \boldsymbol{y} \\ \boldsymbol{x} \end{pmatrix} = \begin{pmatrix} \boldsymbol{b} \\ \boldsymbol{0} \end{pmatrix}.$$

2. 对非线性最小二乘问题

$$\min_{\boldsymbol{x}\in\mathbb{R}^n} f(\boldsymbol{x}) = \frac{1}{2}\boldsymbol{r}(\boldsymbol{x})^{\mathrm{T}}\boldsymbol{r}(\boldsymbol{x}) = \frac{1}{2}\sum_{i=1}^m r_i^2(\boldsymbol{x}),$$

设对任意的 $\boldsymbol{x} \in \mathbb{R}^n$, 向量值函数 $\boldsymbol{r}(\boldsymbol{x})$ 的 Jacobi 矩阵 $\boldsymbol{J}(\boldsymbol{x})$ 列满秩. 则

$$\lim_{\mu\to 0}\boldsymbol{d}^{\mathrm{LM}}(\mu)=\boldsymbol{d}^{\mathrm{GN}},\quad \lim_{\mu\to\infty}\frac{\boldsymbol{d}^{\mathrm{LM}}(\mu)}{\|\boldsymbol{d}^{\mathrm{LM}}(\mu)\|}=\frac{\boldsymbol{d}^s}{\|\boldsymbol{d}^s\|},$$

其中, $\boldsymbol{d}^s$ 为目标函数在 $\boldsymbol{x}$ 点的负梯度.

3. 设 $\boldsymbol{A} \in \mathbb{R}^{m\times n}, \boldsymbol{b} \in \mathbb{R}^m$, $\mu_1 > \mu_2 > 0$, $\boldsymbol{x}_1, \boldsymbol{x}_2$ 分别为线性方程组

$$(\boldsymbol{A}^{\mathrm{T}}\boldsymbol{A}+\mu_1\boldsymbol{I})\boldsymbol{x}=-\boldsymbol{A}^{\mathrm{T}}\boldsymbol{b},\quad (\boldsymbol{A}^{\mathrm{T}}\boldsymbol{A}+\mu_2\boldsymbol{I})\boldsymbol{x}=-\boldsymbol{A}^{\mathrm{T}}\boldsymbol{b}$$

的解. 则 $\|\boldsymbol{A}\boldsymbol{x}_2+\boldsymbol{b}\|^2 < \|\boldsymbol{A}\boldsymbol{x}_1+\boldsymbol{b}\|^2$.

第 8 章　线性化临近点方法

线性化临近点算法就是将目标函数的线性近似和临近点技术相结合, 产生一个易于求解的子问题, 并由此产生新的迭代点. 本章主要讨论目标函数项具有不同解析性质的和式优化问题的临近点算法及其收敛性.

8.1　和式优化最优性条件

在工程技术中, 常遇到这样一类优化问题, 目标函数中的项具有不同的解析性质, 如有些项连续可微却结构复杂, 不易极小化, 而有些项非光滑但结构简单, 甚至是凸函数, 易于极小化, 如 $\|\boldsymbol{x}\|_1$. 对此类问题, 为充分利用目标函数的解析性质, 可将这些项分别处理, 从而得到如下和式优化问题

$$\min_{\boldsymbol{x}\in\mathbb{R}^n} f(\boldsymbol{x})+g(\boldsymbol{x}). \tag{8.1.1}$$

这里设函数 $f:\mathbb{R}^n\to\mathbb{R}$ 连续可微, $g:\mathbb{R}^n\to\mathbb{R}$ 为凸函数.

首先讨论上述优化问题的最优性条件.

定理 8.1.1　若 $\boldsymbol{x}^*\in\mathbb{R}^n$ 为和式优化问题 (8.1.1) 的最优解, 则 $-\nabla f(\boldsymbol{x}^*)\in\partial g(\boldsymbol{x}^*)$. 进一步, 若 $f(\boldsymbol{x})$ 为凸函数, 则上述条件为充分必要条件.

证明　由定理 2.4.7 得 $\mathbf{0}\in\{\nabla f(\boldsymbol{x}^*)+\partial g(\boldsymbol{x}^*)\}$. 命题结论得证. 下面给出该结论的一个初等证明.

任取 $\boldsymbol{x}\in\mathbb{R}^n$. 由题设, 对任意的 $\lambda\in(0,1)$, $\boldsymbol{x}_\lambda\triangleq(1-\lambda)\boldsymbol{x}^*+\lambda\boldsymbol{x}$ 满足

$$f(\boldsymbol{x}_\lambda)+g(\boldsymbol{x}_\lambda)\geqslant f(\boldsymbol{x}^*)+g(\boldsymbol{x}^*).$$

此即,

$$f\big((1-\lambda)\boldsymbol{x}^*+\lambda\boldsymbol{x}\big)+g\big((1-\lambda)\boldsymbol{x}^*+\lambda\boldsymbol{x}\big)\geqslant f(\boldsymbol{x}^*)+g(\boldsymbol{x}^*).$$

而由函数 g 的凸性,

$$f\big((1-\lambda)\boldsymbol{x}^*+\lambda\boldsymbol{x}\big)+(1-\lambda)g(\boldsymbol{x}^*)+\lambda g(\boldsymbol{x})\geqslant f(\boldsymbol{x}^*)+g(\boldsymbol{x}^*).$$

整理得

$$\frac{f\big((1-\lambda)\boldsymbol{x}^*+\lambda\boldsymbol{x}\big)-f(\boldsymbol{x}^*)}{\lambda}\geqslant g(\boldsymbol{x}^*)-g(\boldsymbol{x}).$$

令 $\lambda \to 0+$ 得

$$f'(\boldsymbol{x}^*;\boldsymbol{x}-\boldsymbol{x}^*) = \langle \nabla f(\boldsymbol{x}^*), \boldsymbol{x}-\boldsymbol{x}^* \rangle \geqslant g(\boldsymbol{x}^*) - g(\boldsymbol{x}).$$

由此,

$$g(\boldsymbol{x}) \geqslant g(\boldsymbol{x}^*) + \langle -\nabla f(\boldsymbol{x}^*), \boldsymbol{x}-\boldsymbol{x}^* \rangle .$$

这说明 $-\nabla f(\boldsymbol{x}^*) \in \partial g(\boldsymbol{x}^*)$. 第一个结论得证.

对第二个结论, 只需证明: 若 $-\nabla f(\boldsymbol{x}^*) \in \partial g(\boldsymbol{x}^*)$, 则 $\boldsymbol{x}^*$ 为优化问题 (8.1.1) 的最优解.

事实上, 若 $-\nabla f(\boldsymbol{x}^*) \in \partial g(\boldsymbol{x}^*)$, 则由函数 f, g 的凸性知, 对任意的 $\boldsymbol{x} \in \mathbb{R}^n$,

$$g(\boldsymbol{x}) \geqslant g(\boldsymbol{x}^*) + \langle -\nabla f(\boldsymbol{x}^*), \boldsymbol{x}-\boldsymbol{x}^* \rangle ,$$

$$f(\boldsymbol{x}) \geqslant f(\boldsymbol{x}^*) + \langle \nabla f(\boldsymbol{x}^*), \boldsymbol{x}-\boldsymbol{x}^* \rangle .$$

两式相加得

$$f(\boldsymbol{x}) + g(\boldsymbol{x}) \geqslant f(\boldsymbol{x}^*) + g(\boldsymbol{x}^*).$$

由 $\boldsymbol{x} \in \mathbb{R}^n$ 的任意性得命题结论. 证毕

再考虑如下和式凸优化问题的最优性条件

$$\min \ f(\boldsymbol{x}) + g(\boldsymbol{x}), \tag{8.1.2}$$

其中 $f : \mathbb{R}^n \to \mathbb{R}$ 为连续可微的凸函数, $g : \mathbb{R}^n \to \mathbb{R}$ 为凸函数.

定理 8.1.2 $\boldsymbol{x}^* \in \mathbb{R}^n$ 为和式凸优化问题 (8.1.2) 的最优解当且仅当

$$g(\boldsymbol{x}) - g(\boldsymbol{x}^*) + \nabla f(\boldsymbol{x}^*)^{\mathrm{T}}(\boldsymbol{x}-\boldsymbol{x}^*) \geqslant 0, \quad \forall\, \boldsymbol{x} \in \mathbb{R}^n. \tag{8.1.3}$$

证明 首先, 若 $\boldsymbol{x}^* \in \mathbb{R}^n$ 为凸优化问题 (8.1.2) 的最优解, 则对任意的 $\boldsymbol{x} \in \mathbb{R}^n$ 及 $\alpha \in (0,1]$,

$$\frac{f(\boldsymbol{x}_\alpha) - f(\boldsymbol{x}^*)}{\alpha} + \frac{g(\boldsymbol{x}_\alpha) - g(\boldsymbol{x}^*)}{\alpha} \geqslant 0, \tag{8.1.4}$$

其中, $\boldsymbol{x}_\alpha = (1-\alpha)\boldsymbol{x}^* + \alpha\boldsymbol{x}$.

由 $g(\boldsymbol{x})$ 为凸函数知

$$g(\boldsymbol{x}_\alpha) \leqslant (1-\alpha) g(\boldsymbol{x}^*) + \alpha g(\boldsymbol{x}).$$

从而,

$$g(\boldsymbol{x}) - g(\boldsymbol{x}^*) \geqslant \frac{g(\boldsymbol{x}_\alpha) - g(\boldsymbol{x}^*)}{\alpha}.$$

结合 (8.1.4) 得

$$g(\boldsymbol{x}) - g(\boldsymbol{x}^*) + \frac{f(\boldsymbol{x}_\alpha) - f(\boldsymbol{x}^*)}{\alpha} \geqslant 0, \quad \forall\, \alpha \in (0,1].$$

令 $\alpha \to 0+$, 并利用 $f(\boldsymbol{x}_\alpha) = f\big(\boldsymbol{x}^* + \alpha(\boldsymbol{x} - \boldsymbol{x}^*)\big)$ 得 (8.1.3). 必要性得证.

反过来, 设 (8.1.3) 成立. 由凸函数 $f(\boldsymbol{x})$ 连续可微知

$$f(\boldsymbol{x}) - f(\boldsymbol{x}^*) \geqslant \nabla f(\boldsymbol{x}^*)^{\mathrm{T}}(\boldsymbol{x} - \boldsymbol{x}^*), \quad \forall\, \boldsymbol{x} \in \mathbb{R}^n.$$

结合 (8.1.3) 得

$$g(\boldsymbol{x}) - g(\boldsymbol{x}^*) + f(\boldsymbol{x}) - f(\boldsymbol{x}^*) \geqslant 0, \quad \forall\, \boldsymbol{x} \in \mathbb{R}^n.$$

由此, $\boldsymbol{x}^*$ 为 (8.1.2) 的最优解, 充分性得证.　　证毕

该结论是凸约束优化问题稳定点条件的推广. 由该结论可得引理 2.5.1, 即对任意下半连续的凸函数 $f : \mathbb{R}^n \to \mathbb{R}$ 和 $\boldsymbol{x} \in \mathbb{R}^n$,

$$\begin{aligned} &\boldsymbol{y} = \mathrm{prox}_f(\boldsymbol{x}) = \underset{\boldsymbol{z}\in\mathbb{R}^n}{\arg\min}\Big\{f(\boldsymbol{z}) + \frac{1}{2}\|\boldsymbol{z} - \boldsymbol{x}\|^2\Big\} \\ \Longleftrightarrow\ & f(\boldsymbol{z}) - f(\boldsymbol{y}) \geqslant \langle \boldsymbol{x} - \boldsymbol{y}, \boldsymbol{z} - \boldsymbol{y}\rangle, \quad \forall\, \boldsymbol{z} \in \mathbb{R}^n. \end{aligned}$$

8.2　凸优化临近点方法

考虑无约束凸优化问题

$$\min_{\boldsymbol{x}\in\mathbb{R}^n} f(\boldsymbol{x}), \tag{8.2.1}$$

其中, $f : \mathbb{R}^n \to \mathbb{R}$ 为下半连续的凸函数.

设 $\boldsymbol{x}_k \in \mathbb{R}^n$. 对目标函数添加正则项 $\dfrac{L}{2}\|\boldsymbol{x} - \boldsymbol{x}_k\|^2$, 其中, $L > 0$ 为常数, 然后对后者求最小, 可得如下迭代过程

$$\boldsymbol{x}_{k+1} = \underset{\boldsymbol{x}\in\mathbb{R}^n}{\arg\min}\Big\{f(\boldsymbol{x}) + \frac{L}{2}\|\boldsymbol{x} - \boldsymbol{x}_k\|^2\Big\}.$$

借助临近点算子, 上述迭代过程可写成

$$\boldsymbol{x}_{k+1} = \mathrm{prox}_{\frac{1}{L}f}(\boldsymbol{x}_k). \tag{8.2.2}$$

因此, 上述迭代过程对应的算法称为临近点算法. 对该迭代过程, 显然有

$$f(\boldsymbol{x}_{k+1}) \leqslant f(\boldsymbol{x}_k) - \frac{L}{2}\|\boldsymbol{x}_{k+1} - \boldsymbol{x}_k\|^2.$$

所以该算法是下降算法. 下讨论其收敛性.

对迭代过程 (8.2.2), 由定理 8.1.2 知

$$f(\boldsymbol{x}) - f(\boldsymbol{x}_{k+1}) + L(\boldsymbol{x}_{k+1} - \boldsymbol{x}_k)^{\mathrm{T}}(\boldsymbol{x} - \boldsymbol{x}_{k+1}) \geqslant 0, \quad \forall\, \boldsymbol{x} \in \mathbb{R}^n.$$

令 $\boldsymbol{x} = \boldsymbol{x}_k$ 得

$$f(\boldsymbol{x}_k) - f(\boldsymbol{x}_{k+1}) \geqslant L\|\boldsymbol{x}_k - \boldsymbol{x}_{k+1}\|^2. \tag{8.2.3}$$

据此, 若 $\boldsymbol{x}_{k+1}=\boldsymbol{x}_k$, 则由推论 2.5.1 知, $\boldsymbol{x}_k$ 为函数 $f(\boldsymbol{x})$ 的最小值点. 否则, 根据上式, $f(\boldsymbol{x}_k)-f(\boldsymbol{x}_{k+1})>0$.

下考虑 $\boldsymbol{x}_{k+1}\neq\boldsymbol{x}_k$ 时算法的收敛性.

将 (8.2.3) 两边关于 $k=0,1,2,\cdots$ 求和得

$$f(\boldsymbol{x}_0)-\lim_{k\to\infty}f(\boldsymbol{x}_k)\geqslant L\sum_{k=0}^{\infty}\|\boldsymbol{x}_k-\boldsymbol{x}_{k+1}\|^2.$$

由此, 若函数 $f(\boldsymbol{x})$ 在 $\mathbb{R}^n$ 上有下界, 则

$$\lim_{k\to\infty}\|\boldsymbol{x}_k-\boldsymbol{x}_{k+1}\|=0.$$

从而由推论 2.5.1 知, 迭代点列 $\{\boldsymbol{x}_k\}$ 的聚点为凸优化问题 (8.2.1) 的最优值点, 也就是有如下结论成立.

定理 8.2.1 对优化问题 (8.2.1), 若目标函数 $f(\boldsymbol{x})$ 在 $\mathbb{R}^n$ 上有下界, 则对任意的 $L>0$, 临近点算法 (8.2.2) 产生的迭代点列的任一聚点为该优化问题的最优值点.

对目标函数添加临近点算子正则项可使子问题的性能得到改善, 也能在当前点附近产生更好的迭代点. 但该算法框架下的子问题的求解难度并没有降低很多. 如能利用目标函数的解析性质建立一个易于求解的子问题, 无疑会大幅提高临近点算法的效率. 基于此, 人们利用函数的连续可微性将目标函数的光滑项用其在当前点的线性近似替换, 并利用临近点算子将上述线性近似限制在当前点附近, 就得到优化问题的线性化临近点方法.

8.3 和式优化线性化临近点方法

考虑和式优化问题

$$\min_{\boldsymbol{x}\in\mathbb{R}^n}\Psi(\boldsymbol{x})=f(\boldsymbol{x})+g(\boldsymbol{x}), \tag{8.3.1}$$

其中, $f:\mathbb{R}^n\to\mathbb{R}$ 的梯度函数 Lipschitz 连续, $g:\mathbb{R}^n\to\mathbb{R}$ 为下半连续的凸函数.

设上述优化问题的最优解集非空, 记为 $\boldsymbol{X}^*$, 其最优值记为 Ψ^*.

设 $\boldsymbol{x}_k$ 为优化问题 (8.3.1) 的近似最优解. 为基于此得到一个更好的近似解, 利用函数 $f(\boldsymbol{x})$ 的连续可微性质, 将其用 $\boldsymbol{x}_k$ 点的线性近似替代, 然后添加临近点算子正则项, 再连同 $g(\boldsymbol{x})$ 一起求最小, 可得如下迭代过程

$$\boldsymbol{x}_{k+1}=\arg\min_{\boldsymbol{x}\in\mathbb{R}^n}\left\{f(\boldsymbol{x}_k)+\langle\nabla f(\boldsymbol{x}_k),\boldsymbol{x}-\boldsymbol{x}_k\rangle+g(\boldsymbol{x})+\frac{L_k}{2}\|\boldsymbol{x}-\boldsymbol{x}_k\|^2\right\},$$

其中, $L_k>0$ 为正则化参数.

将上述子问题目标函数中除 $g(\boldsymbol{x})$ 外的项关于 $\boldsymbol{x}$ 配方. 上述迭代过程可写成

$$\boldsymbol{x}_{k+1}=\arg\min_{\boldsymbol{x}\in\mathbb{R}^n}\left\{\frac{1}{L_k}g(\boldsymbol{x})+\frac{1}{2}\left\|\boldsymbol{x}-\left(\boldsymbol{x}_k-\frac{1}{L_k}\nabla f(\boldsymbol{x}_k)\right)\right\|^2\right\}.$$

借助临近点算子, 上述迭代过程可写成

$$\boldsymbol{x}_{k+1}=\operatorname{prox}_{\frac{1}{L_k}g}\left(\boldsymbol{x}_k-\frac{1}{L_k}\nabla f(\boldsymbol{x}_k)\right)\triangleq T_{L_k}^{f,g}(\boldsymbol{x}_k).$$

上述迭代过程称作线性化临近点算法. 后面的结论说明, 如果参数 L_k 取值得当, 该迭代过程可使目标函数值下降. 先给出有关引理.

引理 8.3.1　设函数 $f:\mathbb{R}^n\to\mathbb{R}$ 的梯度函数 Lipschitz 连续 (常数为 L_f). 则

$$f(\boldsymbol{y})\leqslant f(\boldsymbol{x})+\langle\nabla f(\boldsymbol{x}),\boldsymbol{y}-\boldsymbol{x}\rangle+\frac{L_f}{2}\|\boldsymbol{x}-\boldsymbol{y}\|^2,\quad\forall\,\boldsymbol{x},\boldsymbol{y}\in\mathbb{R}^n.$$

证明　由题设, 对任意的 $\boldsymbol{x},\boldsymbol{y}\in\mathbb{R}^n$,

$$\begin{aligned}f(\boldsymbol{y})-f(\boldsymbol{x})&=\int_0^1\langle\nabla f(\boldsymbol{x}+t(\boldsymbol{y}-\boldsymbol{x})),\boldsymbol{y}-\boldsymbol{x}\rangle\mathrm{d}t\\&=\langle\nabla f(\boldsymbol{x}),\boldsymbol{y}-\boldsymbol{x}\rangle+\int_0^1\langle\nabla f(\boldsymbol{x}+t(\boldsymbol{y}-\boldsymbol{x}))-\nabla f(\boldsymbol{x}),\boldsymbol{y}-\boldsymbol{x}\rangle\mathrm{d}t\\&\leqslant\langle\nabla f(\boldsymbol{x}),\boldsymbol{y}-\boldsymbol{x}\rangle+\int_0^1\|\nabla f(\boldsymbol{x}+t(\boldsymbol{y}-\boldsymbol{x}))-\nabla f(\boldsymbol{x})\|\|\boldsymbol{y}-\boldsymbol{x}\|\mathrm{d}t\\&\leqslant\langle\nabla f(\boldsymbol{x}),\boldsymbol{y}-\boldsymbol{x}\rangle+\int_0^1 tL_f\|\boldsymbol{y}-\boldsymbol{x}\|^2\mathrm{d}t\\&\leqslant\langle\nabla f(\boldsymbol{x}),\boldsymbol{y}-\boldsymbol{x}\rangle+\frac{L_f}{2}\|\boldsymbol{x}-\boldsymbol{y}\|^2.\end{aligned}$$

整理得命题结论.　证毕

引理 8.3.2　对和式优化问题 (8.3.1), 设目标函数 $f:\mathbb{R}^n\to\mathbb{R}$ 的梯度函数 Lipschitz 连续 (常数为 L_f), $g:\mathbb{R}^n\to\mathbb{R}$ 为下半连续的凸函数. 则对任意的 $\boldsymbol{x}\in\mathbb{R}^n$ 和 $L>L_f$,

$$\Psi(\boldsymbol{x})-\Psi(T_L^{f,g}(\boldsymbol{x}))\geqslant\frac{L-L_f}{2}\|\boldsymbol{x}-T_L^{f,g}(\boldsymbol{x})\|^2.$$

其中,

$$\begin{aligned}T_L^{f,g}(\boldsymbol{x})&=\operatorname{prox}_{\frac{1}{L}g}\left(\boldsymbol{x}-\frac{1}{L}\nabla f(\boldsymbol{x})\right)\\&=\arg\min_{\boldsymbol{y}\in\mathbb{R}^n}\left\{\frac{1}{L}g(\boldsymbol{y})+\frac{1}{2}\left\|\boldsymbol{y}-\left(\boldsymbol{x}-\frac{1}{L}\nabla f(\boldsymbol{x})\right)\right\|^2\right\}.\end{aligned}$$

证明 对任意的 $\boldsymbol{x}\in\mathbb{R}^n$, 令 $\boldsymbol{x}^+=T_L^{f,g}(\boldsymbol{x})$, 即

$$\boldsymbol{x}^+=\underset{\boldsymbol{y}\in\mathbb{R}^n}{\arg\min}\left\{f(\boldsymbol{x})+\langle\nabla f(\boldsymbol{x}),\boldsymbol{y}-\boldsymbol{x}\rangle+g(\boldsymbol{y})+\frac{L}{2}\|\boldsymbol{y}-\boldsymbol{x}\|^2\right\}.$$

则

$$\langle\nabla f(\boldsymbol{x}),\boldsymbol{x}^+-\boldsymbol{x}\rangle+g(\boldsymbol{x}^+)+\frac{L}{2}\|\boldsymbol{x}^+-\boldsymbol{x}\|^2\leqslant g(\boldsymbol{x}).$$

而由引理 8.3.1,

$$f(\boldsymbol{x}^+)\leqslant f(\boldsymbol{x})+\langle\nabla f(\boldsymbol{x}),\boldsymbol{x}^+-\boldsymbol{x}\rangle+\frac{L_f}{2}\|\boldsymbol{x}-\boldsymbol{x}^+\|^2.$$

两式相加得

$$f(\boldsymbol{x}^+)+g(\boldsymbol{x}^+)\leqslant f(\boldsymbol{x})+g(\boldsymbol{x})-\frac{L-L_f}{2}\|\boldsymbol{x}-\boldsymbol{x}^+\|^2.$$

证毕

对和式优化问题 (8.3.1) 的迭代过程

$$\boldsymbol{x}_{k+1}=\operatorname{prox}_{\frac{1}{L_k}g}\left(\boldsymbol{x}_k-\frac{1}{L_k}\nabla f(\boldsymbol{x}_k)\right)\triangleq T_{L_k}^{f,g}(\boldsymbol{x}_k),$$

引入函数

$$G_L^{f,g}(\boldsymbol{x}_k)=L(\boldsymbol{x}_k-T_L^{f,g}(\boldsymbol{x}_k)).$$

则上述迭代过程可写成

$$\boldsymbol{x}_{k+1}=\boldsymbol{x}_k-\frac{1}{L_k}G_{L_k}^{f,g}(\boldsymbol{x}_k).$$

对此, 有如下结论.

定理 8.3.1 对任意的 $\boldsymbol{x}\in\mathbb{R}^n$ 和 $L>0$, $G_L^{f,g}(\boldsymbol{x})=0$ 当且仅当 $\boldsymbol{x}$ 为优化问题 (8.3.1) 的稳定点.

证明 由临近点算子的定义

$$G_L^{f,g}(\boldsymbol{x})=0\iff\boldsymbol{x}=\operatorname{prox}_{\frac{1}{L}g}\left(\boldsymbol{x}-\frac{1}{L}\nabla f(\boldsymbol{x})\right).$$

由引理 2.5.1, 后者等价于

$$\left(\boldsymbol{x}-\frac{1}{L}\nabla f(\boldsymbol{x})-\boldsymbol{x}\right)=-\frac{1}{L}\nabla f(\boldsymbol{x})\in\frac{1}{L}\partial g(\boldsymbol{x}).$$

此即

$$-\nabla f(\boldsymbol{x})\in\partial g(\boldsymbol{x}).$$

由定理 8.1.1 得命题结论. 证毕

由该结论, $\|G_L^{f,g}(\boldsymbol{x})\|$ 可用来度量 $\mathbb{R}^n$ 中一点与优化问题 (8.3.1) 的最优解之间的近似度. 为便于应用, 下讨论其单调性.

定理 8.3.2 对任意的 $\boldsymbol{x}\in\mathbb{R}^n$ 和 $L_1\geqslant L_2>0$,

$$\|G_{L_1}^{f,g}(\boldsymbol{x})\|\geqslant\|G_{L_2}^{f,g}(\boldsymbol{x})\|,\quad \frac{\|G_{L_1}^{f,g}(\boldsymbol{x})\|}{L_1}\leqslant\frac{\|G_{L_2}^{f,g}(\boldsymbol{x})\|}{L_2}.$$

证明 首先由引理 2.5.1, 对任意 $\boldsymbol{u},\boldsymbol{v}\in\mathbb{R}^n$ 和 $L>0$,

$$\langle \boldsymbol{u}-\operatorname{prox}_{\frac{1}{L}g}(\boldsymbol{u}),\operatorname{prox}_{\frac{1}{L}g}(\boldsymbol{u})-\boldsymbol{v}\rangle\geqslant\frac{1}{L}g\big(\operatorname{prox}_{\frac{1}{L}g}(\boldsymbol{u})\big)-\frac{1}{L}g(\boldsymbol{v}).$$

将 $L=L_1,\boldsymbol{u}=\boldsymbol{x}-\dfrac{1}{L_1}\nabla f(\boldsymbol{x}),\ \boldsymbol{v}=T_{L_2}^{f,g}(\boldsymbol{x})$ 代入上式得

$$\begin{aligned}&\left\langle \boldsymbol{x}-\frac{1}{L_1}\nabla f(\boldsymbol{x})-T_{L_1}^{f,g}(\boldsymbol{x}),T_{L_1}^{f,g}(\boldsymbol{x})-T_{L_2}^{f,g}(\boldsymbol{x})\right\rangle\\&\geqslant\frac{1}{L_1}g(T_{L_1}^{f,g}(\boldsymbol{x}))-\frac{1}{L_1}g(T_{L_2}^{f,g}(\boldsymbol{x})).\end{aligned}$$

整理得

$$\begin{aligned}&\left\langle \frac{1}{L_1}G_{L_1}^{f,g}(\boldsymbol{x})-\frac{1}{L_1}\nabla f(\boldsymbol{x}),\frac{1}{L_2}G_{L_2}^{f,g}(\boldsymbol{x})-\frac{1}{L_1}G_{L_1}^{f,g}(\boldsymbol{x})\right\rangle\\&\geqslant\frac{1}{L_1}g(T_{L_1}^{f,g}(\boldsymbol{x}))-\frac{1}{L_1}g(T_{L_2}^{f,g}(\boldsymbol{x})).\end{aligned}\tag{8.3.2}$$

将 L_1, L_2 进行对调, 可得

$$\begin{aligned}&\left\langle \frac{1}{L_2}G_{L_2}^{f,g}(\boldsymbol{x})-\frac{1}{L_2}\nabla f(\boldsymbol{x}),\frac{1}{L_1}G_{L_1}^{f,g}(\boldsymbol{x})-\frac{1}{L_2}G_{L_2}^{f,g}(\boldsymbol{x})\right\rangle\\&\geqslant\frac{1}{L_2}g(T_{L_2}^{f,g}(\boldsymbol{x}))-\frac{1}{L_2}g(T_{L_1}^{f,g}(\boldsymbol{x})).\end{aligned}$$

将 (8.3.2) 式两边乘以 L_1, 上式两边乘以 L_2 并相加得

$$\left\langle G_{L_1}^{f,g}(\boldsymbol{x})-G_{L_2}^{f,g}(\boldsymbol{x}),\frac{1}{L_2}G_{L_2}^{f,g}(\boldsymbol{x})-\frac{1}{L_1}G_{L_1}^{f,g}(\boldsymbol{x})\right\rangle\geqslant 0.$$

将之展开得

$$\begin{aligned}\frac{1}{L_1}\|G_{L_1}^{f,g}(\boldsymbol{x})\|^2+\frac{1}{L_2}\|G_{L_2}^{f,g}(\boldsymbol{x})\|^2&\leqslant\left(\frac{1}{L_1}+\frac{1}{L_2}\right)\langle G_{L_1}^{f,g}(\boldsymbol{x}),G_{L_2}^{f,g}(\boldsymbol{x})\rangle\\&\leqslant\left(\frac{1}{L_1}+\frac{1}{L_2}\right)\|G_{L_1}^{f,g}(\boldsymbol{x})\|\cdot\|G_{L_2}^{f,g}(\boldsymbol{x})\|.\end{aligned}$$

由此, 若 $G_{L_2}^{f,g}(\boldsymbol{x})=0$, 则 $G_{L_1}^{f,g}(\boldsymbol{x})=0$, 命题结论成立; 否则, 两边同时除以

$\|G_{L_2}^{f,g}(\boldsymbol{x})\|^2$ 得

$$\frac{1}{L_1}t^2-\Big(\frac{1}{L_1}+\frac{1}{L_2}\Big)t+\frac{1}{L_2}\leqslant 0.$$

其中, $t=\dfrac{\|G_{L_1}^{f,g}(\boldsymbol{x})\|}{\|G_{L_2}^{f,g}(\boldsymbol{x})\|}$. 容易验证, 欲使该式成立, t 应满足 $1\leqslant t\leqslant \dfrac{L_1}{L_2}$. 此即

$$\|G_{L_2}^{f,g}(\boldsymbol{x})\|\leqslant\|G_{L_1}^{f,g}(\boldsymbol{x})\|\leqslant\frac{L_1}{L_2}\|G_{L_2}^{f,g}(\boldsymbol{x})\|.$$

整理得命题结论. 证毕

利用临近点算子的非扩张性和梯度函数 $\nabla f(\boldsymbol{x})$ 的 Lipschitz 连续性, 可建立映射 $G_L^{f,g}(\boldsymbol{x})$ 的 Lipschitz 连续性. 事实上, 对任意的 $\boldsymbol{x},\boldsymbol{y}\in\mathbb{R}^n$ 和 $L>0$, 由定理 2.5.2,

$$\begin{aligned}
&\|G_L^{f,g}(\boldsymbol{x})-G_L^{f,g}(\boldsymbol{y})\|\\
=&L\|\boldsymbol{x}-\mathrm{prox}_{\frac{1}{L}g}(\boldsymbol{x}-\frac{1}{L}\nabla f(\boldsymbol{x}))-\boldsymbol{y}+\mathrm{prox}_{\frac{1}{L}g}(\boldsymbol{y}-\frac{1}{L}\nabla f(\boldsymbol{y}))\|\\
\leqslant&L\|\boldsymbol{x}-\boldsymbol{y}\|+L\|\mathrm{prox}_{\frac{1}{L}g}(\boldsymbol{x}-\frac{1}{L}\nabla f(\boldsymbol{x}))-\mathrm{prox}_{\frac{1}{L}g}(\boldsymbol{y}-\frac{1}{L}\nabla f(\boldsymbol{y}))\|\\
\leqslant&L\|\boldsymbol{x}-\boldsymbol{y}\|+L\|(\boldsymbol{x}-\frac{1}{L}\nabla f(\boldsymbol{x}))-(\boldsymbol{y}-\frac{1}{L}\nabla f(\boldsymbol{y}))\|\\
\leqslant&2L\|\boldsymbol{x}-\boldsymbol{y}\|+\|\nabla f(\boldsymbol{x})-\nabla f(\boldsymbol{y})\|\\
\leqslant&(2L+L_f)\|\boldsymbol{x}-\boldsymbol{y}\|.
\end{aligned}$$

由此得如下结论.

引理 8.3.3 对任意的 $L>0$, 算子 $G_L^{f,g}(\boldsymbol{x})$ 满足

(1) $\|G_L^{f,g}(\boldsymbol{x})-G_L^{f,g}(\boldsymbol{y})\|\leqslant(2L+L_f)\|\boldsymbol{x}-\boldsymbol{y}\|,\ \ \forall\ \boldsymbol{x},\boldsymbol{y}\in\mathbb{R}^n$;

(2) $\|G_{L_f}^{f,g}(\boldsymbol{x})-G_{L_f}^{f,g}(\boldsymbol{y})\|\leqslant 3L_f\|\boldsymbol{x}-\boldsymbol{y}\|,\ \ \forall\ \boldsymbol{x},\boldsymbol{y}\in\mathbb{R}^n$.

由引理 8.3.2, 对线性化临近点算子, 若 $L_k>L_f$, 则目标函数值是下降的. 但梯度函数 $\nabla f(\boldsymbol{x})$ 的 Lipschitz 常数常常是未知的, 对此我们通过进退试探法获取 L_k. 由此得和式优化问题 (8.3.1) 的如下求解算法.

算法 8.3.1

初始步: 取参数 $\beta>0,\sigma\in(0,1),\gamma>1$. $\boldsymbol{x}_0\in\mathbb{R}^n, k=0$;

迭代步: 取 $L_k=\beta\gamma^{m_k}$, 其中 m_k 为满足下式的最小非负整数

$$\Psi(\boldsymbol{x}_k)-\Psi(T_{\beta\gamma^{m_k}}^{f,g}(\boldsymbol{x}_k))\geqslant\frac{\sigma}{\beta\gamma^{m_k}}\|G_{\beta\gamma^{m_k}}^{f,g}(\boldsymbol{x}_k)\|^2. \tag{8.3.3}$$

令 $\boldsymbol{x}_{k+1} = T^{f,g}_{L_k}(\boldsymbol{x}_k)$.

首先证明正则化参数 L_k 取值的可行性, 即满足上述要求的 m_k 存在. 事实上, 对 $\boldsymbol{x}_k \in \mathbb{R}^n$, 由引理 8.3.2, 对任意的 $L > L_f$,

$$\begin{aligned}\Psi(\boldsymbol{x}_k) - \Psi(T^{f,g}_L(\boldsymbol{x}_k)) &\geqslant \frac{L - L_f}{2}\|\boldsymbol{x} - T^{f,g}_L(\boldsymbol{x})\|^2 \\ &\geqslant \frac{L - L_f}{2L^2}\|G^{f,g}_L(\boldsymbol{x}_k)\|^2. \end{aligned} \tag{8.3.4}$$

若 $L \geqslant \dfrac{L_f}{1-\sigma}$, 则 $\dfrac{L - L_f}{L} \geqslant \sigma$. 从而由上式得

$$\Psi(\boldsymbol{x}_k) - \Psi(T^{f,g}_L(\boldsymbol{x}_k)) \geqslant \frac{\sigma}{2L}\|G^{f,g}_L(\boldsymbol{x}_k)\|^2.$$

这说明, 线搜索过程 (8.3.3) 在有限步内终止. 另一方面, 虽然参数 L_k 越大, (8.3.3) 式越容易满足, 但由定理 8.3.2 的第二个结论及 (8.3.4), L_k 增大时, 目标函数的下降量会降低. 为此, 算法 8.3.1 在满足下降条件的参数中选取较短的一个. 进一步, 若参数 $L_k > \beta$, 则 $\dfrac{L_k}{\gamma}$ 不满足 (8.3.3). 由前面的讨论, $\dfrac{L_k}{\gamma} \leqslant \dfrac{L_f}{1-\sigma}$, 即 $L_k \leqslant \dfrac{\gamma L_f}{1-\sigma}$. 由此得参数 L_k 的上界,

$$L_k \leqslant \max\left\{\beta, \frac{\gamma L_f}{1-\sigma}\right\}. \tag{8.3.5}$$

为叙述方便, 以下记 $\rho = \dfrac{\sigma}{\max\{\beta, \dfrac{\gamma L_f}{1-\sigma}\}}$.

引理 8.3.4　对和式优化问题 (8.3.1), 算法 8.3.1 产生的迭代点列 $\{\boldsymbol{x}_k\}$ 满足

$$\Psi(\boldsymbol{x}_k) - \Psi(\boldsymbol{x}_{k+1}) \geqslant \rho\|G^{f,g}_\beta(\boldsymbol{x}_k)\|^2.$$

证明　由 (8.3.3) 和 (8.3.5),

$$\Psi(\boldsymbol{x}_k) - \Psi(\boldsymbol{x}_{k+1}) \geqslant \frac{\sigma}{L_k}\|G^{f,g}_{L_k}(\boldsymbol{x}_k)\|^2 \geqslant \rho\|G^{f,g}_{L_k}(\boldsymbol{x}_k)\|^2.$$

而由定理 8.3.2 和 $L_k \geqslant \beta$ 知

$$\|G_{L_k}(\boldsymbol{x}_k)\| \geqslant \|G_\beta(\boldsymbol{x}_k)\|.$$

与前一式联合得命题结论.　　证毕

下面讨论线性化临近点算法的收敛性.

定理 8.3.3　设和式优化问题 (8.3.1) 的目标函数 $\Psi(\boldsymbol{x})$ 在 $\mathbb{R}^n$ 上有下界, 算法 8.3.1 产生无穷迭代点列 $\{\boldsymbol{x}_k\}$. 则

(1) 函数值数列 $\{\Psi(\boldsymbol{x}_k)\}$ 单调不增. 进一步, $\Psi(\boldsymbol{x}_{k+1}) = \Psi(\boldsymbol{x}_k)$ 当且仅当 $\boldsymbol{x}_k$ 为优化问题 (8.3.1) 的稳定点;

(2) $\lim\limits_{k\to\infty} G_\beta^{f,g}(\boldsymbol{x}_k) = 0$;

(3) $\min\limits_{0\leqslant k\leqslant K} \|G_\beta^{f,g}(\boldsymbol{x}^k)\| \leqslant \dfrac{\sqrt{\Psi(\boldsymbol{x}_0) - \Psi^*}}{\sqrt{\rho(K+1)}}, \quad \forall\ K > 0$;

(4) 迭代点列 $\{\boldsymbol{x}_k\}$ 的所有聚点都是优化问题 (8.3.1) 的稳定点.

证明 首先, 由引理 8.3.4 知

$$\Psi(\boldsymbol{x}_k) - \Psi(\boldsymbol{x}_{k+1}) \geqslant \rho\|G_\beta^{f,g}(\boldsymbol{x}_k)\|^2. \tag{8.3.6}$$

由此得函数值数列 $\{\Psi(\boldsymbol{x}_k)\}$ 单调不增. 进一步, 若 $\boldsymbol{x}_k$ 为优化问题 (8.3.1) 的稳定点, 则由定理 8.3.1, $G_{L_k}^{f,g}(\boldsymbol{x}_k) = 0$. 进而

$$\boldsymbol{x}_{k+1} = \boldsymbol{x}_k - \frac{1}{L_k} G_{L_k}^{f,g}(\boldsymbol{x}_k) = \boldsymbol{x}_k.$$

所以, $\Psi(\boldsymbol{x}_{k+1}) = \Psi(\boldsymbol{x}_k)$ 当且仅当 $\boldsymbol{x}_k$ 为优化问题 (8.3.1) 的稳定点. 结论 (1) 得证.

由于数列 $\{\Psi(\boldsymbol{x}_k)\}$ 单调不增有下界, 所以收敛. 特别地,

$$\lim_{k\to\infty} \Big(\Psi(\boldsymbol{x}_k) - \Psi(\boldsymbol{x}_{k+1})\Big) = 0.$$

从而由 (8.3.6) 得, $\lim\limits_{k\to\infty} \|G_\beta(\boldsymbol{x}_k)\| = 0$. 结论 (2) 得证.

对任意固定的 $K > 0$, 将 (8.3.6) 式两边关于 $k = 0, 1, \cdots, K$ 分别相加得

$$\begin{aligned}\Psi(\boldsymbol{x}_0) - \Psi(\boldsymbol{x}^{K+1}) &\geqslant \rho \sum_{k=0}^{K} \|G_\beta(\boldsymbol{x}_k)\|^2 \\ &\geqslant \rho(K+1) \min_{0\leqslant k\leqslant K} \|G_\beta(\boldsymbol{x}_k)\|^2.\end{aligned}$$

再利用 $\Psi(\boldsymbol{x}^{K+1}) \geqslant \Psi^*$ 得结论 (3).

设 $\bar{\boldsymbol{x}}$ 为迭代点列 $\{\boldsymbol{x}_k\}$ 的一个聚点. 则存在收敛子列 $\{\boldsymbol{x}^{k_j}\}$ 收敛于 $\bar{\boldsymbol{x}}$. 由引理 8.3.3, 对任意的 $j \geqslant 0$,

$$\begin{aligned}\|G_\beta(\bar{\boldsymbol{x}})\| &\leqslant \|G_\beta(\boldsymbol{x}^{k_j}) - G_\beta(\bar{\boldsymbol{x}})\| + \|G_\beta(\boldsymbol{x}^{k_j})\| \\ &\leqslant (2\beta + L_f)\|\boldsymbol{x}^{k_j} - \bar{\boldsymbol{x}}\| + \|G_\beta(\boldsymbol{x}^{k_j})\|.\end{aligned}$$

令 $j \to \infty$ 并利用结论 (2) 得, $G_\beta(\bar{\boldsymbol{x}}) = 0$. 由定理 8.3.1, $\bar{\boldsymbol{x}}$ 为 (8.3.1) 的稳定点.

证毕

8.4 和式凸优化线性化临近点方法

考虑和式凸优化问题

$$\min_{\boldsymbol{x}\in\mathbb{R}^n} \Psi(\boldsymbol{x}) = f(\boldsymbol{x}) + g(\boldsymbol{x}), \tag{8.4.1}$$

其中, $f:\mathbb{R}^n\to\mathbb{R}$ 为凸函数且梯度函数 Lipschitz 连续 (常数为 L_f), $g:\mathbb{R}^n\to\mathbb{R}$ 为下半连续的凸函数.

对上述优化问题, 鉴于目标函数的凸性, 一个自然的想法是, 能否通过深度挖掘函数 $f(x)$ 的解析性质, 建立正则化参数 L_k 新的线搜索过程, 使得迭代过程

$$\begin{aligned}\boldsymbol{x}_{k+1} &= \arg\min_{\boldsymbol{x}\in\mathbb{R}^n}\left\{f(\boldsymbol{x}_k) + \langle\nabla f(\boldsymbol{x}_k), \boldsymbol{x}-\boldsymbol{x}_k\rangle + g(\boldsymbol{x}) + \frac{L_k}{2}\|\boldsymbol{x}-\boldsymbol{x}_k\|^2\right\}\\ &= \arg\min_{\boldsymbol{x}\in\mathbb{R}^n}\left\{\frac{1}{L_k}g(\boldsymbol{x}) + \frac{1}{2}\left\|\boldsymbol{x}-\left(\boldsymbol{x}_k - \frac{1}{L_k}\nabla f(\boldsymbol{x}_k)\right)\right\|^2\right\}\\ &= T_{L_k}^{f,g}(\boldsymbol{x}_k)\end{aligned}$$

的下降性更强, 从而提升算法的收敛速度.

为此, 先给出如下结论.

定理 8.4.1 对和式优化问题 (8.4.1), 设函数 $f:\mathbb{R}^n\to\mathbb{R}$ 连续可微, 函数 $g:\mathbb{R}^n\to\mathbb{R}$ 为下半连续的凸函数. 若存在 $L>0$, 使对任意的 $\boldsymbol{y}\in\mathbb{R}^n$,

$$f(T_L^{f,g}(\boldsymbol{y})) \leqslant f(\boldsymbol{y}) + \langle\nabla f(\boldsymbol{y}), T_L^{f,g}(\boldsymbol{y})-\boldsymbol{y}\rangle + \frac{L}{2}\|T_L^{f,g}(\boldsymbol{y})-\boldsymbol{y}\|^2, \tag{8.4.2}$$

则对任意的 $\boldsymbol{x}\in\mathbb{R}^n$,

$$\begin{aligned}\Psi(\boldsymbol{x}) - \Psi(T_L^{f,g}(\boldsymbol{y})) \geqslant &\frac{L}{2}\|\boldsymbol{x}-T_L^{f,g}(\boldsymbol{y})\|^2 - \frac{L}{2}\|\boldsymbol{x}-\boldsymbol{y}\|^2\\ &+ f(\boldsymbol{x}) - f(\boldsymbol{y}) - \langle\nabla f(\boldsymbol{y}), \boldsymbol{x}-\boldsymbol{y}\rangle.\end{aligned} \tag{8.4.3}$$

证明 对任意的 $\boldsymbol{y}\in\mathbb{R}^n$, 定义函数

$$\Phi(\boldsymbol{u}) \triangleq f(\boldsymbol{y}) + \langle\nabla f(\boldsymbol{y}), \boldsymbol{u}-\boldsymbol{y}\rangle + g(\boldsymbol{u}) + \frac{L}{2}\|\boldsymbol{u}-\boldsymbol{y}\|^2.$$

由题设, 该函数为 L 一致凸函数, 且 $T_L^{f,g}(\boldsymbol{y})$ 为其全局最小值点. 所以,

$$\nabla\Phi(T_L^{f,g}(\boldsymbol{y})) = \mathbf{0}.$$

从而, 对任意的 $\boldsymbol{x}\in\mathbb{R}^n$,

$$\Phi(\boldsymbol{x}) - \Phi(T_L^{f,g}(\boldsymbol{y})) \geqslant \langle\nabla\Phi(T_L^{f,g}(\boldsymbol{y})), \boldsymbol{x}-T_L^{f,g}(\boldsymbol{y})\rangle + \frac{L}{2}\|\boldsymbol{x}-T_L^{f,g}(\boldsymbol{y})\|^2$$

$$=\frac{L}{2}\|\boldsymbol{x}-T_L^{f,g}(\boldsymbol{y})\|^2. \tag{8.4.4}$$

另一方面, 由题设,

$$\Phi(T_L^{f,g}(\boldsymbol{y}))=f(\boldsymbol{y})+\langle\nabla f(\boldsymbol{y}),T_L^{f,g}(\boldsymbol{y})-\boldsymbol{y}\rangle+\frac{L}{2}\|T_L^{f,g}(\boldsymbol{y})-\boldsymbol{y}\|^2+g(T_L^{f,g}(\boldsymbol{y}))$$

$$\geqslant f(T_L^{f,g}(\boldsymbol{y}))+g(T_L^{f,g}(\boldsymbol{y}))=\Psi(T_L^{f,g}(\boldsymbol{y})).$$

联合 (8.4.4) 得

$$\Phi(\boldsymbol{x})-\Psi(T_L^{f,g}(\boldsymbol{y}))\geqslant\frac{L}{2}\|\boldsymbol{x}-T_L^{f,g}(\boldsymbol{y})\|^2.$$

此即,

$$f(\boldsymbol{y})+\langle\nabla f(\boldsymbol{y}),\boldsymbol{x}-\boldsymbol{y}\rangle+g(\boldsymbol{x})+\frac{L}{2}\|\boldsymbol{x}-\boldsymbol{y}\|^2-\Psi(T_L^{f,g}(\boldsymbol{y}))\geqslant\frac{L}{2}\|\boldsymbol{x}-T_L^{f,g}(\boldsymbol{y})\|^2.$$

整理得

$$\Psi(\boldsymbol{x})-\Psi(T_L^{f,g}(\boldsymbol{y}))\geqslant\frac{L}{2}\|\boldsymbol{x}-T_L^{f,g}(\boldsymbol{y})\|^2-\frac{L}{2}\|\boldsymbol{x}-\boldsymbol{y}\|^2$$

$$+f(\boldsymbol{x})-f(\boldsymbol{y})-\langle\nabla f(\boldsymbol{y}),\boldsymbol{x}-\boldsymbol{y}\rangle.$$

证毕

对和式优化问题 (8.4.1), 由于 $\nabla f(\boldsymbol{x})$Lipschitz 连续 (常数为 L_f), 由引理 8.3.1 知, 定理 8.4.1 对 $L=L_f$ 成立, 即对任意的 $\boldsymbol{x},\boldsymbol{y}\in\mathbb{R}^n$,

$$\Psi(\boldsymbol{x})-\Psi(T_{L_f}^{f,g}(\boldsymbol{y}))\geqslant\frac{L_f}{2}\|\boldsymbol{x}-T_{L_f}^{f,g}(\boldsymbol{y})\|^2-\frac{L_f}{2}\|\boldsymbol{x}-\boldsymbol{y}\|^2$$

$$+f(\boldsymbol{x})-f(\boldsymbol{y})-\langle\nabla f(\boldsymbol{y}),\boldsymbol{x}-\boldsymbol{y}\rangle.$$

令 $\boldsymbol{y}=\boldsymbol{x}$ 得

$$\Psi(\boldsymbol{x})-\Psi(T_{L_f}^{f,g}(\boldsymbol{x}))\geqslant\frac{1}{2L_f}\|G_{L_f}^{f,g}(\boldsymbol{x})\|^2.$$

这说明迭代过程 $\boldsymbol{x}_{k+1}=T_{L_f}^{f,g}(\boldsymbol{x}_k)$ 能使目标函数值下降. 考虑到函数 $\nabla f(\boldsymbol{x})$ 的 Lipschitz 常数未知, 下通过 (8.4.2) 式进行线搜索获取参数 L_k. 由此得和式凸优化问题 (8.4.1) 的如下求解算法.

算法 8.4.1

初始步: 取 $\beta>0,\sigma\in(0,1),\gamma>1$. $L_{-1}=\beta$, $\boldsymbol{x}_0\in\mathbb{R}^n$, 令 $k=0$;

迭代步: 取 $L_k=L_{k-1}\gamma^{m_k}$, 其中 m_k 为满足下式的最小非负整数

$$f(T_{L_{k-1}\gamma^{m_k}}^{f,g}(\boldsymbol{x}_k))\leqslant f(\boldsymbol{x}_k)+\langle\nabla f(\boldsymbol{x}_k),T_{L_{k-1}\gamma^{m_k}}^{f,g}(\boldsymbol{x}_k)-\boldsymbol{x}_k\rangle$$

$$+\frac{L_k}{2}\|T^{f,g}_{L_{k-1}\gamma^{m_k}}(\boldsymbol{x}_k)-\boldsymbol{x}_k\|^2. \tag{8.4.5}$$

令 $\boldsymbol{x}_{k+1}=T^{f,g}_{L_k}(\boldsymbol{x}_k)$.

由引理 8.3.1, 对优化问题 (8.4.1), 满足线搜索过程的参数 L_k 存在, 且满足

$$\beta \leqslant L_k \leqslant \max\{\gamma L_f, \beta\}.$$

令 $\rho=\max\{\gamma, \dfrac{\beta}{L_f}\}$. 则

$$L_k \leqslant \rho L_f.$$

进一步, 由 (8.4.5) 式, (8.4.3) 式对 $\boldsymbol{y}=\boldsymbol{x}=\boldsymbol{x}_k$ 成立. 从而,

$$\Psi(\boldsymbol{x}_k)-\Psi(\boldsymbol{x}_{k+1}) \geqslant \frac{L_k}{2}\|\boldsymbol{x}_k-\boldsymbol{x}_{k+1}\|^2.$$

下述结论说明, 目标函数值的下降速度是线性的.

定理 8.4.2 对和式优化问题 (8.4.1), 设算法 8.4.1 产生迭代点列 $\{\boldsymbol{x}_k\}$. 则对任意的 $k>0$ 和最优解 $\boldsymbol{x}^*\in X^*$,

$$\Psi(\boldsymbol{x}_k)-\Psi^* \leqslant \frac{\rho L_f\|\boldsymbol{x}_0-\boldsymbol{x}^*\|^2}{2k}.$$

证明 由算法的线搜索过程, 定理 8.4.1 对 $L=L_k, \boldsymbol{x}=\boldsymbol{x}^*$ 和 $\boldsymbol{y}=\boldsymbol{x}_k$ 成立. 从而由 (8.4.3) 并利用函数 $f(\boldsymbol{x})$ 的凸性得

$$\begin{aligned}
&\frac{2}{L_k}(\Psi(\boldsymbol{x}^*)-\Psi(\boldsymbol{x}_{k+1}))\\
\geqslant&\|\boldsymbol{x}^*-\boldsymbol{x}_{k+1}\|^2-\|\boldsymbol{x}^*-\boldsymbol{x}_k\|^2+\frac{2}{L_k}\Big(f(\boldsymbol{x}^*)-f(\boldsymbol{x}_k)-\langle\nabla f(\boldsymbol{x}_k), \boldsymbol{x}^*-\boldsymbol{x}_k\rangle\Big)\\
\geqslant&\|\boldsymbol{x}^*-\boldsymbol{x}_{k+1}\|^2-\|\boldsymbol{x}^*-\boldsymbol{x}_k\|^2.
\end{aligned} \tag{8.4.6}$$

将上式关于 $k=0,1,\cdots,K-1$ 求和, 并利用 $L_k\leqslant\rho L_f$ 和 $\Psi(\boldsymbol{x}^*)-\Psi(\boldsymbol{x}_{k+1})\leqslant 0$ 得

$$\frac{2}{\rho L_f}\sum_{k=0}^{K-1}\Big(\Psi(\boldsymbol{x}^*)-\Psi(\boldsymbol{x}_{k+1})\Big) \geqslant \|\boldsymbol{x}^*-\boldsymbol{x}^K\|^2-\|\boldsymbol{x}^*-\boldsymbol{x}_0\|^2.$$

所以,

$$\begin{aligned}
\sum_{k=0}^{K-1}\Big(\Psi(\boldsymbol{x}_{k+1})-\Psi^*\Big) &\leqslant \frac{\rho L_f}{2}\Big(\|\boldsymbol{x}^*-\boldsymbol{x}_0\|^2-\|\boldsymbol{x}^*-\boldsymbol{x}^K\|^2\Big)\\
&\leqslant \frac{\rho L_f}{2}\|\boldsymbol{x}^*-\boldsymbol{x}_0\|^2.
\end{aligned}$$

利用函数值 $\{\Psi(\boldsymbol{x}_k)\}$ 的单调下降性得

$$\Psi(\boldsymbol{x}^K) - \Psi^* \leqslant \frac{\rho L_f \|\boldsymbol{x}^* - \boldsymbol{x}_0\|^2}{2K}.$$

证毕

由定理 8.4.2 的证明过程, 迭代点列 $\{\boldsymbol{x}_k\}$ 满足

$$\frac{2}{L_k}\Big(\Psi(\boldsymbol{x}^*) - \Psi(\boldsymbol{x}_{k+1})\Big) \geqslant \|\boldsymbol{x}^* - \boldsymbol{x}_{k+1}\|^2 - \|\boldsymbol{x}^* - \boldsymbol{x}_k\|^2.$$

从而由 $\Psi(\boldsymbol{x}_{k+1}) \geqslant \Psi(\boldsymbol{x}^*)$ 得

$$\|\boldsymbol{x}_{k+1} - \boldsymbol{x}^*\| \leqslant \|\boldsymbol{x}_k - \boldsymbol{x}^*\|.$$

这说明迭代点越来越靠近最优解. 这称为迭代点列关于最优解的 Fejér 单调性. 由此可建立算法的全局收敛性.

定理 8.4.3 对和式凸优化问题 (8.4.1), 算法 8.4.1 产生的迭代点列 $\{\boldsymbol{x}_k\}$ 全局收敛到问题 (8.4.1) 的最优解.

证明 由前面的讨论, 算法产生的迭代点列关于最优解为 Fejér 单调序列, 故有界. 设 $\hat{\boldsymbol{x}}$ 为迭代点列的任一聚点. 则存在收敛子列 $\{\boldsymbol{x}^{k_j}\}$ 收敛到 $\hat{\boldsymbol{x}}$. 由定理 8.4.2,

$$\lim_{j\to\infty} \Psi(\boldsymbol{x}^{k_j}) = \Psi^*.$$

由函数 $\Psi(\boldsymbol{x}) = f(\boldsymbol{x}) + g(\boldsymbol{x})$ 的下半连续性,

$$\Psi(\hat{\boldsymbol{x}}) \leqslant \lim_{j\to\infty} \Psi(\boldsymbol{x}^{k_j}) = \Psi^*.$$

这说明 $\hat{\boldsymbol{x}} \in X^*$. 证毕

下面的结论说明, 对和式凸优化问题 (8.4.1), 若函数 $f(\boldsymbol{x})$ 一致凸, 则线性化临近点算法线性收敛.

定理 8.4.4 对和式凸优化问题 (8.4.1), 如果 $f(\boldsymbol{x})$ 一致凸 (常数为 η), 则算法 8.4.1 产生的迭代点列 $\{\boldsymbol{x}_k\}$ 满足

(1) $\|\boldsymbol{x}_{k+1} - \boldsymbol{x}^*\|^2 \leqslant \left(1 - \dfrac{\eta}{\rho L_f}\right)\|\boldsymbol{x}_k - \boldsymbol{x}^*\|^2$;

(2) $\Psi(\boldsymbol{x}_{k+1}) - \Psi^* \leqslant \dfrac{\rho L_f}{2}\left(1 - \dfrac{\eta}{\rho L_f}\right)^{k+1}\|\boldsymbol{x}_0 - \boldsymbol{x}^*\|^2$.

其中, $\rho = \max\left\{\gamma, \dfrac{\beta}{L_f}\right\}$.

证明 首先, 由函数 $f(\boldsymbol{x})$ 一致凸知,

$$f(\boldsymbol{x}^*) - f(\boldsymbol{x}_k) - \langle \nabla f(\boldsymbol{x}_k), \boldsymbol{x}^* - \boldsymbol{x}_k\rangle \geqslant \frac{\eta}{2}\|\boldsymbol{x}_k - \boldsymbol{x}^*\|^2.$$

其次, 由 (8.4.6) 知

$$\frac{2}{L_k}(\Psi(\boldsymbol{x}^*)-\Psi(\boldsymbol{x}_{k+1}))$$
$$\geqslant \|\boldsymbol{x}^*-\boldsymbol{x}_{k+1}\|^2-\|\boldsymbol{x}^*-\boldsymbol{x}_k\|^2+\frac{2}{L_k}\Big(f(\boldsymbol{x}^*)-f(\boldsymbol{x}_k)-\langle\nabla f(\boldsymbol{x}_k),\boldsymbol{x}^*-\boldsymbol{x}_k\rangle\Big).$$

两者联合得

$$\Psi(\boldsymbol{x}^*)-\Psi(\boldsymbol{x}_{k+1})\geqslant\frac{L_k}{2}\|\boldsymbol{x}^*-\boldsymbol{x}_{k+1}\|^2-\frac{L_k-\eta}{2}\|\boldsymbol{x}^*-\boldsymbol{x}_k\|^2. \tag{8.4.7}$$

再由 $\Psi(\boldsymbol{x}^*)-\Psi(\boldsymbol{x}_{k+1})\leqslant 0$ 和 $L_k\leqslant\rho L_f$ 知

$$\|\boldsymbol{x}_{k+1}-\boldsymbol{x}^*\|^2\leqslant(1-\frac{\eta}{L_k})\|\boldsymbol{x}_k-\boldsymbol{x}^*\|^2\leqslant(1-\frac{\eta}{\rho L_f})\|\boldsymbol{x}_k-\boldsymbol{x}^*\|^2.$$

结论 (1) 得证.

对结论 (2), 由 (8.4.7) 和 $L_k\leqslant\rho L_f$ 得

$$\begin{aligned}\Psi(\boldsymbol{x}_{k+1})-\Psi^*&\leqslant\frac{L_k-\eta}{2}\|\boldsymbol{x}_k-\boldsymbol{x}^*\|^2-\frac{L_k}{2}\|\boldsymbol{x}_{k+1}-\boldsymbol{x}^*\|^2\\&\leqslant\frac{\rho L_f-\eta}{2}\|\boldsymbol{x}_k-\boldsymbol{x}^*\|^2\\&=\frac{\rho L_f}{2}\left(1-\frac{\eta}{\rho L_f}\right)\|\boldsymbol{x}_k-\boldsymbol{x}^*\|^2\\&\leqslant\frac{\rho L_f}{2}\left(1-\frac{\eta}{\rho L_f}\right)^{k+1}\|\boldsymbol{x}_0-\boldsymbol{x}^*\|^2.\end{aligned}$$

其中, 最后一式利用了结论 (1). 结论 (2) 得证.　证毕

下面的结论说明, 若函数 $f(\boldsymbol{x})$ 一致凸, 则线性化临近点算法在 $O\left(\ln\left(\frac{1}{\varepsilon}\right)\right)$ 步迭代后可得和式凸优化问题 (8.4.1) 的 ε 近似最优解.

定理 8.4.5　对和式凸优化问题 (8.4.1), 若函数 $f(\boldsymbol{x})$ 一致凸 (常数为 η), 则当线性化临近点算法的迭代步数 k 满足

$$k\geqslant\rho\ln\left(\frac{1}{\varepsilon}\right)+\frac{\rho L_f}{\sigma}\ln\left(\frac{\rho L_f R^2}{2}\right)$$

时, 目标函数值列满足 $\Psi(\boldsymbol{x}_k)-\Psi^*\leqslant\varepsilon$. 其中, $R=\|\boldsymbol{x}_0-\boldsymbol{x}^*\|$, $\rho=\max\left\{\gamma,\frac{\beta}{L_f}\right\}$.

证明　由定理 8.4.4,

$$\frac{\rho L_f}{2}\left(1-\frac{\eta}{\rho L_f}\right)_k R^2\leqslant\varepsilon\Longrightarrow\Psi(\boldsymbol{x}_k)-\Psi^*\leqslant\varepsilon. \tag{8.4.8}$$

显然, 前者等价于

$$k\ln\left(1-\frac{\eta}{\rho L_f}\right)\leqslant\ln\left(\frac{2\varepsilon}{\rho L_f R^2}\right). \tag{8.4.9}$$

利用

$$\ln(1-x)\leqslant -x,\quad \forall\, x\leqslant 1$$

得, 若 k 满足

$$-\frac{\eta}{\rho L_f}k\leqslant\ln\left(\frac{2\varepsilon}{\rho L_f R^2}\right),$$

即若

$$k\geqslant\frac{\rho L_f}{\eta}\ln\left(\frac{1}{\varepsilon}\right)+\frac{\rho L_f}{\eta}\ln\left(\frac{\rho L_f R^2}{2}\right),$$

则 (8.4.9) 式成立. 从而由 (8.4.8) 得命题结论. 证毕

8.5 线性化临近点方法的加速

考虑和式凸优化问题

$$\min_{\boldsymbol{x}\in\mathbb{R}^n}\Psi(\boldsymbol{x})=f(\boldsymbol{x})+g(\boldsymbol{x}), \tag{8.5.1}$$

其中, $f:\mathbb{R}^n\to\mathbb{R}$ 为凸函数, 且梯度函数 Lipschitz 连续 (常数为 L_f), $g:\mathbb{R}^n\to\mathbb{R}$ 为下半连续的凸函数.

对线性化临近点算法, 考虑到新产生的迭代点对目标函数的良好改进, 为提高其效率, 可借助惯性将新产生的迭代点适当外展, 再对该外展点应用线性化临近点算法产生新的迭代点, 就得到加速的线性化临近点算法.

算法 8.5.1

初始步: 取 $\beta>0,\gamma>1$, $\boldsymbol{x}_0\in\mathbb{R}^n$, 并令 $\boldsymbol{x}_{-1}=\boldsymbol{x}_0$, $t_{-1}=0$, $L_{-1}=\beta$, $k=0$.

迭代步: 令 $t_k=\dfrac{1+\sqrt{1+4t_{k-1}^2}}{2}$, $\boldsymbol{y}_k=\boldsymbol{x}_k+\dfrac{t_{k-1}-1}{t_k}(\boldsymbol{x}_k-\boldsymbol{x}_{k-1})$. 再令 $L_k=L_{k-1}\gamma^{m_k}$, 其中, m_k 为满足下式的最小非负整数

$$\begin{aligned}f(T^{f,g}_{L_{k-1}\gamma^{m_k}}(\boldsymbol{y}_k))\leqslant{}& f(\boldsymbol{y}_k)+\langle\nabla f(\boldsymbol{y}_k),T^{f,g}_{L_{k-1}\gamma^{m_k}}(\boldsymbol{y}_k)-\boldsymbol{y}_k\rangle\\&+\frac{L_k}{2}\|T^{f,g}_{L_{k-1}\gamma^{m_k}}(\boldsymbol{y}_k)-\boldsymbol{y}_k\|^2.\end{aligned}$$

令 $\boldsymbol{x}_{k+1}=T^{f,g}_{L_k}(\boldsymbol{y}_k)=\operatorname{prox}_{\frac{1}{L_k}g}\left(\boldsymbol{y}_k-\dfrac{1}{L_k}\nabla f(\boldsymbol{y}_k)\right)$.

上述算法的线搜索过程和算法 8.4.1 是类似的, 只是 $\boldsymbol{x}_k$ 换成了 $\boldsymbol{y}_k$.

根据下面的引理 8.5.1, 对任意的 $k \geqslant 1$, $\dfrac{t_{k-1}-1}{t_k} > 0$. 所以, $\boldsymbol{y}_k$ 是区间 $[\boldsymbol{x}_{k-1}, \boldsymbol{x}_k]$ 的右向外展点, 也就是将 $\boldsymbol{x}_k$ 点沿当前迭代步行进方向 $\overrightarrow{\boldsymbol{x}_{k-1}\boldsymbol{x}_k}$ 继续前行产生的点. 在下次迭代时, 用其替代 $\boldsymbol{x}_k$ 来产生新的迭代点, 从而实现算法的加速. 所以, 这里的参数 t_k 相当于右向外展系数或惯性系数.

为建立算法的收敛性, 首先讨论惯性系数 t_k 的性质. 对此, 由 t_k 的递推公式,

$$t_{k+1} = \frac{1+\sqrt{1+4t_k^2}}{2} \geqslant \frac{1+2t_k}{2} = t_k + \frac{1}{2}.$$

这说明数列 $\{t_k\}$ 单调递增. 下面的结论给出了 t_k 的下界.

引理 8.5.1 对由

$$t_0 = 1, t_{k+1} = \frac{1+\sqrt{1+4t_k^2}}{2}, \quad k \geqslant 0$$

产生的数列 $\{t_k\}$, 成立 $t_k \geqslant \dfrac{k+2}{2}$.

证明 用数学归纳法. 易证, $k=0$ 时, 结论成立. 设结论对 k 成立, 即 $t_k \geqslant \dfrac{k+2}{2}$. 则由递推公式得

$$\begin{aligned} t_{k+1} &= \frac{1+\sqrt{1+4t_k^2}}{2} \geqslant \frac{1+\sqrt{1+(k+2)^2}}{2} \\ &\geqslant \frac{1+\sqrt{(k+2)^2}}{2} = \frac{k+3}{2}. \end{aligned}$$

证毕

下面的结论说明, 引入加速步的线性化临近点算法产生的目标函数值数列二阶收敛.

定理 8.5.1 对和式凸优化问题 (8.5.1), 算法 8.5.1 产生的迭代点列 $\{\boldsymbol{x}_k\}$ 满足

$$\Psi(\boldsymbol{x}_k) - \Psi^* \leqslant \frac{2\rho L_f \|\boldsymbol{x}_0 - \boldsymbol{x}^*\|^2}{(k+1)^2}.$$

其中, $\boldsymbol{x}^* \in X^*$, $\rho = \max\left\{\gamma, \dfrac{\beta}{L_f}\right\}$.

证明 由算法的迭代过程,

$$f(T_{L_k}^{f,g}(\boldsymbol{y}_k)) \leqslant f(\boldsymbol{y}_k) + \langle \nabla f(\boldsymbol{y}_k), T_{L_k}^{f,g}(\boldsymbol{y}_k) - \boldsymbol{y}_k \rangle + \frac{L_k}{2}\|T_{L_k}^{f,g}(\boldsymbol{y}_k) - \boldsymbol{y}_k\|^2.$$

从而由定理 8.4.1 知, (8.4.3) 式对 $\boldsymbol{x} = t_k^{-1}\boldsymbol{x}^* + (1-t_k^{-1})\boldsymbol{x}_k, \boldsymbol{y} = \boldsymbol{y}_k$ 和 $L = L_k$ 成

立, 即

$$
\begin{aligned}
&\Psi\big(t_k^{-1}\boldsymbol{x}^*+(1-t_k^{-1})\boldsymbol{x}_k\big)-\Psi(\boldsymbol{x}_{k+1})\\
\geqslant&\frac{L_k}{2}\|\boldsymbol{x}_{k+1}-\big(t_k^{-1}\boldsymbol{x}^*+(1-t_k^{-1})\boldsymbol{x}_k\big)\|^2-\frac{L_k}{2}\|\boldsymbol{y}_k-\big(t_k^{-1}\boldsymbol{x}^*+(1-t_k^{-1})\boldsymbol{x}_k\big)\|^2\\
&+f\big(t_k^{-1}\boldsymbol{x}^*+(1-t_k^{-1})\boldsymbol{x}_k\big)-f(\boldsymbol{y}_k)-\langle\nabla f(\boldsymbol{y}_k),t_k^{-1}\boldsymbol{x}^*+(1-t_k^{-1})\boldsymbol{x}_k-\boldsymbol{y}_k\rangle\\
\geqslant&\frac{L_k}{2t_k^2}\|t_k\boldsymbol{x}_{k+1}-(\boldsymbol{x}^*+(t_k-1)\boldsymbol{x}_k)\|^2-\frac{L_k}{2t_k^2}\|t_k\boldsymbol{y}_k-(\boldsymbol{x}^*+(t_k-1)\boldsymbol{x}_k)\|^2. \quad (8.5.2)
\end{aligned}
$$

其中, 最后一式利用了函数 f 的凸性.

另一方面, 由函数 Ψ 的凸性得

$$
\begin{aligned}
&\Psi(t_k^{-1}\boldsymbol{x}^*+(1-t_k^{-1})\boldsymbol{x}_k)-\Psi(\boldsymbol{x}_{k+1})\\
\leqslant&t_k^{-1}\Psi(\boldsymbol{x}^*)+(1-t_k^{-1})\Psi(\boldsymbol{x}_k)-\Psi(\boldsymbol{x}_{k+1})\\
=&(1-t_k^{-1})\big(\Psi(\boldsymbol{x}_k)-\Psi(\boldsymbol{x}^*)\big)-\big(\Psi(\boldsymbol{x}_{k+1})-\Psi(\boldsymbol{x}^*)\big). \quad (8.5.3)
\end{aligned}
$$

再由 $\boldsymbol{y}_k=\boldsymbol{x}_k+\left(\dfrac{t_{k-1}-1}{t_k}\right)(\boldsymbol{x}_k-\boldsymbol{x}_{k-1})$ 得

$$
\begin{aligned}
&\|t_k\boldsymbol{y}_k-\big(\boldsymbol{x}^*+(t_k-1)\boldsymbol{x}_k\big)\|^2\\
=&\|t_k\boldsymbol{x}_k+(t_{k-1}-1)(\boldsymbol{x}_k-\boldsymbol{x}_{k-1})-\big(\boldsymbol{x}^*+(t_k-1)\boldsymbol{x}_k\big)\|^2\\
=&\|t_{k-1}\boldsymbol{x}_k-\big(\boldsymbol{x}^*+(t_{k-1}-1)\boldsymbol{x}_{k-1}\big)\|^2. \quad (8.5.4)
\end{aligned}
$$

记 $\boldsymbol{u}_k=t_{k-1}\boldsymbol{x}_k-(\boldsymbol{x}^*+(t_{k-1}-1)\boldsymbol{x}_{k-1})$, $v_k=\Psi(\boldsymbol{x}_k)-\Psi^*$. 则由 (8.5.2)-(8.5.4) 得

$$
(t_k^2-t_k)v_k-t_k^2v_{k+1}\geqslant\frac{L_k}{2}\|\boldsymbol{u}_{k+1}\|^2-\frac{L_k}{2}\|\boldsymbol{u}_k\|^2.
$$

由 t_{k+1} 的迭代公式, $t_k^2-t_k=t_{k-1}^2$. 所以由上式得

$$
\frac{2}{L_k}t_{k-1}^2v_k-\frac{2}{L_k}t_k^2v_{k+1}\geqslant\|\boldsymbol{u}_{k+1}\|^2-\|\boldsymbol{u}_k\|^2.
$$

进而利用 $L_k\geqslant L_{k-1}$ 得

$$
\frac{2}{L_{k-1}}t_{k-1}^2v_k-\frac{2}{L_k}t_k^2v_{k+1}\geqslant\|\boldsymbol{u}_{k+1}\|^2-\|\boldsymbol{u}_k\|^2.
$$

所以,

$$
\|\boldsymbol{u}_{k+1}\|^2+\frac{2}{L_k}t_k^2v_{k+1}\leqslant\|\boldsymbol{u}_k\|^2+\frac{2}{L_{k-1}}t_{k-1}^2v_k.
$$

将该式进行递推得

$$\|\boldsymbol{u}_k\|^2 + \frac{2}{L_{k-1}}t_{k-1}^2 v_k \leqslant \|\boldsymbol{u}_1\|^2 + \frac{2}{L_0}t_0^2 v_1$$
$$= \|\boldsymbol{x}_1 - \boldsymbol{x}^*\|^2 + \frac{2}{L_0}(\Psi(\boldsymbol{x}_1) - \Psi^*). \tag{8.5.5}$$

另一方面, 将 $\boldsymbol{x} = \boldsymbol{x}^*, \boldsymbol{y} = \boldsymbol{x}_0$, 和 $L = L_0$ 代入 (8.4.3) 式并利用函数 f 的凸性得

$$\frac{2}{L_0}(\Psi^* - \Psi(\boldsymbol{x}_1)) \geqslant \|\boldsymbol{x}_1 - \boldsymbol{x}^*\|^2 - \|\boldsymbol{x}_0 - \boldsymbol{x}^*\|^2.$$

整理得

$$\|\boldsymbol{x}_1 - \boldsymbol{x}^*\|^2 + \frac{2}{L_0}(\Psi(\boldsymbol{x}_1) - \Psi^*) \leqslant \|\boldsymbol{x}_0 - \boldsymbol{x}^*\|^2.$$

从而由 (8.5.5) 得

$$\frac{2}{L_{k-1}}t_{k-1}^2 v_k \leqslant \|\boldsymbol{u}_k\|^2 + \frac{2}{L_{k-1}}t_{k-1}^2 v_k \leqslant \|\boldsymbol{x}_0 - \boldsymbol{x}^*\|^2.$$

再由 $L_{k-1} \leqslant \rho L_f$, v_k 的定义和引理 8.5.1 得

$$\Psi(\boldsymbol{x}_k) - \Psi^* \leqslant \frac{L_{k-1}\|\boldsymbol{x}_0 - \boldsymbol{x}^*\|^2}{2t_{k-1}^2} \leqslant \frac{2\rho L_f\|\boldsymbol{x}_0 - \boldsymbol{x}^*\|^2}{(k+1)^2}.$$

证毕

需要说明的是, $t_k = \dfrac{1+\sqrt{1+4t_{k-1}^2}}{2}$ 并不是惯性系数的唯一取值. 实际上, 由上述证明过程, 欲使上述命题结论成立, t_k 只需满足 $t_k \geqslant \dfrac{k+2}{2}$ 和 $t_k^2 - t_k \leqslant t_{k-1}^2$ 即可. 如对迭代式 $t_k = \dfrac{k+2}{2}$ 确定的数列 $\{t_k\}$, 由

$$\begin{aligned} t_k^2 - t_k &= t_k(t_k - 1) = \frac{k+2}{2} \cdot \frac{k}{2} \\ &= \frac{k^2+2k}{4} \leqslant \frac{k^2+2k+1}{4} \\ &= \frac{(k+1)^2}{4} = t_{k-1}^2 \end{aligned}$$

知其满足要求.

习　题

1. 设 $f, g: \mathbb{R}^n \to \mathbb{R}$ 为凸函数, f 连续可微. 对任意的 $L > 0$, $\boldsymbol{x}, \boldsymbol{y} \in \mathbb{R}^n$, 令

$$\boldsymbol{x}^+ = \underset{\boldsymbol{x} \in \mathbb{R}^n}{\arg\min} \langle \nabla f(\boldsymbol{y}), \boldsymbol{x} - \boldsymbol{y} \rangle + \frac{L}{2} \|\boldsymbol{x} - \boldsymbol{y}\|^2 + g(\boldsymbol{x}).$$

若 $f(\boldsymbol{x}^+) \leqslant f(\boldsymbol{y}) + \langle \nabla f(\boldsymbol{y}), \boldsymbol{x}^+ - \boldsymbol{y} \rangle + \frac{L}{2} \|\boldsymbol{x}^+ - \boldsymbol{y}\|^2$, 则

$$f(\boldsymbol{x}) + g(\boldsymbol{x}) \geqslant f(\boldsymbol{x}^+) + g(\boldsymbol{x}^+) + \frac{L}{2} \|\boldsymbol{x}^+ - \boldsymbol{y}\|^2 + L \langle \boldsymbol{y} - \boldsymbol{x}, \boldsymbol{x}^+ - \boldsymbol{y} \rangle.$$

第 9 章　交替极小化方法

交替极小化方法, 又称 Gauss-Seidel 方法. 它根据问题的结构将变量分块, 然后轮流对块变量求最小. 该方法通过 "化整为零" 将问题化繁为简, 再通过 "各个击破" 建立易于执行的有效算法. 本章主要讨论无约束优化问题的交替极小化方法及其收敛性.

9.1　一般情形交替极小化方法

考虑优化问题

$$\min_{\boldsymbol{x}_1\in\mathbb{R}^{n_1},\boldsymbol{x}_2\in\mathbb{R}^{n_2},\cdots,\boldsymbol{x}_s\in\mathbb{R}^{n_s}} \Psi(\boldsymbol{x}_1,\boldsymbol{x}_2,\cdots,\boldsymbol{x}_s), \tag{9.1.1}$$

其中, $\Psi:\mathbb{R}^n\to\mathbb{R}$ 下半连续, $\boldsymbol{x}=(\boldsymbol{x}_1,\boldsymbol{x}_2,\cdots,\boldsymbol{x}_s)\in\mathbb{R}^n$.

对该优化问题, 以循环方式基于其中 $(s-1)$ 个块变量的值对剩余一个块变量求最小, 也就是, 对第 k 次循环迭代产生的迭代点 $\boldsymbol{x}^k=(\boldsymbol{x}_1^k,\boldsymbol{x}_2^k,\cdots,\boldsymbol{x}_s^k)$, 分别基于新的块变量值依次对 $\boldsymbol{x}_1,\boldsymbol{x}_2,\cdots,\boldsymbol{x}_s$ 求极小, 得到新的迭代点

$$\begin{aligned}
\boldsymbol{x}^{k,1}&=(\boldsymbol{x}_1^{k+1},\boldsymbol{x}_2^k,\cdots,\boldsymbol{x}_s^k),\\
\boldsymbol{x}^{k,2}&=(\boldsymbol{x}_1^{k+1},\boldsymbol{x}_2^{k+1},\boldsymbol{x}_3^k,\cdots,\boldsymbol{x}_s^k),\\
&\ \ \vdots\\
\boldsymbol{x}^{k,i}&=(\boldsymbol{x}_1^{k+1},\boldsymbol{x}_2^{k+1},\cdots,\boldsymbol{x}_i^{k+1},\boldsymbol{x}_{i+1}^k,\cdots,\boldsymbol{x}_s^k),\\
&\ \ \vdots\\
\boldsymbol{x}^{k,s}&=\boldsymbol{x}^{k+1}=(\boldsymbol{x}_1^{k+1},\boldsymbol{x}_2^{k+1},\cdots,\boldsymbol{x}_s^{k+1}).
\end{aligned}$$

重复上述过程, 就得到优化问题 (9.1.1) 的交替极小化方法.

算法 9.1.1

初始步: 取 $\boldsymbol{x}^0=(\boldsymbol{x}_1^0,\boldsymbol{x}_2^0,\cdots,\boldsymbol{x}_s^0)$, $k=0$;

迭代步: 对 $i=1,2,\cdots,s$, 依次求解子问题

$$\boldsymbol{x}_i^{k+1}=\arg\min_{\boldsymbol{x}_i\in\mathbb{R}^{n_i}}\Psi(\boldsymbol{x}_1^{k+1},\boldsymbol{x}_2^{k+1},\cdots,\boldsymbol{x}_{i-1}^{k+1},\boldsymbol{x}_i,\boldsymbol{x}_{i+1}^k,\cdots,\boldsymbol{x}_s^k). \tag{9.1.2}$$

令 $\boldsymbol{x}^{k+1}=(\boldsymbol{x}_1^{k+1},\boldsymbol{x}_2^{k+1},\cdots,\boldsymbol{x}_s^{k+1})$.

对该算法, 如果目标函数 Ψ 下半连续且水平集有界, 则子问题 (9.1.2) 存在最小值点, 交替极小化方法可行. 下面讨论算法的收敛性.

定理 9.1.1 对优化问题 (9.1.1), 设目标函数 $\Psi:\mathbb{R}^n\to\mathbb{R}$ 连续可微, 水平集有界, 且对任意的 $\boldsymbol{x}\in\mathbb{R}^n$ 和 $i\in\{1,2,\cdots,s\}$, 子问题

$$\min_{\boldsymbol{y}\in\mathbb{R}^{n_i}}\Psi(\boldsymbol{x}_1,\boldsymbol{x}_2,\cdots,\boldsymbol{x}_{i-1},\boldsymbol{y},\boldsymbol{x}_{i+1},\cdots,\boldsymbol{x}_s)$$

有唯一最优解. 则算法 9.1.1 产生的迭代点列的任一聚点为优化问题的稳定点.

证明 由算法的迭代过程,

$$\Psi(\boldsymbol{x}^k)\geqslant\Psi(\boldsymbol{x}^{k,1})\geqslant\Psi(\boldsymbol{x}^{k,2})\geqslant\cdots\geqslant\Psi(\boldsymbol{x}^{k,s-1})\geqslant\Psi(\boldsymbol{x}^{k,s})=\Psi(\boldsymbol{x}^{k+1}).$$

即目标函数值列 $\{\Psi(\boldsymbol{x}^k)\}$ 单调不增有极限.

设 $\bar{\boldsymbol{x}}$ 为迭代点列 $\{\boldsymbol{x}^k\}$ 的一个聚点. 则

$$\lim_{k\to\infty}\Psi(\boldsymbol{x}^k)=\Psi(\bar{\boldsymbol{x}}).$$

下证 $\bar{\boldsymbol{x}}$ 为优化问题 (9.1.1) 的稳定点.

设子列 $\{\boldsymbol{x}^{k_j}\}$ 收敛到 $\bar{\boldsymbol{x}}$. 则数列 $\{\|\boldsymbol{x}_1^{k_j+1}-\boldsymbol{x}_1^{k_j}\|\}$ 收敛到零, 否则存在 $\{\boldsymbol{x}^{k_j}\}$ 的子列 (不妨设为其本身) 和 $\gamma>0$ 使得

$$\|\boldsymbol{x}^{k_j,1}-\boldsymbol{x}^{k_j}\|\geqslant\gamma,\quad\forall j\geqslant1.$$

记 $\gamma_{k_j}=\|\boldsymbol{x}^{k_j,1}-\boldsymbol{x}^{k_j}\|$, $\boldsymbol{d}^{k_j,1}=(\boldsymbol{x}^{k_j,1}-\boldsymbol{x}^{k_j})/\gamma_{k_j}$. 则 $\boldsymbol{d}^{k_j,1}$ 为单位向量, 且仅在第一个块变量对应的位置不为零, 并有 $\boldsymbol{x}^{k_j,1}=\boldsymbol{x}^{k_j}+\gamma_{k_j}\boldsymbol{d}^{k_j,1}$.

由于序列 $\{\boldsymbol{d}^{k_j,1}\}$ 有界, 故有聚点, 记为 $\bar{\boldsymbol{d}}^1$. 不妨设序列 $\{\boldsymbol{d}^{k_j,1}\}$ 收敛到 $\bar{\boldsymbol{d}}^1$.

任取 $\tau\in(0,1]$. 则 $\gamma_{k_j}\geqslant\tau\gamma>0$, 且 $\boldsymbol{x}^{k_j}+\tau\gamma\boldsymbol{d}^{k_j,1}\in[\boldsymbol{x}^{k_j},\boldsymbol{x}^{k_j,1}]$. 由算法的迭代过程及子问题 (9.1.2) 最优解的唯一性知

$$\Psi(\boldsymbol{x}^{k_j,1})=\Psi(\boldsymbol{x}^{k_j}+\gamma_{k_j}\boldsymbol{d}^{k_j,1})\leqslant\Psi(\boldsymbol{x}^{k_j}+\tau\gamma\boldsymbol{d}^{k_j,1})\leqslant\Psi(\boldsymbol{x}^{k_j}).$$

由于数列 $\{\Psi(\boldsymbol{x}^k)\}$ 收敛于 $\Psi(\bar{\boldsymbol{x}})$, 所以数列 $\{\Psi(\boldsymbol{x}^{k_j,1})\}$ 也收敛于 $\Psi(\bar{\boldsymbol{x}})$. 在上式中, 令 $j\to\infty$ 得

$$\Psi(\bar{\boldsymbol{x}})\leqslant\Psi(\bar{\boldsymbol{x}}+\tau\gamma\bar{\boldsymbol{d}}_1)\leqslant\Psi(\bar{\boldsymbol{x}}).$$

这样, 对任意的 $\tau\in(0,1]$, 均有

$$\Psi(\bar{\boldsymbol{x}}+\tau\gamma\bar{\boldsymbol{d}}_1)=\Psi(\bar{\boldsymbol{x}}).$$

由于 $\tau\gamma\bar{\boldsymbol{d}}_1\neq0$, 这与子问题 (9.1.2) 最优解的唯一性矛盾. 因此

$$\lim_{j\to\infty}\left(\boldsymbol{x}^{k_j,1}-\boldsymbol{x}^{k_j}\right)=0.$$

也就是

$$\lim_{j\to\infty} \boldsymbol{x}^{k_j,1} = \bar{\boldsymbol{x}}.$$

再由算法的迭代过程,

$$\Psi(\boldsymbol{x}^{k_j,1}) \leqslant \Psi(\boldsymbol{x}_1, \boldsymbol{x}_2^{k_j}, \cdots, \boldsymbol{x}_s^{k_j}), \quad \forall\, \boldsymbol{x}_1 \in \mathbb{R}^{n_1}.$$

令 $j \to \infty$ 得

$$\Psi(\bar{\boldsymbol{x}}) \leqslant \Psi(\boldsymbol{x}_1, \bar{\boldsymbol{x}}_2, \cdots, \bar{\boldsymbol{x}}_s), \quad \forall\, \boldsymbol{x}_1 \in \mathbb{R}^{n_1}.$$

从而由无约束优化问题的最优性条件得, $\nabla_1\Psi(\bar{\boldsymbol{x}}) = 0$.

类似可证

$$\nabla_i\Psi(\bar{\boldsymbol{x}}) = 0, \quad i = 2, \cdots, s.$$

从而 $\nabla\Psi(\bar{\boldsymbol{x}}) = 0$.　　证毕

定理 9.1.1 要求目标函数连续可微. 若无此条件, 定理结论不能保证.

例 9.1.1　考虑极小化问题

$$\min \Psi(x_1, x_2) = |3x_1 + 4x_2| + |x_1 - 2x_2|.$$

该函数为连续但不可微的凸函数, 水平集有界, 且对任一分量均有唯一最优解. 下用交替极小化方法求解该问题.

取 $\alpha > 0$. 容易计算, 函数

$$\Psi(-4\alpha, t) = |4t - 12\alpha| + |2t + 4\alpha| = \begin{cases} -6t + 8\alpha, & t < -2\alpha, \\ -2t + 16\alpha, & -2\alpha \leqslant t \leqslant 3\alpha, \\ 6t - 8\alpha, & t > 3\alpha, \end{cases}$$

关于 t 的最小值点为 $t = 3\alpha$.

类似地, 函数

$$\Psi(t, 3\alpha) = |3t + 12\alpha| + |t - 6\alpha| = \begin{cases} -4t - 6\alpha, & t < -4\alpha, \\ 2t + 18\alpha, & -4\alpha \leqslant t \leqslant 6\alpha, \\ 4t + 6\alpha, & t > 6\alpha, \end{cases}$$

关于 t 的最小值点为 $t = -4\alpha$.

类似可证, 对任意的 $\alpha \leqslant 0$,

$$-4\alpha = \arg\min_{x_1\in\mathbb{R}} \Psi(x_1, 3\alpha), \quad 3\alpha = \arg\min_{x_2\in\mathbb{R}} \Psi(-4\alpha, x_2).$$

由此, 用交替极小化方法求解该优化问题时, 若 x_1 非零, 则在首次迭代后, 算法滞留在 $(-4\alpha, 3\alpha)$ 点. 而零点为函数 $\Psi(x_1, x_2)$ 的唯一最小值点, $(-4\alpha, 3\alpha)$ 既不是其最小值点, 也不是其稳定点. 那它是什么性质的点呢? 由此引出如下定义.

定义 9.1.1 若 $\boldsymbol{x}^* \in \mathbb{R}^n$ 满足

$$\Psi(\boldsymbol{x}^*) \leqslant \Psi(\boldsymbol{x}_1^*, \cdots, \boldsymbol{x}_{i-1}^*, \boldsymbol{x}_i, \boldsymbol{x}_{i+1}^*, \cdots, \boldsymbol{x}_s^*), \quad \forall\, i = 1, 2, \cdots, s,\ \boldsymbol{x}_i \in \mathbb{R}^{n_i},$$

则称其为函数 $\Psi(\boldsymbol{x})$ 的坐标轮换极小值点.

下述结论给出了目标函数连续不可微情形下交替极小化方法的收敛性.

定理 9.1.2 设函数 $\Psi: \mathbb{R}^n \to \mathbb{R}$ 下半连续, 水平集有界, 且对任意的 $\boldsymbol{x} \in \mathbb{R}^n$ 和 $i \in \{1, 2, \cdots, s\}$, 子问题

$$\min_{\boldsymbol{y} \in \mathbb{R}^{n_i}} \Psi(\boldsymbol{x}_1, \cdots, \boldsymbol{x}_{i-1}, \boldsymbol{y}, \boldsymbol{x}_{i+1}, \cdots, \boldsymbol{x}_s) \tag{9.1.3}$$

最优解唯一. 则算法 9.1.1 产生迭代点列的任一聚点为该函数的坐标轮换最小值点.

证明 根据算法的迭代过程,

$$\Psi(\boldsymbol{x}^k) \geqslant \Psi(\boldsymbol{x}^{k,1}) \geqslant \cdots \geqslant \Psi(\boldsymbol{x}^{k,s-1}) \geqslant \Psi(\boldsymbol{x}^{k+1}).$$

故目标函数值单调不增. 由其下半连续性知 $\{\Psi(\boldsymbol{x}^k)\}$ 有下界, 数列 $\{\Psi(\boldsymbol{x}^k)\}$ 有极限, 记为 Ψ^*. 即

$$\lim_{k\to\infty} \Psi(\boldsymbol{x}^{k,1}) = \lim_{k\to\infty} \Psi(\boldsymbol{x}^k) = \Psi^*.$$

设 $\hat{\boldsymbol{x}}$ 为 $\{\boldsymbol{x}^k\}$ 的一个聚点. 则存在收敛子列 $\{\boldsymbol{x}^{k_j}\}$ 收敛于 $\hat{\boldsymbol{x}}$. 由于点列 $\{\boldsymbol{x}^{k_j,1}\}$ 有界, 由子列的收敛性, 可设 $\{\boldsymbol{x}^{k_j,1}\}$ 收敛于 $(\boldsymbol{v}, \hat{\boldsymbol{x}}_2, \cdots, \hat{\boldsymbol{x}}_s)$, 其中 $\boldsymbol{v} \in \mathbb{R}^{n_1}$. 由算法的迭代过程,

$$\Psi(\boldsymbol{x}_1^{k_j+1}, \boldsymbol{x}_2^{k_j}, \cdots, \boldsymbol{x}_s^{k_j}) \leqslant \Psi(\boldsymbol{x}_1, \boldsymbol{x}_2^{k_j}, \cdots, \boldsymbol{x}_s^{k_j}), \quad \forall\, \boldsymbol{x}_1 \in \mathbb{R}^{n_1}.$$

令 $j \to \infty$ 并利用目标函数 $\Psi(\boldsymbol{x})$ 的下半连续性得

$$\Psi(\boldsymbol{v}, \hat{\boldsymbol{x}}_2, \cdots, \hat{\boldsymbol{x}}_s) \leqslant \Psi(\boldsymbol{x}_1, \hat{\boldsymbol{x}}_2, \cdots, \hat{\boldsymbol{x}}_s), \quad \forall\, \boldsymbol{x}_1 \in \mathbb{R}^{n_1}.$$

由于 $\{\Psi(\boldsymbol{x}^k)\}$ 和 $\{\Psi(\boldsymbol{x}^{k,1})\}$ 收敛于同一个值, 所以

$$\Psi(\boldsymbol{v}, \hat{\boldsymbol{x}}_2, \cdots, \hat{\boldsymbol{x}}_s) = \Psi(\hat{\boldsymbol{x}}_1, \hat{\boldsymbol{x}}_2, \cdots, \hat{\boldsymbol{x}}_s).$$

利用子问题 (9.1.3) 最优解的唯一性得 $\boldsymbol{v} = \hat{\boldsymbol{x}}_1$. 所以,

$$\Psi(\hat{\boldsymbol{x}}_1, \hat{\boldsymbol{x}}_2, \cdots, \hat{\boldsymbol{x}}_s) \leqslant \Psi(\boldsymbol{x}_1, \hat{\boldsymbol{x}}_2, \cdots, \hat{\boldsymbol{x}}_s), \quad \forall\, \boldsymbol{x}_1 \in \mathbb{R}^{n_1}.$$

分别对 $\{\boldsymbol{x}^{k_j,2}\},\cdots,\{\boldsymbol{x}^{k_j,s}\}$ 重复上述过程得

$$\Psi(\hat{\boldsymbol{x}}_1,\hat{\boldsymbol{x}}_2,\cdots,\hat{\boldsymbol{x}}_s)\leqslant\Psi(\hat{\boldsymbol{x}}_1,\boldsymbol{x}_2,\hat{\boldsymbol{x}}_3,\cdots,\hat{\boldsymbol{x}}_s),\quad\forall\,\boldsymbol{x}_2\in\mathbb{R}^{n_2},$$
$$\vdots$$
$$\Psi(\hat{\boldsymbol{x}}_1,\hat{\boldsymbol{x}}_2,\cdots,\hat{\boldsymbol{x}}_s)\leqslant\Psi(\hat{\boldsymbol{x}}_1,\hat{\boldsymbol{x}}_2,\cdots,\hat{\boldsymbol{x}}_{s-1},\boldsymbol{x}_s),\quad\forall\,\boldsymbol{x}_s\in\mathbb{R}^{n_s}.$$

由此得命题结论. 证毕

由例 9.1.1 的讨论, 连续不可微函数的坐标轮换最小值点未必是其最小值点或稳定点. 那么, 在什么情况下是呢?

定理 9.1.3 对块和式优化问题

$$\min_{\boldsymbol{x}\in\mathbb{R}^n}\Psi(\boldsymbol{x})=f(\boldsymbol{x})+g(\boldsymbol{x}),\tag{9.1.4}$$

其中, $f:\mathbb{R}^n\to\mathbb{R}$ 连续可微, $g(\boldsymbol{x})=\sum\limits_{i=1}^{s}g_i(\boldsymbol{x}_i)$, $g_i:\mathbb{R}^{n_i}\to\mathbb{R}$ 为连续凸函数 (未必可微), $i=1,2,\cdots,s$, 其坐标轮换最小值点为稳定点.

证明 设 $\boldsymbol{x}^*$ 是函数 $\Psi(\boldsymbol{x})$ 的坐标轮换最小值点, 则对任意的 $i\in\{1,2,\cdots,s\}$,

$$\boldsymbol{x}_i^*\in\arg\min_{\boldsymbol{x}_i\in\mathbb{R}^{n_i}}\left\{f(\boldsymbol{x}_1^*,\cdots,\boldsymbol{x}_{i-1}^*,\boldsymbol{x}_i,\boldsymbol{x}_{i+1}^*,\cdots,\boldsymbol{x}_s^*)+g_i(\boldsymbol{x}_i)\right\}.$$

由凸优化问题的最优性条件定理 8.1.1 得

$$-\nabla_i f(\boldsymbol{x}^*)\in\partial g_i(\boldsymbol{x}^*).$$

由于该式对 $i\in\{1,2,\cdots,s\}$ 都成立, 故有

$$-\nabla f(\boldsymbol{x}^*)\in\partial g(\boldsymbol{x}^*).$$

从而, $\boldsymbol{x}^*$ 为优化问题 (9.1.4) 的稳定点. 证毕

由上述结论, 对块和式优化问题 (9.1.4), 若函数 $f:\mathbb{R}^n\to\mathbb{R}$ 连续可微, $g_i:\mathbb{R}^{n_i}\to\mathbb{R}$ 为凸函数, $i=1,2,\cdots,s$, 目标函数 $\Psi(\boldsymbol{x})$ 水平集有界, 子问题 (9.1.3) 的最优解唯一, 则交替极小化方法收敛到其稳定点. 但 Powell(1973) 给出一个例子说明, 如果子问题的最优解不唯一, 该结论不能保证.

例 9.1.2 考虑函数

$$\begin{aligned}f(x,y,z)=&-xy-yz-zx+[x-1]_+^2+[-x-1]_+^2+[y-1]_+^2\\&+[-y-1]_+^2+[z-1]_+^2+[-z-1]_+^2.\end{aligned}$$

这里, $[x]_+=\max\{x,0\}$.

显然, 该函数连续可微, 且关于变量 x,y,z 对称.

容易计算, 对任意固定的 y, z, 该函数关于 x 的最小值点为

$$\arg\min_{x\in\mathbb{R}} f(x,y,z) = \begin{cases} \operatorname{sgn}(y+z)(1+\frac{1}{2}|y+z|), & y+z\neq 0, \\ [-1,1], & y+z=0. \end{cases}$$

利用函数的对称性, 对固定的 (x, z) 和 (x, y), 该函数关于 y、z 的最小值点分别为

$$\arg\min_{y\in\mathbb{R}} f(x,y,z) = \begin{cases} \operatorname{sgn}(x+z)(1+\frac{1}{2}|x+z|), & x+z\neq 0, \\ [-1,1], & x+z=0, \end{cases}$$

$$\arg\min_{z\in\mathbb{R}} f(x,y,z) = \begin{cases} \operatorname{sgn}(x+y)(1+\frac{1}{2}|x+y|), & x+y\neq 0, \\ [-1,1], & x+y=0. \end{cases}$$

取 $\varepsilon > 0$. 以 $\left(-1-\varepsilon; 1+\dfrac{1}{2}\varepsilon; -1-\dfrac{1}{4}\varepsilon\right)$ 为初始点, 对函数 $f(x, y, z)$ 应用交替极小化算法 9.1.1 迭代 6 次, 得迭代点列

$$\left(1+\frac{1}{8}\varepsilon; 1+\frac{1}{2}\varepsilon; -1-\frac{1}{4}\varepsilon\right), \qquad \left(1+\frac{1}{8}\varepsilon; -1-\frac{1}{16}\varepsilon; -1-\frac{1}{4}\varepsilon\right),$$

$$\left(1+\frac{1}{8}\varepsilon; -1-\frac{1}{16}\varepsilon; 1+\frac{1}{32}\varepsilon\right), \qquad \left(-1-\frac{1}{64}\varepsilon; -1-\frac{1}{16}\varepsilon; 1+\frac{1}{32}\varepsilon\right),$$

$$\left(-1-\frac{1}{64}\varepsilon; 1+\frac{1}{128}\varepsilon; 1+\frac{1}{32}\varepsilon\right), \qquad \left(-1-\frac{1}{64}\varepsilon; 1+\frac{1}{128}\varepsilon; -1-\frac{1}{256}\varepsilon\right).$$

把初始点中的 ε 换成 $\dfrac{1}{64}\varepsilon$. 则算法产生的迭代点列围绕如下 6 个点循环

$$(1;1;-1), \qquad (1;-1;-1), \qquad (1;-1;1),$$

$$(-1;-1;1), \qquad (-1;1;1), \qquad (-1;1;-1).$$

这说明, 上述 6 点为算法 9.1.1 产生的迭代点列的聚点. 遗憾的是, 它们都不是目标函数的稳定点. 因为目标函数在这些点的梯度都不为零,

$$\nabla f(1;1;-1) = (0;0;-2), \quad \nabla f(-1;1;1) = (-2;0;0),$$

$$\nabla f(1;-1;1) = (0;-2;0), \quad \nabla f(-1;-1;1) = (0;0;2),$$

$$\nabla f(1;-1;-1) = (2;0;0), \quad \nabla f(-1;1;-1) = (0;2;0).$$

不但如此, 这些聚点也不是目标函数的坐标轮换点最小值点. 如 $\nabla f(1;1;-1) =$

$(0;0;-2) \neq 0$, 故对充分小的 $\delta > 0$,

$$f(1;1;-1+\delta) < f(1;1;-1).$$

交替极小化方法之所以出现上述现象, 是由于子问题的最优解不唯一, 且目标函数水平集无界,

$$\lim_{x\to\infty} f(x;x;x) = -3x^2 + 3(x-1)^2 = -6x+3 = -\infty.$$

这说明, 定理 9.1.2 的假设条件不能削弱.

9.2　和式凸优化交替极小化方法

根据上一节的讨论, 在子问题最优解唯一等假设下, 交替极小化方法收敛到块和式优化问题的坐标轮换最小值点和稳定点. 那么, 对块和式凸优化问题, 能否在较弱条件下建立交替极小化方法的全局收敛性? 如果收敛, 收敛速度如何? 这是本节的主题.

考虑块和式凸优化问题

$$\min_{\boldsymbol{x}\in\mathbb{R}^n} \Psi(\boldsymbol{x}) = f(\boldsymbol{x}) + g(\boldsymbol{x}), \tag{9.2.1}$$

其中, $f:\mathbb{R}^n \to \mathbb{R}$ 为连续可微的凸函数, $g(\boldsymbol{x}) = \sum\limits_{i=1}^{s} g_i(\boldsymbol{x}_i)$, $g_i:\mathbb{R}^{n_i}\to\mathbb{R}$ 为连续凸函数, $i=1,2,\cdots,s$.

下面的结论说明, 对上述优化问题, 无需子问题最优解唯一, 就能得到交替极小化方法的全局收敛性.

定理 9.2.1　对块和式优化问题 (9.2.1), 设目标函数水平集有界. 则交替极小化方法 9.1.1 产生的迭代点列的任一聚点为该优化问题的最优解.

证明　对迭代点列 $\{\boldsymbol{x}^k\}$ 及辅助点列 $\{\boldsymbol{x}^{k,i}\}, i=0,1,\cdots,s$, 由函数值列 $\{\Psi(\boldsymbol{x}^k)\}$ 的单调性及水平集的有界性知迭代点列 $\{\boldsymbol{x}^k\}$ 及辅助点列 $\{\boldsymbol{x}^{k,i}\}$ 有界.

设 $\bar{\boldsymbol{x}} \in \mathbb{R}^n$ 为迭代点列 $\{\boldsymbol{x}^k\}$ 的任一聚点. 下证其为优化问题 (9.2.1) 的最优解.

由于 $\bar{\boldsymbol{x}}$ 为聚点, 故存在收敛子列 $\{\boldsymbol{x}^{k_j}\}$. 由 $\{\boldsymbol{x}^{k_j,i}\}$ 的有界性, 不妨设子列 $\{\boldsymbol{x}^{k_j,i}\}$ 收敛于 $\bar{\boldsymbol{x}}^i$, $i=0,1,2,\cdots,s$. 显然, $\bar{\boldsymbol{x}} = \bar{\boldsymbol{x}}^0$, 且对任意的 $i\in\{0,1,2\cdots,s\}$, $\bar{\boldsymbol{x}}^i$ 和 $\bar{\boldsymbol{x}}^{i-1}$ 的值至多在第 i 个块变量上不同. 进一步, 对任意的 $i\in\{0,1,2,\cdots,s\}$, $\Psi(\bar{\boldsymbol{x}}) = \Psi(\bar{\boldsymbol{x}}^i)$.

由算法的迭代过程知, $\boldsymbol{x}_i^{k_j,i}$ 为优化问题

$$\min_{\boldsymbol{x}_i\in\mathbb{R}^{n_i}} \Psi(\boldsymbol{x}_1^{k_j+1},\cdots,\boldsymbol{x}_{i-1}^{k_j+1},\boldsymbol{x}_i,\boldsymbol{x}_{i+1}^{k_j},\cdots,\boldsymbol{x}_s^{k_j}),\quad i\in\{1,2,\cdots,s\}$$

的稳定点. 故由定理 8.1.1,

$$-\nabla_i f(\boldsymbol{x}^{k_j,i}) \in \partial g_i(\boldsymbol{x}_i^{k_j,i}).$$

令 $j \to \infty$. 则由 ∇f 的连续可微性得

$$-\nabla_i f(\bar{\boldsymbol{x}}^i) \in \partial g_i(\bar{\boldsymbol{x}}_i^i). \tag{9.2.2}$$

另一方面, 由算法的迭代过程, 对任意的 $\boldsymbol{x}_{i+1} \in \mathbb{R}^{n_{i+1}}$,

$$\Psi(\boldsymbol{x}^{k_j,i+1}) \leqslant \Psi(\boldsymbol{x}_1^{k_j+1}, \cdots, \boldsymbol{x}_i^{k_j+1}, \boldsymbol{x}_{i+1}, \boldsymbol{x}_{i+2}^{k_j}, \cdots, \boldsymbol{x}_s^{k_j}).$$

令 $j \to \infty$ 并利用目标函数的连续性得

$$\Psi(\bar{\boldsymbol{x}}^i) = \Psi(\bar{\boldsymbol{x}}^{i+1}) \leqslant \Psi(\bar{\boldsymbol{x}}_1^i, \cdots, \bar{\boldsymbol{x}}_i^i, \boldsymbol{x}_{i+1}, \bar{\boldsymbol{x}}_{i+2}^i, \cdots, \bar{\boldsymbol{x}}_s^i), \quad \forall\, \boldsymbol{x}_{i+1} \in \mathbb{R}^{n_{i+1}}.$$

再利用定理 8.1.1 得

$$-\nabla_{i+1} f(\bar{\boldsymbol{x}}^i) \in \partial g_{i+1}(\bar{\boldsymbol{x}}_{i+1}^i), \quad i \in \{0, 1, \cdots, s-1\}. \tag{9.2.3}$$

下证: 对任意的 $i \in \{2, 3, \cdots, s\}, i' \in \{1, 2, \cdots, s-1\}$, $i' < i$,

$$-\nabla_i f(\bar{\boldsymbol{x}}^{i'}) \in \partial g_i(\bar{\boldsymbol{x}}_i^{i'}) \implies -\nabla_i f(\bar{\boldsymbol{x}}^{i'-1}) \in \partial g_i(\bar{\boldsymbol{x}}_i^{i'-1}). \tag{9.2.4}$$

事实上, 设 $-\nabla_i f(\bar{\boldsymbol{x}}^{i'}) \in \partial g_i(\bar{\boldsymbol{x}}_i^{i'})$. 任取 $\boldsymbol{y} \in \mathbb{R}^{n_i}$, 并根据块变量 $(\boldsymbol{x}_1, \boldsymbol{x}_2, \cdots, \boldsymbol{x}_s)$ 定义块向量

$$\mathcal{U}_i(\boldsymbol{y}) = (\underbrace{\boldsymbol{0}, \cdots, \boldsymbol{0}}_{i-1}, \boldsymbol{y}, \underbrace{\boldsymbol{0}, \cdots, \boldsymbol{0}}_{s-i}) \in \mathbb{R}^n.$$

则由 $-\nabla_i f(\bar{\boldsymbol{x}}^{i'}) \in \partial g_i(\bar{\boldsymbol{x}}_i^{i'})$ 和函数 $g_{i'}(\cdot)$ 的凸性及 $-\nabla_i f(\bar{\boldsymbol{x}}^{i'}) \in \partial g_i(\bar{\boldsymbol{x}}_i^{i'})$ 得

$$\begin{aligned}
&\langle \nabla f(\bar{\boldsymbol{x}}^{i'}), \bar{\boldsymbol{x}}^{i'-1} + \mathcal{U}_i(\boldsymbol{y}) - \bar{\boldsymbol{x}}^{i'} \rangle \\
=& \langle \nabla_{i'} f(\bar{\boldsymbol{x}}^{i'}), \bar{\boldsymbol{x}}_{i'}^{i'-1} - \bar{\boldsymbol{x}}_{i'}^{i'} \rangle + \langle \nabla_i f(\bar{\boldsymbol{x}}^{i'}), \boldsymbol{y} \rangle \\
\geqslant& g_{i'}(\bar{\boldsymbol{x}}_{i'}^{i'}) - g_{i'}(\bar{\boldsymbol{x}}_{i'}^{i'-1}) + \langle \nabla_i f(\bar{\boldsymbol{x}}^{i'}), \boldsymbol{y} \rangle \\
=& g_{i'}(\bar{\boldsymbol{x}}_{i'}^{i'}) - g_{i'}(\bar{\boldsymbol{x}}_{i'}^{i'-1}) + \langle \nabla_i f(\bar{\boldsymbol{x}}^{i'}), (\bar{\boldsymbol{x}}_i^{i'-1} + \boldsymbol{y}) - \bar{\boldsymbol{x}}_i^{i'} \rangle \\
\geqslant& g_{i'}(\bar{\boldsymbol{x}}_{i'}^{i'}) - g_{i'}(\bar{\boldsymbol{x}}_{i'}^{i'-1}) + g_i(\bar{\boldsymbol{x}}_i^{i'}) - g_i(\bar{\boldsymbol{x}}_i^{i'-1} + \boldsymbol{y}) \\
=& g(\bar{\boldsymbol{x}}^{i'}) - g(\bar{\boldsymbol{x}}^{i'-1} + \mathcal{U}_i(\boldsymbol{y})),
\end{aligned}$$

其中, 第一个等式利用了 $\bar{\boldsymbol{x}}^{i'}$ 和 $\bar{\boldsymbol{x}}^{i'-1}$ 的值至多在第 i' 块不同, 第二个等式利用了对任意的 $i' < i, \bar{\boldsymbol{x}}_i^{i'} = \bar{\boldsymbol{x}}_i^{i'-1}$, 最后一个等式的值利用了对任意的 $i \neq i'$, $\bar{\boldsymbol{x}}_i^{i'} = \bar{\boldsymbol{x}}_i^{i'-1}$.

再利用 $f(\boldsymbol{x})$ 的凸性得

$$\begin{aligned}
\Psi(\bar{\boldsymbol{x}}^{i'-1} + \mathcal{U}_i(\boldsymbol{y})) &= f(\bar{\boldsymbol{x}}^{i'-1} + \mathcal{U}_i(\boldsymbol{y})) + g(\bar{\boldsymbol{x}}^{i'-1} + \mathcal{U}_i(\boldsymbol{y})) \\
&\geqslant f(\bar{\boldsymbol{x}}^{i'}) + \langle \nabla f(\bar{\boldsymbol{x}}^{i'}), \bar{\boldsymbol{x}}^{i'-1} + \mathcal{U}_i(\boldsymbol{y}) - \bar{\boldsymbol{x}}^{i'} \rangle + g(\bar{\boldsymbol{x}}^{i'-1} + \mathcal{U}_i(\boldsymbol{y}))
\end{aligned}$$

$$\geqslant \Psi(\bar{\boldsymbol{x}}^{i'}) = \Psi(\bar{\boldsymbol{x}}^{i'-1}).$$

从而由 $\boldsymbol{y} \in \mathbb{R}^{n_i}$ 的任意性得

$$\bar{\boldsymbol{x}}_i^{i'-1} \in \arg\min_{\boldsymbol{x}_i \in \mathbb{R}^{n_i}} \Psi(\bar{\boldsymbol{x}}_1^{i'-1}, \cdots, \bar{\boldsymbol{x}}_{i-1}^{i'-1}, \boldsymbol{x}_i, \bar{\boldsymbol{x}}_{i+1}^{i'-1}, \cdots, \bar{\boldsymbol{x}}_s^{i'-1}).$$

再由定理 8.1.1, $-\nabla_i f(\bar{\boldsymbol{x}}^{i'-1}) \in \partial g_i(\bar{\boldsymbol{x}}_i^{i'-1})$, (9.2.4) 成立.

下证对任意的 $i \in \{1, 2, \cdots, s\}$,

$$-\nabla_i f(\bar{\boldsymbol{x}}) \in \partial g_i(\bar{\boldsymbol{x}}_i). \tag{9.2.5}$$

事实上, 在 (9.2.3) 式中, 令 $i = 0$ 并利用 $\bar{\boldsymbol{x}} = \bar{\boldsymbol{x}}^0$ 得命题结论对 $i = 1$ 成立. 对 $i > 1$, 由 (9.2.3) 知, $-\nabla_i f(\bar{\boldsymbol{x}}^{i-1}) \in \partial g_i(\bar{\boldsymbol{x}}_i^{i-1})$. 反复利用 (9.2.4) 得

$$\begin{aligned} & -\nabla_i f(\bar{\boldsymbol{x}}^{i-1}) \in \partial g_i(\bar{\boldsymbol{x}}_i^{i-1}) \implies -\nabla_i f(\bar{\boldsymbol{x}}^{i-2}) \in \partial g_i(\bar{\boldsymbol{x}}_i^{i-2}) \\ & \implies \cdots\cdots \implies \cdots\cdots \\ & \implies -\nabla_i f(\bar{\boldsymbol{x}}^1) \in \partial g_i(\bar{\boldsymbol{x}}_i^1) \implies -\nabla_i f(\bar{\boldsymbol{x}}^0) \in \partial g_i(\bar{\boldsymbol{x}}_i^0). \end{aligned}$$

结合 $\bar{\boldsymbol{x}} = \bar{\boldsymbol{x}}^0$ 得, 对任意的 i, $-\nabla_i f(\bar{\boldsymbol{x}}) \in \partial g_i(\bar{\boldsymbol{x}}_i)$. 由此得命题结论. 证毕

为建立交替极小化方法的收敛速度, 给出如下结论.

引理 9.2.1 设 $\varepsilon, \tau > 0$, 非负数列 $\{a_k\}$ 满足 $a_k - a_{k+1} \geqslant \frac{1}{\tau} a_{k+1}^2$. 则对任意的 $k \geqslant 2$,

$$a_k \leqslant \max\left\{a_0 \left(\frac{1}{2}\right)^{(k-1)/2}, \frac{4\tau}{k-1}\right\}.$$

证明 不失一般性, 设对任意的 $k \geqslant 2$, $a_k > 0$. 由题设, $a_i > 0$, $i = 2, 3, \cdots, k-1$, 并对任意的 $i \in \{0, 1, \cdots, k-1\}$,

$$\frac{1}{a_{i+1}} - \frac{1}{a_i} = \frac{a_i - a_{i+1}}{a_i a_{i+1}} \geqslant \frac{1}{\tau} \frac{a_{i+1}}{a_i}.$$

显然, 要么 $\dfrac{a_{i+1}}{a_i} > \dfrac{1}{2}$, 要么 $\dfrac{a_{i+1}}{a_i} \leqslant \dfrac{1}{2}$. 若前者成立, 则

$$\frac{1}{a_{i+1}} - \frac{1}{a_i} \geqslant \frac{1}{2\tau}.$$

下分 $k \geqslant 2$ 为偶数和奇数两种情况讨论.

若 $k \geqslant 2$ 为偶数, 此时若 $0, 1, \cdots, k-1$ 中至少有 $\dfrac{k}{2}$ 个下标满足 $\dfrac{a_{i+1}}{a_i} > \dfrac{1}{2}$, 则由上式得 $\dfrac{1}{a_k} \geqslant \dfrac{k}{4\tau}$. 从而 $a_k \leqslant \dfrac{4\tau}{k}$. 否则, $0, 1, \cdots, k-1$ 中至少有 $\dfrac{k}{2}$ 个下标使

得 $\dfrac{a_{i+1}}{a_i} \leqslant \dfrac{1}{2}$. 由此得 $a_k \leqslant a_0 \left(\dfrac{1}{2}\right)^{k/2}$. 从而对任意的正偶数 k,

$$a_k \leqslant \max\left\{a_0\left(\frac{1}{2}\right)^{k/2}, \frac{4\tau}{k}\right\}.$$

若 $k \geqslant 3$ 为奇数, 同样的推导过程得

$$a_k \leqslant a_{k-1} \leqslant \max\left\{a_0\left(\frac{1}{2}\right)^{(k-1)/2}, \frac{4\tau}{k-1}\right\}.$$

与前一式结合得命题结论. 证毕

引理 9.2.2 设凸函数 $f:\mathbb{R}^n \to \mathbb{R}$ 连续可微, 梯度 Lipschitz 连续 (常数为 L_f). 则

$$f(\boldsymbol{y}) \geqslant f(\boldsymbol{x}) + \langle \nabla f(\boldsymbol{x}), \boldsymbol{y}-\boldsymbol{x}\rangle + \frac{1}{2L_f}\|\nabla f(\boldsymbol{y}) - \nabla f(\boldsymbol{x})\|^2, \quad \forall\, \boldsymbol{x}, \boldsymbol{y} \in \mathbb{R}^n.$$

证明 对任意的 $\boldsymbol{x} \in \mathbb{R}^n$, 令 $\phi(\boldsymbol{y}) \triangleq f(\boldsymbol{y}) - \langle \nabla f(\boldsymbol{x}), \boldsymbol{y}\rangle$. 则由 $\phi(\boldsymbol{y})$ 的凸性知

$$\boldsymbol{x} = \arg\min_{\boldsymbol{y}\in\mathbb{R}^n} \phi(\boldsymbol{y}).$$

再由 $\nabla\phi(\boldsymbol{y})$Lipschitz 连续 (常数为 L_f), 并利用引理 8.3.1 得

$$\begin{aligned}
\phi(\boldsymbol{x}) &\leqslant \phi(\boldsymbol{y} - \frac{1}{L_f}\nabla\phi(\boldsymbol{y})) \\
&\leqslant \phi(\boldsymbol{y}) + \langle \nabla\phi(\boldsymbol{y}), -\frac{1}{L_f}\nabla\phi(\boldsymbol{y})\rangle + \frac{1}{2L_f}\|\nabla\phi(\boldsymbol{y})\|^2 \\
&= \phi(\boldsymbol{y}) - \langle \nabla f(\boldsymbol{y}) - \nabla f(\boldsymbol{x}), \frac{1}{L_f}(\nabla f(\boldsymbol{y}) - \nabla f(\boldsymbol{x}))\rangle \\
&\quad + \frac{1}{2L_f}\|\nabla f(\boldsymbol{y}) - \nabla f(\boldsymbol{y})\|^2 \\
&= \phi(\boldsymbol{y}) - \frac{1}{2L_f}\|\nabla f(\boldsymbol{y}) - \nabla f(\boldsymbol{y})\|^2.
\end{aligned}$$

展开即得命题结论. 证毕

定理 9.2.2 对块和式凸优化问题 (9.2.1)

$$\min_{\boldsymbol{x}\in\mathbb{R}^n} \Psi(\boldsymbol{x}) = f(\boldsymbol{x}) + g(\boldsymbol{x}),$$

设 $f:\mathbb{R}^n \to \mathbb{R}$ 为凸函数且梯度函数 Lipschitz 连续 (常数为 L_f), $g(\boldsymbol{x}) = \sum\limits_{i=1}^{s} g_i(\boldsymbol{x}_i)$,

$g_i:\mathbb{R}^{n_i}\to\mathbb{R}$ 为连续凸函数, $i=1,2,\cdots,s$, 函数 $\Psi(\boldsymbol{x})$ 水平集有界. 则交替极小化算法产生的迭代点列 $\{\boldsymbol{x}^k\}$ 满足

$$\Psi(\boldsymbol{x}^k)-\Psi^*\leqslant\max\left\{\left(\frac{1}{2}\right)^{(k-1)/2}(\Psi(\boldsymbol{x}^0)-\Psi^*),\frac{8s^2L_fR^2_{\Psi(\boldsymbol{x}^0)}}{k-1}\right\},$$

其中, $R_{\Psi(\boldsymbol{x}^0)}=\max\{\|\boldsymbol{x}-\boldsymbol{x}^*\|\mid\Psi(\boldsymbol{x})\leqslant\Psi(\boldsymbol{x}^0)\}$.

证明 任取 $\boldsymbol{x}^*\in X^*$. 由题设和算法的迭代过程, 对任意的 k,

$$\|\boldsymbol{x}^k-\boldsymbol{x}^*\|\leqslant R_{\Psi(\boldsymbol{x}^0)}. \tag{9.2.6}$$

对辅助序列 $\{\boldsymbol{x}^{k,i}\},i\in\{0,1,\cdots,s-1\}$, 由于 $\nabla f(\boldsymbol{x})$Lipschitz 连续, 由引理 9.2.2 知,

$$\begin{aligned}
&\Psi(\boldsymbol{x}^{k,i})-\Psi(\boldsymbol{x}^{k,i+1})\\
=&f(\boldsymbol{x}^{k,i})-f(\boldsymbol{x}^{k,i+1})+g(\boldsymbol{x}^{k,i})-g(\boldsymbol{x}^{k,i+1})\\
\geqslant&\langle\nabla f(\boldsymbol{x}^{k,i+1}),\boldsymbol{x}^{k,i}-\boldsymbol{x}^{k,i+1}\rangle+\frac{1}{2L_f}\|\nabla f(\boldsymbol{x}^{k,i})-\nabla f(\boldsymbol{x}^{k,i+1})\|^2\\
&+g(\boldsymbol{x}^{k,i})-g(\boldsymbol{x}^{k,i+1})\\
=&\langle\nabla_{i+1}f(\boldsymbol{x}^{k,i+1}),\boldsymbol{x}^k_{i+1}-\boldsymbol{x}^{k+1}_{i+1}\rangle+\frac{1}{2L_f}\|\nabla f(\boldsymbol{x}^{k,i})-\nabla f(\boldsymbol{x}^{k,i+1})\|^2\\
&+g_{i+1}(\boldsymbol{x}^k_{i+1})-g_{i+1}(\boldsymbol{x}^{k+1}_{i+1}).
\end{aligned}\tag{9.2.7}$$

由于 $\boldsymbol{x}^{k+1}_{i+1}\in\underset{\boldsymbol{x}_{i+1}\in\mathbb{R}^{n_{i+1}}}{\arg\min}\Psi(\boldsymbol{x}^{k+1}_1,\cdots,\boldsymbol{x}^{k+1}_i,\boldsymbol{x}_{i+1},\boldsymbol{x}^k_{i+2},\cdots,\boldsymbol{x}^k_s)$, 所以

$$-\nabla_{i+1}f(\boldsymbol{x}^{k,i+1})\in\partial g_{i+1}(\boldsymbol{x}^{k+1}_{i+1}).$$

故由函数 g 的次梯度不等式得

$$g_{i+1}(\boldsymbol{x}^k_{i+1})\geqslant g_{i+1}(\boldsymbol{x}^{k+1}_{i+1})-\langle\nabla_{i+1}f(\boldsymbol{x}^{k,i+1}),\boldsymbol{x}^k_{i+1}-\boldsymbol{x}^{k+1}_{i+1}\rangle. \tag{9.2.8}$$

从而由 (9.2.7) 得

$$\Psi(\boldsymbol{x}^{k,i})-\Psi(\boldsymbol{x}^{k,i+1})\geqslant\frac{1}{2L_f}\|\nabla f(\boldsymbol{x}^{k,i})-\nabla f(\boldsymbol{x}^{k,i+1})\|^2. \tag{9.2.9}$$

将上述不等式关于 $i=0,1,\cdots,s-1$ 求和得

$$\Psi(\boldsymbol{x}^k)-\Psi(\boldsymbol{x}^{k+1})\geqslant\frac{1}{2L_f}\sum_{i=0}^{s-1}\|\nabla f(\boldsymbol{x}^{k,i})-\nabla f(\boldsymbol{x}^{k,i+1})\|^2.$$

另一方面, 对任意的 $k \geqslant 0$, 由函数 $f(\boldsymbol{x})$ 的凸性及 (9.2.8) 得

$$\begin{aligned}
&\Psi(\boldsymbol{x}^{k+1})-\Psi(\boldsymbol{x}^*)\\
=&f(\boldsymbol{x}^{k+1})-f(\boldsymbol{x}^*)+g(\boldsymbol{x}^{k+1})-g(\boldsymbol{x}^*)\\
\leqslant&\langle\nabla f(\boldsymbol{x}^{k+1}),\boldsymbol{x}^{k+1}-\boldsymbol{x}^*\rangle+g(\boldsymbol{x}^{k+1})-g(\boldsymbol{x}^*)\\
=&\sum_{i=0}^{s-1}\Big(\langle\nabla_{i+1}f(\boldsymbol{x}^{k+1}),\boldsymbol{x}_{i+1}^{k+1}-\boldsymbol{x}_{i+1}^*\rangle+(g_{i+1}(\boldsymbol{x}_{i+1}^{k+1})-g_{i+1}(\boldsymbol{x}_{i+1}^*))\Big)\\
=&\sum_{i=0}^{s-1}\Big(\langle\nabla_{i+1}f(\boldsymbol{x}^{k,i+1}),\boldsymbol{x}_{i+1}^{k+1}-\boldsymbol{x}_{i+1}^*\rangle+(g_{i+1}(\boldsymbol{x}_{i+1}^{k+1})-g_{i+1}(\boldsymbol{x}_{i+1}^*))\Big)\\
&+\sum_{i=0}^{s-1}\langle\nabla_{i+1}f(\boldsymbol{x}^{k+1})-\nabla_{i+1}f(\boldsymbol{x}^{k,i+1}),\boldsymbol{x}_{i+1}^{k+1}-\boldsymbol{x}_{i+1}^*\rangle\\
\leqslant&\sum_{i=0}^{s-1}\langle\nabla_{i+1}f(\boldsymbol{x}^{k+1})-\nabla_{i+1}f(\boldsymbol{x}^{k,i+1}),\boldsymbol{x}_{i+1}^{k+1}-\boldsymbol{x}_{i+1}^*\rangle\\
\leqslant&\sum_{i=0}^{s-1}\|\nabla_{i+1}f(\boldsymbol{x}^{k+1})-\nabla_{i+1}f(\boldsymbol{x}^{k,i+1})\|\cdot\|\boldsymbol{x}_{i+1}^{k+1}-\boldsymbol{x}_{i+1}^*\|.
\end{aligned}$$

再利用

$$\begin{aligned}
\|\nabla_{i+1}f(\boldsymbol{x}^{k+1})-\nabla_{i+1}f(\boldsymbol{x}^{k,i+1})\|&\leqslant\|\nabla f(\boldsymbol{x}^{k+1})-\nabla f(\boldsymbol{x}^{k,i+1})\|\\
&\leqslant\sum_{t=i+1}^{s-1}\|\nabla f(\boldsymbol{x}^{k,t})-\nabla f(\boldsymbol{x}^{k,t+1})\|\\
&\leqslant\sum_{t=0}^{s-1}\|\nabla f(\boldsymbol{x}^{k,t})-\nabla f(\boldsymbol{x}^{k,t+1})\|,
\end{aligned}$$

得

$$\Psi(\boldsymbol{x}^{k+1})-\Psi(\boldsymbol{x}^*)\leqslant\left(\sum_{t=0}^{s-1}\|\nabla f(\boldsymbol{x}^{k,t})-\nabla f(\boldsymbol{x}^{k,t+1})\|\right)\left(\sum_{i=0}^{s-1}\|\boldsymbol{x}_{i+1}^{k+1}-\boldsymbol{x}_{i+1}^*\|\right).$$

对上式两边分别平方并利用 (9.2.6) 得

$$\begin{aligned}
(\Psi(\boldsymbol{x}^{k+1})-\Psi(\boldsymbol{x}^*))^2&\leqslant\left(\sum_{t=0}^{s-1}\|\nabla f(\boldsymbol{x}^{k,t})-\nabla f(\boldsymbol{x}^{k,t+1})\|\right)^2\left(\sum_{i=0}^{s-1}\|\boldsymbol{x}_{i+1}^{k+1}-\boldsymbol{x}_{i+1}^*\|\right)^2\\
&\leqslant s^2\left(\sum_{t=0}^{s-1}\|\nabla f(\boldsymbol{x}^{k,t})-\nabla f(\boldsymbol{x}^{k,t+1})\|^2\right)\left(\sum_{i=0}^{s-1}\|\boldsymbol{x}_{i+1}^{k+1}-\boldsymbol{x}_{i+1}^*\|^2\right)
\end{aligned}$$

$$= s^2\left(\sum_{t=0}^{s-1}\|\nabla f(\boldsymbol{x}^{k,t}) - \nabla f(\boldsymbol{x}^{k,t+1})\|^2\right)\|\boldsymbol{x}^{k+1} - \boldsymbol{x}^*\|^2$$

$$\leqslant s^2 R^2_{\Psi(\boldsymbol{x}^0)}\sum_{t=0}^{s-1}\|\nabla f(\boldsymbol{x}^{k,t}) - \nabla f(\boldsymbol{x}^{k,t+1})\|^2.$$

则由 (9.2.9), 对任意的 $k \geqslant 0$,

$$(\Psi(\boldsymbol{x}^{k+1}) - \Psi^*)^2 \leqslant 2L_f s^2 R^2_{\Psi(\boldsymbol{x}^0)}(\Psi(\boldsymbol{x}^k) - \Psi(\boldsymbol{x}^{k+1})).$$

记 $a_k = \Psi(\boldsymbol{x}^k) - \Psi^*$. 则上式可写成

$$a_k - a_{k+1} \geqslant \frac{1}{2L_f s^2 R^2_{\Psi(\boldsymbol{x}^0)}} a^2_{k+1}.$$

从而由引理 9.2.1, 对任意的 $k \geqslant 2$,

$$a_k \leqslant \max\left\{\left(\frac{1}{2}\right)^{(k-1)/2} a_0, \frac{8L_f s^2 R^2_{\Psi(\boldsymbol{x}^0)}}{k-1}\right\}.$$

代入 a_k 的定义即得命题结论. 证毕

需要指出的是, 该结论给出的收敛速度估计式严重依赖于函数 ∇f 的 Lipschitz 常数. 它可能是一个很大的值. 下节给出 $s = 2$ 时的一个改进.

9.3 二分块交替极小化方法

若 $s = 2$, 则块和式凸优化问题 (9.2.1) 化为如下形式

$$\min_{\boldsymbol{x}_1 \in \mathbb{R}^{n_1}, \boldsymbol{x}_2 \in \mathbb{R}^{n_2}} \Psi(\boldsymbol{x}_1, \boldsymbol{x}_2) = f(\boldsymbol{x}_1, \boldsymbol{x}_2) + g_1(\boldsymbol{x}_1) + g_2(\boldsymbol{x}_2), \tag{9.3.1}$$

其中, $f : \mathbb{R}^n \to \mathbb{R}$ 为连续可微的凸函数, 且梯度函数 $\nabla_i f(\boldsymbol{x})$Lipschitz 连续 (常数为 L_i), $g_i : \mathbb{R}^{n_i} \to \mathbb{R}$ 为下半连续的凸函数, $i = 1, 2$.

不失一般性, 设该优化问题的目标函数的水平集有界.

将交替极小化方法应用于该优化问题, 得到如下算法.

算法 9.3.1

初始步: 取 $\boldsymbol{x}_1^0 \in \mathbb{R}^{n_1}$, 计算 $\boldsymbol{x}_2^0 = \arg\min\limits_{\boldsymbol{x}_2 \in \mathbb{R}^{n_2}}\{f(\boldsymbol{x}_1^0, \boldsymbol{x}_2) + g_2(\boldsymbol{x}_2)\}$. 令 $k = 0$.

迭代步: 依次计算

$$\boldsymbol{x}_1^{k+1} = \arg\min_{\boldsymbol{x}_1 \in \mathbb{R}^{n_1}}\{f(\boldsymbol{x}_1, \boldsymbol{x}_2^k) + g_1(\boldsymbol{x}_1)\},$$

$$\boldsymbol{x}_2^{k+1} = \arg\min_{\boldsymbol{x}_2 \in \mathbb{R}^{n_2}}\{f(\boldsymbol{x}_1^{k+1}, \boldsymbol{x}_2) + g_2(\boldsymbol{x}_2)\}.$$

令 $\boldsymbol{x}^{k+1}=(\boldsymbol{x}_1^{k+1},\boldsymbol{x}_2^{k+1})$, $k=k+1$.

为便于讨论, 记 $\boldsymbol{x}^{k,1}=(\boldsymbol{x}_1^{k+1},\boldsymbol{x}_2^{k})$, $\boldsymbol{x}^{k}=(\boldsymbol{x}_1^{k},\boldsymbol{x}_2^{k})$. 对上述算法产生的迭代点 $\boldsymbol{x}^{k,1}$, $\boldsymbol{x}^{k+1}$, 由优化问题的最优性条件, 即定理 8.1.1 得

$$-\nabla_1 f(\boldsymbol{x}_1^{k+1},\boldsymbol{x}_2^{k})\in\partial g_1(\boldsymbol{x}_1^{k+1}),\qquad -\nabla_2 f(\boldsymbol{x}_1^{k+1},\boldsymbol{x}_2^{k+1})\in\partial g_2(\boldsymbol{x}_2^{k+1}).\tag{9.3.2}$$

对 $i=1,2$ 和任意的 $L>0$, 定义线性化临近点算子

$$\begin{aligned}T_L^i(\boldsymbol{x})&=\underset{\boldsymbol{y}\in\mathbb{R}^{n_i}}{\arg\min}\left\{f(\boldsymbol{x})+\langle\nabla_i f(\boldsymbol{x}),\boldsymbol{y}-\boldsymbol{x}_i\rangle+g_i(\boldsymbol{y})+\frac{1}{2L}\|\boldsymbol{y}-\boldsymbol{x}_i\|^2\right\}\\&=\underset{\boldsymbol{y}\in\mathbb{R}^{n_i}}{\arg\min}\left\{\frac{1}{L}g_i(\boldsymbol{y})+\frac{1}{2}\|\boldsymbol{y}-(\boldsymbol{x}_i-\frac{1}{L}\nabla_i f(\boldsymbol{x}))\|^2\right\}\\&=\operatorname{prox}_{\frac{1}{L}g_i}\Big(\boldsymbol{x}_i-\frac{1}{L}\nabla_i f(\boldsymbol{x})\Big).\end{aligned}$$

记 $T_L(\boldsymbol{x})=(T_{L_1}^1(\boldsymbol{x}),T_{L_2}^2(\boldsymbol{x}))$. 则由 (9.3.2), 迭代点 $\boldsymbol{x}^{k,1}$ 和 $\boldsymbol{x}^{k+1}$ 分别满足

$$\boldsymbol{x}_1^{k,1}=T_L^1(\boldsymbol{x}^{k,1}),\quad \boldsymbol{x}_2^{k+1}=T_L^2(\boldsymbol{x}^{k+1}),\quad \forall\, L>0.\tag{9.3.3}$$

即

$$T_{L_1}(\boldsymbol{x}^k)=\big(T_{L_1}^1(\boldsymbol{x}^k),\boldsymbol{x}_2^k\big),\quad T_{L_2}(\boldsymbol{x}^{k,1})=\big(\boldsymbol{x}_1^{k,1},T_{L_2}^2(\boldsymbol{x}^{k,1})\big).$$

由算法的迭代过程, 显然有

$$\Psi(\boldsymbol{x}^{k,1})\leqslant\Psi\big(T_{L_1}(\boldsymbol{x}^k)\big),\quad \Psi(\boldsymbol{x}^{k+1})\leqslant\Psi\big(T_{L_2}(\boldsymbol{x}^{k,1})\big).\tag{9.3.4}$$

根据以上分析, 可借助线性化临近点算法的下降性讨论算法 9.3.1 的下降性, 从而建立其收敛速度. 首先, 由引理 8.3.1 可得如下结论.

引理 9.3.1 对函数 $f:\mathbb{R}^{n_1}\times\mathbb{R}^{n_2}\to\mathbb{R}$, 设 $\nabla_i f(\boldsymbol{x})$ Lipschitz 连续 (常数为 L_i), $i=1,2$. 则对任意的 $\boldsymbol{x}\in\mathbb{R}^n$ 和 $\boldsymbol{d}_i\in\mathbb{R}^{n_i}$,

$$f\left(\boldsymbol{x}+\mathcal{U}_i(\boldsymbol{d}_i)\right)\leqslant f(\boldsymbol{x})+\langle\nabla_i f(\boldsymbol{x}),\boldsymbol{d}\rangle+\frac{L_i}{2}\|\boldsymbol{d}_i\|^2,$$

其中,

$$\mathcal{U}_i(\boldsymbol{d})=\begin{cases}(\boldsymbol{d},\boldsymbol{0}), & i=1,\\(\boldsymbol{0},\boldsymbol{d}), & i=2.\end{cases}$$

引理 9.3.2 对优化问题 (9.3.1), 成立

$$\Psi(\boldsymbol{x})-\Psi\big(\boldsymbol{x}+\mathcal{U}_i\big(T_{L_i}^i(\boldsymbol{x})-\boldsymbol{x}_i\big)\big)\geqslant\frac{L_i}{2}\|\boldsymbol{x}_i-T_L^i(\boldsymbol{x})\|^2,\quad \forall\,\boldsymbol{x}\in\mathbb{R}^n,\ i=1,2.$$

证明 对 $i\in\{1,2\}$, 令

$$\boldsymbol{x}^+=\boldsymbol{x}+\mathcal{U}_i\big(T_{L_i}^i(\boldsymbol{x})-\boldsymbol{x}_i\big).$$

则对 $j \in \{1,2\}$,

$$\boldsymbol{x}_j^+ = \begin{cases} T_{L_i}^i(\boldsymbol{x}), & j = i, \\ \boldsymbol{x}_j, & j \neq i. \end{cases}$$

从而由引理 9.3.1,

$$f(\boldsymbol{x}^+) \leqslant f(\boldsymbol{x}) + \langle \nabla_i f(\boldsymbol{x}), T_{L_i}^i(\boldsymbol{x}) - \boldsymbol{x}_i \rangle + \frac{L_i}{2} \| T_{L_i}^i(\boldsymbol{x}) - \boldsymbol{x}_i \|^2. \tag{9.3.5}$$

另一方面, 由临近点算子 $T_{L_i}^i(\boldsymbol{x}) = \operatorname{prox}_{\frac{1}{L}g_i}\left(\boldsymbol{x}_i - \frac{1}{L}\nabla_i f(\boldsymbol{x})\right)$ 的性质、引理 2.5.1 得

$$g_i(\boldsymbol{x}_i) - g(T_{L_i}^i(\boldsymbol{x})) \geqslant L_i \langle \boldsymbol{x}_i - \frac{1}{L}\nabla_i f(\boldsymbol{x}) - T_{L_i}^i(\boldsymbol{x}), \boldsymbol{x}_i - T_{L_i}^i(\boldsymbol{x}) \rangle.$$

整理得

$$g_i(\boldsymbol{x}_i^+) - g(\boldsymbol{x}_i) \leqslant \langle \nabla_i f(\boldsymbol{x}), \boldsymbol{x}_i - T_{L_i}^i(\boldsymbol{x}) \rangle - L_i \| \boldsymbol{x}_i - T_{L_i}^i(\boldsymbol{x}) \|^2.$$

结合 (9.3.5) 得

$$f(\boldsymbol{x}^+) + g_i(\boldsymbol{x}_i^+) \leqslant f(\boldsymbol{x}) + g(\boldsymbol{x}_i) - \frac{L_i}{2} \| T_{L_i}^i(\boldsymbol{x}) - \boldsymbol{x}_i \|^2.$$

再利用恒等式

$$g_j(\boldsymbol{x}_i^+) = g_j(\boldsymbol{x}_i), \quad j \neq i,$$

得命题结论. 证毕

由上述结论, 并利用 (9.3.4) 可得如下结论.

引理 9.3.3 对优化问题 (9.3.1), 算法 9.3.1 产生的迭代点列 $\{\boldsymbol{x}^k\}$ 满足

$$\Psi(\boldsymbol{x}^k) - \Psi(\boldsymbol{x}^{k,1}) \geqslant \frac{L_1}{2} \| \boldsymbol{x}_1^k - T_{L_1}^1(\boldsymbol{x}^k) \|^2,$$

$$\Psi(\boldsymbol{x}^{k,1}) - \Psi(\boldsymbol{x}^{k+1}) \geqslant \frac{L_2}{2} \| \boldsymbol{x}_1^{k,1} - T_{L_2}^1(\boldsymbol{x}^{k,1}) \|^2.$$

引理 9.3.4 若优化问题 (9.3.1) 的目标函数水平集有界, 则算法 9.3.1 产生的迭代点列 $\{\boldsymbol{x}^k\}$ 满足

$$\Psi(\boldsymbol{x}^{k,1}) - \Psi(\boldsymbol{x}^*) \leqslant L_1 \| \boldsymbol{x}_1^k - T_{L_1}^1(\boldsymbol{x}^k) \| \cdot \| \boldsymbol{x}^k - \boldsymbol{x}^* \|,$$

$$\Psi(\boldsymbol{x}^{k+1}) - \Psi(\boldsymbol{x}^*) \leqslant L_2 \| \boldsymbol{x}_1^{k,1} - T_{L_2}^1(\boldsymbol{x}^{k,1}) \| \cdot \| \boldsymbol{x}^{k,1} - \boldsymbol{x}^* \|.$$

证明 首先, 由引理 9.3.1 得

$$\begin{aligned}&f(T_{L_1}(\boldsymbol{x}^k))-f(\boldsymbol{x}^*)\\ \leqslant\ &f(\boldsymbol{x}^k)+\langle\nabla_1 f(\boldsymbol{x}^k),T_{L_1}^1(\boldsymbol{x}^k)-\boldsymbol{x}_1^k\rangle+\frac{L_1}{2}\|T_{L_1}^1(\boldsymbol{x}^k)-\boldsymbol{x}_1^k\|^2-f(\boldsymbol{x}^*)\\ =\ &f(\boldsymbol{x}^k)-f(\boldsymbol{x}^*)+\langle\nabla f(\boldsymbol{x}^k),T_{L_1}(\boldsymbol{x}^k)-\boldsymbol{x}^k\rangle+\frac{L_1}{2}\|T_{L_1}^1(\boldsymbol{x}^k)-\boldsymbol{x}_1^k\|^2.\end{aligned}$$

由于 $f(\boldsymbol{x})$ 为凸函数, 故

$$f(\boldsymbol{x}^k)-f(\boldsymbol{x}^*)\leqslant\langle\nabla f(\boldsymbol{x}^k),\boldsymbol{x}^k-\boldsymbol{x}^*\rangle.$$

从而由上式得

$$f(T_{L_1}(\boldsymbol{x}^k))-f(\boldsymbol{x}^*)\leqslant\langle\nabla f(\boldsymbol{x}^k),T_{L_1}(\boldsymbol{x}^k)-\boldsymbol{x}^*\rangle+\frac{L_1}{2}\|T_{L_1}^1(\boldsymbol{x}^k)-\boldsymbol{x}_1^k\|^2. \tag{9.3.6}$$

利用临近点算子 $T_{L_1}(\boldsymbol{x}^k)=\mathrm{prox}_{\frac{1}{L_1}g_1}(\boldsymbol{x}^k-\frac{1}{L_1}\nabla f(\boldsymbol{x}^k))$ 的性质和引理 2.5.1 得

$$\begin{aligned}&g_1(T_{L_1}(\boldsymbol{x}^k))-g_1(\boldsymbol{x}^*)\\ \leqslant\ &L_1\langle\boldsymbol{x}^k-\frac{1}{L_1}\nabla f(\boldsymbol{x}^k)-T_{L_1}(\boldsymbol{x}^k),T_{L_1}(\boldsymbol{x}^k)-\boldsymbol{x}^*\rangle\\ =\ &\langle\nabla f(\boldsymbol{x}^k),\boldsymbol{x}^*-T_{L_1}(\boldsymbol{x}^k)\rangle+L_1\langle\boldsymbol{x}^k-T_{L_1}(\boldsymbol{x}^k),T_{L_1}(\boldsymbol{x}^k)-\boldsymbol{x}^*\rangle.\end{aligned}$$

从而由 (9.3.4),(9.3.6) 得

$$\begin{aligned}\Psi(\boldsymbol{x}^{k,1})-\Psi(\boldsymbol{x}^*)&\leqslant\Psi(T_{L_1}(\boldsymbol{x}^k))-\Psi(\boldsymbol{x}^*)\\ &=f(T_{L_1}(\boldsymbol{x}^k))+g(T_{L_1}(\boldsymbol{x}^k))-f(\boldsymbol{x}^*)-g(\boldsymbol{x}^*)\\ &\leqslant\frac{L_1}{2}\|T_{L_1}^1(\boldsymbol{x}^k)-\boldsymbol{x}_1^k\|^2+L_1\langle\boldsymbol{x}^k-T_{L_1}(\boldsymbol{x}^k),T_{L_1}(\boldsymbol{x}^k)-\boldsymbol{x}^*\rangle\\ &=\frac{L_1}{2}\|\boldsymbol{x}_1^k-T_L^1(\boldsymbol{x}^k)\|^2+L_1\langle\boldsymbol{x}_1^k-T_L^1(\boldsymbol{x}^k),T_{L_1}^1(\boldsymbol{x}^k)-\boldsymbol{x}_1^*\rangle\\ &=\frac{L_1}{2}\|\boldsymbol{x}_1^k-T_L^1(\boldsymbol{x}^k)\|^2+L_1\langle\boldsymbol{x}_1^k-T_L^1(\boldsymbol{x}^k),\boldsymbol{x}_1^k-\boldsymbol{x}_1^*\rangle\\ &\quad-L_1\|\boldsymbol{x}_1^k-T_L^1(\boldsymbol{x}^k)\|^2\\ &\leqslant L_1\langle\boldsymbol{x}_1^k-T_L^1(\boldsymbol{x}^k),\boldsymbol{x}_1^k-\boldsymbol{x}_1^*\rangle\\ &\leqslant L_1\|\boldsymbol{x}_1^k-T_L^1(\boldsymbol{x}^k)\|\cdot\|\boldsymbol{x}_1^k-\boldsymbol{x}_1^*\|\\ &\leqslant L_1\|\boldsymbol{x}_1^k-T_L^1(\boldsymbol{x}^k)\|\cdot\|\boldsymbol{x}^k-\boldsymbol{x}^*\|.\end{aligned}$$

第一个结论得证.

取初始点 $(\boldsymbol{x}_1^1, \boldsymbol{x}_2^0)$, 并令 $i=2$. 同样的证明过程可得第二个结论.　　证毕

由此可得算法的收敛速度估计.

定理 9.3.1　对优化问题 (9.3.1), 算法 9.3.1 产生的迭代点列 $\{\boldsymbol{x}^k\}$ $(k \geqslant 2)$ 满足

$$\Psi(\boldsymbol{x}^k) - \Psi^* \leqslant \max\left\{\left(\frac{1}{2}\right)^{(k-1)/2}(\Psi(\boldsymbol{x}^0) - \Psi^*), \frac{8\min\{L_1, L_2\}R_{\Psi(\boldsymbol{x}^0)}^2}{k-1}\right\}.$$

证明　由题设并利用引理 9.3.4 得

$$\Psi(\boldsymbol{x}^{k,1}) - \Psi^* \leqslant L_1\|\boldsymbol{x}_1^k - T_L^1(\boldsymbol{x}^k)\|R_{\Psi(\boldsymbol{x}^0)}.$$

从而由引理 9.3.3 得

$$\begin{aligned}
\Psi(\boldsymbol{x}^k) - \Psi(\boldsymbol{x}^{k+1}) &\geqslant \Psi(\boldsymbol{x}^k) - \Psi(\boldsymbol{x}^{k,1}) \\
&\geqslant \frac{L_1}{2}\|\boldsymbol{x}_1^k - T_L^1(\boldsymbol{x}^k)\|^2 \\
&\geqslant \frac{1}{2L_1R_{\Psi(\boldsymbol{x}^0)}^2}(\Psi(\boldsymbol{x}^{k,1}) - \Psi^*)^2 \\
&\geqslant \frac{1}{2L_1R_{\Psi(\boldsymbol{x}^0)}^2}\left(\Psi(\boldsymbol{x}^{k+1}) - \Psi^*\right)^2.
\end{aligned}$$

利用 $\Psi(\boldsymbol{x}^k) - \Psi(\boldsymbol{x}^{k+1}) \geqslant \Psi(\boldsymbol{x}^{k,1}) - \Psi(\boldsymbol{x}^{k+1})$, 同样的推导过程可得

$$\Psi(\boldsymbol{x}^k) - \Psi(\boldsymbol{x}^{k+1}) \geqslant \frac{1}{2L_2R_{\Psi(\boldsymbol{x}^0)}^2}(\Psi(\boldsymbol{x}^{k+1}) - \Psi^*)^2.$$

两式联合得

$$\Psi(\boldsymbol{x}^k) - \Psi(\boldsymbol{x}^{k+1}) \geqslant \frac{1}{2\min\{L_1, L_2\}R_{\Psi(\boldsymbol{x}^0)}^2}(\Psi(\boldsymbol{x}^{k+1}) - \Psi^*)^2.$$

记 $a_k = \Psi(\boldsymbol{x}^k) - \Psi^*$, $\tau = 2\min\{L_1, L_2\}R_{\Psi(\boldsymbol{x}^0)}^2$, 则对任意的 $k \geqslant 0$,

$$a_k - a_{k+1} \geqslant \frac{1}{\tau}a_{k+1}^2.$$

从而由引理 9.2.1, 对任意的 $k \geqslant 2$,

$$a_k \leqslant \max\left\{\left(\frac{1}{2}\right)^{(k-1)/2}a_0, \frac{8\min\{L_1, L_2\}R_{\Psi(\boldsymbol{x}^0)}^2}{k-1}\right\}.$$

命题结论得证.　　证毕

根据上述结论, 二分块凸优化问题的交替极小化方法的收敛速度取决于函数 $\nabla_1 f(\boldsymbol{x})$ 和 $\nabla_2 f(\boldsymbol{x})$ 的最小 Lipschitz 常数.

9.4 二分块线性化临近点交替极小化方法

考虑如下优化问题

$$\min_{\boldsymbol{x}_1\in\mathbb{R}^{n_1},\boldsymbol{x}_2\in\mathbb{R}^{n_2}} \Psi(\boldsymbol{x}_1,\boldsymbol{x}_2)=f(\boldsymbol{x}_1,\boldsymbol{x}_2)+g_1(\boldsymbol{x}_1)+g_2(\boldsymbol{x}_2), \tag{9.4.1}$$

其中, $f:\mathbb{R}^{n_1}\times\mathbb{R}^{n_2}\to\mathbb{R}$ 连续可微, 且关于单个块变量的梯度函数一致 Lipschitz 连续, 即存在常数 $L_1,L_2>0$ 使对任意的 $\boldsymbol{x}_1\in\mathbb{R}^{n_1},\boldsymbol{x}_2\in\mathbb{R}^{n_2}$ 成立

$$\|\nabla_1 f(\boldsymbol{y},\boldsymbol{x}_2)-\nabla_1 f(\boldsymbol{z},\boldsymbol{x}_2)\|\leqslant L_1\|\boldsymbol{y}-\boldsymbol{z}\|,\quad \forall\, \boldsymbol{y},\boldsymbol{z}\in\mathbb{R}^{n_1},$$

$$\|\nabla_2 f(\boldsymbol{x}_1,\boldsymbol{y})-\nabla_2 f(\boldsymbol{x}_1,\boldsymbol{z})\|\leqslant L_2\|\boldsymbol{y}-\boldsymbol{z}\|,\quad \forall\, \boldsymbol{y},\boldsymbol{z}\in\mathbb{R}^{n_2}.$$

$g_i:\mathbb{R}^{n_i}\to\mathbb{R}$ 为下半连续函数, $i=1,2$. 记 $\boldsymbol{x}=(\boldsymbol{x}_1,\boldsymbol{x}_2)$, 问题的最优值为 Ψ^*.

对该优化问题, 如果将线性化临近点技术与交替极小化方法相结合, 则得到线性化临近点交替极小化方法. 具体地, 先将函数 $f(\boldsymbol{x}_1,\boldsymbol{x}_2)$ 在 $(\boldsymbol{x}_1^k,\boldsymbol{x}_2^k)$ 点关于 $\boldsymbol{x}_1$ 线性化, 添加临近点正则项, 关于 $\boldsymbol{x}_1$ 求最小得 $\boldsymbol{x}_1^{k+1}$, 再将该函数在 $(\boldsymbol{x}_1^{k+1},\boldsymbol{x}_2^k)$ 点关于 $\boldsymbol{x}_2$ 线性化, 添加临近点正则项, 关于 $\boldsymbol{x}_2$ 求最小得 $\boldsymbol{x}_2^{k+1}$, 则得到上述优化问题的如下迭代过程

$$\boldsymbol{x}_1^{k+1}=\arg\min_{\boldsymbol{x}_1\in\mathbb{R}^{n_1}}\Big\{\nabla_{\boldsymbol{x}_1} f(\boldsymbol{x}_1^k,\boldsymbol{x}_2^k),\boldsymbol{x}_1-\boldsymbol{x}_1^k\rangle+\frac{L_k^1}{2}\|\boldsymbol{x}_1-\boldsymbol{x}_1^k\|^2+g_1(\boldsymbol{x}_1)\Big\},$$

$$\boldsymbol{x}_2^{k+1}=\arg\min_{\boldsymbol{x}_2\in\mathbb{R}^{n_2}}\Big\{\langle\nabla_{\boldsymbol{x}_2} f(\boldsymbol{x}_1^{k+1},\boldsymbol{x}_2^k),\boldsymbol{x}_2-\boldsymbol{x}_2^k\rangle+\frac{L_k^2}{2}\|\boldsymbol{x}_2-\boldsymbol{x}_2^k\|^2+g_2(\boldsymbol{x}_2)\Big\}.$$

其中, $L_k^1=\gamma_1L_1,\ L_k^2=\gamma_2L_2$, $\gamma_1,\gamma_2>1$.

借助临近点算子, 该迭代过程可写成

$$\boldsymbol{x}_1^{k+1}=\operatorname{prox}_{\frac{1}{L_k^1}g_1}\Big(\boldsymbol{x}_1^k-\frac{1}{L_k^1}\nabla_{\boldsymbol{x}_1} f(\boldsymbol{x}_1^k,\boldsymbol{x}_2^k)\Big), \tag{9.4.2}$$

$$\boldsymbol{x}_2^{k+1}=\operatorname{prox}_{\frac{1}{L_k^2}g_2}\Big(\boldsymbol{x}_2^k-\frac{1}{L_k^2}\nabla_{\boldsymbol{x}_2} f(\boldsymbol{x}_1^{k+1},\boldsymbol{x}_2^k)\Big). \tag{9.4.3}$$

这称为优化问题 (9.4.1) 的线性化临近点交替极小化方法.

下述结论表明, 上述迭代过程产生的目标函数值列单调不增.

引理 9.4.1 对优化问题 (9.4.1), 上述算法产生的迭代点列 $\{\boldsymbol{x}^k\}$ 满足

(1) $\Psi(\boldsymbol{x}^k)-\Psi(\boldsymbol{x}^{k+1})\geqslant\frac{\rho}{2}\|\boldsymbol{x}^{k+1}-\boldsymbol{x}^k\|^2,\quad \forall\, k\geqslant 0$,

其中, $\rho=\min\{(\gamma_1-1)L_1,(\gamma_2-1)L_2\}$.

(2) $\lim\limits_{k\to\infty}\|\boldsymbol{x}^{k+1}-\boldsymbol{x}^k\|=0$.

证明　对迭代过程 (9.4.2)-(9.4.3), 由引理 8.3.2,

$$\begin{aligned}f(\boldsymbol{x}_1^{k+1},\boldsymbol{x}_2^k)+g_1(\boldsymbol{x}_1^{k+1}) &\leqslant f(\boldsymbol{x}_1^k,\boldsymbol{x}_2^k)+g_1(\boldsymbol{x}_1^k)-\frac{1}{2}(L_k^1-L_1)\|\boldsymbol{x}_1^{k+1}-\boldsymbol{x}_1^k\|^2\\ &= f(\boldsymbol{x}_1^k,\boldsymbol{x}_2^k)+g_1(\boldsymbol{x}_1^k)-\frac{1}{2}(\gamma-1)L_1\|\boldsymbol{x}_1^{k+1}-\boldsymbol{x}_1^k\|^2,\\ f(\boldsymbol{x}_1^{k+1},\boldsymbol{x}_2^{k+1})+g_2(\boldsymbol{x}_2^{k+1}) &\leqslant f(\boldsymbol{x}_1^{k+1},\boldsymbol{x}_2^k)+g_2(\boldsymbol{x}_2^k)-\frac{1}{2}(L_k^2-L_2)\|\boldsymbol{x}_2^{k+1}-\boldsymbol{x}_2^k\|^2\\ &= f(\boldsymbol{x}_1^{k+1},\boldsymbol{x}_2^k)+g_2(\boldsymbol{x}_2^k)-\frac{1}{2}(\gamma-1)L_2\|\boldsymbol{x}_2^{k+1}-\boldsymbol{x}_2^k\|^2.\end{aligned}$$

两式相加得

$$\begin{aligned}\Psi(\boldsymbol{x}^{k+1})-\Psi(\boldsymbol{x}^k) &= f(\boldsymbol{x}_1^{k+1},\boldsymbol{x}_2^{k+1})+g_1(\boldsymbol{x}_1^{k+1})+g_2(\boldsymbol{x}_2^{k+1})\\ &\quad -f(\boldsymbol{x}_1^k,\boldsymbol{x}_2^k)-g_1(\boldsymbol{x}_1^k)-g_2(\boldsymbol{x}_2^k)\\ &\leqslant -\frac{1}{2}(\gamma-1)L_1\|\boldsymbol{x}_1^{k+1}-\boldsymbol{x}_1^k\|^2-\frac{1}{2}(\gamma-1)L_2\|\boldsymbol{x}_2^{k+1}-\boldsymbol{x}_2^k\|^2\\ &\leqslant -\frac{\rho}{2}\|\boldsymbol{x}_1^{k+1}-\boldsymbol{x}_1^k\|^2-\frac{\rho}{2}\|\boldsymbol{x}_2^{k+1}-\boldsymbol{x}_2^k\|^2.\end{aligned}$$

整理得结论 (1).

将结论 (1) 关于 $k=0,1,2,\cdots,K$ 相加得

$$\begin{aligned}\sum_{k=0}^{K}\|\boldsymbol{x}^{k+1}-\boldsymbol{x}^k\|^2 &\leqslant \frac{2}{\rho}(\Psi(\boldsymbol{x}^0)-\Psi(\boldsymbol{x}^K))\\ &\leqslant \frac{2}{\rho}(\Psi(\boldsymbol{x}^0)-\Psi^*).\end{aligned}$$

令 $K\to\infty$ 得结论 (2).　　证毕

下面是算法的收敛性.

定理 9.4.1　线性化临近点交替极小化方法产生的迭代点列 $\{\boldsymbol{x}^k\}$ 的任一聚点为优化问题 (9.4.1) 的稳定点.

证明　对 (9.4.2), 由定理 2.4.7, 对任意的 $k>0$, 存在 $\boldsymbol{\xi}_1^k\in\partial g_1(\boldsymbol{x}_1^k)$ 使得

$$\nabla_{\boldsymbol{x}_1}f(\boldsymbol{x}_1^{k-1},\boldsymbol{x}_2^{k-1})+L_{k-1}^1(\boldsymbol{x}_1^k-\boldsymbol{x}_1^{k-1})+\boldsymbol{\xi}_1^k=\boldsymbol{0},$$

所以

$$\nabla_{\boldsymbol{x}_1}f(\boldsymbol{x}_1^{k-1},\boldsymbol{x}_2^{k-1})+\boldsymbol{\xi}_1^k=L_{k-1}^1(\boldsymbol{x}_1^{k-1}-\boldsymbol{x}_1^k).$$

类似地, 对 (9.4.3), 存在 $\boldsymbol{\xi}_2^k \in \partial g_2(\boldsymbol{x}_2^k)$ 使得

$$\nabla_{\boldsymbol{x}_2} f(\boldsymbol{x}_1^k, \boldsymbol{x}_2^{k-1}) + \boldsymbol{\xi}_2^k = L_{k-1}^2(\boldsymbol{x}_2^{k-1} - \boldsymbol{x}_2^k).$$

则由

$$\begin{cases}\nabla_{\boldsymbol{x}_1} f(\boldsymbol{x}_1^k, \boldsymbol{x}_2^k) + \boldsymbol{\xi}_1^k \in \partial_{\boldsymbol{x}_1}\Psi(\boldsymbol{x}^k)\\ \nabla_{\boldsymbol{x}_2} f(\boldsymbol{x}_1^k, \boldsymbol{x}_2^k) + \boldsymbol{\xi}_2^k \in \partial_{\boldsymbol{x}_2}\Psi(\boldsymbol{x}^k)\end{cases}$$

得

$$\begin{cases}\boldsymbol{\eta}_1^k \triangleq L_{k-1}^1(\boldsymbol{x}_1^{k-1} - \boldsymbol{x}_1^k) + \nabla_{\boldsymbol{x}_1} f(\boldsymbol{x}_1^k, \boldsymbol{x}_2^k) - \nabla_{\boldsymbol{x}_1} f(\boldsymbol{x}_1^{k-1}, \boldsymbol{x}_2^{k-1})\\ \boldsymbol{\eta}_2^k \triangleq L_{k-1}^2(\boldsymbol{x}_2^{k-1} - \boldsymbol{x}_2^k) + \nabla_{\boldsymbol{x}_2} f(\boldsymbol{x}_1^k, \boldsymbol{x}_2^k) - \nabla_{\boldsymbol{x}_2} f(\boldsymbol{x}_1^k, \boldsymbol{x}_2^{k-1})\end{cases}$$

满足 $(\boldsymbol{\eta}_1^k, \boldsymbol{\eta}_2^k) \in \partial\Psi(\boldsymbol{x}^k)$.

由 $\nabla f(\boldsymbol{x})$ 的 Lipschitz 连续性得

$$\begin{aligned}\|\boldsymbol{\eta}_1^k\| &\leqslant L_{k-1}^1\|\boldsymbol{x}_1^{k-1} - \boldsymbol{x}_1^k\| + \|\nabla_x f(\boldsymbol{x}_1^k, \boldsymbol{x}_2^k) - \nabla_x f(\boldsymbol{x}_1^{k-1}, \boldsymbol{x}_2^{k-1})\|\\ &\leqslant L_{k-1}^1\|\boldsymbol{x}_1^{k-1} - \boldsymbol{x}_1^k\| + \|\nabla_x f(\boldsymbol{x}_1^k, \boldsymbol{x}_2^k) - \nabla_x f(\boldsymbol{x}_1^{k-1}, \boldsymbol{x}_2^k)\|\\ &\quad + \|\nabla_x f(\boldsymbol{x}_1^{k-1}, \boldsymbol{x}_2^k) - \nabla_x f(\boldsymbol{x}_1^{k-1}, \boldsymbol{x}_2^{k-1})\|\\ &\leqslant \gamma L_1\|\boldsymbol{x}_1^k - \boldsymbol{x}_1^{k-1}\| + L_1\|\boldsymbol{x}_1^k - \boldsymbol{x}_1^{k-1}\| + L_2\|\boldsymbol{x}_2^k - \boldsymbol{x}_2^{k-1}\|\\ &= (\gamma_1 + 1)L_1\|\boldsymbol{x}_1^k - \boldsymbol{x}_1^{k-1}\| + L_2\|\boldsymbol{x}_2^k - \boldsymbol{x}_2^{k-1}\|,\\ \|\boldsymbol{\eta}_2^k\| &\leqslant L_{k-1}^2\|\boldsymbol{x}_2^k - \boldsymbol{x}_2^{k-1}\| + \|\nabla_{\boldsymbol{x}_2} f(\boldsymbol{x}_1^k, \boldsymbol{x}_2^k) - \nabla_{\boldsymbol{x}_2} f(\boldsymbol{x}_1^k, \boldsymbol{x}_2^{k-1})\|\\ &\leqslant \gamma_2 L_2\|\boldsymbol{x}_2^k - \boldsymbol{x}_2^{k-1}\| + L_2\|\boldsymbol{x}_2^k - \boldsymbol{x}_2^{k-1}\|\\ &= (\gamma_2 + 1)L_2\|\boldsymbol{x}_2^k - \boldsymbol{x}_2^{k-1}\|.\end{aligned}$$

令 $\kappa = \max\{(\gamma_1 + 1)L_1, (\gamma_2 + 1)L_2\}$. 则

$$\|(\boldsymbol{\eta}_1^k, \boldsymbol{\eta}_2^k)\| \leqslant \|\boldsymbol{\eta}_1^k\| + \|\boldsymbol{\eta}_2^k\| \leqslant 2\kappa\|\boldsymbol{x}^k - \boldsymbol{x}^{k-1}\|.$$

由于上述结论对任意的 $k > 0$ 都成立, 从而由引理 9.4.1 中的结论 (2) 知, 对迭代点列 $\{\boldsymbol{x}^k\}$ 的任一聚点 $\boldsymbol{x}^*$, 均有 $(\mathbf{0}, \mathbf{0}) \in \partial\Psi(\boldsymbol{x}^*)$. 命题结论得证. 证毕

第 10 章 约束优化最优性条件

本章主要利用最优值点的梯度信息刻画约束优化问题的最优解, 即建立所谓的最优性条件, 并讨论这些最优性条件之间的关系. 除此以外, 还将讨论约束优化问题的鞍点性质和对偶理论. 这些内容构成约束优化问题的经典性理论, 是算法设计的基础, 也是算法理论分析的重要工具.

10.1 等式约束优化一阶最优性条件

考虑约束优化问题

$$\min\{f(\boldsymbol{x}) \mid \boldsymbol{x} \in \Omega\}, \tag{10.1.1}$$

这里, 可行域 $\Omega \subset \mathbb{R}^n$ 为闭集. 一般地, 它用不等式表述

$$\Omega = \{\boldsymbol{x} \in \mathbb{R}^n \mid c_i(\boldsymbol{x}) = 0,\ i \in \mathcal{E};\ \ c_i(\boldsymbol{x}) \geqslant 0,\ i \in \mathcal{I}\},$$

其中, $f: \mathbb{R}^n \to \mathbb{R}, c_i: \mathbb{R}^n \to \mathbb{R}, i \in \mathcal{E} \cup \mathcal{I}$ 连续可微.

对任意的 $\boldsymbol{x} \in \Omega$, 记

$$\mathcal{I}(\boldsymbol{x}) \triangleq \{i \in \mathcal{I} \mid c_i(\boldsymbol{x}) = 0\}, \quad \mathcal{A}(\boldsymbol{x}) \triangleq \mathcal{E} \cup \mathcal{I}(\boldsymbol{x}),$$

并称为约束优化问题在 $\boldsymbol{x}$ 点的不等式积极约束指标集和积极约束指标集, 其对应的约束称为 $\boldsymbol{x}$ 点的积极约束.

定义 10.1.1 设 $\boldsymbol{x} \in \Omega$. 对 $\boldsymbol{d} \in \mathbb{R}^n$, 若存在 $\delta > 0$, 使对任意的 $\alpha \in [0, \delta]$, 都有 $\boldsymbol{x} + \alpha\boldsymbol{d} \in \Omega$, 则称 $\boldsymbol{d}$ 为约束优化问题 (10.1.1) 在 $\boldsymbol{x}$ 点的可行方向.

特别指出, 有的约束优化问题, 特别是带非线性等式约束的优化问题, 可能没有可行方向, 如可行域

$$\{\boldsymbol{x} \in \mathbb{R}^n \mid \|\boldsymbol{x}\|^2 = 1\}.$$

性质 10.1.1 设 $\boldsymbol{d} \in \mathbb{R}^n$ 为约束优化问题 (10.1.1) 在点 $\boldsymbol{x} \in \Omega$ 的可行方向. 则

$$\nabla c_i(\boldsymbol{x})^{\mathrm{T}}\boldsymbol{d} = 0, \quad \forall\, i \in \mathcal{E}; \quad \nabla c_i(\boldsymbol{x})^{\mathrm{T}}\boldsymbol{d} \geqslant 0, \quad \forall\, i \in \mathcal{I}(\boldsymbol{x}).$$

证明 只考虑不等式约束的情形, 等式约束可类似证明. 若结论不成立, 则存在 $i_0 \in \mathcal{I}(\boldsymbol{x})$, 使 $\nabla c_{i_0}(\boldsymbol{x})^{\mathrm{T}}\boldsymbol{d} < 0$. 从而对充分小的 $\alpha > 0$,

$$c_{i_0}(\boldsymbol{x} + \alpha\boldsymbol{d}) = c_{i_0}(\boldsymbol{x}) + \alpha\nabla c_{i_0}(\boldsymbol{x})^{\mathrm{T}}\boldsymbol{d} + o(\alpha) < 0.$$

这与 $\boldsymbol{d}$ 为约束优化问题 (10.1.1) 在 $\boldsymbol{x}$ 点的可行方向矛盾. 结论得证. 证毕

对线性约束的情况, 上述结论的逆命题也成立.

定义 10.1.2 设 $\boldsymbol{d} \in \mathbb{R}^n$ 为约束优化问题 (10.1.1) 在点 $\boldsymbol{x} \in \Omega$ 的可行方向. 若 $\boldsymbol{d}$ 还是目标函数在 $\boldsymbol{x}$ 点的下降方向, 则称 $\boldsymbol{d}$ 为 $\boldsymbol{x}$ 点的可行下降方向.

对此, 一个显然的结论是:

定理 10.1.1 设 $\boldsymbol{x}^* \in \Omega$ 为约束优化问题 (10.1.1) 的最优解. 则该点的任一可行方向 $\boldsymbol{d}$ 都满足

$$\boldsymbol{d}^{\mathrm{T}} \nabla f(\boldsymbol{x}^*) \geqslant 0.$$

从而, 约束优化问题在最优值点不存在可行下降方向.

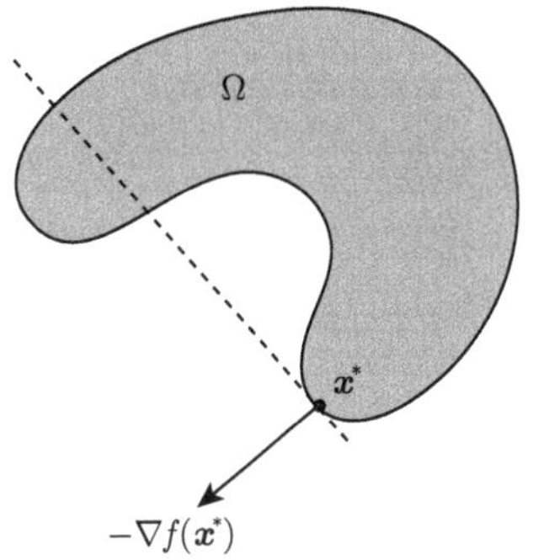

图 10.1.1 非稳定点的局部最优值点

上述结论是一个充分必要条件. 它是约束优化问题的所有最优性条件建立的基础. 特别地, 若可行域为非空闭凸集, 则有如下结论.

定理 10.1.2 若约束优化问题 (10.1.1) 的可行域为非空闭凸集, 则其任一最优解 $\boldsymbol{x}^*$ 为其稳定点, 即

$$\langle \nabla f(\boldsymbol{x}^*), \boldsymbol{x} - \boldsymbol{x}^* \rangle \geqslant 0, \quad \forall\, \boldsymbol{x} \in \Omega.$$

图 10.1.1 说明上述结论中可行域 Ω 的闭凸性假设是必须的. 因此, 在提及稳定点时, 通常假设可行域是非空闭凸集.

下面建立等式约束优化问题

$$\begin{array}{ll} \min & f(\boldsymbol{x}) \\ \text{s.t.} & c_i(\boldsymbol{x}) = 0, \quad i \in \mathcal{E} \end{array} \tag{10.1.2}$$

的最优性条件. 这里, 函数 f, $c_i : \mathbb{R}^n \to \mathbb{R}$, $i \in \mathcal{E}$ 连续可微.

先给出 (复合) 向量值函数的求导法则.

引理 10.1.1 设 $\boldsymbol{A}$ 为 n 阶方阵, 向量值函数 $\boldsymbol{Y} : \mathbb{R}^n \to \mathbb{R}^s$, $\boldsymbol{Z} : \mathbb{R}^n \to \mathbb{R}^t$, $\boldsymbol{W} : \mathbb{R}^{s+t} \to \mathbb{R}^m$ 连续可微. 则对任意的 $\boldsymbol{x} \in \mathbb{R}^n$,

$$D_{\boldsymbol{x}}(\boldsymbol{A}\boldsymbol{x}) = \boldsymbol{A}, \quad D_{\boldsymbol{x}}\boldsymbol{W}(\boldsymbol{Y}(\boldsymbol{x}), \boldsymbol{Z}(\boldsymbol{x})) = D_{\boldsymbol{Y}}\boldsymbol{W} \cdot D_{\boldsymbol{x}}\boldsymbol{Y} + D_{\boldsymbol{Z}}\boldsymbol{W} \cdot D_{\boldsymbol{x}}\boldsymbol{Z}.$$

特别说明, 当向量值函数退化为数值函数时, Jacobi 矩阵为梯度的转置.

下面给出等式约束优化问题 (10.1.2) 最优解的一个刻画, 即建立该优化问题的一阶最优性条件.

定理 10.1.3 设 $\boldsymbol{x}^*$ 为等式约束优化问题 (10.1.2) 的最优解. 若向量组

$[\nabla c_i(\boldsymbol{x}^*),\ i\in\mathcal{E}]$ 线性无关, 则存在向量 $\boldsymbol{\lambda}^*\in\mathbb{R}^{|\mathcal{E}|}$ 使得

$$\nabla f(\boldsymbol{x}^*)=\sum_{i\in\mathcal{E}}\lambda_i^*\nabla c_i(\boldsymbol{x}^*). \tag{10.1.3}$$

证明 记 $\boldsymbol{N}=[\nabla c_i(\boldsymbol{x}^*)]_{i\in\mathcal{E}}$. 由题设, $\boldsymbol{N}$ 列满秩. 若 $|\mathcal{E}|=n$, 则矩阵 $\boldsymbol{N}$ 非奇异, 从而 $\boldsymbol{N}$ 中的列构成 $\mathbb{R}^n$ 中的一组基, 故存在 $\boldsymbol{\lambda}^*\in\mathbb{R}^{|\mathcal{E}|}$, 使得

$$\nabla f(\boldsymbol{x}^*)=\sum_{i\in\mathcal{E}}\lambda_i^*\nabla c_i(\boldsymbol{x}^*).$$

结论得证.

若 $|\mathcal{E}|<n$, 下在题设条件下将原优化问题在最优值点附近等价地转化成一个低维的无约束优化问题, 然后利用无约束优化问题的最优性条件建立命题结论.

将矩阵 $\boldsymbol{N}$ 分块成 $\begin{pmatrix}\boldsymbol{N}_1\\ \boldsymbol{N}_2\end{pmatrix}$, 其中, $\boldsymbol{N}_1$ 为 $|\mathcal{E}|$ 阶方阵. 由于矩阵 $\boldsymbol{N}$ 列满秩, 不失一般性, 设 $\boldsymbol{N}_1$ 非奇异.

分别记变量 $\boldsymbol{x}$ 中对应于 $\boldsymbol{N}_1$ 的分量为 $\boldsymbol{x}_1$, 对应于 $\boldsymbol{N}_2$ 的分量为 $\boldsymbol{x}_2$, 并记向量值函数 $\boldsymbol{c}(\boldsymbol{x})=\big(c_1(\boldsymbol{x});\cdots;c_{|\mathcal{E}|}(\boldsymbol{x})\big)$. 则 $\boldsymbol{c}\big(\boldsymbol{x}_1^*,\boldsymbol{x}_2^*\big)=\boldsymbol{0}$, 且 $\boldsymbol{c}(\boldsymbol{x}_1,\boldsymbol{x}_2)$ 在点 $\big(\boldsymbol{x}_1^*,\boldsymbol{x}_2^*\big)$ 关于 $\boldsymbol{x}_1$ 的 Jacobi 矩阵 $\boldsymbol{N}_1^{\mathrm{T}}=D_{\boldsymbol{x}_1}\boldsymbol{c}\big(\boldsymbol{x}_1^*,\boldsymbol{x}_2^*\big)$ 非奇异. 由隐函数定理, 在 $\boldsymbol{x}_2^*$ 点附近存在关于 $\boldsymbol{x}_2$ 的连续可微函数 $\boldsymbol{x}_1(\boldsymbol{x}_2)$ 使得 $\boldsymbol{c}\big(\boldsymbol{x}_1(\boldsymbol{x}_2),\boldsymbol{x}_2\big)=\boldsymbol{0}$.

由引理 10.1.1, 将 $\boldsymbol{c}(\boldsymbol{x}_1(\boldsymbol{x}_2),\boldsymbol{x}_2)=\boldsymbol{0}$ 两端关于 $\boldsymbol{x}_2$ 求导得

$$D_{\boldsymbol{x}_1}\boldsymbol{c}\big(\boldsymbol{x}_1,\boldsymbol{x}_2\big)D\boldsymbol{x}_1(\boldsymbol{x}_2)+D_{\boldsymbol{x}_2}\boldsymbol{c}\big(\boldsymbol{x}_1,\boldsymbol{x}_2\big)=\boldsymbol{0}.$$

所以

$$D\boldsymbol{x}_1(\boldsymbol{x}_2^*)=-\boldsymbol{N}_1^{-\mathrm{T}}\boldsymbol{N}_2^{\mathrm{T}}. \tag{10.1.4}$$

由 $\boldsymbol{c}(\boldsymbol{x}_1(\boldsymbol{x}_2),\boldsymbol{x}_2)=\boldsymbol{0}$ 在 $\boldsymbol{x}_2^*$ 附近成立知, $(\boldsymbol{x}_1(\boldsymbol{x}_2),\boldsymbol{x}_2)\in\Omega$, 且 $\boldsymbol{x}_2^*$ 是无约束优化问题

$$\min_{\boldsymbol{x}_2\in\mathbb{R}^{n-|\mathcal{E}|}}\ f\big(\boldsymbol{x}_1(\boldsymbol{x}_2),\boldsymbol{x}_2\big)$$

的最优解. 利用最优性条件得

$$\nabla_{\boldsymbol{x}_2}f\big(\boldsymbol{x}_1(\boldsymbol{x}_2^*),\boldsymbol{x}_2^*)\big)=\boldsymbol{0},$$

即

$$D\boldsymbol{x}_1(\boldsymbol{x}_2^*)^{\mathrm{T}}\nabla_{\boldsymbol{x}_1}f\big(\boldsymbol{x}_1^*,\boldsymbol{x}_2^*\big)+\nabla_{\boldsymbol{x}_2}f\big(\boldsymbol{x}_1^*,\boldsymbol{x}_2^*\big)=\boldsymbol{0}.$$

将 (10.1.4) 代入上式得

$$-\boldsymbol{N}_2\boldsymbol{N}_1^{-1}\nabla_{\boldsymbol{x}_1}f\big(\boldsymbol{x}_1^*,\boldsymbol{x}_2^*\big)+\nabla_{\boldsymbol{x}_2}f\big(\boldsymbol{x}_1^*,\boldsymbol{x}_2^*\big)=\boldsymbol{0}.$$

令 $\boldsymbol{\lambda}^* = \boldsymbol{N}_1^{-1}\nabla_{\boldsymbol{x}_1} f(\boldsymbol{x}_1^*, \boldsymbol{x}_2^*)$. 则

$$\nabla_{\boldsymbol{x}_1} f(\boldsymbol{x}_1^*, \boldsymbol{x}_2^*) = \boldsymbol{N}_1\boldsymbol{\lambda}^*, \quad \nabla_{\boldsymbol{x}_2} f(\boldsymbol{x}_1^*, \boldsymbol{x}_2^*) = \boldsymbol{N}_2\boldsymbol{\lambda}^*.$$

两式联合得

$$\nabla f(\boldsymbol{x}^*) = \begin{pmatrix} \boldsymbol{N}_1 \\ \boldsymbol{N}_2 \end{pmatrix}\boldsymbol{\lambda}^* = \sum_{i\in\mathcal{E}} \lambda_i^* \nabla c_i(\boldsymbol{x}^*).$$

证毕

对线性等式约束优化问题, 可直接建立其一阶最优性条件.

推论 10.1.1 设 $\boldsymbol{x}^*$ 为线性等式约束优化问题

$$\begin{aligned} \min \quad & f(\boldsymbol{x}) \\ \text{s.t.} \quad & \boldsymbol{a}_i^{\mathrm{T}}\boldsymbol{x} = b_i, \quad i \in \mathcal{E} \end{aligned} \tag{10.1.5}$$

的最优解. 则存在 $\boldsymbol{\lambda}^* \in \mathbb{R}^{|\mathcal{E}|}$ 使得

$$\nabla f(\boldsymbol{x}^*) = \sum_{i\in\mathcal{E}} \lambda_i^* \boldsymbol{a}_i.$$

证明 对线性等式约束优化问题 (10.1.5), 若向量组 $[\boldsymbol{a}_i, i\in\mathcal{E}]$ 线性无关, 由定理 10.1.3, 命题得证. 否则, 存在 $\mathcal{E}' \subset \mathcal{E}$, 使向量组 $[\boldsymbol{a}_i,\ i\in\mathcal{E}']$ 构成向量组 $[\boldsymbol{a}_i,\ i\in\mathcal{E}]$ 的一个极大线性无关组, 即

$$\boldsymbol{a}_i^{\mathrm{T}}\boldsymbol{x} = b_i,\ i\in\mathcal{E} \Longleftrightarrow \boldsymbol{a}_i^{\mathrm{T}}\boldsymbol{x} = b_i,\ i\in\mathcal{E}'.$$

由此得到与优化问题 (10.1.2) 等价且约束函数梯度线性无关的优化问题

$$\begin{aligned} \min \quad & f(\boldsymbol{x}) \\ \text{s.t.} \quad & \boldsymbol{a}_i^{\mathrm{T}}\boldsymbol{x} + b_i = 0, \quad i \in \mathcal{E}'. \end{aligned}$$

对后者, 由定理 10.1.3, 存在 $\boldsymbol{\lambda}^* \in \mathbb{R}^{|\mathcal{E}'|}$ 使得

$$\nabla f(\boldsymbol{x}^*) = \sum_{i\in\mathcal{E}'} \lambda_i^* \boldsymbol{a}_i.$$

对 $i \in \mathcal{E}\backslash\mathcal{E}'$, 令 $\lambda_i^* = 0$, 即得优化问题 (10.1.5) 的最优性条件. 结论得证. 证毕

上述结论说明, 在一定条件下, 目标函数在最优值点的梯度存在于约束函数在最优值点的梯度生成的线性空间中. 其中, 条件“约束函数在最优值点的梯度线性无关”称为约束规格, 又称线性无关约束规格. 这是等式约束优化问题最优性条件最常用的约束规格. 它不唯一, 但有时是必须的. 如 $\boldsymbol{x}^* = \boldsymbol{0}$ 是下述优化问题

$$\begin{aligned} \min \quad & f(\boldsymbol{x}) = x_1 + x_2 \\ \text{s.t.} \quad & c_1(\boldsymbol{x}) = (x_1 - 1)^2 + x_2^2 - 1 = 0, \\ & c_2(\boldsymbol{x}) = (x_1 - 2)^2 + x_2^2 - 4 = 0 \end{aligned}$$

的唯一可行解和最优解, 但 $\nabla f(\mathbf{0})=(1;1)$ 不能表示成 $\nabla c_1(\mathbf{0})=(-2;0)$ 和 $\nabla c_2(\mathbf{0})=(-4;0)$ 的线性组合.

等式约束优化问题的一阶最优性条件由 Kuhn 和 Tucker(1951) 提出后被广泛接受. 后来, 人们发现 Karush 早在 1939 年就提出了类似的结论, 所以有时称之 Kuhn-Tucker-Karush 条件, 也有时称 Kuhn-Tucker 条件. 简记为 KKT 条件或 K-T 条件.

下以带单个等式约束的优化问题为例讨论 KKT 条件的几何意义.

设 $\boldsymbol{x}^* \in \mathbb{R}^n$ 为下述优化问题的最优值点,

$$\begin{aligned} \min \quad & f(\boldsymbol{x}) \\ \text{s.t.} \quad & c(\boldsymbol{x}) = 0 \end{aligned}$$

且满足 $\nabla c(\boldsymbol{x}^*) \neq \mathbf{0}$. 由定理 10.1.3, KKT 条件成立, 即存在 $\lambda^* \in \mathbb{R}$ 使得

$$\nabla f(\boldsymbol{x}^*) = \lambda^* \nabla c(\boldsymbol{x}^*).$$

也就是

$$-\nabla f(\boldsymbol{x}^*) = -\lambda^* \nabla c(\boldsymbol{x}^*).$$

显然, $-\nabla f(\boldsymbol{x}^*)$ 为目标函数在最优值点 $\boldsymbol{x}^*$ 下降最快的方向, $\nabla c(\boldsymbol{x}^*)$ 为约束方程 $c(\boldsymbol{x})=0$ 定义的曲面在 $\boldsymbol{x}^*$ 点的法方向, 即 $\pm\nabla c(\boldsymbol{x}^*)$ 为从该点离开曲面最快的方向. 上述结论说明, 目标函数在最优值点的梯度位于可行域曲面在该点的法线上, 从而在最优值点不存在可行下降方向, 见图 10.1.2.

对约束优化问题的最优性条件, 考虑到最优值点是可行点, 将等式约束添加进去, 可得如下完整的 KKT 系统

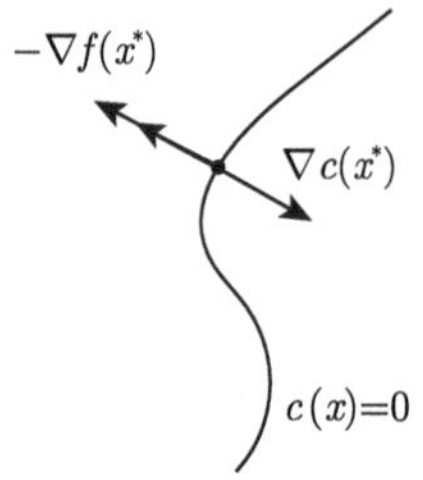

图 10.1.2　最优值点的梯度与法方向

$$\begin{cases} \nabla f(\boldsymbol{x}^*) = \sum\limits_{i\in\mathcal{E}} \lambda_i^* \nabla c_i(\boldsymbol{x}^*), \\ \boldsymbol{c}(\boldsymbol{x}^*) = \mathbf{0}. \end{cases}$$

对等式约束优化问题 (10.1.2) 引入 Lagrange 函数

$$L(\boldsymbol{x}, \boldsymbol{\lambda}) = f(\boldsymbol{x}) - \sum_{i\in\mathcal{E}} \lambda_i c_i(\boldsymbol{x}).$$

则 KKT 条件可表示成

$$\begin{cases} \nabla_{\boldsymbol{x}} L(\boldsymbol{x}^*, \boldsymbol{\lambda}^*) = \mathbf{0}, \\ \nabla_{\boldsymbol{\lambda}} L(\boldsymbol{x}, \boldsymbol{\lambda}) = \boldsymbol{c}(\boldsymbol{x}^*) = \mathbf{0}. \end{cases}$$

满足上述 KKT 系统的点对 $(\boldsymbol{x}^*, \boldsymbol{\lambda}^*)$ 称为约束优化问题的一个 K-T 对, $\boldsymbol{x}^*$ 称为约束优化问题的 K-T 点, $\boldsymbol{\lambda}^*$ 称为约束优化问题在 $\boldsymbol{x}^*$ 点的最优 Lagrange 乘

子. 从灵敏度角度分析, 最优 Lagrange 乘子反映该约束条件发生摄动时对目标函数最优值的影响度. 也就是说, 最优 Lagrange 乘子反映在极小化目标函数的过程中各约束所起作用的大小. 下面通过摄动分析进行说明.

考虑等式约束优化问题 (10.1.2) 的摄动问题:

$$\begin{aligned} \min \quad & f(\boldsymbol{x}) \\ \text{s.t.} \quad & \boldsymbol{c}(\boldsymbol{x}) = \boldsymbol{\epsilon}, \end{aligned}$$

其中 $\boldsymbol{c}(\boldsymbol{x}) = (c_1(\boldsymbol{x}); c_2(\boldsymbol{x}); \cdots; c_{|\mathcal{E}|})$, $\boldsymbol{\epsilon} = (\epsilon_1; \epsilon_2; \cdots; \epsilon_{|\mathcal{E}|})$.

记该摄动问题的最优解为 $\boldsymbol{x}(\boldsymbol{\epsilon})$, 最优 Lagrange 乘子为 $\boldsymbol{\lambda}(\boldsymbol{\epsilon})$. 该摄动问题的一阶最优性条件为

$$\boldsymbol{0} = \nabla_{\boldsymbol{x}} f(\boldsymbol{x}(\boldsymbol{\epsilon})) - \sum_{i \in \mathcal{E}} \lambda_i(\boldsymbol{\epsilon}) \nabla_{\boldsymbol{x}} c_i(\boldsymbol{x}(\boldsymbol{\epsilon})) = \nabla_{\boldsymbol{x}} f(\boldsymbol{x}(\boldsymbol{\epsilon})) - D_{\boldsymbol{x}} \boldsymbol{c}(\boldsymbol{x}(\boldsymbol{\epsilon}))^{\mathrm{T}} \boldsymbol{\lambda}(\boldsymbol{\epsilon}).$$

不妨设 $\boldsymbol{x}(\boldsymbol{\epsilon})$ 在 $\boldsymbol{\epsilon} = \boldsymbol{0}$ 附近关于 $\boldsymbol{\epsilon}$ 连续可微. 将约束条件 $\boldsymbol{c}(\boldsymbol{x}(\boldsymbol{\epsilon})) = \boldsymbol{\epsilon}$ 两边分别关于 $\boldsymbol{\epsilon}$ 求 Jacobi 得

$$D_{\boldsymbol{\epsilon}} \boldsymbol{x}(\boldsymbol{\epsilon})^{\mathrm{T}} D_{\boldsymbol{x}} \boldsymbol{c}(\boldsymbol{x}(\boldsymbol{\epsilon}))^{\mathrm{T}} = \boldsymbol{I}.$$

从而

$$\begin{aligned} \nabla_{\boldsymbol{\epsilon}} f(\boldsymbol{x}(\boldsymbol{\epsilon})) &= D_{\boldsymbol{\epsilon}} \boldsymbol{x}(\boldsymbol{\epsilon})^{\mathrm{T}} \nabla_{\boldsymbol{x}} f(\boldsymbol{x}(\boldsymbol{\epsilon})) \\ &= D_{\boldsymbol{\epsilon}} \boldsymbol{x}(\boldsymbol{\epsilon})^{\mathrm{T}} D_{\boldsymbol{x}} \boldsymbol{c}(\boldsymbol{x}(\boldsymbol{\epsilon})^{\mathrm{T}} \boldsymbol{\lambda}(\boldsymbol{\epsilon}) \\ &= \boldsymbol{\lambda}(\boldsymbol{\epsilon}). \end{aligned}$$

令 $\boldsymbol{\epsilon} = \boldsymbol{0}$, 即得 $\boldsymbol{\epsilon}$ 在零点摄动时各约束函数对最优值的影响度.

KKT 条件在约束优化问题的理论分析和算法设计中有重要作用, 如基于 KKT 条件可以建立约束优化问题的数值求解算法. 下面的例子说明, 根据 KKT 条件可得约束优化问题的解析解.

例 10.1.1 设 $\boldsymbol{a}_1, \boldsymbol{a}_2, \cdots, \boldsymbol{a}_m \in \mathbb{R}^n$ 满足 $\sum\limits_{i=1}^{m} \boldsymbol{a}_i \neq \boldsymbol{0}$. 求解约束优化问题

$$\min \left\{ \sum_{i=1}^{m} \|\boldsymbol{x} - \boldsymbol{a}_i\|^2 \mid \boldsymbol{x}^{\mathrm{T}} \boldsymbol{x} = 1 \right\}.$$

解 利用 KKT 条件知该优化问题的最优解 $\boldsymbol{x}^*$ 满足

$$\begin{cases} \displaystyle\sum_{i=1}^{m} (\boldsymbol{x}^* - \boldsymbol{a}_i) = \lambda \boldsymbol{x}^*, \\ (\boldsymbol{x}^*)^{\mathrm{T}} \boldsymbol{x}^* = 1. \end{cases}$$

其中, $\lambda \in \mathbb{R}$ 为 Lagrange 乘子.

由第一式, $\boldsymbol{x}^*$ 与 $\sum\limits_{i=1}^{m}\boldsymbol{a}_i$ 同向或反向. 考虑到单位约束, 上述 KKT 系统的解为

$$\pm\left(\sum_{i=1}^{m}\boldsymbol{a}_i\right)\Big/\left\|\sum_{i=1}^{m}\boldsymbol{a}_i\right\|.$$

由此, 原优化问题的最优解为上述解中目标函数值最小的一个.

约束优化问题的一阶最优性条件在其他数学分支中也有重要应用, 如对 n 阶实对称阵 $\boldsymbol{A}$, 由下述优化问题的 KKT 条件可导出矩阵的特征值

$$\max\{\boldsymbol{x}^{\mathrm{T}}\boldsymbol{A}\boldsymbol{x} \mid \boldsymbol{x}^{\mathrm{T}}\boldsymbol{x}=1\}.$$

而对 $m\times n$ 阶实矩阵 $\boldsymbol{A}$, 由下述优化问题的 KKT 条件可导出矩阵的奇异值

$$\min\{\boldsymbol{x}^{\mathrm{T}}\boldsymbol{A}\boldsymbol{y} \mid \boldsymbol{x}^{\mathrm{T}}\boldsymbol{x}=1,\ \boldsymbol{x}\in\mathbb{R}^m;\ \boldsymbol{y}^{\mathrm{T}}\boldsymbol{y}=1,\ \boldsymbol{y}\in\mathbb{R}^n\}.$$

显然, 矩阵的特征值和奇异值是矩阵分析的重要工具.

10.2 不等式约束优化一阶最优性条件

与线性等式约束优化问题类似, 对线性不等式约束优化问题

$$\begin{array}{ll}\min & f(\boldsymbol{x})\\ \text{s.t.} & \boldsymbol{a}_i^{\mathrm{T}}\boldsymbol{x}+b_i=0,\quad i\in\mathcal{E},\\ & \boldsymbol{a}_i^{\mathrm{T}}\boldsymbol{x}+b_i\geqslant 0,\quad i\in\mathcal{I},\end{array}\tag{10.2.1}$$

其中, $f:\mathbb{R}^n\to\mathbb{R}$ 连续可微, 可直接建立一阶最优性条件.

定理 10.2.1 设 $\boldsymbol{x}^*$ 是优化问题 (10.2.1) 的最优解. 则存在乘子 $\boldsymbol{\lambda}^*$ 使得

$$\begin{cases}\nabla f(\boldsymbol{x}^*)=\sum\limits_{i\in\mathcal{E}\cup\mathcal{I}}\lambda_i^*\boldsymbol{a}_i,\\ \lambda_i^*\geqslant 0,\ \ \boldsymbol{a}_i^{\mathrm{T}}\boldsymbol{x}^*+b_i\geqslant 0,\ \ \lambda_i^*(\boldsymbol{a}_i^{\mathrm{T}}\boldsymbol{x}^*+b_i)=0,\quad \forall\, i\in\mathcal{I},\\ \boldsymbol{a}_i^{\mathrm{T}}\boldsymbol{x}^*+b_i=0,\quad \forall\, i\in\mathcal{E}.\end{cases}$$

证明 显然, 任意满足

$$\begin{cases}\boldsymbol{a}_i^{\mathrm{T}}\boldsymbol{s}=0,\quad i\in\mathcal{E},\\ \boldsymbol{a}_i^{\mathrm{T}}\boldsymbol{s}\geqslant 0,\quad i\in\mathcal{I}(\boldsymbol{x}^*)\end{cases}$$

的 $\boldsymbol{s}\in\mathbb{R}^n$ 都是约束优化问题在 $\boldsymbol{x}^*$ 点的可行方向, 其中,

$$\mathcal{I}(\boldsymbol{x}) \triangleq \{i \in \mathcal{I} \mid \boldsymbol{a}_i^{\mathrm{T}}\boldsymbol{x} + b_i = 0\}.$$

由 $\boldsymbol{x}^*$ 为最优解知

$$\mathcal{S} = \{\boldsymbol{s} \in \mathbb{R}^n \mid \boldsymbol{a}_i^{\mathrm{T}}\boldsymbol{s} = 0,\ i \in \mathcal{E};\ \boldsymbol{a}_i^{\mathrm{T}}\boldsymbol{s} \geqslant 0,\ i \in \mathcal{I}(\boldsymbol{x}^*);\ \nabla f(\boldsymbol{x}^*)^{\mathrm{T}}\boldsymbol{s} < 0\} = \varnothing.$$

从而由推论 2.3.2 知, 存在满足 $\lambda_i^* \geqslant 0, i \in \mathcal{I}(\boldsymbol{x}^*)$ 的 $\boldsymbol{\lambda}^* \in \mathbb{R}^{|\mathcal{E}\cup\mathcal{I}(\boldsymbol{x}^*)|}$ 使得

$$\nabla f(\boldsymbol{x}^*) = \sum_{i \in \mathcal{A}(\boldsymbol{x}^*)} \lambda_i^* \boldsymbol{a}_i.$$

对 $i \in \mathcal{I}\backslash\mathcal{I}(\boldsymbol{x}^*)$, 令 $\lambda_i^* = 0$, 得命题结论. 证毕

下面考虑非线性约束优化问题的一阶最优性条件

$$\begin{aligned} \min \quad & f(\boldsymbol{x}) \\ \text{s.t.} \quad & c_i(\boldsymbol{x}) = 0, \quad i \in \mathcal{E}, \\ & c_i(\boldsymbol{x}) \geqslant 0, \quad i \in \mathcal{I}, \end{aligned} \tag{10.2.2}$$

其中, $f: \mathbb{R}^n \to \mathbb{R}$ 和 $c_i: \mathbb{R}^n \to \mathbb{R}, i \in \mathcal{E} \cup \mathcal{I}$ 连续可微. 显然, 等式约束优化要求在等式约束定义的曲面上极小化目标函数, 而不等式约束优化要求在不等式约束函数定义的曲面的一侧极小化目标函数. 一旦约束优化问题的最优值点落在不等式约束区域的内部, 那么该不等式约束在极小化目标函数的过程中不起作用. 所以约束优化问题 (10.2.2) 的最优值点 $\boldsymbol{x}^*$ 也是下述约束优化问题的最优值点

$$\begin{aligned} \min \quad & f(\boldsymbol{x}) \\ \text{s.t.} \quad & c_i(\boldsymbol{x}) = 0, \quad i \in \mathcal{A}(\boldsymbol{x}^*). \end{aligned}$$

由此推断, 不等式约束最优化问题的最优性条件只与积极约束有关. 根据定理 10.1.3, 可得上述等式约束优化问题的一阶最优性条件. 不过, 该条件不足以刻画约束优化问题 (10.2.2) 的最优值点, 因为在极小化目标函数的过程中, 等式约束和不等式积极约束所起的作用是不同的. 对此, 做如下摄动分析.

设约束优化问题 (10.2.2) 的最优值点为 $\boldsymbol{x}^*$. 考虑参数优化问题

$$\begin{aligned} \min \quad & f(\boldsymbol{x}) \\ \text{s.t.} \quad & c_i(\boldsymbol{x}) = 0, \quad i \in \mathcal{E}, \\ & c_i(\boldsymbol{x}) \geqslant \varepsilon_i, \quad i \in \mathcal{I}(\boldsymbol{x}^*), \end{aligned}$$

其中, $\varepsilon_i < 0,\ i \in \mathcal{I}$, 绝对值充分小.

由 $\mathcal{I}(\boldsymbol{x}^*)$ 的定义, 可设上述优化问题中的不等式约束在 $\varepsilon_i < 0$ 而绝对值充分小时均为积极约束. 显然, 当 ε_i 逐渐增大并趋于零时, 上述优化问题的可行域渐渐缩小, 最优值渐渐增加. 根据上一节最后的讨论, 对 $i \in \mathcal{I}(\boldsymbol{x}^*)$, 应有 $\lambda_i \geqslant 0$.

与等式约束优化问题类似, 要建立不等式约束优化问题的一阶最优性条件, 需要一定的约束规格. 这里介绍最常见的 M-F 约束规格 (Mangasarian 和 Fromovitz, 1967).

定义 10.2.1 设 $\boldsymbol{x}^*$ 为约束优化问题 (10.2.2) 的可行点. 若 $\nabla c_i(\boldsymbol{x}^*)$, $i \in \mathcal{E}$ 线性无关, 且存在非零向量 $\boldsymbol{s} \in \mathbb{R}^n$ 使得

$$\boldsymbol{s}^{\mathrm{T}}\nabla c_i(\boldsymbol{x}^*) = 0,\ i \in \mathcal{E};\quad \boldsymbol{s}^{\mathrm{T}}\nabla c_i(\boldsymbol{x}^*) > 0,\ i \in \mathcal{I}(\boldsymbol{x}^*),$$

则称该优化问题在 $\boldsymbol{x}^*$ 点满足 M-F 约束规格.

显然, M-F 约束规格中等式约束函数的梯度线性无关对应等式约束优化问题的约束规格 (见定理 10.1.3), 而 M-F 约束规格中的 $\boldsymbol{s}$ 可视作约束优化问题在 $\boldsymbol{x}^*$ 点的可行方向. 从而, M-F 约束规格为等式约束优化约束规格的推广.

定理 10.2.2 设 $\boldsymbol{x}^*$ 是约束优化问题 (10.2.2) 的最优解, 并在 $\boldsymbol{x}^*$ 点满足 M-F 约束规格. 则存在 Lagrange 乘子 $\boldsymbol{\lambda}^*$ 使得

$$\begin{cases} \nabla f(\boldsymbol{x}^*) = \displaystyle\sum_{i\in\mathcal{E}\cup\mathcal{I}} \lambda_i^*\nabla c_i(\boldsymbol{x}^*), \\ \lambda_i^* \geqslant 0, \quad \lambda_i^* c_i(\boldsymbol{x}^*) = 0, \quad i \in \mathcal{I}. \end{cases}$$

证明 若 $|\mathcal{E}|=m=n$, 则矩阵 $[\nabla c_i(\boldsymbol{x}^*)]_{i\in\mathcal{E}}$ 非奇异. 从而存在 $\boldsymbol{\lambda}^* \in \mathbb{R}^{|\mathcal{E}|}$ 使得

$$\nabla f(\boldsymbol{x}^*) = \sum_{i\in\mathcal{E}} \lambda_i^*\nabla c_i(\boldsymbol{x}^*).$$

对 $i \in \mathcal{I}$, 令 $\lambda_i^* = 0$, 即得所要证明的结论.

若 $|\mathcal{E}| = m < n$, 记 $\boldsymbol{N} = [\nabla c_i(\boldsymbol{x}^*)]_{i\in\mathcal{E}}$, 则 $\boldsymbol{N}$ 为 $n \times |\mathcal{E}|$ 阶列满秩矩阵. 任取满足 M-F 约束规格的一单位向量 $\boldsymbol{s}$, 则 $\boldsymbol{N}^{\mathrm{T}}\boldsymbol{s} = \boldsymbol{0}$. 以 $\boldsymbol{s}$ 为基础将其扩充为 $\boldsymbol{N}^{\mathrm{T}}$ 的核空间的一组标准正交基 $(\boldsymbol{S}, \boldsymbol{s})$, 则 $\boldsymbol{S} \in \mathbb{R}^{n\times(n-m-1)}$.

下面构造向量值函数 $\boldsymbol{r}(\boldsymbol{x}, \theta)$ 使该向量值函数所确定的方程组能在 $\theta > 0$ 充分靠近 0 时确定向量值函数 $\boldsymbol{x}(\theta)$, 且在 $\theta > 0$ 充分靠近 0 时 $\boldsymbol{x}(\theta)$ 属于优化问题 (10.2.2) 的可行域. 这样, 在 $\boldsymbol{x}^*$ 点附近, 该约束优化问题转化为一带箱约束的一维约束优化问题, 从而利用其最优性条件即可建立 (10.2.2) 的最优性条件. 为此, 定义向量值函数

$$\boldsymbol{r}(\boldsymbol{x}, \theta) = \begin{pmatrix} c_1(\boldsymbol{x}) \\ \vdots \\ c_m(\boldsymbol{x}) \\ \boldsymbol{S}^{\mathrm{T}}\boldsymbol{x} - \boldsymbol{S}^{\mathrm{T}}\boldsymbol{x}^* \\ \boldsymbol{s}^{\mathrm{T}}\boldsymbol{x} - \boldsymbol{s}^{\mathrm{T}}\boldsymbol{x}^* - \theta \end{pmatrix}.$$

考虑方程组 $\boldsymbol{r}(\boldsymbol{x},\theta)=\mathbf{0}$. 显然 $\boldsymbol{r}(\boldsymbol{x}^*,0)=\mathbf{0}$, 且 $D_{\boldsymbol{x}}\boldsymbol{r}(\boldsymbol{x}^*,0)=(\boldsymbol{N}\quad\boldsymbol{S}\quad\boldsymbol{s})^{\mathrm{T}}$ 非奇异. 容易计算

$$[D_{\boldsymbol{x}}\boldsymbol{r}(\boldsymbol{x}^*,0)]^{-1}=\begin{pmatrix}\boldsymbol{N}(\boldsymbol{N}^{\mathrm{T}}\boldsymbol{N})^{-1} & \boldsymbol{S} & \boldsymbol{s}\end{pmatrix}.$$

由隐函数定理, 方程组 $\boldsymbol{r}(\boldsymbol{x},\theta)=\mathbf{0}$ 在 $(\boldsymbol{x}^*,0)$ 点附近定义隐函数 $\boldsymbol{x}(\theta)$, 且在 θ 充分靠近 0 时, 成立

$$\begin{cases}\boldsymbol{r}(\boldsymbol{x}(\theta),\theta)=\mathbf{0},\\ D_\theta\boldsymbol{x}(0)=-[D_{\boldsymbol{x}}\boldsymbol{r}(\boldsymbol{x}^*,0)]^{-1}D_\theta\boldsymbol{r}(\boldsymbol{x}^*,0)=\boldsymbol{s}.\end{cases}$$

当 θ 充分靠近 0 时, 对任意的 $i\in\mathcal{E}, c_i(\boldsymbol{x}(\theta))=0$, 而对任意的 $i\in\mathcal{I}(\boldsymbol{x}^*)$, 利用约束规格,

$$\nabla_\theta c_i(\boldsymbol{x}(0))=[D_\theta\boldsymbol{x}(0)]^{\mathrm{T}}\nabla_{\boldsymbol{x}}c_i(\boldsymbol{x}(0))=\boldsymbol{s}^{\mathrm{T}}\nabla c_i(\boldsymbol{x}^*)>0.$$

所以, 在 $\theta>0$ 充分小时,

$$c_i(\boldsymbol{x}(\theta))=c_i(\boldsymbol{x}^*)+\theta\boldsymbol{s}^{\mathrm{T}}\nabla c_i(\boldsymbol{x}^*)+o(\theta)\geqslant 0.$$

从而存在 $\delta>0$, 当 $\theta\in[0,\delta]$ 时, $\boldsymbol{x}(\theta)$ 是约束优化问题 (10.2.2) 的可行解. 也就是说, $d=1$ 是约束优化问题

$$\min_{0\leqslant\theta\leqslant\delta} f(\boldsymbol{x}(\theta)) \tag{10.2.3}$$

在 $\theta=0$ 点的可行方向, 而 $\theta=0$ 是 (10.2.3) 的最优解.

由定理 10.1.1,

$$1\cdot\nabla_\theta f(\boldsymbol{x}(0))=[D_\theta\boldsymbol{x}(0)]^{\mathrm{T}}\nabla f(\boldsymbol{x}^*)=\boldsymbol{s}^{\mathrm{T}}\nabla f(\boldsymbol{x}^*)\geqslant 0.$$

从而集合

$$\boldsymbol{S}=\{\boldsymbol{s}\in\mathbb{R}^n\mid \boldsymbol{s}^{\mathrm{T}}\nabla c_i(\boldsymbol{x}^*)=0,\ i\in\mathcal{E};\ \ \boldsymbol{s}^{\mathrm{T}}\nabla c_i(\boldsymbol{x}^*)>0,\ i\in\mathcal{I}(\boldsymbol{x}^*);\ \boldsymbol{s}^{\mathrm{T}}\nabla f(\boldsymbol{x}^*)<0\}$$

为空集. 由推论 2.3.3, 存在满足 $\lambda_i^*\geqslant 0,\ i\in\mathcal{I}(\boldsymbol{x}^*)$ 的向量 $\boldsymbol{\lambda}^*$ 使得

$$\nabla f(\boldsymbol{x}^*)=\sum_{i\in\mathcal{E}\cup\mathcal{I}(\boldsymbol{x}^*)}\lambda_i^*\nabla c_i(\boldsymbol{x}^*).$$

对 $i\in\mathcal{I}\backslash\mathcal{I}(\boldsymbol{x}^*)$, 令 $\lambda_i^*=0$ 得命题结论. 证毕

定理 10.2.2 给出了约束优化问题 (10.2.2) 最优值点的一个刻画, 称为 KKT 条件. 类似地, 添加最优值点满足的约束条件, 可得如下完整的 KKT 系统

$$\begin{cases}\nabla f(\boldsymbol{x}^*)=\displaystyle\sum_{i\in\mathcal{E}\cup\mathcal{I}}\lambda_i^*\nabla c_i(\boldsymbol{x}^*),\\ \lambda_i^*\geqslant 0,\ c_i(\boldsymbol{x}^*)\geqslant 0,\ \lambda_i^*c_i(\boldsymbol{x}^*)=0,\quad i\in\mathcal{I},\\ c_i(\boldsymbol{x}^*)=0,\quad i\in\mathcal{E}.\end{cases}$$

该系统中的第一式说明目标函数的梯度包含在约束函数梯度的生成锥中, 中间一式说明不等式约束与对应的最优 Lagrange 乘子满足一种互补松弛关系, 称为互补松弛条件, 最后一式连同第二式的中间一项是最优值点满足的约束条件.

互补松弛条件

$$\lambda_i^* \geqslant 0, \quad c_i(\boldsymbol{x}^*) \geqslant 0, \quad \lambda_i^* c_i(\boldsymbol{x}^*) = 0, \quad i \in \mathcal{I}$$

是约束优化问题最优值点的一个很自然的刻画. 首先, 对任意的 $i \in \mathcal{I}$, 由于最优值点 $\boldsymbol{x}^*$ 是可行点, 所以 $c_i(\boldsymbol{x}^*) \geqslant 0$ 自然成立. 其次, 由于目标函数的极小化过程是在该约束函数定义的曲面的单侧进行, 根据定理 10.2.1 后面的讨论, 若该约束为积极约束, 即满足 $c_i(\boldsymbol{x}^*) = 0$, 则对应的最优 Lagrange 乘子 $\lambda_i^* \geqslant 0$, 从而 $\lambda_i^* c_i(\boldsymbol{x}^*) = 0$; 若该约束为非积极约束, 即满足 $c_i(\boldsymbol{x}^*) > 0$, 则该约束在极小化目标函数时不起作用, 该约束为无效约束, 因而对应的最优 Lagrange 乘子 $\lambda_i^* = 0$, 所以 $\lambda_i^* c_i(\boldsymbol{x}^*) = 0$. 特别地, 若对任意的 $i \in \mathcal{I}$, 最优 Lagrange 乘子 λ_i^* 与 $c_i(\boldsymbol{x}^*)$ 不全为零, 则称该问题在 $\boldsymbol{x}^*$ 点满足严格互补松弛条件.

下讨论不等式约束优化问题 KKT 条件的几何意义.

设 $\boldsymbol{x}^* \in \mathbb{R}^n$ 为如下带单个不等式约束的优化问题的最优值点,

$$\begin{aligned} \min \quad & f(\boldsymbol{x}) \\ \text{s.t.} \quad & c(\boldsymbol{x}) \geqslant 0 \end{aligned}$$

且 $c(\boldsymbol{x}^*) = 0$, $\nabla c(\boldsymbol{x}^*) \neq \boldsymbol{0}$, 即最优值点位于定义域边界上. 显然, M-F 约束规范成立.

由定理 10.2.2, 存在 $\lambda^* \geqslant 0$ 使得

$$\nabla f(\boldsymbol{x}^*) = \lambda^* \nabla c(\boldsymbol{x}^*).$$

也就是,

$$-\nabla f(\boldsymbol{x}^*) = \lambda^* \big(-\nabla c(\boldsymbol{x}^*) \big).$$

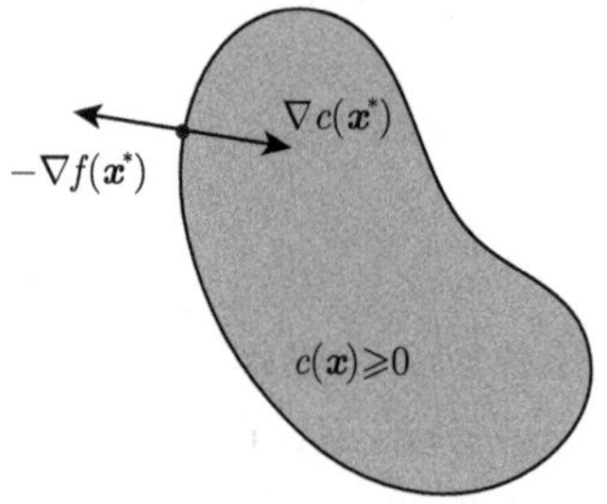

图 10.2.1 最优值点的负梯度与法方向

显然, $\nabla c(\boldsymbol{x}^*)$ 为方程 $c(\boldsymbol{x}) = 0$ 定义的曲面在边界点 $\boldsymbol{x}^*$ 的法方向, 即为从该点进入可行域 $\{\boldsymbol{x} \in \mathbb{R}^n \mid c(\boldsymbol{x}) \geqslant 0\}$ 最快的方向, 而 $-\nabla c(\boldsymbol{x}^*)$ 为从该点离开可行域最快的方向. 上式说明, 目标函数在最优值点的最速下降方向为从最优值点离开可行域最快的方向, 见图 10.2.1. 从而在最优值点不存在可行下降方向.

同样地, 对约束优化问题 (10.2.2) 引入 Lagrange 函数

$$L(\boldsymbol{x},\boldsymbol{\lambda}) = f(\boldsymbol{x}) - \sum_{i\in\mathcal{E}\cup\mathcal{I}} \lambda_i c_i(\boldsymbol{x}), \quad \lambda_i \geqslant 0, \quad i\in\mathcal{I}.$$

则 KKT 条件表示成

$$\begin{cases} \nabla_{\boldsymbol{x}} L(\boldsymbol{x}^*,\boldsymbol{\lambda}^*) = \boldsymbol{0}, \\ \lambda_i^* \geqslant 0, \quad c_i(\boldsymbol{x}^*) \geqslant 0,\ \lambda_i^* c_i(\boldsymbol{x}^*) = 0, \quad i\in\mathcal{I}, \\ c_i(\boldsymbol{x}^*) = 0, \quad i\in\mathcal{E}. \end{cases}$$

10.3 Lagrange 函数鞍点

根据 §10.1 的讨论, 等式约束优化问题

$$\begin{aligned} \min \quad & f(\boldsymbol{x}) \\ \text{s.t.} \quad & c_i(\boldsymbol{x}) = 0, \quad i\in\mathcal{E} \end{aligned}$$

在正则性条件下, 其最优解 $\boldsymbol{x}^*$ 连同最优 Lagrange 乘子 $\boldsymbol{\lambda}^*$ 构成 Lagrange 函数的稳定点, 即 $(\boldsymbol{x}^*,\boldsymbol{\lambda}^*)$ 满足

$$\begin{cases} \nabla_{\boldsymbol{x}} L(\boldsymbol{x}^*,\boldsymbol{\lambda}^*) = \boldsymbol{0}, \\ \nabla_{\boldsymbol{\lambda}} L(\boldsymbol{x}^*,\boldsymbol{\lambda}^*) = -\boldsymbol{c}(\boldsymbol{x}^*) = \boldsymbol{0}. \end{cases}$$

对此, 一个很自然的问题是: 这些稳定点构成 Lagrange 函数关于 $(\boldsymbol{x},\boldsymbol{\lambda})$ 怎样的极值点? 通过对线性等式约束的凸规划问题分析发现 (定理 10.4.3), $\boldsymbol{x}^*$ 为 Lagrange 函数在 $\boldsymbol{\lambda} = \boldsymbol{\lambda}^*$ 时关于 $\boldsymbol{x}$ 的最小值点, 而 $\boldsymbol{\lambda}^*$ 为 Lagrange 函数在 $\boldsymbol{x} = \boldsymbol{x}^*$ 时关于 $\boldsymbol{\lambda}$ 的最大值点. 由鞍点的定义, 并结合不等式约束的情形, 可建立一般约束优化问题 Lagrange 函数鞍点的定义.

定义 10.3.1 对约束优化问题

$$\begin{aligned} \min \quad & f(\boldsymbol{x}) \\ \text{s.t.} \quad & c_i(\boldsymbol{x}) = 0, \quad i\in\mathcal{E}, \\ & c_i(\boldsymbol{x}) \geqslant 0, \quad i\in\mathcal{I} \end{aligned} \tag{10.3.1}$$

的 Lagrange 函数

$$L(\boldsymbol{x},\boldsymbol{\lambda}) = f(\boldsymbol{x}) - \sum_{i\in\mathcal{E}\cup\mathcal{I}} \lambda_i c_i(\boldsymbol{x}), \quad \lambda_i \geqslant 0, \quad i\in\mathcal{I},$$

若存在 $\boldsymbol{x}^*\in\mathbb{R}^n$ 和 $\boldsymbol{\lambda}^*(\lambda_i^*\geqslant 0, i\in\mathcal{I})$ 满足

$$L(\boldsymbol{x}^*,\boldsymbol{\lambda}) \leqslant L(\boldsymbol{x}^*,\boldsymbol{\lambda}^*) \leqslant L(\boldsymbol{x},\boldsymbol{\lambda}^*), \quad \forall\, \boldsymbol{x}\in\mathbb{R}^n; \lambda_i\in\mathbb{R},\ i\in\mathcal{E}; \lambda_i \geqslant 0,\ i\in\mathcal{I},$$

则 $(\boldsymbol{x}^*, \boldsymbol{\lambda}^*)$ 称为约束优化问题 (10.3.1) 的 Lagrange 函数的鞍点, 简称该约束优化问题的鞍点.

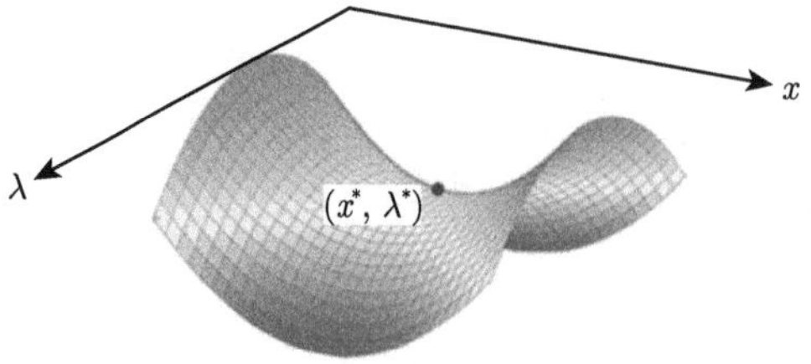

图 10.3.1　Lagrange 函数鞍点

根据定义, 若 $(\boldsymbol{x}^*, \boldsymbol{\lambda}^*)$ 是约束优化问题 (10.3.1) 的鞍点, 则 $\boldsymbol{x}^*$ 是 Lagrange 函数 $L(\boldsymbol{x}, \boldsymbol{\lambda}^*)$ 在 $\boldsymbol{x}$ "轴" 上的最小值点, $\boldsymbol{\lambda}^*$ 是 Lagrange 函数 $L(\boldsymbol{x}^*, \boldsymbol{\lambda})$ 在 $\boldsymbol{\lambda}$ "轴" 上的最大值点, 见图 10.3.1. 下面的分析告诉我们, 鞍点是约束优化问题的众多 "最优" 点中 "最优性" 最强的点. 尽管如此, 人们并不希望得到它, 因为它不一定存在, 而且即使存在也很难求.

定理 10.3.1　若 $(\boldsymbol{x}^*, \boldsymbol{\lambda}^*)$ 是约束优化问题 (10.3.1) 的鞍点, 则它是该约束优化问题的 K-T 对.

证明　由鞍点定义, $\boldsymbol{x}^* = \arg\min\limits_{\boldsymbol{x}\in\mathbb{R}^n} L(\boldsymbol{x}, \boldsymbol{\lambda}^*)$. 所以

$$\nabla_{\boldsymbol{x}} L(\boldsymbol{x}^*, \boldsymbol{\lambda}^*) = \mathbf{0}.$$

此为 KKT 条件的第一式.

利用鞍点不等式 $L(\boldsymbol{x}^*, \boldsymbol{\lambda}) \leqslant L(\boldsymbol{x}^*, \boldsymbol{\lambda}^*)$ 得

$$-\sum_{i\in\mathcal{E}\cup\mathcal{I}} \lambda_i c_i(\boldsymbol{x}^*) \leqslant -\sum_{i\in\mathcal{E}\cup\mathcal{I}} \lambda_i^* c_i(\boldsymbol{x}^*),$$

即

$$\sum_{i\in\mathcal{E}\cup\mathcal{I}} (\lambda_i^* - \lambda_i) c_i(\boldsymbol{x}^*) \leqslant 0. \tag{10.3.2}$$

对任意的 $i_0 \in \mathcal{E}$, 分别取 $\lambda_{i_0} = \lambda_{i_0}^* \pm 1$, 而对任意不等于 i_0 的 $i \in \mathcal{E}\cup\mathcal{I}$, 取 $\lambda_i = \lambda_i^*$. 则由 (10.3.2) 式得, $c_{i_0}(\boldsymbol{x}^*) = 0$. 从而由 $i_0 \in \mathcal{E}$ 的任意性知

$$c_i(\boldsymbol{x}^*) = 0, \quad \forall\, i \in \mathcal{E}.$$

这样, (10.3.2) 简化为

$$\sum_{i\in\mathcal{I}} (\lambda_i^* - \lambda_i) c_i(\boldsymbol{x}^*) \leqslant 0. \tag{10.3.3}$$

对任意的 $i_0 \in \mathcal{I}$, 若 $\lambda_{i_0}^* = 0$, 取 $\lambda_{i_0} = 1$, 而对任意的 $i \in \mathcal{I}/\{i_0\}$, 取 $\lambda_i = \lambda_i^*$. 则由 (10.3.3) 得, $c_{i_0}(\boldsymbol{x}^*) \geqslant 0$, 且 $\lambda_{i_0}^* c_{i_0}(\boldsymbol{x}^*) = 0$. 若 $\lambda_{i_0}^* > 0$, 分别取 $\lambda_{i_0} =$

$\dfrac{1}{2}\lambda_{i_0}^*, \dfrac{3}{2}\lambda_{i_0}^*$, 而对任意的 $i \in \mathcal{I}/\{i_0\}$, 取 $\lambda_i = \lambda_i^*$. 则由 (10.3.3) 得, $c_{i_0}(\boldsymbol{x}^*) = 0$, 且 $\lambda_{i_0}^* c_{i_0}(\boldsymbol{x}^*) = 0$. 由 $i_0 \in \mathcal{I}$ 的任意性知

$$c_i(\boldsymbol{x}^*) \geqslant 0, \quad \lambda_i^* c_i(\boldsymbol{x}^*) = 0, \quad \forall\, i \in \mathcal{I}.$$

综上所述, $\boldsymbol{x}^*$ 为约束优化问题 (10.3.1) 的可行解, 且满足 KKT 条件. 结论得证. 证毕

定理 10.3.2 若 $(\boldsymbol{x}^*, \boldsymbol{\lambda}^*)$ 为约束优化问题 (10.3.1) 的鞍点, 则 $\boldsymbol{x}^*$ 为该约束优化问题的全局最优解.

证明 由定理 10.3.1 的证明过程知, $\boldsymbol{x}^*$ 为优化问题 (10.3.1) 的可行点. 由鞍点的定义, 对任意的 $\boldsymbol{x} \in \Omega$,

$$f(\boldsymbol{x}^*) - \sum_{i \in \mathcal{E} \cup \mathcal{I}} \lambda_i^* c_i(\boldsymbol{x}^*) \leqslant f(\boldsymbol{x}) - \sum_{i \in \mathcal{E} \cup \mathcal{I}} \lambda_i^* c_i(\boldsymbol{x}).$$

由 K-T 条件得

$$f(\boldsymbol{x}^*) \leqslant f(\boldsymbol{x}) - \sum_{i \in \mathcal{I}} \lambda_i^* c_i(\boldsymbol{x}) \leqslant f(\boldsymbol{x}).$$

从而 $\boldsymbol{x}^*$ 为约束优化问题 (10.3.1) 的全局最优解. 证毕

结合前一节得到的约束优化问题的最优性条件, 我们可将约束优化问题的各种最优性条件之间的关系归纳如下.

$$\text{稳定点} \xLeftarrow{\Omega\ \text{为闭凸集}} \text{最优值点} \xRightarrow[\text{M−F 约束规格}]{\text{线性约束}} \text{K-T 点} \Longleftarrow \text{鞍点} \Longrightarrow \text{全局最优值点}$$

对于一般的约束优化问题, 最优值点和 K-T 点不等价. 若在 K-T 点附近找到一个比其更好的点, 就要依赖目标函数和约束函数的二阶导数, 计算量陡增. 所以, 在得到 K-T 点后, 算法一般就终止了.

最后讨论如下带混合约束的优化问题的鞍点

$$\begin{aligned} \min \quad & f(\boldsymbol{x}) \\ \text{s.t.} \quad & c_i(\boldsymbol{x}) = 0, \quad i \in \mathcal{E}, \\ & c_i(\boldsymbol{x}) \geqslant 0, \quad i \in \mathcal{I}, \\ & \boldsymbol{x} \in \Theta, \end{aligned} \tag{10.3.4}$$

其中, $\Theta \subset \mathbb{R}^n$ 为简单非空闭凸集.

该类问题在工程技术中经常遇到. 其特点是: 部分约束比较复杂, 如非线性或线性, 而部分约束比较简单, 如非负约束或箱约束, 即 $\Theta = \mathbb{R}_+^n$ 或 $[\boldsymbol{a}, \boldsymbol{b}]$. 为便于理论分析和数值计算, 将它们分别处理, 就得到上述优化模型.

对该优化问题, 定义 Lagrange 函数

$$L(\boldsymbol{x},\boldsymbol{\lambda})=f(\boldsymbol{x})-\sum_{i\in\mathcal{E}\cup\mathcal{I}}\lambda_i c_i(\boldsymbol{x}),\quad \lambda_i\geqslant 0,\ i\in\mathcal{I},\ \boldsymbol{x}\in\Theta.$$

对该函数, 若存在 $\boldsymbol{x}^*\in\Theta$, $\boldsymbol{\lambda}^*(\lambda_i^*\geqslant 0, i\in\mathcal{I})$ 使得

$$L(\boldsymbol{x}^*,\boldsymbol{\lambda})\leqslant L(\boldsymbol{x}^*,\boldsymbol{\lambda}^*)\leqslant L(\boldsymbol{x},\boldsymbol{\lambda}^*),\quad \forall\,\boldsymbol{x}\in\Theta,\lambda_i\in\mathbb{R},\ i\in\mathcal{E},\lambda_i\geqslant 0,\ i\in\mathcal{I},$$

则称 $(\boldsymbol{x}^*,\boldsymbol{\lambda}^*)$ 为该约束优化问题 Lagrange 函数的鞍点.

与定理 10.3.2 同样的证明过程, 可得如下结论.

定理 10.3.3　设 $(\boldsymbol{x}^*,\boldsymbol{\lambda}^*)$ 为约束优化问题 (10.3.4) 的鞍点, 则 $\boldsymbol{x}^*$ 是该约束优化问题的全局最优解.

10.4　凸规划最优性条件

考虑凸规划问题

$$\min\{f(\boldsymbol{x})\mid \boldsymbol{x}\in\Omega\},\tag{10.4.1}$$

其中, $f:\mathbb{R}^n\to\mathbb{R}$ 为连续可微的凸函数, 可行域 $\Omega\subset\mathbb{R}^n$ 为非空闭凸集. 若目标函数严格凸, 则称其为严格凸规划问题.

凸规划问题是一类特殊的最优化问题, 其最优解集是凸集. 除此之外, 它还有如下性质.

性质 10.4.1　凸规划问题的任一最优解为全局最优解, 且稳定点与最优值点等价.

证明　设 $\boldsymbol{x}^*$ 为凸规划问题的局部最优解. 由定理 10.1.2, $\boldsymbol{x}^*$ 是稳定点, 即对任意的 $\boldsymbol{x}\in\Omega$,

$$\langle\nabla f(\boldsymbol{x}^*),\boldsymbol{x}-\boldsymbol{x}^*\rangle\geqslant 0.$$

利用凸函数的性质得

$$f(\boldsymbol{x})\geqslant f(\boldsymbol{x}^*)+\langle\nabla f(\boldsymbol{x}^*),\boldsymbol{x}-\boldsymbol{x}^*\rangle\geqslant f(\boldsymbol{x}^*).$$

故 $\boldsymbol{x}^*$ 为全局最优值点.

稳定点与最优值点的等价性易证.　　证毕

需要指出的是, 严格凸规划问题未必存在最优解, 如指数函数 e^{-x} 在非负轴上不存在最优值点. 但一旦存在, 必唯一. 即有如下结论.

性质 10.4.2　若严格凸规划问题有最优解, 则最优解唯一.

为研究凸规划问题的最优性条件, 给出如下形式的凸规划问题

$$\begin{aligned} \min \quad & f(\boldsymbol{x}) \\ \text{s.t.} \quad & c_i(\boldsymbol{x}) = 0, \quad i \in \mathcal{E}, \\ & c_i(\boldsymbol{x}) \geqslant 0, \quad i \in \mathcal{I}, \end{aligned} \tag{10.4.2}$$

其中, $f:\mathbb{R}^n \to \mathbb{R}$ 为连续可微的凸函数, $c_i(\boldsymbol{x})$, $i \in \mathcal{E}$ 是线性函数, $c_i(\boldsymbol{x})$, $i \in \mathcal{I}$ 是连续可微的凹函数. 上述约束条件可保证可行域的凸性.

对上述凸规划问题, 如果可行域含有 "内点", 也就是满足下述 Slater 约束规格 (Slater, 1950), 则最优值点为 K-T 点.

定义 10.4.1 对凸规划问题 (10.4.2), 若存在可行点 $\bar{\boldsymbol{x}}$ 使得

$$c_i(\bar{\boldsymbol{x}}) > 0, \quad i \in \mathcal{I},$$

则称该规划问题满足 Slater 约束规格, 又称 Slater 条件.

不同于 §10.2 的 M-F 约束规格, Slater 约束规格与凸规划问题的最优解无关.

引理 10.4.1 若凸规划问题 (10.4.2) 满足 Slater 约束规格, 则对任意的 $\boldsymbol{x} \in \Omega$, 存在 $\boldsymbol{s} \in \mathbb{R}^n$ 使得

$$\boldsymbol{s}^{\mathrm{T}} \nabla c_i(\boldsymbol{x}) = 0, \quad i \in \mathcal{E}; \quad \boldsymbol{s}^{\mathrm{T}} \nabla c_i(\boldsymbol{x}) > 0, \quad i \in \mathcal{I}(\boldsymbol{x}).$$

证明 由 Slater 约束规格, 存在 $\bar{\boldsymbol{x}} \in \Omega$ 使

$$c_i(\bar{\boldsymbol{x}}) = 0,\ i \in \mathcal{E}; \quad c_i(\bar{\boldsymbol{x}}) > 0,\ i \in \mathcal{I}.$$

对任意的 $\boldsymbol{x} \in \Omega$, 令 $\boldsymbol{s} = \bar{\boldsymbol{x}} - \boldsymbol{x}$. 则对任意的 $i \in \mathcal{E}$, 由 $c_i(\boldsymbol{x})$ 的线性性知

$$\begin{aligned} 0 &= c_i(\bar{\boldsymbol{x}}) = c_i(\boldsymbol{x} + \boldsymbol{s}) \\ &= c_i(\boldsymbol{x}) + \boldsymbol{s}^{\mathrm{T}} \nabla c_i(\boldsymbol{x}) \\ &= \boldsymbol{s}^{\mathrm{T}} \nabla c_i(\boldsymbol{x}). \end{aligned}$$

对任意的 $i \in \mathcal{I}(\boldsymbol{x})$, 由 $c_i(\boldsymbol{x})$ 的凹性得

$$\begin{aligned} 0 &< c_i(\bar{\boldsymbol{x}}) = c_i(\boldsymbol{x} + s) \\ &\leqslant c_i(\boldsymbol{x}) + \boldsymbol{s}^{\mathrm{T}} \nabla c_i(\boldsymbol{x}) \\ &= \boldsymbol{s}^{\mathrm{T}} \nabla c_i(\boldsymbol{x}), \end{aligned}$$

即 $\boldsymbol{s}$ 满足命题结论. 证毕

上述结论说明, 若凸优化问题满足 Slater 约束规格, 则在任意可行点都存在

可行方向, 即集合

$$\{\boldsymbol{s} \in \mathbb{R}^n \mid \nabla c_i(\boldsymbol{x})^{\mathrm{T}}\boldsymbol{s} = 0,\ i \in \mathcal{E};\ \ \nabla c_i(\boldsymbol{x})^{\mathrm{T}}\boldsymbol{s} > 0,\ i \in \mathcal{I}(\boldsymbol{x})\}$$

非空. 由于最优化问题在最优值点不存在可行下降方向, 故由推论 1.4.2 可得凸优化问题的 K-T 条件. 另一方面, 若 Slater 条件成立, 利用上述结论, 该规划问题满足 M-F 约束规格, 同样可得到 K-T 条件, 从而有如下结论.

定理 10.4.1 若凸规划问题 (10.4.2) 满足 Slater 约束规格, 则最优值点为 K-T 点.

根据定理 10.2.1, 线性约束可保证优化问题的最优值点为 K-T 点. 一个自然的问题是: 如果将 Slater 约束规格中的严格不等号仅限于非线性不等式约束, 结论是否成立? 为此给出如下定义.

定义 10.4.2 对凸规划问题

$$\begin{aligned} \min \quad & f(\boldsymbol{x}) \\ \text{s.t.} \quad & c_i(\boldsymbol{x}) = 0, \quad i \in \mathcal{E}, \\ & c_i(\boldsymbol{x}) \geqslant 0, \quad i \in \mathcal{I}_1 \cup \mathcal{I}_2, \end{aligned} \tag{10.4.3}$$

其中, $f: \mathbb{R}^n \to \mathbb{R}$ 为连续可微的凸函数, $c_i(\boldsymbol{x}),\ i \in \mathcal{E} \cup \mathcal{I}_1$ 是线性函数, $c_i(\boldsymbol{x}),\ i \in \mathcal{I}_2$ 为连续可微的凹函数, 若存在 $\bar{\boldsymbol{x}} \in \Omega$ 使得

$$c_i(\bar{\boldsymbol{x}}) > 0, \quad i \in \mathcal{I}_2,$$

即存在 $\bar{\boldsymbol{x}}$ 满足

$$\begin{cases} c_i(\bar{\boldsymbol{x}}) = 0, & i \in \mathcal{E}, \\ c_i(\bar{\boldsymbol{x}}) \geqslant 0, & i \in \mathcal{I}_1, \\ c_i(\bar{\boldsymbol{x}}) > 0, & i \in \mathcal{I}_2, \end{cases}$$

则称该优化问题满足弱 Slater 约束规格.

定理 10.4.2 若凸规划问题 (10.4.3) 满足弱 Slater 约束规格, 则其最优值点为 K-T 点.

证明 设 $\boldsymbol{x}^* \in \Omega$ 为凸规划问题 (10.4.3) 的最优值点, 仿引理 10.4.1 的证明知在 $\boldsymbol{x}^*$ 点存在强容许方向, 即存在 $\boldsymbol{s} \in \mathbb{R}^n$ 使得

$$\begin{cases} \boldsymbol{s}^{\mathrm{T}}\nabla c_i(\boldsymbol{x}^*) = 0, & i \in \mathcal{E}, \\ \boldsymbol{s}^{\mathrm{T}}\nabla c_i(\boldsymbol{x}^*) \geqslant 0, & i \in \mathcal{I}_1(\boldsymbol{x}^*), \\ \boldsymbol{s}^{\mathrm{T}}\nabla c_i(\boldsymbol{x}^*) > 0, & i \in \mathcal{I}_2(\boldsymbol{x}^*). \end{cases}$$

由函数 $c_i(\boldsymbol{x})$, $i\in\mathcal{E}\cup\mathcal{I}_1$ 的线性性, 任意满足上述条件的 $\boldsymbol{s}$ 为凸规划问题在 $\boldsymbol{x}^*$ 点的可行方向. 而由 $\boldsymbol{x}^*$ 为最优值点知, $\boldsymbol{s}^{\mathrm{T}}\nabla f(\boldsymbol{x}^*)\geqslant 0$. 从而由推论 2.3.2 得命题结论. 证毕

对一般的约束优化问题, K-T 点未必是最优值点. 但对于凸规划问题, K-T 点是全局最优值点, 因为它和 Lagrange 函数的鞍点等价.

定理 10.4.3 若 $(\boldsymbol{x}^*,\boldsymbol{\lambda}^*)$ 是凸规划问题 (10.4.2) 的 K-T 对, 则 $(\boldsymbol{x}^*,\boldsymbol{\lambda}^*)$ 为 Lagrange 函数的鞍点.

证明 对凸规划问题 (10.4.2), $L(\boldsymbol{x},\boldsymbol{\lambda}^*)=f(\boldsymbol{x})-\sum\limits_{i\in\mathcal{E}\cup\mathcal{I}}\lambda_i^*c_i(\boldsymbol{x})$ 关于 $\boldsymbol{x}\in\mathbb{R}^n$ 为凸函数, 故

$$L(\boldsymbol{x},\boldsymbol{\lambda}^*)\geqslant L(\boldsymbol{x}^*,\boldsymbol{\lambda}^*)+(\boldsymbol{x}-\boldsymbol{x}^*)^{\mathrm{T}}\nabla_{\boldsymbol{x}}L(\boldsymbol{x}^*,\boldsymbol{\lambda}^*)=L(\boldsymbol{x}^*,\boldsymbol{\lambda}^*).$$

所以 $L(\boldsymbol{x}^*,\boldsymbol{\lambda}^*)\leqslant L(\boldsymbol{x},\boldsymbol{\lambda}^*)$.

另一方面, 对任意满足 $\lambda_i\geqslant 0$, $i\in\mathcal{I}$, 的 $\boldsymbol{\lambda}$,

$$\begin{aligned}L(\boldsymbol{x}^*,\boldsymbol{\lambda})-L(\boldsymbol{x}^*,\boldsymbol{\lambda}^*)&=-\sum_{i\in\mathcal{E}\cup\mathcal{I}}\lambda_ic_i(\boldsymbol{x}^*)+\sum_{i\in\mathcal{E}\cup\mathcal{I}}\lambda_i^*c_i(\boldsymbol{x}^*)\\&=-\sum_{i\in\mathcal{I}}\lambda_ic_i(\boldsymbol{x}^*)\leqslant 0.\end{aligned}$$

从而凸规划问题的 K-T 对为鞍点. 证毕

结合定理 10.3.2, 得如下结论.

定理 10.4.4 凸规划问题 (10.4.2) 的 K-T 点为其全局最优解.

基于以上讨论, 可将凸规划问题各最优性条件之间的关系归纳如下.

$$\text{稳定点}\Longleftrightarrow\text{全局最优值点}\Longleftrightarrow\text{最优值点}\xLongleftrightarrow{\text{弱 Slater 约束规格}}\text{K-T 点}\Longleftrightarrow\text{鞍点}$$

显然, 对线性规划和线性约束的凸规划问题, 上述各 “最优” 点是等价的.

10.5 Lagrange 对偶

对偶规划源自对策论中的零和对策. 它最早应用于线性规划, 后被推广到非线性规划. 现已成为包括组合优化问题在内的理论研究的重要工具.

对约束优化问题, 利用 Lagrange 函数, 可建立其无约束极小极大表述形式. 将该式中的极小极大互换就得到原规划问题的对偶规划. 对偶规划不但可以揭示原规划问题最优解的存在性, 还能对原规划问题的最优值进行下界估计, 有时还能对原优化问题进行几何刻画, 给出待求问题的本质. 基于对偶规划还可建立原

规划问题的对偶类算法. 可以说, 原规划问题及其对偶如同太极图中的阴和阳, 它们之间既互相对立又相互依赖, 构成一对和谐、对称的辩证统一体.

对约束优化问题

$$\begin{aligned} \min \quad & f(\boldsymbol{x}) \\ \text{s.t.} \quad & c_i(\boldsymbol{x}) = 0, \quad i \in \mathcal{E}, \\ & c_i(\boldsymbol{x}) \geqslant 0, \quad i \in \mathcal{I}, \end{aligned} \tag{10.5.1}$$

记 $\boldsymbol{G}(\boldsymbol{x})$ 为所有的不等式约束组成的向量值函数, $\boldsymbol{H}(\boldsymbol{x})$ 为所有等式约束组成的向量值函数. 其 Lagrange 函数为

$$L(\boldsymbol{x},\boldsymbol{u},\boldsymbol{v}) = f(\boldsymbol{x}) - \boldsymbol{G}(\boldsymbol{x})^{\mathrm{T}}\boldsymbol{u} - \boldsymbol{H}(\boldsymbol{x})^{\mathrm{T}}\boldsymbol{v}, \quad \boldsymbol{x} \in \mathbb{R}^n,\ \boldsymbol{u} \in \mathbb{R}_+^{|\mathcal{I}|},\ \boldsymbol{v} \in \mathbb{R}^{|\mathcal{E}|}.$$

根据定义, 该 Lagrange 函数的鞍点 $(\boldsymbol{x}^*,\boldsymbol{u}^*,\boldsymbol{v}^*)$, 其中 $\boldsymbol{u}^* \geqslant \boldsymbol{0}$, 满足

$$L(\boldsymbol{x}^*,\boldsymbol{u},\boldsymbol{v}) \leqslant L(\boldsymbol{x}^*,\boldsymbol{u}^*,\boldsymbol{v}^*) \leqslant L(\boldsymbol{x},\boldsymbol{u}^*,\boldsymbol{v}^*), \quad \forall\, \boldsymbol{x} \in \mathbb{R}^n, \boldsymbol{u} \geqslant \boldsymbol{0}, \boldsymbol{v} \in \mathbb{R}^{|\mathcal{E}|}.$$

也就是说, 鞍点是 Lagrange 函数关于 $\boldsymbol{x} \in \mathbb{R}^n$ 的全局最小值点, 又是关于 $\boldsymbol{u} \geqslant \boldsymbol{0}$ 和 $\boldsymbol{v}$ 的全局极大值点. 由此得到两个特殊的极值问题

$$\max_{\boldsymbol{u}\geqslant\boldsymbol{0},\boldsymbol{v}} \min_{\boldsymbol{x}\in\mathbb{R}^n} L(\boldsymbol{x},\boldsymbol{u},\boldsymbol{v}), \quad \min_{\boldsymbol{x}\in\mathbb{R}^n} \max_{\boldsymbol{u}\geqslant\boldsymbol{0},\boldsymbol{v}} L(\boldsymbol{x},\boldsymbol{u},\boldsymbol{v}).$$

对于后者, 由于

$$\max_{\boldsymbol{u}\geqslant\boldsymbol{0},\boldsymbol{v}} L(\boldsymbol{x},\boldsymbol{u},\boldsymbol{v}) = \begin{cases} \infty, & 若\ \boldsymbol{x} \notin \Omega, \\ f(\boldsymbol{x}), & 若\ \boldsymbol{x} \in \Omega, \end{cases}$$

故该极值问题就是原优化问题, 即

$$\min_{\boldsymbol{x}\in\mathbb{R}^n} \max_{\boldsymbol{u}\geqslant\boldsymbol{0},\boldsymbol{v}} L(\boldsymbol{x},\boldsymbol{u},\boldsymbol{v}) = \min\{f(\boldsymbol{x}) \mid \boldsymbol{G}(\boldsymbol{x}) \geqslant \boldsymbol{0}, \boldsymbol{H}(\boldsymbol{x}) = \boldsymbol{0}\}.$$

对于前者, 引入极值函数

$$\theta(\boldsymbol{u},\boldsymbol{v}) = \min\{L(\boldsymbol{x},\boldsymbol{u},\boldsymbol{v}) \mid \boldsymbol{x} \in \mathbb{R}^n\},$$

便得到如下优化问题

$$\begin{aligned} \max \quad & \theta(\boldsymbol{u},\boldsymbol{v}) \\ \text{s.t.} \quad & \boldsymbol{u} \in \mathbb{R}_+^{|\mathcal{I}|}, \quad \boldsymbol{v} \in \mathbb{R}^{|\mathcal{E}|}. \end{aligned} \tag{10.5.2}$$

这称为约束优化问题 (10.5.1) 的 Lagrange 对偶规划.

考虑到 Lagrange 函数关于 $\boldsymbol{x}$ 和 $(\boldsymbol{u},\boldsymbol{v})$ 的极值未必达到, 故有时将 min、max 分别用 inf、sup 替代.

下面的结论告诉我们, Lagrange 对偶规划是凸规划问题.

定理 10.5.1 极值函数 $\theta(\boldsymbol{u},\boldsymbol{v})$ 关于 $\boldsymbol{u} \in \mathbb{R}_+^{|\mathcal{I}|}$, $\boldsymbol{v} \in \mathbb{R}^{|\mathcal{E}|}$ 为凹函数.

证明 对任意的 $\boldsymbol{u}_1, \boldsymbol{u}_2 \in \mathbb{R}_+^{|\mathcal{I}|}$, $\boldsymbol{v}_1, \boldsymbol{v}_2 \in \mathbb{R}^{|\mathcal{E}|}$ 和任意的 $\lambda \in (0,1)$, 由最优值函数的性质,

$$\begin{aligned}
&\theta(\lambda \boldsymbol{u}_1 + (1-\lambda)\boldsymbol{u}_2, \lambda \boldsymbol{v}_1 + (1-\lambda)\boldsymbol{v}_2) \\
=& \min_{\boldsymbol{x}\in\mathbb{R}^n} L(\boldsymbol{x}, \lambda \boldsymbol{u}_1 + (1-\lambda)\boldsymbol{u}_2, \lambda \boldsymbol{v}_1 + (1-\lambda)\boldsymbol{v}_2) \\
=& \min_{\boldsymbol{x}\in\mathbb{R}^n} \Big(\lambda L(\boldsymbol{x}, \boldsymbol{u}_1, \boldsymbol{v}_1) + (1-\lambda) L(\boldsymbol{x}, \boldsymbol{u}_2, \boldsymbol{v}_2)\Big) \\
\geqslant& \min_{\boldsymbol{x}\in\mathbb{R}^n} \lambda L(\boldsymbol{x}, \boldsymbol{u}_1, \boldsymbol{v}_1) + \min_{\boldsymbol{x}\in\mathbb{R}^n} (1-\lambda) L(\boldsymbol{x}, \boldsymbol{u}_2, \boldsymbol{v}_2) \\
=& \lambda\theta(\boldsymbol{u}_1, \boldsymbol{v}_1) + (1-\lambda)\theta(\boldsymbol{u}_2, \boldsymbol{v}_2).
\end{aligned}$$

结论得证. 证毕

对偶规划是凸规划问题, 可行域结构简单, 因此易于求解. 不过, 只有当对偶规划问题的目标函数 $\theta(\boldsymbol{u}, \boldsymbol{v})$ 可解析表达时, 对偶规划才有意义.

下面讨论几种优化问题的对偶. 首先讨论如下无约束优化问题

$$\min_{\boldsymbol{x}\in\mathbb{R}^n} f(\boldsymbol{x}) + g(\boldsymbol{x}) \tag{10.5.3}$$

的 Lagrange 对偶, 其中 $f, g : \mathbb{R}^n \to \mathbb{R}$ 为连续函数.

显然, 该优化问题可写成如下形式的约束优化问题

$$\min_{\boldsymbol{x},\boldsymbol{y}\in\mathbb{R}^n} \{f(\boldsymbol{x}) + g(\boldsymbol{y}) \mid \boldsymbol{x} = \boldsymbol{y}\},$$

其 Lagrange 函数为

$$\begin{aligned}
L(\boldsymbol{x}, \boldsymbol{y}, \boldsymbol{z}) &= f(\boldsymbol{x}) + g(\boldsymbol{y}) + \langle \boldsymbol{z}, \boldsymbol{y} - \boldsymbol{x} \rangle \\
&= -\left(\langle \boldsymbol{z}, \boldsymbol{x} \rangle - f(\boldsymbol{x})\right) - \left(\langle -\boldsymbol{z}, \boldsymbol{y} \rangle - g(\boldsymbol{y})\right).
\end{aligned}$$

借助共轭函数, 优化问题 (10.5.3) 的 Lagrange 对偶为

$$\max_{\boldsymbol{z}\in\mathbb{R}^n} \min_{\boldsymbol{x},\boldsymbol{y}\in\mathbb{R}^n} L(\boldsymbol{x}, \boldsymbol{y}, \boldsymbol{z}) = \max_{\boldsymbol{z}\in\mathbb{R}^n} \Big\{ -f^*(\boldsymbol{z}) - g^*(-\boldsymbol{z}) \Big\}.$$

即

$$\min_{\boldsymbol{z}\in\mathbb{R}^n} \{f^*(\boldsymbol{z}) + g^*(-\boldsymbol{z})\}.$$

这称为优化问题 (10.5.3) 的 Fenchel 对偶.

再考虑线性规划问题的对偶

$$\begin{aligned}
\min \quad & \boldsymbol{c}^{\mathrm{T}} \boldsymbol{x} \\
\text{s.t.} \quad & \boldsymbol{A}\boldsymbol{x} \geqslant \boldsymbol{b},
\end{aligned}$$

其 Lagrange 函数为

$$L(\boldsymbol{x},\boldsymbol{y})=\boldsymbol{c}^{\mathrm{T}}\boldsymbol{x}-\boldsymbol{y}^{\mathrm{T}}(\boldsymbol{A}\boldsymbol{x}-\boldsymbol{b}),\quad \boldsymbol{y}\geqslant\boldsymbol{0}.$$

由于该函数关于原变量 $\boldsymbol{x}$ 为线性函数, 故

$$\min_{\boldsymbol{x}\in\mathbb{R}^n}L(\boldsymbol{x},\boldsymbol{y})=\begin{cases}\boldsymbol{y}^{\mathrm{T}}\boldsymbol{b}, & \boldsymbol{c}-\boldsymbol{A}^{\mathrm{T}}\boldsymbol{y}=\boldsymbol{0},\\ -\infty, & \boldsymbol{c}-\boldsymbol{A}^{\mathrm{T}}\boldsymbol{y}\neq\boldsymbol{0}.\end{cases}$$

由此, 欲使 Lagrange 函数关于对偶变量 $\boldsymbol{y}$ 取最大值, 它应满足 $\boldsymbol{A}^{\mathrm{T}}\boldsymbol{y}=\boldsymbol{c}$. 从而上述线性规划问题的对偶规划为

$$\begin{array}{ll}\max & \boldsymbol{b}^{\mathrm{T}}\boldsymbol{y}\\ \text{s.t.} & \boldsymbol{A}^{\mathrm{T}}\boldsymbol{y}=\boldsymbol{c},\\ & \boldsymbol{y}\geqslant\boldsymbol{0}.\end{array}$$

该例说明, 约束优化问题的对偶并不都是非负约束优化.

对原规划问题及其对偶, 它们最优值之间的关系是人们所关注的. 对此, 有如下结论.

定理 10.5.2 (弱对偶定理) 设 $\boldsymbol{x}_0,(\boldsymbol{u}_0,\boldsymbol{v}_0)$ 分别是优化问题 (10.5.1) 及其对偶规划问题 (10.5.2) 的可行解, 则 $f(\boldsymbol{x}_0)\geqslant\theta(\boldsymbol{u}_0,\boldsymbol{v}_0)$.

证明 由对偶规划的定义及题设

$$\begin{aligned}\theta(\boldsymbol{u}_0,\boldsymbol{v}_0)&=\min\ \{f(\boldsymbol{x})-\boldsymbol{u}_0^{\mathrm{T}}\boldsymbol{G}(\boldsymbol{x})-\boldsymbol{v}_0^{\mathrm{T}}\boldsymbol{H}(\boldsymbol{x})\mid\boldsymbol{x}\in\mathbb{R}^n\}\\&\leqslant f(\boldsymbol{x}_0)-\boldsymbol{u}_0^{\mathrm{T}}\boldsymbol{G}(\boldsymbol{x}_0)-\boldsymbol{v}_0^{\mathrm{T}}\boldsymbol{H}(\boldsymbol{x}_0)\leqslant f(\boldsymbol{x}_0).\end{aligned}$$

证毕

该结论说明, 原规划问题的任一可行解对应的目标函数值都不小于对偶规划问题的任一可行解对应的目标函数值. 进一步, 有如下结论.

推论 10.5.1 对原规划问题 (10.5.1) 和对偶问题 (10.5.2), 成立

$$\min\{f(\boldsymbol{x})\mid\boldsymbol{G}(\boldsymbol{x})\geqslant\boldsymbol{0},\boldsymbol{H}(\boldsymbol{x})=\boldsymbol{0}\}\geqslant\max\{\theta(\boldsymbol{u},\boldsymbol{v})\mid\boldsymbol{u}\in\mathbb{R}_+^{|\mathcal{I}|},\boldsymbol{v}\in\mathbb{R}^{|\mathcal{E}|}\}.$$

也就是

$$\min_{\boldsymbol{x}\in\mathbb{R}^n}\max_{\boldsymbol{u}\geqslant\boldsymbol{0},\boldsymbol{v}}L(\boldsymbol{x},\boldsymbol{u},\boldsymbol{v})\geqslant\max_{\boldsymbol{u}\geqslant\boldsymbol{0},\boldsymbol{v}}\min_{\boldsymbol{x}\in\mathbb{R}^n}L(\boldsymbol{x},\boldsymbol{u},\boldsymbol{v}).$$

上述结论是一个普遍结论. 也就是说, 对任意定义在集合 $\mathcal{X}\times\mathcal{Y}\subset\mathbb{R}^m\times\mathbb{R}^n$ 上的连续函数 $\phi(\boldsymbol{x},\boldsymbol{y})$, 恒有

$$\min_{\boldsymbol{x}\in\mathcal{X}}\max_{\boldsymbol{y}\in\mathcal{Y}}\phi(\boldsymbol{x},\boldsymbol{y})\geqslant\max_{\boldsymbol{y}\in\mathcal{Y}}\min_{\boldsymbol{x}\in\mathcal{X}}\phi(\boldsymbol{x},\boldsymbol{y}).$$

通俗地讲, 就是“最大者中的最小者不小于最小者中的最大者”.

原规划问题和对偶规划问题的最优值之间的差称为对偶间隙. 若对偶间隙为

零, 则称完全对偶定理成立. 若两规划问题的最优解都存在, 且对偶间隙为零, 则称强对偶定理成立. 下面的结论说明 Lagrange 函数存在鞍点和零对偶间隙是等价的, 也就是说, Lagrange 函数存在鞍点恰好保证对偶规划问题中对 Lagrange 函数的 min 和 max 两个极值过程可以交换.

定理 10.5.3 (强对偶定理) 约束优化问题 (10.5.1) 的 Lagrange 函数存在鞍点, 记为 $(\boldsymbol{x}^*,\boldsymbol{u}^*,\boldsymbol{v}^*)$, 当且仅当, $\boldsymbol{x}^*$ 和 $(\boldsymbol{u}^*,\boldsymbol{v}^*)$ 分别为原规划问题及对偶规划问题的最优解且对偶间隙为零.

证明 设 $(\boldsymbol{x}^*,\boldsymbol{u}^*,\boldsymbol{v}^*)$ 是约束优化问题 (10.5.1) 的鞍点. 由定理 10.3.1 和 10.3.2, $\boldsymbol{x}^*$ 是优化问题 (10.3.1) 的最优解, $(\boldsymbol{u}^*,\boldsymbol{v}^*)$ 是对偶规划问题的可行解, 且 $(\boldsymbol{x}^*,\boldsymbol{u}^*,\boldsymbol{v}^*)$ 满足原规划问题的 KKT 条件中的互补松弛条件. 从而由鞍点定义得

$$\theta(\boldsymbol{u}^*,\boldsymbol{v}^*)=L(\boldsymbol{x}^*,\boldsymbol{u}^*,\boldsymbol{v}^*)=f(\boldsymbol{x}^*).$$

结合定理 10.5.2, 必要性得证.

反过来, 设 $\boldsymbol{x}^*$ 为原规划问题的最优解, 则

$$\boldsymbol{G}(\boldsymbol{x}^*)\geqslant\boldsymbol{0},\quad \boldsymbol{H}(\boldsymbol{x}^*)=\boldsymbol{0}.$$

再由 $(\boldsymbol{u}^*,\boldsymbol{v}^*)$ 为对偶规划问题的可行解得

$$\begin{aligned}\theta(\boldsymbol{u}^*,\boldsymbol{v}^*)&=\min\{f(\boldsymbol{x})-\boldsymbol{G}(\boldsymbol{x})^{\mathrm{T}}\boldsymbol{u}^*-\boldsymbol{H}(\boldsymbol{x})^{\mathrm{T}}\boldsymbol{v}^*\mid \boldsymbol{x}\in\mathbb{R}^n\}\\&\leqslant f(\boldsymbol{x}^*)-\boldsymbol{G}(\boldsymbol{x}^*)^{\mathrm{T}}\boldsymbol{u}^*-\boldsymbol{H}(\boldsymbol{x}^*)^{\mathrm{T}}\boldsymbol{v}^*\\&=L(\boldsymbol{x}^*,\boldsymbol{u}^*,\boldsymbol{v}^*)\leqslant f(\boldsymbol{x}^*).\end{aligned}$$

由于对偶间隙为零, 上面的不等式取等号. 从而

$$\theta(\boldsymbol{u}^*,\boldsymbol{v}^*)=L(\boldsymbol{x}^*,\boldsymbol{u}^*,\boldsymbol{v}^*)=f(\boldsymbol{x}^*).$$

结合 $\theta(\boldsymbol{u}^*,\boldsymbol{v}^*)$ 的定义和

$$f(\boldsymbol{x}^*)=\max_{\boldsymbol{u}\geqslant\boldsymbol{0},\boldsymbol{v}}\left\{L(\boldsymbol{x}^*,\boldsymbol{u},\boldsymbol{v})=f(\boldsymbol{x}^*)-\boldsymbol{G}(\boldsymbol{x}^*)^{\mathrm{T}}\boldsymbol{u}-\boldsymbol{H}(\boldsymbol{x}^*)^{\mathrm{T}}\boldsymbol{v}\right\}$$

知, 对任意的 $\boldsymbol{x}\in\mathbb{R}^n$, $\boldsymbol{u}\geqslant\boldsymbol{0}$ 和 $\boldsymbol{v}\in\mathbb{R}^{|\mathcal{E}|}$,

$$L(\boldsymbol{x}^*,\boldsymbol{u},\boldsymbol{v})\leqslant L(\boldsymbol{x}^*,\boldsymbol{u}^*,\boldsymbol{v}^*)\leqslant L(\boldsymbol{x},\boldsymbol{u}^*,\boldsymbol{v}^*).$$

充分性得证. 证毕

对凸规划问题 (10.4.3), 在弱 Slater 条件下, 最优值点、K-T 点和鞍点等价. 根据上述结论, 强对偶定理成立. 从而有如下结论.

推论 10.5.2 若凸规划问题 (10.4.3) 满足弱 Slater 约束规格且有最优解, 则对偶规划问题也存在最优解且强对偶定理成立.

对线性规划问题及线性约束的凸规划问题, 弱 Slater 约束规格自然成立. 根据上述结论, 若存在最优解, 则强对偶定理成立. 不过, 下面的例子说明, 强对偶定理并非只对凸规划问题成立.

例 10.5.1 设 $\boldsymbol{G}\in\mathbb{R}^{n\times n}$ 对称但非半正定. 考虑约束优化题

$$\begin{aligned}\min\quad & f(\boldsymbol{x})=\frac{1}{2}\boldsymbol{x}^{\mathrm{T}}\boldsymbol{G}\boldsymbol{x}+\boldsymbol{g}^{\mathrm{T}}\boldsymbol{x}\\ \text{s.t.}\quad & \boldsymbol{x}^{\mathrm{T}}\boldsymbol{x}\leqslant 1.\end{aligned}$$

该优化问题的 Lagrange 函数为

$$L(\boldsymbol{x},\lambda)=\frac{1}{2}\boldsymbol{x}^{\mathrm{T}}\boldsymbol{G}\boldsymbol{x}+\boldsymbol{g}^{\mathrm{T}}\boldsymbol{x}-\lambda(1-\boldsymbol{x}^{\mathrm{T}}\boldsymbol{x}),\quad \lambda\geqslant 0,$$

Lagrange 对偶规划为

$$\max_{\lambda\geqslant 0}\theta(\lambda),$$

其中,

$$\begin{aligned}\theta(\lambda)&=\min_{\boldsymbol{x}\in\mathbb{R}^n}L(\boldsymbol{x},\lambda)\\ &=\min_{\boldsymbol{x}\in\mathbb{R}^n}\boldsymbol{x}^{\mathrm{T}}\left(\frac{1}{2}\boldsymbol{G}+\lambda\boldsymbol{I}\right)\boldsymbol{x}+\boldsymbol{g}^{\mathrm{T}}\boldsymbol{x}-\lambda.\end{aligned}$$

若 $\left(\frac{1}{2}\boldsymbol{G}+\lambda\boldsymbol{I}\right)$ 非半正定, 则上述子问题的最优值为 $-\infty$. 所以, 该情形下的 λ 不是对偶规划问题的最优解. 这说明, 对偶规划问题的最优解 λ 满足

$$\left(\frac{1}{2}\boldsymbol{G}+\lambda\boldsymbol{I}\right)\succcurlyeq bf0,$$

即矩阵 $\left(\frac{1}{2}\boldsymbol{G}+\lambda\boldsymbol{I}\right)$ 半正定. 从而上述 Lagrange 对偶化为

$$\max_{\substack{\lambda\geqslant 0\\ (\frac{1}{2}\boldsymbol{G}+\lambda\boldsymbol{I})\succcurlyeq\boldsymbol{0}}}\ \min_{\boldsymbol{x}\in\mathbb{R}^n}\left(\boldsymbol{x}^{\mathrm{T}}\left(\frac{1}{2}\boldsymbol{G}+\lambda\boldsymbol{I}\right)\boldsymbol{x}+\boldsymbol{g}^{\mathrm{T}}\boldsymbol{x}-\lambda\right)$$

显然, 内层优化问题为凸规划. 由凸规划问题的最优性条件, 任意满足

$$(\boldsymbol{G}+2\lambda\boldsymbol{I})\boldsymbol{x}+\boldsymbol{g}=\boldsymbol{0}$$

的 $\boldsymbol{x}$ 均为内层优化问题的最优解. 记满足上式的单位向量为 $\boldsymbol{x}^*$. 则 $\boldsymbol{x}^*$ 既是上述对偶规划问题的内层优化问题的最优解, 又是原规划问题的可行解. 进一步,

Lagrange 对偶规划可化为

$$\begin{aligned}\max \quad & -(\boldsymbol{x}^*)^{\mathrm{T}}\left(\frac{1}{2}\boldsymbol{G}+\lambda\boldsymbol{I}\right)\boldsymbol{x}^*-\lambda \\ \text{s.t.} \quad & \lambda \geqslant 0,\ \left(\frac{1}{2}\boldsymbol{G}+\lambda\boldsymbol{I}\right)\succcurlyeq \mathbf{0}.\end{aligned}$$

显然, 上述对偶规划问题的最优解为 $\lambda^*=-\lambda_{\min}\left(\frac{1}{2}G\right)>0$. 则由

$$\begin{aligned}\theta(\lambda^*) &= L(\boldsymbol{x}^*,\lambda^*) \\ &= \frac{1}{2}(\boldsymbol{x}^*)^{\mathrm{T}}\boldsymbol{G}\boldsymbol{x}^*+\boldsymbol{g}^{\mathrm{T}}\boldsymbol{x}^*-\lambda^*(1-(\boldsymbol{x}^*)^{\mathrm{T}}\boldsymbol{x}^*) \\ &= \frac{1}{2}(\boldsymbol{x}^*)^{\mathrm{T}}\boldsymbol{G}\boldsymbol{x}^*+\boldsymbol{g}^{\mathrm{T}}\boldsymbol{x}^*=f(\boldsymbol{x}^*)\end{aligned}$$

和弱对偶定理知, $(\boldsymbol{x}^*,\lambda^*)$ 为原规划问题的鞍点, 强对偶定理成立.

对优化问题 (10.5.3), 由于它等价于一个线性约束的优化问题, 由定理 10.5.3, 若 $f(\boldsymbol{x}),g(\boldsymbol{x})$ 为凸函数, 则强对偶定理成立. 从而有如下结论.

定理 10.5.4 对优化问题 (10.5.3), 即

$$\min_{\boldsymbol{x}\in\mathbb{R}^n} f(\boldsymbol{x})+g(\boldsymbol{x}).$$

若 $f,g:\mathbb{R}^n\to\mathbb{R}$ 均为凸函数, 则强对偶定理成立, 即

$$\min_{\boldsymbol{x}\in\mathbb{R}^n}\{f(\boldsymbol{x})+g(\boldsymbol{x})\}=\min_{\boldsymbol{z}\in\mathbb{R}^n}\{f^*(\boldsymbol{z})+g^*(-\boldsymbol{z})\}.$$

考虑如下带混合约束的凸规划问题

$$\min\{f(\boldsymbol{x})\mid \boldsymbol{G}(\boldsymbol{x})\geqslant\mathbf{0},\ \boldsymbol{H}(\boldsymbol{x})=\mathbf{0},\ \boldsymbol{x}\in\Theta\}, \tag{10.5.4}$$

其中, $f:\mathbb{R}^n\to\mathbb{R}$ 为连续可微的凸函数, 等式约束是线性的, 即 $\boldsymbol{H}(\boldsymbol{x})=\boldsymbol{A}\boldsymbol{x}-\boldsymbol{b}$, 每个不等式约束都是连续可微的凹函数, $\Theta=\mathbb{R}^n_+$ 或 $[\boldsymbol{a},\boldsymbol{b}]$.

根据 §10.3 的讨论, 该优化问题的 Lagrange 函数为

$$L(\boldsymbol{x},\boldsymbol{u},\boldsymbol{v})=f(\boldsymbol{x})-\boldsymbol{u}^{\mathrm{T}}\boldsymbol{G}(\boldsymbol{x})-\boldsymbol{v}^{\mathrm{T}}\boldsymbol{H}(\boldsymbol{x}),\quad \boldsymbol{x}\in\Theta,\boldsymbol{u}\geqslant\mathbf{0}.$$

其对偶规划为

$$\max_{\boldsymbol{u}\geqslant\mathbf{0},\boldsymbol{v}}\ \min_{\boldsymbol{x}\in\Theta}L(\boldsymbol{x},\boldsymbol{u},\boldsymbol{v}). \tag{10.5.5}$$

对该对偶规划问题, 容易建立与定理 10.5.2 和 10.5.3 类似的结论. 特别地, 基于 Slater 约束规格, 有如下强对偶定理.

定理 10.5.5 设凸规划问题 (10.5.4) 存在最优解且存在集合 Θ 的可行相对内点 $\hat{\boldsymbol{x}}$ 满足 $\boldsymbol{G}(\hat{\boldsymbol{x}})>\mathbf{0}$. 则对偶规划 (10.5.5) 存在最优解, 且强对偶定理成立, 即

$$\min\{f(\boldsymbol{x}) \mid \boldsymbol{x} \in \Theta,\ \boldsymbol{G}(\boldsymbol{x}) \geqslant \boldsymbol{0},\ \boldsymbol{H}(\boldsymbol{x}) = \boldsymbol{0}\} = \max_{\boldsymbol{u} \geqslant \boldsymbol{0}, \boldsymbol{v}} \min_{\boldsymbol{x} \in \Theta} L(\boldsymbol{x}, \boldsymbol{u}, \boldsymbol{v}).$$

证明 分三种情况讨论.

(1) 若 $\hat{\boldsymbol{x}}$ 为集合 Θ 的内点且系数矩阵 $\boldsymbol{A}$ 行满秩.

记规划问题 (10.5.4) 的最优值为 f^*, 并记

$$\mathcal{S} = \{(\boldsymbol{p}, \boldsymbol{q}, r) \mid 存在\ \boldsymbol{x} \in \Theta\ 满足\ \boldsymbol{p} \leqslant \boldsymbol{G}(\boldsymbol{x}),\ \boldsymbol{q} = \boldsymbol{H}(\boldsymbol{x}),\ r \geqslant f(\boldsymbol{x})\}.$$

基于题设, $\mathcal{S}$ 为闭凸集. 显然, $(\boldsymbol{0}, \boldsymbol{0}, f^*)$ 是 $\mathcal{S}$ 的边界点. 利用凸集分离定理, 存在不全为零的量 $(\boldsymbol{u}, \boldsymbol{v}, w)$ 使对任意的 $(\boldsymbol{p}, \boldsymbol{q}, r) \in \mathcal{S}$ 有

$$\boldsymbol{p}^{\mathrm{T}}\boldsymbol{u} + \boldsymbol{q}^{\mathrm{T}}\boldsymbol{v} + rw \geqslant wf^*.$$

由 $\mathcal{S}$ 的定义知向量 $\boldsymbol{u} \leqslant \boldsymbol{0}$, $w \geqslant 0$, 并对任意的 $\boldsymbol{x} \in \Theta$,

$$\boldsymbol{u}^{\mathrm{T}}\boldsymbol{G}(\boldsymbol{x}) + \boldsymbol{v}^{\mathrm{T}}\boldsymbol{H}(\boldsymbol{x}) + wf(\boldsymbol{x}) \geqslant wf^*. \tag{10.5.6}$$

下证 $w > 0$. 否则, $w = 0$. 从而, 对任意的 $\boldsymbol{x} \in \Theta$,

$$\boldsymbol{u}^{\mathrm{T}}\boldsymbol{G}(\boldsymbol{x}) + \boldsymbol{v}^{\mathrm{T}}\boldsymbol{H}(\boldsymbol{x}) \geqslant \boldsymbol{0}.$$

令 $\boldsymbol{x} = \hat{\boldsymbol{x}}$ 得, $\boldsymbol{u}^{\mathrm{T}}\boldsymbol{G}(\hat{\boldsymbol{x}}) \geqslant \boldsymbol{0}$. 由于 $\boldsymbol{u} \leqslant \boldsymbol{0}$, $\boldsymbol{G}(\hat{\boldsymbol{x}}) > \boldsymbol{0}$, 所以 $\boldsymbol{u} = \boldsymbol{0}$. 这样, $\boldsymbol{u} = \boldsymbol{0}, \boldsymbol{w} = \boldsymbol{0}$. 这意味着 $\boldsymbol{v} \neq \boldsymbol{0}$ 且对任意的 $\boldsymbol{x} \in \Theta$, $\boldsymbol{v}^{\mathrm{T}}\boldsymbol{H}(\boldsymbol{x}) \geqslant \boldsymbol{0}$. 也就是说, 对任意的 $\boldsymbol{x} \in \Theta$,

$$\boldsymbol{v}^{\mathrm{T}}\boldsymbol{A}(\boldsymbol{x} - \hat{\boldsymbol{x}}) \geqslant 0.$$

由 $\hat{\boldsymbol{x}}$ 为 Θ 的内点知, $\boldsymbol{v}^{\mathrm{T}}\boldsymbol{A} = \boldsymbol{0}$. 再利用 $\boldsymbol{A}$ 行满秩得 $\boldsymbol{v} = \boldsymbol{0}$. 从而 $(\boldsymbol{u}, \boldsymbol{v}, w) = \boldsymbol{0}$, 矛盾. 所以, $w > 0$. 将 (10.5.6) 两边同除以 w 得

$$L(\boldsymbol{x}, -\boldsymbol{u}/w, -\boldsymbol{v}/w) \geqslant f^*, \quad \forall\, \boldsymbol{x} \in \Theta,$$

即

$$\min_{\boldsymbol{u} \in \Theta} L(\boldsymbol{x}, -\boldsymbol{u}/w, -\boldsymbol{v}/w) \geqslant f^*.$$

结合弱对偶定理知命题结论成立.

(2) 若 $\hat{\boldsymbol{x}}$ 为集合 Θ 的相对内点但非内点, 系数矩阵 $\boldsymbol{A}$ 行满秩.

此时, 集合 Θ 不存在内点, 也就是集合 Θ 的维数小于 n. 利用 $\boldsymbol{x} \in \Theta$, 可将原规划问题等价地化为定义在由 $\mathrm{Aff}(\Theta)$ 确定的子空间上的一个新的约束优化问题. 这样, $\hat{\boldsymbol{x}}$ 为新约束问题中 Θ 的内点, 利用情形 (1) 的讨论, 得命题结论.

(3) 若系数矩阵 $\boldsymbol{A}$ 非行满秩.

此时可消去等式约束 $\boldsymbol{H}(\boldsymbol{x}) = \boldsymbol{0}$ 中的某些约束而得到一个系数矩阵行满秩且与其等价的等式约束 $\boldsymbol{H}_0(\boldsymbol{x}) = \boldsymbol{0}$. 利用

$$\max_{\boldsymbol{u} \geqslant 0, \boldsymbol{v}} \min_{\boldsymbol{x} \in \Theta} \left\{f(\boldsymbol{x}) - \boldsymbol{G}(\boldsymbol{x})^{\mathrm{T}}\boldsymbol{u} - \boldsymbol{H}(\boldsymbol{x})^{\mathrm{T}}\boldsymbol{v}\right\} = \max_{\boldsymbol{u} \geqslant 0, \boldsymbol{v}_0} \min_{\boldsymbol{x} \in \Theta} \left\{f(\boldsymbol{x}) - \boldsymbol{G}(\boldsymbol{x})^{\mathrm{T}}\boldsymbol{u} - \boldsymbol{H}_0(\boldsymbol{x})^{\mathrm{T}}\boldsymbol{v}_0\right\}$$

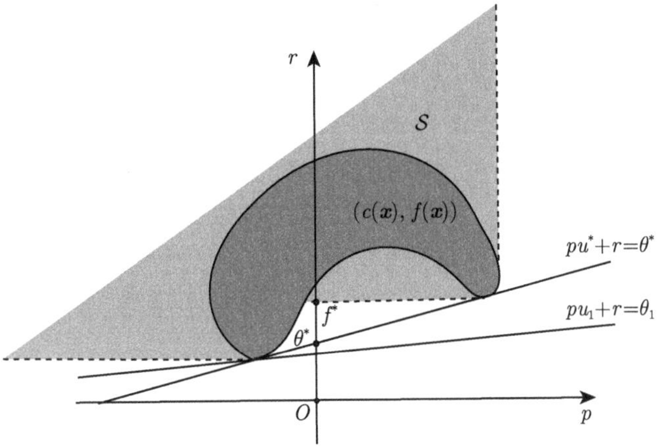

图 10.5.1 约束优化问题的对偶

知命题结论在该情形下同样成立. 证毕

与推论 10.5.2 类似, 将凸规划问题 (10.5.4) 中的 Slater 约束规格限制到非线性约束, 则得到如下强对偶定理.

推论 10.5.3 设凸规划问题 (10.5.4) 存在最优解且集合 Θ 有可行的相对内点 $\hat{\boldsymbol{x}}$ 满足 $\boldsymbol{G}_{\mathcal{I}_1}(\hat{\boldsymbol{x}}) \geqslant \boldsymbol{0}, \boldsymbol{G}_{\mathcal{I}_2}(\hat{\boldsymbol{x}}) > \boldsymbol{0}$, 其中 $\boldsymbol{G}_{\mathcal{I}_1}: \mathbb{R}^n \to \mathbb{R}^{|\mathcal{I}_1|}$ 为线性函数. 则对偶规划 (10.5.5) 存在最优解, 且强对偶定理成立.

下面给出 Lagrange 对偶的几何解释. 为简单起见, 考虑带单个不等式约束的优化问题

$$\min\{f(\boldsymbol{x}) \mid c(\boldsymbol{x}) \geqslant 0\}. \tag{10.5.7}$$

记 $\mathcal{G} = \{(c(\boldsymbol{x}), f(\boldsymbol{x})) \mid x \in \mathbb{R}\}$. 根据定理 10.5.5 证明中的记法,

$$\mathcal{S} = \{(p, r) \mid \text{存在 } x \in \mathbb{R} \text{ 满足 } p \leqslant c(\boldsymbol{x}),\ r \geqslant f(\boldsymbol{x})\}.$$

图 10.5.1 中, 封闭实线所围起来的区域就是 $\mathcal{G}$, 虚线围起来的包含 $\mathcal{G}$ 的区域是 $\mathcal{S}$. 借助 $\mathcal{S}$, 规划问题 (10.5.7) 的最优值可表示为

$$f^* = \min\{r \mid (0, r) \in \mathcal{S}\},$$

而对偶规划问题的目标函数在任意 $u \geqslant 0$ 点的值可表示为

$$\theta(u) = \min\{(-u, 1)^{\mathrm{T}}(p, r) \mid (p, r) \in \mathcal{S}\}.$$

显然, 对任意的 $(p, r) \in \mathcal{S}$,

$$(-u, 1)^{\mathrm{T}}(p, r) \geqslant \theta(u).$$

这就是说,

$$\{(p,r) \mid (-u,1)^{\mathrm{T}}(p,r)=\theta(u)\}$$

构成集合 $\mathcal{S}$ 的一个不垂直于 p 轴的支撑超平面. 而该超平面 (直线) 在 r 轴上的截距, 即方程

$$(-u,1)^{\mathrm{T}}(p,r)=\theta(u)$$

在 r 轴上的截距就是 $\theta(u)$ 的值. 改变 $u\geqslant 0$ 的值, 便得到新的支撑超平面, 并因此得到不同的 $\theta(u)$ 值. 根据图 10.5.1, 在 $u=u^*$ 时, 得到 $\theta(u)$ 关于 $u\geqslant 0$ 的极大值, 也就是对偶规划问题的最优值.

另一方面, $(0,f^*)$ 为集合 $\mathcal{S}$ 的边界点, 且 $(0,f^*)\in\mathcal{S}$. 所以, 对任意的 $u\geqslant 0$,

$$(-u,1)^{\mathrm{T}}(0,f^*)\geqslant\theta(u).$$

也就是

$$f^*\geqslant\theta^*.$$

这就是弱对偶定理. 显然, 只有存在通过 $(0,f^*)$ 的不垂直于 p 轴的支撑超平面, 强对偶定理才成立. 定理 10.5.5 表明, 对凸规划问题, $\mathcal{S}$ 为凸集, 外加弱 Slater 约束规格即保证这样的支撑超平面存在. 所以, 强对偶定理对凸规划问题多数成立.

最后, 我们不加证明地给出如下与对偶有关的一些结论.

定理 10.5.6 (von Neumann 定理) 设 $\mathcal{X},\mathcal{Y}$ 分别为 $\mathbb{R}^n,\mathbb{R}^m$ 中的非空有界闭凸集, $f(\boldsymbol{x},\boldsymbol{y})$ 为 $\mathbb{R}^n\times\mathbb{R}^m\to\mathbb{R}$ 的连续函数, 且满足

(1) 对任意的 $\boldsymbol{y}\in\mathbb{R}^m$, 函数 $f(\cdot,\boldsymbol{y})$ 在 $\mathcal{X}$ 上为凸函数,

(2) 对任意的 $\boldsymbol{x}\in\mathbb{R}^n$, 函数 $f(\boldsymbol{x},\cdot)$ 在 $\mathcal{Y}$ 上为凹函数. 则

$$\min_{\boldsymbol{x}\in\mathcal{X}}\max_{\boldsymbol{y}\in\mathcal{Y}}f(\boldsymbol{x},\boldsymbol{y})=\max_{\boldsymbol{y}\in\mathcal{Y}}\min_{\boldsymbol{x}\in\mathcal{X}}f(\boldsymbol{x},\boldsymbol{y}).$$

定理 10.5.7 设 $\mathcal{X},\mathcal{Y}$ 分别为 $\mathbb{R}^n,\mathbb{R}^m$ 中的非空闭凸集, $f(\boldsymbol{x},\boldsymbol{y})$ 在 $\mathcal{X}\times\mathcal{Y}$ 上连续, 且满足

(1) 对任意的 $\boldsymbol{y}\in\mathbb{R}^m$, 函数 $f(\cdot,\boldsymbol{y})$ 在 $\mathcal{X}$ 上为凸函数,

(2) 对任意的 $\boldsymbol{x}\in\mathbb{R}^n$, 函数 $f(\boldsymbol{x},\cdot)$ 在 $\mathcal{Y}$ 上为凹函数.

如果 $\mathcal{X}$ 和 $\mathcal{Y}$ 中之一有界, 则

$$\min_{\boldsymbol{x}\in\mathcal{X}}\max_{\boldsymbol{y}\in\mathcal{Y}}f(\boldsymbol{x},\boldsymbol{y})=\max_{\boldsymbol{y}\in\mathcal{Y}}\min_{\boldsymbol{x}\in\mathcal{X}}f(\boldsymbol{x},\boldsymbol{y}).$$

10.6 对偶规划最优解

考虑约束优化问题

$$\min_{\boldsymbol{x}\in\mathbb{R}^n}\{f(\boldsymbol{x})\mid\boldsymbol{G}(\boldsymbol{x})\geqslant\boldsymbol{0},\boldsymbol{A}\boldsymbol{x}+\boldsymbol{b}=\boldsymbol{0}\},\tag{10.6.1}$$

其中 $f:\mathbb{R}^n\to\mathbb{R}$ 为连续凸函数, $\boldsymbol{G}(\boldsymbol{x})=(g_1,g_2,\cdots,g_s)$, $g_i:\mathbb{R}^n\to\mathbb{R}$ 为连续凹函数. $\boldsymbol{A}\in\mathbb{R}^{m\times n}$, $\boldsymbol{b}\in\mathbb{R}^m$.

根据 §10.5 的讨论, 该优化问题的 Lagrange 对偶为

$$\max_{\boldsymbol{u}\in\mathbb{R}^s_+,\boldsymbol{v}\in\mathbb{R}^m}\theta(\boldsymbol{u},\boldsymbol{v}),\tag{10.6.2}$$

其中,

$$\theta(\boldsymbol{u},\boldsymbol{v})=\min_{\boldsymbol{x}\in\mathbb{R}^n}\left\{L(\boldsymbol{x},\boldsymbol{u},\boldsymbol{v})=f(\boldsymbol{x})-\boldsymbol{u}^{\mathrm{T}}\boldsymbol{G}(\boldsymbol{x})-\boldsymbol{v}^{\mathrm{T}}(\boldsymbol{A}\boldsymbol{x}+\boldsymbol{b})\right\}.$$

对上述优化问题, 引入参数优化

$$\phi(\boldsymbol{s},\boldsymbol{t})=\min_{\boldsymbol{x}\in\mathbb{R}^n}\{f(\boldsymbol{x})\mid\boldsymbol{G}(\boldsymbol{x})\geqslant\boldsymbol{s},\ \boldsymbol{A}\boldsymbol{x}+\boldsymbol{b}=\boldsymbol{t}\},\quad \boldsymbol{s}\in\mathbb{R}^s,\boldsymbol{t}\in\mathbb{R}^m.\tag{10.6.3}$$

则有如下结论.

引理 10.6.1　对优化问题 (10.6.1), 设强对偶定理成立, 即优化问题 (10.6.1) 和对偶规划问题 (10.6.3) 都有最优解, 且最优值相等. 则最优值函数 $\phi(\boldsymbol{s},\boldsymbol{t})$ 为凸函数.

证明　设 $(\boldsymbol{u}^*,\boldsymbol{v}^*)$ 为对偶规划问题的最优解. 由强对偶定理得

$$L(\boldsymbol{x},\boldsymbol{u}^*,\boldsymbol{v}^*)\geqslant\min_{\boldsymbol{x}\in\mathbb{R}^n}L(\boldsymbol{x},\boldsymbol{u}^*,\boldsymbol{v}^*)=\theta(\boldsymbol{u}^*,\boldsymbol{v}^*)=\phi(\boldsymbol{0},\boldsymbol{0}),\quad\forall\,\boldsymbol{x}\in\mathbb{R}^n.$$

由此, 对参数优化问题 (10.6.2) 的任一可行点 $\boldsymbol{x}$,

$$\begin{aligned}&\phi(\boldsymbol{0},\boldsymbol{0})+(\boldsymbol{u}^*)^{\mathrm{T}}\boldsymbol{s}+(\boldsymbol{v}^*)^{\mathrm{T}}\boldsymbol{t}\\ \leqslant&L(\boldsymbol{x},\boldsymbol{u}^*,\boldsymbol{v}^*)+(\boldsymbol{u}^*)^{\mathrm{T}}\boldsymbol{s}+(\boldsymbol{v}^*)^{\mathrm{T}}\boldsymbol{t}\\ =&f(\boldsymbol{x})-(\boldsymbol{u}^*)^{\mathrm{T}}\boldsymbol{G}(\boldsymbol{x})-(\boldsymbol{v}^*)^{\mathrm{T}}(\boldsymbol{A}\boldsymbol{x}+\boldsymbol{b})+(\boldsymbol{u}^*)^{\mathrm{T}}\boldsymbol{s}+(\boldsymbol{v}^*)^{\mathrm{T}}\boldsymbol{t}\\ =&f(\boldsymbol{x})-(\boldsymbol{u}^*)^{\mathrm{T}}(\boldsymbol{G}(\boldsymbol{x})-\boldsymbol{s})-(\boldsymbol{v}^*)^{\mathrm{T}}(\boldsymbol{A}\boldsymbol{x}+\boldsymbol{b}-\boldsymbol{t})\\ \leqslant&f(\boldsymbol{x}).\end{aligned}$$

将该式关于 $\boldsymbol{x}\in\{\boldsymbol{x}\in\mathbb{R}^n\mid\boldsymbol{G}(\boldsymbol{x})\geqslant\boldsymbol{s},\ \boldsymbol{A}\boldsymbol{x}+\boldsymbol{b}=\boldsymbol{t}\}$ 取最小得

$$\phi(\boldsymbol{s},\boldsymbol{t})\geqslant\phi(\boldsymbol{0},\boldsymbol{0})+(\boldsymbol{u}^*)^{\mathrm{T}}\boldsymbol{s}+(\boldsymbol{v}^*)^{\mathrm{T}}\boldsymbol{t}.\tag{10.6.4}$$

由此, 对任意的 $(\boldsymbol{s},\boldsymbol{t})\in\mathbb{R}^s\times\mathbb{R}^m$, $\phi(\boldsymbol{s},\boldsymbol{t})>-\infty$, 且 $\phi(\boldsymbol{0},\boldsymbol{0})<\infty$. 故 $\phi(\boldsymbol{s},\boldsymbol{t})$ 为正常函数.

下证 $\phi(\boldsymbol{s},\boldsymbol{t})$ 为凸函数. 为此, 任取 $(\boldsymbol{s}_1,\boldsymbol{t}_1),(\boldsymbol{s}_2,\boldsymbol{t}_2)\in\mathbb{R}^s\times\mathbb{R}^m$ 和 $\lambda\in(0,1)$. 由最优值函数的定义, 存在参数优化问题 (10.6.2) 的可行点列 $\{\boldsymbol{x}_k\},\{\boldsymbol{y}_k\}$ 使得

$$\lim_{k\to\infty}f(\boldsymbol{x}_k)=\phi(\boldsymbol{s}_1,\boldsymbol{t}_1),\qquad\lim_{k\to\infty}f(\boldsymbol{y}_k)=\phi(\boldsymbol{s}_2,\boldsymbol{t}_2).\tag{10.6.5}$$

由 $\boldsymbol{x}_k$ 和 $\boldsymbol{y}_k$ 的可行性, $\boldsymbol{G}(\boldsymbol{x}_k)\geqslant \boldsymbol{s}_1, \boldsymbol{G}(\boldsymbol{y}_k)\geqslant \boldsymbol{s}_2$. 故由 $\boldsymbol{G}$ 为凹函数得

$$\begin{aligned}\boldsymbol{G}(\lambda\boldsymbol{x}_k+(1-\lambda)\boldsymbol{y}_k)&\geqslant \lambda\boldsymbol{G}(\boldsymbol{x}_k)+(1-\lambda)\boldsymbol{G}(\boldsymbol{y}_k)\\&\geqslant \lambda\boldsymbol{s}_1+(1-\lambda)\boldsymbol{s}_2.\end{aligned}$$

从而由

$$\begin{aligned}\boldsymbol{A}(\lambda\boldsymbol{x}_k+(1-\lambda)\boldsymbol{y}_k)+\boldsymbol{b}&=\lambda(\boldsymbol{A}\boldsymbol{x}_k+\boldsymbol{b})+(1-\lambda)(\boldsymbol{A}\boldsymbol{y}_k+\boldsymbol{b})\\&=\lambda\boldsymbol{t}_1+(1-\lambda)\boldsymbol{t}_2\end{aligned}$$

知 $\lambda\boldsymbol{x}_k+(1-\lambda)\boldsymbol{y}_k$ 为参数优化问题

$$\begin{aligned}\min\quad & f(\boldsymbol{x})\\ \text{s.t.}\quad & \boldsymbol{G}(\boldsymbol{x})\geqslant \lambda\boldsymbol{s}_1+(1-\lambda)\boldsymbol{s}_2,\\ & \boldsymbol{A}\boldsymbol{x}+\boldsymbol{b}=\lambda\boldsymbol{t}_1+(1-\lambda)\boldsymbol{t}_2\end{aligned}\tag{10.6.6}$$

的可行解. 再由 (10.6.5) 和函数 f 的凸性得

$$\liminf_{k\to\infty} f(\lambda\boldsymbol{x}_k+(1-\lambda)\boldsymbol{y}_k)\leqslant \lambda\phi(\boldsymbol{s}_1,\boldsymbol{t}_1)+(1-\lambda)\phi(\boldsymbol{s}_2,\boldsymbol{t}_2).\tag{10.6.7}$$

另一方面, 由优化问题 (10.6.6) 最优值函数的定义,

$$\phi\Big(\lambda\boldsymbol{s}_1+(1-\lambda)\boldsymbol{s}_2,\lambda\boldsymbol{t}_1+(1-\lambda)\boldsymbol{t}_2\Big)\leqslant f\Big(\lambda\boldsymbol{x}_k+(1-\lambda)\boldsymbol{y}_k\Big).$$

右端关于 k 取下极限得

$$\phi\Big(\lambda\boldsymbol{s}_1+(1-\lambda)\boldsymbol{s}_2,\lambda\boldsymbol{t}_1+(1-\lambda)\boldsymbol{t}_2\Big)\leqslant \liminf_{k\to\infty} f\Big(\lambda\boldsymbol{x}_k+(1-\lambda)\boldsymbol{y}_k\Big).$$

从而由 (10.6.7) 得

$$\phi(\lambda\boldsymbol{s}_1+(1-\lambda)\boldsymbol{s}_2,\lambda\boldsymbol{t}_1+(1-\lambda)\boldsymbol{t}_2)\leqslant \lambda\phi(\boldsymbol{s}_1,\boldsymbol{t}_1)+(1-\lambda)\phi(\boldsymbol{s}_2,\boldsymbol{t}_2).$$

这说明, 最优值函数 $\phi(\boldsymbol{s},\boldsymbol{t})$ 为凸函数.　　证毕

下面借助参数优化 (10.6.2) 对上述对偶规划问题的最优解进行刻画.

定理 10.6.1　对约束优化问题 (10.6.1), 设强对偶定理成立, 即优化问题 (10.6.1) 和对偶规划问题 (10.6.6) 都有最优解, 且最优值相等. 则 $(\boldsymbol{u}^*,\boldsymbol{v}^*)$ 为对偶规划问题的最优解当且仅当 $(\boldsymbol{u}^*,\boldsymbol{v}^*)\in\partial\phi(\boldsymbol{0},\boldsymbol{0})$.

证明　设 $(\boldsymbol{u}^*,\boldsymbol{v}^*)$ 为对偶规划问题的最优解. 由 (10.6.4) 得 $(\boldsymbol{u}^*,\boldsymbol{v}^*)\in\partial\phi(\boldsymbol{0},\boldsymbol{0})$. 必要性得证.

下证充分性. 设 $(\boldsymbol{u}^*,\boldsymbol{v}^*)\in\partial\phi(\boldsymbol{0},\boldsymbol{0})$. 则对任意的 $(\boldsymbol{s},\boldsymbol{t})\in\mathbb{R}^s\times\mathbb{R}^m$,

$$\phi(\boldsymbol{s},\boldsymbol{t})\geqslant\phi(\boldsymbol{0},\boldsymbol{0})+(\boldsymbol{u}^*)^{\mathrm{T}}\boldsymbol{s}+(\boldsymbol{v}^*)^{\mathrm{T}}\boldsymbol{t}.\tag{10.6.8}$$

从而对任意的 $\boldsymbol{x}\in\mathbb{R}^n$,

$$\begin{aligned}f(\boldsymbol{x})&\geqslant\phi(\boldsymbol{G}(\boldsymbol{x}),\boldsymbol{A}\boldsymbol{x}+\boldsymbol{b})\\&\geqslant\phi(\boldsymbol{0},\boldsymbol{0})+(\boldsymbol{u}^*)^{\mathrm{T}}\boldsymbol{G}(\boldsymbol{x})+(\boldsymbol{v}^*)^{\mathrm{T}}(\boldsymbol{A}\boldsymbol{x}+\boldsymbol{b}).\end{aligned}$$

这说明, 对任意的 $\boldsymbol{x}\in\mathbb{R}^n$,

$$\phi(\boldsymbol{0},\boldsymbol{0})\leqslant f(\boldsymbol{x})-(\boldsymbol{u}^*)^{\mathrm{T}}\boldsymbol{G}(\boldsymbol{x})-(\boldsymbol{v}^*)^{\mathrm{T}}(\boldsymbol{A}\boldsymbol{x}+\boldsymbol{b})=L(\boldsymbol{x},\boldsymbol{u}^*,\boldsymbol{v}^*).$$

将上式关于 $\boldsymbol{x}\in\mathbb{R}^n$ 取最小得

$$\phi(\boldsymbol{0},\boldsymbol{0})\leqslant\min_{\boldsymbol{x}\in\mathbb{R}^n}L(\boldsymbol{x},\boldsymbol{u}^*,\boldsymbol{v}^*)=\theta(\boldsymbol{u}^*,\boldsymbol{v}^*).\tag{10.6.9}$$

对 $i\in\{1,2,\cdots,s\}$, 令 $\boldsymbol{s}=-\boldsymbol{e}_i,\boldsymbol{t}=\boldsymbol{0}$. 则由 (10.6.8) 和参数优化问题最优值函数的单调性得

$$\boldsymbol{u}_i^*\geqslant\phi(\boldsymbol{0},\boldsymbol{0})-\phi(-\boldsymbol{e}_i,\boldsymbol{0})\geqslant 0.$$

由 $i\in\{1,2,\cdots,s\}$ 的任意性知, $\boldsymbol{u}^*\geqslant\boldsymbol{0}$. 从而由 (10.6.9) 得

$$\theta^*=f^*=\phi(\boldsymbol{0},\boldsymbol{0})\leqslant\theta(\boldsymbol{u}^*,\boldsymbol{v}^*)\leqslant\theta^*.$$

这说明 $\theta(\boldsymbol{u}^*,\boldsymbol{v}^*)=\theta^*$, $(\boldsymbol{u}^*,\boldsymbol{v}^*)$ 为对偶问题的最优解. 证毕

下在强对偶定理成立假设下给出优化问题 (10.6.1) 的一个误差界估计.

定理 10.6.2 对优化问题 (10.6.1), 设 $f:\mathbb{R}^n\to\mathbb{R}$ 为凸函数, $\boldsymbol{G}=(g_1,g_2,\cdots,g_s)$, $g_i:\mathbb{R}^n\to\mathbb{R},i=1,\cdots,s$ 为凹函数, 强对偶定理成立, 即优化问题 (10.6.1) 和对偶规划问题 (10.6.6) 分别有最优解 $\boldsymbol{x}^*$ 和 $(\boldsymbol{u}^*,\boldsymbol{v}^*)$, 且最优值相等, 即 $f^*=\theta^*$. 如果 $\bar{\boldsymbol{x}}\in\mathbb{R}^n$ 满足

$$f(\bar{\boldsymbol{x}})-f^*+\rho_1\|[\boldsymbol{G}(\bar{\boldsymbol{x}})]_-\|_2+\rho_2\|\boldsymbol{A}\bar{\boldsymbol{x}}+\boldsymbol{b}\|_2\leqslant\delta,$$

其中, $\delta>0$, $\rho_1\geqslant 2\|\boldsymbol{u}^*\|_2,\rho_2\geqslant 2\|\boldsymbol{v}^*\|_2$. 则

$$f(\bar{\boldsymbol{x}})-f^*\leqslant\delta,\quad\|[\boldsymbol{G}(\bar{\boldsymbol{x}})]_-\|_2\leqslant\frac{2}{\rho_1}\delta,\quad\|\boldsymbol{A}\bar{\boldsymbol{x}}+\boldsymbol{b}\|_2\leqslant\frac{2}{\rho_2}\delta.$$

证明 首先, 由 $\bar{x}$ 为可行点和题设知, $f(\bar{\boldsymbol{x}})-f^*\leqslant\delta$. 其次, 由于 $(\boldsymbol{u}^*,\boldsymbol{v}^*)$ 为对偶规划问题的最优解, 由定理 10.6.1, $(\boldsymbol{u}^*,\boldsymbol{v}^*)\in\partial\phi(\boldsymbol{0},\boldsymbol{0})$. 所以,

$$\phi(\boldsymbol{s},\boldsymbol{t})\geqslant\phi(\boldsymbol{0},\boldsymbol{0})+\langle\boldsymbol{u}^*,\boldsymbol{s}\rangle+\langle\boldsymbol{v}^*,\boldsymbol{t}\rangle,\quad\forall\ \boldsymbol{s}\in\mathbb{R}^s,\boldsymbol{t}\in\mathbb{R}^m.$$

将 $\boldsymbol{s}=\bar{\boldsymbol{s}}\triangleq[\boldsymbol{G}(\bar{\boldsymbol{x}})]_-$ 和 $\boldsymbol{t}=\bar{\boldsymbol{t}}\triangleq\boldsymbol{A}\bar{\boldsymbol{x}}+\boldsymbol{b}$ 代入上式, 并利用 $\phi(\bar{\boldsymbol{s}},\bar{\boldsymbol{t}})\leqslant f(\bar{\boldsymbol{x}})$ 和 $\phi(\boldsymbol{0},\boldsymbol{0})=f^*$ 得

$$\begin{aligned}&(\rho_1-\|\boldsymbol{u}^*\|_2)\|\bar{\boldsymbol{s}}\|_2+(\rho_2-\|\boldsymbol{v}^*\|_2)\|\bar{\boldsymbol{t}}\|_2\\&=-\|\boldsymbol{u}^*\|_2\|\bar{\boldsymbol{s}}\|_2-\|\boldsymbol{v}^*\|_2\|\bar{\boldsymbol{t}}\|_2+\rho_1\|\bar{\boldsymbol{s}}\|_2+\rho_2\|\bar{\boldsymbol{t}}\|_2\end{aligned}$$

$$
\begin{aligned}
&\leqslant \langle \boldsymbol{u}^*, \bar{\boldsymbol{s}}\rangle + \langle \boldsymbol{v}^*, \bar{\boldsymbol{t}}\rangle + \rho_1\|\bar{\boldsymbol{s}}\|_2 + \rho_2\|\bar{\boldsymbol{t}}\|_2 \\
&\leqslant \phi(\bar{\boldsymbol{s}}, \bar{\boldsymbol{t}}) - \phi(\mathbf{0}, \mathbf{0}) + \rho_1\|\bar{\boldsymbol{s}}\|_2 + \rho_2\|\bar{\boldsymbol{t}}\|_2 \\
&\leqslant f(\bar{\boldsymbol{x}}) - f^* + \rho_1\|\bar{\boldsymbol{s}}\|_2 + \rho_2\|\bar{\boldsymbol{t}}\|_2 \leqslant \delta.
\end{aligned}
$$

由于上式左边各项非负, 故

$$
(\rho_1 - \|\boldsymbol{u}^*\|_2)\|\bar{\boldsymbol{s}}\|_2 \leqslant \delta, \quad (\rho_2 - \|\boldsymbol{v}^*\|_2)\|\bar{\boldsymbol{t}}\|_2 \leqslant \delta.
$$

从而由 $\rho_1 \geqslant 2\|\boldsymbol{u}^*\|_2$ 和 $\rho_2 \geqslant 2\|\boldsymbol{t}^*\|_2$ 得

$$
\begin{aligned}
\|[\boldsymbol{G}(\bar{\boldsymbol{x}})]_-\|_2 &= \|\bar{\boldsymbol{s}}\|_2 \leqslant \frac{\delta}{\rho_1 - \|\boldsymbol{u}^*\|_2} \leqslant \frac{2}{\rho_1}\delta, \\
\|\boldsymbol{A}\bar{\boldsymbol{x}} + \boldsymbol{b}\|_2 &= \|\bar{\boldsymbol{t}}\|_2 \leqslant \frac{\delta}{\rho_2 - \|\boldsymbol{v}^*\|_2} \leqslant \frac{2}{\rho_2}\delta.
\end{aligned}
$$

证毕

10.7 约束优化二阶最优性条件

约束优化问题的最优值点未必满足 KKT 条件, 而 K-T 点也未必是最优值点. 那么, 在什么情况下, 约束优化问题的 K-T 点为最优值点?

考虑如下约束优化问题

$$
\begin{aligned}
\min \quad & f(\boldsymbol{x}) = x_1^2 + x_2^2 \\
\text{s.t.} \quad & x_1^2 + x_2 - 1 \geqslant 0.
\end{aligned}
$$

容易验证 $\boldsymbol{x}^* = (0,1)^{\mathrm{T}}$ 是其 K-T 点, 并且 $\nabla^2 f(\boldsymbol{x})$ 在 $\boldsymbol{x}^*$ 点正定. 但 $\boldsymbol{x}^*$ 并非该问题的最优值点. 因为可行域的边界点 $(x_1, 1-x_1^2)^{\mathrm{T}}$ 对应的目标函数值为 $1-x_1^2+x_1^4$. 只要 $x_1 \in (0,1)$, 就有 $f(\boldsymbol{x}) < f(\boldsymbol{x}^*)$.

为进一步建立约束优化问题的 K-T 点和最优值点之间的关系, 根据无约束优化问题最优性条件的讨论, 需要建立约束优化问题的二阶最优性条件. 与无约束优化问题的二阶最优性条件不同, 约束优化问题的二阶最优性条件是通过 Lagrange 函数关于 $\boldsymbol{x}$ 的 Hesse 阵在最优值点的临界锥上的半正定性刻画的.

定理 10.7.1(二阶必要条件) 设 $\boldsymbol{x}^*$ 是约束优化问题

$$
\begin{aligned}
\min \quad & f(\boldsymbol{x}) \\
\text{s.t.} \quad & c_i(\boldsymbol{x}) = 0, \quad i \in \mathcal{E}, \\
& c_i(\boldsymbol{x}) \geqslant 0, \quad i \in \mathcal{I}
\end{aligned}
\tag{10.7.1}
$$

的最优解, $(\boldsymbol{x}^*, \boldsymbol{\lambda}^*)$ 为其 K-T 对. 若约束函数全是线性的或者 $\nabla c_i(\boldsymbol{x}^*)$, $i \in \mathcal{A}(\boldsymbol{x}^*)$ 线性无关, 则对于满足 $\boldsymbol{s}^{\mathrm{T}}\nabla c_i(\boldsymbol{x}^*) = 0, \ i \in \mathcal{A}(\boldsymbol{x}^*)$ 的任意 $\boldsymbol{s} \in \mathbb{R}^n$ 有

$$
\boldsymbol{s}^{\mathrm{T}}\nabla_{\boldsymbol{x}\boldsymbol{x}}L(\boldsymbol{x}^*, \boldsymbol{\lambda}^*)\boldsymbol{s} \geqslant 0.
$$

证明 分两种情况讨论.

(1) 约束函数全是线性的.

此时, 任意满足 $\boldsymbol{s}^{\mathrm{T}}\nabla c_i(\boldsymbol{x}^*)=0, i\in\mathcal{A}(\boldsymbol{x}^*)$ 的 $\boldsymbol{s}$ 为约束优化问题 (10.7.1) 在 $\boldsymbol{x}^*$ 点的可行方向. 故对任意的 $i\in\mathcal{A}(\boldsymbol{x}^*)$,

$$c_i(\boldsymbol{x}^*+\alpha\boldsymbol{s})=c_i(\boldsymbol{x}^*)+\alpha\boldsymbol{s}^{\mathrm{T}}\nabla c_i(\boldsymbol{x}^*)=c_i(\boldsymbol{x}^*)=0.$$

对 $i\in\mathcal{I}\backslash\mathcal{I}(\boldsymbol{x}^*)$, 由 KKT 条件, $\lambda_i^*=0$.

另一方面, 由于 $\boldsymbol{x}^*$ 为最优解, 故对充分小的 $\alpha>0$ 有 $f(\boldsymbol{x}^*+\alpha\boldsymbol{s})\geqslant f(\boldsymbol{x}^*)$. 所以

$$\begin{aligned}
&L(\boldsymbol{x}^*+\alpha\boldsymbol{s},\boldsymbol{\lambda}^*)-L(\boldsymbol{x}^*,\boldsymbol{\lambda}^*)\\
=&f(\boldsymbol{x}^*+\alpha\boldsymbol{s})-f(\boldsymbol{x}^*)-\sum_{i\in\mathcal{E}\cup\mathcal{I}}\lambda_i^*c_i(\boldsymbol{x}^*+\alpha\boldsymbol{s})+\sum_{i\in\mathcal{E}\cup\mathcal{I}}\lambda_i^*c_i(\boldsymbol{x}^*)\\
=&f(\boldsymbol{x}^*+\alpha\boldsymbol{s})-f(\boldsymbol{x}^*)\geqslant 0.
\end{aligned}$$

进一步, 由

$$\begin{aligned}
0\leqslant&L(\boldsymbol{x}^*+\alpha\boldsymbol{s},\boldsymbol{\lambda}^*)-L(\boldsymbol{x}^*,\boldsymbol{\lambda}^*)\\
=&\alpha\boldsymbol{s}^{\mathrm{T}}\nabla_{\boldsymbol{x}}L(\boldsymbol{x}^*,\boldsymbol{\lambda}^*)+\frac{1}{2}\alpha^2\boldsymbol{s}^{\mathrm{T}}\nabla_{\boldsymbol{xx}}L(\boldsymbol{x}^*,\boldsymbol{\lambda}^*)\boldsymbol{s}+o(\alpha^2)\\
=&\frac{1}{2}\alpha^2\boldsymbol{s}^{\mathrm{T}}\nabla_{\boldsymbol{xx}}L(\boldsymbol{x}^*,\boldsymbol{\lambda}^*)\boldsymbol{s}+o(\alpha^2)
\end{aligned}$$

知 $\boldsymbol{s}^{\mathrm{T}}\nabla_{\boldsymbol{xx}}L(\boldsymbol{x}^*,\boldsymbol{\lambda}^*)\boldsymbol{s}\geqslant 0$.

(2) $[\nabla c_i(\boldsymbol{x}^*),\ i\in\mathcal{A}(\boldsymbol{x}^*)]$ 线性无关.

若 $|\mathcal{A}(\boldsymbol{x}^*)|=n$, 则 $\boldsymbol{s}^{\mathrm{T}}\nabla c_i(\boldsymbol{x}^*)=0,\ i\in\mathcal{A}(\boldsymbol{x}^*)$ 只有零解. 结论显然成立.

若 $|\mathcal{A}(\boldsymbol{x}^*)|<n$, 不妨设 $\mathcal{A}(\boldsymbol{x}^*)=\{1,2,\cdots,p\}$. 由题设, 矩阵 $\boldsymbol{N}\triangleq[\nabla c_i(\boldsymbol{x}^*)]_{i\in\mathcal{A}(\boldsymbol{x}^*)}$ 列满秩. 取 $\boldsymbol{N}^{\mathrm{T}}$ 的核空间的一组标准正交基 $(\boldsymbol{S},\ \boldsymbol{s})\in\mathbb{R}^{n\times(n-p)}$, 其中 $\boldsymbol{s}$ 为一列向量. 构造向量值函数 $\boldsymbol{r}:\mathbb{R}^{n+1}\to\mathbb{R}^n$,

$$\boldsymbol{r}(\boldsymbol{x},\theta)=\begin{pmatrix}c_1(\boldsymbol{x})\\ \vdots\\ c_p(\boldsymbol{x})\\ \boldsymbol{S}^{\mathrm{T}}\boldsymbol{x}-\boldsymbol{S}^{\mathrm{T}}\boldsymbol{x}^*\\ \boldsymbol{s}^{\mathrm{T}}\boldsymbol{x}-\boldsymbol{s}^{\mathrm{T}}\boldsymbol{x}^*-\theta\end{pmatrix}.$$

与定理 10.2.2 的证明过程类似, 方程 $\boldsymbol{r}(\boldsymbol{x},\theta)=\mathbf{0}$ 在 $(\boldsymbol{x}^*,0)$ 点附近确定隐函数 $x(\theta)$, 使得在 θ 充分靠近 0 时 $\boldsymbol{r}(\boldsymbol{x}(\theta),\theta)=\mathbf{0}$, 且 $D_\theta\boldsymbol{x}(0)=\boldsymbol{s}$.

由于 $\boldsymbol{x}(\theta)$ 关于 θ 连续, 故当 θ 充分靠近 0 时

$$\begin{cases} c_i(\boldsymbol{x}(\theta)) = 0, & i \in \mathcal{A}(\boldsymbol{x}^*), \\ c_i(\boldsymbol{x}(\theta)) \geqslant 0, & i \in \mathcal{I} \backslash \mathcal{I}(\boldsymbol{x}^*). \end{cases}$$

进而 $\boldsymbol{x}(\theta)$ 为约束优化问题 (10.7.1) 的可行点. 由于 $\boldsymbol{x}^*$ 是其最优解, 故有

$$f(\boldsymbol{x}(\theta)) \geqslant f(\boldsymbol{x}^*).$$

这样,

$$\begin{aligned} & L(\boldsymbol{x}(\theta), \boldsymbol{\lambda}^*) - L(\boldsymbol{x}^*, \boldsymbol{\lambda}^*) \\ = & f(\boldsymbol{x}(\theta)) - \sum_{i \in \mathcal{E} \cup \mathcal{I}} \boldsymbol{\lambda}_i^* c_i(\boldsymbol{x}(\theta)) - f(\boldsymbol{x}^*) + \sum_{i \in \mathcal{E} \cup \mathcal{I}} \lambda_i^* c_i(\boldsymbol{x}^*) \\ = & f(\boldsymbol{x}(\theta)) - f(\boldsymbol{x}^*) \geqslant 0. \end{aligned}$$

结合 KKT 条件及 $\boldsymbol{x}(\theta) = \boldsymbol{x}^* + \theta \boldsymbol{s} + o(\theta)$ 得

$$\begin{aligned} 0 \leqslant & L(\boldsymbol{x}(\theta), \boldsymbol{\lambda}^*) - L(\boldsymbol{x}^*, \boldsymbol{\lambda}^*) \\ = & (\boldsymbol{x}(\theta) - \boldsymbol{x}^*)^{\mathrm{T}} \nabla_{\boldsymbol{x}} L(\boldsymbol{x}^*, \boldsymbol{\lambda}^*) + \frac{1}{2} (\boldsymbol{x}(\theta) - \boldsymbol{x}^*)^{\mathrm{T}} \nabla_{\boldsymbol{x}\boldsymbol{x}} L(\boldsymbol{x}^*, \boldsymbol{\lambda}^*) (\boldsymbol{x}(\theta) - \boldsymbol{x}^*) \\ & + o(\|\boldsymbol{x}(\theta) - \boldsymbol{x}^*\|^2) \\ = & \frac{1}{2} (\theta \boldsymbol{s} + o(\theta))^{\mathrm{T}} \nabla_{\boldsymbol{x}\boldsymbol{x}} L(\boldsymbol{x}^*, \boldsymbol{\lambda}^*) (\theta \boldsymbol{s} + o(\theta)) + o(\|\theta \boldsymbol{s} + o(\theta)\|^2) \\ = & \frac{1}{2} \theta^2 \boldsymbol{s}^{\mathrm{T}} \nabla_{\boldsymbol{x}\boldsymbol{x}} L(\boldsymbol{x}^*, \boldsymbol{\lambda}^*) \boldsymbol{s} + o(\theta^2). \end{aligned}$$

所以

$$\boldsymbol{s}^{\mathrm{T}} \nabla_{\boldsymbol{x}\boldsymbol{x}} L(\boldsymbol{x}^*, \boldsymbol{\lambda}^*) \boldsymbol{s} \geqslant 0.$$

证毕

下面给出约束优化问题的二阶充分条件.

定理 10.7.2 (二阶充分条件)　设 $(\boldsymbol{x}^*, \boldsymbol{\lambda}^*)$ 为约束优化问题 (10.7.1) 的 K-T 对. 若对任意满足

$$\begin{cases} \boldsymbol{s}^{\mathrm{T}} \nabla c_i(\boldsymbol{x}^*) = 0, & i \in \mathcal{E}, \\ \boldsymbol{s}^{\mathrm{T}} \nabla c_i(\boldsymbol{x}^*) \geqslant 0, & \lambda_i^* = 0,\ i \in \mathcal{I}(\boldsymbol{x}^*), \\ \boldsymbol{s}^{\mathrm{T}} \nabla c_i(\boldsymbol{x}^*) = 0, & \lambda_i^* > 0,\ i \in \mathcal{I}(\boldsymbol{x}^*) \end{cases} \tag{10.7.2}$$

的非零向量 $\boldsymbol{s} \in \mathbb{R}^n$ 都有 $\boldsymbol{s}^{\mathrm{T}} \nabla_{\boldsymbol{x}\boldsymbol{x}} L(\boldsymbol{x}^*, \boldsymbol{\lambda}^*) \boldsymbol{s} > 0$, 则 $\boldsymbol{x}^*$ 是约束优化问题 (10.7.1) 的严格最优解. 进一步, 存在 $\gamma > 0$ 和 $\delta > 0$ 使对任意的 $\boldsymbol{x} \in N(\boldsymbol{x}^*, \delta) \cap \Omega$, 成立

$$f(\boldsymbol{x}) \geqslant f(\boldsymbol{x}^*) + \gamma \|\boldsymbol{x} - \boldsymbol{x}^*\|^2.$$

证明 只证第二个结论.

根据题设, $\boldsymbol{x}^*$ 是约束优化问题 (10.7.1) 的可行解. 反设命题不成立, 则存在收敛到 $\boldsymbol{x}^*$ 的可行点列 $\{\boldsymbol{x}_k\}$ 满足

$$f(\boldsymbol{x}_k) < f(\boldsymbol{x}^*) + \frac{1}{k}\|\boldsymbol{x}_k - \boldsymbol{x}^*\|^2. \tag{10.7.3}$$

结合 KKT 条件知

$$L(\boldsymbol{x}_k, \boldsymbol{\lambda}^*) < L(\boldsymbol{x}^*, \boldsymbol{\lambda}^*) + \frac{1}{k}\|\boldsymbol{x}_k - \boldsymbol{x}^*\|^2. \tag{10.7.4}$$

显然, 单位序列 $\left\{\dfrac{\boldsymbol{x}_k - \boldsymbol{x}^*}{\|\boldsymbol{x}_k - \boldsymbol{x}^*\|}\right\}$ 存在收敛子列, 不妨设 $\dfrac{\boldsymbol{x}_k - \boldsymbol{x}^*}{\|\boldsymbol{x}_k - \boldsymbol{x}^*\|} = \boldsymbol{s}_k \to \boldsymbol{s}$.

下证 $\boldsymbol{s}$ 满足题设中的 (10.7.2).

对 $i \in \mathcal{E}$, 由

$$0 = c_i(\boldsymbol{x}_k) - c_i(\boldsymbol{x}^*) = (\boldsymbol{x}_k - \boldsymbol{x}^*)^{\mathrm{T}}\nabla c_i(\boldsymbol{x}^*) + o(\|\boldsymbol{x}_k - \boldsymbol{x}^*\|)$$

知

$$0 = \frac{c_i(\boldsymbol{x}_k) - c_i(\boldsymbol{x}^*)}{\|\boldsymbol{x}_k - \boldsymbol{x}^*\|} = \boldsymbol{s}_k^{\mathrm{T}}\nabla c_i(\boldsymbol{x}^*) + o(1),$$

即

$$\boldsymbol{s}^{\mathrm{T}}\nabla c_i(\boldsymbol{x}^*) = 0, \quad i \in \mathcal{E}.$$

显然, 对任意的 $i \in \mathcal{I}(\boldsymbol{x}^*)$, $0 \leqslant c_i(\boldsymbol{x}_k) - c_i(\boldsymbol{x}^*)$. 类似的推导有

$$\boldsymbol{s}^{\mathrm{T}}\nabla c_i(\boldsymbol{x}^*) \geqslant 0, \qquad i \in \mathcal{I}(\boldsymbol{x}^*).$$

对目标函数 $f(\boldsymbol{x})$, 利用 (10.7.3), 类似的推导得 $\boldsymbol{s}^{\mathrm{T}}\nabla f(\boldsymbol{x}^*) \leqslant 0$.

根据上述讨论对任意的 $i \in \mathcal{I}(\boldsymbol{x}^*)$, $\lambda_i^*\boldsymbol{s}^{\mathrm{T}}\nabla c_i(\boldsymbol{x}^*) \geqslant 0$. 下证等号成立. 否则, 存在 $i_0 \in \mathcal{I}(\boldsymbol{x}^*)$ 使得 $\lambda_{i_0}^* > 0, \boldsymbol{s}^{\mathrm{T}}\nabla c_{i_0}(\boldsymbol{x}^*) > 0$. 利用 KKT 条件

$$\nabla f(\boldsymbol{x}^*) = \sum_{i \in \mathcal{A}(\boldsymbol{x}^*)} \lambda_i^*\nabla c_i(\boldsymbol{x}^*)$$

得

$$0 \geqslant \boldsymbol{s}^{\mathrm{T}}\nabla f(\boldsymbol{x}^*) = \sum_{i \in \mathcal{A}(\boldsymbol{x}^*)} \lambda_i^*\boldsymbol{s}^{\mathrm{T}}\nabla c_i(\boldsymbol{x}^*) > 0.$$

此矛盾说明 $\boldsymbol{s}$ 满足题设条件 (10.7.2), 从而 $\boldsymbol{s}^{\mathrm{T}}\nabla_{\boldsymbol{x}\boldsymbol{x}}L(\boldsymbol{x}^*, \boldsymbol{\lambda}^*)\boldsymbol{s} > 0$.

由 (10.7.4), 对充分大的 k,

$$\begin{aligned}\frac{1}{k} &> \frac{L(\boldsymbol{x}_k,\boldsymbol{\lambda}^*)-L(\boldsymbol{x}^*,\boldsymbol{\lambda}^*)}{\|\boldsymbol{x}_k-\boldsymbol{x}^*\|^2}\\ &= \frac{\boldsymbol{s}_k^{\mathrm{T}}\nabla_{\boldsymbol{x}}L(\boldsymbol{x}^*,\boldsymbol{\lambda}^*)}{\|\boldsymbol{x}_k-\boldsymbol{x}^*\|}+\frac{1}{2}\boldsymbol{s}_k^{\mathrm{T}}\nabla_{\boldsymbol{x}\boldsymbol{x}}L(\boldsymbol{x}^*,\boldsymbol{\lambda}^*)\boldsymbol{s}_k+o(1)>0.\end{aligned}$$

令 $k\to\infty$ 得矛盾, 这说明假设不成立. 命题结论得证. 　　证毕

由约束优化问题的 KKT 条件, 上述二阶条件主要考察 Lagrange 函数关于 $\boldsymbol{x}$ 的梯度在从 $\boldsymbol{x}^*$ 点沿可行域在最优值点的切方向 $\boldsymbol{s}$ 移动时的变化情况.

习　题

1. 设 $\boldsymbol{x}^*$ 为下述优化问题的最优解

$$\min\{f(\boldsymbol{x})\mid \boldsymbol{l}\leqslant\boldsymbol{x}\leqslant\boldsymbol{u}\},$$

其中, $f:\mathbb{R}^n\to\mathbb{R}$ 连续可微, 向量 $\boldsymbol{l},\boldsymbol{u}\in\mathbb{R}^n$ 满足 $\boldsymbol{l}\leqslant\boldsymbol{u}$. 试证明

$$\frac{\partial f_i(\boldsymbol{x}^*)}{\partial x_i}\begin{cases}\geqslant 0, & x_i^*=l_i,\\ \leqslant 0, & x_i^*=u_i,\\ =0, & l_i<x_i^*<u_i.\end{cases}$$

2. 设 $\boldsymbol{A}\in\mathbb{R}^{m\times n}$, $\boldsymbol{b}\in\mathbb{R}^m$. 试给出下述可行域中的点的可行方向所满足的条件.

$$\begin{aligned}\Omega_1&=\{\boldsymbol{x}\in\mathbb{R}^n\mid \boldsymbol{A}\boldsymbol{x}=\boldsymbol{b},\boldsymbol{x}\geqslant\boldsymbol{0}\};\\ \Omega_2&=\{\boldsymbol{x}\in\mathbb{R}^n\mid \boldsymbol{A}\boldsymbol{x}\geqslant\boldsymbol{b},\ \boldsymbol{x}\geqslant\boldsymbol{0}\}.\end{aligned}$$

3. 设 $f:\mathbb{R}^n\to\mathbb{R}$ 连续可微, $\boldsymbol{x}_0\in\mathbb{R}^n$, $\mathcal{K}$ 为 $\mathbb{R}^n$ 中的一个子空间. 若 $\boldsymbol{x}^*\in\mathbb{R}^n$ 为下述优化问题的最优解

$$\min\{f(\boldsymbol{x})\mid \boldsymbol{x}\in\boldsymbol{x}_0+\mathcal{K}\},$$

则 $\nabla f(\boldsymbol{x}^*)$ 与子空间 $\mathcal{K}$ 正交, 即

$$\langle\nabla f(\boldsymbol{x}^*),\boldsymbol{y}\rangle=0,\quad\forall\,\boldsymbol{y}\in\mathcal{K}.$$

4. 设 $\boldsymbol{A}=(a_{ij})_{n\times n}$ 对称. 证明如下优化问题

$$\begin{aligned}\min_{\mu\in\mathbb{R},\boldsymbol{x}\in\mathbb{R}^n}\quad & \|\boldsymbol{A}-\mu\boldsymbol{x}\boldsymbol{x}^{\mathrm{T}}\|_{\mathrm{F}}^2=\sum_{i,j=1}^n(a_{ij}-\mu\boldsymbol{x}_i\boldsymbol{x}_j)^2\\ \text{s.t.}\quad & \boldsymbol{x}^{\mathrm{T}}\boldsymbol{x}=1\end{aligned}$$

的最优解为 $\boldsymbol{A}$ 在绝对值意义下的最大特征值及其对应的特征向量.

5. 设 $\boldsymbol{a},\boldsymbol{c}\in\mathbb{R}^n$, $b>0$. 则优化问题

$$\begin{aligned}\min\quad & f(\boldsymbol{x})=\sum_{i=1}^n\frac{c_i}{x_i}\\ \text{s.t.}\quad & \boldsymbol{a}^{\mathrm{T}}\boldsymbol{x}=b,\\ & \boldsymbol{x}\geqslant\boldsymbol{0}\end{aligned}$$

的最优值为 $f^* = \dfrac{1}{b}\left(\sum\limits_{i=1}^{n}(a_ic_i)^{1/2}\right)^2$.

6. 写出下述优化问题

$$\begin{aligned}\min\quad & \left(x_1-\frac{2}{3}\right)^2+(x_2-2)^2\\ \text{s.t.}\quad & -x_1^2+x_2\geqslant 0,\\ & x_1+x_2\leqslant 6,\\ & x_1,x_2\geqslant 0\end{aligned}$$

的 KKT 条件, 并验证 $(2/3;2)$ 为该优化问题的唯一全局最优值点.

7. 对无约束优化问题

$$\min_{\boldsymbol{x}\in\mathbb{R}^n}\ \frac{1}{2}\boldsymbol{x}^{\mathrm{T}}\boldsymbol{x}-\|\boldsymbol{A}\boldsymbol{x}\|,$$

其中, 矩阵 $\boldsymbol{A}\in\mathbb{R}^{n\times n}$, 借助 2-范数等价条件

$$\|\boldsymbol{u}\|=\max\{\boldsymbol{u}^{\mathrm{T}}\boldsymbol{v}\mid\|\boldsymbol{v}\|\leqslant 1\},$$

它可化为如下约束优化问题

$$\begin{aligned}\min\quad & \frac{1}{2}\boldsymbol{x}^{\mathrm{T}}\boldsymbol{x}-\boldsymbol{y}^{\mathrm{T}}\boldsymbol{A}\boldsymbol{x}\\ \text{s.t.}\quad & \boldsymbol{y}^{\mathrm{T}}\boldsymbol{y}\leqslant 1.\end{aligned}$$

试借助其最优性条件给出原优化问题的最优解和最优值.

8. 对 n 阶实对称阵 $\boldsymbol{A},\boldsymbol{B}$, 试证明下述结论等价.

(1) 对任意的非零向量 $\boldsymbol{x}\in\mathbb{R}^n$, $\max\{\boldsymbol{x}^{\mathrm{T}}\boldsymbol{A}\boldsymbol{x},\boldsymbol{x}^{\mathrm{T}}\boldsymbol{B}\boldsymbol{x}\}\geqslant 0(>0)$;

(2) 存在非负常数 λ 和 μ 满足 $\lambda+\mu=1$ 使得 $\lambda\boldsymbol{A}+\mu\boldsymbol{B}$ 半正定 (正定).

9. 设 $\boldsymbol{a}\in\mathbb{R}^n$ 为非零非负向量. 求下述优化问题的最优解

$$\begin{aligned}\max\quad & \min_{1\leqslant i\leqslant n} x_i\\ \text{s.t.}\quad & \boldsymbol{a}^{\mathrm{T}}\boldsymbol{x}\leqslant 1.\end{aligned}$$

10. 设 $\boldsymbol{A}\in\mathbb{R}^{m\times n}$, $\boldsymbol{b}\in\mathbb{R}^n$. 试给出下述二次规划问题的 Lagrange 对偶.

$$\begin{aligned}\min\quad & \|\boldsymbol{x}-\boldsymbol{b}\|^2\\ \text{s.t.}\quad & \boldsymbol{A}\boldsymbol{x}=\boldsymbol{0}.\end{aligned}$$

11. 设矩阵 $\boldsymbol{A}\in\mathbb{R}^{m\times n}$ 行满秩, $\boldsymbol{c}\in\mathbb{R}^n$ 非零, 且 $\boldsymbol{A}^{\mathrm{T}}(\boldsymbol{A}\boldsymbol{A}^{\mathrm{T}})^{-1}\boldsymbol{A}\boldsymbol{c}-\boldsymbol{c}\neq\boldsymbol{0}$. 求下述优化问题的最优解和最优值

$$\begin{aligned}\min\quad & \boldsymbol{c}^{\mathrm{T}}\boldsymbol{x}\\ \text{s.t.}\quad & \boldsymbol{A}\boldsymbol{x}=\boldsymbol{0},\\ & \boldsymbol{x}^{\mathrm{T}}\boldsymbol{x}\leqslant 1.\end{aligned}$$

12. 建立下述优化问题的 Lagrange 对偶规划

$$\begin{aligned}\min\quad & x_1^2+x_2^2\\ \text{s.t.}\quad & x_1+x_2\geqslant 4,\\ & x_1,x_2\geqslant 0.\end{aligned}$$

验证对偶规划问题的目标函数为 $\theta(u) = -u^2/2 - 4u$, 并且对偶间隙为零.

13. 设 $f : \mathbb{R}^n \to \mathbb{R}$ 为连续可微的凸函数, $\Theta \subset \mathbb{R}^n$ 为非空闭凸集. 试证明优化问题

$$\min\{f(\boldsymbol{x}) \mid \boldsymbol{A}\boldsymbol{x} = \boldsymbol{b},\ \boldsymbol{x} \in \Theta\}$$

的鞍点满足如下变分不等式问题, 即求 $\boldsymbol{w}^* \in \mathcal{W}$ 使满足

$$\boldsymbol{F}(\boldsymbol{w}^*)^{\mathrm{T}}(\boldsymbol{w} - \boldsymbol{w}^*) \geqslant 0, \quad \forall\, \boldsymbol{w} \in \mathcal{W},$$

其中,

$$\boldsymbol{w} = \begin{pmatrix} \boldsymbol{x} \\ \boldsymbol{\lambda} \end{pmatrix}, \quad F(\boldsymbol{w}) = \begin{pmatrix} \nabla f(\boldsymbol{x}) - \boldsymbol{A}^{\mathrm{T}}\boldsymbol{\lambda} \\ \boldsymbol{A}\boldsymbol{x} - \boldsymbol{b} \end{pmatrix}, \quad \mathcal{W} = \Theta \times \mathbb{R}^m.$$

14. 设 $\boldsymbol{a} \in \mathbb{R}^n$. 试用 KKT 条件求下述优化问题的最优解和最优值

$$\min\left\{ \sum_{i=1}^{n} \frac{a_i^2}{x_i} \;\middle|\; \boldsymbol{e}^{\mathrm{T}}\boldsymbol{x} \leqslant 1,\ \boldsymbol{x} > \boldsymbol{0} \right\}.$$

15. 设 $\boldsymbol{a}, \boldsymbol{x}_0 \in \mathbb{R}^n, \rho > 0$, 矩阵 $\boldsymbol{G}$ 对称正定. 试借助 Lagrange 对偶求解如下优化问题

$$\begin{aligned} \min \quad & \boldsymbol{a}^{\mathrm{T}}\boldsymbol{x} \\ \text{s.t.} \quad & (\boldsymbol{x} - \boldsymbol{x}_0)^{\mathrm{T}}\boldsymbol{G}(\boldsymbol{x} - \boldsymbol{x}_0) \leqslant \rho. \end{aligned}$$

16. 对无约束优化问题

$$\min_{\boldsymbol{x} \in \mathbb{R}^n} \frac{1}{2}\|\boldsymbol{A}\boldsymbol{x} - \boldsymbol{b}\|^2 + \lambda\|\boldsymbol{x}\|_1,$$

引入变量 $\boldsymbol{y} = \boldsymbol{x}$, 得约束优化问题

$$\begin{aligned} \min \quad & \frac{1}{2}\|\boldsymbol{A}\boldsymbol{x} - \boldsymbol{b}\|^2 + \lambda\|\boldsymbol{y}\|_1 \\ \text{s.t.} \quad & \boldsymbol{y} - \boldsymbol{x} = \boldsymbol{0}. \end{aligned}$$

试借助后者的对偶给出原规划问题的一个易于求解的转化形式.

第 11 章　二次规划

二次规划是最简单, 也是最早被人们研究的一类非线性优化问题. 该问题不仅在实际问题中有自己的来源, 而且还作为子问题出现在约束优化问题的求解算法中. 同线性规划一样, 二次规划问题最优解的存在性可以通过有限的计算量进行验证, 而且如果最优解存在, 可借助数值方法在有限步内得到.

11.1　模型与基本性质

二次规划问题的标准形式是

$$\begin{aligned} \min \quad & Q(\boldsymbol{x}) = \frac{1}{2}\boldsymbol{x}^{\mathrm{T}}\boldsymbol{G}\boldsymbol{x} + \boldsymbol{g}^{\mathrm{T}}\boldsymbol{x} \\ \text{s.t.} \quad & \boldsymbol{a}_i^{\mathrm{T}}\boldsymbol{x} = b_i, \quad i \in \mathcal{E}, \\ & \boldsymbol{a}_i^{\mathrm{T}}\boldsymbol{x} \geqslant b_i, \quad i \in \mathcal{I}, \end{aligned} \tag{11.1.1}$$

其中, $\boldsymbol{G} \in \mathbb{R}^{n\times n}$, $\boldsymbol{g} \in \mathbb{R}^n$. 记其可行域为 Ω.

由于 $\boldsymbol{x}^{\mathrm{T}}\boldsymbol{G}\boldsymbol{x} = \boldsymbol{x}^{\mathrm{T}}\left(\dfrac{\boldsymbol{G}+\boldsymbol{G}^{\mathrm{T}}}{2}\right)\boldsymbol{x}$, 故在以后的讨论中, 总假定 $\boldsymbol{G}$ 是对称的, 即 $\boldsymbol{G} \in \mathbb{S}^{n\times n}$.

首先讨论二次规划问题的相容性, 即可行解的存在性.

定理 11.1.1　二次规划 (11.1.1) 的可行域非空, 也就是其线性约束系统相容的充分必要条件是对任意满足

$$\sum_{i\in\mathcal{E}\cup\mathcal{I}} \mu_i \boldsymbol{a}_i = \boldsymbol{0}, \quad \mu_i \geqslant 0,\ i \in \mathcal{I}$$

的非零向量 $\boldsymbol{\mu}$ 均有 $\sum\limits_{i\in\mathcal{E}\cup\mathcal{I}} \mu_i b_i \leqslant 0$.

证明　记 $\boldsymbol{A}^{\mathrm{T}} = (\boldsymbol{a}_i)_{\mathcal{E}\cup\mathcal{I}}$, $\boldsymbol{b} = (b_i)_{\mathcal{E}\cup\mathcal{I}}$. 由于一个等式约束可以用两个不等式约束替换, 因此, 不妨设二次规划 (11.1.1) 只含不等式约束, 即 $|\mathcal{E}| = 0$.

显然, 二次规划问题相容等价于下述系统关于 $\boldsymbol{x}, \boldsymbol{y}$ 有解

$$\begin{cases} \boldsymbol{A}\boldsymbol{x} - \boldsymbol{I}_m\boldsymbol{y} = \boldsymbol{b}, \\ \boldsymbol{y} \geqslant \boldsymbol{0}. \end{cases}$$

由推论 2.3.2′, 这等价于下述系统

$$\begin{cases} \boldsymbol{A}^{\mathrm{T}}\boldsymbol{\mu}=\mathbf{0}, & -\boldsymbol{\mu}\geqslant\mathbf{0}, \\ \boldsymbol{b}^{\mathrm{T}}\boldsymbol{\mu}<0 \end{cases}$$

关于 $\boldsymbol{\mu}$ 无解, 也就是系统

$$\begin{cases} \boldsymbol{A}^{\mathrm{T}}\boldsymbol{\mu}=\mathbf{0}, & \boldsymbol{\mu}\geqslant\mathbf{0}, \\ \boldsymbol{b}^{\mathrm{T}}\boldsymbol{\mu}>0 \end{cases}$$

关于 $\boldsymbol{\mu}$ 无解. 由此,

$$\left.\begin{array}{l} \boldsymbol{A}^{\mathrm{T}}\boldsymbol{\mu}=\mathbf{0} \\ \boldsymbol{\mu}\geqslant\mathbf{0} \end{array}\right\} \Longrightarrow \boldsymbol{b}^{\mathrm{T}}\boldsymbol{\mu}\leqslant 0.$$

结论得证.　　证毕

下面讨论二次规划问题最优解的存在性.

定理 11.1.2 (Frank-Wolfe 定理, 1956)　设二次规划 (11.1.1) 可行域非空, 且目标函数在可行域上有下界, 则它有全局最优解.

证明　只需考虑可行域 Ω 无界的情况. 对此, 由凸多面体分解定理 2.1.1, 存在多面胞 $\mathcal{P}$ 和非空有界闭集 $\mathcal{S}$ 使

$$\Omega=\{\boldsymbol{p}+\tau\boldsymbol{s}\mid\boldsymbol{p}\in\mathcal{P},\boldsymbol{s}\in\mathcal{S},\tau\geqslant 0\}. \tag{11.1.2}$$

为证命题结论, 下对可行域 Ω 的维数进行归纳. 如果可行域 Ω 的维数为 1, 由 (11.1.2), 则该规划问题可表示成一元二次规划问题, 根据题设, 易证命题结论成立.

设 Ω 的维数不大于 k 时 $(k\geqslant 1)$ 命题结论成立. 下面考虑维数为 $(k+1)$ 的情形.

记 γ 为目标函数在 Ω 上的一个下界. 则对任意的 $\boldsymbol{x}=(\boldsymbol{p}+\tau\boldsymbol{s})\in\Omega$,

$$\begin{aligned} \gamma\leqslant Q(\boldsymbol{x}) &= Q(\boldsymbol{p}+\tau\boldsymbol{s}) \\ &= Q(\boldsymbol{p})+\tau(\boldsymbol{G}\boldsymbol{p}+\boldsymbol{g})^{\mathrm{T}}\boldsymbol{s}+\frac{1}{2}\tau^2\boldsymbol{s}^{\mathrm{T}}\boldsymbol{G}\boldsymbol{s}. \end{aligned} \tag{11.1.3}$$

由 $\tau\geqslant 0$ 的任意性, $\boldsymbol{s}^{\mathrm{T}}\boldsymbol{G}\boldsymbol{s}\geqslant 0$. 下根据是否存在 $\bar{\boldsymbol{s}}\in\mathcal{S}$ 使 $\bar{\boldsymbol{s}}^{\mathrm{T}}\boldsymbol{G}\bar{\boldsymbol{s}}=0$ 分情况讨论.

情形 1　对任意非零 $\boldsymbol{s}\in\mathcal{S}$, 均有 $\boldsymbol{s}^{\mathrm{T}}\boldsymbol{G}\boldsymbol{s}>0$. 此时, 由于 $\mathcal{P}$ 和 $\mathcal{S}$ 都是有界闭集, 故存在与 $\boldsymbol{p},\boldsymbol{s}$ 无关的常数 $\alpha>0>\beta$ 使得

$$\begin{cases} \boldsymbol{s}^{\mathrm{T}}\boldsymbol{G}\boldsymbol{s}\geqslant\alpha>0, & \forall\,\boldsymbol{s}\in\mathcal{S}; \\ (\boldsymbol{G}\boldsymbol{p}+\boldsymbol{g})^{\mathrm{T}}\boldsymbol{s}\geqslant\beta, & \forall\,\boldsymbol{p}\in\mathcal{P},\boldsymbol{s}\in\mathcal{S}. \end{cases} \tag{11.1.4}$$

所以,

$$Q(\boldsymbol{p}+\tau\boldsymbol{s}) \geqslant Q(\boldsymbol{p})+\tau\beta+\frac{1}{2}\tau^2\alpha.$$

由 (11.1.3), 对任意的 $\boldsymbol{p}\in\mathcal{P}$ 和 $\boldsymbol{s}\in\mathcal{S}$, $Q(\boldsymbol{p}+\tau\boldsymbol{s})$ 关于 $\tau\geqslant 0$ 的最小值点为

$$\max\{0,-(\boldsymbol{G}\boldsymbol{p}+\boldsymbol{g})^{\mathrm{T}}\boldsymbol{s}/\boldsymbol{s}^{\mathrm{T}}\boldsymbol{G}\boldsymbol{s}\}$$

另一方面, 二次函数 $Q(\boldsymbol{p})+\tau\beta+\dfrac{1}{2}\tau^2\alpha$ 关于 τ 的最小值点为 $-\beta/\alpha$. 由 (11.1.4),

$$\max\{0,-(\boldsymbol{G}\boldsymbol{p}+\boldsymbol{g})^{\mathrm{T}}\boldsymbol{s}/\boldsymbol{s}^{\mathrm{T}}\boldsymbol{G}\boldsymbol{s}\}\leqslant -\beta/\alpha.$$

从而目标函数在可行域 Ω 上的最优值点必为其在下述有界闭集上的最小值点

$$\{\boldsymbol{p}+\tau\boldsymbol{s}\mid \boldsymbol{p}\in\mathcal{P},\boldsymbol{s}\in\mathcal{S},\tau\in[0,-\beta/\alpha]\}.$$

命题结论得证.

情形 2 存在 $\bar{\boldsymbol{s}}\in\mathcal{S}$, $\bar{\boldsymbol{s}}^{\mathrm{T}}\boldsymbol{G}\bar{\boldsymbol{s}}=0$. 此时, 由于对任意的 $\boldsymbol{x}\in\Omega$ 和 $\tau\geqslant 0$, $\boldsymbol{x}+\tau\bar{\boldsymbol{s}}\in\Omega$, 由 (11.1.3) 知, 对任意的 $\boldsymbol{x}\in\Omega$,

$$(\boldsymbol{G}\boldsymbol{x}+\boldsymbol{g})^{\mathrm{T}}\bar{\boldsymbol{s}}\geqslant 0. \tag{11.1.5}$$

对此, 再分两种情况讨论.

情形 2.1 存在 $\bar{\boldsymbol{x}}\in\Omega$ 使对任意的 $\tau\in\mathbb{R}$, $\bar{\boldsymbol{x}}+\tau\bar{\boldsymbol{s}}\in\Omega$. 利用约束条件,

$$\boldsymbol{a}_i^{\mathrm{T}}\bar{\boldsymbol{s}}=0,\quad i\in\mathcal{E}\cup\mathcal{I}.$$

故对任意 $\boldsymbol{x}\in\Omega$ 和任意的 $\tau\in\mathbb{R}$, $\boldsymbol{x}+\tau\bar{s}\in\Omega$. 这说明可行域在方向 $\bar{\boldsymbol{s}}$ 上是仿射集 (图 11.1.1). 从而由 (11.1.5) 得

$$(\boldsymbol{G}\boldsymbol{x}+\boldsymbol{g})^{\mathrm{T}}\bar{\boldsymbol{s}}=\boldsymbol{0}.$$

故对任意 $\boldsymbol{x}\in\Omega$ 和 $\tau\in\mathbb{R}$,

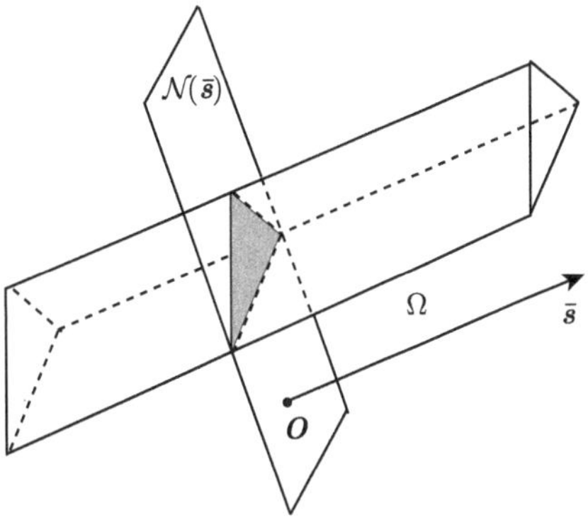

图 11.1.1

$$\boldsymbol{Q}(\boldsymbol{x}+\tau\bar{\boldsymbol{s}})=Q(\boldsymbol{x}).$$

这样, 原二次规划问题等价地转化为在 Ω 关于 $\bar{\boldsymbol{s}}$ 的商空间 $\Omega\cap\mathcal{N}(\bar{\boldsymbol{s}})$ 上极小化目标函数. 显然, 该区域的维数比 Ω 的维数少 1, 利用归纳假设, 命题结论得证.

情形 2.2 对任意的 $\boldsymbol{x}\in\Omega$, 存在常数 $\tau\in\mathbb{R}$ 使得 $\boldsymbol{x}+\tau\bar{\boldsymbol{s}}\notin\Omega$. 令

$$\tau_{\boldsymbol{x}}=\min\{\tau\in\mathbb{R}\mid \boldsymbol{x}+\tau\bar{\boldsymbol{s}}\in\Omega\}.$$

则对任意的 $\boldsymbol{x}\in\Omega$, $\tau_{\boldsymbol{x}}\leqslant 0$, $\boldsymbol{x}+\tau_{\boldsymbol{x}}\bar{\boldsymbol{s}}\in\mathrm{bd}(\Omega)$. 由 (11.1.3),

$$Q(\boldsymbol{x}+\tau_{\boldsymbol{x}}\bar{\boldsymbol{s}})=Q(\boldsymbol{x})+\tau_{\boldsymbol{x}}(\boldsymbol{G}\boldsymbol{x}+\boldsymbol{g})^{\mathrm{T}}\bar{\boldsymbol{s}}\leqslant Q(\boldsymbol{x}).$$

这说明, 二次规划问题的最优值在可行域的边界上达到. 而 Ω 边界的维数比 Ω 的维数少 1, 利用归纳假设, 结论得证. 证毕

结合性质 10.4.2, 易得如下结论.

推论 11.1.1 若严格凸二次规划问题可行域非空, 则它有唯一全局最优解.

实际上, 由于严格凸二次函数 $Q(\boldsymbol{x})$ 是强制的, 即

$$\lim_{\|\boldsymbol{x}\|\to\infty} Q(\boldsymbol{x}) = \infty,$$

因此, 更一般的结论是: 严格凸二次函数在任意非空闭凸集上都有唯一全局最优值点. 对一般的凸二次规划, 有如下结论.

定理 11.1.3 设凸二次规划 (11.1.1) 的可行域非空, 则它有全局最优解的充要条件是对任意满足

$$\begin{cases} \boldsymbol{a}_i^{\mathrm{T}}\boldsymbol{d} = 0, & i \in \mathcal{E}, \\ \boldsymbol{a}_i^{\mathrm{T}}\boldsymbol{d} \geqslant 0, & i \in \mathcal{I}, \\ \boldsymbol{G}\boldsymbol{d} = \boldsymbol{0} \end{cases}$$

的向量 $\boldsymbol{d}$ 均有 $\boldsymbol{g}^{\mathrm{T}}\boldsymbol{d} \geqslant 0$.

证明 *必要性* 显然, 对任意的 $\boldsymbol{x} \in \Omega$, $\alpha \geqslant 0$ 和满足题设条件的 $\boldsymbol{d} \in \mathbb{R}^n$, $\boldsymbol{x} + \alpha\boldsymbol{d} \in \Omega$. 从而由 Taylor 展式,

$$\begin{aligned} Q(\boldsymbol{x} + \alpha\boldsymbol{d}) &= Q(\boldsymbol{x}) + \alpha\boldsymbol{d}^{\mathrm{T}}(\boldsymbol{G}\boldsymbol{x} + \boldsymbol{g}) + \frac{1}{2}\alpha^2\boldsymbol{d}^{\mathrm{T}}\boldsymbol{G}\boldsymbol{d} \\ &= Q(\boldsymbol{x}) + \alpha\boldsymbol{g}^{\mathrm{T}}\boldsymbol{d}. \end{aligned}$$

由目标函数在可行域上有下界知 $\boldsymbol{g}^{\mathrm{T}}\boldsymbol{d} \geqslant 0$.

充分性 由定理 11.1.2, 只需证明目标函数在可行域上有下界. 假设结论不成立, 则存在无穷点列 $\{\boldsymbol{x}_k\} \subset \Omega$ 使得

$$\lim_{k\to\infty} \|\boldsymbol{x}_k\| = \infty, \quad \lim_{k\to\infty} Q(\boldsymbol{x}_k) = -\infty.$$

记 $\boldsymbol{d}_k = \dfrac{\boldsymbol{x}_k - \boldsymbol{x}_0}{\|\boldsymbol{x}_k - \boldsymbol{x}_0\|}$. 则 $\{\boldsymbol{d}_k\}$ 有收敛子列, 不妨设为其本身, 极限为 $\boldsymbol{d}$.

由可行域的闭凸性知, 对任意的 $\alpha \geqslant 0$, $\boldsymbol{x}_0 + \alpha\boldsymbol{d} \in \Omega$. 显然,

$$\boldsymbol{a}_i^{\mathrm{T}}\boldsymbol{d} = 0,\ i \in \mathcal{E}; \quad \boldsymbol{a}_i^{\mathrm{T}}\boldsymbol{d} \geqslant 0,\ i \in \mathcal{I}.$$

另一方面, 当 $\alpha \to \infty$ 时,

$$Q(\boldsymbol{x}_0 + \alpha\boldsymbol{d}) = Q(\boldsymbol{x}_0) + \alpha\boldsymbol{d}^{\mathrm{T}}(\boldsymbol{G}\boldsymbol{x}_0 + \boldsymbol{g}) + \frac{1}{2}\alpha^2\boldsymbol{d}^{\mathrm{T}}\boldsymbol{G}\boldsymbol{d} \to -\infty.$$

结合矩阵 $\boldsymbol{G}$ 的半正定性知, $\boldsymbol{d}^{\mathrm{T}}\boldsymbol{G}\boldsymbol{d}=0$, 并因此有 $\boldsymbol{G}\boldsymbol{d}=\boldsymbol{0}$. 从而 $\boldsymbol{g}^{\mathrm{T}}\boldsymbol{d}<0$. 这与题设矛盾, 结论得证. 证毕

11.2 对偶理论

考虑严格凸二次规划问题

$$\begin{aligned} \min \quad & Q(\boldsymbol{x})=\frac{1}{2}\boldsymbol{x}^{\mathrm{T}}\boldsymbol{G}\boldsymbol{x}+\boldsymbol{g}^{\mathrm{T}}\boldsymbol{x} \\ \text{s.t.} \quad & \boldsymbol{a}_i^{\mathrm{T}}\boldsymbol{x}=b_i, \quad i\in\mathcal{E}, \\ & \boldsymbol{a}_i^{\mathrm{T}}\boldsymbol{x}\geqslant b_i, \quad i\in\mathcal{I}, \end{aligned} \tag{11.2.1}$$

其中, $\boldsymbol{G}\in\mathbb{S}^{n\times n}$, 并且可行域非空. 同样记 $\boldsymbol{A}^{\mathrm{T}}=(\boldsymbol{a}_i)_{\mathcal{I}\cup\mathcal{E}}, \boldsymbol{b}=(b_i)_{\mathcal{I}\cup\mathcal{E}}$. 将 Lagrange 函数

$$L(\boldsymbol{x},\boldsymbol{\lambda})=\frac{1}{2}\boldsymbol{x}^{\mathrm{T}}\boldsymbol{G}\boldsymbol{x}+\boldsymbol{g}^{\mathrm{T}}\boldsymbol{x}-\boldsymbol{\lambda}^{\mathrm{T}}(\boldsymbol{A}\boldsymbol{x}-\boldsymbol{b})$$

关于 $\boldsymbol{x}\in\mathbb{R}^n$ 求极小得

$$\boldsymbol{x}=\boldsymbol{G}^{-1}(\boldsymbol{A}^{\mathrm{T}}\boldsymbol{\lambda}-\boldsymbol{g}).$$

利用 (10.5.2) 可得二次规划问题 (11.2.1) 的 Lagrange 对偶

$$\begin{aligned} \max \quad & \theta(\boldsymbol{\lambda})=-\frac{1}{2}(\boldsymbol{g}-\boldsymbol{A}^{\mathrm{T}}\boldsymbol{\lambda})^{\mathrm{T}}\boldsymbol{G}^{-1}(\boldsymbol{g}-\boldsymbol{A}^{\mathrm{T}}\boldsymbol{\lambda})+\boldsymbol{b}^{\mathrm{T}}\boldsymbol{\lambda} \\ \text{s.t.} \quad & \lambda_i\geqslant 0, \quad i\in\mathcal{I}. \end{aligned}$$

舍去常数项并整理得

$$\begin{aligned} \min \quad & \frac{1}{2}\boldsymbol{\lambda}^{\mathrm{T}}(\boldsymbol{A}\boldsymbol{G}^{-1}\boldsymbol{A}^{\mathrm{T}})\boldsymbol{\lambda}-(\boldsymbol{b}+\boldsymbol{A}\boldsymbol{G}^{-1}\boldsymbol{g})^{\mathrm{T}}\boldsymbol{\lambda} \\ \text{s.t.} \quad & \lambda_i\geqslant 0, \quad i\in\mathcal{I}. \end{aligned} \tag{11.2.2}$$

显然, 该对偶问题在 $\mathcal{I}=\Phi$ 或 $\mathcal{E}=\Phi$ 且 $|\mathcal{I}|=1$ 时有解析解. 由下面的结论, 该情形下的凸二次规划问题有解析解.

由推论 10.5.2, 对严格凸二次规划问题, 强对偶定理成立. 下面的结论告诉我们, 通过对偶规划问题的最优解可得到原规划问题的最优解.

定理 11.2.1 设 $\boldsymbol{x}^*, \boldsymbol{\lambda}^*$ 分别为严格凸二次规划 (11.2.1) 及对偶规划 (11.2.2) 的最优解. 则 $\boldsymbol{x}^*=\boldsymbol{G}^{-1}(\boldsymbol{A}^{\mathrm{T}}\boldsymbol{\lambda}^*-\boldsymbol{g})$.

证明 设 $(\boldsymbol{\lambda}^*,\boldsymbol{\mu}^*)$ 是对偶规划问题 (11.2.2) 的 K-T 对, 则

$$\begin{cases} \boldsymbol{A}\boldsymbol{G}^{-1}\boldsymbol{A}^{\mathrm{T}}\boldsymbol{\lambda}^*-(\boldsymbol{b}+\boldsymbol{A}\boldsymbol{G}^{-1}\boldsymbol{g})=\boldsymbol{\mu}^*, \\ \lambda_i^*\geqslant 0, \quad \mu_i^*\geqslant 0, \quad \lambda_i^*\mu_i^*=0, \quad i\in\mathcal{I}, \\ \mu_i^*=0, \quad i\in\mathcal{E}. \end{cases} \tag{11.2.3}$$

由第一式得

$$\boldsymbol{A}\boldsymbol{G}^{-1}(\boldsymbol{A}^{\mathrm{T}}\boldsymbol{\lambda}^{*}-\boldsymbol{g})-\boldsymbol{b}=\boldsymbol{\mu}^{*}.$$

令 $\boldsymbol{x}^{*}=\boldsymbol{G}^{-1}(\boldsymbol{A}^{\mathrm{T}}\boldsymbol{\lambda}^{*}-\boldsymbol{g})$, 则 $\boldsymbol{A}\boldsymbol{x}^{*}-\boldsymbol{b}=\boldsymbol{\mu}^{*}$.

由 (11.2.3) 的后两式知 $\boldsymbol{x}^{*}$ 可行, 且 $(\boldsymbol{x}^{*},\ \boldsymbol{\lambda}^{*})$ 满足凸二次规划问题 (11.2.1) 的互补松弛条件. 由 $\boldsymbol{x}^{*}$ 的定义,

$$\boldsymbol{G}\boldsymbol{x}^{*}+\boldsymbol{g}=\boldsymbol{A}^{\mathrm{T}}\boldsymbol{\lambda}^{*}.$$

故 $\boldsymbol{x}^{*}$ 为严格凸二次规划问题 (11.2.1) 的 K-T 点. 由定理 10.4.4, $\boldsymbol{x}^{*}$ 为其最优解.

证毕

从上述证明过程可以看出, 若 $\boldsymbol{x}^{*}$ 为原二次规划问题的最优解, 则对任意的 $i\in\mathcal{I}$, $\boldsymbol{a}_i^{\mathrm{T}}\boldsymbol{x}^{*}-b_i$ 的值恰好是对偶规划问题的约束函数的最优 Lagrange 乘子 μ_i^{*}. 所以, 定理的结论反过来也成立, 即若 $\boldsymbol{x}^{*}$ 是严格凸二次规划问题 (11.2.1) 的最优解, 其对应的最优 Lagrange 乘子 $\boldsymbol{\lambda}^{*}$ 就是对偶规划问题 (11.2.2) 的最优解. 这可从对偶间隙角度进行分析.

设 $\boldsymbol{x}$ 和 $\boldsymbol{\lambda}$ 分别为凸规划问题 (11.2.1) 及其对偶规划问题 (11.2.2) 的可行解. 记 $\boldsymbol{y}=\boldsymbol{g}-\boldsymbol{A}^{\mathrm{T}}\boldsymbol{\lambda}$, 则 $\boldsymbol{g}^{\mathrm{T}}\boldsymbol{x}=\boldsymbol{y}^{\mathrm{T}}\boldsymbol{x}+\boldsymbol{x}^{\mathrm{T}}\boldsymbol{A}^{\mathrm{T}}\boldsymbol{\lambda}$. 所以

$$\begin{aligned}
Q(\boldsymbol{x})-\theta(\boldsymbol{\lambda})&=\frac{1}{2}\boldsymbol{x}^{\mathrm{T}}\boldsymbol{G}\boldsymbol{x}+\boldsymbol{g}^{\mathrm{T}}\boldsymbol{x}+\frac{1}{2}(\boldsymbol{g}-\boldsymbol{A}^{\mathrm{T}}\boldsymbol{\lambda})^{\mathrm{T}}\boldsymbol{G}^{-1}(\boldsymbol{g}-\boldsymbol{A}^{\mathrm{T}}\boldsymbol{\lambda})-\boldsymbol{b}^{\mathrm{T}}\boldsymbol{\lambda}\\
&=\frac{1}{2}\left(\boldsymbol{x}^{\mathrm{T}}\boldsymbol{G}\boldsymbol{x}+\boldsymbol{y}^{\mathrm{T}}\boldsymbol{G}^{-1}\boldsymbol{y}\right)+\boldsymbol{g}^{\mathrm{T}}\boldsymbol{x}-\boldsymbol{b}^{\mathrm{T}}\boldsymbol{\lambda}\\
&=\frac{1}{2}\left(\boldsymbol{x}^{\mathrm{T}}\boldsymbol{G}\boldsymbol{x}+\boldsymbol{y}^{\mathrm{T}}\boldsymbol{G}^{-1}\boldsymbol{y}\right)+\boldsymbol{y}^{\mathrm{T}}\boldsymbol{x}+(\boldsymbol{A}\boldsymbol{x}-\boldsymbol{b})^{\mathrm{T}}\boldsymbol{\lambda}\\
&=\frac{1}{2}\left(\boldsymbol{x}^{\mathrm{T}}\boldsymbol{G}\boldsymbol{x}+\boldsymbol{y}^{\mathrm{T}}\boldsymbol{G}^{-1}\boldsymbol{y}+2\boldsymbol{y}^{\mathrm{T}}\boldsymbol{x}\right)+(\boldsymbol{A}\boldsymbol{x}-\boldsymbol{b})^{\mathrm{T}}\boldsymbol{\lambda}.
\end{aligned}\tag{11.2.4}$$

根据定理 11.2.1 及其证明过程, 若 $\boldsymbol{x}^{*}$ 为凸二次规划问题的最优值点, $(\boldsymbol{\lambda}^{*},\ \boldsymbol{\mu}^{*})$ 为对偶规划问题的 K-T 对, 则 $(\boldsymbol{x}^{*},\boldsymbol{\lambda}^{*})$ 构成原凸二次规划问题的 K-T 对. 这样, $\boldsymbol{x}^{*},\boldsymbol{y}^{*}$, $\boldsymbol{\lambda}^{*}$ 之间有如下关系:

$$\boldsymbol{x}^{*}=-\boldsymbol{G}^{-1}\boldsymbol{y}^{*}=-\boldsymbol{G}^{-1}(\boldsymbol{g}-\boldsymbol{A}^{\mathrm{T}}\boldsymbol{\lambda}^{*}).$$

容易验证, 若取 $\boldsymbol{x}=\boldsymbol{x}^{*},\boldsymbol{\lambda}=\boldsymbol{\lambda}^{*}$, 则 (11.2.4) 式的值为零, 也就是对偶间隙为零. 这与 §10.5 中的结论是一致的.

11.3 等式约束二次规划求解方法

首先考虑无约束二次规划问题

$$\min_{\boldsymbol{x}\in\mathbb{R}^n}\ Q(\boldsymbol{x})=\frac{1}{2}\boldsymbol{x}^{\mathrm{T}}\boldsymbol{G}\boldsymbol{x}+\boldsymbol{g}^{\mathrm{T}}\boldsymbol{x},$$

对该问题, 只有矩阵 $\boldsymbol{G}$ 半正定, 它才可能有最优解. 因此有如下结论.

定理 11.3.1 凸二次函数 $Q(\boldsymbol{x})=\frac{1}{2}\boldsymbol{x}^{\mathrm{T}}\boldsymbol{G}\boldsymbol{x}+\boldsymbol{g}^{\mathrm{T}}\boldsymbol{x}$ 有最小值点的充要条件是 $\boldsymbol{g}\in\mathcal{R}(\boldsymbol{G})$, 即 rank($\boldsymbol{G}$)=rank($\boldsymbol{G}\ \ \boldsymbol{g}$). 此时, 任意满足 $\boldsymbol{G}\boldsymbol{x}=-\boldsymbol{g}$ 的 $\boldsymbol{x}$ 均为函数 $Q(\boldsymbol{x})$ 的最小值点.

定理 11.3.2 设 $\boldsymbol{G}\in\mathbb{S}^{n\times n},\boldsymbol{g}\in\mathbb{R}^n,c\in\mathbb{R}$. 则二次函数 $Q(\boldsymbol{x})=\boldsymbol{x}^{\mathrm{T}}\boldsymbol{G}\boldsymbol{x}+2\boldsymbol{g}^{\mathrm{T}}\boldsymbol{x}+c$ 在 $\mathbb{R}^n$ 上非负的充分必要条件是矩阵 $\begin{pmatrix}\boldsymbol{G} & \boldsymbol{g}\\ \boldsymbol{g}^{\mathrm{T}} & c\end{pmatrix}$ 半正定. 此时, $Q(\boldsymbol{x})$ 有全局最优解.

证明 *充分性* 由

$$Q(\boldsymbol{x})=(\boldsymbol{x}^{\mathrm{T}}\ \ 1)\begin{pmatrix}\boldsymbol{G} & \boldsymbol{g}\\ \boldsymbol{g}^{\mathrm{T}} & c\end{pmatrix}\begin{pmatrix}\boldsymbol{x}\\ 1\end{pmatrix}$$

知命题结论成立.

必要性 分两步证明. 首先, 由题设, 对任意固定的 $\boldsymbol{x}\in\mathbb{R}^n$ 和任意的 $t\in\mathbb{R}$,

$$\begin{aligned}0\leqslant Q(t\boldsymbol{x})&=(t\boldsymbol{x})^{\mathrm{T}}\boldsymbol{G}(t\boldsymbol{x})+2\boldsymbol{g}^{\mathrm{T}}(t\boldsymbol{x})+g\\&=t^2\boldsymbol{x}^{\mathrm{T}}\boldsymbol{G}\boldsymbol{x}+2t\boldsymbol{g}^{\mathrm{T}}\boldsymbol{x}+c.\end{aligned}$$

由 t 的任意性知 $\boldsymbol{x}^{\mathrm{T}}\boldsymbol{G}\boldsymbol{x}\geqslant 0$, 即

$$(\boldsymbol{x}^{\mathrm{T}}\ \ 0)\begin{pmatrix}\boldsymbol{G} & \boldsymbol{g}\\ \boldsymbol{g}^{\mathrm{T}} & c\end{pmatrix}\begin{pmatrix}\boldsymbol{x}\\ 0\end{pmatrix}\geqslant 0,\quad \forall\,\boldsymbol{x}\in\mathbb{R}^n. \tag{11.3.1}$$

其次, 对任意的 $\boldsymbol{x}\in\mathbb{R}^n$ 和 $t\neq 0$, 由题设,

$$\begin{aligned}0\leqslant t^2Q\left(\frac{1}{t}\boldsymbol{x}\right)&=\boldsymbol{x}^{\mathrm{T}}\boldsymbol{G}\boldsymbol{x}+2t\boldsymbol{g}^{\mathrm{T}}\boldsymbol{x}+t^2c\\&=(\boldsymbol{x}^{\mathrm{T}}\ \ t)\begin{pmatrix}\boldsymbol{G} & \boldsymbol{g}\\ \boldsymbol{g}^{\mathrm{T}} & c\end{pmatrix}\begin{pmatrix}\boldsymbol{x}\\ t\end{pmatrix}.\end{aligned}$$

由 $\boldsymbol{x}$ 和 $t\neq 0$ 的任意性并结合 (11.3.1) 得命题结论.

由 Frank-Wolfe 定理, 二次函数 $Q(\boldsymbol{x})$ 有全局最小值点. 再由函数的凸性知, 其稳定点就是全局最优值点. 证毕

显然, 上述结论是一元二次函数相关结论的推广.

下面考虑线性等式约束二次规划问题

$$\begin{aligned}\min\quad & Q(\boldsymbol{x})=\frac{1}{2}\boldsymbol{x}^{\mathrm{T}}\boldsymbol{G}\boldsymbol{x}+\boldsymbol{g}^{\mathrm{T}}\boldsymbol{x}\\ \text{s.t.}\quad & \boldsymbol{A}\boldsymbol{x}=\boldsymbol{b},\end{aligned} \tag{11.3.2}$$

其中, $\boldsymbol{A}\in\mathbb{R}^{m\times n},\boldsymbol{b}\in\mathbb{R}^m$.

对上述规划问题, 不失一般性, 设系数矩阵 $\boldsymbol{A}$ 行满秩, 利用消元法可将其转化为无约束优化问题. 为此, 将系数矩阵 $\boldsymbol{A}$ 和变量 $\boldsymbol{x}$ 进行如下分块

$$\boldsymbol{A}=(\boldsymbol{B}\quad\boldsymbol{N}),\quad \boldsymbol{x}=\begin{pmatrix}\boldsymbol{x_B}\\ \boldsymbol{x_N}\end{pmatrix},$$

其中, $\boldsymbol{B}\in\mathbb{R}^{m\times m}$ 非奇异. 自然地, 借助约束函数可将 $\boldsymbol{x_B}$ 表示为

$$\boldsymbol{x_B}=\boldsymbol{B}^{-1}(\boldsymbol{b}-\boldsymbol{N}\boldsymbol{x_N}).$$

将目标函数中的 $\boldsymbol{G}$ 和 $\boldsymbol{g}$ 进行相应分块

$$\boldsymbol{g}=\begin{pmatrix}\boldsymbol{g_B}\\ \boldsymbol{g_N}\end{pmatrix},\quad \boldsymbol{G}=\begin{pmatrix}\boldsymbol{G_{BB}} & \boldsymbol{G_{BN}}\\ \boldsymbol{G_{NB}} & \boldsymbol{G_{NN}}\end{pmatrix},$$

可将原二次规划问题化为如下无约束二次规划问题

$$\min_{\boldsymbol{x_N}\in\mathbb{R}^{n-m}}\ \psi(\boldsymbol{x_N}),\tag{11.3.3}$$

其中,

$$\begin{aligned}&\psi(\boldsymbol{x_N})\\ =&\frac{1}{2}\boldsymbol{x_N}^{\mathrm{T}}\Big(\boldsymbol{G_{NN}}-\boldsymbol{G_{NB}}\boldsymbol{B}^{-1}\boldsymbol{N}-\boldsymbol{N}^{\mathrm{T}}\boldsymbol{B}^{-\mathrm{T}}\boldsymbol{G_{BN}}+\boldsymbol{N}^{\mathrm{T}}\boldsymbol{B}^{-\mathrm{T}}\boldsymbol{G_{BB}}\boldsymbol{B}^{-1}\boldsymbol{N}\Big)\boldsymbol{x_N}\\ &+\boldsymbol{x_N}^{\mathrm{T}}(\boldsymbol{G_{NB}}-\boldsymbol{N}^{\mathrm{T}}\boldsymbol{B}^{-\mathrm{T}}\boldsymbol{G_{BB}})\boldsymbol{B}^{-1}\boldsymbol{b}+\frac{1}{2}\boldsymbol{b}^{\mathrm{T}}\boldsymbol{B}^{-\mathrm{T}}\boldsymbol{G_{BB}}\boldsymbol{B}^{-1}\boldsymbol{b}\\ &+\boldsymbol{x}_{\boldsymbol{N}}^{\mathrm{T}}(\boldsymbol{g_N}-\boldsymbol{N}^{\mathrm{T}}\boldsymbol{B}^{-\mathrm{T}}\boldsymbol{g_B})+\boldsymbol{g}_{\boldsymbol{B}}^{\mathrm{T}}\boldsymbol{B}^{-1}\boldsymbol{b}.\end{aligned}$$

若二次规划问题 (11.3.2) 的目标函数为凸函数, 则优化问题 (11.3.3) 的目标函数也是凸函数, 从而其最优解 $\boldsymbol{x}_{\boldsymbol{N}}^*$ 可通过计算目标函数的稳定点得到. 将 $\boldsymbol{x}_{\boldsymbol{N}}^*$ 代入 $\boldsymbol{x_B}$ 的表达式可得优化问题 (11.3.2) 的最优解. 这就是等式约束二次规划问题的消元法. 该方法简单直观, 缺陷是当 $\boldsymbol{B}$ 接近奇异时会出现数值不稳定的情况. 对此, 人们引入了广义消元法.

任取 $\boldsymbol{Ax}=\boldsymbol{b}$ 的一个特解 $\boldsymbol{x}_0$, 则 $\Omega=\boldsymbol{x}_0+\mathcal{N}(\boldsymbol{A})$. 这样, 二次规划问题 (11.3.2) 可等价地化为

$$\begin{aligned}\min\quad&\frac{1}{2}\boldsymbol{y}^{\mathrm{T}}\boldsymbol{G}\boldsymbol{y}+\boldsymbol{y}^{\mathrm{T}}(\boldsymbol{G}\boldsymbol{x}_0+\boldsymbol{g})+Q(\boldsymbol{x}_0)\\ \text{s.t.}\quad&\boldsymbol{A}\boldsymbol{y}=\boldsymbol{0}.\end{aligned}\tag{11.3.4}$$

记 $\boldsymbol{Z}$ 为由 $\boldsymbol{A}$ 的零空间的一组基组成的矩阵. 则 $\boldsymbol{Ay}=\boldsymbol{0}$ 等价于存在 $\boldsymbol{z}\in$

$\mathbb{R}^{n-m}$ 使 $\boldsymbol{y}=\boldsymbol{Z}\boldsymbol{z}$. 于是, 优化问题 (11.3.4) 转化为如下无约束二次规划问题

$$\min_{\boldsymbol{x}\in\mathbb{R}^{n-m}} \frac{1}{2}\boldsymbol{z}^{\mathrm{T}}\boldsymbol{Z}^{\mathrm{T}}\boldsymbol{G}\boldsymbol{Z}\boldsymbol{z}+\boldsymbol{z}^{\mathrm{T}}\boldsymbol{Z}^{\mathrm{T}}\hat{\boldsymbol{g}}(\boldsymbol{x}_0), \tag{11.3.5}$$

其中, $\hat{\boldsymbol{g}}(\boldsymbol{x}_0)=\boldsymbol{g}+\boldsymbol{G}\boldsymbol{x}_0$.

通过计算问题 (11.3.5) 的稳定点可得到优化问题 (11.3.4) 的最优解 $\boldsymbol{y}^*$, 进一步得到原规划问题的最优解 $\boldsymbol{x}_0+\boldsymbol{y}^*$. 这种方法是基于约束函数系数矩阵的零空间, 所以称作零空间方法.

下面讨论线性方程组 $\boldsymbol{A}\boldsymbol{x}=\boldsymbol{b}$ 的特解 $\boldsymbol{x}_0$ 和基矩阵 $\boldsymbol{Z}$ 的计算方法. 取满足 $\boldsymbol{A}\boldsymbol{Y}=\boldsymbol{I}$ 的 $\boldsymbol{y}\in\mathbb{R}^{n\times m}$, 则 $\boldsymbol{y}$ 是 $\boldsymbol{A}$ 的一个右逆, $\boldsymbol{x}_0=\boldsymbol{Y}\boldsymbol{b}$ 是方程组 $\boldsymbol{A}\boldsymbol{x}=\boldsymbol{b}$ 的一个特解. 从而可取 $\boldsymbol{y}=\boldsymbol{A}^{\mathrm{T}}(\boldsymbol{A}\boldsymbol{A}^{\mathrm{T}})^{-1}$. 与此不同, Gill 和 Murray(1974) 给出一个可一并计算矩阵 $\boldsymbol{Y},\boldsymbol{Z}$ 的方法.

对系数矩阵 $\boldsymbol{A}^{\mathrm{T}}$ 作 QR 分解

$$\boldsymbol{A}^{\mathrm{T}}=(\boldsymbol{Q}_1\ \boldsymbol{Q}_2)\begin{pmatrix}\boldsymbol{R}\\ \boldsymbol{0}\end{pmatrix}=\boldsymbol{Q}_1\boldsymbol{R}, \tag{11.3.6}$$

其中, $\boldsymbol{Q}=(\boldsymbol{Q}_1\ \boldsymbol{Q}_2)$ 是 n 阶正交阵, $\boldsymbol{Q}_1\in\mathbb{R}^{n\times m}$, $\boldsymbol{Q}_2\in\mathbb{R}^{n\times(n-m)}$, $\boldsymbol{R}$ 是一行满秩上三角阵. 若令

$$\boldsymbol{Y}=\boldsymbol{Q}_1\boldsymbol{R}^{-\mathrm{T}},\quad \boldsymbol{Z}=\boldsymbol{Q}_2,$$

则 $\boldsymbol{Y},\boldsymbol{Z}$ 满足 $\boldsymbol{A}\boldsymbol{Y}=\boldsymbol{I},\boldsymbol{A}\boldsymbol{Z}=\boldsymbol{0}$.

下面给出更广泛的一类方法.

取矩阵 $\boldsymbol{W}$ 使矩阵 $\begin{pmatrix}\boldsymbol{A}\\ \boldsymbol{W}\end{pmatrix}$ 非奇异. 记其逆为 $(\boldsymbol{Y}\ \boldsymbol{Z})$, 其中, $\boldsymbol{y}\in\mathbb{R}^{n\times m},\boldsymbol{Z}\in\mathbb{R}^{n\times(n-m)}$. 容易验证, 这样的 $\boldsymbol{Y},\boldsymbol{Z}$ 满足 $\boldsymbol{A}\boldsymbol{Y}=\boldsymbol{I}$ 和 $\boldsymbol{A}\boldsymbol{Z}=\boldsymbol{0}$.

特别地, 对应于消元法中 $\boldsymbol{A}$ 的分块, 取 $\boldsymbol{W}=(\boldsymbol{0}\ \ \boldsymbol{I})$. 则

$$\begin{pmatrix}\boldsymbol{B} & \boldsymbol{N}\\ \boldsymbol{0} & \boldsymbol{I}\end{pmatrix}^{-1}=\begin{pmatrix}\boldsymbol{B}^{-1} & -\boldsymbol{B}^{-1}\boldsymbol{N}\\ \boldsymbol{0} & \boldsymbol{I}\end{pmatrix}=(\boldsymbol{Y}\quad \boldsymbol{Z}).$$

从而得到前面的消元法.

取 $\boldsymbol{W}$ 为 (11.3.6) 中的 $\boldsymbol{Q}_2^{\mathrm{T}}$, 则

$$\begin{pmatrix}\boldsymbol{A}\\ \boldsymbol{Q}_2^{\mathrm{T}}\end{pmatrix}^{-1}=\begin{pmatrix}\boldsymbol{R}^{\mathrm{T}}\boldsymbol{Q}_1^{\mathrm{T}}\\ \boldsymbol{Q}_2^{\mathrm{T}}\end{pmatrix}^{-1}=(\boldsymbol{Q}_1\boldsymbol{R}^{-\mathrm{T}}\ \ \boldsymbol{Q}_2).$$

这称为等式约束二次规划问题的 Gill–Murray 消元法.

由于凸规划问题的 K-T 点一定是其全局最优解, 所以也可通过计算凸规划问题的 K-T 点来获取其最优解. 这称为二次规划问题的 Lagrange 方法.

显然, 等式约束二次规划问题 (11.3.2) 的 KKT 条件

$$\boldsymbol{G}\boldsymbol{x}+\boldsymbol{g}=\boldsymbol{A}^{\mathrm{T}}\boldsymbol{\lambda},\quad \boldsymbol{A}\boldsymbol{x}=\boldsymbol{b}$$

可写成

$$\begin{pmatrix} \boldsymbol{G} & -\boldsymbol{A}^{\mathrm{T}} \\ -\boldsymbol{A} & \boldsymbol{0} \end{pmatrix}\begin{pmatrix} \boldsymbol{x} \\ \boldsymbol{\lambda} \end{pmatrix}=\begin{pmatrix} -\boldsymbol{g} \\ -\boldsymbol{b} \end{pmatrix}. \tag{11.3.7}$$

对该线性系统的系数矩阵, 有如下结论.

定理 11.3.3　设 $\boldsymbol{A}\in\mathbb{R}^{m\times n}$ 行满秩, $\boldsymbol{G}\in\mathbb{S}^{n\times n}$, 且对任意满足 $\boldsymbol{A}\boldsymbol{x}=\boldsymbol{0}$ 的非零向量 $\boldsymbol{x}$, 都有 $\boldsymbol{x}^{\mathrm{T}}\boldsymbol{G}\boldsymbol{x}>0$. 则 $\begin{pmatrix} \boldsymbol{G} & -\boldsymbol{A}^{\mathrm{T}} \\ -\boldsymbol{A} & \boldsymbol{0} \end{pmatrix}$ 非奇异.

证明　为证命题结论, 只需证下述齐次线性方程组只有零解.

$$\begin{pmatrix} \boldsymbol{G} & -\boldsymbol{A}^{\mathrm{T}} \\ -\boldsymbol{A} & \boldsymbol{0} \end{pmatrix}\begin{pmatrix} \boldsymbol{x} \\ \boldsymbol{y} \end{pmatrix}=\boldsymbol{0} \tag{11.3.8}$$

事实上, 由 (11.3.8) 得, $\boldsymbol{A}\boldsymbol{x}=\boldsymbol{0}$. 对 (11.3.8) 左乘 $(\boldsymbol{x}^{\mathrm{T}}\ \ \boldsymbol{y}^{\mathrm{T}})$ 得

$$0=\boldsymbol{x}^{\mathrm{T}}\boldsymbol{G}\boldsymbol{x}-2\boldsymbol{y}^{\mathrm{T}}\boldsymbol{A}\boldsymbol{x}=\boldsymbol{x}^{\mathrm{T}}\boldsymbol{G}\boldsymbol{x}.$$

由题设, $\boldsymbol{x}=\boldsymbol{0}$. 从而由 (11.3.8) 得 $\boldsymbol{A}^{\mathrm{T}}\boldsymbol{y}=\boldsymbol{0}$. 再利用 $\boldsymbol{A}^{\mathrm{T}}$ 列满秩得 $\boldsymbol{y}=\boldsymbol{0}$. 命题结论得证.　证毕

下述结论是定理 10.4.3 的推广, 也是定理 10.7.2 的推论.

定理 11.3.4　对等式约束二次规划问题 (11.3.2), 在定理 11.3.3 的假设下, 其 K-T 点是严格全局最优解.

证明　设 $(\boldsymbol{x}^*,\boldsymbol{\lambda}^*)$ 为二次规划问题 (11.3.2) 的 K-T 对. 对任意满足 $\boldsymbol{A}\boldsymbol{x}=\boldsymbol{b}$ 的非 $\boldsymbol{x}^*$ 点 $\boldsymbol{x}$, 记 $\boldsymbol{d}=\boldsymbol{x}^*-\boldsymbol{x}$. 则 $\boldsymbol{A}\boldsymbol{d}=\boldsymbol{0}$, 并因此有 $\boldsymbol{d}^{\mathrm{T}}\boldsymbol{G}\boldsymbol{d}>\boldsymbol{0}$. 所以, 由 Taylor 展式得

$$\begin{aligned} Q(\boldsymbol{x}) &= Q(\boldsymbol{x}^*-\boldsymbol{d}) \\ &= Q(\boldsymbol{x}^*)-\boldsymbol{d}^{\mathrm{T}}(\boldsymbol{G}\boldsymbol{x}^*+\boldsymbol{g})+\frac{1}{2}\boldsymbol{d}^{\mathrm{T}}\boldsymbol{G}\boldsymbol{d} \\ &> Q(\boldsymbol{x}^*)-\boldsymbol{d}^{\mathrm{T}}(\boldsymbol{G}\boldsymbol{x}^*+\boldsymbol{g}). \end{aligned}$$

利用 $\boldsymbol{A}\boldsymbol{d}=\boldsymbol{0}$ 并结合 KKT 条件 (11.3.7) 的第一式得

$$\boldsymbol{d}^{\mathrm{T}}(\boldsymbol{G}\boldsymbol{x}^*+\boldsymbol{g})=0.$$

故 $\boldsymbol{x}^*$ 是 (11.3.2) 的严格全局最优解.　证毕

11.4 有效集方法

考虑带不等式约束的凸二次规划问题

$$\begin{aligned} \min \quad & Q(\boldsymbol{x}) = \frac{1}{2}\boldsymbol{x}^{\mathrm{T}}\boldsymbol{G}\boldsymbol{x} + \boldsymbol{g}^{\mathrm{T}}\boldsymbol{x} \\ \text{s.t.} \quad & \boldsymbol{a}_i^{\mathrm{T}}\boldsymbol{x} = b_i, \quad i \in \mathcal{E}, \\ & \boldsymbol{a}_i^{\mathrm{T}}\boldsymbol{x} \geqslant b_i, \quad i \in \mathcal{I}, \end{aligned} \tag{11.4.1}$$

其中, $\boldsymbol{G} \in \mathbb{S}^{n\times n}$ 正定. 记可行域为 Ω.

虽然该二次规划问题的可行域是凸多面体, 但由于它不像线性规划那样可以在可行域的顶点取到最优值, 也不像等式约束二次规划那样可以通过消元转化为无约束二次规划问题, 所以该问题相对难于求解.

为说明不等式约束优化问题的求解难度, 考虑如下带非负约束的凸二次规划问题

$$\min\left\{\frac{1}{2}\boldsymbol{x}^{\mathrm{T}}\boldsymbol{G}\boldsymbol{x} + \boldsymbol{g}^{\mathrm{T}}\boldsymbol{x} \mid \boldsymbol{x} \geqslant \boldsymbol{0}\right\},$$

其中, 矩阵 $\boldsymbol{G}$ 对称正定.

显然, 目标函数的最小值点为 $-\boldsymbol{G}^{-1}\boldsymbol{g}$. 考虑到非负约束, 人们自然会问: $\max\{\boldsymbol{0}, -\boldsymbol{G}^{-1}\boldsymbol{g}\}$ 是否是原二次规划问题的最优解? 答案是否定的, 反例如下.

对上述二次规划问题, 取

$$\boldsymbol{G} = \begin{pmatrix} 2 & -1 \\ -1 & 3 \end{pmatrix}, \quad \boldsymbol{g} = \begin{pmatrix} -3 \\ 2 \end{pmatrix}.$$

容易计算

$$\boldsymbol{G}^{-1}\boldsymbol{g} = \begin{pmatrix} \frac{3}{5} & \frac{1}{5} \\ \frac{1}{5} & \frac{2}{5} \end{pmatrix} \begin{pmatrix} -3 \\ 2 \end{pmatrix} = \begin{pmatrix} -\frac{7}{5} \\ \frac{1}{5} \end{pmatrix}.$$

目标函数 $Q(\boldsymbol{x}) = \frac{1}{2}\boldsymbol{x}^{\mathrm{T}}\boldsymbol{G}\boldsymbol{x} + \boldsymbol{g}^{\mathrm{T}}\boldsymbol{x}$ 在 $\max\{\boldsymbol{0}, -\boldsymbol{G}^{-1}\boldsymbol{g}\} = \left(\frac{7}{5}; 0\right)$ 点的值为 $-2\frac{6}{25}$. 而该二次函数在非负象限的最小值点为 $(3/2; 0)$, 最优值为 $-2\frac{6}{24}$. 它小于 $-2\frac{6}{25}$. 这说明, $\max\{\boldsymbol{0}, -\boldsymbol{G}^{-1}\boldsymbol{g}\}$ 不是非负约束凸二次规划问题的最优值点. 见图 11.4.1, 其中, $\hat{\boldsymbol{x}}$ 为凸二次函数的最小值点, $\bar{\boldsymbol{x}}$ 为该点到非负象限的投影, $\boldsymbol{x}^*$ 为凸二次函数在非负象限上的最小值点. 当然, 该点比较靠近最优值点.

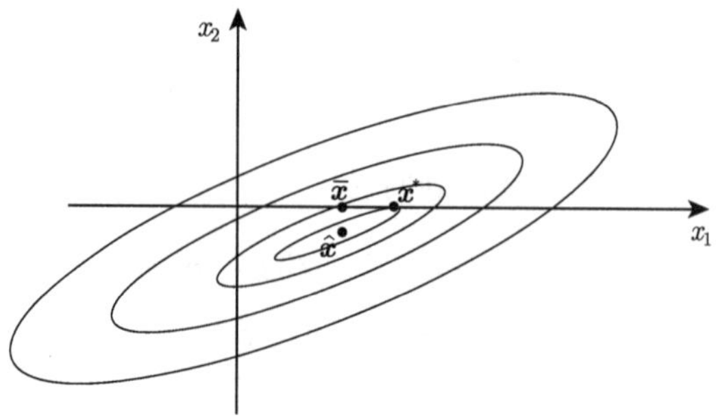

图 11.4.1 二元二次凸规划

由此, 针对带不等式约束的二次规划问题需建立新的求解方法. 这里介绍基于等式约束二次规划问题的 Lagrange 方法建立的有效集方法 (Fletcher, 1971).

由不等式约束优化问题的最优性条件, 下面的结论是显然的.

引理 11.4.1 设 $\boldsymbol{x}^*$ 是二次规划问题 (11.4.1) 的可行解, $(\boldsymbol{x}^*, \boldsymbol{\lambda}^*)$ 是下述问题

$$\begin{aligned} \min \quad & \frac{1}{2}\boldsymbol{x}^{\mathrm{T}}\boldsymbol{G}\boldsymbol{x} + \boldsymbol{g}^{\mathrm{T}}\boldsymbol{x} \\ \text{s.t.} \quad & \boldsymbol{a}_i^{\mathrm{T}}\boldsymbol{x} = b_i, \quad i \in \mathcal{A}(\boldsymbol{x}^*) \end{aligned} \tag{11.4.2}$$

的 K-T 对. 若对 $i \in \mathcal{I}(\boldsymbol{x}^*)$, $\lambda_i^* \geqslant 0$, 则 $\boldsymbol{x}^*$ 是二次规划问题 (11.4.1) 的 K-T 点.

该结论似乎将不等式约束二次规划问题转化为等式约束二次规划问题. 遗憾的是, 在得到最优解之前, $\mathcal{A}(\boldsymbol{x}^*)$ 是未知的. 所以无法通过求解等式约束二次规划问题 (11.4.2) 的 K-T 点来求解原二次规划问题. 既然加此, 人们考虑如果将 $\boldsymbol{x}^*$ 替换为迭代点 $\boldsymbol{x}_k \in \Omega$, 然后求解 $\mathcal{A}(\boldsymbol{x}_k)$ 或其估计式 $\mathcal{S}_k$ 对应的子问题

$$\begin{aligned} \min \quad & \frac{1}{2}(\boldsymbol{x}_k + \boldsymbol{d})^{\mathrm{T}}\boldsymbol{G}(\boldsymbol{x}_k + \boldsymbol{d}) + \boldsymbol{g}^{\mathrm{T}}(\boldsymbol{x}_k + \boldsymbol{d}) \\ \text{s.t.} \quad & \boldsymbol{a}_i^{\mathrm{T}}(\boldsymbol{x}_k + \boldsymbol{d}) = b_i, \quad i \in \mathcal{S}_k \end{aligned}$$

会产生一个什么性质的解?

经分析, 上述子问题的最优解 $\boldsymbol{d}_k$ 是原二次规划问题在 $\boldsymbol{x}_k$ 点的一个可行下降方向. 由此, 沿该方向进行线搜索就可在可行域内得到一个更好的迭代点. 这就是二次规划问题的积极集方法.

具体地, 对 $\boldsymbol{x}_k \in \Omega$, 考虑二次规划子问题

$$\begin{aligned} \min \quad & \frac{1}{2}(\boldsymbol{x}_k + \boldsymbol{d})^{\mathrm{T}}\boldsymbol{G}(\boldsymbol{x}_k + \boldsymbol{d}) + \boldsymbol{g}^{\mathrm{T}}(\boldsymbol{x}_k + \boldsymbol{d}) \\ \text{s.t.} \quad & \boldsymbol{a}_i^{\mathrm{T}}\boldsymbol{d} = 0, \quad i \in \mathcal{S}_k, \end{aligned} \tag{11.4.3}$$

其中, $\mathcal{E} \subset \mathcal{S}_k \subset \mathcal{A}(\boldsymbol{x}_k)$, $\mathcal{S}_k$ 为 $\mathcal{A}(\boldsymbol{x}_k)$ 的一个估计. 在算法的初始步, 可取 $\mathcal{S}_0 =$

$\mathcal{A}(\boldsymbol{x}_0)$. 在以后的迭代过程中, $\mathcal{S}_k$ 视情况调整.

由于子问题 (11.4.3) 的目标函数严格凸, 所以它有唯一全局最优解. 下面的结论表明, 其最优解 $\boldsymbol{d}_k$ 是目标函数 $Q(\boldsymbol{x})$ 在 $\boldsymbol{x}_k$ 点的下降方向.

引理 11.4.2 若子问题 (11.4.3) 的最优解 $\boldsymbol{d}_k \neq \boldsymbol{0}$, 则对任意的 $\alpha \in (0,1]$,

$$Q(\boldsymbol{x}_k + \alpha \boldsymbol{d}_k) < Q(\boldsymbol{x}_k).$$

证明 由题设和 Taylor 展式,

$$\begin{aligned} Q(\boldsymbol{x}_k) &> Q(\boldsymbol{x}_k + \boldsymbol{d}_k) \\ &= Q(\boldsymbol{x}_k) + \boldsymbol{d}_k^{\mathrm{T}}(\boldsymbol{G}\boldsymbol{x}_k + \boldsymbol{g}) + \frac{1}{2}\boldsymbol{d}_k^{\mathrm{T}}\boldsymbol{G}\boldsymbol{d}_k. \end{aligned}$$

所以

$$\boldsymbol{d}_k^{\mathrm{T}}\big(\boldsymbol{G}\boldsymbol{x}_k + \boldsymbol{g}\big) + \frac{1}{2}\boldsymbol{d}_k^{\mathrm{T}}\boldsymbol{G}\boldsymbol{d}_k < 0.$$

故对任意的 $\alpha \in (0,1]$,

$$\begin{aligned} Q(\boldsymbol{x}_k + \alpha \boldsymbol{d}_k) &= Q(\boldsymbol{x}_k) + \alpha \boldsymbol{d}_k^{\mathrm{T}}\big(\boldsymbol{G}\boldsymbol{x}_k + \boldsymbol{g}\big) + \frac{1}{2}\alpha^2 \boldsymbol{d}_k^{\mathrm{T}}\boldsymbol{G}\boldsymbol{d}_k \\ &= Q(\boldsymbol{x}_k) + \alpha\Big(\boldsymbol{d}_k^{\mathrm{T}}\big(\boldsymbol{G}\boldsymbol{x}_k + \boldsymbol{g}\big) + \frac{1}{2}\boldsymbol{d}_k^{\mathrm{T}}\boldsymbol{G}\boldsymbol{d}_k\Big) + \frac{1}{2}(\alpha^2 - \alpha)\boldsymbol{d}_k^{\mathrm{T}}\boldsymbol{G}\boldsymbol{d}_k \\ &< Q(\boldsymbol{x}_k). \end{aligned}$$

证毕

若子问题 (11.4.3) 的最优解 $\boldsymbol{d}_k \neq \boldsymbol{0}$, 则由目标函数的严格凸性, $\alpha = 1$ 是函数 $Q(\boldsymbol{x}_k + \alpha \boldsymbol{d}_k)$ 关于 $\alpha \in \mathbb{R}$ 的全局最小值点, 且 $Q(\boldsymbol{x}_k + \alpha \boldsymbol{d}_k)$ 关于 $\alpha \in [0,1]$ 严格单调递减. 由此, 可在定义域内沿其进行线搜索产生新的迭代点.

若 $\boldsymbol{d}_k = \boldsymbol{0}$, 则 $\boldsymbol{x}_k$ 是二次规划

$$\begin{aligned} \min \quad & \frac{1}{2}\boldsymbol{x}^{\mathrm{T}}\boldsymbol{G}\boldsymbol{x} + \boldsymbol{g}^{\mathrm{T}}\boldsymbol{x} \\ \text{s.t.} \quad & \boldsymbol{a}_i^{\mathrm{T}}\boldsymbol{x} = b_i, \quad i \in \mathcal{S}_k \end{aligned} \tag{11.4.4}$$

的 K-T 点. 根据引理 11.4.1, 可验证 $\boldsymbol{x}_k$ 是否为二次规划问题的最优值点, 并在 $\boldsymbol{x}_k$ 不满足最优性条件时对 $\mathcal{S}_k$ 进行调整. 这就是积极集方法的主要思想. 下对上述步骤进行细化.

设 $\boldsymbol{x}_k \in \Omega$, $\mathcal{E} \subset \mathcal{S}_k \subset \mathcal{A}(\boldsymbol{x}_k)$, $(\boldsymbol{d}_k, \boldsymbol{\lambda}^k)$ 为二次规划子问题 (11.4.3) 的 K-T 对. 下根据 $\boldsymbol{d}_k \neq \boldsymbol{0}$ 和 $\boldsymbol{d}_k = \boldsymbol{0}$ 分情况讨论.

(1) $\boldsymbol{d}_k \neq \boldsymbol{0}$. 由引理 11.4.2, $\boldsymbol{d}_k$ 是 $Q(\boldsymbol{x})$ 在 $\boldsymbol{x}_k$ 点的下降方向. 此时, 为保证 $\boldsymbol{x}_{k+1} = \boldsymbol{x}_k + \alpha_k \boldsymbol{d}_k$ 可行, 步长 α_k 应满足

$$\boldsymbol{a}_i^{\mathrm{T}}(\boldsymbol{x}_k + \alpha_k \boldsymbol{d}_k) \geqslant b_i, \quad i \in \mathcal{I}\backslash\mathcal{S}_k.$$

记

$$\hat{\alpha}_k \triangleq \min_{\boldsymbol{a}_i^{\mathrm{T}}\boldsymbol{d}_k<0,\ i\in\mathcal{I}\backslash\mathcal{S}_k} \left\{\frac{b_i-\boldsymbol{a}_i^{\mathrm{T}}\boldsymbol{x}_k}{\boldsymbol{a}_i^{\mathrm{T}}\boldsymbol{d}_k}\right\}.$$

则对任意的 $\alpha\in(0,\hat{\alpha}_k]$, $\boldsymbol{x}_k+\alpha\boldsymbol{d}_k\in\Omega$. 结合引理 11.4.2 及其后的分析, 步长

$$\alpha_k=\min\{1,\hat{\alpha}_k\} \tag{11.4.5}$$

可在 $\boldsymbol{x}_k+\alpha\boldsymbol{d}_k\in\Omega$ 的前提下使 $Q(\boldsymbol{x}_k+\alpha\boldsymbol{d}_k)$ 达到最小. 也就是说, 上述步长为最优步长.

若 $\alpha_k=\hat{\alpha}_k$, 说明存在 $i_0\in\mathcal{I}\backslash\mathcal{S}_k$ 使 $\boldsymbol{a}_{i_0}^{\mathrm{T}}(\boldsymbol{x}_k+\alpha_k\boldsymbol{d}_k)=b_{i_0}$, 即该约束在 $\boldsymbol{x}_k+\alpha_k\boldsymbol{d}_k$ 点为积极约束. 为此, 令 $\boldsymbol{x}_{k+1}=\boldsymbol{x}_k+\alpha_k\boldsymbol{d}_k$, 并调整 $\mathcal{S}_k$: $\mathcal{S}_{k+1}=\mathcal{S}_k\cup\{i_0\}$; 若 $\alpha_k<\hat{\alpha}_k$, 则令 $\boldsymbol{x}_{k+1}=\boldsymbol{x}_k+\boldsymbol{d}_k$, $\mathcal{S}_{k+1}=\mathcal{S}_k$.

(2) $\boldsymbol{d}_k=\boldsymbol{0}$. 则 $(\boldsymbol{x}_k,\boldsymbol{\lambda}^k)$ 是 (11.4.4) 的 K-T 对. 此时, 若对任意的 $i\in\mathcal{S}_k\cap\mathcal{I}(\boldsymbol{x}_k)$, $\lambda_i^k\geqslant 0$, 由引理 11.4.1, $\boldsymbol{x}_k$ 为 (11.4.1) 的 K-T 点, 从而得到原问题的最优解, 算法终止. 否则, 存在 $i_0\in\mathcal{S}_k\cap\mathcal{I}(\boldsymbol{x}_k)$, 使 $\lambda_{i_0}^k<0$, 则取

$$i_k=\underset{i\in\mathcal{S}_k\cap\mathcal{I}(\boldsymbol{x}_k)}{\arg\min}\{\lambda_i^k\mid\lambda_i^k<0\},\quad \mathcal{S}_{k+1}=\mathcal{S}_k\backslash\{i_k\},\quad \boldsymbol{x}_{k+1}=\boldsymbol{x}_k.$$

综合以上分析, 得到如下迭代算法.

算法 11.4.1

步 1. 取初始可行点 $\boldsymbol{x}_0\in\mathbb{R}^n$. 令 $\mathcal{S}_0=\mathcal{A}(\boldsymbol{x}_0)$, $k=0$.

步 2. 计算 (11.4.3) 的 K-T 对 $(\boldsymbol{d}_k,\boldsymbol{\lambda}^k)$. 若 $\boldsymbol{d}_k\neq\boldsymbol{0}$, 转步 3; 否则, 验证 $\boldsymbol{x}_k$ 是否为 (11.4.4) 的 K-T 点. 若对任意的 $i\in\mathcal{S}_k\cap\mathcal{I}(\boldsymbol{x}_k)$, $\lambda_i^k\geqslant 0$, 算法停止; 否则, 取

$$i_k=\underset{i\in\mathcal{S}_k\cap\mathcal{I}(\boldsymbol{x}_k)}{\arg\min}\{\lambda_i^k\mid\lambda_i^k<0\},\quad \mathcal{S}_{k+1}=\mathcal{S}_k\backslash\{i_k\},$$

令 $\boldsymbol{x}_{k+1}=\boldsymbol{x}_k$, $k=k+1$, 返回步 2.

步 3. 根据 (11.4.5) 计算步长 α_k, 令 $\boldsymbol{x}_{k+1}=\boldsymbol{x}_k+\alpha_k\boldsymbol{d}_k$.

步 4. 若 $\alpha_k\neq\hat{\alpha}_k$, 则令 $\mathcal{S}_{k+1}=\mathcal{S}_k, k=k+1$, 转步 2; 否则, 任取 $i_k\in\mathcal{I}\backslash\mathcal{S}_k$ 满足

$$\boldsymbol{a}_{i_k}^{\mathrm{T}}(\boldsymbol{x}_k+\alpha_k\boldsymbol{d}_k)=b_{i_k}.$$

令 $\mathcal{S}_{k+1}=\mathcal{S}_k\cup\{i_k\}$, $k=k+1$, 转步 2.

下面对上述算法进行简单分析.

由算法迭代过程知, 迭代点列 $\{\boldsymbol{x}_k\}\subset\Omega$. 若算法在第 k_0 步终止, 则 $\boldsymbol{x}_{k_0}$ 是原凸规划问题的 K-T 点, 也是最优值点. 若算法产生无穷迭代点列, 则存在 k_0, 当 $k\geqslant k_0$ 时, $\boldsymbol{x}_k=\boldsymbol{x}_{k_0}$. 下面通过证明如下两结论来证明这个事实.

(1) 存在自然数列 $\mathcal{N}$ 的无穷子列 $\mathcal{N}_0$, 使对任意的 $k \in \mathcal{N}_0$, $\boldsymbol{d}_k = \mathbf{0}$.

要证该结论成立, 只须证明对任意的 $k > 0$, 存在 $t_k \geqslant 0$, 使 $\boldsymbol{d}_{k+t_k} = \mathbf{0}$.

事实上, 对任意固定的 k, 若 $\boldsymbol{d}_k = \mathbf{0}$, 取 $t_k = 0$; 若 $\boldsymbol{d}_k \neq \mathbf{0}$, 根据算法, $\boldsymbol{x}_{k+1} = \boldsymbol{x}_k + \alpha_k \boldsymbol{d}_k$, 其中, $\alpha_k = \min\{1, \hat{\alpha}_k\}$. 根据算法, 若 $\alpha_k = 1 < \hat{\alpha}_k$, 则 $\boldsymbol{d}_{k+1} = \mathbf{0}$. 此时, 取 $t_k = 1$ 即满足条件. 若 $\alpha_k = \hat{\alpha}_k$, 则 $\mathcal{S}_{k+1} = \mathcal{S}_k \cup \{i_k\}$, 并因此有 $|\mathcal{S}_{k+1}| > |\mathcal{S}_k|$. 而对任意的 k, $|\mathcal{S}_k| \leqslant |\mathcal{I}| + |\mathcal{E}|$, 所以 $\mathcal{S}_k$ 在连续有限次增加积极约束指标后就不再增加. 而一旦出现这种情况, 就得到 t_k 使 $\boldsymbol{d}_{k+t_k} = \mathbf{0}$.

(2) 存在 $k_0 > 0$, 使对任意的 $k \geqslant k_0$, $Q(\boldsymbol{x}_k) = Q(\boldsymbol{x}_{k_0})$.

由 (1) 中的分析, 存在自然数列 $\mathcal{N}$ 的无穷子集 $\mathcal{N}_0$ 使对任意的 $k \in \mathcal{N}_0$, $\boldsymbol{d}_k = \mathbf{0}$, 说明 $\boldsymbol{x}_k$ 是二次规划 (11.4.4) 的 K-T 点和最优解. 由于 $\mathcal{S}_k \subset \mathcal{A}(\boldsymbol{x}_k) \subseteq \mathcal{I} \cup \mathcal{E}$, 所以 $\mathcal{S}_k$ 的组合形式只有有限个, 从而 $\{Q(\boldsymbol{x}_k)\}_{\mathcal{N}_0}$ 只能取有限个不同的值. 再由 $\{Q(\boldsymbol{x}_k)\}$ 单调不增知, 存在 k_0, 当 $k > k_0$ 时, $Q(\boldsymbol{x}_k) = Q(\boldsymbol{x}_{k_0})$. 而根据算法迭代过程, 若 $\boldsymbol{x}_{k+1} \neq \boldsymbol{x}_k$, 则 $Q(\boldsymbol{x}_{k+1}) < Q(\boldsymbol{x}_k)$. 这说明在 $k \geqslant k_0$ 时, $\boldsymbol{x}_k = \boldsymbol{x}_{k_0}$.

由此, 当 $k \geqslant k_0$ 时, $\alpha_k = 0$ 或 $\boldsymbol{d}_k = \mathbf{0}$. 而这两种情况分别对应 $\mathcal{S}_{k+1} = \mathcal{S}_k \cup \{i_k\}$ 和 $\mathcal{S}_{k+1} = \mathcal{S}_k \backslash \{i_k\}$. 下面的分析表明, 若积极约束函数的梯度线性无关, 则 $\alpha_k = 0$ 或 $\boldsymbol{d}_k = \mathbf{0}$ 不会无限次出现, 从而算法有限步后终止.

引理 11.4.3 对算法 11.4.1, 设 $k_1, k_2 \geqslant k_0$ 为满足 $\boldsymbol{d}_k = \mathbf{0}$ 的最近的两个指标. 则 $\mathcal{S}_{k_1} \neq \mathcal{S}_{k_2}$.

证明 若 $k_2 = k_1 + 1$, 则 $\mathcal{S}_{k_2} = \mathcal{S}_{k_1} \backslash \{i_{k_1}\} \neq \mathcal{S}_{k_1}$. 以下设 $k_2 > k_1 + 1$. 事实上, 只需证明 $k_2 = k_1 + 2$ 时, 第 k_1 步 $\boldsymbol{d}_{k_1} = \mathbf{0}$ 时调出的指标 i_{k_1} 跟第 (k_1+1) 步 $\alpha_{k_1+1} = 0$ 时调入的指标 i_{k_1+1} 不是同一个即可.

由 $\boldsymbol{d}_{k_1} = \mathbf{0}$ 知, $\boldsymbol{x}_k$ 是 (11.4.4) 对应于 $\mathcal{S}_{k_1}$ 的 K-T 点, 所以存在 Lagrange 乘子 $\boldsymbol{\lambda}^{k_1}$ 使得

$$\boldsymbol{G}\boldsymbol{x}_{k_0} + \boldsymbol{g} = \sum_{i \in \mathcal{S}_{k_1}} \lambda_i^{k_1} \boldsymbol{a}_i. \tag{11.4.6}$$

根据算法, 存在指标 $i_{k_1} \in \mathcal{S}_{k_1}$ 使得 $\lambda_{i_{k_1}}^{k_1} < 0$, 且 $\mathcal{S}_{k_1+1} = \mathcal{S}_{k_1} \backslash \{i_{k_1}\}$.

在第 k_1+1 步, $\alpha_{k_1+1} = 0$, 即

$$\alpha_{k_1+1} = \hat{\alpha}_{k_1+1} = \min_{\substack{\boldsymbol{a}_i^{\mathrm{T}} \boldsymbol{d}_{k_1+1} < 0 \\ i \in \mathcal{I} \backslash \mathcal{S}_{k_1+1}}} \left\{ \frac{b_i - \boldsymbol{a}_i^{\mathrm{T}} \boldsymbol{x}_{k_0}}{\boldsymbol{a}_i^{\mathrm{T}} \boldsymbol{d}_{k_1+1}} \right\} = 0.$$

这样, 存在下标 $i_{k_1+1} \in \mathcal{I} \backslash \mathcal{S}_{k_1+1}$ 使得 $\mathcal{S}_{k_1+2} = \mathcal{S}_{k_1+1} \cup \{i_{k_1+1}\}$, 并且

$$\boldsymbol{a}_{i_{k_1+1}}^{\mathrm{T}} \boldsymbol{d}_{k_1+1} < 0. \tag{11.4.7}$$

另一方面, 由于 $\boldsymbol{d}_{k_1+1}$ 为 (11.4.3) 对应于 $\mathcal{S}_{k_1+1}$ 的最优解, 故 $\boldsymbol{d}_{k_1+1}$ 是 (11.4.1)

的目标函数在 $\boldsymbol{x}_{k_1+1}$ 点, 也就是在 $\boldsymbol{x}_{k_0}$ 点的下降方向

$$(\boldsymbol{G}\boldsymbol{x}_{k_0}+\boldsymbol{g})^{\mathrm{T}}\boldsymbol{d}_{k_1+1}\leqslant 0.$$

由 (11.4.6),

$$\sum_{i\in\mathcal{S}_{k_1}}\lambda_i^{k_1}\boldsymbol{a}_i^{\mathrm{T}}\boldsymbol{d}_{k_1+1}\leqslant 0.$$

根据 (11.4.3), 对任意的 $i\in\mathcal{S}_{k_1+1}$, $\boldsymbol{a}_i^{\mathrm{T}}\boldsymbol{d}_{k_1+1}=0$, 所以由上式,

$$\lambda_{i_{k_1}}^{k_1}\boldsymbol{a}_{i_{k_1}}^{\mathrm{T}}\boldsymbol{d}_{k_1+1}\leqslant 0.$$

而由 $\lambda_{i_{k_1}}^{k_1}<0$ 知

$$\boldsymbol{a}_{i_{k_1}}^{\mathrm{T}}\boldsymbol{d}_{k_1+1}\geqslant 0.$$

结合 (11.4.7) 得, $i_{k_1}\neq i_{k_1+1}$. 再由 $i_{k_1+1}\in\mathcal{S}_{k_1+2}=\mathcal{S}_{k_2}$, $i_{k_1+1}\notin\mathcal{S}_{k_1}$ 得

$$\mathcal{S}_{k_1}\neq\mathcal{S}_{k_2}.$$

证毕

基于以上讨论, 可建立算法的有限步终止性.

定理 11.4.1 对严格凸二次规划 (11.4.1), 设算法 11.4.1 产生迭代点列 $\{\boldsymbol{x}_k\}$. 若对任意的 k, 向量组 $[\boldsymbol{a}_i,\ i\in\mathcal{A}(\boldsymbol{x}_k)]$ 线性无关, 则算法有限步终止于该优化问题的 K-T 点.

证明 由题设, 原问题目标函数有下界. 反设算法不有限步终止. 由前面的讨论知, 存在 $k_0>0$, 使对任意的 $k\geqslant k_0$, $\boldsymbol{x}_k=\boldsymbol{x}_{k_0}$, 即 $\alpha_k=0$ 或 $\boldsymbol{d}_k=\boldsymbol{0}$.

记满足 $\boldsymbol{d}_k=\boldsymbol{0}$ 的序列为 $\{\boldsymbol{d}_{k_t}\}$, 则对任意的 t 有 $k_{t+1}>k_t+1$. 事实上, 假若存在 i 使得 $k_{i+1}=k_i+1, \boldsymbol{d}_{k_i}=\boldsymbol{d}_{k_i+1}=\boldsymbol{0}$, 则 $\mathcal{S}_{k_i}\backslash\{i_{k_i}\}=\mathcal{S}_{k_i+1}$, 并且存在 Lagrange 乘子 $\boldsymbol{\lambda},\hat{\boldsymbol{\lambda}}$ 使得

$$\boldsymbol{G}\boldsymbol{x}_{k_0}+\boldsymbol{g}=\sum_{j\in\mathcal{S}_{k_i}}\lambda_j\boldsymbol{a}_j=\sum_{j\in\mathcal{S}_{k_i+1}}\hat{\lambda}_j\boldsymbol{a}_j,$$

及 $\lambda_{i_{k_i}}<0$. 这与向量组 $[\boldsymbol{a}_j, j\in\mathcal{S}_{k_i}]$ 线性无关矛盾. 所以,

$$|\mathcal{S}_{k_1}|\leqslant|\mathcal{S}_{k_2}|\leqslant\cdots\leqslant|\mathcal{S}_{k_t}|\leqslant\cdots.$$

又 $|\mathcal{S}_{k_t}|\leqslant|\mathcal{E}\cup\mathcal{I}|$, 所以 t 充分大时, $|\mathcal{S}_{k_t}|$ 不再变化. 进而 $k_{t+1}=k_t+2$.

由 $\boldsymbol{d}_{k_t}=\boldsymbol{d}_{k_{t+1}}=\boldsymbol{0}$ 知, $\boldsymbol{x}_{k_0}$ 分别为 (11.4.4) 对应于 $\mathcal{S}_{k_t}$ 与 $\mathcal{S}_{k_{t+1}}$ 的 K-T 点, 即存在 Lagrange 乘子 $\hat{\boldsymbol{\lambda}},\hat{\hat{\boldsymbol{\lambda}}}$ 使

$$\boldsymbol{G}\boldsymbol{x}_{k_0}+\boldsymbol{g}=\sum_{i\in\mathcal{S}_{k_t}}\hat{\lambda}_i\boldsymbol{a}_i=\sum_{i\in\mathcal{S}_{k_{t+1}}}\hat{\hat{\lambda}}_i\boldsymbol{a}_i,$$

即

$$\sum_{i\in\mathcal{S}_{k_t}} \hat{\lambda}_i \boldsymbol{a}_i = \sum_{i\in\mathcal{S}_{k_{t+1}}} \hat{\hat{\lambda}}_i \boldsymbol{a}_i.$$

由引理 11.4.3, $\mathcal{S}_{k_t} \neq \mathcal{S}_{k_{t+1}}$, 又存在 $i_{k_t} \in \mathcal{S}_{k_t}, i_{k_t} \notin \mathcal{S}_{k_{t+1}}$, 使得 $\hat{\lambda}_{i_{k_t}} < 0$. 也就是说, 上式中 $\boldsymbol{a}_i$ 的系数不全为零, 这与向量组 $[\boldsymbol{a}_i,\ i\in\mathcal{A}(\boldsymbol{x}_{k_t})]$ 线性无关矛盾. 　　证毕

该定理表明, 在非退化条件下, 有效集方法经过有限次迭代后可得到严格凸二次规划问题的最优解. 但如果目标函数非严格凸, 二次规划子问题 (11.4.3) 的最优解可能不唯一, 对算法 11.4.1 做些修正才能得到问题的最优解. 若目标函数为非凸函数, 该问题为 NP 难问题, 有效集方法不能给出最优解.

习　　题

1. 设 $\boldsymbol{a}, \boldsymbol{x}_0 \in \mathbb{R}^n$. 试计算下述二次规划问题的最优解

$$\min\ \|\boldsymbol{x}-\boldsymbol{x}_0\|^2 \qquad \text{s.t. } \boldsymbol{a}^{\mathrm{T}}\boldsymbol{x} = 0.$$

2. 设 $a > b > 0$, $c \in \mathbb{R}, d > 0$,

$$\boldsymbol{G} = \begin{pmatrix} a & b & b & \cdots & b \\ b & a & b & \cdots & b \\ \vdots & \vdots & \vdots & \ddots & \vdots \\ b & b & b & \cdots & a \end{pmatrix}.$$

证明如下二次规划问题

$$\begin{aligned} \min\quad & \frac{1}{2}\boldsymbol{x}^{\mathrm{T}}\boldsymbol{G}\boldsymbol{x} + c\boldsymbol{e}^{\mathrm{T}}\boldsymbol{x} \\ \text{s.t.}\quad & \sum_{i=1}^{n-1} x_i < d, \\ & \sum_{i=1}^{n} x_i \geqslant d, \\ & \boldsymbol{x} \geqslant \boldsymbol{0} \end{aligned}$$

的最优解的所有分量都相等.

3. 设 $\sigma_1 > \sigma_2 > \cdots > \sigma_r > 0$, $s < r$. 求下述二次规划问题的最优解

$$\begin{aligned} \max\quad & \sum_{i=1}^{r}\sum_{j=1}^{s} \sigma_i x_{ij}^2 \\ \text{s.t.}\quad & \sum_{j=1}^{s} x_{ij} \leqslant 1, \quad i = 1,2,\cdots,r, \\ & \sum_{i=1}^{r} x_{ij} \leqslant 1, \quad j = 1,2,\cdots,s, \\ & x_{ij} \geqslant 0, \quad i = 1,2,\cdots,r,\ j = 1,2,\cdots,s. \end{aligned}$$

4. 设矩阵 $\boldsymbol{G}$ 对称正定, $\boldsymbol{d}_k$ 为如下二次规划

$$\begin{aligned}\min \quad & Q(\boldsymbol{x}_k+\alpha\boldsymbol{d}_k)=\frac{1}{2}(\boldsymbol{x}_k+\boldsymbol{d})^{\mathrm{T}}\boldsymbol{G}(\boldsymbol{x}_k+\boldsymbol{d})+\boldsymbol{g}^{\mathrm{T}}(\boldsymbol{x}_k+\boldsymbol{d})\\ \text{s.t.} \quad & \boldsymbol{a}_i^{\mathrm{T}}\boldsymbol{d}=0, \quad i\in\mathcal{S}_k\end{aligned}$$

的最优解. 证明: $Q(\boldsymbol{x}_k+\alpha\boldsymbol{d}_k)$ 关于 $\alpha\in[0,1]$ 严格单调递减.

第 12 章　约束优化可行方法

对约束优化问题, 根据对约束条件的处理方式, 其求解方法大致分为两类: 一是间接方法, 即先将约束优化问题进行某种处理得到一个新问题, 然后对其求解得到原优化问题的最优解, 如罚函数方法、Lagrange-Newton 方法、SQP 方法和对偶类方法等. 二是直接方法, 即在可行域内极小化目标函数. 该方法大多从无约束优化问题的求解方法衍生而来, 其迭代过程一般通过两种策略实现: 一是沿可行下降方向进行线搜索产生新的迭代点, 称作可行方向法; 二是借助投影技术沿可行域的边界进行曲线搜索, 故称投影算法. 本章主要介绍实现上述两种策略的 Zoutendijk 可行方向法和 GLP 投影算法. 这两种方法比较适合可行域结构简单的凸约束优化问题, 而且由于搜索方向多基于负梯度方向, 其收敛速度至多是线性的.

12.1　Zoutendijk 可行方向法

对约束优化问题, 沿下降方向进行线搜索可以使目标函数值有所下降. 但考虑到约束条件, 这会导致新的迭代点不可行. 于是人们寻求可行下降方向, 然后沿该方向进行线搜索得到新的迭代点. 这就是约束优化问题的可行方向法. 最优步长规则下的可行方向法的迭代过程为

$$\boldsymbol{x}_{k+1} = \boldsymbol{x}_k + \alpha_k \boldsymbol{d}_k,$$

其中, $\boldsymbol{d}_k$ 为可行下降方向,

$$\alpha_k = \arg\min\{f(\boldsymbol{x}_k + \alpha \boldsymbol{d}_k) \mid \alpha \geqslant 0,\ (\boldsymbol{x}_k + \alpha \boldsymbol{d}_k) \in \Omega\}.$$

可行方向法的核心是搜索方向, 也就是可行下降方向的计算. 对此, 人们一般采取如下策略: 在保证可行的条件下, 让下降性达到最大. 常见的方法有三种: Frank-Wolfe 可行方向方法, Rosen 梯度投影法和 Zoutendijk 可行方向法.

设 Ω 为闭凸集, $\boldsymbol{x}_k \in \Omega$. 则对于任意的 $\boldsymbol{x} \in \Omega$, $\boldsymbol{d}_k = \boldsymbol{x} - \boldsymbol{x}_k$ 为 $\boldsymbol{x}_k$ 点的可行方向. 为使 $\boldsymbol{d}_k$ 的下降性最大, Frank 和 Wolfe (1956) 通过下述子问题产生 $\boldsymbol{d}_k$,

$$\begin{aligned} \min \quad & \nabla f(\boldsymbol{x}_k)^{\mathrm{T}}(\boldsymbol{x} - \boldsymbol{x}_k) \\ \text{s.t.} \quad & \boldsymbol{x} \in \Omega. \end{aligned}$$

当 Ω 有界时, 上述子问题有解. 该方法称为条件梯度法, 又称 Frank-Wolfe 方

法. 不过, 该方法容易产生一个模极大但下降性很差的搜索方向, 导致算法的效率降低.

为便于讨论, 考虑线性约束优化问题

$$\begin{aligned} \min \quad & f(\boldsymbol{x}) \\ \text{s.t.} \quad & \boldsymbol{a}_i^{\mathrm{T}}\boldsymbol{x} = b_i, \quad i \in \mathcal{E}, \\ & \boldsymbol{a}_i^{\mathrm{T}}\boldsymbol{x} \geqslant b_i, \quad i \in \mathcal{I}. \end{aligned} \tag{12.1.1}$$

设 $\boldsymbol{x}_k$ 是其可行点, 则任意满足

$$\boldsymbol{a}_i^{\mathrm{T}}\boldsymbol{d} = 0, \quad i \in \mathcal{A}(\boldsymbol{x}_k)$$

的 $\boldsymbol{d} \in \mathbb{R}^n$ 为 $\boldsymbol{x}_k$ 点的可行方向. 显然, 这样的可行方向构成一子空间. Rosen(1960) 取该子空间中最靠近负梯度方向的 $\boldsymbol{d}_k$ 作为搜索方向, 即通过求解如下子问题获取搜索方向

$$\begin{aligned} \min \quad & \frac{1}{2}\|\boldsymbol{d} - (-\nabla f(\boldsymbol{x}_k))\|^2 \\ \text{s.t.} \quad & \boldsymbol{a}_i^{\mathrm{T}}\boldsymbol{d} = 0, \quad i \in \mathcal{A}(\boldsymbol{x}_k) \end{aligned}$$

创立了 Rosen 梯度投影算法. 为扩大搜索方向的取值范围, Zoutendijk(1960) 将上述可行方向子空间扩成可行方向锥

$$\{\boldsymbol{d} \in \mathbb{R}^n \mid \boldsymbol{a}_i^{\mathrm{T}}\boldsymbol{d} = 0,\ i \in \mathcal{E};\ \ \boldsymbol{a}_i^{\mathrm{T}}\boldsymbol{d} \geqslant 0,\ i \in \mathcal{I}(\boldsymbol{x}_k)\},$$

然后在其中寻求下降性最大的方向, 即通过求解下述子问题产生搜索方向

$$\begin{aligned} \min \quad & \boldsymbol{d}^{\mathrm{T}}\nabla f(\boldsymbol{x}_k) \\ \text{s.t.} \quad & \boldsymbol{a}_i^{\mathrm{T}}\boldsymbol{d} \geqslant 0, \quad i \in \mathcal{I}(\boldsymbol{x}_k), \\ & \boldsymbol{a}_i^{\mathrm{T}}\boldsymbol{d} = 0, \quad i \in \mathcal{E}, \\ & -1 \leqslant d_i \leqslant 1, \quad 1 \leqslant i \leqslant n. \end{aligned} \tag{12.1.2}$$

这里引入 $\boldsymbol{d}$ 的箱约束是防止目标函数无下界. 在某种意义下, 该子问题等价于

$$\begin{aligned} \min \quad & \frac{1}{2}\|\boldsymbol{d} - (-\nabla f(\boldsymbol{x}_k))\|^2 \\ \text{s.t.} \quad & \boldsymbol{a}_i^{\mathrm{T}}\boldsymbol{d} \geqslant 0, \quad i \in \mathcal{I}(\boldsymbol{x}_k), \\ & \boldsymbol{a}_i^{\mathrm{T}}\boldsymbol{d} = 0, \quad i \in \mathcal{E}. \end{aligned}$$

下面以 Zoutendijk 可行方向法为例给出其迭代过程, 缺陷及改进.

定理 12.1.1 $\boldsymbol{x}_k \in \Omega$ 为线性约束优化问题 (12.1.1) 的 K-T 点的充分必要条件是子问题 (12.1.2) 的最优值为零.

证明 显然, $\boldsymbol{x}_k \in \Omega$ 为优化问题 (12.1.1) 的 K-T 点等价于存在乘子 $\boldsymbol{\lambda}$ 使

$$\begin{cases} \nabla f(\boldsymbol{x}_k) = \sum\limits_{i\in\mathcal{E}} \lambda_i \boldsymbol{a}_i + \sum\limits_{i\in\mathcal{I}(\boldsymbol{x}_k)} \lambda_i \boldsymbol{a}_i, \\ \lambda_i \geqslant 0, \quad i \in \mathcal{I}(\boldsymbol{x}_k). \end{cases}$$

利用推论 2.3.2′, 上述结论等价于系统

$$\begin{cases} \boldsymbol{d}^{\mathrm{T}} \nabla f(\boldsymbol{x}_k) < 0 \\ \boldsymbol{a}_i^{\mathrm{T}} \boldsymbol{d} \geqslant 0,\ i \in \mathcal{I}(\boldsymbol{x}_k); \quad \boldsymbol{a}_i^{\mathrm{T}} \boldsymbol{d} = 0,\ i \in \mathcal{E} \end{cases}$$

无解, 也就是子问题 (12.1.2) 的最优值为零. 证毕

根据上述结论, 若子问题 (12.1.2) 的最优值为零, 则 $\boldsymbol{x}_k$ 为原问题的 K-T 点, 算法终止; 否则, 子问题 (12.1.2) 的最优解 $\boldsymbol{d}_k$ 为优化问题 (12.1.1) 在 $\boldsymbol{x}_k$ 点的可行下降方向. 为保证新迭代点 $\boldsymbol{x}_{k+1} = \boldsymbol{x}_k + \alpha_k \boldsymbol{d}_k$ 的可行性, α_k 应满足

$$\boldsymbol{a}_i^{\mathrm{T}} (\boldsymbol{x}_k + \alpha_k \boldsymbol{d}_k) \geqslant b_i, \quad i \in \mathcal{I} \backslash \mathcal{I}(\boldsymbol{x}).$$

记

$$\hat{\alpha}_k = \min_{i \in \mathcal{I} \backslash \mathcal{I}(\boldsymbol{x})} \left\{ \frac{b_i - \boldsymbol{a}_i^{\mathrm{T}} \boldsymbol{x}_k}{\boldsymbol{a}_i^{\mathrm{T}} \boldsymbol{d}_k} \ | a_i^{\mathrm{T}} \boldsymbol{d}_k < 0 \right\}.$$

则对任意的 $\alpha \in [0, \hat{\alpha}_k]$, $\boldsymbol{x}_k + \alpha \boldsymbol{d}_k \in \Omega$.

若采用最优步长规则

$$\alpha_k = \arg\min\{ f(\boldsymbol{x}_k + \alpha \boldsymbol{d}_k) \mid 0 \leqslant \alpha \leqslant \hat{\alpha}_k \}, \tag{12.1.3}$$

则迭代过程 $\boldsymbol{x}_{k+1} = \boldsymbol{x}_k + \alpha_k \boldsymbol{d}_k$ 可使目标函数值单调下降.

下面将上述方法推广到非线性不等式约束情形

$$\begin{array}{ll} \min & f(\boldsymbol{x}) \\ \text{s.t.} & c_i(\boldsymbol{x}) \geqslant 0, \quad i \in \mathcal{I}, \end{array} \tag{12.1.4}$$

其中, $f(\boldsymbol{x}), c_i(\boldsymbol{x}), i \in \mathcal{I}$ 连续可微. 容易验证, 对任意的 $\boldsymbol{x} \in \Omega$, 若 $\boldsymbol{d} \in \mathbb{R}^n$ 满足

$$\begin{cases} \boldsymbol{d}^{\mathrm{T}} \nabla c_i(\boldsymbol{x}) > 0, \quad \forall\, i \in \mathcal{I}(\boldsymbol{x}) \\ \boldsymbol{d}^{\mathrm{T}} \nabla f(\boldsymbol{x}) < 0, \end{cases}$$

则 $\boldsymbol{d}$ 是优化问题 (12.1.4) 在 $\boldsymbol{x}$ 点的可行下降方向. 据此, 可通过求解如下子问题获取可行下降方向

$$
\begin{aligned}
\min \quad & z \\
\text{s.t.} \quad & \boldsymbol{d}^{\mathrm{T}} \nabla f(\boldsymbol{x}) - z \leqslant 0, \\
& \boldsymbol{d}^{\mathrm{T}} \nabla c_i(\boldsymbol{x}) + z \geqslant 0, \quad i \in \mathcal{I}(\boldsymbol{x}), \\
& -1 \leqslant \boldsymbol{d}_i \leqslant 1, \quad 1 \leqslant i \leqslant n.
\end{aligned} \tag{12.1.5}
$$

下述结论表明, 若子问题 (12.1.5) 的最优值不为零, 可得优化问题 (12.1.4) 在 $\boldsymbol{x}$ 点的可行下降方向, 进而通过线搜索得到新的迭代点.

定理 12.1.2　设 $\boldsymbol{x} \in \Omega$, 则子问题 (12.1.5) 的最优值为零的充分必要条件是 $\boldsymbol{x}$ 为优化问题 (12.1.4) 的 FJ 点, 即存在不全为零的乘子 $\boldsymbol{\lambda}$ 使得

$$
\begin{cases}
\lambda_0 \nabla f(\boldsymbol{x}) = \sum\limits_{i \in \mathcal{I}} \lambda_i \nabla c_i(\boldsymbol{x}), \\
\lambda_0 \geqslant 0, \quad \lambda_i \geqslant 0, \quad i \in \mathcal{I}.
\end{cases} \tag{12.1.6}
$$

证明　子问题 (12.1.5) 的最优值为零当且仅当系统

$$
\boldsymbol{d}^{\mathrm{T}} \nabla f(\boldsymbol{x}) < 0, \quad \boldsymbol{d}^{\mathrm{T}} \nabla c_i(\boldsymbol{x}) > 0, \quad i \in \mathcal{I}(\boldsymbol{x})
$$

无解. 由 Gordan 定理 (推论 2.3.5) 并令 $\lambda_i = 0, i \in \mathcal{I} \backslash \mathcal{I}(\boldsymbol{x})$ 得命题结论.　　证毕

将系统 (12.1.6) 写完整就是

$$
\begin{cases}
\lambda_0 \nabla f(\boldsymbol{x}) = \sum\limits_{i \in \mathcal{I}} \lambda_i \nabla c_i(\boldsymbol{x}), \\
\lambda_0 \geqslant 0, \quad \lambda_i \geqslant 0, \quad c_i(\boldsymbol{x}) \geqslant 0, \quad \lambda_i c_i(\boldsymbol{x}) = 0, \quad i \in \mathcal{I}.
\end{cases}
$$

它称为约束优化问题 (12.1.4) 的 FJ 条件 (Fritz John,1948). 它也是约束优化问题最优值点的一种刻画, 只是比 KKT 条件弱.

12.2　Topkis-Veinott 可行方向法

Zoutendijk 可行方向法实际上是一种积极集方法, 它简单易行. 但下面的例子 (Wolfe, 1972) 表明, 对于线性约束优化问题, 该方法未必收敛.

例 12.2.1　考虑不等式约束优化问题

$$
\begin{aligned}
\min \quad & f(\boldsymbol{x}) = \frac{4}{3}(x_1^2 - x_1 x_2 + x_2^2)^{3/4} - x_3 \\
\text{s.t.} \quad & x_1 \geqslant 0, \quad x_2 \geqslant 0, \quad 2 \geqslant x_3 \geqslant 0.
\end{aligned}
$$

容易验证目标函数 $f(\boldsymbol{x})$ 是凸函数, 该优化问题的最优值在 $\boldsymbol{x}^* = (0; 0; 2)$ 达到. 取初始点 $\boldsymbol{x}_0 = (0; t; 0)$, 其中, $0 < t \leqslant \dfrac{1}{2\sqrt{2}}$.

求解于问题

$$\begin{aligned} \min \quad & \boldsymbol{d}^{\mathrm{T}}\nabla f(\boldsymbol{x}_0) \\ \text{s.t.} \quad & \boldsymbol{a}_i^{\mathrm{T}}\boldsymbol{d} \geqslant 0, \quad i \in \mathcal{I}(\boldsymbol{x}_0), \\ & \|\boldsymbol{d}\| \leqslant 1, \end{aligned}$$

得 $\boldsymbol{x}_0$ 点的搜索方向

$$\boldsymbol{d}_0 = -\nabla f(\boldsymbol{x}_0)/\|\nabla f(\boldsymbol{x}_0)\|.$$

沿该方向精确线搜索得迭代点 $\boldsymbol{x}_1 = \boldsymbol{x}_0 + \alpha_0\boldsymbol{d}_0 = \left(\frac{1}{2}t; 0; \frac{1}{2}\sqrt{t}\right)$.

重复上述过程得迭代点列

$$\boldsymbol{x}_k = \begin{cases} \left(0;\ \dfrac{t}{2^k};\ \dfrac{1}{2}\displaystyle\sum_{i=0}^{k-1}\left(\dfrac{t}{2^i}\right)^{1/2}\right), & \text{若 } k \text{ 为偶数}, \\ \left(\dfrac{t}{2^k};\ 0;\ \dfrac{1}{2}\displaystyle\sum_{i=0}^{k-1}\left(\dfrac{t}{2^i}\right)^{1/2}\right), & \text{若 } k \text{为奇数}. \end{cases}$$

容易看出, $\boldsymbol{x}_k \to \left(0;\ 0;\ \left(1+\frac{1}{2}\sqrt{2}\right)\sqrt{t}\right)$. 由于最优值点 $\boldsymbol{x}^* = (0;0;2)$ 唯一, 所以 $\{\boldsymbol{x}_k\}$ 的极限点既不是原问题的最优值点也不是其 K-T 点.

对上述迭代过程分析发现, 出现上述情况的原因是由于积极约束指标集 $\mathcal{I}(\boldsymbol{x})$ 为不连续的集值映射. 这使得在迭代点列 $\boldsymbol{x}_k \to \boldsymbol{x}^*$ 时, 搜索方向列 $\boldsymbol{d}_k$ 的极限并不是 $\boldsymbol{x}^*$ 点对应的搜索方向. 具体地, 设算法产生的点列 $\{\boldsymbol{x}_k\}$ 收敛到点 $\boldsymbol{x}^*$, 搜索方向列 $\{\boldsymbol{d}_k\}$ 收敛到 $\boldsymbol{d}^*$, 则 $\boldsymbol{d}^*$ 未必是 $\boldsymbol{x}^*$ 点对应的子问题 (12.1.2) 或 (12.1.5) 的解. 原因是当迭代点列靠近可行域的边界时, 某些非有效约束可能变为有效约束, 从而引起搜索方向的突变, 导致 Zoutendijk 可行方向法不收敛. 为此, Topkis 和 Veinott(1967) 在计算可行下降方向时将所有约束都考虑进去, 建立了 Topkis-Veinott 可行方向法. 对仅含非线性不等式约束的优化问题 (12.1.4), 其迭代过程如下.

算法 12.2.1

步 1. 任取 $\boldsymbol{x}_0 \in \Omega$, 令 $k = 0$.

步 2. 求解下述线性规划问题得搜索方向 $\boldsymbol{d}_k$ 及 z_k:

$$\begin{aligned} \min \quad & z \\ \text{s.t.} \quad & \boldsymbol{d}^{\mathrm{T}}\nabla f(\boldsymbol{x}_k) - z \leqslant 0, \\ & \boldsymbol{d}^{\mathrm{T}}\nabla c_i(\boldsymbol{x}_k) + z \geqslant -c_i(\boldsymbol{x}_k), \quad i \in \mathcal{I}, \\ & -1 \leqslant d_i \leqslant 1, \quad 1 \leqslant i \leqslant n. \end{aligned} \tag{12.2.1}$$

如果 $z_k = 0$, 算法终止; 否则, $z_k < 0$, 进入下一步.

步 3. 计算步长

$$\alpha_k = \arg\min\{f(\boldsymbol{x}_k + \alpha \boldsymbol{d}_k) \mid 0 \leqslant \alpha \leqslant \alpha_{\max}\},$$

其中, $\alpha_{\max} = \sup\{\alpha \mid c_i(\boldsymbol{x}_k + \alpha \boldsymbol{d}_k) \geqslant 0, i \in \mathcal{I}\}$.

步 4. 令 $\boldsymbol{x}_{k+1} = \boldsymbol{x}_k + \alpha_k \boldsymbol{d}_k$, $k = k+1$. 转步 2.

对子问题 (12.2.1), 与定理 12.1.2 的证明类似可得如下结论.

引理 12.2.1 设 $\boldsymbol{x}$ 是优化问题 (12.1.4) 的可行点, 而 $(z, \boldsymbol{d})$ 是子问题 (12.2.1) 对应于 $\boldsymbol{x}$ 的最优解. 若 $z < 0$, 则 $\boldsymbol{d}$ 是优化问题 (12.1.4) 在 $\boldsymbol{x}$ 点的可行下降方向; 若 $z = 0$, 则 $\boldsymbol{x}$ 是优化问题 (12.1.4) 的 FJ 点. 对后一结论, 逆命题也成立.

为讨论算法 12.2.1 的收敛性质, 先给出如下引理.

引理 12.2.2 对约束优化问题 $\min\{f(\boldsymbol{x}) \mid \boldsymbol{x} \in \Omega\}$, 设有如下迭代算法:

$$\boldsymbol{x}_0 \in \Omega, \quad \boldsymbol{x}_{k+1} = \boldsymbol{x}_k + \alpha_k \boldsymbol{d}_k,$$

其中, $\boldsymbol{d}_k$ 是 $\boldsymbol{x}_k$ 点的可行下降方向, 步长 α_k 由最优步长规则确定

$$\alpha_k = \arg\min\{f(\boldsymbol{x}_k + \alpha \boldsymbol{d}_k) \mid \alpha \geqslant 0,\ \boldsymbol{x}_k + \alpha \boldsymbol{d}_k \in \Omega\}.$$

若该算法产生无穷迭代序列 $\{\boldsymbol{x}_k,\ \boldsymbol{d}_k\}$, 则它的任一收敛子列 $\{\boldsymbol{x}_k,\ \boldsymbol{d}_k\}_{\mathcal{N}_0}$ 不能同时满足下述两条件:

(1) 存在 $\delta > 0$ 使对任意的 $\alpha \in [0, \delta]$ 和 $k \in \mathcal{N}_0$, $\boldsymbol{x}_k + \alpha \boldsymbol{d}_k \in \Omega$,

(2) $\lim\limits_{\substack{k \in \mathcal{N}_0 \\ k \to \infty}} \boldsymbol{d}_k^{\mathrm{T}} \nabla f(\boldsymbol{x}_k) < 0$.

证明 反设存在收敛子列 $\{\boldsymbol{x}_k,\ \boldsymbol{d}_k\}_{\mathcal{N}_0}$ 同时满足条件 (1) 与 (2). 不妨设 $\{\boldsymbol{x}_k\}_{\mathcal{N}_0}$ 收敛到 $\hat{\boldsymbol{x}}$, $\{\boldsymbol{d}_k\}_{\mathcal{N}_0}$ 收敛到 $\hat{d}$. 则由 (2), 存在 $k_0 > 0$, $\delta' > 0$ 和 $\varepsilon_0 > 0$ 使对任意的 $k \in \mathcal{N}_0, k \geqslant k_0$ 和任意的 $\alpha \in [0, \delta']$,

$$\boldsymbol{d}_k^{\mathrm{T}} \nabla f(\boldsymbol{x}_k + \alpha \boldsymbol{d}_k) < -\varepsilon_0. \tag{12.2.2}$$

令 $\hat{\delta} = \min\{\delta, \delta'\}$, 由 (1) 及步长规则,

$$f(\boldsymbol{x}_{k+1}) \leqslant f(\boldsymbol{x}_k + \hat{\delta} \boldsymbol{d}_k).$$

由中值定理, 存在 $\boldsymbol{\zeta}_k \in (\boldsymbol{x}_k, \boldsymbol{x}_k + \hat{\delta} \boldsymbol{d}_k)$ 使得

$$f(\boldsymbol{x}_k + \hat{\delta} \boldsymbol{d}_k) - f(\boldsymbol{x}_k) = \hat{\delta} \boldsymbol{d}_k^{\mathrm{T}} \nabla f(\boldsymbol{\zeta}_k).$$

从而由 (12.2.2) 得, 对 $k \in \mathcal{N}_0, k \geqslant k_0$,

$$f(\boldsymbol{x}_{k+1}) \leqslant f(\boldsymbol{x}_k) - \varepsilon_0 \hat{\delta}.$$

由于 $\{f(\boldsymbol{x}_k)\}$ 单调不增且收敛于 $f(\hat{\boldsymbol{x}})$, 所以

$$\begin{aligned}f(\hat{\boldsymbol{x}})-f_1&=\sum_{k=1}^{\infty}(f(\boldsymbol{x}_{k+1})-f(\boldsymbol{x}_k))\\&\leqslant\sum_{k\in\mathcal{N}_0}(f(\boldsymbol{x}_{k+1})-f(\boldsymbol{x}_k))\\&\leqslant\sum_{k\in\mathcal{N}_0,\ k\geqslant k_0}(f(\boldsymbol{x}_{k+1})-f(\boldsymbol{x}_k))\\&\leqslant\sum_{k\in\mathcal{N}_0,\ k\geqslant k_0}-\varepsilon_0\hat{\delta}=-\infty.\end{aligned}$$

此矛盾说明假设不成立. 命题结论得证. 证毕

定理 12.2.1 对优化问题 (12.1.4), Topkis-Veinott 方法产生的点列 $\{\boldsymbol{x}_k\}$ 的任一聚点为优化问题 (12.1.4) 的 FJ 点.

证明 反设存在迭代点列 $\{\boldsymbol{x}_k\}$ 的收敛子列 $\{\boldsymbol{x}_k\}_{\mathcal{N}_0}$ 收敛到 $\boldsymbol{x}^*$, 且 $\boldsymbol{x}^*$ 不是优化问题 (12.1.4) 的 FJ 点. 由引理 12.2.1, 存在 $\varepsilon_0>0$, 使得 $\boldsymbol{x}^*$ 对应的优化问题 (12.2.1) 的最优值 $z^*=-2\varepsilon_0$. 下证 $\mathcal{N}_0$ 对应的子序列 $\{\boldsymbol{x}_k,\boldsymbol{d}_k\}_{\mathcal{N}_0}$ 同时满足引理 12.2.2 中的 (1) 和 (2).

由于 $\{\boldsymbol{d}_k\}_{\mathcal{N}_0}$ 有界, 所以有收敛子列, 不妨设为其本身, 且极限为 $\boldsymbol{d}^*$. 由于 $f(\boldsymbol{x})$ 和约束函数 $c_i(\boldsymbol{x})$, $i\in\mathcal{I}$ 连续可微, 所以数列 $\{z_k\}_{\mathcal{N}_0}$ 收敛到 z^*. 从而当 $k\in\mathcal{N}_0$ 充分大时, $z_k\leqslant-\varepsilon_0$. 进而由 (12.2.1), 对 $k\in\mathcal{N}_0$ 充分大,

$$\boldsymbol{d}_k^{\mathrm{T}}\nabla f(\boldsymbol{x}_k)\leqslant-\varepsilon_0,\quad c_i(\boldsymbol{x}_k)+\boldsymbol{d}_k^{\mathrm{T}}\nabla c_i(\boldsymbol{x}_k)\geqslant\varepsilon_0,\quad i\in\mathcal{I}.$$

显然,

$$\lim_{k\in\mathcal{N}_0,\ k\to\infty}\boldsymbol{d}_k^{\mathrm{T}}\nabla f(\boldsymbol{x}_k)=(\boldsymbol{d}^*)^{\mathrm{T}}\nabla f(\boldsymbol{x}^*)<0.$$

由于序列 $\{\boldsymbol{x}_k\}_{\mathcal{N}_0}$ 和 $\{\boldsymbol{d}_k\}_{\mathcal{N}_0}$ 都有界, 利用约束函数的连续可微性知, 存在 $\delta>0$, 使对任意的 $\alpha\in[0,\delta]$ 及 $k\in\mathcal{N}_0$ 充分大有

$$c_i(\boldsymbol{x}_k)+\boldsymbol{d}_k^{\mathrm{T}}\nabla c_i(\boldsymbol{x}_k+\alpha\boldsymbol{d}_k)\geqslant\frac{1}{2}\varepsilon_0,\quad i\in\mathcal{I}.$$

取 $\hat{\delta}=\min\{1,\delta\}$, 则对任意的 $\alpha\in[0,\hat{\delta}]$ 和 $k\in\mathcal{N}_0$ 充分大, 对所有的 $i\in\mathcal{I}$ 成立

$$\begin{aligned}c_i(\boldsymbol{x}_k+\alpha\boldsymbol{d}_k)&=c_i(\boldsymbol{x}_k)+\alpha\boldsymbol{d}_k^{\mathrm{T}}\nabla c_i(\boldsymbol{x}_k+\tau\alpha\boldsymbol{d}_k)\\&=(1-\alpha)c_i(\boldsymbol{x}_k)+\alpha[c_i(\boldsymbol{x}_k)+\boldsymbol{d}_k^{\mathrm{T}}\nabla c_i(\boldsymbol{x}_k+\tau\alpha\boldsymbol{d}_k)]\\&\geqslant\frac{1}{2}\alpha\varepsilon_0\geqslant0,\end{aligned}$$

其中, $\tau \in (0,1)$. 这说明子序列 $\{\boldsymbol{x}_k, \boldsymbol{d}_k\}_{\mathcal{N}_0}$ 同时满足引理 12.2.2 中的 (1) 和 (2). 此矛盾说明假设不成立, 结论得证. 证毕

12.3 投影算子

约束优化问题的梯度投影方法在迭代过程中需要不断地将试探点“拉回”到可行域中, 也就是需要计算从 $\mathbb{R}^n$ 到可行域上的投影. 为此, 给出投影算子的定义和有关性质 (Zarantonelle, 1971; Calamai, Moré, 1987; 王长钰, 2000 等).

设 $\Omega \subset \mathbb{R}^n$ 为非空闭凸集. 对任意的 $\boldsymbol{x} \in \mathbb{R}^n$, 定义

$$P_\Omega(\boldsymbol{x}) = \arg\min\{\|\boldsymbol{x}-\boldsymbol{y}\| \mid \boldsymbol{y} \in \Omega\},$$

并称其为 $\boldsymbol{x}$ 到 Ω 上的投影. $P_\Omega(\cdot)$ 称为从 $\mathbb{R}^n$ 到 Ω 上的投影算子.

性质 12.3.1 设 Ω 为 $\mathbb{R}^n$ 中的非空闭凸集, 则对投影算子 $P_\Omega(\cdot)$, 下述结论成立.

(1) $\langle P_\Omega(\boldsymbol{x})-\boldsymbol{x}, \boldsymbol{y}-P_\Omega(\boldsymbol{x})\rangle \geqslant 0, \forall\, \boldsymbol{x} \in \mathbb{R}^n, \boldsymbol{y} \in \Omega$;

(2) $\langle P_\Omega(\boldsymbol{x})-P_\Omega(\boldsymbol{y}), \boldsymbol{x}-\boldsymbol{y}\rangle \geqslant \|P_\Omega(\boldsymbol{x})-P_\Omega(\boldsymbol{y})\|^2, \quad \forall\, \boldsymbol{x}, \boldsymbol{y} \in \mathbb{R}^n$;

(3) $\|P_\Omega(\boldsymbol{x})-P_\Omega(\boldsymbol{y})\|^2 \leqslant \|\boldsymbol{x}-\boldsymbol{y}\|^2 - \|P_\Omega(\boldsymbol{x})-\boldsymbol{x}+\boldsymbol{y}-P_\Omega(\boldsymbol{y})\|^2$, $\forall\, \boldsymbol{x}, \boldsymbol{y} \in \mathbb{R}^n$;

(4) $\langle P_\Omega(\boldsymbol{x})-\boldsymbol{x}, \boldsymbol{y}-\boldsymbol{x}\rangle \geqslant \|P_\Omega(\boldsymbol{x})-\boldsymbol{x}\|^2, \quad \forall\, \boldsymbol{x} \in \mathbb{R}^n, \boldsymbol{y} \in \Omega$.

证明 结论 (1) 在引理 2.3.1 中已证, 下面利用最优性条件给出一个简短证明.

由 $P_\Omega(\boldsymbol{x})$ 的定义及推论 11.1.1 后面的注解, 易知 $P_\Omega(\boldsymbol{x})$ 是如下严格凸规划问题

$$\min_{\boldsymbol{y}\in\Omega} \ f(\boldsymbol{y}) = \frac{1}{2}\|\boldsymbol{x}-\boldsymbol{y}\|^2$$

的唯一全局最优解. 由性质 10.4.1,

$$\langle \nabla f(P_\Omega(\boldsymbol{x})), \boldsymbol{y}-P_\Omega(\boldsymbol{x})\rangle \geqslant 0, \quad \forall\, \boldsymbol{y} \in \Omega.$$

利用 $\nabla f(P_\Omega(\boldsymbol{x})) = P_\Omega(\boldsymbol{x})-\boldsymbol{x}$, (1) 得证.

对 $\boldsymbol{x}, \boldsymbol{y} \in \mathbb{R}^n$, 由 (1) 得

$$\begin{aligned}
&\langle P_\Omega(\boldsymbol{x})-\boldsymbol{x}, P_\Omega(\boldsymbol{y})-P_\Omega(\boldsymbol{x})\rangle \geqslant 0,\\
&\langle P_\Omega(\boldsymbol{y})-\boldsymbol{y}, P_\Omega(\boldsymbol{x})-P_\Omega(\boldsymbol{y})\rangle \geqslant 0.
\end{aligned}$$

两式相加得 (2). 利用 (2) 得

$$\begin{aligned}
\|P_\Omega(\boldsymbol{x})-P_\Omega(\boldsymbol{y})\|^2 &\leqslant \langle P_\Omega(\boldsymbol{x})-P_\Omega(\boldsymbol{y}), \boldsymbol{x}-\boldsymbol{y}\rangle\\
&= \|\boldsymbol{x}-\boldsymbol{y}\|^2 + \langle P_\Omega(\boldsymbol{x})-\boldsymbol{x}+\boldsymbol{y}-P_\Omega(\boldsymbol{y}), \boldsymbol{x}-\boldsymbol{y}\rangle
\end{aligned}$$

$$
\begin{aligned}
&= \|\boldsymbol{x}-\boldsymbol{y}\|^2 - \|P_\Omega(\boldsymbol{x})-\boldsymbol{x}+\boldsymbol{y}-P_\Omega(\boldsymbol{y})\|^2 \\
&\quad + \langle P_\Omega(\boldsymbol{x})-P_\Omega(\boldsymbol{y})-\boldsymbol{x}+\boldsymbol{y}, P_\Omega(\boldsymbol{x})-P_\Omega(\boldsymbol{y})\rangle \\
&\leqslant \|\boldsymbol{x}-\boldsymbol{y}\|^2 - \|P_\Omega(\boldsymbol{x})-\boldsymbol{x}+\boldsymbol{y}-P_\Omega(\boldsymbol{y})\|^2.
\end{aligned}
$$

(3) 得证.

对任意的 $\boldsymbol{x}\in\mathbb{R}^n, \boldsymbol{y}\in\Omega$, 利用 (1),

$$
\begin{aligned}
\langle P_\Omega(\boldsymbol{x})-\boldsymbol{x}, \boldsymbol{y}-\boldsymbol{x}\rangle &= \langle P_\Omega(\boldsymbol{x})-\boldsymbol{x}, \boldsymbol{y}-P_\Omega(\boldsymbol{x})\rangle + \langle P_\Omega(\boldsymbol{x})-\boldsymbol{x}, P_\Omega(\boldsymbol{x})-\boldsymbol{x}\rangle \\
&\geqslant \|P_\Omega(\boldsymbol{x})-\boldsymbol{x}\|^2.
\end{aligned}
$$

(4) 得证. 证毕

上述性质中的 (3) 说明投影算子 $P_\Omega(\cdot)$ 是非扩张的 Lipschitz 连续算子. 性质中的 (1) 是投影算子的基本性质. 它表明, 对任意的 $\boldsymbol{y}\in\Omega$, 矢量 $\overrightarrow{P_\Omega(\boldsymbol{x})\boldsymbol{x}}$ 与 $\overrightarrow{P_\Omega(\boldsymbol{x})\boldsymbol{y}}$ 成钝角. 这也是投影的一个判断准则 (Kolmogorov 准则).

推论 12.3.1 设 Ω 为非空闭凸集, $\boldsymbol{x}\in\mathbb{R}^n, \boldsymbol{y}\in\Omega$. 则 $\boldsymbol{y}=P_\Omega(\boldsymbol{x})$ 的充分必要条件是

$$
\langle \boldsymbol{y}-\boldsymbol{x}, \boldsymbol{z}-\boldsymbol{y}\rangle \geqslant 0, \quad \forall\, \boldsymbol{z}\in\Omega.
$$

证明 只证充分性. 对任意的 $\boldsymbol{z}\in\Omega$, 由题设,

$$
\begin{aligned}
\|\boldsymbol{x}-\boldsymbol{z}\|^2 &= \|\boldsymbol{x}-\boldsymbol{y}+\boldsymbol{y}-\boldsymbol{z}\|^2 \\
&= \|\boldsymbol{x}-\boldsymbol{y}\|^2 + 2\langle \boldsymbol{x}-\boldsymbol{y}, \boldsymbol{y}-\boldsymbol{z}\rangle + \|\boldsymbol{y}-\boldsymbol{z}\|^2 \\
&\geqslant \|\boldsymbol{x}-\boldsymbol{y}\|^2.
\end{aligned}
$$

由投影的定义得, $\boldsymbol{y}=P_\Omega(\boldsymbol{x})$. 证毕

投影算子连续但未必可微. 下面的结论告诉我们, 投影函数 $\|\boldsymbol{x}-P_\Omega(\boldsymbol{x})\|^2$ 连续可微.

性质 12.3.2 设 Ω 是 $\mathbb{R}^n$ 中的非空闭凸集. 则函数 $\phi(\boldsymbol{x})=\|\boldsymbol{x}-P_\Omega(\boldsymbol{x})\|^2$ 关于 $\boldsymbol{x}\in\mathbb{R}^n$ 连续可微, 且 $\nabla\phi(\boldsymbol{x})=2\big(\boldsymbol{x}-P_\Omega(\boldsymbol{x})\big)$.

证明 为证命题结论, 只需证明对任意的无穷小量 $\triangle\boldsymbol{x}\in\mathbb{R}^n$, 成立

$$
\phi(\boldsymbol{x}+\triangle\boldsymbol{x}) = \phi(\boldsymbol{x}) + 2(\boldsymbol{x}-P_\Omega(\boldsymbol{x}))^{\mathrm{T}}\triangle\boldsymbol{x} + o(\|\triangle\boldsymbol{x}\|). \tag{12.3.1}
$$

事实上, 根据投影算子的定义,

$$
\begin{aligned}
\phi(\boldsymbol{x}+\triangle\boldsymbol{x}) &\leqslant \|\boldsymbol{x}+\triangle\boldsymbol{x}-P_\Omega(\boldsymbol{x})\|^2 \\
&= \|\boldsymbol{x}-P_\Omega(\boldsymbol{x})\|^2 + 2(\boldsymbol{x}-P_\Omega(\boldsymbol{x}))^{\mathrm{T}}\triangle\boldsymbol{x} + \|\triangle\boldsymbol{x}\|^2.
\end{aligned} \tag{12.3.2}
$$

另一方面, 由性质 12.3.1,

$$\langle P_\Omega(\boldsymbol{x}+\triangle\boldsymbol{x})-P_\Omega(\boldsymbol{x}), P_\Omega(\boldsymbol{x})-\boldsymbol{x}\rangle \geqslant 0,$$

$$\|P_\Omega(\boldsymbol{x}+\triangle\boldsymbol{x})-P_\Omega(\boldsymbol{x})\| \leqslant \|\triangle\boldsymbol{x}\|.$$

所以,

$$\begin{aligned}\phi(\boldsymbol{x}+\triangle\boldsymbol{x}) &= \|P_\Omega(\boldsymbol{x}+\triangle\boldsymbol{x})-\boldsymbol{x}-\triangle\boldsymbol{x}\|^2\\ &= \|(P_\Omega(\boldsymbol{x}+\triangle\boldsymbol{x})-P_\Omega(\boldsymbol{x}))+(P_\Omega(\boldsymbol{x})-\boldsymbol{x})-\triangle\boldsymbol{x}\|^2\\ &\geqslant 2\big(P_\Omega(\boldsymbol{x}+\triangle\boldsymbol{x})-P_\Omega(\boldsymbol{x})\big)^{\mathrm{T}}\big((P_\Omega(\boldsymbol{x})-\boldsymbol{x})-\triangle\boldsymbol{x}\big)\\ &\quad+\|(P_\Omega(\boldsymbol{x})-\boldsymbol{x})-\triangle\boldsymbol{x}\|^2\\ &\geqslant \|P_\Omega(\boldsymbol{x})-\boldsymbol{x}\|^2+2(\boldsymbol{x}-P_\Omega(\boldsymbol{x}))^{\mathrm{T}}\triangle\boldsymbol{x}+o(\|\triangle\boldsymbol{x}\|).\end{aligned}$$

结合 (12.3.2) 得 (12.3.1). 命题结论得证.　　证毕

如果将闭凸集 Ω 增强为闭凸锥, 则有如下结论.

性质 12.3.3　设 $\mathcal{K}$ 为 $\mathbb{R}^n$ 中的非空闭凸锥, 则对任意的 $\boldsymbol{x}\in\mathbb{R}^n$,

(1) $\langle\boldsymbol{x}-P_\mathcal{K}(\boldsymbol{x}), P_\mathcal{K}(\boldsymbol{x})\rangle=0$, 即 $\langle\boldsymbol{x}, P_\mathcal{K}(\boldsymbol{x})\rangle=\|P_\mathcal{K}(\boldsymbol{x})\|^2$;

(2) $\|\boldsymbol{x}\|\geqslant\|P_\mathcal{K}(\boldsymbol{x})\|$;

(3) $\max\{\langle\boldsymbol{x},\boldsymbol{v}\rangle \mid \boldsymbol{v}\in\mathcal{K}, \|\boldsymbol{v}\|\leqslant 1\}=\|P_\mathcal{K}(\boldsymbol{x})\|$.

证明　由投影的基本性质, 对任意的 $\lambda\geqslant 0$,

$$\langle P_\mathcal{K}(\boldsymbol{x})-\boldsymbol{x}, (\lambda-1)P_\mathcal{K}(\boldsymbol{x})\rangle\geqslant 0.$$

分别取 $\lambda=0,2$, 得 (1).

对 (1) 应用 Cauchy-Schwarz 不等式得 (2).

对 (3), 首先由 (1) 得

$$\left\langle\boldsymbol{x}, \frac{P_\mathcal{K}(\boldsymbol{x})}{\|P_\mathcal{K}(\boldsymbol{x})\|}\right\rangle=\|P_\mathcal{K}(\boldsymbol{x})\|.$$

其次, 对任意满足 $\|\boldsymbol{v}\|\leqslant 1$ 的 $\boldsymbol{v}\in\mathcal{K}$, 令 $\boldsymbol{u}=\|P_\mathcal{K}(\boldsymbol{x})\|\boldsymbol{v}$. 由投影算子的定义,

$$\|P_\mathcal{K}(\boldsymbol{x})-\boldsymbol{x}\|^2\leqslant\|\boldsymbol{u}-\boldsymbol{x}\|^2\leqslant\|P_\mathcal{K}(\boldsymbol{x})\|^2-2\|P_\mathcal{K}(\boldsymbol{x})\|\langle\boldsymbol{v},\boldsymbol{v}\rangle+\|\boldsymbol{x}\|^2.$$

展开得

$$\langle\boldsymbol{v},\boldsymbol{x}\rangle\leqslant\left\langle\frac{P_\mathcal{K}(\boldsymbol{x})}{\|P_\mathcal{K}(\boldsymbol{x})\|},\boldsymbol{x}\right\rangle.$$

结合前面的结论得证 (3).　　证毕

该结论表明: $\mathbb{R}^n$ 中任一点及其到闭凸锥上的投影和原点构成一直角三角形. 下面的正交分解定理说明, $\mathbb{R}^n$ 中一点到闭凸锥 $\mathcal{K}$ 与其极锥 $\mathcal{K}^\circ$ 上的投影恰好将该点对应的向量分解成 $\mathcal{K}$ 和 $\mathcal{K}^\circ$ 中的两个正交向量 (图 12.3.1).

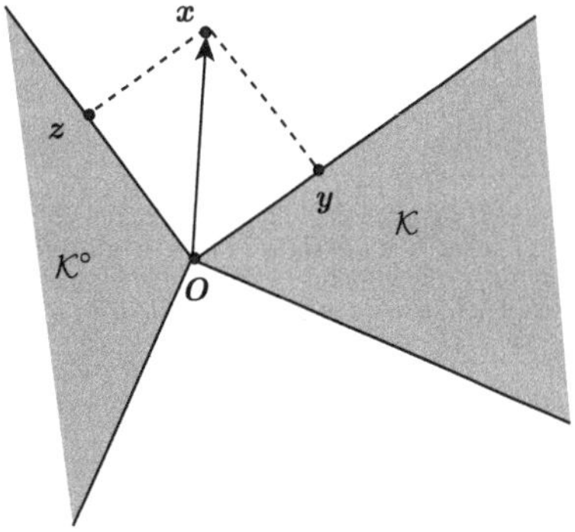

图 12.3.1 Moreau 分解定理

定理 12.3.1 (Moreau, 1962) 设 $\mathcal{K}$ 为 $\mathbb{R}^n$ 的非空闭凸锥. 对任意的 $\boldsymbol{x} \in \mathbb{R}^n$, 令 $\boldsymbol{y} = P_{\mathcal{K}}(\boldsymbol{x})$, $\boldsymbol{z} = P_{\mathcal{K}^\circ}(\boldsymbol{x})$, 则 $\boldsymbol{x} = \boldsymbol{y} + \boldsymbol{z}$ 且 $\langle \boldsymbol{y}, \boldsymbol{z} \rangle = 0$.

反过来, 若 $\boldsymbol{x} \in \mathbb{R}^n$ 可分解成 $\boldsymbol{x} = \boldsymbol{y} + \boldsymbol{z}$, 其中 $\boldsymbol{y} \in \mathcal{K}, \boldsymbol{z} \in \mathcal{K}^\circ$ 且 $\langle \boldsymbol{y}, \boldsymbol{z} \rangle = 0$, 则 $\boldsymbol{y} = P_{\mathcal{K}}(\boldsymbol{x})$, $\boldsymbol{z} = P_{\mathcal{K}^\circ}(\boldsymbol{x})$.

证明 记 $\boldsymbol{w} = \boldsymbol{x} - \boldsymbol{y}$, 则由性质 12.3.3, $\langle \boldsymbol{w}, \boldsymbol{y} \rangle = 0$. 下证 $\boldsymbol{w} = \boldsymbol{z}$.

事实上, 对任意的 $\boldsymbol{u} \in \mathcal{K}$,

$$\langle \boldsymbol{w}, \boldsymbol{u} \rangle = \langle \boldsymbol{w}, \boldsymbol{u} - \boldsymbol{y} \rangle = \langle \boldsymbol{x} - \boldsymbol{y}, \boldsymbol{u} - \boldsymbol{y} \rangle \leqslant 0.$$

所以, $\boldsymbol{w} \in \mathcal{K}^\circ$. 进一步, 对任意的 $\boldsymbol{v} \in \mathcal{K}^\circ$,

$$\langle \boldsymbol{x} - \boldsymbol{w}, \boldsymbol{v} - \boldsymbol{w} \rangle = \langle \boldsymbol{y}, \boldsymbol{v} - \boldsymbol{w} \rangle = \langle \boldsymbol{y}, \boldsymbol{v} \rangle \leqslant 0.$$

由性质 12.3.1, $\boldsymbol{w} = P_{\mathcal{K}^\circ}(\boldsymbol{x}) = \boldsymbol{z}$. 第一个结论得证.

设 $\boldsymbol{x} \in \mathbb{R}^n$ 有满足题设条件的分解. 则对任意的 $\boldsymbol{u} \in \mathcal{K}$,

$$\langle \boldsymbol{x} - \boldsymbol{y}, \boldsymbol{u} - \boldsymbol{y} \rangle = \langle \boldsymbol{z}, \boldsymbol{u} - \boldsymbol{y} \rangle = \langle \boldsymbol{z}, \boldsymbol{u} \rangle \leqslant 0.$$

所以, $\boldsymbol{y} = P_{\mathcal{K}}(\boldsymbol{x})$.

同理, 对任意的 $\boldsymbol{v} \in \mathcal{K}^\circ$,

$$\langle \boldsymbol{x} - \boldsymbol{z}, \boldsymbol{v} - \boldsymbol{z} \rangle = \langle \boldsymbol{y}, \boldsymbol{v} - \boldsymbol{z} \rangle = \langle \boldsymbol{y}, \boldsymbol{v} \rangle \leqslant 0.$$

故 $\boldsymbol{z} = P_{\mathcal{K}^\circ}(\boldsymbol{x})$. 第二个结论得证. 证毕

若 $\mathcal{K}$ 为 $\mathbb{R}^n$ 的子空间, 则 $\mathcal{K}^\circ$ 为其正交补空间 $\mathcal{K}^\perp$. 从而由定理 12.3.1,

$$\boldsymbol{x} = P_{\mathcal{K}}(\boldsymbol{x}) + P_{\mathcal{K}^\perp}(\boldsymbol{x}), \quad \forall\, \boldsymbol{x} \in \mathbb{R}^n.$$

显然, $P_{\mathcal{K}}(\boldsymbol{x})$ 与 $\boldsymbol{x} - P_{\mathcal{K}}(\boldsymbol{x})$ 正交. 因此上述投影又称正交投影. 由此, 对矩阵 $\boldsymbol{A} \in \mathbb{R}^{n \times m}$, 利用

$$\mathbb{R}^n = \mathcal{R}(\boldsymbol{A}) \oplus \mathcal{N}(\boldsymbol{A}^{\mathrm{T}})$$

可分别得到从 $\mathbb{R}^n$ 到矩阵 $\boldsymbol{A}$ 的列空间 (值空间) 和核空间上的投影算子

$$P_{\mathcal{R}(\boldsymbol{A})} = \boldsymbol{A}\boldsymbol{A}^+, \quad P_{\mathcal{N}(\boldsymbol{A}^{\mathrm{T}})} = \boldsymbol{I}_n - \boldsymbol{A}\boldsymbol{A}^+.$$

定理 12.3.2 设 $\mathcal{K}$ 为 $\mathbb{R}^n$ 的子空间, $\boldsymbol{x} \in \mathbb{R}^n$, $\boldsymbol{y} \in \mathcal{K}$. 则 $\boldsymbol{y} = P_{\mathcal{K}}(\boldsymbol{x})$ 的充要条件是

$$\langle \boldsymbol{x}, \boldsymbol{z} \rangle = \langle \boldsymbol{y}, \boldsymbol{z} \rangle, \quad \forall\, \boldsymbol{z} \in \mathcal{K}.$$

证明 由定理 12.3.1, $\boldsymbol{x}$ 可分解成 $\boldsymbol{x} = \boldsymbol{x}_1 + \boldsymbol{x}_2$, 其中, $\boldsymbol{x}_1 = P_{\mathcal{K}}(\boldsymbol{x})$, $\boldsymbol{x}_2 = P_{\mathcal{K}^{\perp}}(\boldsymbol{x})$.

若 $\boldsymbol{y} = P_{\mathcal{K}}(\boldsymbol{x})$, 即 $\boldsymbol{y} = \boldsymbol{x}_1$, 则 $\boldsymbol{x} - \boldsymbol{y} = \boldsymbol{x}_2 \in \mathcal{K}^{\perp}$. 从而,

$$\langle \boldsymbol{x} - \boldsymbol{y}, \boldsymbol{z} \rangle = 0, \quad \forall\, \boldsymbol{z} \in \mathcal{K}.$$

展开即得必要性.

反过来, 记 $\boldsymbol{w} = \boldsymbol{x} - \boldsymbol{y}$. 由题设, 对任意的 $\boldsymbol{z} \in \mathcal{K}$,

$$\langle \boldsymbol{w}, \boldsymbol{z} \rangle = \langle \boldsymbol{x} - \boldsymbol{y}, \boldsymbol{z} \rangle = 0.$$

这说明, $\boldsymbol{w} \in \mathcal{K}^{\perp}$. 由定理 12.3.1 的后一结论得命题结论. 证毕

最后讨论闭凸集上投影算子的计算.

计算 $\mathbb{R}^n$ 到闭凸集上的投影本身是一目标函数为严格凸二次函数的约束优化问题. 因此, 投影算法仅适用于可行域具有特殊结构的优化问题, 如球约束、箱约束及线性约束. 对线性约束的情形, 可借助第 11 章中的二次规划方法计算投影. 若可行域为由线性等式定义的仿射子空间, 利用最优性条件, 可将从 $\mathbb{R}^n$ 到可行域上的投影转化为一线性方程组问题 (见章后习题 2). 借助矩阵的广义逆可得该情形下的投影解析式.

具体地, 点 $\boldsymbol{y} \in \mathbb{R}^n$ 到 $\Omega = \{\boldsymbol{x} \mid \boldsymbol{A}\boldsymbol{x} = \boldsymbol{b}\}$ 上的投影为下述凸二次规划问题的最优解

$$\begin{aligned} \min \quad & \frac{1}{2}\|\boldsymbol{y} - \boldsymbol{x}\|^2 \\ \text{s.t.} \quad & \boldsymbol{A}\boldsymbol{x} = \boldsymbol{b}. \end{aligned}$$

根据最优性条件, 对该问题的最优解 $\boldsymbol{x}$, 存在 Lagrange 乘子 $\boldsymbol{\lambda}$ 使得

$$\boldsymbol{x} - \boldsymbol{y} = \boldsymbol{A}^{\mathrm{T}}\boldsymbol{\lambda}. \tag{12.3.3}$$

利用约束条件 $\boldsymbol{A}\boldsymbol{x} = \boldsymbol{b}$ 得

$$\boldsymbol{A}\boldsymbol{A}^{\mathrm{T}}\boldsymbol{\lambda} = \boldsymbol{b} - \boldsymbol{A}\boldsymbol{y}.$$

借助广义逆得 (12.3.3) 关于 $\boldsymbol{\lambda}$ 的一个特解

$$\boldsymbol{\lambda} = (\boldsymbol{A}\boldsymbol{A}^{\mathrm{T}})^{+}\boldsymbol{b} - (\boldsymbol{A}\boldsymbol{A}^{\mathrm{T}})^{+}\boldsymbol{A}\boldsymbol{y} = (\boldsymbol{A}^{+})^{\mathrm{T}}\boldsymbol{A}^{+}\boldsymbol{b} - (\boldsymbol{A}^{+})^{\mathrm{T}}\boldsymbol{y}.$$

将其代入 (12.3.3) 并整理得

$$\boldsymbol{x} = (\boldsymbol{I} - \boldsymbol{A}^{+}\boldsymbol{A})\boldsymbol{y} + \boldsymbol{A}^{+}\boldsymbol{b}.$$

也就是

$$P_\Omega(\boldsymbol{y}) = (\boldsymbol{I} - \boldsymbol{A}^+\boldsymbol{A})\boldsymbol{y} + \boldsymbol{A}^+\boldsymbol{b}.$$

特别地, 若 $\Omega = \{\boldsymbol{x} \mid \boldsymbol{A}\boldsymbol{x} = \boldsymbol{b}\}$ 退化为超平面 $\boldsymbol{a}^{\mathrm{T}}\boldsymbol{x} = b$, 则从 $\mathbb{R}^n$ 到该超平面的投影为

$$P_\Omega(\boldsymbol{y}) = \left(\boldsymbol{I} - \frac{\boldsymbol{a}\boldsymbol{a}^{\mathrm{T}}}{\|\boldsymbol{a}\|^2}\right)\boldsymbol{y} + \frac{b\boldsymbol{a}}{\|\boldsymbol{a}\|^2}.$$

由此, 两平行超平面 $\boldsymbol{a}^{\mathrm{T}}\boldsymbol{x} = b_1$, $\boldsymbol{a}^{\mathrm{T}}\boldsymbol{x} = b_2$ 之间的距离为 $\dfrac{|b_1 - b_2|}{\|\boldsymbol{a}\|}$.

12.4 凸约束优化稳定点

借助闭凸集上的投影算子, 可进一步刻画凸约束优化问题的稳定点.

定理 12.4.1 设 $\Omega \subset \mathbb{R}^n$ 为非空闭凸集. 则 $\boldsymbol{x} \in \Omega$ 为约束优化问题

$$\min\{f(\boldsymbol{x}) \mid \boldsymbol{x} \in \Omega\} \tag{12.4.1}$$

的稳定点当且仅当对任意的 $\alpha > 0$, 成立

$$\boldsymbol{x} = P_\Omega(\boldsymbol{x} - \alpha\nabla f(\boldsymbol{x})).$$

证明 显然, $\boldsymbol{x} \in \Omega$ 是约束优化问题 (12.4.1) 的稳定点等价于其满足

$$\langle \nabla f(\boldsymbol{x}), \boldsymbol{y} - \boldsymbol{x} \rangle \geqslant 0, \quad \forall\, \boldsymbol{y} \in \Omega,$$

即对任意的 $\alpha > 0$,

$$\langle \alpha\nabla f(\boldsymbol{x}), \boldsymbol{y} - \boldsymbol{x} \rangle \geqslant 0, \quad \forall\, \boldsymbol{y} \in \Omega.$$

由性质 12.3.1, 上式成立的充分必要条件是 $\boldsymbol{x} = P_\Omega(\boldsymbol{x} - \alpha\nabla f(\boldsymbol{x}))$. 证毕

根据上述结论, 若记

$$\boldsymbol{r}(\boldsymbol{x}) = \boldsymbol{x} - P_\Omega(\boldsymbol{x} - \nabla f(\boldsymbol{x})),$$

则 $\|\boldsymbol{r}(\boldsymbol{x})\|$ 可作为价值函数来度量 $\boldsymbol{x}$ 与稳定点之间的近似度, 故 $\boldsymbol{r}(\boldsymbol{x})$ 称作残量函数.

定义 12.4.1 设 $\boldsymbol{x} \in \Omega$. 负梯度 $-\nabla f(\boldsymbol{x})$ 在闭凸集 Ω 上 $\boldsymbol{x}$ 点的切锥 $\mathcal{T}_\Omega(\boldsymbol{x})$ 上的投影称为约束优化问题 (12.4.1) 在 $\boldsymbol{x}$ 点的投影梯度, 即

$$\nabla_\Omega f(\boldsymbol{x}) \triangleq \arg\min\{\|\boldsymbol{d} + \nabla f(\boldsymbol{x})\| \mid \boldsymbol{d} \in \mathcal{T}_\Omega(\boldsymbol{x})\}.$$

见图 12.4.1.

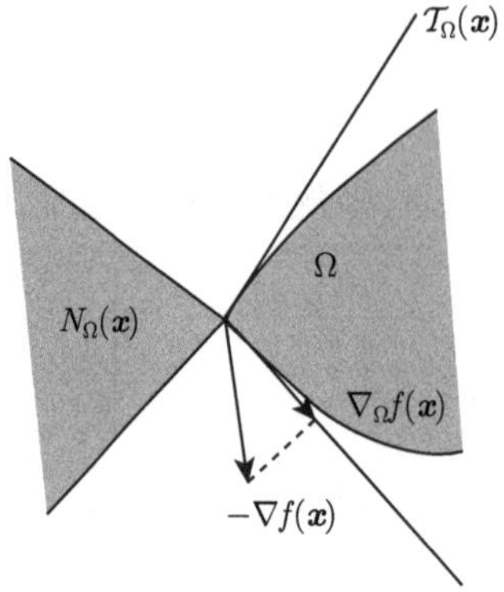

图 12.4.1　投影梯度

投影梯度可用来刻画约束优化问题的稳定点.

定理 12.4.2　$\boldsymbol{x} \in \Omega$ 为约束优化问题 (12.4.1) 的稳定点当且仅当 $\nabla_\Omega f(\boldsymbol{x}) = \boldsymbol{0}$.

证明　设 $\boldsymbol{x} \in \Omega$ 是优化问题 (12.4.1) 的稳定点, $\boldsymbol{d} \in \mathbb{R}^n$ 是该优化问题在 $\boldsymbol{x}$ 点的可行方向. 则存在 $\delta > 0$, 对任意 $t \in [0, \delta]$, $\boldsymbol{x} + t\boldsymbol{d} \in \Omega$. 由稳定点的定义

$$\langle \nabla f(\boldsymbol{x}), \boldsymbol{d} \rangle \geqslant 0,$$

即

$$\langle -\nabla f(\boldsymbol{x}), \boldsymbol{d} \rangle \leqslant 0.$$

由于上式对任意的 $\boldsymbol{d} \in \mathcal{T}_\Omega(\boldsymbol{x})$ 都成立, 由性质 12.3.3 中的 (3) 知 $\|\nabla_\Omega f(\boldsymbol{x})\| = 0$.

反过来, 若 $\|\nabla_\Omega f(\boldsymbol{x})\| = 0$, 同样由性质 12.3.3 中的 (3), 对任意 $\boldsymbol{d} \in \mathcal{T}_\Omega(\boldsymbol{x})$,

$$\langle \nabla f(\boldsymbol{x}), \boldsymbol{d} \rangle \geqslant 0.$$

由于对任意的 $\boldsymbol{y} \in \Omega$, 均有 $\boldsymbol{y} - \boldsymbol{x} \in \mathcal{T}_\Omega(\boldsymbol{x})$, 故 $\boldsymbol{x}$ 是约束优化问题 (12.4.1) 的稳定点.

证毕

利用该结论并结合 Moreau 分解定理 (定理 12.3.1) 知, 约束优化问题 (12.3.3) 的目标函数在最优化问题稳定点 $\boldsymbol{x}^*$ 的负梯度属于可行域 Ω 在 $\boldsymbol{x}^*$ 点的法锥, 也就是, $-\nabla f(\boldsymbol{x}^*) \in \mathcal{N}_\Omega(\boldsymbol{x}^*)$. 这与定理 12.1.2 中的结论是一致的. 其几何意义是, 目标函数在最优值点 $\boldsymbol{x}^*$ 的下降方向集

$$\{\boldsymbol{d} \in \mathbb{R}^n \mid \boldsymbol{d}^{\mathrm{T}} \nabla f(\boldsymbol{x}^*) < 0\}$$

与该点的可行方向集的交是空集. 据此, 得到约束优化问题 (12.4.1) 稳定点的另一种刻画.

推论 12.4.1　设 $\boldsymbol{x}^* \in \Omega$ 为约束优化问题 (12.4.1) 的最优解, 则 $\boldsymbol{0} \in \nabla f(\boldsymbol{x}^*) + \mathcal{N}_\Omega(\boldsymbol{x}^*)$, 即 $-\nabla f(\boldsymbol{x}^*) \in \mathcal{N}_\Omega(\boldsymbol{x}^*)$. 特别地, 若 Ω 为一仿射子空间, 也就是 $\Omega = \boldsymbol{x}_0 + \mathcal{K}$, 其中 $\mathcal{K} \subset \mathbb{R}^n$ 为子空间, 则 $\nabla f(\boldsymbol{x}^*) \perp \mathcal{K}$.

12.5　梯度投影方法

对约束优化问题, 借助投影算子可以在当前点沿可行域的边界进行曲线搜索以求得更好的迭代点, 这就是约束优化问题的梯度投影法. 为此, 先讨论如下投影算子的性质

$$\boldsymbol{x}(\alpha) = P_\Omega(\boldsymbol{x} + \alpha \boldsymbol{d}), \quad \alpha \geqslant 0,$$

其中, $\boldsymbol{x} \in \Omega$, $\boldsymbol{d} \in \mathbb{R}^n$, Ω 为非空闭凸集.

根据定义,

$$\|\boldsymbol{x}(\alpha) - \boldsymbol{x} - \alpha\boldsymbol{d}\|^2 \leqslant \|\boldsymbol{y} - \boldsymbol{x} - \alpha\boldsymbol{d}\|^2, \quad \forall\, \boldsymbol{y} \in \Omega.$$

令 $\boldsymbol{y} = \boldsymbol{x}$ 得

$$\|\boldsymbol{x}(\alpha) - \boldsymbol{x} - \alpha\boldsymbol{d}\|^2 \leqslant \|\alpha\boldsymbol{d}\|^2.$$

整理得

$$\|\boldsymbol{x} - \boldsymbol{x}(\alpha)\|^2 \leqslant \alpha\boldsymbol{d}^{\mathrm{T}}(\boldsymbol{x}(\alpha) - \boldsymbol{x}). \tag{12.5.1}$$

下面是投影算子 $\boldsymbol{x}(\alpha)$ 的相关函数的单调性质.

性质 12.5.1 对任意的 $\boldsymbol{x}, \boldsymbol{d} \in \mathbb{R}^n$, $\langle \boldsymbol{x} - \boldsymbol{x}(\alpha), \boldsymbol{d}\rangle$ 关于 $\alpha \geqslant 0$ 单调不增.

证明 对任意的 $\alpha > \beta \geqslant 0$, 由性质 12.3.1 中的 (2),

$$\langle \boldsymbol{x}(\alpha) - \boldsymbol{x}(\beta), (\alpha - \beta)\boldsymbol{d}\rangle \geqslant 0.$$

利用 $(\alpha - \beta) > 0$ 得

$$\langle \boldsymbol{x} - \boldsymbol{x}(\alpha), \boldsymbol{d}\rangle \leqslant \langle \boldsymbol{x} - \boldsymbol{x}(\beta), \boldsymbol{d}\rangle.$$

证毕

性质 12.5.2 设 $\boldsymbol{x}, \boldsymbol{d} \in \mathbb{R}^n$. 则函数 $\varphi(\alpha) = \|\boldsymbol{x} - \boldsymbol{x}(\alpha)\|$ 关于 $\alpha \geqslant 0$ 单调不减.

证明 对任意的 $\alpha > \beta \geqslant 0$, 由性质 12.3.1,

$$\langle \boldsymbol{x}(\alpha) - \boldsymbol{x}(\beta), \beta\boldsymbol{d}\rangle \geqslant 0, \quad \langle \boldsymbol{x}(\alpha) - \boldsymbol{x}(\beta), \boldsymbol{x}(\beta) - (\boldsymbol{x} + \beta\boldsymbol{d})\rangle \geqslant 0.$$

两式相加得

$$\langle \boldsymbol{x}(\alpha) - \boldsymbol{x}(\beta), \boldsymbol{x}(\beta) - \boldsymbol{x}\rangle \geqslant 0.$$

整理得

$$\|\boldsymbol{x}(\alpha) - \boldsymbol{x}\| \geqslant \|\boldsymbol{x}(\beta) - \boldsymbol{x}\|.$$

证毕

性质 12.5.3 设 $\boldsymbol{x}, \boldsymbol{d} \in \mathbb{R}^n$. 则函数 $\varphi(\alpha) = \dfrac{\|\boldsymbol{x} - \boldsymbol{x}(\alpha)\|}{\alpha}$ 关于 $\alpha > 0$ 单调不增.

证明 容易验证: 对 $\boldsymbol{u}, \boldsymbol{v} \in \mathbb{R}^n$, 若 $\langle \boldsymbol{v}, \boldsymbol{u} - \boldsymbol{v}\rangle > 0$, 则

$$\frac{\|\boldsymbol{u}\|}{\|\boldsymbol{v}\|} \leqslant \frac{\langle \boldsymbol{u}, \boldsymbol{u} - \boldsymbol{v}\rangle}{\langle \boldsymbol{v}, \boldsymbol{u} - \boldsymbol{v}\rangle}. \tag{12.5.2}$$

对任意的 $\alpha > \beta > 0$, 令

$$\boldsymbol{u} = \boldsymbol{x}(\alpha) - \boldsymbol{x}, \quad \boldsymbol{v} = \boldsymbol{x}(\beta) - \boldsymbol{x}.$$

则由性质 12.3.1,

$$\langle \boldsymbol{u}, \boldsymbol{u} - \boldsymbol{v}\rangle \leqslant \alpha\langle \boldsymbol{x}(\alpha) - \boldsymbol{x}(\beta), \boldsymbol{d}\rangle, \tag{12.5.3}$$

$$\langle \boldsymbol{v}, \boldsymbol{u}-\boldsymbol{v}\rangle \geqslant \beta\langle \boldsymbol{x}(\alpha)-\boldsymbol{x}(\beta), \boldsymbol{d}\rangle. \tag{12.5.4}$$

不妨设 $\boldsymbol{x}(\alpha) \neq \boldsymbol{x}(\beta)$. 利用性质 12.3.1 中的 (2), $\langle \boldsymbol{v}, \boldsymbol{u}-\boldsymbol{v}\rangle > 0$. 由 (12.5.2)–(12.5.4) 得

$$\begin{aligned}\frac{\|\boldsymbol{x}(\alpha)-\boldsymbol{x}\|}{\|\boldsymbol{x}(\beta)-\boldsymbol{x}\|} &\leqslant \frac{\langle \boldsymbol{x}(\alpha)-\boldsymbol{x}(\beta), \boldsymbol{x}(\alpha)-\boldsymbol{x}\rangle}{\langle \boldsymbol{x}(\alpha)-\boldsymbol{x}(\beta), \boldsymbol{x}(\beta)-\boldsymbol{x}\rangle} \\ &\leqslant \frac{\alpha\langle \boldsymbol{x}(\alpha)-\boldsymbol{x}(\beta), d\rangle}{\beta\langle \boldsymbol{x}(\alpha)-\boldsymbol{x}(\beta), d\rangle} = \frac{\alpha}{\beta}.\end{aligned}$$

所以

$$\frac{\|\boldsymbol{x}(\alpha)-\boldsymbol{x}\|}{\alpha} \leqslant \frac{\|\boldsymbol{x}(\beta)-\boldsymbol{x}\|}{\beta}.$$

证毕

引理 12.5.1 设 $\boldsymbol{x} \in \Omega, \boldsymbol{d} \in \mathbb{R}^n$. 则函数 $\psi(\alpha) = \|\boldsymbol{x}(\alpha)-\boldsymbol{x}-\alpha\boldsymbol{d}\|^2$ 关于 $\alpha \geqslant 0$ 的导数为 $\psi'(\alpha) = 2\boldsymbol{d}^{\mathrm{T}}(\boldsymbol{x}+\alpha\boldsymbol{d}-\boldsymbol{x}(\alpha))$.

证明 对任意的 $\alpha', \alpha > 0$, 由性质 12.3.1,

$$\|\boldsymbol{x}(\alpha)-\boldsymbol{x}(\alpha')\| \leqslant |\alpha-\alpha'|\|\boldsymbol{d}\|.$$

所以 $\boldsymbol{x}(\alpha)$ 关于 $\alpha \geqslant 0$ 连续.

不妨设 $\alpha' > \alpha$. 由投影算子的定义,

$$\begin{aligned}\psi(\alpha')-\psi(\alpha) &\geqslant \|\boldsymbol{x}(\alpha')-\boldsymbol{x}-\alpha'\boldsymbol{d}\|^2 - \|\boldsymbol{x}(\alpha')-\boldsymbol{x}-\alpha\boldsymbol{d}\|^2 \\ &= 2(\alpha'-\alpha)(\boldsymbol{x}+\alpha\boldsymbol{d}-\boldsymbol{x}(\alpha'))^{\mathrm{T}}\boldsymbol{d} + (\alpha'-\alpha)^2\|\boldsymbol{d}\|^2.\end{aligned}$$

利用投影算子的连续性得

$$\liminf_{\alpha'\to\alpha+} \frac{\psi(\alpha')-\psi(\alpha)}{\alpha'-\alpha} \geqslant 2\boldsymbol{d}^{\mathrm{T}}(\boldsymbol{x}+\alpha\boldsymbol{d}-\boldsymbol{x}(\alpha)). \tag{12.5.5}$$

另一方面,

$$\begin{aligned}\psi(\alpha') &\leqslant \|\boldsymbol{x}(\alpha)-\boldsymbol{x}-\alpha'\boldsymbol{d}\|^2 \\ &= \psi(\alpha) + 2(\alpha'-\alpha)\boldsymbol{d}^{\mathrm{T}}(\boldsymbol{x}+\alpha\boldsymbol{d}-\boldsymbol{x}(\alpha)) + (\alpha'-\alpha)^2\|\boldsymbol{d}\|^2.\end{aligned}$$

所以

$$\limsup_{\alpha'\to\alpha+} \frac{\psi(\alpha')-\psi(\alpha)}{\alpha'-\alpha} \leqslant 2\boldsymbol{d}^{\mathrm{T}}(\boldsymbol{x}+\alpha\boldsymbol{d}-\boldsymbol{x}(\alpha)). \tag{12.5.6}$$

结合 (12.5.5), (12.5.6) 得

$$\psi'(\alpha+0) = 2\boldsymbol{d}^{\mathrm{T}}(\boldsymbol{x}+\alpha\boldsymbol{d}-\boldsymbol{x}(\alpha)).$$

同理,

$$\psi'(\alpha-0) = 2\boldsymbol{d}^{\mathrm{T}}(\boldsymbol{x}+\alpha\boldsymbol{d}-\boldsymbol{x}(\alpha)).$$

命题结论得证. 证毕

性质 12.5.4 设 $\boldsymbol{x} \in \Omega, \boldsymbol{d} \in \mathbb{R}^n$. 则对投影算子 $\boldsymbol{x}(\alpha) = P_\Omega(\boldsymbol{x} + \alpha\boldsymbol{d})$, 成立

(1) $\|\boldsymbol{x}(\alpha) - \boldsymbol{x} - \alpha\boldsymbol{d}\|$ 关于 $\alpha \geqslant 0$ 单调不减;

(2) $\dfrac{\|\boldsymbol{x}(\alpha) - \boldsymbol{x} - \alpha\boldsymbol{d}\|}{\alpha}$ 关于 $\alpha > 0$ 单调不减;

(3) $\dfrac{\boldsymbol{d}^{\mathrm{T}}(\boldsymbol{x} - \boldsymbol{x}(\alpha))}{\alpha}$ 关于 $\alpha > 0$ 单调不减.

证明 对任意的 $\alpha \geqslant 0$, 由投影算子的非扩张性,

$$\boldsymbol{d}^{\mathrm{T}}(\boldsymbol{x}(\alpha) - \boldsymbol{x}) \leqslant \alpha\|\boldsymbol{d}\|^2.$$

由引理 12.5.1, 将函数 $\psi(\alpha) = \|\boldsymbol{x}(\alpha) - \boldsymbol{x} - \alpha\boldsymbol{d}\|^2$ 关于 α 求导得

$$\begin{aligned}\psi'(\alpha) &= 2\boldsymbol{d}^{\mathrm{T}}(\boldsymbol{x} + \alpha\boldsymbol{d} - \boldsymbol{x}(\alpha))\\ &= 2\alpha\|\boldsymbol{d}\|^2 - 2\boldsymbol{d}^{\mathrm{T}}(\boldsymbol{x}(\alpha) - \boldsymbol{x}) \geqslant 0.\end{aligned}$$

(1) 得证.

记 $\phi(\alpha) = \dfrac{\psi(\alpha)}{\alpha^2}$. 由引理 12.5.1 和 (12.5.1),

$$\phi'(\alpha) = \frac{2\alpha\boldsymbol{d}^{\mathrm{T}}(\boldsymbol{x}(\alpha) - \boldsymbol{x}) - 2\|\boldsymbol{x}(\alpha) - \boldsymbol{x}\|^2}{\alpha^3} \geqslant 0.$$

(2) 得证.

由于

$$\frac{\boldsymbol{d}^{\mathrm{T}}(\boldsymbol{x} - \boldsymbol{x}(\alpha))}{\alpha} = -\frac{1}{2}\left(\|\boldsymbol{d}\|^2 + \frac{\|\boldsymbol{x}(\alpha) - \boldsymbol{x}\|^2}{\alpha^2} - \phi(\alpha)\right),$$

利用性质 12.5.3 及 (2), 证得 (3). 证毕

基于以上讨论, 下面考虑凸约束优化问题 (12.4.1) 的梯度投影算法. 对该问题, Goldstein (1964), Levitin 和 Polyak (1966) 提出了首个梯度投影算法. 因此, 梯度投影算法常称作 GLP 投影算法. 该算法采用固定步长, 在 Lipschitz 连续性假设下可建立算法的收敛性. 为消弱算法的收敛性条件, McCormick 和 Tapia (1972) 引入了最优步长. 为增加算法的实用性, Bertsekas (1976) 引入 Armijo 步长, 使迭代点沿可行域的边界进行曲线搜索. 为提高算法的效率, Calamai 和 Moré (1987) 引入广义 Armijo 步长. 梯度投影方法具有迭代过程简单、储存量小等优点, 适于可行域结构简单的优化问题. 下面是 Armijo 步长规则下的梯度投影算法.

算法 12.5.1

初始步: 取 $\varepsilon > 0$, $\beta > 0, \sigma, \gamma \in (0, 1)$, $\boldsymbol{x}_0 \in \Omega$. 令 $k = 0$.

迭代步: 对 $\boldsymbol{x}_k(1)=P_\Omega(\boldsymbol{x}_k-\nabla f(\boldsymbol{x}_k))$, 若 $\|\boldsymbol{x}_k-\boldsymbol{x}_k(1)\|\leqslant\varepsilon$, 算法终止. 否则, 令 $\boldsymbol{x}_{k+1}=P_\Omega(\boldsymbol{x}_k-\alpha_k\nabla f(\boldsymbol{x}_k))$, 其中, $\alpha_k=\beta\gamma^{m_k}$, m_k 为满足下式的最小非负整数:

$$f(P_\Omega(\boldsymbol{x}_k-\beta\gamma^m\nabla f(\boldsymbol{x}_k)))\leqslant f(\boldsymbol{x}_k)+\sigma\langle\nabla f(\boldsymbol{x}_k),P_\Omega(\boldsymbol{x}_k-\beta\gamma^m\nabla f(\boldsymbol{x}_k))-\boldsymbol{x}_k\rangle.$$

在以下的算法分析中, 取 $\varepsilon=0$, 并设算法产生无穷迭代点列. 为便于讨论, 对 $\boldsymbol{x}_k\in\Omega$ 和 $\alpha\geqslant0$, 记 $\boldsymbol{x}_k(\alpha)=P_\Omega(\boldsymbol{x}_k-\alpha\nabla f(\boldsymbol{x}_k))$.

引理 12.5.2　若 $\boldsymbol{x}_k$ 不是稳定点, 则满足算法条件的步长 α_k 存在.

证明　为证明结论成立, 只需证在 $\alpha>0$ 充分小时,

$$f(\boldsymbol{x}_k(\alpha))\leqslant f(\boldsymbol{x}_k)+\sigma\langle\nabla f(\boldsymbol{x}_k),\boldsymbol{x}_k(\alpha)-\boldsymbol{x}_k\rangle.$$

由于 $\boldsymbol{x}_k$ 不是稳定点, 由定理 12.4.1 和 (12.5.1), 对任意的 $\alpha>0$

$$0<\|\boldsymbol{x}_k-\boldsymbol{x}_k(\alpha)\|^2\leqslant\alpha\nabla f(\boldsymbol{x}_k)^{\mathrm{T}}(\boldsymbol{x}_k-\boldsymbol{x}_k(\alpha)),\tag{12.5.7}$$

即

$$\nabla f(\boldsymbol{x}_k)^{\mathrm{T}}(\boldsymbol{x}_k-\boldsymbol{x}_k(\alpha))\geqslant\frac{\|\boldsymbol{x}_k-\boldsymbol{x}_k(\alpha)\|}{\alpha}\|\boldsymbol{x}_k-\boldsymbol{x}_k(\alpha)\|.$$

利用性质 12.5.3 及投影算子的连续性, 当 $\alpha>0$ 充分小时,

$$\begin{aligned}f(\boldsymbol{x}_k(\alpha))&=f(\boldsymbol{x}_k)+\nabla f(\boldsymbol{x}_k)^{\mathrm{T}}(\boldsymbol{x}_k(\alpha)-\boldsymbol{x}_k)+o(\|\boldsymbol{x}_k(\alpha)-\boldsymbol{x}_k\|)\\&\leqslant f(\boldsymbol{x}_k)+\sigma\nabla f(\boldsymbol{x}_k)^{\mathrm{T}}(\boldsymbol{x}_k(\alpha)-\boldsymbol{x}_k).\end{aligned}$$

证毕

引理 12.5.3　设 $f:\mathbb{R}^n\to\mathbb{R}$ 连续可微且在 Ω 上有下界, 梯度函数 $\nabla f(\boldsymbol{x})$ 在 Ω 上一致连续. 则算法 12.5.1 产生的无穷迭代点列 $\{\boldsymbol{x}_k\}$ 满足

$$\lim_{k\to\infty}\frac{\|\boldsymbol{x}_k-\boldsymbol{x}_{k+1}\|}{\alpha_k}=0.$$

证明　假若结论不成立, 则存在 $\varepsilon_0>0$ 和自然数列 $\mathcal{N}$ 的无穷子列 $\mathcal{N}_0$, 使对任意的 $k\in\mathcal{N}_0$,

$$\frac{\|\boldsymbol{x}_k-\boldsymbol{x}_{k+1}\|}{\alpha_k}\geqslant\varepsilon_0.\tag{12.5.8}$$

进一步,

$$\frac{\|\boldsymbol{x}_k-\boldsymbol{x}_{k+1}\|^2}{\alpha_k}\geqslant\varepsilon_0\max\{\varepsilon_0\alpha_k,\|\boldsymbol{x}_{k+1}-\boldsymbol{x}_k\|\}.\tag{12.5.9}$$

由于 $f(\boldsymbol{x})$ 在 Ω 上有下界, 故函数值列 $\{f(\boldsymbol{x}_k)\}$ 收敛. 根据算法 12.5.1,

$$\lim_{k\to\infty}\langle\nabla f(\boldsymbol{x}_k),\boldsymbol{x}_{k+1}-\boldsymbol{x}_k\rangle=0.\tag{12.5.10}$$

利用 (12.5.7) 和 (12.5.9) 得

$$\lim_{k\in\mathcal{N}_0,\ k\to\infty}\alpha_k=0,\qquad \lim_{k\in\mathcal{N}_0,\ k\to\infty}\|\boldsymbol{x}_k-\boldsymbol{x}_{k+1}\|=0.$$

对 $k\in\mathcal{N}_0$, 令 $\hat{\alpha}_k=\alpha_k/\gamma$. 由性质 12.5.3 知

$$\lim_{k\in\mathcal{N}_0,\ k\to\infty}\|\boldsymbol{x}_k-\boldsymbol{x}_k(\hat{\alpha}_k)\|\leqslant\lim_{k\in\mathcal{N}_0,\ k\to\infty}\frac{1}{\gamma}\|\boldsymbol{x}_k-\boldsymbol{x}_k(\alpha_k)\|=0.$$

另一方面, 由性质 12.5.3 和 (12.5.8),

$$\begin{aligned}\frac{\|\boldsymbol{x}_k-\boldsymbol{x}_{k+1}\|^2}{\alpha_k}&\geqslant\|\boldsymbol{x}_k-\boldsymbol{x}_{k+1}\|\frac{\|\boldsymbol{x}_k-\boldsymbol{x}_k(\hat{\alpha}_k)\|}{\hat{\alpha}_k}\\&\geqslant\varepsilon_0\gamma\|\boldsymbol{x}_k-\boldsymbol{x}_k(\hat{\alpha}_k)\|.\end{aligned}\tag{12.5.11}$$

而由性质 12.5.1,

$$\langle\boldsymbol{x}_k-\boldsymbol{x}_k(\alpha_k),\nabla f(\boldsymbol{x}_k)\rangle\leqslant\langle\boldsymbol{x}_k-\boldsymbol{x}_k(\hat{\alpha}_k),\nabla f(\boldsymbol{x}_k)\rangle.$$

从而由 (12.5.7) 和 (12.5.11) 得

$$\langle\boldsymbol{x}_k-\boldsymbol{x}_k(\hat{\alpha}_k),\nabla f(\boldsymbol{x}_k)\rangle\geqslant\varepsilon_0\gamma\|\boldsymbol{x}_k-\boldsymbol{x}_k(\hat{\alpha}_k)\|.$$

利用 ∇f 在 Ω 上的一致连续性, 当 $k\in\mathcal{N}_0$, $k\to\infty$ 时,

$$\begin{aligned}\left|1-\frac{f(\boldsymbol{x}_k)-f(\boldsymbol{x}_k(\hat{\alpha}_k))}{\langle\boldsymbol{x}_k-\boldsymbol{x}_k(\hat{\alpha}_k),\nabla f(\boldsymbol{x}_k)\rangle}\right|&=\left|\frac{\langle\boldsymbol{x}_k-\boldsymbol{x}_k(\hat{\alpha}_k),\nabla f(\boldsymbol{x}_k)-\nabla f(\zeta_k)\rangle}{\langle\boldsymbol{x}_k-\boldsymbol{x}_k(\hat{\alpha}_k),\nabla f(\boldsymbol{x}_k)\rangle}\right|\\&=\left|\frac{o(\|\boldsymbol{x}_k-\boldsymbol{x}_k(\hat{\alpha}_k)\|)}{\langle\boldsymbol{x}_k-\boldsymbol{x}_k(\hat{\alpha}_k),\nabla f(\boldsymbol{x}_k)\rangle}\right|\\&\leqslant\left|\frac{o(\|\boldsymbol{x}_k-\boldsymbol{x}_k(\hat{\alpha}_k)\|)}{\|\boldsymbol{x}_k-\boldsymbol{x}_k(\hat{\alpha}_k)\|}\right|\to0,\end{aligned}$$

其中, $\zeta_k\in(\boldsymbol{x}_k,\boldsymbol{x}_k(\hat{\alpha}_k))$. 这说明在 $k\in\mathcal{N}_0$ 充分大时,

$$f(\boldsymbol{x}_k(\hat{\alpha}_k))-f(\boldsymbol{x}_k)\leqslant\sigma\langle\nabla f(\boldsymbol{x}_k),\boldsymbol{x}_k(\hat{\alpha}_k)-\boldsymbol{x}_k\rangle.$$

而这与步长规则矛盾, 命题结论得证. 证毕

由于连续可微函数的梯度函数在有界闭集上一致连续, 与上述证明过程类似, 若函数 $f:\Omega\to\mathbb{R}$ 连续可微, 且在 Ω 上有下界, 则算法 12.5.1 产生点列的任一收敛子列 $\{\boldsymbol{x}_k\}_{\mathcal{N}_0}$ 满足

$$\lim_{k\in\mathcal{N}_0,\ k\to\infty}\frac{\|\boldsymbol{x}_k-\boldsymbol{x}_{k+1}\|}{\alpha_k}=0.\tag{12.5.12}$$

据此, 可建立算法 12.5.1 的全局收敛性.

定理 12.5.1 设 $f:\Omega\to\mathbb{R}$ 连续可微, 则算法 12.5.1 产生的无穷迭代点列 $\{\boldsymbol{x}_k\}$ 的任一聚点为约束优化问题 (12.4.1) 的稳定点.

证明　设 $\boldsymbol{x}^*$ 为收敛子列 $\{\boldsymbol{x}_k\}_{\mathcal{N}_0}$ 的极限点, 则由 $\{f(\boldsymbol{x}_k)\}$ 的收敛性, (12.5.10) 成立. 再由性质 12.3.1, 对任意的 $\boldsymbol{x}\in\Omega$,

$$\begin{aligned}\langle\alpha_k\nabla f(\boldsymbol{x}_k),\boldsymbol{x}_{k+1}-\boldsymbol{x}\rangle&\leqslant\langle\boldsymbol{x}-\boldsymbol{x}_{k+1},\boldsymbol{x}_{k+1}-\boldsymbol{x}_k\rangle\\&\leqslant\langle\boldsymbol{x}-\boldsymbol{x}_k,\boldsymbol{x}_{k+1}-\boldsymbol{x}_k\rangle\\&\leqslant\|\boldsymbol{x}-\boldsymbol{x}_k\|\|\boldsymbol{x}_{k+1}-\boldsymbol{x}_k\|.\end{aligned}$$

所以

$$\langle\nabla f(\boldsymbol{x}_k),\boldsymbol{x}_k-\boldsymbol{x}\rangle\leqslant\langle\nabla f(\boldsymbol{x}_k),\boldsymbol{x}_k-\boldsymbol{x}_{k+1}\rangle+\|\boldsymbol{x}-\boldsymbol{x}_k\|\frac{\|\boldsymbol{x}_{k+1}-\boldsymbol{x}_k\|}{\alpha_k}.$$

令 $k\in\mathcal{N}_0,k\to\infty$, 并利用 (12.5.10) 和 (12.5.12) 得

$$\langle\nabla f(\boldsymbol{x}^*),\boldsymbol{x}^*-\boldsymbol{x}\rangle\leqslant 0,\quad\forall\,\boldsymbol{x}\in\Omega.$$

证毕

若算法 12.5.1 产生的点列没有聚点, 则有如下结论 (其意义参考定理 12.4.2).

定理 12.5.2　设 $f:\Omega\to\mathbb{R}$ 连续可微且在 Ω 上有下界, $\nabla f(\boldsymbol{x})$ 在 Ω 上一致连续. 则算法 12.5.1 产生的无穷迭代点列 $\{\boldsymbol{x}_k\}$ 满足

$$\lim_{k\to\infty}\nabla_\Omega f(\boldsymbol{x}_k)=\mathbf{0}.$$

证明　由性质 12.3.3 中的 (3), 对任意的 $\varepsilon>0$, 存在 $\boldsymbol{v}_k\in T_\Omega(\boldsymbol{x}_k),\|\boldsymbol{v}_k\|\leqslant 1$ 满足

$$\|\nabla_\Omega f(\boldsymbol{x}_k)\|\leqslant-\langle\nabla f(\boldsymbol{x}_k),\boldsymbol{v}_k\rangle+\varepsilon.\tag{12.5.13}$$

由性质 12.3.1, 对任意的 $\boldsymbol{z}_{k+1}\in\Omega$,

$$\begin{aligned}\langle\alpha_k\nabla f(\boldsymbol{x}_k),\boldsymbol{x}_{k+1}-\boldsymbol{z}_{k+1}\rangle&\leqslant\langle\boldsymbol{z}_{k+1}-\boldsymbol{x}_{k+1},\boldsymbol{x}_{k+1}-\boldsymbol{x}_k\rangle\\&\leqslant\|\boldsymbol{z}_{k+1}-\boldsymbol{x}_{k+1}\|\|\boldsymbol{x}_{k+1}-\boldsymbol{x}_k\|.\end{aligned}$$

从而对任意满足 $\|\boldsymbol{v}_{k+1}\|\leqslant 1$ 的 $\boldsymbol{x}_{k+1}$ 点的可行方向 $\boldsymbol{v}_{k+1}=\boldsymbol{z}_{k+1}-\boldsymbol{x}_{k+1}$, 总有

$$-\langle\nabla f(\boldsymbol{x}_k),\boldsymbol{v}_{k+1}\rangle\leqslant\frac{\|\boldsymbol{x}_{k+1}-\boldsymbol{x}_k\|}{\alpha_k}.$$

由引理 12.5.3,

$$\limsup_{k\to\infty}-\langle\nabla f(\boldsymbol{x}_k),\boldsymbol{v}_{k+1}\rangle\leqslant 0.$$

由于 α_k 有界, 利用引理 12.5.3 得

$$\lim_{k\to\infty}\|\boldsymbol{x}_k-\boldsymbol{x}_{k+1}\|=0.$$

从而由 $\nabla f(\boldsymbol{x})$ 的一致连续性得

$$\limsup_{k\to\infty} -\langle \nabla f(\boldsymbol{x}_{k+1}), \boldsymbol{v}_{k+1}\rangle \leqslant 0.$$

结合 (12.5.13) 和 ε 的任意性得

$$\lim_{k\to\infty} \nabla_\Omega f(\boldsymbol{x}_k) = \boldsymbol{0}.$$

证毕

最后考虑线性规划问题的梯度投影算法.

对线性规划问题

$$\begin{aligned} \min \quad & \boldsymbol{c}^{\mathrm{T}}\boldsymbol{x} \\ \text{s.t.} \quad & \boldsymbol{A}\boldsymbol{x} \geqslant \boldsymbol{b}. \end{aligned} \tag{12.5.14}$$

对目标函数添加正则项 $\dfrac{\varepsilon}{2}||\boldsymbol{x}-\boldsymbol{x}_0||^2$, 其中 $\varepsilon > 0, \boldsymbol{x}_0 \in \mathbb{R}^n$, 得如下二次规划问题

$$\begin{aligned} \min \quad & \frac{\varepsilon}{2}(\boldsymbol{x}-\boldsymbol{x}_0)^{\mathrm{T}}(\boldsymbol{x}-\boldsymbol{x}_0) + \boldsymbol{c}^{\mathrm{T}}\boldsymbol{x} \\ \text{s.t.} \quad & \boldsymbol{A}\boldsymbol{x} \geqslant \boldsymbol{b} \end{aligned} \tag{12.5.15}$$

下面的结论说明, 当正则化因子 $\varepsilon > 0$ 充分小时, 上述两优化问题等价.

引理 12.5.4 设线性规划问题 (12.5.14) 的解集非空, 则对任意的 $\boldsymbol{x}_0 \in \mathbb{R}^n$, 存在 $\varepsilon_0 > 0$ 使对任意的 $\varepsilon \in (0, \varepsilon_0]$, 二次规划问题 (12.5.15) 与线性规划 (12.5.14) 有同解.

证明 显然, 对任意的 $\varepsilon > 0$, 二次规划 (12.5.15) 为严格凸规划, 故最优值点唯一, 且 K-T 点和全局最优值点等价. 而线性规划 (12.5.14) 的 K-T 点和最优值点也等价. 为此, 欲证命题结论成立, 只需证存在 $\varepsilon_0 > 0$, 使对任意的 $\varepsilon \in (0, \varepsilon_0]$, 线性规划问题 (12.5.14) 的任一最优解为凸二次规划问题 (12.5.15) 的 K-T 点即可.

设 $\boldsymbol{x}^*$ 为线性规划 (12.5.14) 的最优解. 对任意的 $\boldsymbol{x}_0 \in \mathbb{R}^n$, 考虑二次规划问题

$$\begin{aligned} \min \quad & \frac{1}{2}(\boldsymbol{x}-\boldsymbol{x}_0)^{\mathrm{T}}(\boldsymbol{x}-\boldsymbol{x}_0) \\ \text{s.t.} \quad & \boldsymbol{A}\boldsymbol{x} \geqslant \boldsymbol{b}, \\ & \boldsymbol{c}^{\mathrm{T}}\boldsymbol{x} \leqslant \boldsymbol{c}^{\mathrm{T}}\boldsymbol{x}^*. \end{aligned}$$

由题设, 该问题有唯一最优解, 记为 $\bar{\boldsymbol{x}}$. 显然, $\boldsymbol{c}^{\mathrm{T}}\bar{\boldsymbol{x}} = \boldsymbol{c}^{\mathrm{T}}\boldsymbol{x}^*$. 由定理 10.2.1, 存在非负 Lagrange 乘子 $(\boldsymbol{u}, v)$ 使

$$\left\{\begin{aligned} & (\bar{\boldsymbol{x}}-\boldsymbol{x}_0) - \boldsymbol{A}^{\mathrm{T}}\boldsymbol{u} + v\boldsymbol{c} = \boldsymbol{0}, && (12.5.16) \\ & \boldsymbol{A}\bar{\boldsymbol{x}} - \boldsymbol{b} \geqslant \boldsymbol{0}, && (12.5.17) \\ & \boldsymbol{u}^{\mathrm{T}}(\boldsymbol{A}\bar{\boldsymbol{x}} - \boldsymbol{b}) = 0. && (12.5.18) \end{aligned}\right.$$

由于 $\bar{\boldsymbol{x}}$ 同时为线性规划问题的最优解, 故存在非负 Lagrange 乘子 $\boldsymbol{w}$ 使得

$$\begin{cases} \boldsymbol{c}-\boldsymbol{A}^{\mathrm{T}}\boldsymbol{w}=\boldsymbol{0}, & (12.5.19)\\ \boldsymbol{A}\bar{\boldsymbol{x}}-\boldsymbol{b}\geqslant\boldsymbol{0}, & (12.5.20)\\ \boldsymbol{w}^{\mathrm{T}}(\boldsymbol{A}\bar{\boldsymbol{x}}-\boldsymbol{b})=0. & (12.5.21)\end{cases}$$

下面根据 v 是否为零分情况证明 $\bar{\boldsymbol{x}}$ 为凸二次规划问题 (12.5.15) 的 K-T 点.

(1) 若 $v=0$, 任取 $\varepsilon>0$, 将 (12.5.16) 乘以 ε 并与 (12.5.19) 相加, 再结合 (12.5.17), (12.5.18), (12.5.20) 和 (12.5.21) 得

$$\begin{cases} \varepsilon(\bar{\boldsymbol{x}}-\boldsymbol{x}_0)+\boldsymbol{c}-\boldsymbol{A}^{\mathrm{T}}(\varepsilon\boldsymbol{u}+\boldsymbol{w})=\boldsymbol{0},\\ \boldsymbol{A}\bar{\boldsymbol{x}}-\boldsymbol{b}\geqslant\boldsymbol{0},\ \varepsilon\boldsymbol{u}+\boldsymbol{w}\geqslant\boldsymbol{0},\quad (\varepsilon\boldsymbol{u}+\boldsymbol{w})^{\mathrm{T}}(\boldsymbol{A}\bar{\boldsymbol{x}}-\boldsymbol{b})=0.\end{cases}$$

这是二次规划 (12.5.15) 的 KKT 条件. 从而对任意的 $\varepsilon>0$, $\bar{\boldsymbol{x}}$ 为 (12.5.15) 的最优解.

(2) 若 $v>0$, 任取 $\mu\in(0,1]$, 将 (12.5.16) 和 (12.5.19) 分别乘以 μ/v 和 $(1-\mu)$ 并相加, 再结合 (12.5.17), (12.5.18), (12.5.20) 和 (12.5.21) 得

$$\begin{cases} \mu/v(\bar{\boldsymbol{x}}-\boldsymbol{x}_0)+\boldsymbol{c}-\boldsymbol{A}^{\mathrm{T}}((1-\mu)\boldsymbol{w}+\mu\boldsymbol{u}/v)=\boldsymbol{0},\\ \boldsymbol{A}\bar{\boldsymbol{x}}-\boldsymbol{b}\geqslant\boldsymbol{0},\quad (1-\mu)\boldsymbol{w}+\mu\boldsymbol{u}/v\geqslant\boldsymbol{0},\\ \big((1-\mu)\boldsymbol{w}+\mu\boldsymbol{u}/v\big)^{\mathrm{T}}(\boldsymbol{A}\bar{\boldsymbol{x}}-\boldsymbol{b})=0.\end{cases}$$

这样, $(\bar{\boldsymbol{x}},(1-\mu)\boldsymbol{w}+\mu\boldsymbol{u}/v)$ 构成规划问题 (12.5.15) 在 $\varepsilon=\mu/v$ 时的 K-T 对. 由 $\mu\in(0,1]$ 的任意性, 对任意的 $\varepsilon\in(0,1/v]$, $\bar{\boldsymbol{x}}$ 为 (12.5.15) 的最优值点.

综合上述情况, 得命题结论. 证毕

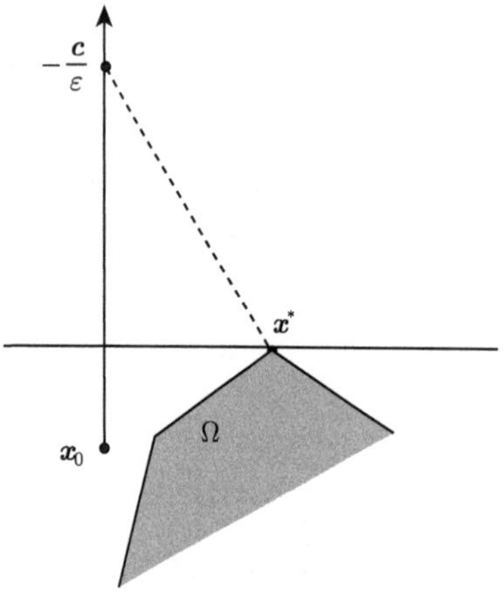

图 12.5.1 线性规划投影算法

显然, 二次规划问题 (12.5.15) 可表述成

$$\min\left\{\frac{\varepsilon}{2}\Big\|\boldsymbol{x}-\big(\boldsymbol{x}_0-\boldsymbol{c}/\varepsilon\big)\Big\|^2\ \Big|\ \boldsymbol{A}\boldsymbol{x}\geqslant\boldsymbol{b}\right\}.$$

它等价于求点 $(\boldsymbol{x}_0-\boldsymbol{c}/\varepsilon)$ 到可行域 $\Omega=\{\boldsymbol{x}\mid\boldsymbol{A}\boldsymbol{x}\geqslant\boldsymbol{b}\}$ 上的投影. 由于 $-\boldsymbol{c}$ 就是线性规划问题目标函数的负梯度方向, $1/\varepsilon$ 相当于步长, 从而由引理 12.5.3 知, 对线性规划问题 (12.5.14), 对任意初始点, 只要步长足够大, 梯度投影算法一步就得到其最优解 (Mangasarian,1979), 见图 12.5.1.

习　题

1. 设 $\bar{\boldsymbol{x}}$ 为下述连续可微约束优化问题

$$\min\{f(\boldsymbol{x}) \mid c_i(\boldsymbol{x}) \leqslant 0,\ i \in \mathcal{I}\}$$

的可行点, 并设 $(\bar{z}, \bar{\boldsymbol{d}})$ 为下述线性规划子问题的最优解

$$\begin{array}{ll} \min & z \\ \text{s.t.} & \nabla f(\bar{\boldsymbol{x}})^{\mathrm{T}} \boldsymbol{d} - z \leqslant 0, \\ & \nabla c_i(\bar{\boldsymbol{x}})^{\mathrm{T}} \boldsymbol{d} - z \leqslant 0, \quad i \in \mathcal{I}(\bar{\boldsymbol{x}}), \\ & -1 \leqslant \boldsymbol{d}_j \leqslant 1, \quad j = 1, 2, \cdots, n. \end{array}$$

证明: 如果 $z = 0$, 则 $\bar{\boldsymbol{x}}$ 为原规划问题的 FJ 点.

2. 设 $\boldsymbol{A} \in \mathbb{R}^{m \times n}, \boldsymbol{b} \in \mathbb{R}^m$. 证明点 $\boldsymbol{x}_0 \in \mathbb{R}^n$ 到 $\Omega = \{\boldsymbol{x} \in \mathbb{R}^n \mid \boldsymbol{A}\boldsymbol{x} = \boldsymbol{b}\}$ 上的投影为如下线性系统关于 $\boldsymbol{u}$ 的解

$$\begin{pmatrix} \boldsymbol{I} & \boldsymbol{A}^{\mathrm{T}} \\ \boldsymbol{A} & \boldsymbol{0} \end{pmatrix} \begin{pmatrix} \boldsymbol{u} \\ \boldsymbol{v} \end{pmatrix} = \begin{pmatrix} \boldsymbol{x}_0 \\ \boldsymbol{b} \end{pmatrix}.$$

3. 设 $\boldsymbol{a} \in \mathbb{R}^n$, 证明点 $\boldsymbol{x} \in \mathbb{R}^n$ 到闭凸集 Ω 上的投影满足 $P_{\boldsymbol{a}+\Omega}(\boldsymbol{x}) = \boldsymbol{a} + P_{\Omega}(\boldsymbol{x} - \boldsymbol{a})$.

4. 设 $\boldsymbol{a} \in \mathbb{R}^n, b \in \mathbb{R}$. 试证明 $\boldsymbol{y} \in \mathbb{R}^n$ 到半空间 $\{\boldsymbol{x} \in \mathbb{R}^n \mid \boldsymbol{a}^{\mathrm{T}}\boldsymbol{x} \geqslant b\}$ 上的投影为

$$P(\boldsymbol{y}) = \boldsymbol{y} + \frac{\max\{0, b - \boldsymbol{a}^{\mathrm{T}}\boldsymbol{y}\}}{\|\boldsymbol{a}\|^2}\boldsymbol{a}.$$

5. 设 $\boldsymbol{F}: \mathbb{R}^n \to \mathbb{R}^n$ 为连续映射, Ω 为 $\mathbb{R}^n$ 中的非空闭凸集. 对任意的 $\boldsymbol{x} \in \mathbb{R}^n$ 和 $\alpha \in \mathbb{R}$, 记 $\boldsymbol{r}(\alpha) = \boldsymbol{x} - P_{\Omega}(\boldsymbol{x} - \alpha \boldsymbol{F}(\boldsymbol{x}))$. 则

$$\min\{1, \alpha\}\|\boldsymbol{r}(1)\| \leqslant \|\boldsymbol{r}(\alpha)\| \leqslant \max\{1, \alpha\}\|\boldsymbol{r}(1)\|.$$

6. 计算 n 阶对称阵 $\boldsymbol{A}$ 在 F-范数意义下到矩阵子空间 $\{\boldsymbol{X} \in \mathbb{S}^{n \times n} \mid \boldsymbol{X} = \alpha \boldsymbol{I}, \alpha \in \mathbb{R}\}$ 上的投影.

7. 设 $\boldsymbol{a}_1, \boldsymbol{a}_2, \cdots, \boldsymbol{a}_m \in \mathbb{R}^n$, Ω 为 $\mathbb{R}^n$ 中的闭凸集. 则优化问题

$$\begin{array}{ll} \min & \displaystyle\sum_{i=1}^{m} \|\boldsymbol{x} - \boldsymbol{a}_i\|^2 \\ \text{s.t.} & \boldsymbol{x} \in \Omega \end{array}$$

的最优解为 $\dfrac{1}{m}\sum\limits_{i=1}^{m} \boldsymbol{a}_i$ 到 Ω 上的投影.

第 13 章　罚函数方法

将约束条件的违反度做为惩罚项添加到目标函数中, 然后对其极小化可得原约束优化问题的一个近似最优解. 这便是约束优化问题的罚函数方法. 该方法在求解过程中不涉及约束, 所以适用于可行域结构复杂的约束优化问题. 只是该方法在迭代过程中有时要求罚因子趋于无穷大而使子问题越来越病态. 另外, 罚函数方法的收敛速度也是很慢的. 虽然如此, 罚函数在优化理论与算法设计中的作用不可忽视, 如约束优化问题的 SQP 方法利用罚函数作为价值函数来判断是否接受试探点. 借助罚函数, 人们还建立起线性规划问题的内点算法. 因此, 对罚函数做深入研究具有重要意义. 本章介绍三种常见的罚函数: 外点罚函数, 内点罚函数和乘子罚函数.

13.1　外点罚函数方法

对等式约束优化问题

$$\begin{aligned} &\min\ f(\boldsymbol{x}) \\ &\text{s.t. } c_i(\boldsymbol{x})=0,\ i\in\mathcal{E}. \end{aligned} \tag{13.1.1}$$

其中, $f:\mathbb{R}^n\to\mathbb{R}$, $c_i:\mathbb{R}^n\to\mathbb{R}, i\in\mathcal{E}$ 连续可微, 为降低求解难度, 一个直接的想法是, 将约束函数的违反度添加到目标函数中然后对其求最小. 由此, Courant(1943) 建立了如下函数

$$P(\boldsymbol{x},\pi)=f(\boldsymbol{x})+\pi\sum_{i\in\mathcal{E}}c_i^2(\boldsymbol{x}), \tag{13.1.2}$$

这里, π 称为罚因子, 它表示对违反约束的惩罚度. 上述函数称为罚函数. 由于在 $\pi>0$ 充分大时, 约束函数在罚函数的最优值点的违反度很小, 因而可视为约束优化问题 (13.1.1) 的近似最优解. 这就是约束优化问题的外点罚函数法.

记约束优化问题的可行域为 Ω. 对上述罚函数, 有如下结论.

引理 13.1.1　对约束优化问题 (13.1.1), 记

$$\phi_c(\boldsymbol{x})=\sum_{i\in\mathcal{E}}c_i^2(\boldsymbol{x}),\quad \theta(\pi)=\inf_{\boldsymbol{x}\in\mathbb{R}^n}P(\boldsymbol{x},\pi),$$

并设对任意的 $\pi>0$, 罚函数 $P(\boldsymbol{x},\pi)$ 存在最小值点 $\boldsymbol{x}_\pi$. 则

(1) $\inf\{f(\boldsymbol{x}) \,|\, \boldsymbol{x} \in \Omega\} \geqslant \sup_{\pi>0} \theta(\pi)$,

(2) $\{f(\boldsymbol{x}_\pi)\}$, $\{\theta(\pi)\}$ 关于 $\pi > 0$ 单调不减, $\{\phi_c(\boldsymbol{x}_\pi)\}$ 关于 $\pi > 0$ 单调不增.

证明 显然, 对任意的 $\bar{\boldsymbol{x}} \in \Omega$, $\phi_c(\bar{\boldsymbol{x}}) = 0$. 所以对任意的 $\pi > 0$,

$$f(\bar{\boldsymbol{x}}) = f(\bar{\boldsymbol{x}}) + \pi\phi_c(\bar{\boldsymbol{x}}) \geqslant \inf\{f(\boldsymbol{x}) + \pi\phi_c(\boldsymbol{x}) \,|\, \boldsymbol{x} \in \mathbb{R}^n\} = \theta(\pi).$$

(1) 得证.

为证 (2), 任取 $\pi_2 > \pi_1 > 0$, 并设 $\boldsymbol{x}_{\pi_1}$ 和 $\boldsymbol{x}_{\pi_2}$ 分别为罚函数 $P(\boldsymbol{x}, \pi_1)$ 和 $P(\boldsymbol{x}, \pi_2)$ 的最优解. 则

$$\begin{cases} f(\boldsymbol{x}_{\pi_1}) + \pi_2\phi_c(\boldsymbol{x}_{\pi_1}) \geqslant f(\boldsymbol{x}_{\pi_2}) + \pi_2\phi_c(\boldsymbol{x}_{\pi_2}), \\ f(\boldsymbol{x}_{\pi_2}) + \pi_1\phi_c(\boldsymbol{x}_{\pi_2}) \geqslant f(\boldsymbol{x}_{\pi_1}) + \pi_1\phi_c(\boldsymbol{x}_{\pi_1}). \end{cases} \tag{13.1.3}$$

两式相加得

$$(\pi_2 - \pi_1)[\phi_c(\boldsymbol{x}_{\pi_1}) - \phi_c(\boldsymbol{x}_{\pi_2})] \geqslant 0.$$

由于 $\pi_1 < \pi_2$, 所以 $\phi_c(\boldsymbol{x}_{\pi_1}) - \phi_c(\boldsymbol{x}_{\pi_2}) \geqslant 0$.

由 (13.1.3) 的第二式得到 $f(\boldsymbol{x}_{\pi_2}) \geqslant f(\boldsymbol{x}_{\pi_1})$. 再由 (13.1.3) 的第二式, 并利用 $\pi_1 < \pi_2$ 及 $\phi_c(\boldsymbol{x}_{\pi_2}) \geqslant 0$ 得

$$\begin{aligned} \theta(\pi_2) &= f(\boldsymbol{x}_{\pi_2}) + \pi_2\phi_c(\boldsymbol{x}_{\pi_2}) \\ &= f(\boldsymbol{x}_{\pi_2}) + \pi_1\phi_c(\boldsymbol{x}_{\pi_2}) + (\pi_2 - \pi_1)\phi_c(\boldsymbol{x}_{\pi_2}) \\ &\geqslant f(\boldsymbol{x}_{\pi_1}) + \pi_1\phi_c(\boldsymbol{x}_{\pi_1}) = \theta(\pi_1). \end{aligned}$$

证毕

引理中关于 $\boldsymbol{x}_\pi$ 的存在性假设是由于约束优化问题有最优解并不能保证罚函数有最小值点. 这其中的原因主要有两个: 一是罚因子取值太小, 目标函数值的下降不能抵消惩罚项对不可行点的惩罚. 如约束优化问题

$$\begin{array}{ll} \min & -x_1^2 + x_2^2 \\ \text{s.t.} & x_1 = 1 \end{array}$$

的罚函数 $P(\boldsymbol{x}, \pi) = -x_1^2 + x_2^2 + \pi(x_1 - 1)^2$ 在 $\pi < 1$ 时没有最优解. 二是惩罚项的阶数低于目标函数的阶数, 使得无论罚因子无论取何值, 罚函数都没有最优解. 如约束优化问题

$$\begin{array}{ll} \min & -x_1^5 \\ \text{s.t.} & x_1^2 + x_2^2 = 1 \end{array}$$

的罚函数 $P(\boldsymbol{x}, \pi) = -x_1^5 + \pi(x_1^2 + x_2^2 - 1)^2$ 对任意的 $\pi > 0$ 都没有最优解.

下面的结论说明上述结论 (1) 中的式子可以取等号.

定理 13.1.1 设约束优化问题 (13.1.1) 的罚函数 $P(\boldsymbol{x},\pi)$ 存在最小值点 $\boldsymbol{x}_\pi$. 则

$$\inf\{f(\boldsymbol{x})\,|\,\boldsymbol{x}\in\Omega\}=\lim_{\pi\to\infty}\theta(\pi). \tag{13.1.4}$$

进一步, 对于任一发散到 ∞ 的数列 $\{\pi_k\}$, 点列 $\{\boldsymbol{x}_{\pi_k}\}$ 的任一聚点为原问题的最优解, 而且数列 $\{\pi_k\phi_c(\boldsymbol{x}_{\pi_k})\}$ 收敛到零.

证明 由引理 13.1.1 的第二个结论知

$$\sup_{\pi>0}\theta(\pi)=\lim_{\pi\to\infty}\theta(\pi).$$

下证当 $\pi_k\to\infty$ 时, $\phi_c(\boldsymbol{x}_{\pi_k})\to 0$, 从而 $\{\boldsymbol{x}_{\pi_k}\}$ 的任一聚点为原问题的可行点.

令 $\pi_0=1$. 任取 $\boldsymbol{y}\in\Omega$, 并对任意的 $\varepsilon>0$, 取

$$\pi\geqslant\frac{|f(\boldsymbol{y})-f(\boldsymbol{x}_{\pi_0})|+2\varepsilon}{\varepsilon}>1.$$

由引理 13.1.1 知, $f(\boldsymbol{x}_\pi)\geqslant f(\boldsymbol{x}_{\pi_0})$.

下证 $\phi_c(\boldsymbol{x}_\pi)\leqslant\varepsilon$. 否则, 由引理 13.1.1,

$$\begin{aligned}\inf\{f(\boldsymbol{x})\mid\boldsymbol{x}\in\Omega\}&\geqslant f(\boldsymbol{x}_\pi)+\pi\phi_c(\boldsymbol{x}_\pi)\\&\geqslant f(\boldsymbol{x}_{\pi_0})+|f(\boldsymbol{y})-f(\boldsymbol{x}_{\pi_0})|+2\varepsilon\\&\geqslant f(\boldsymbol{y})+2\varepsilon.\end{aligned}$$

这是不可能的. 由 $\varepsilon>0$ 的任意性得

$$\lim_{\pi\to\infty}\phi_c(\boldsymbol{x}_\pi)=0.$$

这样, $\{\boldsymbol{x}_{\pi_k}\}$ 的任一聚点 $\boldsymbol{x}^*$ 为原规划问题的可行点. 下证其为原问题的最优解.

事实上, 对任意的 k,

$$\begin{aligned}\lim_{\pi\to\infty}\theta(\pi)&\geqslant\theta(\pi_k)\\&=f(\boldsymbol{x}_{\pi_k})+\pi_k\phi_c(\boldsymbol{x}_{\pi_k})\\&\geqslant f(\boldsymbol{x}_{\pi_k}).\end{aligned}$$

令 $k\to\infty$ 得

$$\lim_{\pi\to\infty}\theta(\pi)\geqslant f(\boldsymbol{x}^*).$$

结合引理 13.1.1 中的 (1) 知, $\boldsymbol{x}^*$ 为 (13.1.1) 的最优解, 且 (13.1.4) 成立. 再由

$$\pi\phi_c(\boldsymbol{x}_\pi)=\theta(\pi)-f(\boldsymbol{x}_\pi)$$

知

$$\lim_{k\to\infty}\pi_k\phi_c(\boldsymbol{x}_{\pi_k})=0.$$

证毕

基于上面的讨论, 对于罚函数 $P(\boldsymbol{x},\pi)$ 的最优值点 $\boldsymbol{x}_\pi$, 若其属于可行域, 则 $\boldsymbol{x}_\pi$ 是原优化问题的最优值点; 否则, 追究 $\boldsymbol{x}_\pi$ 不属于可行域的原因, 是由于"惩罚"得不够, 应加大惩罚量, 从而得到如下外点罚函数方法.

算法 13.1.1

初始步: 取 $\pi_1>0,\gamma>1$, $\boldsymbol{x}_0\in\mathbb{R}^n$ 和允许误差 $\varepsilon\geqslant 0,k=1$.

迭代步: 以 $\boldsymbol{x}_{k-1}$ 为初始点, 求罚函数 $P(\boldsymbol{x},\pi_k)$ 的 (近似) 最小值点 $\boldsymbol{x}_k$. 若 $\pi_k\phi_c\ (\boldsymbol{x}_k)\leqslant\varepsilon$, 算法终止, $\boldsymbol{x}_k$ 为原问题的近似最优解; 否则, 取 $\pi_{k+1}\in(\pi_k,\gamma\pi_k)$, $k=k+1$.

在每一迭代步, 取上一迭代过程得到的最小值点作为下一次迭代的初始点是基于外点罚函数的最优值点可视作原规划问题最优解的一个好的近似, 而且罚因子越大, 其近似度越高. 通常, 在每一步得到的罚函数的最小值点不属于原问题的可行域, 所以称其为外点罚函数方法. 该方法产生的点列一般是由可行域外部逐步靠近可行域的边界. 因此, 它更适合求解最优值点位于可行域边界上的约束优化问题.

定理 13.1.1 保证该算法产生的点列的任一聚点为原问题的最优解. 若约束函数的梯度在聚点线性无关, 则有如下结论.

定理 13.1.2 设算法 13.1.1 产生的迭代点列 $\{\boldsymbol{x}_k\}$ 满足 $\|\nabla P(\boldsymbol{x}_k,\pi_k)\|\leqslant\tau_k$, 其中 $\tau_k\to 0$, $\pi_k\to\infty$. 若迭代点列 $\{\boldsymbol{x}_k\}$ 的聚点 $\boldsymbol{x}^*$ 满足 $[\nabla c_i(\boldsymbol{x}^*),i\in\mathcal{E}]$ 线性无关, 则 $\boldsymbol{x}^*$ 为约束优化问题 (13.1.1) 的 K-T 点.

证明 由算法的迭代过程知, 罚函数 $P(\boldsymbol{x},\pi)$ 在 $\boldsymbol{x}_k$ 点满足

$$\left\|\nabla f(\boldsymbol{x}_k)+2\pi_k\sum_{i\in\mathcal{E}}c_i(\boldsymbol{x}_k)\nabla c_i(\boldsymbol{x}_k)\right\|\leqslant\tau_k. \tag{13.1.5}$$

整理得

$$\left\|\sum_{i\in\mathcal{E}}c_i(\boldsymbol{x}_k)\nabla c_i(\boldsymbol{x}_k)\right\|\leqslant\frac{1}{2\pi_k}(\tau_k+\|\nabla f(\boldsymbol{x}_k)\|). \tag{13.1.6}$$

设 $\boldsymbol{x}^*$ 为迭代点列 $\{\boldsymbol{x}_k\}$ 的一个聚点. 则存在子列 $\{\boldsymbol{x}_k\}_{\mathcal{N}_0}$ 使得

$$\lim_{\substack{k\to\infty\\ k\in\mathcal{N}_0}}\boldsymbol{x}_k=\boldsymbol{x}^*.$$

在 (13.1.6) 式中, 对 $k\in\mathcal{N}_0$, 令 $k\to\infty$. 则由 $\tau_k\to 0$, $\pi_k\to\infty$ 得

$$\left\|\sum_{i\in\mathcal{E}}c_i(\boldsymbol{x}^*)\nabla c_i(\boldsymbol{x}^*)\right\|=0.$$

即

$$\sum_{i\in\mathcal{E}} c_i(\boldsymbol{x}^*)\nabla c_i(\boldsymbol{x}^*) = \boldsymbol{0}.$$

由题设, $\nabla c_i(\boldsymbol{x}^*), i \in \mathcal{E}$ 线性无关, 从而由上式得 $c_i(\boldsymbol{x}^*) = 0, i \in \mathcal{E}$. 这说明 $\boldsymbol{x}^*$ 为原优化问题的可行点.

对 (13.1.5) 两边关于 $k \in \mathcal{N}_0$ 取极限, 并记 $\lambda_i = -2 \lim\limits_{\substack{k\to\infty \\ k\in\mathcal{N}_0}} \pi_k c_i(\boldsymbol{x}_k), i \in \mathcal{E}$ 得

$$\nabla f(\boldsymbol{x}^*) + \sum_{i\in\mathcal{E}} \lambda_i \nabla c_i(\boldsymbol{x}^*) = \boldsymbol{0},$$

结合可行性得命题结论. 证毕

最后讨论罚因子的选取对算法数值效果的影响.

在算法 13.1.1 中, 如果罚因子 π_k 增长较快, 根据定理 13.1.1, 算法应有快的收敛速度. 但在实际计算时并不急于让罚因子增长太快, 原因是这会使罚函数序列的最小值点出现大的跳跃, 从而在极小化罚函数 $P(\boldsymbol{x}, \pi_k)$ 时, 初始点的选取失去意义.

罚函数 (13.1.2) 可将约束优化问题化为无约束优化问题. 但在罚因子较大时, 罚函数会出现病态. 对此做如下分析.

对等式约束优化问题 (13.1.1), 容易计算罚函数 $P(\boldsymbol{x}, \pi)$ 的 Hesse 阵为

$$\nabla_{\boldsymbol{x}\boldsymbol{x}} P(\boldsymbol{x}, \pi) = \nabla^2 f(\boldsymbol{x}) + \sum_{i\in\mathcal{E}} 2\pi c_i(\boldsymbol{x}) \nabla^2 c_i(\boldsymbol{x}) + 2\pi \boldsymbol{N}(\boldsymbol{x})\boldsymbol{N}(\boldsymbol{x})^{\mathrm{T}},$$

这里, $\boldsymbol{N}(x) = [\nabla c_i(\boldsymbol{x})]_{i\in\mathcal{E}}$. 在 $\boldsymbol{x}$ 充分靠近罚函数的最小值点时, 若约束函数的梯度线性无关, 则由 (13.1.5) 得

$$\nabla_{\boldsymbol{x}\boldsymbol{x}} P(\boldsymbol{x}, \pi) \approx \nabla_{\boldsymbol{x}\boldsymbol{x}} L(\boldsymbol{x}, \boldsymbol{\lambda}) + 2\pi \boldsymbol{N}(\boldsymbol{x})\boldsymbol{N}(\boldsymbol{x})^{\mathrm{T}}.$$

在 $|\mathcal{E}| < n$ 时, 矩阵 $\boldsymbol{N}(\boldsymbol{x})\boldsymbol{N}(\boldsymbol{x})^{\mathrm{T}}$ 奇异. 根据上式, 当 $\pi > 0$ 由小变得很大时, 罚函数对应的 Hesse 矩阵的一部分特征根变化较小, 而另一部分特征根增长很快, 从而引起子问题的病态. 这是外点罚函数的缺陷.

如果等式约束优化问题中的所有函数都连续可微, 则外点罚函数也连续可微, 从而可用梯度法求解外点罚函数子问题. 对含不等式约束的优化问题

$$\min\{f(\boldsymbol{x}) \mid c_i(\boldsymbol{x}) \geqslant 0, i \in \mathcal{I};\ \ c_i(\boldsymbol{x}) = 0, i \in \mathcal{E}\},$$

可建立如下罚函数

$$P(\boldsymbol{x}, \pi) = f(\boldsymbol{x}) + \pi \sum_{i\in\mathcal{I}} [c_i^-(\boldsymbol{x})]^2 + \pi \sum_{i\in\mathcal{E}} c_i^2(\boldsymbol{x}),$$

其中, $c_i^-(\boldsymbol{x}) = \min\{0, c_i(\boldsymbol{x})\}$. 但该罚函数至多一阶连续可微, 从而给极小化罚函

数带来困难. 对此可用下一节介绍的内点罚函数方法解决.

13.2 内点罚函数方法

内点罚函数通过在约束区域的边界设置障碍将迭代点牢牢限制在可行域内部. 其主要思想是: 对可行域内部的点, 内点罚函数的惩罚项取很小的值, 而在迭代点靠近可行域边界时, 它的值迅速增大, 以至在迭代点充分靠近可行域的边界时惩罚项的值趋于无穷大. 这样, 可行域的边界如同一道不可预逾越的围墙, 将内点罚函数的最小值点限制在可行域内部, 因此又称障碍函数.

考虑到约束优化问题的最小值点可能位于可行域的边界上, 内点罚函数在迭代过程中不断调整罚因子来逐步削弱障碍函数对最优值点的影响, 从而使算法产生的点列在可行域内部逐步逼近原规划问题的最优值点. 正因如此, 它只能处理不等式约束的情况, 而且特别适于最优值点在可行域边界上但在靠近可行域边界时有次最优解的情形. 内点罚函数主要有对数罚函数 (Frisch, 1955) 和倒数罚函数 (Carroll, 1961) 两种.

考虑不等式约束优化问题

$$
\begin{aligned}
&\min\ f(\boldsymbol{x}) \\
&\text{s.t. } c_i(\boldsymbol{x}) \geqslant 0,\ i \in \mathcal{I},
\end{aligned}
\tag{13.2.1}
$$

其中, $f:\mathbb{R}^n \to \mathbb{R}$, $c_i:\mathbb{R}^n \to \mathbb{R}, i \in \mathcal{I}$ 连续可微, 可行域的内点集 $\operatorname{int}(\Omega) = \{\boldsymbol{x} \in \mathbb{R}^n \mid c_i(\boldsymbol{x}) > 0,\ i \in \mathcal{I}\}$ 非空.

建立罚函数

$$
P(\boldsymbol{x}, \pi) = f(\boldsymbol{x}) + \frac{1}{\pi} B(\boldsymbol{x}), \tag{13.2.2}
$$

其中, $B(\boldsymbol{x})$ 为定义在 $\operatorname{int}(\Omega)$ 上的非负函数且满足: 当 $\boldsymbol{x}$ 从 Ω 的内部趋于其边界时, $B(\boldsymbol{x})$ 的值趋于无穷大.

该惩罚项反映了点 $\boldsymbol{x}$ 距离可行域边界的远近程度: 相距越近, 惩罚越大. 易知下述形式的 $B(\boldsymbol{x})$ 具有这样的性质:

$$
B(\boldsymbol{x}) = -\sum_{i\in\mathcal{I}} \ln \min\{1, c_i(\boldsymbol{x})\}, \quad B(\boldsymbol{x}) = \sum_{i\in\mathcal{I}} \frac{1}{c_i(\boldsymbol{x})}.
$$

显然, 前者在 $\operatorname{int}(\Omega)$ 上不连续可微. 因此, 把它直接放到罚函数里面会对极小化罚函数带来困难. 本节最后将把它替换成如下形式:

$$
B(\boldsymbol{x}) = -\sum_{i\in\mathcal{I}} \ln c_i(\boldsymbol{x}). \tag{13.2.3}
$$

下面的结论给出了原规划问题的最优值和罚函数的最优值之间的关系，以及罚因子的变化给内点罚函数的最优值和惩罚项带来的影响.

引理 13.2.1 对不等式约束优化问题 (13.2.1), 设对任意的 $\pi > 0$, 罚函数 $P(\boldsymbol{x},\pi)$ 存在最优值点 $\boldsymbol{x}_\pi \in \mathrm{int}(\Omega)$. 记

$$\theta(\pi) = f(\boldsymbol{x}_\pi) + \frac{1}{\pi}B(\boldsymbol{x}_\pi) = \inf\{f(\boldsymbol{x}) + \frac{1}{\pi}B(\boldsymbol{x}) \mid c_i(\boldsymbol{x}) > 0, i \in \mathcal{I}\}.$$

则下述结论成立:

(1) $\inf\{f(\boldsymbol{x}) \mid c_i(\boldsymbol{x}) \geqslant 0, i \in \mathcal{I}\} \leqslant \inf\{\theta(\pi) \mid \pi > 0\}$,

(2) 对 $\pi > 0$, $f(\boldsymbol{x}_\pi)$ 和 $\theta(\pi)$ 关于 $\pi > 0$ 单调不增, $B(\boldsymbol{x}_\pi)$ 关于 $\pi > 0$ 单调不减.

证明 对任意的 $\pi > 0$,

$$\begin{aligned}\theta(\pi) &= \inf\{f(\boldsymbol{x}) + \frac{1}{\pi}B(\boldsymbol{x}) \mid c_i(\boldsymbol{x}) > 0, i \in \mathcal{I}\}\\ &\geqslant \inf\{f(\boldsymbol{x}) \mid c_i(\boldsymbol{x}) > 0, i \in \mathcal{I}\}\\ &\geqslant \inf\{f(\boldsymbol{x}) \mid c_i(\boldsymbol{x}) \geqslant 0, i \in \mathcal{I}\}.\end{aligned}$$

(1) 得证.

对 $\pi_1 > \pi_2 > 0$ 和任意的 $\boldsymbol{x} \in \mathrm{int}(\Omega)$, 由于

$$f(\boldsymbol{x}) + \frac{1}{\pi_1}B(\boldsymbol{x}) \leqslant f(\boldsymbol{x}) + \frac{1}{\pi_2}B(\boldsymbol{x}),$$

所以 $\theta(\pi_1) \leqslant \theta(\pi_2)$.

其次, 根据假设, 存在 $\boldsymbol{x}_{\pi_1}, \boldsymbol{x}_{\pi_2} \in \mathrm{int}(\Omega)$ 使得

$$\begin{cases} f(\boldsymbol{x}_{\pi_1}) + \dfrac{1}{\pi_1}B(\boldsymbol{x}_{\pi_1}) \leqslant f(\boldsymbol{x}_{\pi_2}) + \dfrac{1}{\pi_1}B(\boldsymbol{x}_{\pi_2}),\\ f(\boldsymbol{x}_{\pi_2}) + \dfrac{1}{\pi_2}B(\boldsymbol{x}_{\pi_2}) \leqslant f(\boldsymbol{x}_{\pi_1}) + \dfrac{1}{\pi_2}B(\boldsymbol{x}_{\pi_1}).\end{cases} \tag{13.2.4}$$

两式相加得

$$(\pi_2 - \pi_1)[B(\boldsymbol{x}_{\pi_1}) - B(\boldsymbol{x}_{\pi_2})] \leqslant 0.$$

再利用 $\pi_1 > \pi_2$ 得, $B(\boldsymbol{x}_{\pi_1}) \geqslant B(\boldsymbol{x}_{\pi_2})$. 将其代入 (13.2.4) 的第一式得

$$f(\boldsymbol{x}_{\pi_2}) \geqslant f(\boldsymbol{x}_{\pi_1}).$$

证毕

定理 13.2.1 对约束优化问题 (13.2.1), 设最优解 $\boldsymbol{x}^*$ 的任一邻域满足 $N(\boldsymbol{x}^*, \delta) \cap \mathrm{int}(\Omega) \neq \varnothing$, 且对任意的 $\pi > 0$, 罚函数 $P(\boldsymbol{x},\pi)$ 都有最优值点, 记为 $\boldsymbol{x}_\pi$. 则

$$\min\{f(\boldsymbol{x})\,|\,\boldsymbol{x}\in\Omega\}=\lim_{\pi\to\infty}\theta(\pi)=\inf_{\pi>0}\theta(\pi).$$

若 $\pi_k\to\infty$, 则 $\{\boldsymbol{x}_{\pi_k}\}$ 的任一聚点为 (13.2.1) 的最优解, 且 $\dfrac{1}{\pi_k}B(\boldsymbol{x}_{\pi_k})\to 0$.

证明 由题设, 对任意的 $\varepsilon>0$, 存在 $\hat{\boldsymbol{x}}\in\mathrm{int}(\Omega)$ 使得 $f(\boldsymbol{x}^*)+\varepsilon>f(\hat{\boldsymbol{x}})$. 所以对任意的 $\pi>0$,

$$f(\boldsymbol{x}^*)+\varepsilon+\frac{1}{\pi}B(\hat{\boldsymbol{x}})>f(\hat{\boldsymbol{x}})+\frac{1}{\pi}B(\hat{\boldsymbol{x}})\geqslant\theta(\pi).$$

令 $\pi\to\infty$ 得

$$f(\boldsymbol{x}^*)+\varepsilon\geqslant\lim_{\pi\to\infty}\theta(\pi).$$

由 ε 的任意性, 并结合引理 13.2.1 中 (2) 得第一个结论.

其次, 由于 $B(\boldsymbol{x}_{\pi_k})\geqslant 0$ 和 $\boldsymbol{x}_{\pi_k}\in\mathrm{int}(\Omega)$, 所以

$$\begin{aligned}\theta(\pi_k)&=f(\boldsymbol{x}_{\pi_k})+\frac{1}{\pi_k}B(\boldsymbol{x}_{\pi_k})\\&\geqslant f(\boldsymbol{x}_{\pi_k})\geqslant f(\boldsymbol{x}^*).\end{aligned}$$

注意到 $\lim\limits_{k\to\infty}\theta(\pi_k)=f(\boldsymbol{x}^*)$, 对上式关于 k 取极限得

$$f(\boldsymbol{x}_{\pi_k})\to f(\boldsymbol{x}^*),\quad \frac{1}{\pi_k}B(\boldsymbol{x}_{\pi_k})\to 0.$$

从而, 如果 $\{\boldsymbol{x}_{\pi_k}\}$ 有聚点 $\tilde{\boldsymbol{x}}$, 则 $\tilde{\boldsymbol{x}}\in\Omega$ 且 $f(\tilde{\boldsymbol{x}})=f(\boldsymbol{x}^*)$, $\tilde{\boldsymbol{x}}$ 是优化问题 (13.2.1) 的最优解. 证毕

内点罚函数 $P_{\pi_k}(\boldsymbol{x})$ 的任一最小值点固然在可行域的内部, 但原优化问题的最优值有可能在可行域的边界上达到. 为减少惩罚项的影响以使内点罚函数在可行域的更大范围内寻求目标函数的最小值点, 需增大惩罚因子 π 的值以减少惩罚项的值. 综合上述分析, 可建立如下内点罚函数方法.

算法 13.2.1

初始步: 取 $\pi_1>0,\gamma>1$, $\boldsymbol{x}_0\in\mathrm{int}(\Omega)$ 和允许误差 $\varepsilon>0$, $k=1$.

迭代步: 以 $\boldsymbol{x}_{k-1}$ 为初始点, 求罚函数 $P(\boldsymbol{x},\pi_k)$ 的近似最优解 $\boldsymbol{x}_k$ 使满足

$$\|\nabla_{\boldsymbol{x}}P(\boldsymbol{x}_k,\pi_k)\|\leqslant\varepsilon.$$

如果 $\dfrac{1}{\pi_k}B(\boldsymbol{x}_k)\leqslant\varepsilon$, 算法终止, $\boldsymbol{x}_k$ 为原问题的近似最优解; 否则, $\pi_{k+1}=\gamma\pi_k$, $k=k+1$, 进入下一次迭代.

对算法 13.2.1, 若采用倒数罚函数, 则在求 $P(\boldsymbol{x},\pi_k)$ 的最优解时, 需要把惩罚项取值非负考虑进去, 无形之中增加了非负约束. 而对于 (13.2.3) 定义的对数罚函数, 在极小化函数 $P(\boldsymbol{x},\pi_k)$ 时, 会出现 $B(\boldsymbol{x}_{\pi_k})<0$ 的情况, 而前面的结论均是在对任意的 $\boldsymbol{x}\in\Omega$, $B(\boldsymbol{x})\geqslant 0$ 的假设下得到的. 对此, 有如下分析.

由引理 13.2.1 的证明过程知, 数列 $\{B(\boldsymbol{x}_{\pi_k})\}$ 关于 $\pi>0$ 的单调性与 $B(\boldsymbol{x})$ 的符号无关. 因此, 对 (13.2.3) 定义的罚函数, 数列 $\{B(\boldsymbol{x}_\pi)\}$ 关于 $\pi>0$ 单调不减. 若存在 $\pi^*>0$, 使对任意的 $\pi\geqslant\pi^*$ 有 $B(\boldsymbol{x}_\pi)>0$, 利用定理 13.2.1 可得算法的收敛性.

下面考虑对任意的 $\pi>0$, $B(\boldsymbol{x}_\pi)<0$ 的情况.

对任意的 $\pi>0$, 由于

$$\begin{aligned}\theta(\pi)&=\inf\{f(\boldsymbol{x})+\frac{1}{\pi}B(\boldsymbol{x})\mid c_i(\boldsymbol{x})>0,\ i\in\mathcal{I}\}\\&\leqslant\inf\{f(\boldsymbol{x})\mid c_i(\boldsymbol{x})>0,\ i\in\mathcal{I}\}\\&=\inf\{f(\boldsymbol{x})\mid c_i(\boldsymbol{x})\geqslant 0,\ i\in\mathcal{I}\},\end{aligned}$$

所以对 (13.2.1) 的任一最优解 $\boldsymbol{x}^*$,

$$\theta(\pi)=f(\boldsymbol{x}_\pi)+\frac{1}{\pi}B(\boldsymbol{x}_\pi)\leqslant f(\boldsymbol{x}^*).$$

由于 $B(\boldsymbol{x}_\pi)<0$ 关于 $\pi>0$ 单调不减, 令 $\pi\to\infty$ 得

$$\lim_{\pi\to\infty}\frac{1}{\pi}B(\boldsymbol{x}_\pi)=0.$$

从而,

$$\lim_{\pi\to\infty}f(\boldsymbol{x}_\pi)+\frac{1}{\pi}B(\boldsymbol{x}_\pi)=\lim_{\pi\to\infty}f(\boldsymbol{x}_\pi)\leqslant f(\boldsymbol{x}^*).$$

这样, 对任意的 $\pi_k\to\infty$, $\{\boldsymbol{x}_{\pi_k}\}$ 的任一聚点为 (13.2.1) 的最优解.

通俗地讲, 由于罚函数中的惩罚项 $B(\boldsymbol{x})$ 将变量 $\boldsymbol{x}$ 牢牢地限制在可行域内部, 所以无论 $B(\boldsymbol{x})$ 是正还是负, 都因罚因子 π 的逐步增大而将惩罚项对极小化目标函数的影响调整到可以忽略不计.

根据以上分析, 内点算法通过调用 (13.2.3) 定义的对数罚函数求解原约束优化问题. 只是对于一般的不等式约束优化问题, 当内点集 $\mathrm{int}(\Omega)$ 无界时, 内点罚函数可能无下界, 从而在 $\pi_k\to\infty$ 时, 点列 $\{\boldsymbol{x}_{\pi_k}\}$ 趋于原问题的非最优解.

下面讨论 (13.2.3) 对应的罚函数的最优值点与原问题的 K-T 点之间的关系. 由一阶最优性条件,

$$\nabla_{\boldsymbol{x}}P(\boldsymbol{x}_\pi,\pi)=\nabla f(\boldsymbol{x}_\pi)-\sum_{i\in\mathcal{I}}\frac{1}{\pi c_i(\boldsymbol{x}_\pi)}\nabla c_i(\boldsymbol{x}_\pi)=\mathbf{0}.$$

令

$$\lambda_i(\pi)=\frac{1}{\pi c_i(\boldsymbol{x}_\pi)},\quad i\in\mathcal{I}$$

可得

$$\nabla f(\boldsymbol{x}_\pi)-\sum_{i\in\mathcal{I}}\lambda_i(\pi)\nabla c_i(\boldsymbol{x}_\pi)=\mathbf{0}.$$

这相当于 KKT 条件的第一式, 且对任意的 $i\in\mathcal{I}$, $c_i(\boldsymbol{x}_\pi)>0,\lambda_i(\pi)>0$. 进一步, 由 $\boldsymbol{\lambda}$ 的定义, 对任意的 $i\in\mathcal{I}$,

$$\lambda_i(\pi)c_i(\boldsymbol{x}_\pi)=\frac{1}{\pi}.$$

所以, 当 $\pi\to\infty$ 时, 互补松弛条件成立. 这样内点罚函数方法产生的点列的聚点是原问题的 K-T 点.

尽管内点罚函数方法有好的收敛性质, 但它在极小化过程中需要可行域中的内点作为初始点, 这在实际操作时比较麻烦. 其次, 与外点罚函数类似, 在罚因子 $\pi\to\infty$ 时, 内点罚函数的条件数越来越大, 罚函数的值跳跃性越来越厉害, 罚函数越来越病态, 其最优解越来越难求. 对此做如下分析.

先看对数罚函数对应的梯度和 Hesse 阵

$$\nabla_{\boldsymbol{x}}P(\boldsymbol{x},\pi)=\nabla f(\boldsymbol{x})-\sum_{i\in\mathcal{I}}\frac{1}{\pi c_i(\boldsymbol{x})}\nabla c_i(\boldsymbol{x}),$$

$$\nabla_{\boldsymbol{x}\boldsymbol{x}}P(\boldsymbol{x},\pi)=\nabla^2 f(\boldsymbol{x})-\sum_{i\in\mathcal{I}}\frac{1}{\pi c_i(\boldsymbol{x})}\nabla^2 c_i(\boldsymbol{x})+\sum_{i\in\mathcal{I}}\frac{1}{\pi c_i^2(\boldsymbol{x})}\nabla c_i(\boldsymbol{x})\nabla c_i^{\mathrm{T}}(\boldsymbol{x}).$$

设 $\boldsymbol{x}_\pi$ 为罚函数 $P(\boldsymbol{x},\pi)$ 的最优值点. 则当 $\pi>0$ 充分大时, $\boldsymbol{x}_\pi$ 为原优化问题的近似最优解. 由前面的讨论, 当 $\boldsymbol{x}$ 充分靠近 $\boldsymbol{x}_\pi$ 时, $\boldsymbol{x}$ 点的最优 Lagrange 乘子满足

$$\lambda_i\approx\frac{1}{\pi c_i(\boldsymbol{x})},\quad i\in\mathcal{I}.$$

与外点罚函数类似的讨论可以得到

$$\nabla_{\boldsymbol{x}\boldsymbol{x}}P(\boldsymbol{x},\pi)\approx\nabla_{\boldsymbol{x}\boldsymbol{x}}L(\boldsymbol{x},\boldsymbol{\lambda})+\sum_{i\in\mathcal{I}}\pi\lambda_i^2\nabla c_i(\boldsymbol{x})\nabla c_i^{\mathrm{T}}(\boldsymbol{x}).$$

从而在 $\pi>0$ 充分大时内点罚函数出现病态, 给极小化内点罚函数增加了难度.

内点罚函数方法只适用于不等式约束优化问题. 对一般的约束优化问题

$$\min\ \{f(\boldsymbol{x})\mid c_i(\boldsymbol{x})=0,\ i\in\mathcal{E};\ c_i(\boldsymbol{x})\geqslant 0,\ i\in\mathcal{I}\}\tag{13.2.5}$$

可使用混合罚函数

$$P(\boldsymbol{x},\pi)=f(\boldsymbol{x})-\frac{1}{\pi}\sum_{i\in\mathcal{I}}\ln c_i(\boldsymbol{x})+\pi\sum_{i\in\mathcal{E}}c_i^2(\boldsymbol{x}). \tag{13.2.6}$$

13.3 乘子罚函数方法

由于内点罚函数和外点罚函数均要求罚因子 $\pi\to\infty$ 才能得到原问题的最优解, 而这样又会引起罚函数的病态, 从而带来计算上的困难. 为克服这一缺陷, Hestenes (1969) 和 Powell (1969) 将 Lagrange 函数与外点罚函数结合起来建立起等式约束优化问题的增广 Lagrange 罚函数, 又称乘子罚函数. Rockafeller (1973) 又将其推广到不等式约束优化问题, 建立了约束优化问题的乘子罚函数方法.

对等式约束优化问题

$$\begin{aligned}&\min\ f(\boldsymbol{x})\\&\text{s.t. } c_i(\boldsymbol{x})=0,\quad i\in\mathcal{E},\end{aligned} \tag{13.3.1}$$

其中, $f:\mathbb{R}^n\to\mathbb{R}$, $c_i:\mathbb{R}^n\to\mathbb{R}, i\in\mathcal{E}$ 连续可微, 设 $\boldsymbol{x}^*$ 为其最优值点. 则外点罚函数 $P(\boldsymbol{x},\pi)$ 在该点的梯度为

$$\nabla_{\boldsymbol{x}}P(\boldsymbol{x}^*,\pi)=\nabla f(\boldsymbol{x}^*)+2\pi\sum_{i\in\mathcal{E}}c_i(\boldsymbol{x}^*)\nabla c_i(\boldsymbol{x}^*).$$

通常意义下, $\nabla f(\boldsymbol{x}^*)\neq\mathbf{0}$. 所以, $\boldsymbol{x}^*$ 一般不是罚函数 $P(\boldsymbol{x},\pi)$ 的最优值点. 因此, 需要将罚因子逐步扩大才能保证罚函数 $P(\boldsymbol{x},\pi)$ 的最优值点是原问题的最优解. 那么, 是否存在这样的罚函数, 无需让罚因子趋于无穷就能保证其最小值点为原问题的最优解?

对此, 考虑到约束优化问题的 Lagrange 函数在最优值点的梯度为零, 其 Hesse 阵在最优值点的临界锥上 (半) 正定 (见定理 10.7.2), 所以为使罚函数的 Hesse 阵在最优值点正定, 应把该临界锥考虑进去, 强迫这个矩阵正定. 于是人们先将约束优化问题的目标函数用 Lagrange 函数替换, 然后再构造其关于原约束条件的外点罚函数, 就得到增广 Lagrange 罚函数, 也就是乘子罚函数

$$P(\boldsymbol{x},\boldsymbol{\lambda},\pi)=f(\boldsymbol{x})-\sum_{i\in\mathcal{E}}\lambda_i c_i(\boldsymbol{x})+\pi\sum_{i\in\mathcal{E}}c_i^2(\boldsymbol{x}). \tag{13.3.2}$$

下面的结论说明, 对上述乘子罚函数, 在适当条件下, 无须让罚因子 π 趋于无穷就可保证原问题的最优解是罚函数的最优解.

定理 13.3.1 设 $\boldsymbol{x}^*$ 是约束优化问题 (13.3.1) 的最优值点, $\boldsymbol{\lambda}^*$ 是最优 Lagrange 乘子, 向量组 $[\nabla c_i(\boldsymbol{x}^*), i\in\mathcal{E}]$ 线性无关, 原规划问题在 $\boldsymbol{x}^*$ 点满足二阶充分条件. 则存在 $\pi^*>0$, 使对任意的 $\pi\geqslant\pi^*$, $\boldsymbol{x}^*$ 为罚函数 $P(\boldsymbol{x},\boldsymbol{\lambda}^*,\pi)$ 的严格最小

值点. 特别地, 如果 $f(\boldsymbol{x})$ 为凸函数, $c_i(\boldsymbol{x}), i \in \mathcal{E}$ 为线性函数, 则对任意的 $\pi > 0$, 约束优化问题 (13.3.1) 的最优解都是罚函数 $P(\boldsymbol{x}, \boldsymbol{\lambda}^*, \pi)$ 的最小值点.

证明 由于 $(\boldsymbol{x}^*, \boldsymbol{\lambda}^*)$ 是约束优化问题 (13.3.1) 的 K-T 对, 所以对任意的 $\pi > 0$,

$$\begin{aligned}\nabla_{\boldsymbol{x}} P(\boldsymbol{x}^*, \boldsymbol{\lambda}^*, \pi) &= \nabla f(\boldsymbol{x}^*) - \sum_{i\in\mathcal{E}} \big(\lambda_i^* - 2\pi c_i(\boldsymbol{x}^*)\big) \nabla c_i(\boldsymbol{x}^*) \\ &= \nabla f(\boldsymbol{x}^*) - \sum_{i\in\mathcal{E}} \lambda_i^* \nabla c_i(\boldsymbol{x}^*) = 0.\end{aligned}$$

下证当 $\pi > 0$ 充分大时, 矩阵 $\nabla_{\boldsymbol{xx}} P(\boldsymbol{x}^*, \boldsymbol{\lambda}^*, \pi)$ 正定. 为此, 记 $\boldsymbol{N} = [\nabla c_i(\boldsymbol{x}^*)]_{i\in\mathcal{E}}$. 则

$$\nabla_{\boldsymbol{xx}} P(\boldsymbol{x}^*, \boldsymbol{\lambda}^*, \pi) = \nabla_{\boldsymbol{xx}} L(\boldsymbol{x}^*, \boldsymbol{\lambda}^*) + 2\pi \boldsymbol{N}\boldsymbol{N}^{\mathrm{T}}.$$

由于 $\mathcal{R}(\boldsymbol{N}) \oplus \mathcal{N}(\boldsymbol{N}^{\mathrm{T}}) = \mathbb{R}^n$, 故对任意的 $\boldsymbol{0} \neq \boldsymbol{u} \in \mathbb{R}^n$, 存在 $\boldsymbol{w} \in \mathcal{N}(\boldsymbol{N}^{\mathrm{T}})$ 和向量 $\boldsymbol{v}$, 使得 $\boldsymbol{u} = \boldsymbol{w} + \boldsymbol{N}\boldsymbol{v}$. 所以

$$\begin{aligned}\boldsymbol{u}^{\mathrm{T}} \nabla_{\boldsymbol{xx}} P(\boldsymbol{x}^*, \boldsymbol{\lambda}^*, \pi) \boldsymbol{u} = {} & \boldsymbol{w}^{\mathrm{T}} \nabla_{\boldsymbol{xx}} L(\boldsymbol{x}^*, \boldsymbol{\lambda}^*) \boldsymbol{w} + 2\boldsymbol{w}^{\mathrm{T}} \nabla_{\boldsymbol{xx}} L(\boldsymbol{x}^*, \boldsymbol{\lambda}^*) \boldsymbol{N}\boldsymbol{v} \\ & + \boldsymbol{v}^{\mathrm{T}} \boldsymbol{N}^{\mathrm{T}} \nabla_{\boldsymbol{xx}} L(\boldsymbol{x}^*, \boldsymbol{\lambda}^*) \boldsymbol{N}\boldsymbol{v} + 2\pi \boldsymbol{v}^{\mathrm{T}} \boldsymbol{N}^{\mathrm{T}} \boldsymbol{N}\boldsymbol{N}^{\mathrm{T}} \boldsymbol{N}\boldsymbol{v}.\end{aligned}$$

由二阶充分性条件, 存在 $\rho_1 > 0$, 使对任意的 $\boldsymbol{w} \in \mathcal{N}(\boldsymbol{N}^{\mathrm{T}})$,

$$\boldsymbol{w}^{\mathrm{T}} \nabla_{\boldsymbol{xx}} L(\boldsymbol{x}^*, \boldsymbol{\lambda}^*) \boldsymbol{w} \geqslant \rho_1 \|\boldsymbol{w}\|^2.$$

由题设, 矩阵 $\boldsymbol{N}^{\mathrm{T}}\boldsymbol{N}$ 正定. 故

$$\begin{aligned}&\boldsymbol{w}^{\mathrm{T}} \nabla_{\boldsymbol{xx}} L(\boldsymbol{x}^*, \boldsymbol{\lambda}^*) \boldsymbol{N}\boldsymbol{v} \geqslant -\rho_2 \|\boldsymbol{w}\| \|\boldsymbol{v}\|, \\ &\boldsymbol{v}^{\mathrm{T}} \boldsymbol{N}^{\mathrm{T}} \nabla_{\boldsymbol{xx}} L(\boldsymbol{x}^*, \boldsymbol{\lambda}^*) \boldsymbol{N}\boldsymbol{v} \geqslant -\rho_3 \|\boldsymbol{v}\|^2, \\ &\boldsymbol{v}^{\mathrm{T}} \boldsymbol{N}^{\mathrm{T}} \boldsymbol{N}\boldsymbol{N}^{\mathrm{T}} \boldsymbol{N}\boldsymbol{v} \geqslant \rho_4 \|\boldsymbol{v}\|^2,\end{aligned}$$

其中,

$$\begin{aligned}\rho_2 &= \|\nabla_{\boldsymbol{xx}} L(\boldsymbol{x}^*, \boldsymbol{\lambda}^*) \boldsymbol{N}\|, \\ \rho_3 &= \|\boldsymbol{N}^{\mathrm{T}} \nabla_{\boldsymbol{xx}} L(\boldsymbol{x}^*, \boldsymbol{\lambda}^*) \boldsymbol{N}\|,\end{aligned}$$

$\rho_4 > 0$ 为矩阵 $(\boldsymbol{N}^{\mathrm{T}}\boldsymbol{N})^2$ 的最小特征根.

从而

$$\begin{aligned}\boldsymbol{u}^{\mathrm{T}} \nabla_{\boldsymbol{xx}} P(\boldsymbol{x}^*, \boldsymbol{\lambda}^*, \pi) \boldsymbol{u} &\geqslant \rho_1 \|\boldsymbol{w}\|^2 - 2\rho_2 \|\boldsymbol{w}\|\, \|\boldsymbol{v}\| + 2\rho_4 \pi \|\boldsymbol{v}\|^2 - \rho_3 \|\boldsymbol{v}\|^2 \\ &= \rho_1 \big(\|\boldsymbol{w}\| - \rho_2/\rho_1 \|\boldsymbol{v}\|\big)^2 + \big(2\rho_4\pi - \rho_3 - \rho_2^2/\rho_1\big)\, \|\boldsymbol{v}\|^2.\end{aligned}$$

显然, 上式中第一项非负, 第二项在 $\pi > 0$ 充分大时为正. 所以存在 $\pi^* > 0$, 对任意的 $\pi \geqslant \pi^*$, $\nabla_{\boldsymbol{xx}} P(\boldsymbol{x}^*, \boldsymbol{\lambda}^*, \pi)$ 正定. 根据无约束优化问题的二阶充分条件, 对任意的 $\pi \geqslant \pi^*$, $\boldsymbol{x}^*$ 为罚函数 $P(\boldsymbol{x}, \boldsymbol{\lambda}^*, \pi)$ 的严格最小值点.

若 $f(\boldsymbol{x})$ 为凸函数, $c_i(\boldsymbol{x}), i \in \mathcal{E}$ 为线性函数, 则 $\boldsymbol{x}^*$ 为约束优化问题 (13.3.1) 的 K-T 点. 从而对任意的 $\pi > 0$,

$$\nabla_{\boldsymbol{x}} P(\boldsymbol{x}^*, \boldsymbol{\lambda}^*, \pi) = \nabla f(\boldsymbol{x}^*) - \sum_{i \in \mathcal{E}} \lambda_i^* \nabla c_i(\boldsymbol{x}^*) + 2\pi \sum_{i \in \mathcal{E}} c_i(\boldsymbol{x}^*) \nabla c_i(\boldsymbol{x}^*) = 0.$$

由罚函数 $P(\boldsymbol{x}, \boldsymbol{\lambda}^*, \pi)$ 关于 $\boldsymbol{x}$ 为凸函数知 $\boldsymbol{x}^*$ 为其全局最小值点. 证毕

根据上述结论, 似乎通过极小化乘子罚函数就可以得到原约束优化问题的最优值解. 遗憾的是, 虽然可把罚因子取得充分大, 但在得到最优解之前, 无法知道最优 Lagrange 乘子的值. 对此, 只能在计算过程中对其进行估计.

对于给定的 $\boldsymbol{\lambda}^k, \pi_k$, 设 $\boldsymbol{x}_k$ 为对应乘子罚函数的最优值点. 由无约束优化问题的最优性条件,

$$\nabla f(\boldsymbol{x}_k) - \sum_{i \in \mathcal{E}} \lambda_i^k \nabla c_i(\boldsymbol{x}_k) + 2\pi_k \sum_{i \in \mathcal{E}} c_i(\boldsymbol{x}_k) \nabla c_i(\boldsymbol{x}_k) = \boldsymbol{0},$$

即

$$\nabla f(\boldsymbol{x}_k) = \sum_{i \in \mathcal{E}} \left(\lambda_i^k - 2\pi_k c_i(\boldsymbol{x}_k)\right) \nabla c_i(\boldsymbol{x}_k).$$

将该式与原约束优化问题的 KKT 条件相比较, 可对 Lagrange 乘子做如下校正:

$$\lambda_i^{k+1} = \lambda_i^k - 2\pi_k c_i(\boldsymbol{x}_k). \tag{13.3.3}$$

再看算法的终止规则. 易证, 若 $\boldsymbol{x}_k$ 为乘子罚函数的最优值点, 且是约束优化问题 (13.3.1) 的可行点, 则 $\boldsymbol{x}_k$ 是约束优化问题 (13.3.1) 的最优值点和 K-T 点, 算法自然终止. 因此, 算法的终止准则设置为

$$\|\boldsymbol{c}(\boldsymbol{x}_k)\|_\infty \leqslant \varepsilon,$$

其中, $\varepsilon \geqslant 0$ 是给定的精度要求. 下面是具体的算法.

算法 13.3.1

步 1. 取 $\pi_1 > 0$, $\boldsymbol{\lambda}^1 = \boldsymbol{0}$, $\boldsymbol{x}_0 \in \mathbb{R}^n$, 增长因子 $\gamma > 1$ 和允许误差 $\varepsilon > 0$. 令 $k = 1$.

步 2. 以 $\boldsymbol{x}_{k-1}$ 为初始点, 计算函数 $P(\boldsymbol{x}, \boldsymbol{\lambda}^k, \pi_k)$ 的最小值点 $\boldsymbol{x}_k$.

步 3. 若 $\max\{|c_i(\boldsymbol{x}_k)| \mid i \in \mathcal{E}\} \leqslant \varepsilon$, 算法终止. 否则, 转下一步.

步 4. 若 $\|\boldsymbol{c}(\boldsymbol{x}_k)\|_\infty \geqslant \|\boldsymbol{c}(\boldsymbol{x}_{k-1})\|_\infty$, 令 $\pi_{k+1} = \gamma\pi_k$, $\boldsymbol{\lambda}^{k+1} = \boldsymbol{\lambda}^k$, $k = k+1$, 转步 2. 否则, 转步 5.

步 5. 若 $\pi_k > \pi_{k-1}$ 或 $\|\boldsymbol{c}(\boldsymbol{x}_k)\|_\infty \leqslant \frac{1}{4}\|\boldsymbol{c}(\boldsymbol{x}_{k-1})\|_\infty$, 令 $\pi_{k+1} = \pi_k$, 根据 (13.3.3) 调整 $\boldsymbol{\lambda}^{k+1}$, 置 $k = k+1$, 转步 2. 否则, 令 $\pi_{k+1} = \gamma\pi_k$, $\boldsymbol{\lambda}^{k+1} = \boldsymbol{\lambda}^k$, 置 $k = k+1$, 转步 2.

算法中罚因子 π_k 和 Lagrange 乘子的修正基于如下考虑:

(1) 若 $\|\boldsymbol{c}(\boldsymbol{x}_k)\|_\infty > \|\boldsymbol{c}(\boldsymbol{x}_{k-1})\|_\infty$, 说明迭代点列有远离可行域的趋势, 下次迭代时应加大惩罚项;

(2) 若 $\|\boldsymbol{c}(\boldsymbol{x}_k)\|_\infty \leqslant \frac{1}{4}\|\boldsymbol{c}(\boldsymbol{x}_{k-1})\|_\infty$, 这说明当前迭代点向可行域逼近显著, 下次迭代时仅调整 Lagrange 乘子, 而无需调整罚因子;

(3) 若 $\|\boldsymbol{c}(\boldsymbol{x}_k)\|_\infty \geqslant \dfrac{1}{4}\|\boldsymbol{c}(\boldsymbol{x}_{k-1})\|_\infty$ 且 $\pi_k = \pi_{k-1}$, 说明当前迭代点向可行域逼近效果不显著, 下次迭代时需调整罚因子;

(4) 若 $\|\boldsymbol{c}(\boldsymbol{x}_k)\|_\infty \geqslant \dfrac{1}{4}\|\boldsymbol{c}(\boldsymbol{x}_{k-1})\|_\infty$ 且 $\pi_k > \pi_{k-1}$, 说明增大罚因子对当前迭代点向可行域逼近效果不显著, 下次迭代时需调整 Lagrange 乘子.

上述算法在无需罚因子趋于无穷大时得到原问题的最优解. 因此, 在计算过程中不会出现外点罚函数方法和内点罚函数方法中的病态现象.

下面将乘子罚函数推广到不等式约束优化问题

$$\begin{aligned} &\min\ f(\boldsymbol{x}) \\ &\text{s.t. } c_i(\boldsymbol{x}) \geqslant 0, \quad i \in \mathcal{I}, \end{aligned} \tag{13.3.4}$$

其中, $f: \mathbb{R}^n \to \mathbb{R},\ c_i: \mathbb{R}^n \to \mathbb{R}, i \in \mathcal{I}$ 连续可微.

显然, 不等式约束 $c_i(\boldsymbol{x}) \geqslant 0$ 可以通过引入松弛变量化为如下形式

$$c_i(\boldsymbol{x}) - y_i^2 = 0, \quad i \in \mathcal{I},$$

这样, 不等式约束优化问题 (13.3.4) 转化为

$$\begin{aligned} &\min\ f(\boldsymbol{x}) \\ &\text{s.t. } c_i(\boldsymbol{x}) - y_i^2 = 0, \quad i \in \mathcal{I}, \end{aligned} \tag{13.3.5}$$

其乘子罚函数为

$$P(\boldsymbol{x}, \boldsymbol{y}, \boldsymbol{\lambda}, \pi) = f(\boldsymbol{x}) - \sum_{i\in\mathcal{I}} \lambda_i (c_i(\boldsymbol{x}) - y_i^2) + \pi \sum_{i\in\mathcal{I}} (c_i(\boldsymbol{x}) - y_i^2)^2.$$

根据定理 13.3.1, (13.3.5) 的最优值点可以通过下面的无约束优化问题得到:

$$\min_{\boldsymbol{x},\boldsymbol{y}}\ P(\boldsymbol{x}, \boldsymbol{y}, \boldsymbol{\lambda}, \pi) = \min_{\boldsymbol{x}} \min_{\boldsymbol{y}}\ P(\boldsymbol{x}, \boldsymbol{y}, \boldsymbol{\lambda}, \pi),$$

其中, $\pi > 0$ 充分大, $\boldsymbol{\lambda}$ 为最优 Lagrange 乘子的一个近似. 令 $s_i = y_i^2,\ i \in \mathcal{I}$, 则

上述无约束优化问题化为

$$\min_{\boldsymbol{x}} \min_{\boldsymbol{s}\geqslant 0}\ f(\boldsymbol{x}) - \sum_{i\in\mathcal{I}} \lambda_i(c_i(\boldsymbol{x}) - s_i) + \pi \sum_{i\in\mathcal{I}} (c_i(\boldsymbol{x}) - s_i)^2. \tag{13.3.6}$$

显然, 内层关于 s 的优化问题是一非负约束凸二次规划问题, 其最优解为

$$s_i = \max\left\{0, c_i(\boldsymbol{x}) - \frac{1}{2\pi}\lambda_i\right\}.$$

从而,

$$c_i(\boldsymbol{x}) - s_i = \min\left\{c_i(\boldsymbol{x}), \frac{1}{2\pi}\lambda_i\right\}.$$

这样, 可将 (13.3.6) 的内层优化问题中的后两项简化为

$$\begin{aligned}
&\min_{\boldsymbol{s}\geqslant 0} -\lambda_i(c_i(\boldsymbol{x}) - s_i) + \pi(c_i(\boldsymbol{x}) - s_i)^2 \\
&= \begin{cases} -\lambda_i c_i(\boldsymbol{x}) + \pi c_i^2(\boldsymbol{x}), & \text{如果 } c_i(\boldsymbol{x}) \leqslant \dfrac{1}{2\pi}\lambda_i, \\ -\dfrac{1}{4\pi}\lambda_i^2, & \text{否则.} \end{cases}
\end{aligned}$$

定义函数

$$\psi(t, \sigma, \pi) = \begin{cases} -\sigma t + \pi t^2, & \text{若 } t \leqslant \dfrac{1}{2\pi}\sigma, \\ -\dfrac{1}{4\pi}\sigma^2, & \text{否则.} \end{cases}$$

则可建立下述形式的乘子罚函数,

$$P(\boldsymbol{x}, \boldsymbol{\lambda}, \pi) = f(\boldsymbol{x}) + \sum_{i\in\mathcal{I}} \psi(c_i(\boldsymbol{x}), \lambda_i, \pi). \tag{13.3.7}$$

对任意的 $\boldsymbol{\lambda}$ 和 $\pi > 0$, 该乘子罚函数关于 $\boldsymbol{x}$ 连续可微, 因为它可写成

$$P(\boldsymbol{x}, \boldsymbol{\lambda}, \pi) = f(\boldsymbol{x}) + \sum_{i\in\mathcal{I}} \left(\pi \min{}^2\left\{0, c_i(\boldsymbol{x}) - \frac{\lambda_i}{2\pi}\right\} - \frac{(\lambda_i)^2}{4\pi}\right).$$

从而在连续可微假设下可利用梯度型方法极小化乘子罚函数.

那么在计算过程中, 如何校正 Lagrange 乘子 $\boldsymbol{\lambda}^k$? 根据 (13.3.7),

$$\nabla P(\boldsymbol{x}_k, \boldsymbol{\lambda}^k, \pi_k) = \nabla f(\boldsymbol{x}_k) - \sum_{c_i(\boldsymbol{x}_k)\leqslant \lambda_i^k/(2\pi_k)} [\lambda_i^k - 2\pi_k c_i(\boldsymbol{x}_k)]\nabla c_i(\boldsymbol{x}_k) = 0.$$

与 KKT 条件比较得

$$0 \leqslant \lambda_i \approx \lambda_i^k - 2\pi_k c_i(\boldsymbol{x}_k).$$

因而, 可采用如下迭代格式

$$\lambda_i^{k+1} = \max\{0, \lambda_i^k - 2\pi_k c_i(\boldsymbol{x}_k)\}.$$

下面讨论不等式约束优化问题的乘子罚函数方法的停机准则. 根据等式约束优化问题的讨论, 自然选取

$$\max\{|c_i(\boldsymbol{x}_k) - s_i| \mid i \in \mathcal{I}\} \leqslant \varepsilon$$

作为停机准则. 结合 s_i 的表达式, 上述准则可写成

$$\max\left\{|\min\{c_i(\boldsymbol{x}), \frac{1}{2\pi_k}\lambda_i^k\}| \mid i \in \mathcal{I}\right\} \leqslant \varepsilon.$$

最后讨论由定理 13.3.1 引出的一个新概念——精确罚函数.

定义 13.3.1 对约束优化问题 (13.2.5) 及其罚函数 $P(\boldsymbol{x}, \pi)$, 若存在 $\pi^* > 0$, 使对任意的 $\pi \geqslant \pi^*$, 罚函数的最优值点都是约束优化问题的最优值点, 则称 $P(\boldsymbol{x}, \pi)$ 为该约束优化问题的精确罚函数.

满足上述条件的精确罚函数目前还没有被发现. 为此, 人们退而求其次, 给出如下定义.

定义 13.3.1′ 对约束优化问题 (13.2.5) 及其罚函数 $P(\boldsymbol{x}, \pi)$, 若存在 $\pi^* > 0$, 使对任意的 $\pi \geqslant \pi^*$, 约束优化问题的最优值点为罚函数的最优值点, 则称该罚函数为约束优化问题的精确罚函数.

据此, 乘子罚函数为精确罚函数, 但它涉及 Lagrange 乘子, 所以使用起来很不方便. 那么, 有没有只含罚因子的精确罚函数? 答案是肯定的——绝对值罚函数:

$$P(\boldsymbol{x}, \pi) = f(\boldsymbol{x}) + \pi \sum_{i \in \mathcal{I}} |c_i^-(\boldsymbol{x})| + \pi \sum_{i \in \mathcal{E}} |c_i(\boldsymbol{x})|. \tag{13.3.8}$$

下面的结论告诉我们, 对于凸规划问题, 存在 $\pi^* > 0$ 使对任意的 $\pi \geqslant \pi^*$, 其最优解就是上述罚函数的最小值点.

定理 13.3.2 对约束优化问题 (13.2.5), 设 $f(\boldsymbol{x}), -c_i(\boldsymbol{x}), i \in \mathcal{I}$, 为凸函数, $c_i(\boldsymbol{x}), i \in \mathcal{E}$, 为线性的. 设 $(\boldsymbol{x}^*, \boldsymbol{\lambda}^*)$ 为其 K-T 对. 令

$$\pi^* = \max\{\lambda_i^*,\ i \in \mathcal{I}(\boldsymbol{x}^*);\ \ |\lambda_i^*|,\ i \in \mathcal{E}\}.$$

则对任意的 $\pi \geqslant \pi^*$, $\boldsymbol{x}^*$ 为绝对值罚函数的最小值点.

证明 由 KKT 条件, 存在 $\lambda_i^* \geqslant 0, i \in \mathcal{I}(\boldsymbol{x}^*)$, 的乘子 $\boldsymbol{\lambda}^*$ 使得

$$\nabla f(\boldsymbol{x}^*) - \sum_{i \in \mathcal{I}(\boldsymbol{x}^*)} \lambda_i^* \nabla c_i(\boldsymbol{x}^*) - \sum_{i \in \mathcal{E}} \lambda_i^* \nabla c_i(\boldsymbol{x}^*) = 0. \tag{13.3.9}$$

根据定理 10.4.4, $\boldsymbol{x}^*$ 为约束优化问题 (13.2.5) 的最优解.

另一方面, 对任意的 $\pi > 0$, 罚函数 (13.3.8) 的最小值点是下述凸规划问题的最优解

$$\begin{aligned} \min_{\boldsymbol{x},\boldsymbol{y}} \quad & f(\boldsymbol{x}) + \pi\left(\sum_{i\in\mathcal{I}} y_i + \sum_{i\in\mathcal{E}} y_i\right) \\ \text{s.t.} \quad & y_i \geqslant -c_i(\boldsymbol{x}), \ \ y_i \geqslant 0, \qquad i \in \mathcal{I}, \\ & y_i \geqslant -c_i(\boldsymbol{x}), \ \ y_i \geqslant c_i(\boldsymbol{x}), \qquad i \in \mathcal{E}. \end{aligned} \tag{13.3.10}$$

取

$$y_i^* = \begin{cases} |\min\{0, c_i(\boldsymbol{x}^*)\}|, & 若\ i \in \mathcal{I}, \\ |c_i(\boldsymbol{x}^*)|, & 若\ i \in \mathcal{E}. \end{cases}$$

显然, $\boldsymbol{y}^* = \boldsymbol{0}$. 要使 $(\boldsymbol{x}^*, \boldsymbol{y}^*)$ 为凸规划问题 (13.3.10) 的 K-T 点, 应存在乘子 $\hat{\boldsymbol{u}}$ 满足

$$\begin{cases} \nabla f(\boldsymbol{x}^*) - \sum\limits_{i\in\mathcal{I}(\boldsymbol{x}^*)} \hat{u}_i^+ \nabla c_i(\boldsymbol{x}^*) - \sum\limits_{i\in\mathcal{E}} (\hat{u}_i^+ - \hat{u}_i^-) \nabla c_i(\boldsymbol{x}^*) = 0, \\ \pi - \hat{u}_i^+ - \hat{u}_i^- = 0, \quad i \in \mathcal{I}, \\ \pi - \hat{u}_i^+ - \hat{u}_i^- = 0, \quad i \in \mathcal{E}, \\ \hat{u}_i^+ \geqslant 0, \ \hat{u}_i^- \geqslant 0, \quad i \in \mathcal{I}, \\ \hat{u}_i^+ \geqslant 0, \ \hat{u}_i^- \geqslant 0, \quad i \in \mathcal{E}, \\ \hat{u}_i^+ = 0, \quad i \in \mathcal{I} \backslash \mathcal{I}(\boldsymbol{x}^*). \end{cases} \tag{13.3.11}$$

根据 (13.3.9), 对任意的 $\pi \geqslant \pi^*$, 取

$$\begin{cases} \hat{u}_i^+ = \lambda_i^*, & i \in \mathcal{I}(\boldsymbol{x}^*), \\ \hat{u}_i^+ = 0, & i \in \mathcal{I} \backslash \mathcal{I}(\boldsymbol{x}^*), \\ \hat{u}_i^+ = \dfrac{\pi + \lambda_i^*}{2}, & i \in \mathcal{E}, \end{cases} \qquad \begin{cases} \hat{u}_i^- = \pi - \hat{u}_i^+, & i \in \mathcal{I}, \\ \hat{u}_i^- = \dfrac{\pi - \lambda_i^*}{2}, & i \in \mathcal{E}. \end{cases}$$

则 (13.3.11) 成立, 即 $(\boldsymbol{x}^*, \boldsymbol{y}^*)$ 为凸规划问题 (13.3.10) 的 K-T 点和最优解. 故 $\boldsymbol{x}^*$ 是罚函数 (13.3.8) 的最优解. 命题结论得证. 证毕

由于惩罚项中含有 1-范数, 故它不可微, 所以不能通过梯度算法极小化该函数. 但在 SQP 方法中, 可作为价值函数决定是否接受新的试探点.

绝对值罚函数不可微, 乘子罚函数需要对 Lagrange 乘子进行估计, 从而在数值求解时都有难度. 对等式约束优化问题

$$\begin{aligned} & \min \ f(\boldsymbol{x}) \\ & \text{s.t.} \ c_i(\boldsymbol{x}) = 0, \quad i \in \mathcal{E}, \end{aligned} \tag{13.3.12}$$

Fletcher(1973) 提出了如下光滑精确罚函数

$$P(\boldsymbol{x}, \boldsymbol{\pi}) = f(\boldsymbol{x}) - \boldsymbol{\lambda}(\boldsymbol{x})^{\mathrm{T}} \boldsymbol{c}(\boldsymbol{x}) + \frac{1}{2} \boldsymbol{c}(\boldsymbol{x})^{\mathrm{T}} \boldsymbol{D} \boldsymbol{c}(\boldsymbol{x}),$$

其中, $\boldsymbol{c}(\boldsymbol{x}) = [c_i(\boldsymbol{x}), i \in \mathcal{E}]$, $\boldsymbol{D} = \mathrm{diag}(\pi_1, \pi_2, \cdots, \pi_m)$ 为正的对角阵, $\boldsymbol{\lambda}(\boldsymbol{x})$ 为最小二乘问题 $\min\limits_{\boldsymbol{\lambda}} \|\boldsymbol{g}(\boldsymbol{x}) - \boldsymbol{N}(\boldsymbol{x})\boldsymbol{\lambda}\|^2$ 的解, $\boldsymbol{N}(\boldsymbol{x}) = (D_{\boldsymbol{x}}\boldsymbol{c}(\boldsymbol{x}))^{\mathrm{T}}$.

虽然光滑精确罚函数连续可微, 但在 $\boldsymbol{\lambda}(\boldsymbol{x})$ 的表达式中出现了约束函数和目标函数的梯度, 使罚函数值的计算量加大. 如果用梯度型算法求罚函数的最小值点, 则需要计算目标函数和约束函数的 Hesse 阵, 计算量就更大了.

第 14 章　交替方向法

对约束优化问题, 首先根据问题的结构对变量分块, 然后基于无约束优化问题的交替极小化方法, 对增广 Lagrange 函数的块变量依次轮流求最小, 并对 Lagrange 乘子适当校正, 就得到约束优化问题的交替方向法. 本章主要讨论线性约束凸优化问题的交替方向法.

14.1　二分块交替方向法

考虑二分块线性约束的凸优化问题

$$\begin{aligned}\min\quad & f(\boldsymbol{x})=f_1(\boldsymbol{x}_1)+f_2(\boldsymbol{x}_2),\\ \text{s.t.}\quad & \boldsymbol{A}_1\boldsymbol{x}_1+\boldsymbol{A}_2\boldsymbol{x}_2=\boldsymbol{b},\\ & \boldsymbol{x}_i\in\Omega_i,\quad i=1,2,\end{aligned}\tag{14.1.1}$$

其中, $f_i:\mathbb{R}^{n_i}\to(-\infty,+\infty]$ 为连续凸函数, $\boldsymbol{x}_i\in\mathbb{R}^{n_i}$, $\boldsymbol{A}_i\in\mathbb{R}^{m\times n_i}$, $\boldsymbol{b}\in\mathbb{R}^m$, $\Omega_i\subseteq\mathbb{R}^{n_i}$ 为简单的非空闭凸集, 如 $\Omega_i=\mathbb{R}_+^{n_i}$, $i=1,2$.

该问题的增广 Lagrange 函数为

$$L_\pi(\boldsymbol{x}_1,\boldsymbol{x}_2,\boldsymbol{\lambda})=f(\boldsymbol{x})-\boldsymbol{\lambda}^{\mathrm{T}}(\boldsymbol{A}_1\boldsymbol{x}_1+\boldsymbol{A}_2\boldsymbol{x}_2-\boldsymbol{b})+\frac{\pi}{2}\|\boldsymbol{A}_1\boldsymbol{x}_1+\boldsymbol{A}_2\boldsymbol{x}_2-\boldsymbol{b}\|^2,$$

其中, $\pi>0$ 为罚参数.

如果用增广 Lagrange 罚函数方法求解该问题, 则有如下迭代过程 (参算法 13.3.1)

$$(\boldsymbol{x}_1^{k+1},\boldsymbol{x}_2^{k+1})=\underset{\boldsymbol{x}_1\in\Omega_1,\boldsymbol{x}_2\in\Omega_2}{\arg\min}\ L_\pi(\boldsymbol{x}_1,\boldsymbol{x}_2,\boldsymbol{\lambda}^k),$$

$$\boldsymbol{\lambda}^{k+1}=\boldsymbol{\lambda}^k-\pi(\boldsymbol{A}_1\boldsymbol{x}_1^{k+1}+\boldsymbol{A}_2\boldsymbol{x}_2^{k+1}-\boldsymbol{b}).$$

进一步, 如果用交替极小化方法求解前一子问题, 便得到交替方向法.

算法 14.1.1

初始步: 取参数 $\pi>0$, 精度 $\varepsilon\geqslant 0$ 及初始迭代点 $(\boldsymbol{x}_2^0,\boldsymbol{\lambda}^0)\in\Omega_2\times\mathbb{R}^m$. 令 $k=0$.

步 1. 基于 $(\boldsymbol{x}_2^k,\boldsymbol{\lambda}^k)$, 求解子问题

$$\min_{\boldsymbol{x}_1\in\Omega_1} L_\pi(\boldsymbol{x}_1,\boldsymbol{x}_2^k,\boldsymbol{\lambda}^k),\tag{14.1.2}$$

得迭代点 $\boldsymbol{x}_1^{k+1}$.

步 2. 基于 $(\boldsymbol{x}_1^{k+1},\boldsymbol{\lambda}^k)$, 求解子问题

$$\min_{\boldsymbol{x}_2\in\Omega_2} L_\pi(\boldsymbol{x}_1^{k+1},\boldsymbol{x}_2,\boldsymbol{\lambda}^k) \tag{14.1.3}$$

得迭代点 $\boldsymbol{x}_2^{k+1}$.

步 3. 基于 $(\boldsymbol{x}_1^{k+1},\boldsymbol{x}_2^{k+1},\boldsymbol{\lambda}^k)$, 更新 Lagrange 乘子

$$\boldsymbol{\lambda}^{k+1}=\boldsymbol{\lambda}^k-\pi\big(\boldsymbol{A}_1\boldsymbol{x}_1^{k+1}+\boldsymbol{A}_2\boldsymbol{x}_2^{k+1}-\boldsymbol{b}\big). \tag{14.1.4}$$

步 4. 若 $\|\boldsymbol{A}_1^{\mathrm{T}}\boldsymbol{A}_2(\boldsymbol{x}_2^k-\boldsymbol{x}_2^{k+1})\|+\|\boldsymbol{\lambda}^{k+1}-\boldsymbol{\lambda}^k\|\leqslant\varepsilon$; 算法终止, 否则令 $k=k+1$, 转步 1.

为便于讨论, 记 $\boldsymbol{w}=(\boldsymbol{x},\boldsymbol{\lambda})$, $\mathcal{W}=\Omega\times\mathbb{R}^m$, 而记 $\boldsymbol{w}^*=(\boldsymbol{x}^*,\boldsymbol{\lambda}^*)$, $\mathcal{W}^*=\Omega\times\mathbb{R}^m$ 分别为优化问题 (14.1.1) 的最优解和最优解集. 对算法 14.1.1 产生的迭代点列 $\boldsymbol{w}^k=(\boldsymbol{x}_1^k,\boldsymbol{x}_2^k,\boldsymbol{\lambda}^k)$, 记 $\boldsymbol{v}^k=(\boldsymbol{x}_2^k,\boldsymbol{\lambda}^k)$. 相应地, 记

$$\mathcal{V}^*=\{\boldsymbol{v}^*=(\boldsymbol{x}_2^*,\boldsymbol{\lambda}^*)\mid \boldsymbol{w}^*=(\boldsymbol{x}_1^*,\boldsymbol{x}_2^*,\boldsymbol{\lambda}^*)\in\mathcal{W}^*\}.$$

由定理 8.1.2, 子问题 (14.1.2) 与 (14.1.3) 的最优解 $\boldsymbol{x}_1^{k+1},\boldsymbol{x}_2^{k+1}$ 分别满足

$$\begin{aligned}
&f_1(\boldsymbol{x}_1)-f_1(\boldsymbol{x}_1^{k+1})+(\boldsymbol{x}_1-\boldsymbol{x}_1^{k+1})^{\mathrm{T}}\big(-\boldsymbol{A}_1^{\mathrm{T}}\boldsymbol{\lambda}^k\\
&+\pi\boldsymbol{A}_1^{\mathrm{T}}(\boldsymbol{A}_1\boldsymbol{x}_1^{k+1}+\boldsymbol{A}_2\boldsymbol{x}_2^k-\boldsymbol{b})\big)\geqslant 0,\quad\forall\,\boldsymbol{x}_1\in\Omega_1,\\
&f_2(\boldsymbol{x}_2)-f_2(\boldsymbol{x}_2^{k+1})+(\boldsymbol{x}_2-\boldsymbol{x}_2^{k+1})^{\mathrm{T}}\big(-\boldsymbol{A}_2^{\mathrm{T}}\boldsymbol{\lambda}^k\\
&+\pi\boldsymbol{A}_2^{\mathrm{T}}(\boldsymbol{A}_1\boldsymbol{x}_1^{k+1}+\boldsymbol{A}_2\boldsymbol{x}_2^{k+1}-\boldsymbol{b})\big)\geqslant 0,\quad\forall\,\boldsymbol{x}_2\in\Omega_2.
\end{aligned}$$

由 (14.1.4), 上述两式分别等价于

$$\begin{aligned}
f_1(\boldsymbol{x}_1)-f_1(\boldsymbol{x}_1^{k+1})+\big(\boldsymbol{x}_1-\boldsymbol{x}_1^{k+1}\big)^{\mathrm{T}}\Big(-\boldsymbol{A}_1^{\mathrm{T}}\boldsymbol{\lambda}^{k+1}+\pi\boldsymbol{A}_1^{\mathrm{T}}\boldsymbol{A}_2\big(\boldsymbol{x}_2^k-\boldsymbol{x}_2^{k+1}\big)\Big)\geqslant 0,\\
f_2(\boldsymbol{x}_2)-f_2(\boldsymbol{x}_2^{k+1})+\big(\boldsymbol{x}_2-\boldsymbol{x}_2^{k+1}\big)^{\mathrm{T}}\Big(-\boldsymbol{A}_2^{\mathrm{T}}\boldsymbol{\lambda}^{k+1}\Big)\geqslant 0.
\end{aligned} \tag{14.1.5}$$

由此, 对任意的 $(\boldsymbol{x}_1,\boldsymbol{x}_2)\in\Omega_1\times\Omega_2$,

$$\begin{aligned}
&f(\boldsymbol{x})-f(\boldsymbol{x}^{k+1})+(\boldsymbol{x}_1-\boldsymbol{x}_1^{k+1},\boldsymbol{x}_2-\boldsymbol{x}_2^{k+1})\begin{pmatrix}-\boldsymbol{A}_1^{\mathrm{T}}\boldsymbol{\lambda}^{k+1}\\-\boldsymbol{A}_2^{\mathrm{T}}\boldsymbol{\lambda}^{k+1}\end{pmatrix}\\
&+\pi(\boldsymbol{x}_1-\boldsymbol{x}_1^{k+1},\boldsymbol{x}_2-\boldsymbol{x}_2^{k+1})\begin{pmatrix}\boldsymbol{A}_1^{\mathrm{T}}\\\boldsymbol{A}_2^{\mathrm{T}}\end{pmatrix}\boldsymbol{A}_2(\boldsymbol{x}_2^k-\boldsymbol{x}_2^{k+1})\\
&+(\boldsymbol{x}_1-\boldsymbol{x}_1^{k+1},\boldsymbol{x}_2-\boldsymbol{x}_2^{k+1})\begin{pmatrix}\boldsymbol{0}&\boldsymbol{0}\\\boldsymbol{0}&\pi\boldsymbol{A}_2^{\mathrm{T}}\boldsymbol{A}_2\end{pmatrix}\begin{pmatrix}\boldsymbol{x}_1^{k+1}-\boldsymbol{x}_1^k\\\boldsymbol{x}_2^{k+1}-\boldsymbol{x}_2^k\end{pmatrix}\geqslant 0.
\end{aligned}$$

从而由 (14.1.4) 得, 对 $\boldsymbol{w}^{k+1}\in\mathcal{W}$ 和任意的 $\boldsymbol{w}\in\mathcal{W}$, 成立

$$f(\boldsymbol{x})-f(\boldsymbol{x}^{k+1})+(\boldsymbol{x}_1-\boldsymbol{x}_1^{k+1},\boldsymbol{x}_2-\boldsymbol{x}_2^{k+1},\boldsymbol{\lambda}-\boldsymbol{\lambda}^{k+1})\begin{pmatrix}-\boldsymbol{A}_1^{\mathrm{T}}\boldsymbol{\lambda}^{k+1}\\-\boldsymbol{A}_2^{\mathrm{T}}\boldsymbol{\lambda}^{k+1}\\\boldsymbol{A}_1\boldsymbol{x}_1^{k+1}+\boldsymbol{A}_2\boldsymbol{x}_2^{k+1}-\boldsymbol{b}\end{pmatrix}$$

$$+\pi(\boldsymbol{x}_1-\boldsymbol{x}_1^{k+1},\boldsymbol{x}_2-\boldsymbol{x}_2^{k+1},\boldsymbol{\lambda}-\boldsymbol{\lambda}^{k+1})\begin{pmatrix}\boldsymbol{A}_1^{\mathrm{T}}\\\boldsymbol{A}_2^{\mathrm{T}}\\\boldsymbol{0}\end{pmatrix}\boldsymbol{A}_2(\boldsymbol{x}_2^k-\boldsymbol{x}_2^{k+1})$$

$$+(\boldsymbol{x}_1-\boldsymbol{x}_1^{k+1},\boldsymbol{x}_2-\boldsymbol{x}_2^{k+1},\boldsymbol{\lambda}-\boldsymbol{\lambda}^{k+1})\begin{pmatrix}\boldsymbol{0}&\boldsymbol{0}\\\pi\boldsymbol{A}_2^{\mathrm{T}}\boldsymbol{A}_2&\boldsymbol{0}\\\boldsymbol{0}&\dfrac{1}{\pi}\boldsymbol{I}_m\end{pmatrix}\begin{pmatrix}\boldsymbol{x}_2^{k+1}-\boldsymbol{x}_2^k\\\boldsymbol{\lambda}^{k+1}-\boldsymbol{\lambda}^k\end{pmatrix}\geqslant 0. \tag{14.1.6}$$

由此可得如下结论.

引理 14.1.1　算法 14.1.1 产生的迭代点列 $\boldsymbol{w}^k=(\boldsymbol{x}_1^k,\boldsymbol{x}_2^k,\boldsymbol{\lambda}^k)$ 满足

$$(\boldsymbol{v}^{k+1}-\boldsymbol{v}^*)^{\mathrm{T}}\begin{pmatrix}\pi\boldsymbol{A}_2^{\mathrm{T}}\boldsymbol{A}_2&\boldsymbol{0}\\\boldsymbol{0}&\dfrac{1}{\pi}\boldsymbol{I}_m\end{pmatrix}(\boldsymbol{v}^k-\boldsymbol{v}^{k+1})$$
$$\geqslant\pi(\boldsymbol{w}^{k+1}-\boldsymbol{w}^*)^{\mathrm{T}}\begin{pmatrix}\boldsymbol{A}_1^{\mathrm{T}}\\\boldsymbol{A}_2^{\mathrm{T}}\\\boldsymbol{0}\end{pmatrix}\boldsymbol{A}_2(\boldsymbol{x}_2^k-\boldsymbol{x}_2^{k+1}),\quad\forall\ \boldsymbol{v}^*\in\mathcal{V}^*,\quad \boldsymbol{w}^*\in\mathcal{W}^*.$$

证明　对 (14.1.6), 令 $\boldsymbol{w}=\boldsymbol{w}^*$ 得

$$\begin{aligned}&(\boldsymbol{v}^{k+1}-\boldsymbol{v}^*)^{\mathrm{T}}\begin{pmatrix}\pi\boldsymbol{A}_2^{\mathrm{T}}\boldsymbol{A}_2&\boldsymbol{0}\\\boldsymbol{0}&\dfrac{1}{\pi}\boldsymbol{I}_m\end{pmatrix}(\boldsymbol{v}^k-\boldsymbol{v}^{k+1})\\&\geqslant\pi(\boldsymbol{w}^{k+1}-\boldsymbol{w}^*)^{\mathrm{T}}\begin{pmatrix}\boldsymbol{A}_1^{\mathrm{T}}\\\boldsymbol{A}_2^{\mathrm{T}}\\\boldsymbol{0}\end{pmatrix}\boldsymbol{A}_2(\boldsymbol{x}_2^k-\boldsymbol{x}_2^{k+1})\\&\quad+f(\boldsymbol{x}^{k+1})-f(\boldsymbol{x}^*)+(\boldsymbol{w}^{k+1}-\boldsymbol{w}^*)^{\mathrm{T}}\Psi(\boldsymbol{w}^{k+1}),\end{aligned} \tag{14.1.7}$$

其中,

$$\Psi(\boldsymbol{w})=\begin{pmatrix}-\boldsymbol{A}_1^{\mathrm{T}}\boldsymbol{\lambda}\\-\boldsymbol{A}_2^{\mathrm{T}}\boldsymbol{\lambda}\\\boldsymbol{A}_1\boldsymbol{x}_1+\boldsymbol{A}_2\boldsymbol{x}_2-\boldsymbol{b}\end{pmatrix}=\begin{pmatrix}\boldsymbol{0}&\boldsymbol{0}&-\boldsymbol{A}_1^{\mathrm{T}}\\\boldsymbol{0}&\boldsymbol{0}&-\boldsymbol{A}_2^{\mathrm{T}}\\\boldsymbol{A}_1&\boldsymbol{A}_2&\boldsymbol{0}\end{pmatrix}\begin{pmatrix}\boldsymbol{x}_1\\\boldsymbol{x}_2\\\boldsymbol{\lambda}\end{pmatrix}-\begin{pmatrix}\boldsymbol{0}\\\boldsymbol{0}\\\boldsymbol{b}\end{pmatrix}.$$

由于上述函数的系数矩阵反对称, 故

$$(\boldsymbol{w}^{k+1}-\boldsymbol{w}^*)^{\mathrm{T}}(\Psi(\boldsymbol{w}^{k+1})-\Psi(\boldsymbol{w}^*))=0.$$

从而

$$\begin{aligned}&f(\boldsymbol{x}^{k+1})-f(\boldsymbol{x}^*)+(\boldsymbol{w}^{k+1}-\boldsymbol{w}^*)^{\mathrm{T}}\Psi(\boldsymbol{w}^{k+1})\\=&f(\boldsymbol{x}^{k+1})-f(\boldsymbol{x}^*)+(\boldsymbol{w}^{k+1}-\boldsymbol{w}^*)^{\mathrm{T}}\Psi(\boldsymbol{w}^*)\geqslant 0.\end{aligned}$$

将其代入 (14.1.7) 得命题结论. 证毕

下面将上述结论进一步强化.

引理 14.1.2 对任意的 $\boldsymbol{w}^*\in\mathcal{W}^*$, 迭代点 $\boldsymbol{w}^{k+1}$ 满足

$$\begin{aligned}&\pi(\boldsymbol{w}^{k+1}-\boldsymbol{w}^*)^{\mathrm{T}}\begin{pmatrix}\boldsymbol{A}_1^{\mathrm{T}}\\\boldsymbol{A}_2^{\mathrm{T}}\\\boldsymbol{O}\end{pmatrix}\boldsymbol{A}_2(\boldsymbol{x}_2^k-\boldsymbol{x}_2^{k+1})\\=&(\boldsymbol{\lambda}^k-\boldsymbol{\lambda}^{k+1})^{\mathrm{T}}\boldsymbol{A}_2(\boldsymbol{x}_2^k-\boldsymbol{x}_2^{k+1})\geqslant 0.\end{aligned}$$

证明 对 $\boldsymbol{w}^*\in\mathcal{W}^*$, 由于 $\boldsymbol{A}_1^{\mathrm{T}}\boldsymbol{x}_1^*+\boldsymbol{A}_2^{\mathrm{T}}\boldsymbol{x}_2^*=\boldsymbol{b}$, 故由 (14.1.4) 得

$$\begin{aligned}&\pi(\boldsymbol{w}^{k+1}-\boldsymbol{w}^*)^{\mathrm{T}}\begin{pmatrix}\boldsymbol{A}_1^{\mathrm{T}}\\\boldsymbol{A}_2^{\mathrm{T}}\\\boldsymbol{O}\end{pmatrix}\boldsymbol{A}_2(\boldsymbol{x}_2^k-\boldsymbol{x}_2^{k+1})\\=&\pi\big(\boldsymbol{A}_2(\boldsymbol{x}_2^k-\boldsymbol{x}_2^{k+1})\big)^{\mathrm{T}}\Big(\big(\boldsymbol{A}_1\boldsymbol{x}_1^{k+1}+\boldsymbol{A}_2\boldsymbol{x}_2^{k+1}\big)-\big(\boldsymbol{A}_1\boldsymbol{x}_1^*+\boldsymbol{A}_2\boldsymbol{x}_2^*\big)\Big)\\=&\pi\big(\boldsymbol{A}_2(\boldsymbol{x}_2^k-\boldsymbol{x}_2^{k+1})\big)^{\mathrm{T}}\big(\boldsymbol{A}_1\boldsymbol{x}_1^{k+1}+\boldsymbol{A}_2\boldsymbol{x}_2^{k+1}-\boldsymbol{b}\big)\\=&(\boldsymbol{\lambda}^k-\boldsymbol{\lambda}^{k+1})^{\mathrm{T}}\boldsymbol{A}_2(\boldsymbol{x}_2^k-\boldsymbol{x}_2^{k+1}).\end{aligned}$$

下证 $(\boldsymbol{\lambda}^k-\boldsymbol{\lambda}^{k+1})^{\mathrm{T}}\boldsymbol{A}_2(\boldsymbol{x}_2^k-\boldsymbol{x}_2^{k+1})\geqslant 0$. 事实上, 由 (14.1.5) 得

$$\begin{aligned}f_2(\boldsymbol{x}_2)-f_2(\boldsymbol{x}_2^k)+\big(\boldsymbol{x}_2-\boldsymbol{x}_2^k\big)^{\mathrm{T}}\big(-\boldsymbol{A}_2^{\mathrm{T}}\boldsymbol{\lambda}^k\big)\geqslant 0,\quad\forall\,\boldsymbol{x}_2\in\Omega_2,\\f_2(\boldsymbol{x}_2)-f_2(\boldsymbol{x}_2^{k+1})+\big(\boldsymbol{x}_2-\boldsymbol{x}_2^{k+1}\big)^{\mathrm{T}}\big(-\boldsymbol{A}_2^{\mathrm{T}}\boldsymbol{\lambda}^{k+1}\big)\geqslant 0,\quad\forall\,\boldsymbol{x}_2\in\Omega_2.\end{aligned}$$

对前一式令 $\boldsymbol{x}_2=\boldsymbol{x}_2^{k+1}$, 对后一式令 $\boldsymbol{x}_2=\boldsymbol{x}_2^k$, 并相加得命题结论. 证毕

这样, 由上述引理可得如下结论.

引理 14.1.3 对算法 14.1.1 产生的迭代点 $(\boldsymbol{x}_2^k,\boldsymbol{\lambda}^k)$, $\boldsymbol{w}^{k+1}$ 满足

$$(\boldsymbol{v}^{k+1}-\boldsymbol{v}^*)^{\mathrm{T}}\begin{pmatrix}\pi\boldsymbol{A}_2^{\mathrm{T}}\boldsymbol{A}_2&\boldsymbol{O}\\\boldsymbol{O}&\dfrac{1}{\pi}\boldsymbol{I}_m\end{pmatrix}(\boldsymbol{v}^k-\boldsymbol{v}^{k+1})\geqslant 0,\quad\forall\,\boldsymbol{v}^*=(\boldsymbol{x}_2^*;\boldsymbol{\lambda}^*)\in\mathcal{V}^*.\tag{14.1.8}$$

记 $\boldsymbol{H}=\begin{pmatrix}\pi\boldsymbol{A}_2^{\mathrm{T}}\boldsymbol{A}_2 & \boldsymbol{0}\\ \boldsymbol{0} & \dfrac{1}{\pi}\boldsymbol{I}_m\end{pmatrix}$. 显然, 若矩阵 $\boldsymbol{A}_2$ 列满秩, 则矩阵 $\boldsymbol{H}$ 正定.

引理 14.1.4 算法 14.1.1 产生的迭代点列 $\{\boldsymbol{v}_k\}$ 关于集合 $\mathcal{V}^*$ 是 Fejér 单调的, 即满足

$$\|\boldsymbol{v}^{k+1}-\boldsymbol{v}^*\|_{\boldsymbol{H}}^2\leqslant\|\boldsymbol{v}^k-\boldsymbol{v}^*\|_{\boldsymbol{H}}^2-\|\boldsymbol{v}^k-\boldsymbol{v}^{k+1}\|_{\boldsymbol{H}}^2,\quad\forall\,\boldsymbol{v}^*=(\boldsymbol{x}_2^*,\boldsymbol{\lambda}^*)\in\mathcal{V}^*.\tag{14.1.9}$$

证明 由 (14.1.11),

$$\begin{aligned}\|\boldsymbol{v}^k-\boldsymbol{v}^*\|_{\boldsymbol{H}}^2&=\|(\boldsymbol{v}^{k+1}-\boldsymbol{v}^*)+(\boldsymbol{v}^k-\boldsymbol{v}^{k+1})\|_{\boldsymbol{H}}^2\\&=\|\boldsymbol{v}^{k+1}-\boldsymbol{v}^*\|_{\boldsymbol{H}}^2+2(\boldsymbol{v}^{k+1}-\boldsymbol{v}^*)^{\mathrm{T}}\boldsymbol{H}(\boldsymbol{v}^k-\boldsymbol{v}^{k+1})+\|\boldsymbol{v}^k-\boldsymbol{v}^{k+1}\|_{\boldsymbol{H}}^2\\&\geqslant\|\boldsymbol{v}^{k+1}-\boldsymbol{v}^*\|_{\boldsymbol{H}}^2+\|\boldsymbol{v}^k-\boldsymbol{v}^{k+1}\|_{\boldsymbol{H}}^2.\end{aligned}$$

整理即得命题结论. 证毕

下面是算法 14.1.1 的收敛性.

定理 14.1.1 设矩阵 $\boldsymbol{A}_1,\boldsymbol{A}_2$ 分别列满秩, 则算法 14.1.1 产生的迭代点列 $\{\boldsymbol{w}^k\}$ 全局收敛于解集 $\mathcal{W}^*$ 中的点.

证明 由引理 14.1.4, 算法 14.1.1 产生的迭代点列 $\{\boldsymbol{v}^k\}$ 有界, 且满足

$$\|\boldsymbol{v}^k-\boldsymbol{v}^{k+1}\|_{\boldsymbol{H}}^2\leqslant\|\boldsymbol{v}^k-\boldsymbol{v}^*\|_{\boldsymbol{H}}^2-\|\boldsymbol{v}^{k+1}-\boldsymbol{v}^*\|_{\boldsymbol{H}}^2,\quad\forall\,k\geqslant 0.$$

对上式关于 $k=0,1,2,\cdots$ 求和得

$$\sum_{k=0}^{\infty}\|\boldsymbol{v}^k-\boldsymbol{v}^{k+1}\|_{\boldsymbol{H}}^2\leqslant\|\boldsymbol{v}^0-\boldsymbol{v}^*\|_{\boldsymbol{H}}^2<+\infty.$$

故有 $\lim\limits_{k\to\infty}\|\boldsymbol{v}^k-\boldsymbol{v}^{k+1}\|=0$. 从而

$$\lim_{k\to\infty}\|\boldsymbol{x}_2^k-\boldsymbol{x}_2^{k+1}\|=0,\quad\lim_{k\to\infty}\|\boldsymbol{\lambda}^k-\boldsymbol{\lambda}^{k+1}\|=0.\tag{14.1.10}$$

进而由 (14.1.4) 得

$$\lim_{k\to\infty}\|\boldsymbol{A}_1\boldsymbol{x}_1^{k+1}+\boldsymbol{A}_2\boldsymbol{x}_2^{k+1}-\boldsymbol{b}\|=\frac{1}{\pi}\lim_{k\to\infty}\|\boldsymbol{\lambda}^k-\boldsymbol{\lambda}^{k+1}\|=0.\tag{14.1.11}$$

再由 (14.1.4),

$$\boldsymbol{A}_1\boldsymbol{x}_1^{k+1}=\frac{1}{\pi}(\boldsymbol{\lambda}^k-\boldsymbol{\lambda}^{k+1})-\boldsymbol{A}_2\boldsymbol{x}_2^{k+1}+\boldsymbol{b}.\tag{14.1.12}$$

由于矩阵 $\boldsymbol{A}_1$ 列满秩, $\{\boldsymbol{x}_2^k\}$ 有界, 故点列 $\{\boldsymbol{x}_1^k\}$ 有界, 进而点列 $\{\boldsymbol{w}^k\}$ 有界. 这样, $\{\boldsymbol{w}^k\}$ 含有聚点. 设 $\boldsymbol{w}^\infty$ 其一聚点, 并设 $\{\boldsymbol{w}^k\}_{\mathcal{K}}$ 为相应的收敛子列. 由

(14.1.11), $\boldsymbol{w}^\infty \in \Omega$. 将 (14.1.6) 式关于 $k \in \mathcal{K}$ 取极限并结合 (14.1.10) 得

$$f(\boldsymbol{x}) - f(\boldsymbol{x}^\infty) + (\boldsymbol{w} - \boldsymbol{w}^\infty)^{\mathrm{T}} \Psi(\boldsymbol{w}^\infty) \geqslant 0, \quad \forall\, \boldsymbol{w} \in \mathcal{W}.$$

因此, $\boldsymbol{w}^\infty \in \mathcal{W}^*$.

对 (14.1.9), 令 $\boldsymbol{w}^* = \boldsymbol{w}^\infty$ 得

$$\|\boldsymbol{v}^{k+1} - \boldsymbol{v}^\infty\| \leqslant \|\boldsymbol{v}^k - \boldsymbol{v}^\infty\|.$$

结合 $\lim\limits_{\substack{k\in\mathcal{K}\\ k\to\infty}} \boldsymbol{w}^k = \boldsymbol{w}^\infty$ 推知序列 $\{\boldsymbol{v}^k\}$ 全局收敛到 $\boldsymbol{v}^\infty$. 再结合 (14.1.12) 得点列 $\{\boldsymbol{w}^k\}$ 全局收敛到 $\boldsymbol{w}^\infty \in \mathcal{W}^*$. 证毕

14.2 多分块交替方向法

考虑如下多分块线性约束凸优化问题

$$\begin{aligned} \min \quad & f(\boldsymbol{x}) = \sum_{i=1}^s f_i(\boldsymbol{x}_i) \\ \text{s.t.} \quad & \sum_{i=1}^s \boldsymbol{A}_i \boldsymbol{x}_i = \boldsymbol{b}, \\ & \boldsymbol{x}_i \in \Omega_i, \quad i = 1, 2, \cdots, s, \end{aligned} \tag{14.2.1}$$

其中, $f_i : \mathbb{R}^{n_i} \to \mathbb{R}$ 为连续凸函数, $\boldsymbol{x}_i \in \mathbb{R}^{n_i}$, $\boldsymbol{A}_i \in \mathbb{R}^{m\times n_i}$, $\boldsymbol{b} \in \mathbb{R}^m$, $\Omega_i \subseteq \mathbb{R}^{n_i}$ 为简单的非空闭凸集, 如 $\Omega_i = \mathbb{R}^{n_i}_+$, $i = 1, 2, \cdots, s$.

对该优化问题, 基于算法 14.1.1, 可得如下交替迭代过程

$$\begin{gathered} \boldsymbol{x}_i^{k+1} \in \arg\min_{\boldsymbol{x}_i\in\Omega_i} L_\pi(\boldsymbol{x}_1^{k+1}, \boldsymbol{x}_2^{k+1}, \cdots, \boldsymbol{x}_{i-1}^{k+1}, \boldsymbol{x}_i, \boldsymbol{x}_{i+1}^k, \cdots, \boldsymbol{x}_n^k), \quad i = 1, 2, \cdots, s, \\ \boldsymbol{\lambda}^{k+1} = \boldsymbol{\lambda}^k - \pi\left(\sum_{i=1}^s \boldsymbol{A}_i \boldsymbol{x}_i^{k+1} - \boldsymbol{b}\right), \end{gathered}$$

其中,

$$L_\pi(\boldsymbol{x}, \boldsymbol{\lambda}) = f(\boldsymbol{x}) - \boldsymbol{\lambda}^{\mathrm{T}}\left(\sum_{i=1}^s \boldsymbol{A}_i \boldsymbol{x}_i - \boldsymbol{b}\right) + \frac{\pi}{2}\left\|\sum_{i=1}^s \boldsymbol{A}_i \boldsymbol{x}_i - \boldsymbol{b}\right\|^2.$$

通过配方, 增广 Lagrange 函数可写成

$$\sum_{i=1}^s f_i(\boldsymbol{x}_i) + \frac{\pi}{2}\left\|\sum_{i=1}^s \boldsymbol{A}_i \boldsymbol{x}_i - \boldsymbol{b} - \frac{\boldsymbol{\lambda}}{\pi}\right\|^2 - \frac{\|\boldsymbol{\lambda}\|^2}{2\pi}.$$

因此, 上述关于 $\boldsymbol{x}_i$ 的迭代过程可写成

$$\min_{\boldsymbol{x}_i\in\Omega_i}\left\{f_i(\boldsymbol{x}_i) + \frac{\pi}{2}\left\|\sum_{j=1}^{i-1} \boldsymbol{A}_j \boldsymbol{x}_j^{k+1} + \boldsymbol{A}_i \boldsymbol{x}_i + \sum_{j=i+1}^s \boldsymbol{A}_j \boldsymbol{x}_j^k - \boldsymbol{b} - \frac{\boldsymbol{\lambda}^k}{\pi}\right\|^2\right\}.$$

下面的例子表明, 上述迭代过程不一定收敛.

例 14.2.1 考虑优化问题

$$\begin{aligned} &\min \quad 0 \\ &\text{s.t.} \quad \boldsymbol{A}_1 x_1 + \boldsymbol{A}_2 x_2 + \boldsymbol{A}_3 x_3 = 0, \end{aligned}$$

其中 $\boldsymbol{A}_1, \boldsymbol{A}_2, \boldsymbol{A}_3 \in \mathbb{R}^{3\times 1}$.

该问题等价于求解一三元齐次线性方程问题. 若 $\boldsymbol{A}_1, \boldsymbol{A}_2, \boldsymbol{A}_3$ 线性无关, 则该问题只有零解. 相应地, 最优 Lagrange 乘子 $\boldsymbol{\lambda}^* = \boldsymbol{0}$.

对该优化问题, 取 $\boldsymbol{x}^0 = \boldsymbol{1}$, $\boldsymbol{\lambda}^0 = \boldsymbol{0}$, $\pi = 1$. 容易验证, 上述交替方向法对 $\boldsymbol{A} = [\boldsymbol{A}_1; \boldsymbol{A}_2; \boldsymbol{A}_3] = \begin{pmatrix} 1 & 1 & 1 \\ 1 & 1 & 2 \\ 1 & 2 & 2 \end{pmatrix}$ 收敛, 而对 $\boldsymbol{A} = \begin{pmatrix} 1 & 1 & 2 \\ 0 & 1 & 1 \\ 0 & 0 & 1 \end{pmatrix}$ 发散.

为建立交替方向法的全局收敛性, 何炳生等 (2012) 借助线性方程组的高斯回代技术建立了一个带校正步的交替方向法.

对约束优化问题 (14.2.1), 由于 $f_i : \mathbb{R}^n \to \mathbb{R}$, $i = 1, 2, \cdots, s$ 为凸函数, 约束函数是线性的, 由定理 10.5.5, 强对偶定理成立. 其鞍点 $(\boldsymbol{x}^*, \boldsymbol{\lambda}^*)$ 满足

$$L(\boldsymbol{x}^*, \boldsymbol{\lambda}) \leqslant L(\boldsymbol{x}^*, \boldsymbol{\lambda}^*) \leqslant L(\boldsymbol{x}, \boldsymbol{\lambda}^*), \quad \forall\, \boldsymbol{x} \in \Omega,\ \boldsymbol{\lambda} \in \mathbb{R}^m,$$

其中, $L(\boldsymbol{x}, \boldsymbol{\lambda}) = \sum\limits_{i=1}^{s} f_i(\boldsymbol{x}_i) - \boldsymbol{\lambda}^{\mathrm{T}}\Big(\sum\limits_{i=1}^{s} A_i \boldsymbol{x}_i - \boldsymbol{b}\Big)$.

由前一不等式得

$$(\boldsymbol{\lambda} - \boldsymbol{\lambda}^*)^{\mathrm{T}}(\boldsymbol{A}\boldsymbol{x}^* - \boldsymbol{b}) \geqslant 0, \tag{14.2.2}$$

其中, $\boldsymbol{A} = [\boldsymbol{A}_1, \boldsymbol{A}_2, \cdots, \boldsymbol{A}_s]$.

对 $i = 1, 2, \cdots, s$, 令

$$\boldsymbol{x} = (\boldsymbol{x}_1^*, \cdots, \boldsymbol{x}_{i-1}^*, \boldsymbol{x}_i, \boldsymbol{x}_{i+1}^*, \cdots, \boldsymbol{x}_s^*).$$

则由后一不等式得

$$f_i(\boldsymbol{x}_i) - f_i(\boldsymbol{x}_i^*) + (\boldsymbol{x}_i - \boldsymbol{x}_i^*)^{\mathrm{T}}\big(-\boldsymbol{A}_i^{\mathrm{T}}\boldsymbol{\lambda}^*\big) \geqslant 0, \quad \forall\, \boldsymbol{x}_i \in \Omega_i. \tag{14.2.3}$$

记 $\boldsymbol{w} = (\boldsymbol{x}, \boldsymbol{\lambda})$, $\mathcal{W} = \Omega \times \mathbb{R}^m$. 则由 (14.2.2) (14.2.3), 优化问题 (14.2.1) 的最优解 $\boldsymbol{w}^* = (\boldsymbol{x}^*, \boldsymbol{\lambda}^*) \in \mathcal{W}$ 满足

$$f(\boldsymbol{x}) - f(\boldsymbol{x}^*) + (\boldsymbol{w} - \boldsymbol{w}^*)^{\mathrm{T}}\Psi(\boldsymbol{w}^*) \geqslant 0, \quad \forall\, \boldsymbol{w} \in \mathcal{W}, \tag{14.2.4}$$

其中,

$$\Psi(\boldsymbol{w})=\begin{pmatrix} -\boldsymbol{A}_1^{\mathrm{T}}\boldsymbol{\lambda} \\ -\boldsymbol{A}_2^{\mathrm{T}}\boldsymbol{\lambda} \\ \vdots \\ -\boldsymbol{A}_s^{\mathrm{T}}\boldsymbol{\lambda} \\ \sum\limits_{i=1}^{s}\boldsymbol{A}_i\boldsymbol{x}_i-\boldsymbol{b} \end{pmatrix}=\begin{pmatrix} \mathbf{0} & \mathbf{0} & \cdots & \mathbf{0} & -\boldsymbol{A}_1^{\mathrm{T}} \\ \mathbf{0} & \mathbf{0} & \cdots & \mathbf{0} & -\boldsymbol{A}_2^{\mathrm{T}} \\ \vdots & \vdots & & \vdots & \vdots \\ \mathbf{0} & \mathbf{0} & \cdots & \mathbf{0} & -\boldsymbol{A}_s^{\mathrm{T}} \\ \boldsymbol{A}_1 & \boldsymbol{A}_2 & \cdots & \boldsymbol{A}_s & \mathbf{0} \end{pmatrix}\begin{pmatrix} \boldsymbol{x}_1 \\ \boldsymbol{x}_2 \\ \vdots \\ \boldsymbol{x}_s \\ \boldsymbol{\lambda} \end{pmatrix}-\begin{pmatrix} \mathbf{0} \\ \mathbf{0} \\ \vdots \\ \mathbf{0} \\ \boldsymbol{b} \end{pmatrix}.$$

由于函数 $\Psi(\boldsymbol{w})$ 的系数矩阵反对称, 故有

$$(\boldsymbol{w}'-\boldsymbol{w})^{\mathrm{T}}(\Psi(\boldsymbol{w}')-\Psi(\boldsymbol{w}))=0,\quad \forall\ \boldsymbol{w}',\boldsymbol{w}\in\mathcal{W}. \tag{14.2.5}$$

对变量 $\boldsymbol{x}_1,\boldsymbol{x}_2,\cdots,\boldsymbol{x}_s$, 记 $\boldsymbol{v}=(\boldsymbol{x}_2,\boldsymbol{x}_3,\cdots,\boldsymbol{x}_s)$. 相应地, 记 $\boldsymbol{v}^*=(\boldsymbol{x}_2^*,\boldsymbol{x}_3^*,\cdots,\boldsymbol{x}_s^*)$.

下面是基于高斯回代的交替方向法.

算法 14.2.1

步 0. 取 $\alpha\in(0,1)$, $\pi>0$, $\varepsilon\geqslant 0$ 及初始迭代点 $\boldsymbol{w}^0\in\mathbb{R}^{n+m}$. 令 $k=0$.

步 1. (预估步) 对 $i=1,2,\cdots,s$, 依次求解子问题

$$\min_{\boldsymbol{x}_i\in\Omega_i}\left\{f_i(\boldsymbol{x}_i)+\frac{\pi}{2}\left\|\sum_{j=1}^{i-1}\boldsymbol{A}_j\tilde{\boldsymbol{x}}_j^k+\boldsymbol{A}_i\boldsymbol{x}_i+\sum_{j=i+1}^{s}\boldsymbol{A}_j\boldsymbol{x}_j^k-\boldsymbol{b}-\frac{\boldsymbol{\lambda}^k}{\pi}\right\|^2\right\} \tag{14.2.6}$$

得 $\tilde{\boldsymbol{x}}_i$, 并令

$$\tilde{\boldsymbol{\lambda}}^k=\boldsymbol{\lambda}^k-\pi\left(\sum_{i=1}^{s}\boldsymbol{A}_i\tilde{\boldsymbol{x}}_i^k-\boldsymbol{b}\right). \tag{14.2.7}$$

步 2. 若 $\|\tilde{\boldsymbol{v}}^k-\boldsymbol{v}^k\|\leqslant\varepsilon$, 算法终止, 否则转步 3.

步 3. (高斯回代步) 令

$$\boldsymbol{M}=\begin{pmatrix} \pi\boldsymbol{A}_2^{\mathrm{T}}\boldsymbol{A}_2 & \mathbf{0} & \cdots & \cdots & \mathbf{0} \\ \pi\boldsymbol{A}_3^{\mathrm{T}}\boldsymbol{A}_2 & \pi\boldsymbol{A}_3^{\mathrm{T}}\boldsymbol{A}_3 & \cdots & \cdots & \mathbf{0} \\ \vdots & \vdots & \ddots & \vdots & \vdots \\ \pi\boldsymbol{A}_s^{\mathrm{T}}\boldsymbol{A}_2 & \pi\boldsymbol{A}_s^{\mathrm{T}}\boldsymbol{A}_3 & \cdots & \pi\boldsymbol{A}_s^{\mathrm{T}}\boldsymbol{A}_s & \mathbf{0} \\ \mathbf{0} & \mathbf{0} & \cdots & \mathbf{0} & \frac{1}{\pi}\boldsymbol{I}_m \end{pmatrix},$$

$$\boldsymbol{H}=\mathrm{diag}\Big(\pi\boldsymbol{A}_2^{\mathrm{T}}\boldsymbol{A}_2,\pi\boldsymbol{A}_3^{\mathrm{T}}\boldsymbol{A}_3,\cdots,\pi\boldsymbol{A}_s^{\mathrm{T}}\boldsymbol{A}_s,\frac{1}{\pi}\boldsymbol{I}_m\Big).$$

根据

$$\begin{cases} \boldsymbol{H}^{-1}\boldsymbol{M}^{\mathrm{T}}(\boldsymbol{v}^{k+1}-\boldsymbol{v}^{k}) = \alpha(\tilde{\boldsymbol{v}}^{k}-\boldsymbol{v}^{k}), \\ \boldsymbol{x}_1^{k+1} = \tilde{\boldsymbol{x}}_1^{k}. \end{cases} \tag{14.2.8}$$

按 $\boldsymbol{\lambda}^{k+1} \to \boldsymbol{x}_s^{k+1} \to \boldsymbol{x}_{s-1}^{k+1} \to \cdots \to \boldsymbol{x}_2^{k+1} \to \boldsymbol{x}_1^{k+1}$ 的顺序依次求解, 得新迭代点 $\boldsymbol{w}^{k+1}$. 令 $k=k+1$, 转步 1.

与二分块的交替方向法相比, 这里添加了校正步 3. 对迭代步 (14.2.8), 由于该迭代步的系数矩阵 $\boldsymbol{H}^{-1}\boldsymbol{M}^{\mathrm{T}}$ 为上三角矩阵, 其求解过程与线性方程组的高斯消元法的求解过程类似, 故称高斯回代步. 对该回代步, 若 $\boldsymbol{A}_1, \boldsymbol{A}_2, \cdots, \boldsymbol{A}_s$ 列满秩, 则 $\boldsymbol{A}_i^{\mathrm{T}}\boldsymbol{A}_i$, $i=1,2,\cdots,s$, 非奇异. 从而 $\boldsymbol{M}$ 非奇异, $\boldsymbol{H}$ 对称正定. 下述求逆过程可执行.

$$\boldsymbol{H}^{-1}\boldsymbol{M}^{\mathrm{T}} = \begin{pmatrix} \boldsymbol{I}_{n_2} & (\boldsymbol{A}_2^{\mathrm{T}}\boldsymbol{A}_2)^{-1}\boldsymbol{A}_2^{\mathrm{T}}\boldsymbol{A}_3 & \cdots & (\boldsymbol{A}_2^{\mathrm{T}}\boldsymbol{A}_2)^{-1}\boldsymbol{A}_2^{\mathrm{T}}\boldsymbol{A}_s & \boldsymbol{0} \\ \boldsymbol{0} & \boldsymbol{I}_{n_3} & \cdots & (\boldsymbol{A}_3^{\mathrm{T}}\boldsymbol{A}_3)^{-1}\boldsymbol{A}_3^{\mathrm{T}}\boldsymbol{A}_s & \boldsymbol{0} \\ \vdots & \vdots & \ddots & \vdots & \vdots \\ \boldsymbol{0} & \boldsymbol{0} & \cdots & (\boldsymbol{A}_{s-1}^{\mathrm{T}}\boldsymbol{A}_{s-1})^{-1}\boldsymbol{A}_{s-1}^{\mathrm{T}}\boldsymbol{A}_s & \boldsymbol{0} \\ \boldsymbol{0} & \boldsymbol{0} & \cdots & \boldsymbol{I}_{n_s} & \boldsymbol{0} \\ \boldsymbol{0} & \boldsymbol{0} & \cdots & \boldsymbol{0} & \boldsymbol{I}_m \end{pmatrix}.$$

下面讨论算法的收敛性.

引理 14.2.1　对 (14.2.6) 与 (14.2.7) 产生的 $\tilde{\boldsymbol{w}}^k$, 成立

$$f(\boldsymbol{x}) - f(\tilde{\boldsymbol{x}}^k) + (\boldsymbol{w}-\tilde{\boldsymbol{w}}^k)^{\mathrm{T}}\big(\boldsymbol{d}_2(\boldsymbol{v}^k,\tilde{\boldsymbol{v}}^k) - \boldsymbol{d}_1(\boldsymbol{v}^k,\tilde{\boldsymbol{v}}^k)\big) \geqslant 0, \quad \forall\ \boldsymbol{w}\in\mathcal{W},$$

其中,

$$\boldsymbol{d}_1(\boldsymbol{v}^k,\tilde{\boldsymbol{v}}^k) = \begin{pmatrix} \boldsymbol{0} \\ \pi\boldsymbol{A}_2^{\mathrm{T}}\boldsymbol{A}_2(\boldsymbol{x}_2^k-\tilde{\boldsymbol{x}}_2^k) \\ \pi\displaystyle\sum_{j=2}^{3}\boldsymbol{A}_3^{\mathrm{T}}\boldsymbol{A}_j(\boldsymbol{x}_j^k-\tilde{\boldsymbol{x}}_j^k) \\ \vdots \\ \pi\displaystyle\sum_{j=2}^{s}\boldsymbol{A}_s^{\mathrm{T}}\boldsymbol{A}_j(\boldsymbol{x}_j^k-\tilde{\boldsymbol{x}}_j^k) \\ \frac{1}{\pi}(\boldsymbol{\lambda}^k-\tilde{\boldsymbol{\lambda}}^k) \end{pmatrix},$$

$$\boldsymbol{d}_2(\boldsymbol{v}^k,\tilde{\boldsymbol{v}}^k)=\begin{pmatrix} -\boldsymbol{A}_1^{\mathrm{T}}\tilde{\boldsymbol{\lambda}}^k+\pi\boldsymbol{A}_1^{\mathrm{T}}\left(\sum_{j=2}^{s}\boldsymbol{A}_j(\boldsymbol{x}_j^k-\tilde{\boldsymbol{x}}_j^k)\right)\\ -\boldsymbol{A}_2^{\mathrm{T}}\tilde{\boldsymbol{\lambda}}^k+\pi\boldsymbol{A}_2^{\mathrm{T}}\left(\sum_{j=2}^{s}\boldsymbol{A}_j(\boldsymbol{x}_j^k-\tilde{\boldsymbol{x}}_j^k)\right)\\ \vdots\\ -\boldsymbol{A}_s^{\mathrm{T}}\tilde{\boldsymbol{\lambda}}^k+\pi\boldsymbol{A}_s^{\mathrm{T}}\left(\sum_{j=2}^{s}\boldsymbol{A}_j(\boldsymbol{x}_j^k-\tilde{\boldsymbol{x}}_j^k)\right)\\ \sum_{i=j}^{s}\boldsymbol{A}_j\tilde{\boldsymbol{x}}_j^k-\boldsymbol{b} \end{pmatrix}.$$

证明 由 (14.2.7) 得

$$(\boldsymbol{\lambda}-\tilde{\boldsymbol{\lambda}}^k)^{\mathrm{T}}\left(\left(\sum_{i=1}^{s}\boldsymbol{A}_i\tilde{\boldsymbol{x}}_i^k-\boldsymbol{b}\right)-\frac{1}{\pi}(\boldsymbol{\lambda}^k-\tilde{\boldsymbol{\lambda}}^k)\right)=0. \tag{14.2.9}$$

由定理 14.1.1 及 (14.2.7), 子问题 (14.2.6) 等价于: 求 $\tilde{\boldsymbol{x}}_i^k\in\Omega_i$ 使满足

$$\begin{aligned}&f_i(\boldsymbol{x}_i)-f_i(\tilde{\boldsymbol{x}}_i^k)\\&-(\boldsymbol{x}_i-\tilde{\boldsymbol{x}}_i^k)^{\mathrm{T}}\boldsymbol{A}_i^{\mathrm{T}}\left\{\tilde{\boldsymbol{\lambda}}^k-\pi\left(\sum_{j=i+1}^{s}\boldsymbol{A}_j(\boldsymbol{x}_j^k-\tilde{\boldsymbol{x}}_j^k)\right)\right\}\geqslant 0,\quad\forall\,\boldsymbol{x}_i\in\Omega_i.\end{aligned} \tag{14.2.10}$$

对上式关于 $i=1,2,\cdots,s$ 相加, 并与 (14.2.9) 式两边分别相加得

$$f(\boldsymbol{x})-f(\tilde{\boldsymbol{x}}^k)+(\boldsymbol{w}-\tilde{\boldsymbol{w}}^k)^{\mathrm{T}}\begin{pmatrix} -\boldsymbol{A}_1^{\mathrm{T}}\tilde{\boldsymbol{\lambda}}^k+\pi\boldsymbol{A}_1^{\mathrm{T}}\left(\sum_{j=2}^{s}\boldsymbol{A}_j(\boldsymbol{x}_j^k-\tilde{\boldsymbol{x}}_j^k)\right)\\ -\boldsymbol{A}_2^{\mathrm{T}}\tilde{\boldsymbol{\lambda}}^k+\pi\boldsymbol{A}_2^{\mathrm{T}}\left(\sum_{j=3}^{s}\boldsymbol{A}_j(\boldsymbol{x}_j^k-\tilde{\boldsymbol{x}}_j^k)\right)\\ \vdots\\ -\boldsymbol{A}_{s-1}^{\mathrm{T}}\tilde{\boldsymbol{\lambda}}^k+\pi\boldsymbol{A}_{s-1}^{\mathrm{T}}\left(\boldsymbol{A}_s(\boldsymbol{x}_s^k-\tilde{\boldsymbol{x}}_s^k)\right)\\ -\boldsymbol{A}_s^{\mathrm{T}}\tilde{\boldsymbol{\lambda}}^k\\ \sum_{i=1}^{s}\boldsymbol{A}_i\tilde{\boldsymbol{x}}_i-\boldsymbol{b}-\frac{1}{\pi}(\boldsymbol{\lambda}^k-\tilde{\boldsymbol{\lambda}}^k) \end{pmatrix}\geqslant 0.$$

两端分别加

$$\pi(\boldsymbol{w}-\tilde{\boldsymbol{w}}^k)^{\mathrm{T}}\begin{pmatrix}\boldsymbol{0}\\ \boldsymbol{A}_2^{\mathrm{T}}\left(\sum_{j=2}^{2}\boldsymbol{A}_j(\boldsymbol{x}_j^k-\tilde{\boldsymbol{x}}_j^k)\right)\\ \vdots\\ \boldsymbol{A}_{s-1}^{\mathrm{T}}\left(\sum_{j=2}^{s-1}\boldsymbol{A}_j(\boldsymbol{x}_j^k-\tilde{\boldsymbol{x}}_j^k)\right)\\ \boldsymbol{A}_s^{\mathrm{T}}\left(\sum_{j=2}^{s}\boldsymbol{A}_j(\boldsymbol{x}_j^k-\tilde{\boldsymbol{x}}_j^k)\right)\\ \boldsymbol{0}\end{pmatrix}$$

得

$$f(\boldsymbol{x})-f(\tilde{\boldsymbol{x}}^k)+(\boldsymbol{w}-\tilde{\boldsymbol{w}}^k)^{\mathrm{T}}\begin{pmatrix}-\boldsymbol{A}_1^{\mathrm{T}}\tilde{\boldsymbol{\lambda}}^k+\pi\boldsymbol{A}_1^{\mathrm{T}}\left(\sum_{j=2}^{s}\boldsymbol{A}_j(\boldsymbol{x}_j^k-\tilde{\boldsymbol{x}}_j^k)\right)\\ -\boldsymbol{A}_2^{\mathrm{T}}\tilde{\boldsymbol{\lambda}}^k+\pi\boldsymbol{A}_2^{\mathrm{T}}\left(\sum_{j=2}^{s}\boldsymbol{A}_j(\boldsymbol{x}_j^k-\tilde{\boldsymbol{x}}_j^k)\right)\\ \vdots\\ -\boldsymbol{A}_s^{\mathrm{T}}\tilde{\boldsymbol{\lambda}}^k+\pi\boldsymbol{A}_s^{\mathrm{T}}\left(\sum_{j=2}^{s}\boldsymbol{A}_j(\boldsymbol{x}_j^k-\tilde{\boldsymbol{x}}_j^k)\right)\\ \sum_{i=1}^{s}\boldsymbol{A}_i\tilde{\boldsymbol{x}}_i-\boldsymbol{b}\end{pmatrix}$$

$$\geqslant(\boldsymbol{w}-\tilde{\boldsymbol{w}}^k)^{\mathrm{T}}\begin{pmatrix}\boldsymbol{0}\\ \pi\boldsymbol{A}_2^{\mathrm{T}}\left(\sum_{j=2}^{2}\boldsymbol{A}_j(\boldsymbol{x}_j^k-\tilde{\boldsymbol{x}}_j^k)\right)\\ \vdots\\ \pi\boldsymbol{A}_{s-1}^{\mathrm{T}}\left(\sum_{j=2}^{s-1}\boldsymbol{A}_j(\boldsymbol{x}_j^k-\tilde{\boldsymbol{x}}_j^k)\right)\\ \pi\boldsymbol{A}_s^{\mathrm{T}}\left(\sum_{j=2}^{s}\boldsymbol{A}_j(\boldsymbol{x}_j^k-\tilde{\boldsymbol{x}}_j^k)\right)\\ \dfrac{1}{\pi}(\boldsymbol{\lambda}^k-\tilde{\boldsymbol{\lambda}}^k)\end{pmatrix}.$$

移项并由 $\boldsymbol{d}_1(\boldsymbol{v}^k,\tilde{\boldsymbol{v}}^k)$ 与 $\boldsymbol{d}_2(\boldsymbol{v}^k,\tilde{\boldsymbol{v}}^k)$ 的定义得命题结论.　　证毕

引理 14.2.2　对 (14.2.6) 与 (14.2.7) 产生的迭代点 $\tilde{\boldsymbol{w}}^k$, 成立

$$(\tilde{\boldsymbol{v}}^k-\boldsymbol{v}^*)^{\mathrm{T}}\boldsymbol{M}(\boldsymbol{v}^k-\tilde{\boldsymbol{v}}^k)\geqslant(\boldsymbol{\lambda}^k-\tilde{\boldsymbol{\lambda}}^k)^{\mathrm{T}}\left(\sum_{j=2}^{s}\boldsymbol{A}_j(\boldsymbol{x}_j^k-\tilde{\boldsymbol{x}}_j^k)\right),\quad\forall\ \boldsymbol{v}^*\in\mathcal{V}^*.$$

证明 由引理 14.2.1 及 $\boldsymbol{w}^*\in\mathcal{W}^*$ 得

$$f(\boldsymbol{x}^*)-f(\tilde{\boldsymbol{x}}^k)+(\tilde{\boldsymbol{w}}^k-\boldsymbol{w}^*)^{\mathrm{T}}\boldsymbol{d}_1(\boldsymbol{v}^k,\tilde{\boldsymbol{v}}^k)\geqslant(\tilde{\boldsymbol{w}}^k-\boldsymbol{w}^*)^{\mathrm{T}}\boldsymbol{d}_2(\boldsymbol{v}^k,\tilde{\boldsymbol{v}}^k).$$

而由 $\tilde{\boldsymbol{w}}^k\in\mathcal{W}$ 和 (14.2.4) 知

$$f(\tilde{\boldsymbol{x}}^k)-f(\boldsymbol{x}^*)+(\tilde{\boldsymbol{w}}^k-\boldsymbol{w}^*)^{\mathrm{T}}\Psi(\boldsymbol{w}^*)\geqslant 0.$$

将上述两式相加得

$$(\tilde{\boldsymbol{w}}^k-\boldsymbol{w}^*)^{\mathrm{T}}\boldsymbol{d}_1(\boldsymbol{v}^k,\tilde{\boldsymbol{v}}^k)+(\tilde{\boldsymbol{w}}^k-\boldsymbol{w}^*)^{\mathrm{T}}\Psi(\boldsymbol{w}^*)\geqslant(\tilde{\boldsymbol{w}}^k-\boldsymbol{w}^*)^{\mathrm{T}}\boldsymbol{d}_2(\boldsymbol{v}^k,\tilde{\boldsymbol{v}}^k).$$

结合 (14.2.5) 得

$$(\tilde{\boldsymbol{w}}^k-\boldsymbol{w}^*)^{\mathrm{T}}\boldsymbol{d}_1(\boldsymbol{v}^k,\tilde{\boldsymbol{v}}^k)+(\tilde{\boldsymbol{w}}^k-\boldsymbol{w}^*)^{\mathrm{T}}\Psi(\tilde{\boldsymbol{w}}^k)\geqslant(\tilde{\boldsymbol{w}}^k-\boldsymbol{w}^*)^{\mathrm{T}}\boldsymbol{d}_2(\boldsymbol{v}^k,\tilde{\boldsymbol{v}}^k).\quad(14.2.11)$$

另一方面, 由 (14.2.7),

$$\begin{aligned}&(\tilde{\boldsymbol{w}}^k-\boldsymbol{w}^*)^{\mathrm{T}}\boldsymbol{d}_2(\boldsymbol{v}^k,\tilde{\boldsymbol{v}}^k)\\&=(\tilde{\boldsymbol{w}}^k-\boldsymbol{w}^*)^{\mathrm{T}}\Psi(\tilde{\boldsymbol{w}}^k)+\pi\left(\sum_{j=2}^{s}\boldsymbol{A}_j(\boldsymbol{x}_j^k-\tilde{\boldsymbol{x}}_j^k)\right)^{\mathrm{T}}\left(\sum_{j=1}^{s}\boldsymbol{A}_j(\tilde{\boldsymbol{x}}_j^k-\boldsymbol{x}_j^*)\right)\\&=(\tilde{\boldsymbol{w}}^k-\boldsymbol{w}^*)^{\mathrm{T}}\Psi(\tilde{\boldsymbol{w}}^k)+\pi\left(\sum_{j=2}^{s}\boldsymbol{A}_j(\boldsymbol{x}_j^k-\tilde{\boldsymbol{x}}_j^k)\right)^{\mathrm{T}}\left(\sum_{j=1}^{s}\boldsymbol{A}_j\tilde{\boldsymbol{x}}_j^k-\boldsymbol{b}\right)\\&=(\tilde{\boldsymbol{w}}^k-\boldsymbol{w}^*)^{\mathrm{T}}\Psi(\tilde{\boldsymbol{w}}^k)+\left(\sum_{j=2}^{s}\boldsymbol{A}_j(\boldsymbol{x}_j^k-\tilde{\boldsymbol{x}}_j^k)\right)^{\mathrm{T}}(\boldsymbol{\lambda}^k-\tilde{\boldsymbol{\lambda}}^k),\end{aligned}$$

故由 (14.2.11) 得

$$(\tilde{\boldsymbol{w}}^k-\boldsymbol{w}^*)^{\mathrm{T}}\boldsymbol{d}_1(\boldsymbol{v}^k,\tilde{\boldsymbol{v}}^k)\geqslant\left(\sum_{j=2}^{s}\boldsymbol{A}_j(\boldsymbol{x}_j^k-\tilde{\boldsymbol{x}}_j^k)\right)^{\mathrm{T}}(\boldsymbol{\lambda}^k-\tilde{\boldsymbol{\lambda}}^k).\qquad(14.2.12)$$

再由 $\boldsymbol{d}_1(\boldsymbol{v}^k,\tilde{\boldsymbol{v}}^k)=\begin{pmatrix}\boldsymbol{0}\\\boldsymbol{M}(\boldsymbol{v}^k-\tilde{\boldsymbol{v}}^k)\end{pmatrix}$ 得

$$(\tilde{\boldsymbol{v}}^k-\boldsymbol{v}^*)^{\mathrm{T}}\boldsymbol{M}(\boldsymbol{v}^k-\tilde{\boldsymbol{v}}^k)=(\tilde{\boldsymbol{w}}^k-\boldsymbol{w}^*)^{\mathrm{T}}\boldsymbol{d}_1(\boldsymbol{v}^k,\tilde{\boldsymbol{v}}^k).$$

代入 (14.2.12) 即得命题结论. 证毕

定理 14.2.1 对给定的 $\boldsymbol{v}^k$ 和由 (14.2.6) 与 (14.2.7) 产生的迭代点 $\tilde{\boldsymbol{w}}^k$, 成立

$$(\boldsymbol{v}^k-\boldsymbol{v}^*)^{\mathrm{T}}\boldsymbol{M}(\boldsymbol{v}^k-\tilde{\boldsymbol{v}}^k)\geqslant\frac{1}{2}\|\boldsymbol{v}^k-\tilde{\boldsymbol{v}}^k\|_{\boldsymbol{H}}^2+\frac{1}{2}\|\boldsymbol{v}^k-\tilde{\boldsymbol{v}}^k\|_{\boldsymbol{Q}}^2,\quad\forall\ \boldsymbol{v}^*\in\mathcal{V}^*,$$

其中,

$$\boldsymbol{Q}=\begin{pmatrix} \pi\boldsymbol{A}_2^{\mathrm{T}}\boldsymbol{A}_2 & \pi\boldsymbol{A}_2^{\mathrm{T}}\boldsymbol{A}_3 & \cdots & \pi\boldsymbol{A}_2^{\mathrm{T}}\boldsymbol{A}_s & \boldsymbol{A}_2^{\mathrm{T}} \\ \pi\boldsymbol{A}_3^{\mathrm{T}}\boldsymbol{A}_2 & \pi\boldsymbol{A}_3^{\mathrm{T}}\boldsymbol{A}_3 & \cdots & \pi\boldsymbol{A}_3^{\mathrm{T}}\boldsymbol{A}_s & \boldsymbol{A}_3^{\mathrm{T}} \\ \vdots & \vdots & \ddots & \vdots & \vdots \\ \pi\boldsymbol{A}_s^{\mathrm{T}}\boldsymbol{A}_2 & \pi\boldsymbol{A}_s^{\mathrm{T}}\boldsymbol{A}_3 & \cdots & \pi\boldsymbol{A}_s^{\mathrm{T}}\boldsymbol{A}_s & \boldsymbol{A}_s^{\mathrm{T}} \\ \boldsymbol{A}_2 & \boldsymbol{A}_3 & \cdots & \boldsymbol{A}_s & \dfrac{1}{\pi}\boldsymbol{I}_m \end{pmatrix}.$$

证明　由引理 14.2.2 得

$$\begin{aligned}(\boldsymbol{v}^k-\boldsymbol{v}^*)^{\mathrm{T}}\boldsymbol{M}(\boldsymbol{v}^k-\tilde{\boldsymbol{v}}^k) \geqslant&(\boldsymbol{v}^k-\tilde{\boldsymbol{v}}^k)^{\mathrm{T}}\boldsymbol{M}(\boldsymbol{v}^k-\tilde{\boldsymbol{v}}^k)\\ &+(\boldsymbol{\lambda}^k-\tilde{\boldsymbol{\lambda}}^k)^{\mathrm{T}}\left(\sum_{j=2}^{s}\boldsymbol{A}_j(\boldsymbol{x}_j^k-\tilde{\boldsymbol{x}}_j^k)\right).\end{aligned}\tag{14.2.13}$$

显然, 上式右端两项可分别写成

$$\begin{aligned}&(\boldsymbol{v}^k-\tilde{\boldsymbol{v}}^k)^{\mathrm{T}}\boldsymbol{M}(\boldsymbol{v}^k-\tilde{\boldsymbol{v}}^k)\\ =&\begin{pmatrix}\boldsymbol{x}_2^k-\tilde{\boldsymbol{x}}_2^k\\ \boldsymbol{x}_3^k-\tilde{\boldsymbol{x}}_3^k\\ \vdots\\ \boldsymbol{x}_s^k-\tilde{\boldsymbol{x}}_s^k\\ \boldsymbol{\lambda}^k-\tilde{\boldsymbol{\lambda}}^k\end{pmatrix}^{\mathrm{T}}\begin{pmatrix}\pi\boldsymbol{A}_2^{\mathrm{T}}\boldsymbol{A}_2 & \boldsymbol{0} & \cdots & \cdots & \boldsymbol{0}\\ \pi\boldsymbol{A}_3^{\mathrm{T}}\boldsymbol{A}_2 & \pi\boldsymbol{A}_3^{\mathrm{T}}\boldsymbol{A}_3 & \cdots & \cdots & \boldsymbol{0}\\ \vdots & \vdots & \ddots & \vdots & \vdots\\ \pi\boldsymbol{A}_s^{\mathrm{T}}\boldsymbol{A}_2 & \pi\boldsymbol{A}_s^{\mathrm{T}}\boldsymbol{A}_3 & \cdots & \pi\boldsymbol{A}_s^{\mathrm{T}}\boldsymbol{A}_s & \boldsymbol{0}\\ \boldsymbol{0} & \boldsymbol{0} & \cdots & \boldsymbol{0} & \dfrac{1}{\pi}\boldsymbol{I}_m\end{pmatrix}\begin{pmatrix}\boldsymbol{x}_2^k-\tilde{\boldsymbol{x}}_2^k\\ \boldsymbol{x}_3^k-\tilde{\boldsymbol{x}}_3^k\\ \vdots\\ \boldsymbol{x}_s^k-\tilde{\boldsymbol{x}}_s^k\\ \boldsymbol{\lambda}^k-\tilde{\boldsymbol{\lambda}}^k\end{pmatrix},\end{aligned}$$

$$\begin{aligned}&(\boldsymbol{\lambda}^k-\tilde{\boldsymbol{\lambda}}^k)^{\mathrm{T}}\left(\sum_{j=2}^{s}\boldsymbol{A}_j(\boldsymbol{x}_j^k-\tilde{\boldsymbol{x}}_j^k)\right)\\ =&\begin{pmatrix}\boldsymbol{x}_2^k-\tilde{\boldsymbol{x}}_2^k\\ \boldsymbol{x}_3^k-\tilde{\boldsymbol{x}}_3^k\\ \vdots\\ \boldsymbol{x}_s^k-\tilde{\boldsymbol{x}}_s^k\\ \boldsymbol{\lambda}^k-\tilde{\boldsymbol{\lambda}}^k\end{pmatrix}^{\mathrm{T}}\begin{pmatrix}\boldsymbol{0} & \boldsymbol{0} & \cdots & \boldsymbol{0} & \boldsymbol{0}\\ \boldsymbol{0} & \boldsymbol{0} & \cdots & \boldsymbol{0} & \boldsymbol{0}\\ \vdots & \vdots & \ddots & \vdots & \vdots\\ \boldsymbol{0} & \boldsymbol{0} & \cdots & \boldsymbol{0} & \boldsymbol{0}\\ \boldsymbol{A}_2 & \boldsymbol{A}_3 & \cdots & \boldsymbol{A}_s & \boldsymbol{0}\end{pmatrix}\begin{pmatrix}\boldsymbol{x}_2^k-\tilde{\boldsymbol{x}}_2^k\\ \boldsymbol{x}_3^k-\tilde{\boldsymbol{x}}_3^k\\ \vdots\\ \boldsymbol{x}_s^k-\tilde{\boldsymbol{x}}_s^k\\ \boldsymbol{\lambda}^k-\tilde{\boldsymbol{\lambda}}^k\end{pmatrix}.\end{aligned}$$

将上面两式左右两端分别相加得

$$(\boldsymbol{v}^k-\tilde{\boldsymbol{v}}^k)^{\mathrm{T}}\boldsymbol{M}(\boldsymbol{v}^k-\tilde{\boldsymbol{v}}^k)+(\boldsymbol{\lambda}^k-\tilde{\boldsymbol{\lambda}}^k)^{\mathrm{T}}\left(\sum_{j=2}^{s}\boldsymbol{A}_j(\boldsymbol{x}_j^k-\tilde{\boldsymbol{x}}_j^k)\right)$$

$$
= \begin{pmatrix} \boldsymbol{x}_2^k - \tilde{\boldsymbol{x}}_2^k \\ \boldsymbol{x}_3^k - \tilde{\boldsymbol{x}}_3^k \\ \vdots \\ \boldsymbol{x}_s^k - \tilde{\boldsymbol{x}}_s^k \\ \boldsymbol{\lambda}^k - \tilde{\boldsymbol{\lambda}}^k \end{pmatrix}^{\mathrm{T}} \begin{pmatrix} \pi \boldsymbol{A}_2^{\mathrm{T}} \boldsymbol{A}_2 & \boldsymbol{0} & \cdots & \cdots & \boldsymbol{0} \\ \pi \boldsymbol{A}_3^{\mathrm{T}} \boldsymbol{A}_2 & \pi \boldsymbol{A}_3^{\mathrm{T}} \boldsymbol{A}_3 & \cdots & \cdots & \boldsymbol{0} \\ \vdots & \vdots & \ddots & \vdots & \vdots \\ \pi \boldsymbol{A}_s^{\mathrm{T}} \boldsymbol{A}_2 & \pi \boldsymbol{A}_s^{\mathrm{T}} \boldsymbol{A}_3 & \cdots & \pi \boldsymbol{A}_s^{\mathrm{T}} \boldsymbol{A}_s & \boldsymbol{0} \\ \boldsymbol{A}_2 & \boldsymbol{A}_3 & \cdots & \boldsymbol{A}_s & \dfrac{1}{\pi} \boldsymbol{I}_m \end{pmatrix}
$$

$$
\begin{pmatrix} \boldsymbol{x}_2^k - \tilde{\boldsymbol{x}}_2^k \\ \boldsymbol{x}_3^k - \tilde{\boldsymbol{x}}_3^k \\ \vdots \\ \boldsymbol{x}_s^k - \tilde{\boldsymbol{x}}_s^k \\ \boldsymbol{\lambda}^k - \tilde{\boldsymbol{\lambda}}^k \end{pmatrix}
$$

$$
= \frac{1}{2} \begin{pmatrix} \boldsymbol{x}_2^k - \tilde{\boldsymbol{x}}_2^k \\ \boldsymbol{x}_3^k - \tilde{\boldsymbol{x}}_3^k \\ \vdots \\ \boldsymbol{x}_s^k - \tilde{\boldsymbol{x}}_s^k \\ \boldsymbol{\lambda}^k - \tilde{\boldsymbol{\lambda}}^k \end{pmatrix}^{\mathrm{T}} \begin{pmatrix} 2\pi \boldsymbol{A}_2^{\mathrm{T}} \boldsymbol{A}_2 & \pi \boldsymbol{A}_2^{\mathrm{T}} \boldsymbol{A}_3 & \cdots & \pi \boldsymbol{A}_2^{\mathrm{T}} \boldsymbol{A}_s & \boldsymbol{A}_2^{\mathrm{T}} \\ \pi \boldsymbol{A}_3^{\mathrm{T}} \boldsymbol{A}_2 & 2\pi \boldsymbol{A}_3^{\mathrm{T}} \boldsymbol{A}_3 & \cdots & \pi \boldsymbol{A}_3^{\mathrm{T}} \boldsymbol{A}_s & \boldsymbol{A}_3^{\mathrm{T}} \\ \vdots & \vdots & \ddots & \vdots & \vdots \\ \pi \boldsymbol{A}_s^{\mathrm{T}} \boldsymbol{A}_2 & \pi \boldsymbol{A}_s^{\mathrm{T}} \boldsymbol{A}_3 & \cdots & 2\pi \boldsymbol{A}_s^{\mathrm{T}} \boldsymbol{A}_s & \boldsymbol{A}_s^{\mathrm{T}} \\ \boldsymbol{A}_2 & \boldsymbol{A}_3 & \cdots & \boldsymbol{A}_s & \frac{2}{\pi} I_m \end{pmatrix}
$$

$$
\begin{pmatrix} \boldsymbol{x}_2^k - \tilde{\boldsymbol{x}}_2^k \\ \boldsymbol{x}_3^k - \tilde{\boldsymbol{x}}_3^k \\ \vdots \\ \boldsymbol{x}_s^k - \tilde{\boldsymbol{x}}_s^k \\ \boldsymbol{\lambda}^k - \tilde{\boldsymbol{\lambda}}^k \end{pmatrix}.
$$

由矩阵 $\boldsymbol{H}$ 和 $\boldsymbol{Q}$ 的定义得

$$
\begin{aligned}
&(\boldsymbol{v}^k - \tilde{\boldsymbol{v}}^k)^{\mathrm{T}} \boldsymbol{M} (\boldsymbol{v}^k - \tilde{\boldsymbol{v}}^k) + (\boldsymbol{\lambda}^k - \tilde{\boldsymbol{\lambda}}^k)^{\mathrm{T}} \left(\sum_{j=2}^{s} \boldsymbol{A}_j (\boldsymbol{x}_j^k - \tilde{\boldsymbol{x}}_j^k) \right) \\
= & \frac{1}{2} \|\boldsymbol{v}^k - \tilde{\boldsymbol{v}}^k\|_{\boldsymbol{H}}^2 + \frac{1}{2} \|\boldsymbol{v}^k - \tilde{\boldsymbol{v}}^k\|_{\boldsymbol{Q}}^2.
\end{aligned}
$$

将上式带入 (14.2.13) 得命题结论. 证毕

令 $\boldsymbol{G} = \boldsymbol{M}\boldsymbol{H}^{-1}\boldsymbol{M}^{\mathrm{T}}$. 则由定理 14.2.1,

$$\langle \boldsymbol{M}\boldsymbol{H}^{-1}\boldsymbol{M}^{\mathrm{T}}(\boldsymbol{v}^k-\boldsymbol{v}^*), \boldsymbol{M}^{-\mathrm{T}}\boldsymbol{H}(\tilde{\boldsymbol{v}}^k-\boldsymbol{v}^k)\rangle \leqslant -\frac{1}{2}\|\boldsymbol{v}^k-\tilde{\boldsymbol{v}}^k\|^2_{(\boldsymbol{H}+\boldsymbol{Q})}.$$

这说明, 当 $\boldsymbol{v}^k \neq \tilde{\boldsymbol{v}}^k$ 时, $-\boldsymbol{M}^{\mathrm{T}}\boldsymbol{H}(\boldsymbol{v}^k-\tilde{\boldsymbol{v}}^k)$ 是距离函数 $\frac{1}{2}\|\boldsymbol{v}-\boldsymbol{v}^*\|^2_{\boldsymbol{G}}$ 在 $\boldsymbol{v}=\boldsymbol{v}^k$ 点的下降方向.

定理 14.2.2　对算法 14.2.1 产生的迭代点 $\tilde{\boldsymbol{w}}^k$ 和 $\boldsymbol{w}^k$, 存在常数 $c_0>0$, 使得

$$\|\boldsymbol{v}^{k+1}-\boldsymbol{v}^*\|^2_{\boldsymbol{G}} \leqslant \|\boldsymbol{v}^k-\boldsymbol{v}^*\|^2_{\boldsymbol{G}} - c_0\big(\|\boldsymbol{v}^k-\tilde{\boldsymbol{v}}^k\|^2_{\boldsymbol{H}}+\|\boldsymbol{v}^k-\tilde{\boldsymbol{v}}^k\|^2_{\boldsymbol{Q}}\big),\quad \forall\, \boldsymbol{v}^*\in\mathcal{V}^*.$$

证明　由迭代步 (14.2.8), 对任意的 $\alpha\in(0,1)$,

$$\begin{aligned}
&\|\boldsymbol{v}^k-\boldsymbol{v}^*\|^2_{\boldsymbol{G}}-\|\boldsymbol{v}^{k+1}-\boldsymbol{v}^*\|^2_{\boldsymbol{G}}\\
=&\|\boldsymbol{v}^k-\boldsymbol{v}^*\|^2_{\boldsymbol{G}}-\|\boldsymbol{v}^k-\boldsymbol{v}^*-\alpha\boldsymbol{M}^{-\mathrm{T}}\boldsymbol{H}(\boldsymbol{v}^k-\tilde{\boldsymbol{v}}^k)\|^2_{\boldsymbol{G}}\\
=&2\alpha(\boldsymbol{v}^k-\boldsymbol{v}^*)^{\mathrm{T}}\boldsymbol{M}(\boldsymbol{v}^k-\tilde{\boldsymbol{v}}^k)-\alpha^2\|\boldsymbol{v}^k-\tilde{\boldsymbol{v}}^k\|^2_{\boldsymbol{H}}.
\end{aligned}$$

从而由定理 14.2.1,

$$\begin{aligned}
&\|\boldsymbol{v}^k-\boldsymbol{v}^*\|^2_{\boldsymbol{G}}-\|\boldsymbol{v}^{k+1}-\boldsymbol{v}^*\|^2_{\boldsymbol{G}}\\
\geqslant&\alpha(\|\boldsymbol{v}^k-\tilde{\boldsymbol{v}}^k\|^2_{\boldsymbol{H}}+\|\boldsymbol{v}^k-\tilde{\boldsymbol{v}}^k\|^2_{\boldsymbol{Q}})-\alpha^2\|\boldsymbol{v}^k-\tilde{\boldsymbol{v}}^k\|^2_{\boldsymbol{H}}\\
=&\alpha(1-\alpha)\|\boldsymbol{v}^k-\tilde{\boldsymbol{v}}^k\|^2_{\boldsymbol{H}}+\alpha\|\boldsymbol{v}^k-\tilde{\boldsymbol{v}}^k\|^2_{\boldsymbol{Q}}.
\end{aligned}$$

整理得

$$\|\boldsymbol{v}^{k+1}-\boldsymbol{v}^*\|^2_{\boldsymbol{G}} \leqslant \|\boldsymbol{v}^k-\boldsymbol{v}^*\|^2_{\boldsymbol{G}}-\alpha\big((1-\alpha)\|\boldsymbol{v}^k-\tilde{\boldsymbol{v}}^k\|^2_{\boldsymbol{H}}+\|\boldsymbol{v}^k-\tilde{\boldsymbol{v}}^k\|^2_{\boldsymbol{Q}}\big).$$

令 $c_0=\alpha(1-\alpha)$. 由 $\alpha\in(0,1)$ 知 $c_0>0$. 命题结论得证.　　证毕

推论 14.2.1　对算法 14.2.2 产生的点列 $\{\tilde{\boldsymbol{v}}^k\}$, 下述结论成立

(1) 点列 $\{\boldsymbol{v}^k\}$ 有界;

(2) 对任意的 $i=2,3,\cdots,s$, $\lim\limits_{k\to\infty}\|\boldsymbol{A}_i(\boldsymbol{x}_i^k-\tilde{\boldsymbol{x}}_i^k)\|=0$, $\lim\limits_{k\to\infty}\|\boldsymbol{\lambda}^k-\tilde{\boldsymbol{\lambda}}^k\|=0$.

证明　由定理 14.2.2 可得第一个结论.

再由定理 14.2.2

$$\sum_{k=0}^{\infty}c_0\|\boldsymbol{v}^k-\tilde{\boldsymbol{v}}^k\|^2_{\boldsymbol{H}} \leqslant \|\boldsymbol{v}^0-\boldsymbol{v}^*\|^2_{\boldsymbol{G}}.$$

由此得 $\lim\limits_{k\to\infty}\|\boldsymbol{v}^k-\tilde{\boldsymbol{v}}^k\|^2_{\boldsymbol{H}}=0$. 结合 $\boldsymbol{H}$ 的定义得第二个结论.　　证毕

下面给出算法 14.2.2 的全局收敛性.

定理 14.2.3　算法 14.2.2 产生的点列 $\{\tilde{\boldsymbol{w}}^k\}$ 收敛于 $\mathcal{W}^*$ 中的一个点.

证明 由推论 14.2.1 知, 点列 $\{\boldsymbol{v}^k\}$ 有界. 而由 (14.2.7) 与 (14.2.8) 知

$$\boldsymbol{A}_1\boldsymbol{x}_1^{k+1}=\boldsymbol{A}_1\boldsymbol{x}_1^k=\frac{1}{\pi}(\boldsymbol{\lambda}^k-\tilde{\boldsymbol{\lambda}}^k)-\left(\sum_{j=2}^{s}\boldsymbol{A}_j\tilde{\boldsymbol{x}}_j^k-\boldsymbol{b}\right). \tag{14.2.14}$$

从而由 $\boldsymbol{A}_1$ 列满秩得 $\{\boldsymbol{x}_1^k\}$ 有界. 这说明点列 $\{\boldsymbol{w}^k\}$ 有界, 故有聚点. 不妨设 $\boldsymbol{w}^\infty=(\boldsymbol{x}_1^\infty,\boldsymbol{v}^\infty)\in\mathcal{W}$ 为其一聚点, 且子列 $\{\boldsymbol{w}^{k_j}\}=\{(\boldsymbol{x}_1^{k_j},\boldsymbol{v}^{k_j})\}$ 收敛于该点.

由推论 14.2.1 的证明, $\lim\limits_{k\to\infty}\|\boldsymbol{v}^k-\tilde{\boldsymbol{v}}^k\|_{\boldsymbol{H}}^2=0$. 从而由 (14.2.8) 知子列 $\{\tilde{\boldsymbol{w}}^{k_j}\}$ 也收敛于 $\boldsymbol{w}^\infty$. 下证 $\boldsymbol{w}^\infty\in\mathcal{W}^*$.

对 (14.2.10), 令 $k=k_j$, 并令 $j\to\infty$ 得

$$f_i(\boldsymbol{x}_i)-f_i(\boldsymbol{x}_i^\infty)+(\boldsymbol{x}_i-\boldsymbol{x}_i^\infty)^{\mathrm{T}}(-\boldsymbol{A}_i^{\mathrm{T}}\boldsymbol{\lambda}^\infty)\geqslant 0,\quad \forall\,\boldsymbol{x}_i\in\Omega_i,\quad i=1,2,\cdots,s. \tag{14.2.15}$$

而由 (14.2.7) 及推论 14.2.1 的 (2) 得

$$\sum_{i=1}^{s}\boldsymbol{A}_i\boldsymbol{x}_i^\infty-\boldsymbol{b}=\boldsymbol{0}.$$

将 (14.2.15) 关于 $i=1,2,\cdots,s$ 求和, 并与上式相加得

$$f(\boldsymbol{x})-f(\boldsymbol{x}^\infty)+(\boldsymbol{w}-\boldsymbol{w}^\infty)^{\mathrm{T}}\Psi(\boldsymbol{w}^\infty)\geqslant 0,\quad \forall\,\boldsymbol{w}\in\mathcal{W}.$$

这说明 $\boldsymbol{w}^\infty\in\mathcal{W}^*$.

将定理 14.2.2 结论中的 $\boldsymbol{w}^*$ 换成 $\boldsymbol{w}^\infty$ 可得数列 $\{\|\boldsymbol{v}^k-\boldsymbol{v}^\infty\|\}$ 单调非增, 且点列 $\{\boldsymbol{v}^k\}$ 收敛于 $\boldsymbol{v}^\infty$. 类似的分析可得 $\{\tilde{\boldsymbol{v}}^k\}$ 收敛于 $\boldsymbol{v}^\infty$. 从而由 (14.2.14), 并利用 $\boldsymbol{A}_1^{\mathrm{T}}\boldsymbol{A}_1$ 非奇异得 $\{\boldsymbol{x}_1^k\}$ 收敛于 $\boldsymbol{x}_1^\infty$. 因此点列 $\{\boldsymbol{w}^k\}$ 收敛于 $\boldsymbol{w}^\infty$. 证毕

参 考 文 献

戴彧虹, 袁亚湘. 2000. 非线性共轭梯度法. 上海: 上海科学技术出版社.

何旭初, 孙文瑜. 1990. 矩阵的广义逆引论. 南京: 江苏科技出版社.

倪勤. 2009. 最优化方法与程序设计. 北京: 科学出版社.

袁亚湘. 1993. 非线性最优化数值方法. 上海: 上海科学技术出版社.

袁亚湘, 孙文瑜. 1997. 最优化理论与方法. 北京: 科学出版社.

高岩. 2018. 非光滑优化 (第二版). 北京：科学出版社.

Auslender A. 1971. Méthodes numériques pour la décomposition et la minimisation de fonctions non différentiables. *Numerische Mathematik*, 18:213-223.

Auslender A. 1992. Asymptotic properties of the Fenchel dual functional and applications to decomposition problems. *Journal of Optimization Theory and Applications*, 73:427-449.

Auslender A, Teboulle M, Ben-Tiba S. 1998. Coupling the logarithmic-quadratic proximal method and the block nonlinear Gauss-Seidel algorithm for linearly constrained convex minimization. *Lecture Notes in Economics and Mathematical Systems*, 477:35-47.

Armijo L. 1966. Minimization of functions having Lipschitz continuous first partial derivatives. *Pacific Journal of Mathematics*, 16:1-3.

Bazaraa MS, Sherali HD, Shetty CM. 1993. *Nonlinear Programming Theory and Algorithms.* New York: John Wiley & Sons.

Beck A. 2017. *First-Order Methods in Optimization.* Society for Industrial and Applied Mathematics, Philadelphia.

Beck A, Teboulle M. 2009. A fast iterative shrinkage-thresholding algorithm for linear inverse problems. *SIAM Journal on Imaging Sciences*, 2:183-202.

Bertsekas DP. 1999. *Nonlinear Programming.* Athena Scientific.

Bertsekas DP. 1982. Projected Newton method for optimization problems with simple constraints. *SIAM Journal on Control and Optimization*, 20:221-246.

Boyd S, Vandenberghe L. 2004. *Convex Optimization.* Cambridge: Cambridge University Press.

Calamai PH, Moré JJ. 1987. Projected gradient methods for linearly constrained problems. *Mathematical Programming*, 39:93-116.

Chen CH, He BS, Ye YY, Yuan XM. 2016. The direct extension of ADMM for multi-block convex minimization problems is not necessarily convergent. *Mathematical Programming*, 155(1):57-79.

Clarke FH. 1983. *Optimization and Nonsmooth Analysis.* New York: John Wiley & Sons.

Cohen A. 1972. Rate of convergence of several conjugate gradient algorithms. *SIAM Journal on Numerical Analysis*, 9:248-259.

Crowder HP, Wolfe P. 1972. Linear convergence of the conjugate gradient method. *IBM Journal of Research and Development*, 16:431-433.

Dai YH, Yuan YX. 1999. A nonlinear conjugate gradient method with a strong global convergence property. *SIAM Journal on Optimization*, 10:177-182.

Davidon WC. 1980. Conic approximations and collinear scalings for optimizers. *SIAM Journal on Numerical Analysis*, 17:268-281.

Du DZ, Zhang XS. 1989. Global convergence of Rosen's gradient projection method. *Mathematical Programming*, 44:357-366.

Fletcher R, Powell M. 1963. A rapidly convergent descent method for minimization. *Computer Journal*, 6:163-168.

Fletcher R, Reeves CM. 1964. Function minimization by conjugate gradients. *Computer Journal*, 7:149-154.

Fletcher R. 1981. *Practical Methods of Optimization.* New York: John Wiley & Sons.

Fletcher R. 1971. A general quadratic programming algorithm. *Journal of the Institute of Mathematics and its Applications*, 7: 76-91.

Fukushima M. 2011. 非线性最优化基础. 林贵华, 译. 北京: 科学出版社.

Frank M, Wolfe P. 1956. An algorithm for quadratic programming. *Naval Research Logistics Quarterly*, 3:95-110.

Ge RP. 1990. A filled function method for finding a global minimizer of a function of several variables. *Mathematical Programming*, 46:191-204.

Gilbert J, Nocedal J. 1992. Global convergence properties of conjugate gradient methods for optimization. *SIAM Journal on Optimization*, 2:21-42.

Goldstein A. 1964. Convex programming in Hilbert space. *Bulletin of the American Mathematical Society*, 70:709-710.

Grippo L, Lampariello F, Lucidi S. 1986. A nonmonotone line search technique for Newton's method. *SIAM Journal on Numerical Analysis*, 23:707-716.

He BS, Liao LZ, Han DR, Yang H. 2002. A new inexact alternating directions method for monotone variational inequalities. *Mathematical Programming*, 92:103-118.

He BS, Tao M, Yuan XM. 2012. Alternating direction method with Gaussian back substitution for separable convex programming, *SIAM Journal on Optimization*, 22:13-34.

He BS, Liu H, Wang ZR, Yuan XM. 2014. A strictly contractive Peaceman-Rachford splitting method for convex programming. *SIAM Journal on Optimization*, 24(3):1011-1040.

Hestenes MR, Stiefel E. 1952. Methods of conjugate gradients for solving linear systems. *Journal of Research of the National Bureau of Standards*, 49:409-436.

John F. 1948. Exetremum problems with inequalities as side conditions. In *Studies and Essays: Courant Anniversary Volumn.* New York: Wiley-Interscience.

Karush W. 1939. *Minima of functions of several variables with inequalities as side conditions.* M.S. thesis. University of Chicago.

Kuhn HW, Tucker AW. 1951. Nonlinear programming, in *Proceedings of the Second Berkeley Symposium on Mathematical Statistics and Probability*, Berkeley: University of California Press, 481-492.

Levenberg K. 1944. A method for the solution of certain non-linear problems in least squares. *Quarterly of Applied Mathematics*, 2:164-168.

Levitin ES, Polyak BT. 1966. Constrained minimization problems. *USSR Computational Mathematics and Mathematical Physics*, 6:1-50.

Levy AV, Montalvo A. 1985. The tunneling algorithm for the global minimization of functions. *SIAM Journal on Scientific and Statistical Computing*, 6:16-29.

Mangsarian OL, Fromovitz S. 1967. The Fritz John necessary optimality conditions in the presence of equality and inequality constraints. *Journal of Mathematical Analysis and Applications,* 17:37-47.

Marquardt DW. 1963. An algorithm for least squares estimation of non-linear parameters. *SIAM Journal*, 11:431-441.

McCormick GP. 1967. Second order conditions for constrained minima. *SIAM Journal on Applied Mathematics,* 15:641-652.

Moore EH. 1920. On the reciprocal of the general algebraic matrix. *Bulletin of the American Mathematical Society*, 26:394-395.

Moreau JJ. 1965. Proximit'e et dualit'e dans un espace hilbertien, *Bulletin Society Mathematics France*, 93:273-299.

Moré JJ. 1978. The Levenberg-Marquardt algorithm: Implementation and theory, In *Lecture Notes in Mathematics. NO. 630—Numerical Analysis, Watson GA, ed.* Springer-Verlag, 105-116.

Nocedal J, Wright SJ. 1999. *Numerical Optimization.* New York: Springer Press.

Penrose R. 1995. A generalized inverse of matrices. *Proceedings of the Cambridge Philosophical Society*, 51:406-413.

Powell MJD. 1969. A method for nonlinear constraints in minimization problems. In *Optimization.* New York: Academic Press, 283-298.

Powell MJD. 1973. On search directions for minimization algorithms. *Mathematical Programming*, 4:193-201.

Powell MJD. 1975. Convergence properites of a class of miminization algorithms. In *Nonlinear Programming, Mangasarian OL, Meyer RR, and Robinson SM, eds.* New York: Academic Press, 1-27.

Powell MJD. 1976. Some convergence properties of the conjugate gradient method. *Mathematical Programming*, 11:42-49.

Powell MJD. 1977. Restart procedures for the conjugate gradient method. *Mathematical Programming*, 12:241-254.

Powell MJD. 1978. Algorithms for nonlinear constraints that use Lagrangian functions. *Mathematical Programming*, 14:224-248.

Powell MJD.1984. Nonconvex minimization calculations and the conjugate gradient method. *Lecture Notes in Mathematics*, 1066:122-141.

Ritter K. 1980. On the rate of superlinear convergence of a class of variable methods. *Numerische Mathematik*, 35:293-313.

Rockafellar RT. 1970. *Convex Analysis.* Princeton: Princeton University Press.

Rockafellar RT. 1973. The multiplier method of Hestenes and Powell applied to convex programming. *Journal of Optimization Theory and Applications*, 12:555-562.

Rockafellar RT. 1976. Monotone operators and the proximal point algorithm, *SIAM Journal of Control and Optimization*, 14:877-898.

Rosen JB. 1960. The gradient projection method for nonlinear programming: linear constraints. *SIAM Journal of Applied Mathematics,* 8:181-217.

Rosenbrock HH. 1960. An automatic method for finding the greatest or least value of a function. *Computer Journal*, 3:175-184.

Schultz GA, Schnabel RB, Byrd RH. 1985. A family of trust-region-based algorithms for unconstrained minimization with strong global convergence properties. *SIAM Journal on Numerical Analysis*, 22:47-67.

Topkis DM, Veinott AF. 1967. On the convergence of some feasible direction algorithms for nonlinear programming. *SIAM Journal on Control,* 5:268-279.

Tseng P. 2001. Convergence of a block coordinate descent method for nondifferentiable minimization. *Journal of Optimization Theory and Applications*, 109:475-494.

Wang CY, Xiu NH. 2000. Convergence of the gradient projection method for generalized convex minimization. *Computational Optimization and Applications*, 16:111-120.

Wilson RB. 1963. *A simplicial algorithm for concave programming.* PhD thesis, Harvard University.

Yakubovich VA. 1973. Minimization of quadratic functionals under quadratic constraints and the necessity of a frequency condition in the quadratic criterion for the absolute stability of nonlinear control systems. *Dokl Akad Nauk SSSR*, 209:1039-1042.

Yuan YX. 1990. On a subproblem of trust region algorithms for constrained optimization. *Mathematical Programming*, 47:53-63.

Yuan YX. 1995. On the convergence of a new trust region algorithm. *Numerische Mathematik*, 70:515-539.

Zangwill WI. 1969. *Nonlinear Programming: A Unified Approach.* Englewood Cliffs: Prentice Hall.

Zarantonello EH. 1971. *Projections on convex sets in Hilbert space and spectral theory.* In Contributions to Nonlinear Functional Analysis. New York: Academic Press.